企业职业健康管理

主　编　潘树启
副主编　张玉华　陈建忠

应急管理出版社

· 北　京 ·

内 容 提 要

本书依据国家近年来颁布的一系列职业健康法律法规和部门规章，针对用人单位职业健康管理的薄弱环节，从职业健康管理的基本理论，职业病危害因素监测、检测与评价，防治病危害防治，个体防护，事故应急救援，职业健康监护，职业病病人权益保障，职业卫生档案管理，职业健康管理制度体系建设，职业健康法律法规和标准简介等方面系统地介绍了企业职业健康管理的相关内容及要求。

本书注重架构的系统性和完整性，内容力求实用和可操作，适合作为企业管理人员职业健康培训的教材，也可作为企业各层级管理人员的学习用书和工程技术人员的参考用书。

编　委　会

主　　编：潘树启

副 主 编：张玉华　陈建忠

编写人员：焦振营　刘兴华　潘宏伟　周铁锋　郭海身

　　　　　张　鹏　陈　豪　李志恒　安　宁　于占军

　　　　　李　磊

序

习近平总书记指出"发展决不能以牺牲人的生命为代价，这必须作为一条不可逾越的红线"。党和国家历来高度重视职业病防治工作，党的十八大明确提出要强化公共安全体系和企业安全生产基础建设，要实施安全发展战略。而安全发展战略的核心本质，就是要把经济社会的发展建立在安全保障能力不断提升、劳动者生命健康权益不断得到保障的基础之上，从而使人民群众能平安幸福地享有经济社会发展的成果，能够更加体面地劳动，能够活得更有尊严。目前，我国职业病防治体系日益健全、职业健康管理体制日益完善、监督检查管控越来越严格，对此企业必须高度重视和有足够清醒的认识。

当前，我国的职业病危害形势仍然十分严峻，随着工业经济不断发展，职业病危害从传统的采矿业、机械制造业、化工业迅速向多种行业蔓延。根据国家权威部门发布的信息，我国约有1200万家企业存在职业病危害，分布在30多个大的行业，有2亿多劳动者接触职业病危害因素，法定职业病达十大类132种。由于经济发展水平的限制，不少劳动者的劳动工作条件仍然较差。职业病危害和职业病已经成为影响劳动者健康，造成劳动者过早失去劳动能力的最主要因素。我国每年因职业病造成的直接经济损失和间接经济损失多达几千亿元，成千上万的家庭因此受到无法治愈的创伤和毁灭性的打击。有些企业盲目追求利润，忽视职业病防治工作，职业病危害十分严重。特别是，农民工、临时工由于对职业病危害的认识不足，职业病防护意识淡薄，不知道需要接受职业健康监护，因此遭受的职业病危害尤为突出。近年来，职业健康法制进程加快，《职业病防治法》先后4次修改。2016年10月，中共中央、国务院印发了《"健康中国2030"规划纲要》，接着，国务院又颁发了《关于实施健康中国行动的意见》。2019年7月，党中央、国务院部署开展尘肺病防治攻坚行动，着力解决当前职业病防治工作中存在的重点问题。与此同时，国务院成立了健康中国行动推进委员会，出台了《健康中国行动（2019—2030年）》。这一系列的举措，大大推动了包括职业病危害防治在内的各项职业健康管控进程。同时，由于社会的进步和人口素质的整体提升，广大职工和管理人员依法维权意识不断加强，以往那种只重视安全生产工作而忽视职业病防治的安全生产观念逐步转变。开展职业健康宣传教育、强化职业健康培训、严格现场职业病危害防治管理，必须纳入企业议事日程，必须把职业健康管理放到与安全生产同等重要的地位来抓。

《企业职业健康管理》一书在当前背景下推出恰如其时。该书由中国平煤神马集团组织一批具有多年企业职业健康研究和管理经验的专家编写。书籍涵盖职业病防治和企业职业健康管理的各个方面，内容深入简出，知识浅显易懂，操作贴合实际，便于企业管理人员和普通劳动者学习、掌握。

作为一名长期从事安全生产研究工作的科技工作者，在《企业职业健康管理》出版之际，我很高兴向广大企业职业健康管理人员、广大接触职业病危害因素的劳动者以及高等院校与科研单位的师生和研究人员推荐本书，并希望本书能在各类企业得到推广，为"健康中国"的早日实现、为我国广大劳动者的身体健康作出应有的贡献。

2021 年 4 月

前　言

　　职业健康事关人民生命财产安全和身体健康，事关改革发展稳定大局，事关党和政府形象与声誉，党中央、国务院始终高度重视。党的十八大以来，习近平总书记多次就职业健康工作做出重要指示、发表重要讲话，提出了一系列加强职业健康工作的新思想、新观点、新要求，是指导新形势下职业健康工作强大的精神动力和思想理论武器，为做好职业健康工作指明了方向。

　　近年来，我国职业健康管理体系不断完善，以《职业病防治法》为主体的职业健康法律法规体系亦不断完善，国家和政府对职业健康监察执法力度也持续加大。2016年10月，为推进健康中国建设，提高人民健康水平，根据党的十八届五中全会战略部署，中共中央、国务院印发了《"健康中国2030"规划纲要》，并发出通知，要求各地区各部门结合实际认真贯彻落实。该纲要对企业的职业健康管理，有专门章节提出了明确的要求。

　　2019年7月，经国务院同意，《尘肺病防治攻坚行动方案》印发，明确了攻坚行动总体要求、行动目标、重点任务和保障措施。攻坚行动对于推进健康中国建设，打赢脱贫攻坚战，维护社会和谐稳定和全面建成小康社会具有重大意义。

　　我国现阶段正处于工业化、城镇化和经济快速发展时期，原有的职业病危害尚未得到完全控制，新的职业病危害仍在不断产生，职业健康形势依然严峻，职业病危害防治任务艰巨而繁重。职业健康已成为社会关注的热点问题，做好职业健康管理工作是企业的职责所在，是广大劳动者及家属的热切企盼，是以人民为中心、贯彻落实新发展理念、构建新发展格局、实现高质量发展的必然要求，更是实现中华民族伟大复兴的重要内容。

　　企业各级管理人员必须关爱生命，必须高度重视职业卫生条件的改善，高度重视劳动者的生命安全和身体健康。但是，用人单位对职业健康管理的重视程度和管理现状，距离国家职业健康的法律、法规和标准差距较大。因此，企业贯彻落实《职业病防治法》，严格职业健康管理，杜绝职业病危害事故和职业病病例新发，保护广大劳动者身体健康，以促进社会和谐稳定、经营效益提升，推进"健康中国"发展，意义深远、责任重大、使命光荣、任务艰巨。

《企业职业健康管理》围绕健康企业建设总要求，以企业管理人员为主要对象，以强化管理意识、拓宽管理知识和提升管理技能为主要目的。该书根据国家职业安全健康法律、法规、规章和相关标准，针对用人单位职业安全健康管理工作实际，本着"依法依规、条理有序、内容完整、科学实用"的编写原则，从职业健康管理最基本的概念阐述入手，系统性地介绍了用人单位实施职业健康管理的基本要求、管理内容和管理方法。该书内容力求概念准确、依据充分、层次清晰、条理明确、简明扼要、深入浅出，突出科学性、实用性和可操作性。书中还收录了2011年以来国家和政府部门颁发的主要职业健康法律、法规、部门规章、相关文件、技术标准等，以供广大管理人员学习和查询。

本书由潘树启担任主编，各章的编写分工是：第一章由潘树启、张玉华编写，第二章由陈建忠、张鹏、陈豪编写，第三章由潘树启、张玉华、潘宏伟、郭海身编写，第四章~第八章由潘树启、张玉华、刘兴华、焦振营、周铁锋、张鹏、于占军编写，第九章~第十章由李志恒、焦振营编写，第十一章~第十三章由张鹏、陈豪、焦振营编写，第十四章~第十六章由潘宏伟、张鹏、陈豪、安宁、李磊编写。全书由陈建忠统稿，张玉华审稿。

《企业职业健康管理》的编写得到了中国平煤神马集团的大力支持，中国平煤神马集团安全监察局、职业病防治院等管理部门给予了无私帮助。在此，全体作者对所有支持、帮助本书编写的领导和工作人员表示真挚的谢意。

由于编写人员的水平所限，书中有些内容还有待进一步深入探讨，可能存在瑕疵和纰漏，恳请读者予以指出并提出宝贵意见，以便我们不断完善。

编　者

2021年4月

目　　次

第一章　职业健康管理概论

第一节　概　　述

一、基本概念

1. 职业安全

职业安全又称为劳动安全，是以防止劳动者在职业活动过程中发生各种伤亡事故为目的的工作领域及在法律、技术、设备、组织制度、教育等方面所采取的相应措施。其主要研究的是如何防止职工在职业活动中发生意外事故。

职业安全以保护劳动者的生命安全为基本目标。

2. 职业健康

新中国成立之初，国家将劳动者的职业健康这门学科称为"劳动卫生"，后来又称为"职业卫生"。2001年12月，原国家经贸委、国家安全生产管理局修订的《职业卫生管理体系试行标准》，将"职业卫生"一词修订为"职业健康"，并正式发布了《职业安全健康管理体系指导意见》和《职业安全健康管理体系审核规范》。随着近年来国家对劳动者生命安全和身体健康同等重视程度的提升，"职业健康"术语的使用范围和频次逐步流行和扩大。

职业健康在全球范围内，比较权威的定义是1950年由国际劳工组织和世界卫生组织的联合职业委员会给出的定义：职业健康应以促进并维持各行业职工的生理、心理及社交处在最好状态为目的；并防止职工的健康受工作环境影响；保护职工不受健康危害因素伤害；并将职工安排在适合他们的生理和心理的工作环境中。国内对职业健康的内涵具有多个版本的解释。一般解释为：是以劳动者的健康在作业活动过程中免受有毒有害因素侵害为目的的工作领域及在法律、技术、设备、组织制度和培训教育等方面所采取的相应措施。其主要研究的是如何防止职工在职业活动中发生职业病。

职业健康以保护劳动者的身体免受职业病危害因素侵害并不发生职业病为基本目标。

3. 职业安全与职业健康的联系和区别

职业安全和职业健康既有联系又有所区别，两者各自有本身的内涵、特点。

1）职业安全与职业健康的联系

职业安全和职业健康这两个概念有着紧密的逻辑性联系，是一个事物的两个方面，既可以相互独立，也可能相互并存。

（1）从企业管理的角度分析，劳动过程（即生产活动过程）几乎同时存在职业安全和职业健康问题，因此，两者都事关劳动者的基本人权和根本利益，都是企业管理的重要内容。

（2）两者都是防止劳动者在职业活动中受到伤害。

（3）职业健康概念中有职业安全的部分内涵，如急性职业中毒既是职业健康又是职业安全。

（4）职业安全概念中有职业健康部分内涵，如不少行业存在的粉尘危害，既可能导致爆炸事故，伤及劳动者生命安全，也有可能导致劳动者患职业病。

基于以上分析，世界上许多国家在立法管理、行政管理上都将职业安全和职业健康并轨。

2）职业安全问题的特点

（1）职业安全问题所造成的伤亡危害明显、直观。一旦职业安全方面发生事故，将直接导致劳动者的身体受伤、致残，甚至造成劳动者失去生命，其危害性立竿见影。

（2）职业安全问题既会导致零星伤亡事故，也会导致重大事故，造成群死群伤的严重后果。

（3）职业安全隐患对生产作业现场的劳动者危害区域、危害空间有限。

3）职业健康问题的特点

（1）职业健康问题常态下的危害不够明显，如诸多的职业病危害因素侵入劳动者体内后有一定时间的潜伏期。

（2）职业病危害对劳动者的侵害具有渐进性的特点。

（3）对劳动者实施职业病危害的鉴定较为麻烦和困难，而职业安全事故的伤害鉴定较为简便和容易。

（4）职业健康问题既可以导致劳动者个体的零星伤害，有时也会导致重大事故的发生，如急性职业中毒。

（5）某些职业病危害因素对劳动者的危害，可能包括整个作业场所（工艺、生产系统）范围内的所有作业人员。

（6）职业健康问题所造成的危害后果，不但侵害劳动者本人而且可能会影响到劳动者的后代，如孕妇的职业中毒等。

4. 职业健康管理

对一个企业而言，职业健康内涵丰富，究其原因，是基于国家职业健康（以《职业病防治法》为主）法律法规对职业病防治从前期预防、劳动过程管控，到职业病诊断、职业病病人保障和监督检查管理具有多方面的强制性要求。因此，针对企业而言，职业健康管理主要包括下述内容：

①劳动合同管理；②投入保障管理；③职业卫生"三同时"管理；④职业病危害项目申报管理；⑤警示标识和告知管理；⑥职业健康宣传教育和培训管理；⑦现场监督和检查；⑧职业卫生防治设施、设备；⑨监测、检测和评价；⑩工伤保险管理；⑪职业劳动禁忌管理；⑫女职工及未成年人特殊劳动保护管理；⑬职业病个体防护用品管理；⑭职业卫生档案管理；⑮职业健康监护管理；⑯职业病病例报告及事故报告管理；⑰职业病事故应急救援管理；⑱职业病诊治、康复管理；⑲职业健康权益保障；⑳职业健康的绩效考核管理等。

二、职业安全与职业管理的发展

（一）职业安全和职业健康是工业革命的产物

18 世纪，英国纺织机械的革新、蒸汽机的出现，引发了第一次工业革命。传统的手工业生产逐步转变为以机器为主替代手工工具的大工业生产。但是，大工业生产突飞猛进的同时，劳动条件、劳动保护、安全管理并没有引起社会和政府的足够重视，并没有及时跟进管理。恶劣的劳动条件、不良的作业环境、雇用童工、劳动者长时间和超负荷作业等因素导致经常发生工伤事故和职业病。

19 世纪，德国电力的广泛应用又产生第二次工业革命。新能源和大型动力设备的出现，推动了采矿、冶炼、化学等产业的大规模发展。采矿业、冶炼业工业革命的过程，伴随着大量的、严重的生产安全事故。化学工业的建立和突飞猛进的发展，使社会上出现了大量的急性职业中毒及职业病。

20 世纪开始，发达国家又兴起以原子能、高分子化合物、电子计算机等为标志的第三次工业革命。核能、X 射线、红外线、高频、微波等技术大量应用于工业领域。新原料、新化学物质、新科学技术大量投入生产实践。新交通工具、新通信手段的发明及其应用等使人类社会从农业文明转向工业文明迈进。科学技术的突飞猛进和大规模的应用是一把双刃剑。科技在给人类带来社会进步、财富的同时，工伤事故和职业病既给人类本身造成伤害、痛苦又造成巨大的经济损失，同时也阻碍着社会经济的发展。

（二）国际劳工组织

国际劳工组织（简称 ILO）是一个以国际劳工标准处理有关劳工问题的联合国专门机构。1919 年，国际劳工组织根据《凡尔赛和约》作为国际联盟的附属机构成立。

国际劳工组织的总部设在瑞士日内瓦，培训中心位于意大利都灵，秘书处被称为国际劳工局。国际劳工组织曾在 1969 年获得诺贝尔和平奖。

1. 国际劳工组织基本情况

截至 2020 年 8 月，国际劳工组织有 187 个成员国。主要负责人是总干事（或称为国际劳工局局长）盖伊·赖德（英国）。国际劳工组织的组织机构包括以下 3 种形式：

（1）国际劳工大会。国际劳工大会是国际劳工组织的最高权力机构，每年召开一次会议，闭会期间理事会指导该组织的工作。国际劳工局是其常设秘书处，主要活动是国际劳工立法，制定公约和建议书以及进行技术援助和技术合作。

（2）理事会。设有执行委员会，每 3 年经大会选举产生，在大会休会期间指导该组织工作，每年 3 月、6 月和 11 月各召开一次会议。

（3）国际劳工局。其常设秘书处在瑞士日内瓦国际劳工局总部。国际劳工组织是以国家为单位参加的国际组织，但在组织结构上实行独特的"三方性"原则，即参加各种会议和活动的成员国代表团由政府、雇主组织和工人组织的代表组成，三方代表有平等独立的发言和表决权。

2. 国际劳工组织宗旨

促进充分就业和提高生活水平；促进劳资双方合作；主张通过劳动立法来改善劳工劳动条件；扩大社会保障措施；保证劳动者的职业安全与健康；获得世界持久和平，建立和维护社会正义。

3. 国际劳工组织原则

国际劳工组织在成立之初，拟定了《国际劳工组织章程草案》和一份包括9项原则的宣言，为制订《国际劳工组织章程》奠定了基础。9项原则宣言的内容是：①劳动不应被认为是一项商品；②结社权利；③劳工应享有能维持合理生活水平的适当的工资；④八小时工作日，四十八小时工作周；⑤每周末至少休息二十四小时；⑥废除雇用童工；⑦同工同酬；⑧一个国家内，所有工人的经济待遇平等（即移民和本国人一样）；⑨设立监督制度，保证保护工人的法律得以实施。

可以看出，国际劳工组织的这9项原则，其中的大部分内容都与职业安全和职业健康有关。

1944年第26届国际劳工大会在美国费城通过的《关于国际劳工组织的目标和宗旨的宣言》（《费城宣言》），重申了国际劳工组织的基本原则，主要包括：①劳动者不是商品；②言论自由和结社自由是不断进步的必要条件；③任何地方的贫困对一切地方的繁荣构成威胁；④反对贫困的斗争需要各国在国内以坚持不懈的精力进行，还需要国际社会作持续一致的努力。

《费城宣言》明确，全人类不分种族、信仰或性别，在自由、尊严、经济保障和机会均等的条件下谋求物质福利和精神发展，为实现此目标而创造条件应成为各国和国际政策的中心目标。国际劳工组织有义务按照此目标来检查和考虑国际间一切经济与财政政策和措施。《费城宣言》通过后，作为《章程》的附件，与《章程》一起成为国际劳工组织开展活动的依据和指导性文件。

4. 国际劳工组织职责

国际劳工组织是联合国的一个专门机构，旨在促进社会公正和国际公认的人权和劳工权益。国际劳工组织以公约和建议书的形式制定国际劳工标准，确定基本劳工权益的最低标准。其涵盖包括结社自由、组织权利、集体谈判、废除强迫劳动、机会和待遇平等以及其他规范整个工作领域工作条件的标准。

国际劳工组织主要对以下领域提供技术援助：①职业培训和职业康复；②就业政策；③劳动行政管理；④劳动法和产业关系；⑤工作条件；⑥管理发展；⑦合作社；⑧社会保障；⑨劳动统计和职业安全卫生。

国际劳工组织倡导独立的工人和雇主组织的发展并向这些组织提供培训和咨询服务。该组织实行"三方机制"原则，即各成员国代表团由政府2人，工人、雇主代表各1人组成，三方都参加各类会议和机构，独立表决。

5. 国际劳工立法

国际劳工组织的一项重要活动是从事国际劳工立法，即制定国际劳工标准。国际劳工标准采用两种形式，即国际劳工公约和国际劳工建议书。国际劳工标准按其内容可分为下列各类：

（1）基本劳工人权。指结社自由和集体谈判权，主要包括建立工会的自由，废除强迫劳动，实行集体谈判，确保劳动机会和待遇的平等，废除童工劳动。

（2）就业、社会政策、劳动管理、劳资关系、工作条件（包括工资、工时、职业安全卫生)、社会保障(包括工伤赔偿、抚恤、失业保险)。

(3) 针对特定人群和职业,包括妇女、童工和未成年工、老年工人、残疾人、移民工人、海员、渔民、码头工人等。

6. 国际劳工公约

多年来,国际劳工组织已经颁布的国际劳工公约和推荐标准等法规标准为各成员国采用,如《辐射防护公约》(第 115 号)、《工伤事故和职业病津贴公约》(第 121 号)、《未成年人井下作业体格检查公约》(第 124 号)、《预防苯中毒公约》(第 136 号)、《工作环境(空气污染、噪声和振动)公约》(第 148 号)、《职业安全与卫生公约》(第 155 号)、《职业安全卫生设施公约》(第 161 号)、《建筑安全和卫生公约》(第 167 号)、《作业场所安全使用化学品公约》(第 170 号)等。

7. 国际劳工组织同中国的关系

中国是国际劳工组织的创始成员国,也是该组织的常任理事国。

1971 年,中国恢复了在国际劳工组织的合法席位。1983 年以前,中国未参加该组织的活动。1983 年 6 月,中国派出由劳动人事部部长率领的代表团出席了第 69 届国际劳工大会,正式恢复了在国际劳工组织的活动。自 1983 年至今,中国每年均派代表团出席各种会议,并积极参与该组织在国际劳工立法和技术合作方面的活动。十几年来,中国与国际劳工组织的关系得到较大发展,开展了包括人员互访、考察、劳工组织派专家来华举办研讨会和讲习班、制定实施技术合作计划以及援助我国建立职业技术培训中心等各类活动。

中国批准的国际劳工公约涉及最低就业年龄、最低工资、工时与休息时间、海员劳动条件、男女同工同酬和残疾人就业等内容。

1985 年 1 月,国际劳工组织在中国设立派出机构——国际劳工组织北京局,负责与中国有关政府机关、工会组织、企业团体、学术单位等的联系,以及执行对中国的技术援助和合作项目。

(三) 实施、强化职业健康管理是国际社会的基本准则

根据国际劳工组织(ILO)2019 年发布的信息,全球因职业健康相关的疾病而死亡的人数每年有 278 万人。这意味着,每天有近 7700 人死于与工作有关的疾病或伤害。每年约有 3.74 亿人出现非致命性工伤和疾病(死亡和非死亡),与工作相关的疾病为 1.6 亿例,有三分之一的疾病造成 4 天或 4 天以上工作日损失。联合国机构公布的估计数据显示,全世界因职业病和职业伤亡事故造成的直接和间接经济损失占全球生产总值的 3.94%,大约为 2.99 万亿美元(约为 20 万亿元人民币)。其社会后果之严重不容忽视。职业病已经对世界各国生产力发展造成了较为显著的负面影响。因此,保护劳动者的生命安全和身体健康被各国作为基本国策。

世界上一些经济发达的国家,如美国、英国、德国、日本、澳大利亚等,同样也面临着职业安全和职业健康问题。由于这些国家在职业安全和职业健康管理方面起步比较早,无论是从管理技术还是管理绩效等方面,总体上比我国先进。这些国家职业安全和职业健康管理的主要特点是:国家立法齐全完善、执法机构公正严格、思想理念超前先进、劳动者的健康意识极强、管理方法适宜实用、管理手段针对性强、健康管理系统规范、技术装备不断创新改进、职业健康绩效领先。

（四）国际职业安全和职业健康管理的历史沿革

随着人类的生存与发展，随着社会技术进步和工业生产的扩大，人们对劳动过程的职业安全与职业健康问题越来越关注，其目的是寻找有效对策，以改善劳动条件和作业环境，预防或减少职业危害。

自从 18 世纪中期产业革命爆发以来，工业生产不断地向前发展，职业安全和职业健康管理也随之不断完善。职业安全与职业健康管理这门科学主要由安全管理、技术管理和职业健康管理 3 部分组成。其发展历史阶段分为：

1. 本能反射阶段

在远古时代，是人类原始的安全和健康条件的本能放射。

2. 初步认识阶段

两次产业革命前，是人类自发的安全健康的认识阶段。这期间，人们对安全健康的理解和认识是不自觉的、被动的和模糊的。

3. 局部认识阶段

产业革命兴起后，工业事故的大量增加，职业危害因素的不断出现，促使人们针对生产过程的局部问题、职业健康的某些单一问题，采用专门的、单一的技术方法去解决。此时在不同产业的局部领域，应用的各种安全技术相互隔离。人们对安全健康规律的认识长期停留在分散的、彼此缺乏内在联系的水平上，是纯反应式的"亡羊补牢"、就事论事、事后抢救、被动整改等消极控制手段；而且一般只关注工伤事故，而不大关注职业危害的防治和职业病问题。

4. 系统认识阶段

20 世纪初，人们针对某些领域考虑实现全面、整体的安全，即系统安全。人们运用专业技术、管理手段实施科学型、超前防范型、综合防治型安全管理，把管理重点放在危险源控制的整体效应上。安全理论得到重视和发展，以危险和隐患为研究对象，以危险分析和风险管理作为理论研究内容，包括系统分析、风险识别、安全评价（风险评价）、风险控制等理论和方法。同时，职业危害问题和职业病防治开始有所认识。

5. 职业安全和职业健康全面重视和发展阶段

20 世纪 80 年代之后，全球多个国家对安全和健康同时重视，安全管理和职业健康管理同步发展。安全学科内容相互渗透，生产活动过程中安全问题、健康问题的本质和普遍规律得到全面研究，对安全健康的认识不再局限于生产领域，而是从人的安全健康需要出发，实施全系统、全方位、全过程的研究，实施多层次、多环节、全员参与的主动性和预防性管理。

三、中国职业健康管理历史沿革

（一）职业健康工作历史沿革

1. 新中国成立前

早在青铜器时代，中国就在开矿和冶炼过程中运用了自然通风、排水、照明和支护方法，以减轻事故风险，保护劳动者的安全与健康。根据 1637 年宋应星的《天工开物》记载，古人早就有防止瓦斯中毒和防止顶板冒落伤人的技术。北宋孔平仲的《谈苑》一书中，就记载了镀金人水银中毒，头、手俱颤的现象。明代名医李时珍的《本草纲目》中，对采铅矿工铅中毒的过程、病情及治疗有较为详细的描述。这些例证表明，我国对职业危害的发现及防治，在古代就已经采取了许多有益的方法和技术。这在世界文明史上是领先的、少有的。

1840年鸦片战争后，西方资本主义国家入侵中国，在中国设立工厂，是中国近代工业之始。1843—1894年，外国在华一共设立了191个工业企业，其中116个属于船舶修造业和丝茶等出口商品加工企业，大多规模狭小。1861—1894年，清政府一共经营了21家军用工厂（包括一家船厂），规模较大，设备比较齐全。

这时期，中国近代民族工业开始起步，职业健康问题开始在中国显现。但是，无论是清朝政府、北洋政府，还是蒋介石政府，在职业健康方面，既没有任何立法也没有任何实际举措。广大产业工人，既遭受外办、资本家的剥削压迫，还遭受职业病危害的折磨。

2. 新中国成立后

新中国成立后，党和政府十分重视职业健康工作，如1951—1995年颁发的有关防毒、防尘、防辐射、防尘肺病方面的法规、条例及标准已超过300个。但是，客观分析并与国外相比，那个年代中国职业健康现状不仅明显落后于发达国家也落后于一些不发达的国家。当时中国的职业病状况十分严重，现有尘肺病患者相当于世界其他国家尘肺病患者的总和。据2019年7月9日健康中国行动推进委员会印发《健康中国行动（2019—2030年）》提供的信息，"我国接触职业病危害因素的人群约2亿，职业病危害因素已成为影响成年人健康的重要因素。"近年来中国职业病新发状况、病例行业状况见表1-1~表1-3。

表1-1　近年来中国职业病新发状况一览表

年份	新发职业病总人数/人	主要职业病病例状况			累计职业病例人数/人	备注
		尘肺病例/例	急性职业中毒及死亡/例	慢性职业中毒/例		
2005	12212	9173	613/28	1379	607570	
2006	11519	8783	467/欠死亡人数的数据	1083	欠数据	
2007	14296	10963	600/76	1638	欠数据	
2008	13744	10829	760/49	1171	欠数据	
2009	18128	14495	552/21	1912	722730	
2010	27240	23812	617/28	1417	749970	
2011	数据欠缺	数据欠缺	数据欠缺	数据欠缺	欠数据	
2012	27420	24206	6012/20	1040	欠数据	
2013	26393	23152	637/25	904	830000	
2014	29972	26873	486/欠死亡数据	795	欠数据	
2015	29180	26081	931	548	欠数据	
2016	31789	28088	1212	812	欠数据	
2017	23759	22790	295	726	欠数据	
2018	23497	19468	1332		欠数据	
2019	19428	15898	欠数据		欠数据	

注：数据不包括西藏、港、澳、台地区。

表1-2 近年来中国职业病病例行业状况一览表

年份	职业病病例排序及所占比例			备注
	第一位	第二位	第三位	
2005	煤炭行业 占比 48.80%	冶金行业 占比 9.87%	欠数据	
2006	煤炭行业 占比 40.92%	有色金属 占比 12.85%	建材行业 占比 6.45%	缺陕西省
2007	煤炭行业 占比 45.8%	有色金属 占比 10.1%	建材行业 占比 6.4%	
2008	煤炭行业 （未公布比例）	有色金属行业 （未公布比例）	建材行业 （未公布比例）	
2009	煤炭行业 占比 41.38%	有色金属行业 占比 9.33%	冶金行业 占比 6.99%	
2010	煤炭行业 占比 51.28%	铁路运输业 占比 9.45%	有色金属行业 占比 8.29%	
2011	数据欠缺	数据欠缺	数据欠缺	
2012	煤炭行业 13399 例，占比 48.87%	铁路运输业 2706 例，占比 9.86%	有色金属行业 2688 例，占比 9.80%	
2013	煤炭行业 15078 例，占比 57.13%	有色金属行业 2399 例，占比 9.1%	机械行业 983 例，占比 3.6%	
2014	煤炭开采和洗选业 11396 例，占比 38%	有色金属矿采选业 4408 例，占比 15%	开采辅助活动行业 2935 例，占比 10%	
2015	煤炭开采 11625 例，占比 39.8%	洗选业 3116 例，占比 10.7%	有色金属矿采选业以及 开采辅助活动 3069 例， 占比 10.5%	占职业病总人数 29180 的 61.03%
2016	煤炭开采 13070 例，占比 41.1%	有色金属矿采选业 4110 例，占比 12.9%	开采辅助活动行业 3829 例，占比 12%	占职业病总人数 31789 的 66.09%

注：数据不包括西藏、港、澳、台地区。

表1-3 2017—2019 年中国职业病状况一览表

年份	职业病例总数	职业性尘肺病及其他呼吸系统疾病	职业性耳鼻喉口腔疾病	职业性化学中毒	职业性传染病	其他职业病
2017	26756	22790，占比 85.1%；其中职业性尘肺病 22701，占比 84.8%	1608，占比 6%	1021，占比 3.8%；其中：急性职业中毒 295，慢性职业中毒 726	673，占比 2.5%	664，占比 2.48%

表1-3(续)

年份	职业病例总数	职业性尘肺病及其他呼吸系统疾病	职业性耳鼻喉口腔疾病	职业性化学中毒	职业性传染病	其他职业病
2018	23497	19524,占比83%;其中职业性尘肺病19468,占比82.8%	1528,占比6.5%	1333,占比5.6%	540,占比2.3%	572,占比2.4%
2019	19428	15947,占比82%;其中职业性尘肺病15898,占比81.8%	1623,占比8.4%	778,占比4%	578,占比3%	502,占比2.6%

2001年10月27日,第九届全国人大常委会第二十四次会议审议通过了《中华人民共和国职业病防治法》(以下简称《职业病防治法》),以第六十号主席令予以公布,自2002年5月1日起施行。《职业病防治法》的颁发和实施,是关系到亿万劳动者身体健康和切身利益的一件大事,是中国社会主义民主与法制建设的重要成果,标志着中国职业健康法制化管理进入到一个新阶段。《职业病防治法》科学地总结了新中国成立以来,特别是改革开放以来我国职业健康工作所取得的丰富经验,明确了职业健康的方针,系统性地规范了职业健康的举措,对中国职业健康工作产生了历史性的影响。

自党的十六大以来,党和国家政府,更加重视职业健康工作。胡锦涛同志曾多次强调,要进一步保障劳动者权益,让广大劳动群众实现体面劳动,从而生活得更有尊严。温家宝同志指出:经济发展不能损害人民利益甚至牺牲职工生命为代价。科学发展,必须坚持以人为本,把人的生命放在第一位。张德江同志要求,把保证安全生产和职业健康纳入政府的重要工作职责,纳入经济社会发展的总体规划,要提高从业人员和全体国民的安全素质,提升安全生产和职业健康管理水平。

党中央、国务院历来高度重视职业健康工作。十八大以来,我国的职业健康管理工作进入了新阶段:

2016年10月,中共中央、国务院印发了《"健康中国2030"规划纲要》,并发出通知,要求各地区各部门结合实际认真贯彻落实。该纲要在第十六章第一节中对强化职业健康管理,提出了明确要求。这些重要指示和举措彰显了党和国家对职业健康工作的高度重视,为企业做好职业健康工作进一步指明了方向。

特别是2018年党和国家机构改革以来,习近平总书记对尘肺病等职业病防治工作作出重要批示,李克强总理主持召开国务院常务会议研究部署加强职业病防治工作,孙春兰副总理召开职业病防治工作推进会作出工作部署。在党中央、国务院坚强领导下,我国尘肺病等职业病防治法制、体制、机制进一步完善,全国人大常委会先后4次修订《职业病防治法》,国务院连续印发《国家职业病防治规划》,各相关部门坚决贯彻落实党中央、国务院决策部署,强化协调联动,在职业病预防、救治和保障方面采取了一系列措施,全国职业病防治工作取得积极进展。

（二）职业健康管理工作历史沿革

新中国成立以来，职业健康管理状况和经济建设的"马鞍形"波动相似，经历了曲折的历史发展过程，从有关统计资料看，大致可分为以下5个阶段：

1. 职业健康工作初创和第一个五年计划发展期（1949—1957年）

在这期间，由于国家十分重视劳动保护工作，安全投入逐年增加，在1950—1957年的8年间，全国工业用人单位事故年平均死亡人数为3148人。

2. "大跃进"挫折与调整期（1958—1965年）

在"大跃进"的年代里，工业领域实行"土法上马"、因陋就简、盲目追求产量的宏观战略决策。不少用人单位实行边设计、边施工、边生产的不科学方式，破坏了正常的管理秩序，严重削弱了职业健康管理。在这期间，职业病呈现多发和高发趋势，形成新中国成立后第一个职业病的高峰期。1958—1961年，年平均死亡人数高达16190人。1961—1965年，国家采取了一系列紧急的宏观调整措施，加强了职业健康管理，才使患病人数逐年下降，到1965年恢复到一个较好的水平。

3. "文化大革命"期间（1966—1978年）

在"文革"的年代里，极"左"思潮和无政府主义泛滥，职业健康管理的法律、法规、方针、政策被彻底破坏，用人单位的职业健康管理几乎全面瘫痪。1976年粉碎"四人帮"后，虽然生产秩序得以逐渐恢复，但由于不尊重科学，盲目追求高速度，职业健康管理工作仍未得到足够重视，用人单位职业病状况持续恶化。

4. 拨乱反正和改革开放期（1979—1992年）

党的十一届三中全会以后，全国生产秩序进一步正常和规范，进入职业健康管理发展时期，职业健康管理的科研、教育进一步加快发展，用人单位的职业健康投入不断增加，管理工作不断加强，使得职业健康状况逐步好转。

5. 经济高速增长和市场经济改革期（1993年以来）

这期间，由于职业健康工作没有跟上经济连年高速增长的步伐，反而因经济管理体制转换等各种原因而有所停滞，用人单位职业病频繁发生，形成第四个职业病高发期；虽然从1998年起职业病人数有所下降并趋向总体稳定、好转，但重大职业健康事件时有发生，职业健康形势依然相当严峻。

（三）中国职业健康管理工作存在的主要问题

近年来，我国职业病防治工作面临的突出问题是：

1. 职业病病人数量大

截至2018年底，我国累计报告职业病97.5万例，2010年以来年均报告新病例2.8万例。近年新发病例数仍呈上升趋势。由于职业病具有迟发性和隐匿性的特点，专家估计国家每年实际发生的职业病要大于报告数量。

2. 尘肺病、职业中毒等职业病发病率居高不下

尘肺病是我国最主要的职业病，截至2018年底，累计约占职业病病人总数的90%，近年平均每年报告新发病例2万例左右。急性和慢性职业中毒事故仅次于尘肺病，对广大劳动者的身体健康和生命安全构成严重威胁。

3. 职业病危害范围广

全国多个行业存在多种职业病危害因素：例如，粉尘危害因素至少在煤炭采选业、石油天然气采选业、黑色金属矿采选业、有色金属矿采选业、非金属矿采选业、建筑材料业、工艺美术品制造业、电力生产供应业、碱产品制造业、无机盐制造业、涂料颜料制造业、化学助剂制造业、橡胶制品业、建材制造业、玻璃及玻璃制品业、陶瓷制品业、耐火材料制品业、矿物产品制造业、磨具磨料制造业、冶炼业、金属制品业、机械工业、电子及通信设备制造业等产业存在；化学毒物危害因素至少在食品制造业、印刷业、工艺美术品制造业、无机盐制造业、涂料及颜料制造业、化学试剂制造业、炸药及火工产品制造业、橡胶制品业等产业存在。

4. 对劳动者健康损害严重

（1）尘肺病等一些慢性职业病一旦发病往往难以治愈，伤残率高，严重影响劳动者身体健康甚至危及生命安全。而且目前尘肺病新增病例的平均接尘工龄正趋于缩短趋势，实际接尘工龄不足 10 年的比例呈上升趋势。2015 年 10 月，湖南省职业病防治院确诊的尘肺病患者吴某年仅 22 岁。吴某自 2012 年从事石材加工开始接触岩尘仅 3 年，到 2015 年 9 月已经病情严重，随时可能有生命危险。

（2）职业中毒呈行业集中趋势。急性职业中毒以一氧化碳、氯气和硫化氢中毒最为严重，主要分布在化工、煤炭、冶金等行业。慢性职业中毒以铅及其化合物、苯、二硫化碳中毒较为严重，主要分布在有色金属、机械、化工等行业。

5. 群发性职业病事件时有发生

近年来，全国多次发生群发性的职业病事件，如发生在河北省高碑店市农民工苯中毒事件、福建省仙游县和安徽省凤阳县农民工硅肺病事件、江苏省无锡市镍镉电池厂 2015 年工人尿镉事件等。

据江西省职业病防治研究院提供的信息，2006 年九江某矿一次性诊断出 Ⅰ～Ⅲ 期硅肺 147 例，吉安某化工厂一次性诊断出 Ⅰ～Ⅲ 期职业性慢性 TNT 中毒性白内障 21 例。群发性职业病事件已成为影响社会稳定的公共卫生问题。

6. 企业职业病防治责任制不落实

由于职业病防治违法成本低，用人单位防治职业病的积极性不高。不少用人单位生产力水平低下，技术落后，防护措施缺失，有的根本就没有任何个人防护。这些用人单位的职业危害防治基础工作薄弱，有的尚未建立有效的职业健康管理机制。

7. 地方政府监管不到位

一些地方政府对职业病防治工作的重要性、紧迫性、艰巨性、长期性认识不足，片面强调经济发展和 GDP 增长，贯彻落实职业病防治法律、法规和标准的态度不坚决、措施不当、监管不力，忽视劳动者健康及其权益保护的现象比较普遍。有些地方政府为吸引投资、保护地方经济，不惜降低投资门槛，对存在职业病危害的新建、改建、扩建和技术改造项目的立项、准入、监管过程把关不严，大量未经职业病危害预评价和"三同时"审查的项目开工、投产，导致大量劳动者接触职业病危害因素。职业病危害前期预防没有得到有效落实。

8. 中小型用人单位职业病发病率高

国家权威部门职业病报告数据显示，超过半数的职业病病例分布在中小型用人单位，特别是约占三分之二的慢性职业中毒病例分布在中小型用人单位。

第二节 职业健康管理基本内容

用人单位实施职业健康的必要性毋庸置疑，但其管理内容到底应涉及哪些内容，并不是每一个用人单位都十分清楚。用人单位实施职业健康管理的内容必须依据职业健康法律、法规等相关规定，结合本用人单位的实际进行准确界定。

根据职业健康法律法规等相关规定，用人单位的职业健康管理内容应包括以下方面。

一、综合性管理

主要内容包括：

（1）机构设置，管理人员和监测等专业人员的配备及其管理。

（2）职业病防治责任制度、职业病防治运行管理制度的建立及完善。

（3）职业病防治计划和实施方案的编制。

（4）受理劳动者对职业健康违法违规的检举、控告。

（5）对防治职业病管理成绩显著的单位（或个人）实施奖励。

（6）职业卫生档案管理。

（7）职业病防治资金投入保障管理。

（8）劳动合同管理。

（9）职业健康宣传、教育、培训管理。

（10）职业健康管理的绩效考核。

二、前期预防管理

1. 编制职业病源头控制工作计划（即管理措施）

其内容应包括：

（1）工作场所（包括生产作业场所、生产作业岗位等）职业病危害防护设施完整性和可靠性。

（2）工作场所职业病危害因素强度、浓度的符合性。

（3）生产布局的合理性、科学性。

（4）配套的卫生设施。

（5）生产作业设备、设施、工具、用具等与职业卫生相关要求的合理性。

2. 职业病危害项目申报管理

依法依规进行职业病危害项目的申报。

3. 建设项目管理

建设项目一般包括新建、扩建、改建建设项目和技术改造、技术引进项目。建设项目包含有职业卫生"三同时"管理内容的，应实施职业卫生"三同时"管理，主要包括：

①职业病危害预评价管理；②职业病危害防护设施设计管理；③职业病危害防护设施施工建设的过程管理；④职业病危害控制效果评价管理；⑤职业病防护设施竣工验收管理。

4. 职业病防治"四新"管理

职业病防治的"四新"，是指涉及职业病防治的新技术、新工艺、新设备、新材料的研制、开发、推广、应用等相关管理工作。用人单位应积极推广应用"四新"，限制使用或者淘汰职业病危害严重的技术、工艺、设备、材料。

三、生产作业现场管理

生产作业现场管理主要包括以下内容：
（1）职业病危害因素日常监测管理。
（2）职业病危害因素定期检测和评价管理。
（3）工作场所作业规程、操作规程编制、审批、贯彻、学习和培训管理。
（4）放射性物质运输、贮存以及在工作场所的使用管理。
（5）生产或使用的高毒物质的管理。
（6）在国内首次使用（或首次进口）职业病危害物质的管理。
（7）高危粉尘的管理。
（8）报警装置的配备和使用管理。
（9）急救用品（设施、设备）配置和使用管理。
（10）应急撤离通道的设置和日常管理。
（11）泄险区域的设置及日常管理。
（12）职业病危害生产或作业的转移管理。
（13）持证上岗管理。
（14）劳动者正确操作职业病防护设施、正确佩戴劳动防护用品的监督。
（15）对劳动者和管理人员遵章守纪的管理。
（16）职业健康隐患查处及整改。
（17）配合政府卫生行政部门的执法监督检查等。

四、防护用品管理

劳动者使用的个体职业病防护用品的管理主要包括：①防护用品的资金保障；②防护用品的采购管理；③防护用品的库存管理；④防护用品发放和领取；⑤防护用品正确使用（佩戴）的培训管理；⑥防护用品报废、更新（更换）的管理。

五、告知管理

主要内容包括：
（1）劳动合同书相关内容的告知管理。
（2）公告栏告知管理。
（3）作业岗位职业病危害告知管理。
（4）警示标识设置及管理。

（5）警示说明设置及管理。

（6）职业病危害化学品、放射性物质的说明书管理。

六、健康监护管理

主要内容包括：

（1）劳动者职业健康"四期"（上岗前、在岗期间、离岗时和应急时）体检计划编制管理。

（2）职业健康"四期"体检费用投入保障管理。

（3）劳动者职业禁忌管理。

（4）女职工的劳动禁忌管理。

（5）女职工特殊劳动期保护管理（孕期、产期、哺乳期等）。

（6）职业健康监护档案建立、完善和管理。

七、劳动者权益保护管理

主要内容包括：

（1）获得教育和培训的权利。

（2）获得职业健康检查、职业病诊疗、康复的权利。

（3）获得职业病危害因素、危害后果和防护信息的权利。

（4）获得职业病防护用品的权利。

（5）要求设置职业病防护设施和使用的权利。

（6）要求改善工作环境和劳动条件的权利。

（7）女职工法定的特殊劳动保护权利。

（8）对用人单位（及管理人员）违反职业病防治法律、法规以及危及劳动身体健康的行为提出批评、检举和控告的权利。

（9）拒绝违章指挥的权利。

（10）拒绝冒险作业的权利。

（11）参与职业健康民主管理的权利。

（12）对职业病防治工作提出意见、建议的权利。

八、工会组织监督和维权管理

依照法律法规授予工会组织的权利，对本用人单位行使以下主要监督、维权管理：

（1）对职业病防治工作进行监督。

（2）对职业健康的宣传、教育、培训进行监督。

（3）对女职工的劳动卫生知识培训工作实施监督。

（4）对劳动合同管理工作实施监督。

（5）维护劳动者职业健康合法权益。

（6）对职业病防治工作提出意见和建议。

（7）参与职业病事故调查和处理等。

九、保障劳动者职业病诊断和治疗的管理

主要内容包括：

（1）保障劳动者就近实施职业病诊治。

（2）如实给劳动者提供职业病诊断、鉴定所需的相关资料。

（3）配合职业病诊断、鉴定机构的现场调查。

（4）配合卫生行政部门进行职业病相关工作调查。

（5）配合劳动人事部门进行争议仲裁。

（6）职业病病例报告管理。

（7）职业病诊断、鉴定费用管理等。

十、职业病病人权益保障管理

主要内容包括：

（1）安排疑似职业病病人诊断（医学观察）。

（2）职业病诊断信息接收后及时告知劳动者。

（3）疑似职业病病人的相关权益保障（劳动合同、费用支出等）。

（4）职业病病人治疗、康复和定期检查的权益保障。

（5）职业病病人岗位调整及妥善安置的权益保障。

（6）接触职业病危害作业劳动者的岗位津贴发放管理。

（7）职业病病人工伤保险待遇管理。

（8）职业病人依法获得赔偿权益保障。

（9）用人单位在发生破产（分立、合并、解散等）情形时对从事接触职业病危害作业的劳动者的权益保障。

十一、职业病危害事故管理

主要内容包括：

（1）职业病危害事故专项应急预案编制（修订）。

（2）职业病危害事故专项应急预案的演练管理。

（3）职业病危害事故应急救援物资、装备的管理。

（4）职业病危害事故的报告管理。

（5）职业病危害事故的应急处置管理。

（6）职业病危害事故现场勘察、调查、追查、结案、防范措施管理等。

第三节　职业健康法律法规

一、法的基本概念

1. 法律的广义和狭义

法律的概念有广义和狭义之分。

（1）广义的"法律"。广义的法律指法律的整体。例如，中国现在的法律包括根本法宪法、全国人民代表大会及其常务委员会制定的法律、国务院制定的行政法规、地方国家权力机关制定的地方性法规、国务院各部委和省级人民政府制定的行政规章等。

（2）狭义的"法律"。狭义的"法律"仅指全国人民代表大会及其常务委员会制定的法律，如《职业病防治法》等。

（3）职业健康法规。职业健康法规是指国家为了改善劳动条件，保护劳动者在生产过程中的健康，以及保障生产安全所采取的各种措施的法律规范。例如，《女职工劳动保护特别规定》（国务院令 第 619 号）、《关于印发尘肺病防治攻坚行动方案的通知》（国家卫生健康委/国家发展改革委/民政部/财政部/人力资源社会保障部/生态环境部/应急部/国务院扶贫办/国家医保局/全国总工会）、《职业卫生技术服务机构管理办法》（国家卫健委令 2020 年第 4 号）、《工作场所职业卫生管理规定》（国家卫健委令 2020 年第 5 号）等。

读者在使用法律、法规的概念时，或在阅读法律、法规的概念时，应根据语境情况，准确判断其是狭义概念还是广义概念。

2. 法的形式

法的形式是指法的具体外部表现形态。这一概念所指称的，主要是法由何种国家机关制定或认可，具有何种表现或效力等级。法的形式包括宪法、法律、行政法规、地方性法规、地方政府规章、行政规章、国际条约 7 种基本形式。

（1）宪法。宪法是国家的根本大法，规定了国家的根本任务和根本制度。其由国家最高权力机关（全国人大）制定（或修改），只有在全国人大全体代表三分之二以上多数同意的情况下才能通过。

（2）法律。由全国人民代表大会或全国人民代表大会常务委员会依据法定职权、程序进行制定和修改。

（3）行政法规。由国务院依法制定和修改，是有关行政管理和管理行政事项的规范性法律文件的总称。

（4）地方性法规。根据《中华人民共和国立法法》，省、自治区、直辖市等有立法的权限。其具体的立法权限在《立法法》的第四章有明确规定：

"**第七十二条 省、自治区、直辖市的人民代表大会及其常务委员会根据本行政区域的具体情况和实际需要，在不同宪法、法律、行政法规相抵触的前提下，可以制定地方性法规。**"

"设区的市的人民代表大会及其常务委员会根据本市的具体情况和实际需要，在不同宪法、法律、行政法规和本省、自治区的地方性法规相抵触的前提下，可以对城乡建设与管理、环境保护、历史文化保护等方面的事项制定地方性法规，法律对设区的市制定地方性法规的事项另有规定的，从其规定。设区的市的地方性法规须报省、自治区的人民代表大会常务委员会批准后施行。省、自治区的人民代表大会常务委员会对报请批准的地方性法规，应当对其合法性进行审查，同宪法、法律、行政法规和本省、自治区的地方性法规不抵触的，应当在四个月内予以批准。

省、自治区的人民代表大会常务委员会在对报请批准的设区的市的地方性法规进行审查时，发现其同本省、自治区的人民政府的规章相抵触的，应当作出处理决定。

除省、自治区的人民政府所在地的市，经济特区所在地的市和国务院已经批准的较大的市以外，其他设区的市开始制定地方性法规的具体步骤和时间，由省、自治区的人民代表大会常务委员会综合考虑本省、自治区所辖的设区的市的人口数量、地域面积、经济社会发展情况以及立法需求、立法能力等因素确定，并报全国人民代表大会常务委员会和国务院备案。

自治州的人民代表大会及其常务委员会可以依照本条第二款规定行使设区的市制定地方性法规的职权。自治州开始制定地方性法规的具体步骤和时间，依照前款规定确定。

省、自治区的人民政府所在地的市，经济特区所在地的市和国务院已经批准的较大的市已经制定的地方性法规，涉及本条第二款规定事项范围以外的，继续有效。"

（5）行政规章。包括地方政府规章和部门规章：地方政府规章指省、自治区、直辖市人民政府，较大的市（包括省、自治区的人民政府所在地的市，经国务院批准的较大的市和经济特区所在的市）的人民政府，依照法定权限和程序制定的法律规范。部门规章指国务院有关部门根据行政管理的需要，依照法定权限和程序制定的法律规范。

（6）标准。标准包括国家标准、行业标准和地方标准。标准是对法律、法规的细化和补充。

（7）国际条约。指两个或两个以上国家或国际组织之间缔结的、确定其相互关系中权利和义务的各种协议。

二、职业健康法律法规发展及特征

（一）发展

中国职业健康法律制度的建立与完善，与党的安全生产政策有密切关系。在过去很长一段时期，中国的法制很不完备，在没有职业健康法律法规的情况下，只能依照国家的安全生产政策指导职业健康工作。这时的安全生产政策实际上已经起到了法律法规的作用，被赋予了一种新的属性。这种属性是国家所赋予的而不是政策本身就具有的。

随着中国法制建设进程的快速发展，有关职业健康方面的法律、法规已逐步完善，用法制的手段来实施国家宏观职业健康管理和用人单位职业健康管理，已经成为现实并发挥着重要的作用。

（二）特征

1. 保护对象的明确性

中国的职业健康法律、法规有明确的保护对象，就是要切实保护劳动者和生产经营人员的生命安全、身体健康，保护国家、集体和个人的生产资料、财产安全。

2. 强制性

中国职业健康法律、法规具有明显的强制性特征。这种强制性是同任意性（随意性）相对应的概念。当涉及劳动者的生命安全和身体健康问题时，职业健康法律法规就明确了行为规范，包括命令性规范、禁止性规范。用人单位对职业健康法律法规的这些强制性规范就必须贯彻执行；否则，对产生违法违规的行为的用人单位及其个人要追究、法律责任，使其受到法律制裁。

3. 技术性

职业健康法律法规大量涉及自然科学和社会科学领域知识，因此既具有政策性的特征，又具有科学技术性的特征。

三、职业健康法律法规作用

1. 为保护劳动者身体健康提供法律保障

职业健康法律法规以保障劳动者在生产中的身体健康为目的。它不仅从管理上规定了人们的行为规范，也从技术上、设备上规定了实现职工健康所需的物质条件。

多年来的实践及教训表明：切实维护劳动者的职业健康合法权益，单靠思想教育是远远不够的，还要从国家宏观管理层面上，通过立法，建立和完善一系列职业健康法律法规并强化相关的宏观管理。在企业管理层面上，用人单位要依靠职业健康法律法规的强制力、通过落实主体责任，科学办事，尊重自然规律、经济规律和生产规律，高度重视劳动者的生命安全和身体健康，保证劳动者在符合职业安全和职业健康的条件下进行生产作业。

2. 推动政府和企业实施法制化管理

职业健康法律法规中有大量针对国家机关部门、地方各级人民政府、中介服务机构做出的规定。这样做是为了规范政府履行法律所赋予的管理职责、管理权限，依法实施职业健康管理。

职业健康法律法规中更有大量内容是针对用人单位的。内容明确规定了用人单位实施职业健康管理、用人单位的劳动者承担职业健康的法定责任和义务等。用人单位应承担起职业健康管理的主体责任，必须培训、教育其劳动者严格履行法定责任和义务。用人单位应依照职业健康法律法规的各项规定，遵循科学管理，尊重自然规律、经济规律和生产规律，尊重劳动者，实施法制化管理，确保本企业劳动条件符合法律法规的规定，确保劳动者的生命安全和身体健康。

3. 促进企业的职业健康管理规范化

职业健康法律法规对用人单位的一系列针对性规定，有力促进用人单位强化法制意识，在认真学习、全面理解的基础上，认真贯彻、执行。由于职业健康法律法规具有约束力、强制性的特征，因此用人单位应该把法律法规要求融入本单位的管理制度，形成本单位完整的、科学的、可行的制度体系，依靠制度规范管理。

四、职业健康法律体系

目前，我国并无职业健康法律体系的官方解释，但根据科技名词术语对"教育法律体系"的定义，本书提炼出职业健康法律体系定义。职业健康法律体系是指一个国家的全部现行职业健康法律规范在共同原则指导下形成的具有内在协调一致性的法律整体。

目前中国专门的职业健康法律为《职业病防治法》，但在其他多部法律中也有不同程度、不同内容的职业健康规定。例如《劳动法》《妇女权益保障法》《劳动合同法》等。而详细、具体的职业健康管理规定则体现在职业健康的法规和标准之中。依据国家机关的立法权限和法的效力等级不同，我国职业健康法律体系的层级包括以下内容。

1. 《宪法》中相关规定

《宪法》中与职业健康相关的规定。

2. 法律

主要包括《职业病防治法》《劳动法》《妇女权益保障法》《矿山安全法》《煤炭法》等。

3. 行政法规

主要包括《国家职业病防治规划（2016—2020 年）》《国务院关于实施健康中国行动的意见》等。

4. 地方性法规

例如，《北京市职业病防治卫生监督条例》《山东省职业病防治条例》等。

5. 行政规章及规范性文件

例如，为加强尘肺病预防控制和尘肺病患者救治救助工作，切实保障劳动者职业健康权益，国家卫生健康委等 10 部门联合制定的《尘肺病防治攻坚行动方案》（国卫职健发〔2019〕46 号）。

6. 国标行标

职业健康标准是以保护劳动者健康为目的、按照职业健康法律、法规的相关规定，对职业健康管理、施工作业场所劳动条件、职业健康环境、职业健康防控设备设施等方面做出的规定。例如，国家标准《职业健康安全管理体系要求及使用指南》（GB/T 45001—2020）、行业标准《船员职业健康和安全保护及事故预防》（JT/T 1079—2016）等。

7. 国际公约

涉及职业健康方面的国际公约，一般指由国际劳工组织从事国际劳工立法所制定的国际劳工公约。其是国际公约的一个组成部分。国际劳工组织以出席国际劳工大会三分之二以上代表表决通过的方式制定国际劳工公约，此后，经会员国自主决定，可在任何时间履行批准手续，即对该国产生法律约束力，对不批准的国家则无约束力。我国已经批准并执行的国际劳工安全公约有 26 个（详见附录十）。

第四节　职业健康监管体制

职业健康监督管理体制，是国家对职业病防治实施监督管理采取的组织形式和基本制度。它是国家职业病防治法律规范得以贯彻落实的组织保障和制度保障。

自新中国成立以来，由于历史的原因，中国职业病防治监督管理体制发生数次重大变化，存在不同形式，经历了曲折的历程。

一、中国职业健康监管体制历史沿革

1. 第一阶段：自新中国成立至 1998 年

在这期间，职业健康监督管理工作主要以劳动部门为主，由国家劳动部门和国家卫生部门共同负责。

1949 年 9 月，第一届中国人民政治协商会议通过的《共同纲领》明确规定"实行工矿检查制度，以改进工矿安全和卫生设备。由劳动部进行监督检查、综合管理"。

新中国成立后，中央人民政府于 1949 年 11 月 2 日组建了中华人民共和国劳动部，在劳动部下设劳动保护司，负责全国的劳动保护工作。

1970 年 6 月，劳动部与国家技委合并后，改为劳动保护组。

1975 年 9 月，国家劳动总局成立。

1979 年 6 月，劳动保护组改为劳动保护司，1982 年 5 月改为劳动人事部劳动保护局。

1988 年，根据七届人大一次会议批准的国务院机构改革方案，撤销劳动人事部，组建劳动部。新组建的劳动部是国务院领导下的综合管理全国劳动工作的职能部门。劳动部下设职业安全卫生监察局，是劳动部综合管理全国职业安全健康工作的职能部门。劳动部职业安全卫生监察局的主要职责包括：①监督检查执行职业卫生法规情况；②调查研究和掌握企业职业卫生状况，并提出对策；③综合管理新建、改建、扩建企业和老企业改造中工程项目的职业安全卫生"三同时"的监察工作；④管理职业安全卫生技术措施经费、行业试点和组织职业卫生技术措施综合评价；⑤统计分析职业病的情况并提出对策；⑥管理乡镇企业的职业卫生工作；⑦处理女工、未成年工保护、工时休假、保健食品、提前退休和职业卫生的专业培训、考核发证等日常工作。

2. 第二阶段：1998—2003 年

为适应社会主义市场经济体制建设的需要，1998 年 6 月 17 日，国家政府机构按"政企分开""精简、统一、效率"的原则进行大幅度调整。职业卫生监管职能发生了重大变化：将劳动部承担的职业卫生监察（包括矿山卫生监察）职能交由卫生部承担。

3. 第三阶段：2003—2018 年

为了更好地保护广大劳动者的人身健康和安全，2001 年，国家安全生产监督管理局成立，负责全国的安全生产监管工作。2005 年，国家安全生产监督管理局升格为国家安全生产监督管理总局，为国务院直属机构。

2003 年 10 月 23 日，中央机构编制委员会办公室下发了《关于国家安全生产监督管理局（国家煤矿安全监察局）主要职责内设机构和人员编制调整意见的通知》（中央编办发〔2003〕15 号），该"通知"对职业卫生监管的职责进行了调整。

为了做好全国的职业卫生监管工作，卫生部、国家安全监管总局经认真研究、协商，对两个部门职业卫生监管的职责分工达成共识，并于 2005 年 1 月联合下发了《关于职业卫生监督管理职责分工意见的通知》（卫监督发〔2005〕31 号）。

自 2003 年 10 月到 2018 年 3 月，我国的职业健康管理工作由国家安全监管总局全面负责。

4. 第四阶段：2018 年 3 月至今

2018 年 3 月，第十三届全国人大一次会议在北京召开。会议决定，不再保留国家安全生产监督管理总局，组建中华人民共和国国家卫生健康委员会。

国务院机构改革方案明确指出，人民健康是民族昌盛和国家富强的重要标志。为推动实施健康中国战略，树立大卫生、大健康理念，把以治病为中心转变到以人民健康为中心，预防控制重大疾病，积极应对人口老龄化，加快老龄事业和产业发展，为人民群众提供全方位全周期健康服务。方案提出，将国家卫生和计划生育委员会、国务院深化医药卫生体制改革领导小组办公室、全国老龄工作委员会办公室的职责，工业和信息化部《烟草控制框架公约》的牵头履约工作职责，国家安全生产监督管理总局的职业健康监督管理职责整合，组建国家卫生健康委员会，作为国务院组成部门。

二、国家职业健康监督管理机构和职责

随着党和政府对职业病防治工作越来越重视，国家职业健康监督管理机构不断强化、职业健康监督管理职能职责更加明确。

1. 法律授权实施职业健康监督管理的机构

《职业病防治法》（2018 年修订）第九条明确规定："国务院卫生行政部门、劳动保障行政部门依照本法和国务院确定的职责，负责全国职业病防治的监督管理工作。国务院有关部门在各自的职责范围内负责职业病防治的有关监督管理工作。"

2. 职业健康监督管理职责

2018 年 9 月《国家卫生健康委员会职能配置、内设机构和人员编制规定》明确了职业健康司职责："拟订职业卫生、放射卫生相关政策、标准并组织实施。开展重点职业病监测、专项调查、职业健康风险评估和职业人群健康管理工作。协调开展职业病防治工作。"

三、地方政府部门监管职责

1. 法律赋予的监管职责

《职业病防治法》第九条明确规定："县级以上地方人民政府卫生行政部门、劳动保障行政部门依据各自职责，负责本行政区域内职业病防治的监督管理工作。县级以上地方人民政府有关部门在各自的职责范围内负责职业病防治的有关监督管理工作。

县级以上人民政府卫生行政部门、劳动保障行政部门（以下统称职业卫生监督管理部门）应当加强沟通，密切配合，按照各自职责分工，依法行使职权，承担责任。"

2. 行政规章赋予的监管职责

《工作场所职业卫生管理规定》（中华人民共和国国家卫生健康委员会令 第 5 号）第三十八条明确规定："卫生健康主管部门应当依法对用人单位执行有关职业病防治的法律、法规、规章和国家职业卫生标准的情况进行监督检查，重点监督检查下列内容：

（一）设置或者指定职业卫生管理机构或者组织，配备专职或者兼职的职业卫生管理人员情况；

（二）职业卫生管理制度和操作规程的建立、落实及公布情况；

（三）主要负责人、职业卫生管理人员和职业病危害严重的工作岗位的劳动者职业卫生培训情况；

（四）建设项目职业病防护设施'三同时'制度落实情况；

（五）工作场所职业病危害项目申报情况；

（六）工作场所职业病危害因素监测、检测、评价及结果报告和公布情况；

（七）职业病防护设施、应急救援设施的配置、维护、保养情况，以及职业病防护用品的发放、管理及劳动者佩戴使用情况；

（八）职业病危害因素及危害后果警示、告知情况；

（九）劳动者职业健康监护、放射工作人员个人剂量监测情况；

（十）职业病危害事故报告情况；

（十一）提供劳动者健康损害与职业史、职业病危害接触关系等相关资料的情况；

（十二）依法应当监督检查的其他情况。"

四、用人单位职业健康管理职责

（一）机构设置

1. 煤矿单位职业健康管理机构设置

《煤矿作业场所职业病危害防治规定》（国家安全监管总局令 第 73 号）明确规定了煤矿单位职业健康管理机构的设置，即煤矿应当设置或者指定职业病危害防治的管理机构，配备专职职业卫生管理人员。

2. 非煤单位职业健康管理机构设置

《工作场所职业卫生管理规定》第八条规定了除煤矿以外用人单位的职业健康管理机构设置。

（1）职业病危害严重的用人单位，应当设置或者指定职业卫生管理机构或者组织，配备专职职业卫生管理人员。

（2）存在职业病危害的用人单位，劳动者超过 100 人的，应当设置或者指定职业卫生管理机构或者组织，配备专职职业卫生管理人员；劳动者在 100 人以下的，应当配备专职或者兼职的职业卫生管理人员，负责本单位的职业病防治工作。

（二）职业健康管理职责

1. 用人单位主要负责人的职责

根据《职业病防治法》《工作场所职业卫生管理规定》《煤矿作业场所职业病危害防治规定》等法规的规定，用人单位主要负责人对本单位职业病防治工作全面负责，是本单位职业病危害防治工作的第一责任人。

2. 用人单位职业健康主体责任

《工作场所职业卫生管理规定》和《煤矿作业场所职业病危害防治规定》明确了用人单位是职业病防治的责任主体，并对本单位产生的职业病危害承担责任。

3. 用人单位职业健康管理职责

根据相关法律法规的要求，为切实保障劳动者的职业健康，用人单位职业健康管理职责一般包括：

（1）全面贯彻、执行国家职业健康法律、法规和标准；贯彻执行地方职业健康法规和上级职业健康相关工作要求。

（2）建立、健全职业病危害防治领导机构、管理机构和检查机构，配备职业健康管理人员，有效开展工作。

（3）制定职业病危害防治规划（跨年度）、工作计划（本年度）和实施方案；建立、健全职业健康管理制度和操作规程。

（4）工作场所生产条件必须符合国家职业健康法律、法规和相关标准的规定。

（5）依法依规进行职业病危害项目申报。

（6）保障职业病危害防治的资源投入（包括人力、物力、财力、技术、信息等）。

（7）建设项目的管理执行国家法律法规的职业卫生"三同时"制度。

（8）按照法律法规实施职业病危害的公示、告知、警示、标识管理。

（9）对一般操作人员、特种作业人员、管理人员和主要负责人有计划实施职业健康培训，使其具备相适应的知识和能力。

（10）按照国家相关标准的规定为劳动者配备劳动防护用品。

（11）设置（配置）职业病危害防治报警装置、现场急救设施（用品），依照制度实施维护、检修、保养等管理工作，确保有效运行。

（12）按照法规、标准和制度规定的频次，对作业场所职业病危害因素实施日常检测、定期检测和评价。

（13）工作场所使用有毒物品的，依法申请办理职业卫生安全许可证。

（14）严禁将产生职业病危害的作业转移给不具备职业危害防护条件的单位和个人。

（15）优先采用有利于防治职业病危害和保护劳动者健康的新技术、新工艺、新材料、新设备，逐步替代产生职业病危害的技术、工艺、材料、设备。

（16）对接触职业病危害的劳动者，按照规定的周期和频次进行"四期"（上岗前、在岗期间、离岗时和应急时）职业健康检查。

（17）依法依规做好职业禁忌管理和女职工特殊劳动保护。

（18）为劳动者建立职业健康监护档案，当劳动者有需求时，如实、无偿提供复印件。

（19）按照法律法规的相关规定建立健全职业卫生档案。

（20）编制职业病危害事故应急救援预案，定期组织应急演练。

（21）发生职业病危害事故，及时报告并组织应急救援。严格按照"四不放过"原则对职业病危害事故实施管理。

（22）发现职业病病人或者疑似职业病病人时，应及时报告，并确保劳动者及职业病病人在职业病诊疗、鉴定、康复、工作、工资、福利等方面的合法权益。

（23）依法参加工伤保险，严格执行国家对劳动者的劳动保护法规和政策。

（24）定期和不定期实施职业病危害防治监督检查，严格查处违法违规行为。

（25）自觉接受并配合上级部门的职业健康监督检查。

（26）法律、法规及上级规定的其他职业健康管理职责。

（三）国家职业病危害风险程度分类

国家卫健委对《建设项目职业病危害风险管理目录》（安监总安健〔2012〕73号）进行了修订，形成了《建设项目职业病危害风险分类管理目录》（国卫办职健发〔2021〕5号）。本书将目录中的风险严重行业列出，仅供参考：①牲畜饲养（牛、羊）；②畜牧专业及辅助性活动（牛、羊）；③烟煤和无烟煤开采洗选；④褐煤开采洗选；⑤其他煤炭采选；⑥石油开采；⑦含硫天然气开采；⑧铁矿采选；⑨锰矿、铬矿采选；⑩其他黑色金属矿采选；⑪常用有色金属矿采选；⑫贵金属矿采选；⑬稀有稀土金属矿采选；⑭土砂石开采；⑮化学矿开采；⑯石棉、石英砂及其他非金属矿采选；⑰煤炭开采和洗选专业及辅助性活动；⑱石油和天然气开采专业及辅助性活动；⑲其他开采专业及辅助性活动；⑳其他采矿业；㉑皮革鞣制加工；㉒皮革制品制造；㉓毛皮鞣制及制品加工；㉔制鞋业（特殊*）；㉕人造板制造；㉖本质家具制造；㉗纸浆制造；㉘造纸；㉙印刷（特殊*）；㉚工艺美术及礼仪用品制造（雕塑、金属、漆器、珠宝*）；㉛体育用品制造（高尔夫球制品）等146种。其他未列出行业为风险一般行业。

第二章 职业健康管理制度体系建设

第一节 概 述

一、制度

制度，或称为建制，是社会科学层面的概念。制度的概念被广泛应用到社会学、政治学、经济学、管理学等范畴之中。制度的内涵丰富，其基本概念有广义和狭义之分。

1. 广义的制度

广义的制度一般是指在特定社会范围内统一的、调节人与人之间社会关系的一系列习惯、道德、法律（包括宪法和各种具体法规）、戒律、规章（包括政府制定的条例）等的总和。整个社会通过制度来规范所有的个体行动，其制度的运行彰显着一个社会的秩序。

广义的制度由社会认可的非正式约束、国家规定的正式约束和实施机制3个部分构成。广义的制度载体是多样的，包括各种行政法规、章程、制度、公约等。

2. 狭义的制度

狭义的制度也称规章制度，是国家机关、社会团体、企事业单位为了维护正常的工作、劳动、学习、生活的秩序，保证国家各项法律、法规、政策、相关要求的顺利执行，按照法律、法令、政策而制订的具有法规性、指导性、约束力的应用文，要求其成员共同遵守的规章或准则。

狭义的制度形式是应用文。但其载体包括行政公文发放、书面张贴或发放、书面悬挂、电子版悬挂等。目前用人单位的管理制度多为以行政文件（或党政文件）形式下发。

狭义的制度被广泛使用，大至国家机关、社会团体、各行业，小至各用人单位及其部门、基层车间。它是国家法律、法令、政策的具体化，是用人单位实施管理的基础和平台，是员工行动的准则和依据。

3. 制度的基本特征

狭义的制度具有以下基本特征：

（1）科学性和规范性。制度必须是科学的。制度本身规定的技术方面内容必须是成熟的、可靠的、先进的。制度本身规定的程序方面内容必须符合逻辑、必须符合事物发展的基本规律、必须符合管理学的基本要求。

（2）指导性和约束性。狭义的制度，其内容依据来源于法律、法规及相关政策，传递的是正能量，对用人单位管理人员的管理行为、管理活动，对操作人员的操作行为和操作活动等都做了程序上、方法上、措施上的指导和约束。

（3）鞭策性和激励性。制度本身具有弘扬正气的特征，通过广泛的宣传、教育、张贴、悬挂，通过制度内容本身的奖励措施等，鞭策和激励用人单位的管理人员、操作人员时时遵守纪律、遵守规章、努力学习、爱岗敬业、忠于职守。

二、制度体系

1. 定义

体系泛指一定范围内的或同类事物，按照一定的秩序和内部联系组合而成的、有特定功能的有机整体。

制度体系指若干制度按照一定的秩序和内部联系组合而成的整体。制度体系建设是用人单位管理工作的基础。它以一定的标准和规范来调整用人单位内部的生产要素，调动劳动者的积极性和创造性，提高用人单位的经济效益。

2. 职业健康管理制度体系

职业健康管理制度指用人单位执行和落实国家职业健康法律、法规和标准的基础，是用人单位实行科学管理和有效管理的平台。

职业健康管理制度体系指一系列职业健康制度按照一定的秩序和内部联系组合成的整体，按照一定的标准和规范对职业健康进行管理。

党和国家近年来逐步加强了职业健康的法治管理，统筹兼顾安全管理和职业病防治管理工作，建立、完善了用人单位职业健康监督体系和保障机制；建立了激励约束机制，实施职业健康的规范化管理，从源头控制各类职业有害因素，改善作业环境和生产条件，保障劳动者身心健康，实现了用人单位工作由安全型向安全健康型的转变，逐步把安全管理工作由安全为中心过渡到安全和健康并举。这是各用人单位当前面临的新形势、新任务。因此，完善用人单位的职业健康管理制度体系，规范职业健康管理工作十分迫切。

三、职业健康管理制度的必要性

1. 是用人单位贯彻执行国家职业健康法律法规的需要

用人单位的职业健康管理是企业管理的重要组成部分。国家所颁发的一系列职业健康管理的法律、法规、部门规章和地方政府行政规章等，都需要用人单位全面、认真地贯彻执行。而贯彻执行的重心下移，就需要依靠管理制度这个载体来实现。用人单位职业健康管理制度是职业健康法律、法规、规范、标准在用人单位的延伸和细化。

2. 是用人单位承担职业健康管理主体责任的需要

用人单位是职业健康的责任主体。用人单位落实主体责任，一个重要的基础工作就是建立健全职业健康管理制度。

职业健康管理是一个复杂的系统工程，涉及管理的多个环节、多个层次和多个方面。目前我国存在职业病危害因素的用人单位，虽然其组织内部的管理层次、管理部门、管理岗位不尽相同，但是都需要依靠职业健康管理制度来承担不同的管理职责、管理任务，更要通过制度实施职业健康的科学管理、全面管理。只有用人单位的各层级、各部门、各岗位的职业健康责任得以落实，用人单位的主体责任才能够真正全面落实。

3. 是提高用人单位职业健康管理水平的需要

由于职业健康涉及的管理内容多，因此需要通过事先建立制度来分别明确不同层次、不同部门、不同岗位的管理职责和管理权限；要全面分解职业健康法律、法规的各项要求，细化部门的职业健康管理任务和管理目标，实现科学化管理；要通过制度来规范用人单位的管理行为和劳动者的操作行为，不论是管理部门还是管理者、操作者，应该有明确的制度内容来指导应该做什么、按什么程序做、按什么方法做、在什么时限做、达到什么标准等。

用人单位应通过职业健康制度所具有的约束性特征，来有效限制职业健康管理的随意性。同时，制度内容应与时俱进，紧跟职业健康法律法规、科学技术、管理技术的更新，不断充实完善、持续改进，提高用人单位的职业健康管理水平，以确保职工的生命安全和身体健康。

因此，职业健康管理制度是用人单位的一项重要基础工作，十分重要、十分必要。

四、职业健康管理制度建立的基本原则

用人单位建立和完善职业健康管理制度的基本原则包括以下 7 个方面：

1. 符合性原则

用人单位所制定的职业健康管理制度，应按照国家职业病防治法律、法规等相关要求，分类别进行建立和完善。每一类管理制度及每一项管理内容必须与国家职业健康法律法规等相关要求保持一致，必须满足法律法规要求的基准规定，绝不可以相违背。

2. 适宜性原则

用人单位在制定职业健康管理制度时，要从实际出发，适宜于本用人单位的管理资源、管理环境、管理条件；应充分考虑本用人单位的生产规模、行业类型、组织机构、人员素质、职业病危害因素特征、管理模式、技术资源、管理资源、其他类别管理制度现状等因素，综合分析、统筹策划。

3. 科学性原则

用人单位所制定的职业健康管理制度，应遵从职业病防治的客观规律。其制度必须服从管理学的一般原理和方法，违反了便会导致职业健康管理的失误和管理效率低下。同时应注意，职业健康管理制度的内容凡是属于技术管理范畴的，那么规定则必须是科学的、成熟的、可靠的和先进的。

4. 必要性原则

用人单位在设计职业健康管理制度的体系时，应从本单位职业健康管理的实际需要出发，必要的制度一个不能少，但也应杜绝重复性和不必要的制度及内容，为企业减负。

职业健康管理的职能、职责必须界定清晰，应与本单位现行的管理部门机构框架设置、管理岗位设置相协调，所有管理制度应明确其执行的主体。制度的内容不应该引起管理工作的推诿和扯皮。多余、繁杂的管理制度只会扰乱企业正常的管理活动。

5. 实用性原则

用人单位所制定的职业健康管理制度，应密切结合现场生产、岗位操作、经营活动等实际。制度中的控制程序必须是科学的，制度中的措施必须具有可操作性，制度中的控制方式必须体现制约性和激励性，制度中的技术内容必须严密可靠，制度实施的资源条件应与用人单位的管理资源条件相一致。制度应具有激励机制的作用，充分鼓励管理对象发扬自我约束，避免过分使用强制性的手段。

6. 完整性原则

用人单位的职业健康管理制度应形成一套完整体系：完整满足国家职业健康法律法规的相关规定；完整覆盖本单位职业健康管理的所有责任部门及其管理活动；完整控制职业健康的管理细节；完整满足管理学的基本要素。

制度的基本要素一般应包括：管理的目的意义、编制依据、管理主责部门、管理协助部门、管理程序、管理内容、监督检查、考核方法、奖励处罚、责任追究、解释部门、修改权限等。

7. 先进性原则

用人单位在建立和完善职业健康管理制度时，应做好配套调查研究工作，既要总结本单位、本系统的职业健康管理经验，又要注重吸取本行业、其他行业、国内外先进的职业健康管理经验和管理成果，要敢于创新、持续改进，使本用人单位所建立的职业健康管理制度具有先进性。

五、用人单位建立完善职业健康管理制度基础依据

（一）法律法规依据

1. 法律法规及规范性文件依据

用人单位在建立完善其职业健康管理制度时，必须充分考虑国家最新、有效版本的职业健康法律、法规、规章，在充分收集、全面阅读、学习理解、精准掌握的基础上，把这些法律中所规定的与本用人单位相关的内容结合本单位实际细化、具化后纳入管理制度。

2. 标准依据

职业健康标准既是实施职业健康管理的重要技术文件，也是用人单位实施职业健康管理的重要依据。职业健康标准已经渗入职业病防治的各领域、各环节。因此，用人单位在建立完善其职业健康的制度时必须高度关注、高度重视。

3. 上级规定依据

职业健康管理的上级规定一般指上级的管理文件和管理制度。在这里，上级的概念既包括本用人单位的行政上级，也应该包括政府的卫生行政部门、劳动保障行政部门等。例如，国家卫健委下发有一系列职业健康管理的专项文件，国务院的几个部委也联合下发有职业健康管理文件［《尘肺病防治攻坚行动方案》（国卫职健发〔2019〕46号）］等。

4. 其他要求依据

用人单位在建立完善制度时，除应考虑以上3个方面的依据外，还应该考虑其他方面的职业健康要求，如包括相关方的一些诉求等。

（二）管理资源

用人单位在建立完善职业健康管理制度时，必须参考本单位的基础条件因素，确保有可靠的基础管理资源。这些基础管理资源和基础管理条件主要包括以下 5 个方面：①职业健康管理的技术资源和技术条件；②职业病危害因素的复杂程度和风险程度；③职业健康管理的组织机构、管理人员配置；④职业健康管理的物力、财力资源；⑤职业健康管理人员的素质、操作员工的素质等。

六、用人单位职业健康管理制度类别

用人单位的职业健康管理制度一般分为岗位职能制度和运行控制制度两种类型。

1. 岗位职能制度

岗位职能制度适用于用人单位具有长期性职业健康管理工作的岗位。其控制的对象是管理部门、管理岗位，又称之为职业健康岗位责任制度。

岗位职能制度的基本要求是：针对具体的某一个管理部门，首先以制度形式明确界定其职业健康管理职能，在此基础上，对承担有职业健康管理职能的各个岗位，明确其职业健康的管理职责。

职业健康的管理职责应涵盖用人单位的高管、各管理层级主管人员及涉及职业健康管理各个岗位的操作人员。

2. 运行控制制度

职业健康运行控制制度在用人单位内部具有法令性的特征，其控制的对象是各类职业健康管理活动。用人单位应按照职业健康法律法规、标准及其他要求的规定，对职业健康管理活动分类别建立制度，依靠制度实施职业健康管理，依靠制度控制职业健康的管理行为、操作行为和生产经营活动。

运行控制制度的基本要求是：应形成用人单位的制度体系，体系应完整覆盖职业健康管理的各层级、各环节、各系统的职业健康管理工作。

3. 两个制度的关系

职业健康的职能制度和运行控制制度是相辅相成的，是一个事物的两个方面，缺一不可。只有运行制度和岗位责任共同发挥作用，才能够有效实施职业健康的各项管理。

第二节　职业健康岗位责任制

《职业病防治法》（2018 年修订）第五条规定：**"用人单位应当建立、健全职业病防治责任制，加强对职业病防治的管理，提高职业病防治水平，对本单位产生的职业病危害承担责任。"**

一、用人单位主要负责人职业病危害防治岗位责任制

该制度的主要内容应包括：

（1）贯彻执行国家职业健康的法律、法规、标准等相关要求。

（2）设立职业病危害管理组织机构并配置人员。

（3）保证本单位职业病危害防治的资源投入，包括人力、物力、财力、技术、信息等方面的资源。

（4）定期主持召开职业健康会议，研究、部署和解决存在的问题。

（5）组织建立健全本单位职业病危害防治责任制、管理制度和操作规程。

（6）督促、检查本单位职业病危害防治工作。

（7）及时消除职业病危害事故隐患。

（8）组织编制、完善本单位职业病危害事故应急救援预案。

（9）及时、如实报告职业病危害事故。

（10）接受上级职业健康执法监察和监督等。

二、用人单位分管负责人职业病危害防治岗位责任制

该制度的主要内容应包括：

（1）协助本用人单位主要负责人做好职业健康管理工作。

（2）明确应承担的职业病危害防治具体管理职责（法律法规贯彻、文件贯彻、教育培训等）。

（3）组织职业病危害防治工作检查。

（4）组织职业病危害的隐患排查和整改。

（5）组织制定（修订）、审定职业病危害防治管理制度，并检查其执行情况。

（6）组织编制（修订）职业病危害事故应急救援预案并组织演练。

（7）向本单位负责人或职业病危害防治工作组做专题工作汇报。

（8）做好上级职业健康执法监察的组织和接待等。

三、专职（或兼职）职业病防治管理人员岗位责任制

该制度的主要内容应包括：

（1）执行职业病危害防治法律、法规、标准、制度和相关规定。

（2）个人岗位的管理业务和工作内容。

（3）日常职业病危害防治监督和检查。

（4）职业病危害防治技术管理。

（5）职业健康宣传、教育和培训。

（6）职业病危害事故的调查、统计、上报。

（7）职业健康资料管理和归档管理等。

上述管理内容可能被分布在不同管理岗位。

四、操作（生产）人员职业病危害防治岗位责任制

该制度的主要内容应包括：

（1）参加和接受职业病危害防治的培训、教育。

（2）依法依规承担和履行职业健康法律法规明确的义务。

（3）学习并掌握职业病危害防治技术知识。

（4）遵守职业病危害防治的法律、法规、规章制度和操作规程。

（5）及时、正确使用防护设施。

（6）发现职业病事故隐患及时报告、及时消除。

（7）正确佩戴、使用、保管个体劳动保护用品。

（8）不违章作业，并劝阻或制止他人违章作业行为。

（9）对违章指挥有权拒绝，并及时向单位领导汇报。

（10）工作场所有发生职业病危害事故时，及时报告，并停止作业，有组织撤离。

（11）依法维护个人职业健康权益等。

五、业务部门职业病危害防治管理职能

用人单位的业务部门，凡是承担有职业健康管理职能的，均应该以制度形式予以明确。该制度的主要内容应包括：

（1）执行国家职业病防治法律、法规、标准及其他相关要求的规定；执行上级职业病危害防治管理规定；执行本用人单位职业病危害防治制度。

（2）承担业务范围内的职业健康管理。

（3）对分管下属单位执行职业健康法律法规、规章制度的情况进行监督检查。

（4）负责拟定（或修订）分管业务范围的职业健康管理制度。

（5）参与制定职业病危害防治技术措施计划及相关技术措施。

（6）对作业场所职业病危害防治实施监督、管理。

（7）参与或组织职业病危害事故的调查、勘察。

（8）职业病数据统计和上报。

（9）接受上级的职业健康监督监察等。

第三节　职业健康运行控制管理制度

一、职业健康目标管理制度

职业健康目标管理是职业病防治的重要基础。

（一）职业健康目标管理概念

用人单位的职业健康目标，就是该用人单位应根据国家职业健康法律、法规、标准和相关要求，制定出具体的、量化的、能够客观衡量职业健康绩效的各项指标的组合。

（二）实施职业健康目标管理的意义

在职业健康管理方面，目标管理是目前世界各国企业广泛重视、普遍采用的一种管理制度。尽管国内外各类企业对目标管理的定义和具体实施的方法不同，但其实质都是根据目标进行管理，即围绕确定的目标和以实现目标为中心开展一系列的管理活动。

目标管理的意义在于使管理者以及被考核对象明确管理（工作）方向、管理（工作）重点，通过实施指标的量化考核，并通过激励机制、约束机制对管理（工作）状况进行监督，进行自我测评，使管理透明化、公开化，以提升管理绩效。

（三）职业健康目标管理的作用

（1）有利于落实中、长期发展规划。由于职业病危害防治是一项长期的艰巨任务，因此，职业健康工作是一项长期性的管理活动。依照国家职业健康相关法规的要求，用人单位都应该制定中长期的职业病危害防治规划，而要实现规划，就应当进一步制定分阶段的职业病危害防治目标。通常以年度确立其阶段目标，用人单位称之为年度职业病危害防治工作计划。通过计划的制定、实施、再制定、再实施和再提升的循环往复，企业来落实中长期职业病危害防治规划。

（2）有利于提高职业健康管理效率。一个用人单位职业健康管理效率的高低，与该用人单位职业健康管理部门和广大从业人员向目标努力的程度有密切关系。职业健康目标确定后，可以使用人单位各级管理部门和管理人员统一协调向预定目标前进，减少无效管理、无效消耗。同时，企业的监督机制、激励机制与职业健康目标管理制度相配套，共同发挥作用，促使管理人员、操作人员把自身潜能充分投身于管理和操作，提高工作效率。

（3）有利于管理职能和管理职责的落实。在用人单位建立职业健康总目标的基础上，各承担职业健康管理任务的部门和基层单位，应对总目标进行分解和细化，建立分层级、分单位、分部门的职业健康指标。在实施目标细化、分解的过程中，各部门、基层单位相应的责任和权利会达到有机统一，就必然促使用人单位各管理层次职责明确，从而减少相互推诿，提高管理的积极性和创造性。

（4）可衡量职业健康管理绩效。职业健康目标具有可以量化、便于考核的特性。用人单位通过对职业健康目标、指标的考核，就可以清晰度量职业健康的管理绩效：纵向对比，可以衡量每一年度的职业健康管理绩效；横向对比，可以比较部门之间、基层（分厂、区队、车间等）单位之间的职业健康管理状况、管理差距。

（5）可为管理决策提供参考信息。通过实施职业健康的目标管理和管理绩效的考核，本用人单位能够查找出职业健康工作与国家职业健康法律、法规和相关要求的差距，发现职业健康管理存在的问题，将这些信息反馈给决策层，对高层决策、提升管理意义重大。

（四）职业健康目标管理制度编制

1. 依据

用人单位拟定职业健康目标的依据有：

（1）《职业病防治法》第二十条等条款。

（2）《工作场所职业卫生管理规定》第十一条等条款。

（3）《煤矿工作场所职业病危害防治规定》第八条等条款。

（4）《煤矿安全生产标准化管理体系基本要求与评分方法（试行）》（第8、9部分职业病危害防治和地面设施标准）。

（5）国家和地方政府的职业病防治规划。

（6）国家和地方政府职业病防治管理相关要求。

（7）本单位以往职业健康绩效及职业健康目标的实现程度等。

2. 制度的指标内容

用人单位的规模大小、产业产品性质、管理层次复杂程度、职业病危害因素的复杂程度等因素，决定了其制度涉及的指标不尽相同。职业健康目标管理制度的常规指标一般包括：

（1）新发职业病的控制率及增长率控制。

（2）重大（或急性）职业病危害事故控制。

（3）慢性职业中毒控制。

（4）放射性职业疾病控制。

（5）职业健康培训指标控制（管理人员的培训率、特种作业人员的培训率、一般作业人员的培训率等）。

（6）职业病危害项目申报率。

（7）工作场所职业病危害告知率。

（8）工作场所警示标识的设置率。

（9）工作场所职业病危害因素监测频次及覆盖率。

（10）职业危害因素监测合格率。

（11）建设项目预评价及控制效果评价率。

（12）接触职业病危害人员的职业健康体检率。

（13）接触放射物质人员的个人剂量监测率。

（14）生产作业现场（岗位）监督检查覆盖率。

（15）职业病危害防护设备设施的完好率、使用率。

（16）违章违纪人员的查处率。

（17）事故查处结案率。

（18）从业人员工伤保险覆盖率。

（19）职业病患者诊治率。

（20）从业人员职业健康权益保障覆盖率等。

3. 编制工作要求

（1）目标、指标的理念具有先进性和科学性，依据具有充分性和可靠性，内容具有指导性和可操作性。

（2）编制的主责部门和业务部门相互配合。

（3）综合考虑拟定中长期规划、年度工作计划和年度实施方案的编制工作。

（4）为确保目标的完成，一并考虑相应的监督机制、激励和约束机制。

（5）所有目标和指标应逐一明确考核的主责部门、考核的程序和考核办法。

（6）目标、指标正式下发之前应履行征求意见、审查和批准的程序。

（7）以规范文本下发本制度。

二、劳动合同管理制度

劳动合同是劳动者与用人单位之间确立劳动关系、明确双方权利和义务的协议。《劳动法》《劳动合同法》规定用人单位的劳动合同应当以书面形式订立。

（一）劳动合同涉及职业健康的内容

依照《劳动合同法》等相关法规，用人单位的劳动合同中涉及职业健康的内容应包括：①劳动保护；②劳动条件；③职业病危害、职业病危害后果、职业病危害防护措施、职业病待遇。

（二）劳动合同制度的概念

劳动合同制度按其内涵有广义和狭义之分：

广义的劳动合同制度指专门用于规范劳动合同的相关内容的制度，称为劳动合同制度。

狭义的劳动合同制度指专门用于对劳动合同相关内容实施具体管理的规则，以书面形式予以规范。本书所指的劳动合同制度指狭义的制度。

（三）建立完善劳动合同制度的意义

（1）是用人单位的法定义务。《劳动法》和《劳动合同法》明确规定用人单位必须与劳动者签订劳动合同。《职业病防治法》又特别对劳动合同中的职业健康管理做出了明确规定。因此，实行劳动合同制度是用人单位的法定义务。

（2）尊重劳动，保护劳动者。在我国目前情况下，劳动关系主体双方中劳动者一方处于弱势地位，因而，通过实行劳动合同制度来尊重劳动、尊重劳动者，强调对劳动者的保护，同时也对用人单位的合法权益进行了保护。广大劳动者是社会主义国家的主人，切实保护广大劳动者的合法权益，是我国社会主义现代化建设的根本要求，也是社会主义制度生命力和优越性的体现。

（3）规范职业健康管理。劳动合同管理中有多项内容涉及职业健康，而这些内容均来源于国家相关法律、法规，即把国家对职业健康的法制内容变成用人单位的制度内容，依靠企业制度推进实施规范的职业健康管理。

（四）劳动合同管理制度编制依据

（1）法律。主要有《安全生产法》《职业病防治法》《劳动法》等。

（2）法规。主要有《使用有毒物品作业场所劳动保护条例》（国务院令 第352号）、《女职工劳动保护特别规定》（国务院令 第619号）等。

（3）国家部门行政规章。主要有《职业病诊断与鉴定管理办法》（国家卫健委令 第6号）、《工作场所职业卫生管理规定》（国家卫健委令 第5号）、《用人单位职业健康监护监督管理办法》（安全监管总局令 第49号）、《建设项目职业卫生"三同时"监督管理暂行办法》（安全监管总局令 第51号）、《煤矿作业场所职业病危害防治规定》（安全监管总局令 第73号）等。

（五）劳动合同管理制度编制

主要应明确以下8个方面的管理内容：

（1）劳动合同管理的责任部门。

（2）劳动合同的文本格式。

（3）劳动合同内容的完整性和符合性。包括：①工作（劳动）时间（劳动者每日时间、每周平均时间、需要延长的时间等权益和限制）；②休息和休假（劳动者每周的休息日、法定节假日的休假等）；③职业安全和职业健康（工作场所安全生产条件和职业卫生条件保障、职业病危害告知、职业病危害后果告知、职业病防护措施告知、职业病防护个体用品保障、职业健康体检、职业安全和职业健康培训、职业安全和职业健康权利、遵守劳动纪律义务、遵守制度和规程措施的义务；女职工和未成年工特殊劳动保护等）；④劳动报酬和相关待遇。

（4）劳动合同的程序管理。包括：签订条件和程序；变更条件和程序；终止条件和程序；解除条件和程序；执行程序。

（5）劳动争议的处理。

（6）违反劳动合同的责任划分及其追究。

（7）劳动合同的查询路径。

（8）劳动合同的档案管理等。

三、职业健康投入保障管理制度

职业健康投入的目的是通过设置（或增加）职业病防治的设备设施，更新职业病防治装备（包括器材、仪器、仪表等），采用职业病防治新技术（包括新工艺、新材料、新管理方法等），加强职业健康培训教育等系列化的措施，使用人单位职业健康生产条件符合国家职业病防治法律、法规、标准的基本规定，为职业病危害防治和劳动者的身体健康保障打下物质基础。

（一）职业健康投入保障的法规要求

（1）《职业病防治法》第二十一条：**"用人单位应当保障职业病防治所需的资金投入，不得挤占挪用，并对因资金投入不足导致的后果承担责任。"**

（2）《煤矿作业场所职业病危害防治规定》第十八条对职业健康投入保障有明确规定：**"煤矿应当保障职业病危害防治专项经费，经费在财政部、国家安全监管总局《关于印发〈用人单位安全生产费用提取和使用管理办法〉的通知》（财企〔2012〕16号）第十七条（十）'其他与安全生产直接相关的支出'中列支。"**

（二）职业健康投入保障基本分类

职业健康的投入保障一般包括以下8个类别：

（1）管理活动投入保障。主要包括职业健康宣传和教育、职业健康培训（内部的培训和外委的培训等）、日常性职业健康管理、职业健康日常应急管理、职业健康奖励等方面的费用。

（2）技术和装备投入保障。主要包括职业病防治设备设施的购置、设备设施的维修和保养、监测仪器仪表的购置、警示标识（其他标识等）的购置等费用。

（3）隐患整改投入。在职业健康管理工作中查处的某些隐患，其整改可能涉及需要做工程项目，或者需要在技术、工艺、原材料、设备设施等方面进行投入。

（4）技术咨询费用。职业健康涉及的检测、评价、检验、验收等方面的费用。

（5）职业健康监护和健康体检投入。涉及劳动者的职业健康监护管理费用、职业健康"四期"（上岗之前、在岗期间、应急时、离岗时）职业健康体检费用等。

（6）劳动防护用品投入。涉及劳动者个人佩戴、使用的职业病防治防护用品的投入。

（7）应急抢险投入。在发生职业病危害事故时实施应急救援、应急抢险发生的费用，以及后期处置发生的费用。

（8）其他费用。涉及对职业病预防、控制、治疗、康复、赔偿等方面的费用等。

（三）制度主要内容

用人单位应建立职业健康投入保障管理制度，其制度主要内容应包括：

（1）职业病危害防治经费的来源（保障渠道）。

（2）经费的用途（项目、范围等）。

（3）经费保障的主责部门、费用的使用部门、对费用使用实施监督管理的部门及其职责。

（4）经费计划的编制和审批程序。

（5）经费提取、使用、监督、效益发挥等程序。

（6）责任追究和处罚等。

（四）建立完善制度的基本要求

1. 提高对职业健康投入重要性和必要性认识的要求

目前，相当一部分用人单位对生产安全事故的防范投入比较重视，但往往忽视职业病防治的投入保障。企业应尽快改变这种重视安全事故管理、忽视职业健康管理的倾向，必须提高对职业健康管理重要性的认识，必须加强职业健康的投入，在职业病的前期预防方面下功夫。

2. 系统分析单位存在职业病危害因素的要求

职业病危害因素是导致职业病的根源。准确地分析和判定本用人单位所存在的职业病危害因素，是职业健康投入的基础性工作，也是职业健康管理工作的基础。

职业病危害因素按其来源一般分为生产工艺过程中的有害因素、劳动过程中的有害因素和生产环境中的有害因素 3 类。职业病危害因素根据国家的分类目录包括粉尘、化学因素、物理因素、放射性因素、生物因素和其他因素 6 类。

职业病危害因素的来源是多方面的：既包括生产中使用的原料、材料和辅料，也包括生产的产品、中间产品或副产品；有可能是生产过程中产生的废气、废物，也有可能是来源于工艺、技术等。

3. 加大职业病危害防治技术投入的要求

制度的制定可督促企业加大对职业病危害防治技术的投入。技术投入就是依靠科技，采用先进的生产技术手段和先进装备、先进的职业病危害防治设施等。职业病危害防治技术应具有针对性，即针对本用人单位主要的职业病危害因素实施治理。职业病危害防治技术一般包括：

（1）有毒物质控制技术。有毒物质物理存在的形态包括气体、固体和液体。由于有毒危险化学品一般还具有易燃、易爆、腐蚀等特征，所以应在生产、加工、销售、运输、装卸、库存、使用等多个环节采用技术严格控制，切实预防职业中毒事故发生。

（2）生产性粉尘危害防治技术。不少的用人单位存在工业粉尘，采用工程技术消除和降低粉尘危害是治本对策。工业粉尘的防治技术包括进行合理工程设计；改革工艺流程，逐步实现生产过程机械化、密闭化、自动化，采用湿式作业方式；对不能采取湿式作业的场所，可采取除尘综合技术（密闭、抽排等），加强个体防护和个人卫生等。

（3）物理性职业病危害防治技术。一些用人单位存在着大量的物理职业病危害因素。物理性的职业病危害防治技术应包括对噪声、高温、低温、低气压、高气压、振动、激光、微波、紫外线、红外线、高原低氧、工频电磁场、高频电磁场、超高频电磁场等方面的治理技术。

（4）放射性职业病危害防治技术。我国的多种行业都存在着放射性物质的职业病危害，如果防护措施不当，就可能使职工患上放射性职业病。可能导致放射性职业病的行业包括石油和天然气开采业、有色金属矿采选业、造纸及纸制品业、无机酸制造业、有机化工原料制造业等。

具体的放射防护技术包括：①基础管理，定期对放射工作场所及其周围环境进行放射防护检测和检查；②储存管理技术，储存放射性同位素必须符合放射防护要求，并不得超过该储存场所防护设计的最大储量；放射性同位素不得与易燃、易爆、腐蚀性物品同库储存，储存场所应当采取有效的防护措施，并安装相应的报警装置等；③使用场所技术，配备与使用场所相适应的防护设施、设备及个人防护用品；按照国家标准规定的周期、频次进行辐射水平检测；开放型放射性同位素工作场所工作人员应当做好个人防护，每次操作离开时，应当进行个人体表及防护用品的污染检测，发现污染要立即处理，并做好记录存档等；④设备设施管理技术，使用单位应当配备必要的质量控制检测仪器，并按规定进行质量保证管理；⑤诊断治疗管理技术，如放射诊断、治疗装置的防护性能和与照射质量有关的技术指标，应当符合有关标准要求。

（5）煤矿职业病危害防治技术。煤矿是职业病的高发区和重灾区，主要存在的职业病危害包括3个大类：即粉尘类（煤尘、岩尘、水泥尘等）、化学物质类（氮氧化物、碳氧化物、硫化氢等）、物理因素类（噪声、高地温）。

煤矿的职业病危害防治技术包括煤尘的快速监测技术，防尘洒水技术，预先湿润煤体技术，湿式钻眼技术，爆破作业中的降尘技术，捕尘、抽尘和降尘的自动化技术，风流净化技术，降噪技术（吸声、消声、隔声等），高地温控制技术（通风降温、制冷机组降温等），防治化学毒物的职业中毒技术（自动连续监测、系统通风、局部通风）等。

4. 加强职业健康管理"软件"投入的要求

职业健康"软件"指用人单位管理的各项制度、作业标准、作业规程、操作规程的总和。制度可规范企业建立和健全这些"软件"系统，并且不断完善、更新这些"软件"，不断吸收和创新管理技术，保证"软件"运行的规范化、标准化、法制化。

5. 加强人力资源投入的要求

职业健康人力资源的投入主要包括建立完善的职业健康管理机构，配足胜任的管理人员。由于职业健康管理的专业性较强，企业要多抽调那些爱岗敬业、坚持原则、敢于负责、有专业知识、有管理经验的人员进入职业健康管理机构和管理岗位。该制度的制定将促使企业加强人力资源投入。

6. 加大职业健康素质投入的要求

职业健康管理水平和操作技能的高低直接影响着用人单位的职业健康绩效。制度会督促企业管理者通过多种形式、持续不断的宣传教育和职业培训，不断提升全体劳动者的职业健康意识，提升管理人员的管理素质，造就一支懂业务、会管理、敢负责、精操作的职业健康管理队伍和员工队伍。

7. 加大劳动保护和职业健康监护投入的要求

（1）制度的制定会约束企业加大下列投入：优先采用有利于防治职业病和保护劳动者健康的新技术、新工艺、新设备、新材料，逐步淘汰职业病危害严重的技术、工艺、设备、材料。

（2）对可能发生急性职业损伤的有毒、有害工作场所，用人单位会按照国家相关法规的规定设置报警装置，配置现场急救用品、冲洗设备，设立应急撤离通道和必要的泄险区。

（3）用人单位会对从事接触职业病危害作业的劳动者，按照规定的周期和频次组织"四期"职业健康检查，建立和完善职业健康档案，杜绝发生职业禁忌作业，依法保证劳动者的职业健康权益。

8. 加大职业健康监督检查力度的要求

制度会使用人单位诚恳接受国家卫生行政机构、劳动保障机构的检查并予以支持配合；加大职业健康监督检查的工作力度，把职业健康和安全生产的监督检查并轨管理，放在同等重要的位置。

四、建设项目职业卫生"三同时"管理制度

（一）编制依据

（1）《工作场所职业卫生管理规定》第十一条："存在职业病危害的用人单位应当制定职业病危害防治计划和实施方案，建立、健全下列职业卫生管理制度和操作规程：……（八）建设项目职业病防护设施'三同时'管理制度；……"

（2）《建设项目职业病防护设施"三同时"监督管理办法》（国家安全监管总局令 第90号）第四条的规定。

（3）《煤矿作业场所职业病危害防治规定》第三章等章节。

（二）主要管理内容

用人单位应明确制度包含以下10点主要内容：

（1）管理责任部门及管理负责人。

（2）建设项目日常管理。

（3）职业病危害预评价管理程序。

（4）职业病防护设施的设计管理。

（5）职业病防护设施建设期间的管理。

（6）职业病防护设施费用管理程序（包括对费用使用的监督检查等）。

（7）职业病危害控制效果评价管理程序。

（8）建设项目竣工验收管理程序。

（9）建设项目相关资料的管理。

（10）接受上级的职业卫生监督监察等。

五、职业病危害项目申报管理制度

（一）编制依据

（1）《职业病防治法》第十六条："国家建立职业病危害项目申报制度。用人单位工作场所存在职业病目录所列职业病的危害因素的应当及时如时向所在地卫生行政部门申报危害项目接受监督。"

（2）《职业病危害项目申报办法》。

（3）《煤矿作业场所职业病危害防治规定》第四章等章节。

（4）国家职业病危害因素管理相关技术标准等。

（二）主要管理内容

制度应明确以下主要管理内容：

1. 申报责任

申报的主责部门、申报工作负责人。

2. 申报内容

非煤矿行业的用人单位应按照《职业病危害项目申报办法》的要求明确申报资料类别，明确资料准备的责任部门。

煤矿行业的用人单位应按照《煤矿作业场所职业病危害防治规定》的要求明确申报资料类别，明确资料准备的责任部门。

3. 申报形式和程序

非煤矿行业的用人单位应明确按照《职业病危害项目申报办法》的规定进入国家"职业病危害项目申报系统"实施电子文档的申报；同时明确如何实施纸质版文档的申报。

煤矿单位应明确按照《煤矿作业场所职业病危害防治规定》第四章的相关规定，在实施安全生产许可证更换时做好职业病危害项目的申报。

4. 变更申报

用人单位应明确按照《职业病危害项目申报办法》的相关规定进行变更申报。

5. 申报完成期限

用人单位应明确按照法规规定的期限完成申报和变更申报。

六、职业病危害警示及告知管理制度

（一）编制依据

（1）《工作场所职业卫生管理规定》第十一条：**"存在职业病危害的用人单位应当制定职业病危害防治计划和实施方案，建立、健全下列职业卫生管理制度和操作规程：……（二）职业病危害警示与告知制度；……。"**

（2）《煤矿作业场所职业病危害防治规定》第八条、第十五条等条款。

（3）国家职业病危害警示、标识管理技术标准。例如，《工作场所职业病危害警示标识》（GBZ 158—2013）等。

（二）主要管理内容

制度中应包括以下两项主要内容：

1. 警示设置管理应明确的内容

（1）本用人单位涉及的职业危害警示类别，如职业病危害因素名称、警示图形、警示线、警示语句、警示说明等。

（2）警示设置管理主责部门。

（3）警示设置的场所计划（方案）。

（4）警示设置的采购（制作）的管理程序。

（5）警示设置的责任部门。

（6）警示设置的日常管理（经费保障、维护、保洁、更新、处罚等）。

2. 告知管理应明确的内容

（1）本用人单位告知管理的类别，如岗前告知、劳动合同告知、作业场所告知、监测检测结果告知、评价结果告知、健康检查结果告知等。

（2）每一项告知管理的主责部门、配合部门。

（3）每一项告知管理的程序、形式、方法（主体、对象、频次、时间、周期等）。

（4）告知管理监督检查。

（5）告知管理的责任追究。

七、职业病防治培训管理制度

（一）职业健康培训的目的和意义

1. 是法律、法规的强制性要求

1）《职业病防治法》有明确要求

《职业病防治法》第三十四条："**用人单位的主要负责人和职业卫生管理人员应当接受职业卫生培训，遵守职业病防治法律、法规，依法组织本单位的职业病防治工作。**

用人单位应当对劳动者进行上岗前的职业卫生培训和在岗期间的定期职业卫生培训，普及职业卫生知识，督促劳动者遵守职业病防治法律、法规、规章和操作规程，指导劳动者正确使用职业病防护设备和个人使用的职业病防护用品。

劳动者应当学习和掌握相关的职业卫生知识，增强职业病防范意识，遵守职业病防治法律、法规、规章和操作规程，正确使用、维护职业病防护设备和个人使用的职业病防护用品，发现职业病危害事故隐患应当及时报告。

劳动者不履行前款规定义务的，用人单位应当对其进行教育。"

2）《工作场所职业卫生管理规定》有明确要求

《工作场所职业卫生管理规定》第九条，对用人单位主要负责人、职业卫生管理人员的素质、管理技能培训内容做出了明确规定。

2. 是提高管理技能和操作技能的重要手段

对用人单位管理人员、操作人员进行职业健康思想教育和技能（管理技能和操作技能）培训，是有效执行国家职业健康法律法规、有效防治职业病危害因素、有效控制职业病病例的重要手段。

用人单位应随着社会科技的进步、生产的发展、工艺的改进、原材料的更新，持续对管理人员和操作人员进行知识更新、技能更新等方面的培训。

（二）职业健康培训管理基本原则

1. 同等重要性的原则

职业健康培训是企业培训的重要组成部分。企业应该把职业健康的培训和安全培训放在同等重要的位置上，统筹策划、统筹安排、统筹管理、统筹考核。

2. 针对性的原则

职业健康培训应针对不同的培训对象有的放矢、按需施教。例如，针对用人单位不同层次的管理人员、不同工种的劳动者、特殊劳动保护群体等采取不同的培训方式方法。培训的内容应学以致用，讲究实效。

3. 创新的原则

职业健康的创新应该是多方面的，首先应坚持职业健康培训的理念不断创新，通过理念的创新，推动培训方式、培训形式、培训内容的不断创新，使从业人员对培训喜闻乐见、便于接受。

4. 分级实施的原则

职业健康培训工作应执行"统一规划、归口负责、分级实施"的原则，按照本用人单位行政管理架构、管理层次的不同，在进行统一规划、统一计划的基础上，明确管理的主责部门和实施部门，分层次、分类别地有序组织实施。

5. 理论和实际相结合、意识和技能相结合的原则

企业在培训管理和培训实施的过程中，应坚持理论和实践相结合，根据不同的培训对象，有侧重地选择理论知识或实际操作知识，有针对性地进行职业健康意识和职业健康操作技能方面的培训。其管理人员培训后应具备一定的职业健康理论知识，又具有较高的管理能力；劳动者培训后应具备较强的职业健康意识和熟练的操作技能。

6. 服务的原则

职业健康培训的管理部门、实施部门应以满足培训对象的管理需要、操作需要为目标，体现服务宗旨，真心实意地为基础服务、为现场服务、为职业健康的管理需要服务，不断培养出大量的、高素质的管理者、操作者。

(三) 职业健康培训计划编制

职业健康培训工作不是一蹴而就的，应强调持续性和计划性。职业健康培训计划编制是培训实施的依据和行动纲领。只有科学地编制职业健康培训计划，才有可能保证职业健康培训的质量和效果。因此，编制好职业健康培训计划十分重要。

1. 明确编制的部门

用人单位应依据业务划分，明确职业健康培训计划编制的主责部门和协助部门，明确编写人员、审查人员和批准人员。

由于职业健康的培训内容涉及多个方面，一般应考虑由培训、宣传、安检（安监）、劳资（人事）等部门进行培训计划的编制（或协助编制）。

2. 明确培训需求

用人单位的职业健康培训计划一般以自然年为时间单位，因此，每一年度的职业健康培训计划在编制之前应做好充分的调查摸底工作，掌握上一年度的职业健康培训基本情况，搜集和分析本年度的培训需求。

3. 培训计划编写实施

职业健康培训计划的基本要素应包括培训对象、培训内容、培训时间（期限）、培训方式、培训目标、管理措施等。

用人单位培训计划中的培训对象，其中下列类别人员应当由取得相应培训资质的培训机构实施培训：

（1）依照有关法律、法规应当取得安全资格证的主要负责人。

（2）职业健康管理人员。

（3）特种作业人员。

（4）煤矿生产、技术、通风、机电、运输、地测、调度等职能部门的负责人。

应在培训计划中明确上述培训对象实施自行培训还是委托外部培训。

用人单位职业健康培训计划中的培训内容、培训时间应当符合国家相关法规和有关标准的规定。培训计划初稿完成后应注意征求意见，搜集反馈信息并进行修改完善，履行审查和批准程序。

4. 形成规范载体

每一年度的职业健康培训计划应以用人单位行政文件的形式下发。

（四）职业健康培训制度建立和完善

用人单位的职业健康培训制度应明确以下内容：

1. 编制依据

（1）《职业病防治法》第十一条：**"存在职业病危害的用人单位应当制定职业病危害防治计划和实施方案，建立、健全下列职业卫生管理制度和操作规程：……（四）职业病防治宣传教育培训制度；……。"**

（2）《工作场所职业卫生管理规定》。

（3）《用人单位职业健康监护监督管理办法》。

（4）《煤矿作业场所职业病危害防治规定》。

（5）国家卫生健康委员会有关培训管理规定。

（6）本用人单位的上级相关规定等。

2. 培训形式

企业培训可以主要有以下8种形式：①脱产培训的形式；②业余培训的形式；③自学的形式；④师傅带徒的形式；⑤专家讲座的形式；⑥委培的形式；⑦远程教育的形式；⑧考察调研的形式等。

3. 培训方法

企业培训可以主要采用以下8种方法：①课堂讲授法；②演示教学法；③实验教学法；④讨论学习法；⑤实际练习法；⑥案例教学或案例演讲法；⑦多媒体演示法；⑧"三个一"培训法（一日一题、一周一课、一月一考）等。

4. 培训内容

常规的职业健康培训应包括以下9项主要内容：

（1）职业健康法律、法规、规章和上级职业健康的管理文件。

（2）职业健康相关标准。

（3）本用人单位职业病防治管理制度。

（4）职业健康管理基本知识。

（5）本岗位（作业现场、作业车间）职业病危害防控基本知识：①职业病危害因素种类、性质、危害后果；②职业病危害因素控制措施（作业规程、安全技术措施、相关规章制度等的具体要求）；③预防危险化学品职业中毒基本知识；④职业病危害防治设备设施的操作（属于特种作业人员应接受相关专业知识和技能的培训）；⑤职业病危害防护用品的正确佩戴、正确使用和维护的技能；⑥职工调整工作岗位之后相关职业健康应知应会知识；⑦采用新工艺、新技术、新设备、新材料之后相关职业病危害的防控技能。

（6）本用人单位职业病危害事故应急预案相关内容：①本岗位（作业现场、作业车间等场所）可能发生的重大职业病危害事故（急性职业中毒事故等）类别；②应急报警、应急响应基本程序；③应急避险的路线、方法和措施；④应急报警、自救、互救基本知识和基本技能；⑤应急演练的相关要求。

（7）职业健康监护知识（职业健康体检周期、主要的检查项目、检查结果告知等）。

（8）职业病危害防治权益和义务。

（9）其他相关的职业健康知识和技能。

由于国家职业健康的法律、法规和标准始终处于一个动态、更新的趋势，因此，用人单位的职业健康培训内容应注意紧跟国家职业健康法律法规的发展。

5. 培训管理

（1）年度职业健康培训计划实施的程序和方法。

（2）培训资源（人力、物力、财力等资源）的保障和使用。

（3）年度职业健康培训过程的管理。

（4）用人单位主要负责人、职业健康管理人员、特种作业人员的资质培训管理。

（5）培训资料管理。

（6）培训档案（资质证件等）管理。

（7）培训指标、任务完成情况的考核。

6. 监督检查

（1）明确对培训制度执行、培训指标完成实施监督检查的主责部门。

（2）明确对培训过程如何实施监督检查。

（3）明确对培训效果如何实施检查或检验。

（4）明确对培训指标完成情况如何进行考核、奖惩。

八、职业健康检查制度（推荐性）

职业健康检查制度的内容包括对生产作业现场的监督检查、对管理部门管理行为的监督检查、对劳动者操作行为的监督检查等。职业健康检查制度的具体管理应明确：

（1）承担监督检查的职能部门（或监督检查岗位、人员）。

（2）监督检查的职责。

（3）监督检查的频次。

（4）监督检查的方式、方法。

（5）具体监督检查的内容应包括：①职业健康法律、法规、上级管理规定的执行情况；②管理人员和操作人员的职业健康意识；③本用人单位职业健康管理制度的执行情况；④生产作业现场（作业岗位）职业健康管理情况；⑤警示标识的设置及管理情况；⑥职业健康法律法规规定的告知要求的执行情况；⑦职业病防治设施设备（仪器、仪表等）的运行或使用状况；⑧现场职业健康隐患查处及其整改情况；⑨现场管理人员及操作人员遵章守纪情况等。

（6）监督检查的信息反馈。

（7）对问题或隐患整改情况的追踪。

（8）重大问题或隐患的责任追究及处罚。

（9）监督检查资料的管理等。

九、设备设施管理、维护和检修制度

（一）编制依据

（1）《工作场所职业卫生管理规定》第十一条：**"存在职业病危害的用人单位应当制定职业病危害防治计划和实施方案，建立、健全下列职业卫生管理制度和操作规程：……（五）职业病防护设施维护检修制度；……"**

（2）《煤矿作业场所职业病危害防治规定》第八条。

（二）主要管理内容

用人单位应充分考虑本单位职业病危害防治设备设施的复杂程度。如果职业病防治设备设施类别多、数量多、分布广、管理层级较为复杂时，应进行合理策划。

职业病防治设备设施的管理应明确：

（1）管理主责部门及其管理职责和管理范围。

（2）对设备设施使用人员、维护（检修、保养）人员的素质和技能要求。

（3）设备设施日常管理的内容、程序和方法。

（4）设备设施维护、保养、检修的责任主体。

（5）设备设施维护、保养、检修的周期和频次。

（6）设备设施维修、保养、检修应遵守的安全技术措施。

（7）设备设施维护、保养、检修的程序和相关技术要求。

（8）设备设施维护、保养、检修记录的填写和管理。

（9）对设备设施维护、保养、检修工作的监督检查。

（10）因设备设施的维护保养而导致事故的责任追究。

（11）考核、奖惩等。

十、放射、高毒作业管理制度（推荐性）

（一）放射、高毒作业管理的特殊性

《职业病防治法》等法律法规明确规定了国家对从事放射、高毒作业实行特殊管理。之所以规定实施特殊管理，是由于放射作业、高毒作业存在严重的职业病危害因素，对作业人员的生命安全和身体健康具有严重的危害性。放射危害既可致作业人员的死亡或诱发肿瘤等严重疾病，还会影响到下一代的健康。高毒化学品危害不但会直接导致作业人员的死亡，还极易导致急性职业中毒的重大伤亡事故。

国家对放射、高毒作业实行特殊管理，指对这类作业实施特殊的许可制度，包括对这类作业场所的技术、设备、操作、防护、报警、救援等多个方面，还指对作业人员、管理人员的培训等方面。

（二）主要管理内容

用人单位的放射、高毒作业管理制度应明确的内容包括：

（1）使用的放射物质、高毒物质的名称。

（2）使用的放射物质的设施名称、设施数量、设置场所、主要用途等基本信息。

（3）使用（或生产）的高毒物质名称（或产品名称）、数量（产量）、应用范围、使用场所（用途）、主要供应的客户等基本信息。

（4）放射作业、高毒作业的许可和报备管理。

（5）接触放射物质（或放射作业）、高毒作业（或接触高毒物质）人员的基本信息以及如何对这些接触人员进行培训和管理。

（6）对放射、高毒接触的管理规定（允许接触和不允许接触的人员范围）。

（7）放射作业、高毒作业操作规程（包括安全技术措施）的编制、审批管理程序。

（8）放射和高毒作业人员的劳动合同管理。

（9）职业中毒（包括急性职业中毒、慢性职业中毒）的危害及其后果、职业中毒危害防护措施、相关待遇的告知管理。

（10）防护设备、设施的配置（如包括应配置的监测仪器、淋浴间、更衣室、信号装置、报警装置、专职的或兼职的职业卫生医护人员等）、使用和管理（维护和检修）。

（11）涉及放射作业和高毒作业的设备、包装物、容器、残留有毒物品的管理。

（12）警示、标识管理和有毒物品说明书的管理。

（13）高毒物品的搬运、储藏、防盗、防丢失等安全保卫管理。

（14）检测和评价管理。

（15）个体防护用品管理（配置标准、发放、使用和佩戴、报废、更新等）。

（16）职业健康监护管理。

（17）对放射和高毒作业现场的监督检查管理（管理的责任部门、考核奖惩管理和责任追究等）。

十一、职业病危害监测及评价管理制度

（一）编制依据

（1）《工作场所职业卫生管理规定》第十一条："……（七）**职业病危害监测及评价管理制度**；……"

（2）《煤矿作业场所职业病危害防治规定》第八条。

（二）主要管理内容

用人单位职业病危害监测及评价管理制度的主要内容应明确以下 15 点：

（1）职业病危害因素日常性监测的项目（类别）、管理部门、实施责任部门、监测人员的配置、监测人员的岗位职责。

（2）职业病危害因素日常性监测布点、监测周期、监测时间和监测方法。

（3）职业病危害日常性监测的资源配置（仪器、仪表和设施等）和管理。

（4）职业病危害监测数据日常性的记录和信息传递管理；监测数据的准确性和信息传递的及时性管理。

（5）职业病危害因素定期检测管理的主责部门、协助部门及其管理职责。

（6）职业病危害因素定期检测的项目（类别）、范围、周期频次和实施主体（明确委

托有资质的技术服务机构）。

（7）定期检测结果的信息收集（获取）和信息传递。

（8）职业病危害因素定期评价的主责部门、协助部门及其管理职责。

（9）职业病危害因素定期评价的项目（类别）、评价范围、周期频次和实施主体（明确委托有资质的技术服务机构）。

（10）定期评价结果的信息收集（获取）和信息传递。

（11）定期检测和定期评价的经费保障。

（12）日常性监测、定期检测和定期评价的告知管理。

（13）日常性监测、定期检测和定期评价发现问题（隐患）的整改（包括对劳动者的妥善安置、工作岗位调整、相关权益保障等）。

（14）日常性监测、定期检测和定期评价的资料管理和资料归档。

（15）对日常性监测、定期检测、定期评价的监督检查和责任追究等。

十二、岗位职业卫生操作规程

（一）编制依据

（1）《职业病防治法》第二十条："用人单位应当采取下列职业病防治管理措施：……（三）建立、健全职业卫生管理制度和操作规程；……"

（2）《工作场所职业卫生管理规定》第十一条："……（十二）岗位职业卫生操作规程；……"

（二）基本要求

1. 覆盖的完整性

本用人单位凡是存在职业病危害因素作业的场所、岗位、工种，都必须分别建立和完善防治职业病危害因素的操作规程（或安全技术措施、岗位作业规程）。

2. 内容的科学性

职业卫生岗位操作规程的内容必须是科学的、先进的，即必须有可靠的技术手段和合理的管理手段，确保其规定的程序、方法、措施等，在现场可以有效防范职业病危害，有效保护劳动者的身体健康。

3. 形式的规范性

职业卫生岗位操作规程的形式和格式应规范，应符合本上级主管部门的技术管理规定或本单位的制度规定。

4. 程序的符合性

应明确职业卫生岗位操作规程的编制（包括修订、修改、补充等）程序、审查程序、批准程序。批准之后的规程、措施应严格执行。

5. 现场实施的可行性

职业卫生岗位操作规程必须结合现场职业病危害防治实际，在技术方面、程序方面、管理方面必须切实可行、操作性强。

（三）主要管理内容

操作规程应明确：

（1）岗位操作规程的编制依据。

（2）岗位操作规程对编制人员的基本要求（素质要求、资质要求等）。

（3）岗位操作规程的编制程序。

（4）岗位操作规程的形式和格式要求。

（5）岗位操作规程的信息需求及其提供部门。

（6）应生产条件、生产环境等因素的变化，岗位操作规程需要修订（修改、补充）的相关要求。

（7）职业病危害因素防治的技术性措施、管理性措施。

（8）岗位操作规程的审查方式和责任部门（或责任人）。

（9）岗位操作规程的批准部门（或责任人）、批准方式。

（10）岗位操作规程的颁发程序、方式。

（11）岗位操作规程的贯彻、培训、考试的程序及相关要求。

（12）岗位操作规程执行情况的监督检查。

十三、推广和应用"四新"制度（推荐性）

（一）基本概念和目的意义

"四新"是指职业病危害防治的新技术、新工艺、新材料、新装备。用人单位大力推广应用"四新"的同时，还应该积极限制、淘汰导致职业病危害严重的技术、工艺、材料、装备。

科学技术是第一生产力，科技手段是职业病危害防治的有力保障。用人单位通过建立该项制度，可以科技进步来实现职业病危害的有效控制，进而保障劳动者的身体健康。

（二）主要管理内容

该项管理制度的内容应包括：

（1）"四新"推广应用（包括淘汰职业病危害严重的技术、工艺、材料、装备的内容）管理责任部门。

（2）编制"四新"推广应用的长期规划、年度计划及工作方案的主责部门。

（3）拟推广应用的"四新"的项目（类别），配套的资源保障、资金保障。

（4）"四新"项目在本用人单位的准入条件，例如，①符合性要求，必须符合国家相关法律、法规和规章要求；②新项目应具有科学性、先进性、安全性、创新性和效益性；③生产现场的条件与"四新"项目应用的适宜性；④经济和资源条件的承受能力；⑤"四新"项目推广应用的风险性评估等。

（5）"四新"项目在本用人单位的准入流程（例如，申请提出、"四新"项目来源及其资质证照、评估程序、批准程序等）。

（6）属于新产品、新材料、新设备范畴的，应明确采购、选型、工艺改造（或更新）的管理环节。

（7）拟淘汰的职业病危害技术、工艺、材料、装备。

（8）国家明令禁止的技术、工艺、材料、装备。

（9）"四新"推广应用过程和投入使用后的管理程序（包括效益、效果的评价，配套的管理制度更新，现场监督检查工作完善）等。

十四、职业病防护用品管理制度

(一)编制依据

(1)《工作场所职业卫生管理规定》第十一条:"……(六)**职业病防护用品管理制度;……**"

(2)《煤矿作业场所职业病危害防治规定》第八条:"**煤矿应当制定职业病危害防治年度计划和实施方案,并建立、健全下列制度:……(六)职业病个体防护用品管理制度;……**"

(二)主要管理内容

本制度的管理内容应包括劳动者个体使用的职业病防护用品和生产场所公用的职业病防护用品管理两大类。

1. 劳动者个体使用的防护用品管理

(1)责任部门。由于护品涉及采购、库存、发放、使用、监督等多个管理环节,承担相应管理的部门可能有多个,因此,应逐一明确这些部门(单位)各自承担的管理业务和管理职责。

(2)护品的配置标准。企业应明确护品配置应遵循的国家标准。对从事多种作业或在多种劳动环境中作业的劳动者,应明确执行的发放标准。

(3)投入保障管理。明确护品采购的资金来源及资金保障,明确护品库存的安全场所,明确发放的人力资源。

(4)采购管理。明确采购的部门、采购的程序;对特殊护品的采购管理,应明确其相关要求(如应查验生产厂家的卫生许可证、产品合格证、安全鉴定证书、生产资质等)。

(5)库存管理。明确库存的管理部门(单位)、送货方式、验收程序、装卸和搬运管理、入库登记管理、码放存放、安全检查等。

(6)发放管理。明确发放部门和发放责任人,明确发放地点、发放方式(方法)、发放周期和频次,明确领取的方式方法;必须明确不得以货币或其他物品替代护品的发放。

(7)使用培训的管理。明确护品使用人员的培训责任部门、培训方式方法,确认其能够熟练掌握(使用)。

(8)使用(佩戴)的监督管理。明确对劳动者使用(佩戴)护品实施监督检查的责任部门(或人员)、监督检查的方式方法、处罚办法。

(9)报废管理。明确护品报废的管理程序和更新(更换)程序(如对防护服的强制性报废及更新,对因工作造成损坏护品等的更换)。

(10)特殊人群的护品发放管理。对因故长期不能正常出勤(因病、因工伤、因事假等)的劳动者护品的发放问题做出规定。

2. 生产场所公用的防护用品管理

(1)明确公用护品管理应遵循的法律、法规及规章。

(2)明确职业病防护公用护品的设置的责任部门、设置场所及条件要求。

(3)明确公用护品的存放地点、存放方式、管理责任人及管理职责。

(4)公用护品使用(佩戴)人员应经过培训,明确使用的相关要求,确保现场人员熟练掌握。

（5）明确临时性作业（如检修作业等）的公用护品领取、使用的规定。

（6）明确对公用护品存放、管理、使用（佩戴）的监督检查，包括实施监督检查的责任部门（或人员）、监督检查的方式方法、处罚办法。

十五、职业健康监护及档案管理制度

（一）编制依据

（1）《工作场所职业卫生管理规定》第十一条：“……（九）劳动者职业健康监护及其档案管理制度；……”

（2）《用人单位职业健康监护监督管理办法》第四条：“用人单位应当建立、健全劳动者职业健康监护制度……。”第三条：“本办法所称职业健康监护，是指劳动者上岗前、在岗期间、离岗时应急的职业健康检查和职业健康监护档案管理。”

（3）《煤矿作业场所职业病危害防治规定》第八条：“……（九）劳动者职业健康监护及其档案管理制度；……”

（4）相关管理标准，如《放射工作人员职业健康监护技术规范》（GBZ 235—2011）4.4的规定等。

（二）主要管理内容

该项管理制度应分别明确职业健康监护管理和职业健康监护档案管理的内容。

1. 职业健康监护管理内容

（1）职业健康监护管理的主责部门和协助管理部门。

（2）劳动者“四期”体检（上岗前、在岗期间、离岗时、应急时）的主责部门和配合部门。

（3）劳动者“四期”健康检查年度计划的编制和批准。

（4）劳动者“四期”健康检查资质机构的确认（资质类资料的提供、检验和确认）。

（5）劳动者“四期”健康检查的工作组织（应包括组织形式、组织方法、身份核实等）。

（6）检查结果的信息接收，包括：①劳动者“四期”健康检查结果的信息接收的程序；②对体检机构提交的职业健康检查报告应采取的措施；③对体检发现的职业病（包括疑似职业病、职业中毒等）的信息，及时向所在地卫生行政部门报告。

（7）告知劳动者“四期”健康检查结果的程序。

（8）对劳动者“四期”健康检查的组织工作不到位、不作为部门的责任追究和处罚办法；对未实施健康检查劳动者的劳资管理。

（9）对“四期”健康检查结果异常劳动者的妥善安置。

（10）费用保障：劳动者“四期”健康检查的出勤计算；劳动者“四期”健康检查的费用保障。

（11）劳动者“四期”健康检查的资料管理和归档：资料纳入职业卫生档案的步骤；资料纳入职业健康监护档案的管理。

（12）用人单位发生分立、合并、解散、破产等情形时，对劳动者进行职业健康检查以及妥善安置职业病病人的措施。

（13）对职业健康监护管理工作的监督检查、责任追究等。

2. 职业健康监护档案管理内容

（1）明确职业健康监护档案管理的责任部门和协助部门以及职业健康监护档案管理人员的职责。

（2）明确职业健康监护档案的类别。

（3）职业健康监护档案的存放地点、管理方式、方法。

（4）归档程序（送交、编号、登记、立卷、分类、入库等管理）。

（5）职业健康监护档案安全存放的管理要求（防止遗失、被盗、破坏等）。

（6）职业健康监护档案日常管理（使用、借阅、查阅、复制等）。

（7）劳动者或者其近亲属、劳动者委托的代理人查阅、复印档案的相关规定。

（8）行政执法人员查阅、复印档案的相关规定。

（9）劳动者离开用人单位时索取提供档案等管理要求。

（10）档案发生遗失、损坏、被盗、篡改、调换等情况时的责任追究。

（11）用人单位发生分立、合并、解散、破产等情形时，职业健康监护档案的移交程序。

（12）明确对职业健康监护档案管理工作的监督检查和责任追究等。

十六、职业病诊断、鉴定及报告制度

（一）编制依据

（1）《职业病诊断与鉴定管理办法》（中华人民共和国国家卫生健康委员会令 第6号）第八条："医疗卫生机构开展职业病诊断工作应当具备下列条件：……（四）具有健全的职业病诊断质量管理制度。"

（2）《煤矿作业场所职业病危害防治规定》第八条："……（十）职业病诊断鉴定及报告制度；……"

（二）主要管理内容

用人单位该项管理制度的内容主要应明确以下11点：

（1）组织诊断、鉴定等管理工作的主责部门和配合部门。

（2）本用人单位委托对其劳动者进行职业病诊断、鉴定、治疗的机构资质的确认。

（3）本用人单位与委托的职业卫生服务机构的协议签署。

（4）本用人单位与委托的职业卫生服务机构间的配合。

（5）劳动者实施职业病诊断、鉴定、治疗的费用保障。

（6）组织劳动者职业病诊断、鉴定和治疗的程序。

（7）对职业病诊断、鉴定和治疗的相关信息接收。

（8）需要告知劳动者诊断、治疗、鉴定等相关信息的程序。

（9）劳动者职业病诊断、鉴定、治疗等方面的权益保护。

（10）对发生的职业病病例进行上报的管理。

（11）对职业病诊断、鉴定、治疗、报告等管理工作的监督检查等。

十七、职业禁忌管理和女职工特殊劳动保护制度（推荐性）

用人单位严禁安排孕期、哺乳期女职工从事接触职业病危害的作业或者禁忌作业。用人单位建立有该项制度的，应明确：

（1）职业禁忌和女职工特殊劳动保护管理的主责部门。

（2）职业禁忌的法律法规依据及范围。

（3）结合法律法规的规定，本单位女职工特殊劳动保护的范围及内容。

（4）女职工特殊劳动保护措施（包括技术性措施、设备设施设置，管理性措施，防止性骚扰措施等）。

（5）本单位属于女职工禁忌从事的劳动范围岗位的书面告知管理。

（6）对存在职业禁忌劳动者的妥善安置程序。

（7）女职工怀孕、生育、哺乳期间的权益保障管理。

（8）对职业禁忌管理、女职工特殊劳动保护管理监督检查的主责部门及监督职责。

（9）职业禁忌管理、女职工特殊劳动保护违法违规的责任追究和处罚等。

十八、工伤保险制度（推荐性）

用人单位必须依法参加工伤保险。单位建立有该项制度的，应明确：

（1）为劳动者办理工伤保险的主责部门。

（2）工伤保险的办理程序。

（3）工伤保险办理的时限要求。

（4）劳动者工伤保险待遇兑现程序。

（5）工伤保险管理工作的监督检查和责任追究等。

十九、劳动者职业健康权益保障制度（推荐性）

（一）劳动者及职业病病人权益主要类别

国家现行相关法律、法规对劳动者和职业病病人的权益做出了明确规定，其权益类别主要包括：

（1）参加工伤社会保险、依法享受工伤社会保险待遇权。

（2）获得职业健康教育、培训权。

（3）了解本用人单位的职业危害因素、危害后果和防护措施的知情权。

（4）要求提供防护设施、防护用品和改善工作条件权。

（5）对用人单位职业病防治违法、违规行为的批评权、检举权和控告权。

（6）拒绝违章指挥、无职业病危害防护措施的作业权。

（7）参与职业健康民主管理权和提出意见、建议权。

（8）获得职业健康检查、职业病诊疗、康复等服务权。

（9）索取本人职业健康监护档案复印资料权。

（10）职业病病人获得赔偿权。

（11）职业禁忌保障权益。

（12）女职工特殊劳动保护权益等。

（二）主要管理内容

用人单位建立有该项管理制度的，应明确以下主要 5 点内容：

（1）本单位劳动者及职业病病人应享有的权益类别。

（2）劳动者及职业病病人相关权益负责保障管理的主责部门、协助管理部门。

（3）劳动者及职业病病人权益保障的资源提供。

（4）劳动者及职业病病人权益保障的管理性措施。

（5）本用人单位工会组织实施监督的职能、职责和监督检查措施等。

二十、职业病危害事故处置与报告制度

（一）编制依据

《工作场所职业卫生管理规定》第十一条："……（十）职业病危害事故处置与报告制度；……"

（二）主要管理内容

用人单位该项管理制度的主要内容应明确以下 10 点：

（1）职业病危害事故（包括急性职业中毒事故、职业病事件）管理的主责部门。

（2）职业病危害事故报告时限、报告内容、报告程序、接收报告的上级部门。

（3）职业病事故的应急处置程序。

（4）应建立的职业病危害事故应急信息的格式化文本。

（5）职业病危害事故的现场勘察、追查分析程序。

（6）对职业病危害事故责任者的追究和处理程序。

（7）职业病危害事故防范措施的制定、执行和跟踪验证程序。

（8）职业病危害事故的台账管理、事故资料的归档管理。

（9）职业病事故的举报方式方法和程序。

（10）对职业病危害事故瞒报、虚报、漏报和迟报的责任追究办法。

二十一、职业病危害事故应急预案

（一）编制依据

《职业病防治法》第二十条："用人单位应当采取下列职业病防治管理措施：……（六）建立、健全职业病危害事故应急救援预案。"

（二）主要内容

用人单位职业病危害事故应急救援预案的内容应明确：

（1）职业病危害事故应急管理的主责部门。

（2）职业病危害事故专项应急预案编制（修订）主责部门。

（3）职业病危害事故专项应急预案评审程序。

（4）职业病危害事故应急预案颁发程序。

（5）职业病危害事故专项应急预案学习培训和贯彻的程序。

（6）职业病危害事故专项应急预案的演练计划。

（7）职业病危害事故专项应急预案演练管理的主责部门和配合部门。

（8）职业病危害事故专项应急预案相关资料的管理。

（9）对职业病危害事故应急管理的监督检查和责任追究等。

二十二、职业健康工作例会制度（推荐性）

1. 工作例会必要性

职业健康管理在用人单位尚未得到足够重视，职业健康管理相对于安全管理仍处于薄弱状态。同时由于职业健康管理的长期性、法律法规要求的紧迫性等实际状况，用人单位有必要定期或不定期召开职业健康工作例会，对职业健康管理规章进行分析、研究和部署。为确保工作例会的效率和质量，企业应建立该项工作的管理制度。

2. 主要管理内容

用人单位职业健康工作例会制度主要管理内容应明确：

（1）会议频次。

（2）例会主责部门及主持人。

（3）会议地点。

（4）参加会议的范围（部门及人员）。

（5）工作例会的基本议程及拟定部门。

（6）工作例会记录整理的责任部门或责任人。

（7）会议纪要的管理。如果要下发会议纪要，则应明确会议的记录、纪要的拟定、批准、下发等程序。

（8）工作例会决议执行的相关要求，对决议落实情况的监督检查。

（9）工作例会的会议纪律等。

二十三、职业健康管理工作绩效考核制度（推荐性）

用人单位应建立完善对职业健康管理工作的考核机制，以确保国家职业健康法律法规的有效执行、确保本单位职业健康制度的有效落实。用人单位应通过实施奖励、处罚、责任追究等制约措施，促进职业病防治工作的持续、有效发展。

该项管理制度的主要内容应明确：

（1）职业健康管理工作绩效考核的主责部门。

（2）绩效考核的对象、目标、内容、方法、频次。

（3）绩效考核结果的奖励、处罚、责任追究等实施办法。

二十四、法律、法规所规定的其他职业健康管理制度

用人单位应按照职业健康法律、法规、规章等相关规定，结合本单位实际，建立完善其他方面的职业健康管理制度。

第三章　建设项目职业病防护设施"三同时"管理及职业病危害项目申报

第一节　概　　述

一、基本概念

1. 建设项目

用人单位对生产系统、生产工艺、生产场所等实施新建、改建、扩建和技术改造、技术引进工程（或项目）的总称。可能产生职业病危害的建设项目，是指存在或者产生《职业病危害因素分类目录》所列职业病危害因素的建设项目。《职业病危害因素分类目录》详见《关于印发〈职业病危害因素分类目录〉的通知》（国卫疾控发〔2015〕92号）。

2. 职业病类别

2013 年 12 月，国家卫生和计划生育委员会（以下简称国家卫生计生委）、国家人力资源和社会保障部、国家安全生产监督管理总局（以下简称国家安全监管总局）、全国总工会四部门联合下发了《关于印发"职业病分类和目录"的通知》（国卫疾控发〔2013〕48 号）。该文件是对 2002 年 4 月 18 日原卫生部和原劳动保障部联合印发的《职业病目录》进行了修订。修订后的国家职业病类别由原来的 9 个大类增加为 10 个大类，由原来的 115 种职业病增加到 132 种职业病。

3. 职业病防护设施

是指消除或者降低工作场所职业病危害因素的浓度或者强度，预防和减少职业病危害因素对劳动者健康的损害或者影响，保护劳动者健康的设备、设施、装置、构（建）筑物等的总称。

4. 建设项目职业病危害风险等级

为加强建设项目职业病防护设施"三同时"的监督管理工作，国家对建设项目职业病危害风险实施类别划分并实施分类管理。2012 年 5 月，国家安全监管总局下发了《建设项目职业病危害风险分类管理目录》（安监总安健〔2012〕73 号）。该文件将全国八大产业的 131 个行业的建设项目职业病危害风险，分别划分为严重、较重和一般 3 个档次。

5. 职业病防护设施"三同时"

建设项目职业病防护设施必须与主体工程同时设计、同时施工、同时投入生产和使用

(以下简称职业病防护设施"三同时")。职业病防护设施所需费用应当纳入建设项目工程预算。

国家所建立的建设项目职业病防护设施"三同时"制度，是为了预防、控制和消除建设项目可能产生的职业病危害，加强和规范建设项目职业病防护设施建设的监督管理工作而采取的措施。

6. 职业病防护设施"三同时"制度基本程序

（1）准备阶段。①在职业病防护设施验收条件成熟的情况下，建设单位制定评审（验收）工作方案；②建设单位在验收前 20 日应将验收方案向管辖该建设项目的卫生行政部门进行书面报告；③建设单位邀请职业卫生专家或职业卫生专业技术人员参与评审（验收）；④按拟定时间、地点召开评审（验收）会议。

（2）评审（验收）阶段。主要内容包括：①组长主持评审（验收）的技术工作；②建设、评价及设计等单位介绍情况；③评审（验收）组成员根据业务分工评审（查看现场、审阅资料）；④评审（验收）组成员进行质询；⑤评审（验收）组讨论；⑥形成评审组评审（验收）意见。

（3）总结阶段。主要内容包括：①评审（验收）组组长宣布评审（验收）意见和结论；②建设项目相关各方对评审（验收）意见和结论进行确认；③建设单位负责人对整改工作进行部署；④建设单位编制验收书面报告；⑤在验收完成之日起 20 日内向管辖该建设项目的卫生行政部门提交书面报告。

（4）信息公示。职业病危害建设单位应通过公告栏、网站等方式及时公布建设项目职业病危害预评价、职业病防护设施设计、职业病危害控制效果评价的承担单位、评价结论、评审时间及评审意见，以及职业病防护设施验收时间、验收方案和验收意见等信息，供本单位劳动者和卫生行政部门查询。

7. 职业病危害评价

指职业卫生技术服务机构对建设项目或用人单位的职业病危害因素及其接触水平、职业病防护设施与效果、相关职业病防护措施与效果以及职业病危害因素对劳动者的健康影响情况等做出的综合评价。

8. 职业病危害预评价

预评价是对可能产生职业病危害的建设项目，在可行性论证阶段，对其可能产生的职业病危害因素、危害程度、健康影响、防护措施等进行预测性卫生学评价，以了解建设项目在职业病防治方面是否可行，为职业病防治管理的分类提供科学依据。

9. 职业病防护设施设计专篇

指产生或可能产生职业病危害的建设项目，在初步设计（含基础设计）阶段，由建设单位委托设计单位依据国家职业卫生相关法律、法规、规范和标准，针对其施工过程和生产过程中产生或可能产生的职业病危害因素采取的各种防护措施及其预期效果编制的专项报告。

10. 职业病危害控制效果评价

职业卫生技术服务机构在建设项目完工后、竣工验收前，对工作场所职业病危害因素及其接触水平、职业病防护设施与措施及其效果等做出综合评价。

二、建设项目职业病防护设施"三同时"法规要求

（一）法律要求

《职业病防治法》第十七条规定：

"新建、扩建、改建建设项目和技术改造、技术引进项目（以下统称建设项目）可能产生职业病危害的，建设单位在可行性论证阶段应当进行职业病危害预评价。"

"医疗机构建设项目可能产生放射性职业病危害的，建设单位应当向卫生行政部门提交放射性职业病危害预评价报告。卫生行政部门应当自收到预评价报告之日起三十日内，作出审核决定并书面通知建设单位。未提交预评价报告或者预评价报告未经卫生行政部门审核同意的，不得开工建设。"

"职业病危害预评价报告应当对建设项目可能产生的职业病危害因素及其对工作场所和劳动者健康的影响作出评价，确定危害类别和职业病防护措施。"

第十八条规定：

"建设项目的职业病防护设施所需费用应当纳入建设项目工程预算，并与主体工程同时设计，同时施工，同时投入生产和使用。"

"建设项目的职业病防护设施设计应当符合国家职业卫生标准和卫生要求；其中，医疗机构放射性职业病危害严重的建设项目的防护设施设计，应当经卫生行政部门审查同意后，方可施工。"

"建设项目在竣工验收前，建设单位应当进行职业病危害控制效果评价。"

"医疗机构可能产生放射性职业病危害的建设项目竣工验收时，其放射性职业病防护设施经卫生行政部门验收合格后，方可投入使用；其他建设项目的职业病防护设施应当由建设单位负责依法组织验收，验收合格后，方可投入生产和使用。卫生行政部门应当加强对建设单位组织的验收活动和验收结果的监督核查。"

（二）法规要求

（1）《中华人民共和国尘肺病防治条例》（国发〔1987〕105号）第十三条规定：

"新建、改建、扩建、续建有粉尘作业的工程项目，防尘设施必须与主体工程同时设计、同时施工、同时投产。设计任务书，必须经当地卫生行政部门、劳动部门和工会组织审查同意后，方可施工。竣工验收，应由当地卫生行政部门、劳动部门和工会组织参加，凡不符合要求的，不得投产。"

（2）《关于坚持科学发展安全发展促进安全生产形势持续稳定好转的意见》（国发〔2011〕40号）第十五条规定："要严格执行职业病防治法，认真实施国家职业病防治规划，深入落实职业危害防护设施'三同时'制度，切实抓好煤（矽）尘、热害、高毒物质等职业危害防范治理。对可能产生职业病危害的建设项目，必须进行严格的职业病危害预评价，未提交预评价报告或预评价报告未经审核同意的，一律不得批准建设；对职业病危害防控措施不到位的企业，要依法责令其整改，情节严重的要依法予以关闭。"

（三）部门规章及政策性文件要求

1.《工作场所职业卫生管理规定》（国家卫健委令 第5号）

第十四条规定：

"新建、改建、扩建的工程建设项目和技术改造、技术引进项目（以下统称建设项目）可能产生职业病危害的，建设单位应当按照国家有关建设项目职业病防护设施"三同时"监督管理的规定，进行职业病危害预评价、职业病防护设施设计、职业病危害控制效果评价及相应的评审，组织职业病防护设施验收。"

2.《煤矿作业场所职业病危害防治规定（原国家安监总局令 第73号）》

第八条规定：

煤矿应建立"建设项目职业病防护设施与主体工程同时设计、同时施工、同时投入生产和使用的制度。"

第二十条规定：

"煤矿建设项目职业病防护设施必须与主体工程同时设计、同时施工、同时投入生产和使用。职业病防护设施所需费用应当纳入建设项目工程预算。"

第二十一条规定：

"煤矿建设项目在可行性论证阶段，建设单位应当委托具有资质的职业卫生技术服务机构进行职业病危害预评价，编制预评价报告。"

第二十二条规定：

"煤矿建设项目在初步设计阶段，应当委托具有资质的设计单位编制职业病防护设施设计专篇。"

第二十三条规定：

"煤矿建设项目完工后，在试运行期内，应当委托具有资质的职业卫生技术服务机构进行职业病危害控制效果评价，编制控制效果评价报告。"

3.《建设项目职业病防护设施"三同时"监督管理办法》（国家安监总局令 第90号）相关要求

2012年4月，国家安监总局颁发了《建设项目职业卫生"三同时"监督管理暂行办法》。2017年3月，国家安监总局对该暂行办法进行了修订，并且以《建设项目职业病防护设施"三同时"监督管理办法》颁发。该令从职业病危害项目的分类、责任主体、职业病危害预评价、职业病防护设施设计、职业病危害控制效果评价、防护设施竣工验收、监督监察、法律责任等方面系统性的进行了明确规定。

4.《关于进一步加强建设项目职业卫生"三同时"监管工作的通知》（安健函〔2016〕30号）主要规定

2016年7月，国家安全监管总局职业健康司下发了《关于进一步加强建设项目职业卫生"三同时"监管工作的通知》（安健函〔2016〕30号），对如何加强建设项目职业病防护设施"三同时"监督管理，提出了3项严格的措施。

（1）统一思想，提高认识。该文件指出，修改后的《职业病防治法》取消了安全监管部门实施的新建、扩建、改建建设项目和技术改造，技术引进项目（不含医疗机构可能产生放射性职业病危害的建设项目）职业病危害预评价报告审核，职业病危害严重的建设项目的防护设施设计审查，建设项目职业病防护设施竣工验收等行政审批事项，并对相关法律责任作了修改。

这次修法是落实党中央、国务院进一步深化行政审批制度改革，推进简政放权、放管结合、优化服务改革的一项重大举措。各级安全监管部门应统一思想，切实提高认识，坚决贯彻落实；要加快行政职能转变，依法履行监管职责，不断提高职业卫生监管的科学化、规范化、法治化水平，确保审批事项取消到位、监管职责履行到位，确保建设项目职业病防护设施"三同时"工作不弱化。

（2）完善制度，严格执行。该文件要求，地方各级安全监管部门要做好《职业病防治法》修改后的衔接工作，及时修订本级行政审批清单、权力清单和责任清单，清理相关配套管理的规范性文件和要求，凡与取消行政审批法律规定不一致的内容，要抓紧研究修订或者宣布废止，并及时向社会公布。

自 2016 年 7 月 2 日起，各级安全监管部门一律停止受理建设项目职业病危害预评价报告审核（备案）、职业病危害严重的建设项目职业病防护设施设计审查、建设项目职业病防护设施竣工验收（备案）的申请，不得以任何形式保留或变相审批；发现仍违法受理审批事项的，要依法追究相关单位及人员的责任。

（3）加强监管，认真总结。该文件要求，地方各级安全监管部门要进一步加大建设项目职业卫生"三同时"事中事后监管力度，开展专项监督检查，加强对建设单位（不含建设项目产生放射性职业病危害的医疗机构）组织的验收活动和验收结果的监督核查，督促指导建设单位依照法律法规和技术标准组织开展职业病危害预评价、职业病防护设施设计、职业病防护设施竣工验收，落实建设项目职业卫生"三同时"主体责任；发现违反建设项目职业病防护设施"三同时"有关法律法规的行为，要依法予以处罚，切实保护劳动者的职业健康权益。

5.《关于贯彻落实〈建设项目职业病防护设施"三同时"监督管理办法〉的通知》（安监总厅安健〔2017〕37 号）主要规定

2017 年，国家安全监管总局办公厅下发了《关于贯彻落实〈建设项目职业病防护设施"三同时"监督管理办法〉的通知》（安监总厅安健〔2017〕37 号），对如何贯彻执行《建设项目职业病防护设施"三同时"监督管理办法》，提出了明确要求。

（1）统一思想认识，加强组织领导。建设项目职业病防护设施"三同时"是从源头上预防、控制和消除职业病危害的一项重要法律制度，也是贯彻落实"预防为主、防治结合"方针、保障劳动者职业健康权益的有效手段。依据 2016 年 7 月 2 日修改实施的《职业病防治法》，《办法》在取消安全监管部门有关行政审批事项的同时，围绕充分发挥"三同时"制度对职业病危害前期预防作用的总体目标，细化了建设单位主体责任和安全监管部门监督检查责任，进一步规范了职业病危害预评价、职业病防护设施设计、职业病危害控制效果评价及职业病防护设施验收工作。《办法》的出台是贯彻落实党中央、国务院进一步深化行政审批制度改革，推进简政放权、放管结合、优化服务改革重要部署的具体体现，有利于减轻企业负担，落实主体责任，提高安全监管部门执法效能，提升"三同时"的实施率和覆盖面。

该文件强调，各省级安全监管部门要按照《中共中央　国务院关于推进安全生产领域改革发展的意见》的有关精神以及《办法》中有关分类分级监管的要求，尽快制定本地区分类分级监管办法，厘清省、市、县三级安全监管部门属地监管职责，清理与《办法》不一致的规章制度和工作措施。地方各级安全监管部门要转变工作思路与监管方式，按照突出重点与"双随机"(随机抽取检查对象、随机选派执法检查人员)相结合的原则依法履行事中事后监管职责,推动建设单位落实主体责任,进一步提升监管执法的科学化、规范化水平,确保建设项目职业病防护设施"三同时"制度得到有效落实。

(2)突出主体责任,细化工作流程。该文件要求,地方各级安全监管部门要督促建设单位依法依规开展职业病危害预评价、职业病防护设施设计和职业病危害控制效果评价,以及组织职业病防护设施验收,建立健全建设项目职业病防护设施"三同时"管理制度和档案,明确各管理环节的负责人、工作责任和要求,确保各项责任落实到位;要督促建设单位按照《办法》要求做好"三同时"各环节的工作,严把评审和职业病防护设施验收关,落实评审意见和验收意见整改,确保各项管理措施实施到位,实现职业病防护设施科学设置、有效运行,切实保护劳动者的职业健康。建设项目职业病防护设施"三同时"有关工作流程、工作程序、验收方案、工作过程报告以及公示信息表式样见该文件附件1~7。

(3)加强监督检查,依法履行职责。该文件要求,地方各级安全监管部门要与有关投资主管部门建立建设项目立项信息共享机制,进一步加强协调配合,及时掌握本地区建设项目的基本情况;要以职业病危害严重行业领域的建设单位为重点监管对象,以职业病防护设施的验收活动和验收结果为重点监督核查环节,进一步加大建设项目职业病防护设施"三同时"监管执法力度;要按照《办法》要求,将建设单位组织开展建设项目职业病防护设施"三同时"工作情况纳入年度监督检查计划,创新监管方式和手段,督促指导建设单位依法依规开展"三同时"工作;要建立健全执法全过程记录和信息公开制度,公开执法检查内容、过程和结果;对违反"三同时"有关规定的建设单位和提供评价、设计服务的单位,要严格查处、严厉处罚、严格追责,情节严重的,要按照规定实施联合惩戒,并纳入安全生产"黑名单"。

地方各级安全监管部门和中央企业要建立"三同时"工作通报制度,每年12月10日前由省级安全监管部门和中央企业总部分别将本地区监督检查情况和中央企业"三同时"工作情况汇总后报送至国家安全监管总局职业健康司。

(4)强化宣传培训,提升守法意识。该文件要求,地方各级安全监管部门要加强对监管执法人员的业务培训,正确领会和把握《办法》的主要内容,并将《办法》纳入安全生产和职业健康宣传培训工作总体部署,切实落实"谁执法谁普法"普法责任制;要推动建设单位严格落实职业健康培训制度,以建设单位主要负责人和职业健康管理人员为重点,确保"三同时"工作流程和程序理解到位,工作落实不留死角;要结合"《职业病防治法》宣传周"、全国"安全生产月"和"安全生产万里行"等活动,广泛利用报纸、电视、网络、微信等宣传阵地,充分发挥主流媒体的权威性和新媒体的便捷性,多渠道、多形式开展宣传普及活动,深化全社会对职业病危害源头预防工作的认识,切实保护劳动者的职业健康。

(四)职业健康相关标准要求

下述标准与建设项目职业病防护设施"三同时"管理相关:

(1)职业卫生设计类标准。

(2)作业场所职业卫生条件类标准(包括放射、高温、低温、高处作业、噪声、粉尘、振动、有毒物质等）。

（3）劳动者劳动强度类标准。

（4）劳动者致残等级标准。

（5）标识和警示类标准。

（6）告知规范类标准。

（7）劳动者个体防护用品标准。

（8）职业卫生术语标准。

（9）职业健康管理类标准，如《作业场所职业卫生检查程序》（WS/T 729—2014）、《职业卫生监管人员现场检查指南》（WS/T 768—2014）等。

（10）煤矿安全生产标准化管理体系职业病危害防治达标标准。

（11）建设项目职业病防护设施"三同时"实施标准，如《建设项目职业病防护设施设计专篇编制导则》《职业病危害评价通则》《建设项目职业病危害预评价导则》《建设项目职业病危害控制效果评价导则》等。

（五）地方政府部门规章要求

省级、市（州）级卫生健康监督管理机构下发的规章相关要求。

三、建设项目职业病危害评价分类与程序

1. 评价分类

（1）按照评价内容分类。职业卫生评价按其评价内容的不同，可分为：①建设项目职业病危害评价；②生产过程中的职业病危害评价；③职业病防护设施及防护用品评价；④职业健康监护评价等。

（2）按照工程项目进度状况评价。按照建设项目的工程进度进行评价分类，可分为：①建设项目职业病危害评预评价；②建设项目职业病危害设施控制效果评价。

本书主要对建设项目职业病危害预评价和建设项目职业病危害设施控制效果评价进行介绍。

2. 评价程序

评价程序如下：①合同评审及签订；②任务安排；③现场调查及资料收集；④制定评价方案；⑤评价方案评审及修改；⑥检测时间分配；⑦采样前准备（样品、仪器预约）；⑧现场采样；⑨样品交接及实验室检测；⑩评价报告书初稿内审、校核及修改；⑪评价报告书打印装订；⑫评价报告书专家评审、修改及报告归档。

第二节　职业病危害预评价

一、基本概念及基本原则

为了贯彻落实《职业病防治法》等相关法律、法规、规章、标准和国家产业政策，为了从源头控制和消除职业病危害，保护劳动者健康，用人单位需要对可能存在化学毒物、粉尘、放射性物质、噪声、高温和其他有毒、有害因素的建设项目进行职业病危害预

评价。

（1）贯彻落实预防为主、防治结合的方针，对建设项目实行分类管理，综合治理。

（2）遵循科学、公正、客观、真实的原则，保证评价工作的独立性，排除非技术人为因素的影响。

（3）遵循风险评估的原则，综合分析建设项目可能产生的职业病危害。

（4）遵循国家质量管理的相关规定。

二、目的

识别、分析建设项目可能产生的职业病危害因素，评价危害程度，确定职业病危害类别，为建设项目职业病危害分类管理提供科学依据。

三、内容

原则上以建项目可行性研究报告中提出的工程项目为准，主要针对项目投产后运行期存在的职业病危害及防治内容进行评价。

评价内容包括选址、总体布局、生产工艺和设备布局、建筑卫生学、职业病危害因素和危害程度及对劳动者健康的影响、职业病危害防护设施、辅助用室、应急救援、个人使用的职业病防护用品、职业卫生管理、职业卫生专项经费概算等。

四、依据

建设项目职业病危害预评价的基本依据应包括：

（1）国家职业病防治法律、法规、规章、规范、标准。

（2）建设项目可行性研究的有关资料。

（3）预评价工作委托书。

（4）建设项目有关支持性文件。

五、程序

预评价程序包括准备阶段、实施阶段、报告编制与评审阶段。预评价的整个工作流程包括：①委托评价机构；②提供有关资料；③调查分析；④划分评价单元；⑤编制评价工作方案；⑥对编制的评价工作方案进行技术性审核；⑦依据评价工作方案开展评价工作；⑧对建设项目工程分析；⑨现场调查检测；⑩筛选重点评价项目；⑪职业病危害因素定性、定量评价；⑫资料汇总和分析；⑬与国家职业卫生相关法律、法规、标准等相关要求对照；⑭评价结论；⑮采纳评价建议（包括补充措施）；⑯编制预评价报告；⑰预评价报告的接受审核；⑱建设单位接收预评价报告。

（一）准备阶段

1. 主要工作流程

（1）建设单位委托评价机构。

（2）签订评价的合同书。

（3）企业提供建设项目的有关资料。

（4）协同初步调查分析。

（5）编制预评价方案。

（6）对预评价方案进行技术审核。

（7）确定质量控制原则及要点等。

2. 应完成的工作

1）企业应提供的资料

（1）建设项目的立项审批文件、资料。

（2）建设项目的可行性研究报告。

（3）建设项目的技术资料，主要包括：①建设项目概况；②生产工艺、生产设备；③辐射源项资料；④生产过程拟使用的原料、辅料及其用量，中间品、产品及其产量等；⑤劳动组织与工种、岗位设置及其作业内容、作业方法等；⑥各种设备、化学品的有关职业病危害的中文说明书；⑦拟采取的职业病危害防护措施；⑧有关设计图纸（建设项目区域位置图、总平面布置图等）；⑨有关职业卫生现场检测资料（类比工程）；⑩有关劳动者职业健康检查资料（类比工程）；⑪其他有关评价所需的技术资料。

（4）职业卫生法律法规，职业卫生相关标准，地方职业卫生规章等。

2）预评价方案编制

预评价方案的内容应包括：

（1）建设项目概况。

（2）预评价的目的、依据、类别、标准等。

（3）建设项目工程及职业病危害因素分析及方法。

（4）预评价工作的组织、经费、计划安排等。

（二）实施阶段

该阶段指依据预评价方案开展评价工作，通过工程分析、职业卫生现场调查、类比调查，对职业病危害进行识别，并进行职业病危害因素定性、定量评价及风险评估。

该阶段的主要工作内容包括：

1. 工程分析

工程分析就是对建设项目的工程特征和卫生特征进行系统的、全面的分析，了解项目所具有的工艺特点、工艺流程和卫生防护水平，为解析项目可能存在的职业病危害因素的种类、性质、时空分布及其对劳动者的健康影响，筛选主要评价因子，确定评价单元。

工程分析主要包括以下内容：

（1）建设项目工程概况，包括建设的地点、性质、规模、总投资、设计能力、劳动定员等。

（2）总平面布置、生产工艺、技术路线等。

（3）生产过程拟使用的原料、辅料，中间品、产品的名称，用量及产量，主要生产工艺流程，主要生产设备，可能产生的职业病危害种类、部位、存在形态，生产设备机械化或自动化程度、密闭化程度。

（4）拟采取的职业病防护设备及应急救援设施。

（5）拟配置的个人使用的职业病防护用品。

（6）拟配置的职业卫生设施。

（7）拟采取的职业病防治管理措施等。

2. 职业卫生调查

当建设项目的可行性研究等技术资料不能满足评价需求时，应进一步收集有关资料，进行类比调查：

对矿建、改建和技术改造建设项目，应收集矿建、改建和技术改造之前运行期间的职业病危害监测、健康监护、职业病危害评价等资料；对新建项目，应选择同类生产企业进行类比调查。

类比调查内容包括：

（1）选址。同类建设单位自投入使用以来，其选址与国家现行职业卫生法律、法规的协调情况。

（2）总平面布置。同类建设单位工作区、生活区、居住区、废弃物处理区、辅助用地的分布，尤其是存在职业病危害因素的措施的布置、运行、相互之间的影响情况。

（3）职业病危害现状。同类建设单位职业病危害的种类、性质，近年来工作场所化学因素、物理因素、生物因素平均浓度（强度）。

（4）职业病防护设备。同类建设单位防毒、防尘、防高温、防寒、防湿、防噪声、防振动、防电离和防电离辐射等各类防护设施的配置和运行效果；个体防护用品的配置和使用情况；休息室、卫生间、喷淋装置、冲洗装置等卫生设施的配置和使用情况。

（5）职业病发病情况。

（6）组织架构及管理情况。

（7）职业卫生经费投入、使用情况等。

3. 分析和评价

分析和评价指依据国家法律、法规、标准等，依据建设项目职业病危害特点，采用检查表法、类比法等评价方法对建设项目职业病危害的定性和定量评价。

分析和评价的主要内容包括：

（1）职业病危害因素识别和分析。识别所有的职业病危害因素，分析对劳动者的健康影响，分析是否会产生职业病。

（2）职业病危害防护设施分析。对可行性研究报告中提出的职业病防护设施、职业健康管理措施、个人使用的职业病防护用品、辅助用室、应急救援措施、职业健康专项经费概算等进行分析。

（3）职业病危害评价。依据职业健康相关法律法规及标准的规定，主要从职业病防护设施、职业健康管理措施、个人使用的职业病防护用品、辅助用室、应急救援措施、职业健康专项经费概算等进行符合性的评价。

（4）控制职业病危害的补充措施。在分析、评价的基础上，针对可行性研究报告中存在的不足，从组织管理、工程技术、个体防护、卫生保健、应急救援等方面，分别提出控制职业病危害的补充措施，供设计单位在编写职业健康专篇时参考、使用。

（三）报告编制与评审阶段

这一阶段的主要工作包括：

（1）资料汇总。汇总、分析实施阶段获取的各种资料、数据。

（2）评价结论。通过分析、评价得出结论，并提出对策和建议。

（3）报告编制。完成职业病危害预评价报告书的编制。

（4）报告评审。报告编制完成后，企业应组织专家对职业病危害预评价报告书进行评审。

六、报告及内容

（一）报告格式

预评价报告的格式应符合《建设项目职业病危害预评价导则》（AQ/T 8009—2013）附录 C 的规定。

（二）报告内容

职业病危害预评价报告的主要内容应包括以下 5 点：

1. 建设项目概况

建设项目名称、性质、规模、拟建地点、建设单位、项目组成、辐射源项及主要工程内容等。对于改建、扩建建设项目和技术引进、技术改造项目，还应阐述建设单位的职业卫生管理基本情况以及工程利旧的情况。

2. 职业病危害因素及其防护措施评价

（1）概括拟建项目可能产生的职业病危害因素及其来源、理化性质，以及可能接触职业病危害因素作业的工种（岗位）及其相关的工作地点、作业方法、接触时间与频度、可能引起的职业病以及其他人体健康影响等。

（2）按照划分的评价单元，针对可能接触职业病危害作业的工种（岗位）及其相关工作地点，给出各个主要职业病危害因素的预期接触水平及其评价结论。

（3）针对可能存在的职业病危害因素发生（散）源或生产过程，给出拟设置的职业病防护设施及其合理性与符合性的评价结论。

（4）针对可能接触职业病危害作业的工种（岗位），给出拟配备个人使用职业病防护用品及其合理性与符合性的评价结论。

（5）针对可能存在的发生急性职业损伤的工作场所，给出拟设置应急救援设施及其合理性与符合性的评价结论。

3. 综合性评价

给出建设项目拟采取的总体布局、生产工艺及设备布局、辐射防护措施、建筑卫生学、辅助用室、职业卫生管理、职业卫生专项投资等及其法规符合性的评价结论，列出其中的不符合项。

4. 职业病防护措施及建议

（1）提出控制职业病危害的具体补充措施。

（2）给出建设项目建设施工过程职业卫生管理的措施建议。

5. 评价结论

确定拟建项目的职业病危害类别；明确拟建项目在采取了可行性研究报告和评价报告所提防护措施的前提下，是否能满足国家和地方对职业病防治方面法律、法规、标准的要求。

第三节　职业病防护设施设计专篇

一、基本概念及设计基本原则

指产生或可能产生职业病危害的建设项目，在初步设计（含基础设计）阶段，由建设单位委托设计单位对该项目依据国家职业健康相关法律、法规、规范和标准，针对建设项目施工过程和生产过程中产生或可能产生的职业病危害因素采取的各种防护措施及其预期效果编制的专项报告。

（1）贯彻落实预防为主，防治结合的工作方针；落实职业病危害"前期预防"控制制度，保证职业病防护设施的设计符合卫生要求。

（2）原则上应覆盖建设项目产生或可能产生的全部职业病危害因素。

（3）职业病防护设施的设计应优先采用有利于保护劳动者健康的新技术、新工艺、新材料、新设备，限制使用或者淘汰导致职业病危害严重的工艺、技术、材料。

（4）应使工作场所职业病危害因素浓度或强度符合《工作场所有害因素职业接触限值第1部分》（国卫通〔2019〕10号）的要求，防止职业病危害因素对劳动者的健康损害。

（5）承担职业病防护设施设计的人员应了解职业健康相关法律、法规、标准以及职业病防治知识，掌握建设项目可能存在的职业病危害因素种类、危害分布、毒物作用特点和有关的预防控制技术。

（6）职业病防护设施设计应当具有针对性、可行性、有效性、先进性和经济性。

（7）职业病防护设施必须贯彻在各专业设计中，做到安全可靠，保障劳动者在劳动过程中的安全和健康。

二、设计目的

（1）贯彻落实《职业病防治法》及国家相关的法律、法规、标准、规范。

（2）针对建设项目存在的职业病危害因素种类和危害程度，提出职业病防护设施的设计方案与具体技术参数，为建设单位落实职业病防护措施提供依据。

（3）为卫生行政部门对建设项目职业病防护设施设计审查提供科学依据。

三、设计内容

包括设计范围内产生或者可能产生的职业病危害因素所应采取的防尘、防毒、防暑、防寒、防噪、减振、防非电离辐射与电离辐射等防护设施的类型、设备选型，设置场所和相关技术参数的设计方案，总体布局、厂房及设备布局、建筑卫生学的设计方案，配套的辅助卫生设施、应急救援设施设计方案，以及职业病防护设施投资预算，对职业病防护设施的预期效果进行的评价。

四、设计依据

1. 法律、法规、规章

国家现行职业病防治有关的法律、法规、部门规章、标准、规范性文件等。

2. 基础依据

建设项目审批、核准、备案等立项文件，可行性研究报告，职业病危害预评价报告及其审核（备案）批复，初步设计等。

3. 其他依据

建设项目有关的支持性文件、国内外文献资料及与评价工作有关的其他资料。

五、设计程序及要求

1. 提供资料

企业应提供给设计单位职业病防护设施设计所需要的各种文件、资料和数据。

（1）基础性资料。主要包括：建设项目审批、核准、备案等立项文件，可行性研究报告，初步设计等设计文件；建设项目职业病危害预评价报告及其审核备案批复。

（2）建设项目的技术资料。主要包括：①建设项目概况；②总平面布置、生产工艺及技术路线；③原材料（含辅料）、中间产品、产品（含副产品）的名称及用量或产量；④主要设备数量和布局，机械化、自动化和密闭程度、操作方式等；⑤劳动组织、工作制度；⑥岗位设置及其作业内容、作业方法等；⑦可能产生的职业病危害因素种类、分布部位、存在的形态、主要的理化性质和毒性及危害的范围与程度；⑧新建项目类比资料，改、扩建、技改项目原有资料（监测结果、防护措施等）；⑨建筑施工工艺资料（包括建筑施工工程类型、施工地点和作业方式等）；⑩设计图纸（总平面布置图、生产工艺布置图等）；⑪其他所需的资料、文件。

2. 工程分析

对建设项目的工程概况，建设地点，总体布局，生产工艺与设备布局，原辅材料与产品的名称、主要成分及用（产）量，劳动组织与工作制度，工种（岗位）设置及其作业内容与作业方法，建筑卫生学，建筑施工工艺等主要内容与结果进行分析。

3. 职业病危害因素分析及危害程度预测

（1）明确建设项目施工过程和生产过程中产生或可能产生的职业病危害因素的种类、名称、存在形态、理化特性和毒理特征，分析其来源和产生方式，明确产生职业病危害因素的设备名称、数量及分布。

（2）分析接触职业病危害因素作业人员情况，接触职业病危害因素种类、接触方式、接触时间、接触人数及接触机会等；可能产生严重职业病危害因素的种类、原因、作业岗位及影响范围。

（3）根据类比检测结果、原辅材料使用量或物料平衡关系等，推算职业病危害因素的预期浓度（强度），预测职业病危害程度。

（4）分析职业病危害因素对人体健康的影响及可能导致的职业病，根据可能的接触水平，分析潜在危害性和发生职业病的危险程度。

4. 职业病防护设施设计

（1）构（建）筑物设计。构（建）筑物设计，也包括以下（2）、（3）、（4）条款内容的设计，应按照国家新调整的标准进行。2020 年 3 月，应急管理部/国家卫生健康委联合下发了《关于调整职业健康领域安全生产行业标准归口事宜的通知》（应急〔2020〕25

号），将原国家安全生产监督管理总局归口管理的 79 项职业健康领域行业标准（见本书附录五）划转国家卫生健康委统一归口管理，同时调整上述行业标准的标准编号。构（建）筑物设计指对建设项目的总平面布置、竖向布置和建（构）筑物进行设计。

（2）总平面布置。重点对功能分区和存在职业病危害因素作业场所的布置以及减少相互之间的影响进行分析和设计。

（3）竖向布置。重点对放散大量热量或有害气体的厂房布置，噪声与振动较大的生产设备安装布置，含有挥发性气体、蒸汽的各类管道的合理布置等进行设计。

（4）建（构）筑物设计。对建筑结构、采暖、通风、空气调节、采光照明、微小气候等建筑卫生学进行设计，包括建（构）筑物朝向，以自然通风为主的车间天窗设计，高温、热加工、有特殊要求（如产生粉尘、有毒物质、酸碱等强腐蚀介质、剧毒工作场所）和人员较多的建（构）筑物设计，厂房降噪和减振设计，车间办公室布置以及空调厂房及洁净厂房的设计等。

5. 防护设施设计及其控制性能

对拟采取的防尘、防毒、防暑、防寒、防噪、减振、防非电离辐射与电离辐射等职业病防护设施的名称、规格、型号、数量、分布及控制性能进行分析和设计，并提出保证职业病防护设施控制性能的管理措施和建议。

按种类详细列出建设项目设计中所采用的全部职业病防护设施，并对每个防护设施说明符合或者高于国家现行有关法律、法规和部门规章及标准的具体条款，或者借鉴国内外同类建设项目所采取的防护设施。

6. 应急救援设施

（1）对建设项目施工过程和生产过程中可能发生的职业病危害事故进行分析和判断，对建设项目应配备的事故通风、救援装置、防护设备、急救用品、急救场所、冲洗设备、泄险区、撤离通道、报警装置类型、规格型号、数量、存放地点等内容进行设计。

（2）在产生有毒有害气体、易燃易爆物质或易挥发性物质且可能泄漏或积聚的地方，必须设置固定式或便携式检测报警仪器和事故通风设备；可能突然泄漏大量有毒化学品或者易造成急性中毒的施工现场（如接触酸、碱、有机溶剂、危险性物品的工作场所等）应设置自动检测报警装置、事故通风设施、冲洗设备（沐浴器、洗眼器和洗手池）、应急撤离通道和必要的泄险区。

（3）放射工作场所和放射性同位素的运输、储存，应配置防护设备和报警装置。

7. 职业病防治管理措施

包括建设单位拟设置或指定职业卫生管理机构或者组织情况、拟配备专职或兼职的职业卫生管理人员情况；拟制定的职业卫生管理方针、计划、目标、制度；职业病危害因素日常监测、定期检测评价、职业病危害防护措施、职业健康监护等方面拟采取的措施；其他依法拟采取的职业病防治管理措施。

8. 职业病危害警示标识

对存在或者产生职业病危害的工作场所、作业岗位、设备、设施设置警示图形、警示线、警示语句等警示标识和中文警示说明，并对存在或产生高毒物品的作业岗位设置高毒物品告知卡的数量和位置进行设计。

9. 辅助卫生设施

根据工业企业生产特点、实际需要和使用方便的原则，进行辅助卫生设施设计，包括车间卫生用室（浴室、更/存衣室、盥洗室以及在特殊作业、工种或岗位设置的洗衣室）、生活室（休息室、就餐场所、厕所）、妇女卫生室；辅助卫生设施的设计应符合《工业企业设计卫生标准》（GBZ 1—2010）的有关要求。

10. 预评价报告补充措施及建议的采纳情况说明

对职业病危害预评价报告中职业病危害控制措施及建议的采纳情况进行说明，对于未采纳的措施和建议，应当说明理由。

11. 职业病防护设施投资概算

依据建设单位提供的有关数据资料，对建设项目为实施职业病危害治理所需的装置、设备、工程设施、应急救援用品、个体防护用品等费用进行估算。

六、专篇内容

应根据《建设项目职业病防护设施设计专篇编制要求》（ZW-JB—2014-002），编制职业病防护设施设计专篇。

（1）概述。包括任务来源及目的、设计依据、设计范围和设计内容。

（2）建设项目概况及工程分析。

（3）建设项目概况。包括建设项目名称、性质、规模及在同行业中的水平、建设地点、建设单位、自然环境概况、项目组成及主要工程内容、生产制度、岗位设置、建筑施工工艺、主要技术经济指标、职业卫生"三同时"执行情况等。

（4）工程分析。包括总平面布置及竖向布置、主要技术方案及生产工艺流程、原辅材料及产品情况、工艺设备布局及先进性、建（构）筑物及建筑卫生学、辅助设施等。

（5）职业病危害因素分析及危害程度预测。

（6）职业病防护设施设计。依照设计所依据的法律、法规、标准和技术规范等，对建设项目应采取的构（建）筑物、职业病防护设施、应急救援设施、职业病危害警示标识、辅助卫生设施等进行设计，并对职业病防护设施投资进行预算。

（7）预期效果评价。结合现有同类生产的检测数据、运行管理经验，对所提出的各项防护措施的预期效果进行评价，预测建设项目建设投产后作业场所中各项职业病危害因素的浓度（强度）能否满足相关法律、法规和标准的要求。

第四节　建设项目施工过程管理

一、基本概念

建设项目施工过程管理是施工企业经营管理的一个重要组成部分。这个过程主要是指承担项目的企业为了合格完成建筑产品的施工任务，要全面地从接受施工任务起到完成工程验收合格为止的这个过程。施工过程管理则指施工企业围绕施工对象以及施工现场而进行的生产事务的分配组织管理工作。

建设项目施工过程中，建设施工单位有关工作场所各项职业卫生管理的情况应当包括施工阶段职业卫生检测、职业健康监护、建设项目采取的职业病防护设施和应急救援措施以及施工期工人的个体防护等内容。

二、施工阶段职业病危害因素

建设项目施工过程中产生或可能产生的职业病危害因素是多样的：首先应当明确危害因素的种类、名称、存在形态、理化特性和毒理特征、来源和产生方式，以及产生职业病危害因素的设备名称、数量及分布；其次分析其职业病危害作业的工种（岗位）、工作地点及其作业方法、接触时间与频度，以及可能引起的职业病及其他健康影响等。

三、施工阶段的防护设施与应急救援

建设项目在施工过程中，建设单位应当对可能发生的职业病危害进行分析和判断，应配备事故通风、救援装置、防护设备、急救用品、急救场所、冲洗设备、泄险区、撤离通道、报警装置等，并明确其类型、规格型号、数量、存放地点等。

建设单位应依据建设项目建设施工过程中可能存在的发生急性职业损伤的工作场所和该工作场所导致急性职业损伤职业病危害因素的理化性质和危害特点、可能发生泄漏（逸出）或聚积的状况以及相关职业卫生法规标准要求等，设置相应的应急救援设施。

建设单位可针对建设项目施工过程的职业卫生管理，根据职业病危害因素、防护措施等内容的分析与评价结果，从建设工程的发包、施工组织设计、防护设施与主体工程的施工过程以及施工监理等方面，设置相应的职业病防护设施。

四、施工阶段个人职业病危害防护

建设单位应明确建设施工过程可能存在的职业病危害作业工种（岗位）以及建设单位相应防护用品的配备状况，根据该工种（岗位）及其相关工作地点的作业环境状况、职业病危害因素的理化性质、类比检测接触水平，按照《个体防护装备选用规范》（GB/T 11651—2008）或《呼吸防护用品的选择、使用与维护》（GB/T 18664—2002）等相关标准的规定，为职业病危害作业的工种（岗位）配备个人职业病防护用品。

五、施工阶段职业病防护设施"三同时"

1. 预评价

建设单位应以建设项目可行性研究报告中提出的建设内容为准，并包括建设项目建设施工过程中职业卫生管理要求的内容。对于改建、扩建建设项目和技术改造、技术引进项目，评价范围还应包括建设单位施工阶段的职业卫生管理基本情况。

2. 职业病防护设施设计专篇

设计单位在初步设计（含基础设计）阶段，除生产过程外，还应针对建设项目施工过程产生或可能产生的职业病危害因素编制职业病防护设施设计专项报告。

3. 控制效果评价

在试生产阶段，除生产过程外，评价单位还应针对建设项目施工过程中产生或可能产生的职业病危害因素以及对应采取的职业病防护设施、措施进行设计并对其预期效果进行分析评价。

第五节　职业病危害控制效果评价

一、基本概念及基本原则

基本原则有以下 4 点：

（1）贯彻落实预防为主、防治结合的方针，对建设项目实行分类管理，综合治理。

（2）遵循科学、公正、客观、真实的原则，保证评价工作的独立性，排除非技术人为因素的影响。

（3）评价工作应在生产满负荷和正常生产情况下进行。

（4）评价工作应遵循国家质量管理的相关规定。

二、评价目的

明确建设项目产生的职业病危害因素，分析其危害程度及对劳动者健康的影响，评价职业病危害防护措施及其效果，对未达到职业病危害防护要求的系统或单元提出职业病控制措施建议，针对不同建设项目的特征，提出职业病危害关键控制点和防护的特殊要求，为职业卫生部门对建设项目职业病防护设施竣工验收提供科学依据，为建设单位职业病防治的日常管理提供依据。

三、评价主要依据

职业病危害控制效果评价指建设项目完工后、竣工验收前，对工作场所职业病危害因素及其接触水平、职业病防护设施与措施及其效果等做出的综合评价。根据《职业病防治法》的相关规定，建设项目在竣工后到正式投入生产前的试运行阶段，职业卫生技术服务机构应对项目单位或项目所属用人单位开展职业病危害控制效果评价。

主要的依据包括：

（1）国家职业病防治相关的法律、法规、规章、规范、标准。

（2）行政管理部门审核、审查的相关文件。

（3）建设项目设计及试运行情况的有关资料。

（4）建设项目职业病危害预评价报告书。

（5）职业卫生调查、职业卫生检测和健康监护资料。

（6）控制效果评价工作委托书等。

四、评价的主要内容

以建设项目实施的工程项目为准，针对试运行期间职业病危害防护设施及效果和职业卫生管理措施等进行评价，主要内容包括：

1. 建设项目概况

建设项目名称、性质、规模、拟建地点、建设单位、项目组成、辐射源项、主要工程内容、试运行情况、职业病防护设施设计专篇的建设施工落实情况以及建设项目建设施工过程中职业卫生管理情况的简介等。

2. 职业病危害评价

按照划分的评价单元：

（1）针对接触职业病危害作业的工种（岗位）及其相关工作地点，给出各个主要职业病危害因素的接触水平及其评价结论。

（2）针对职业病危害因素的发生（散）源或生产过程，给出所设置的职业病防护设施及其合理性与有效性评价结论。

（3）针对接触职业病危害作业的工种（岗位），给出所配备的个人使用职业病防护用品及其符合性与有效性的评价结论。

（4）针对可能发生急性职业损伤的工作场所，给出所设置应急救援设施及其合理性与符合性的评价结论；给出建设项目所采取的总体布局、生产工艺及设备布局、建筑卫生学、辅助用室、应急救援措施、职业卫生管理、职业健康监护等评价的结论；列出其中的不符合项。

3. 措施及建议

针对建设项目试运行阶段存在的不足，提出控制职业病危害的具体补充措施与建议。

4. 评价结论

明确建设项目是否能满足国家和地方对职业病防治方面法律、法规、标准的要求，明确是否具备了职业病防护设施竣工验收的条件。

五、评价程序

控制效果评价程序包括准备、实施、报告编制、评审 4 个阶段。

（一）准备阶段

主要工作包括：

1. 建设单位委托有资质的评价机构

内容略。

2. 签订评价工作合同

内容略。

3. 建设单位整理提供完整的资料

其资料主要包括：

（1）职业病危害预评价报告书、初步设计、政府监管部门对项目在可行性研究阶段及设计阶段的审查意见。

（2）建设项目的技术资料。主要包括：①建设项目概况；②生产过程的物料、产品及其有关职业病危害的中文说明书；③生产工艺；④辐射源项；⑤生产设备及其有关职业病危害的中文说明书；⑥采取的职业病危害防护措施；⑦设计图纸；⑧职业卫生现场检测资料；⑨劳动者职业健康检查资料；⑩职业卫生管理的各类资料；⑪项目试运行情况；⑫国家、地方、行业有关职业卫生方面的法律、法规、标准、规范；⑬项目建设施工期，建设施工单位有关工作场所职业卫生检测与职业健康监护等相关资料等。

4. 协同开展初步现场调查

内容略。

5. 编制控制效果评价方案并对方案进行技术审核，确定质量控制要点

内容略。

6. 开展评价工作所需要的工具、文书等

内容略。

(二) 实施阶段

实施阶段包括职业卫生调查、职业卫生检测、职业病危害评价、采纳措施建议、评价结论 5 个方面。

1. 职业卫生调查

其主要工作包括以下 9 点：

(1) 项目概况与试运行情况调查。主要调查内容包括：工程性质、规模、地点、建设施工阶段工作场所职业病危害因素检测、职业健康监护等职业卫生管理情况，"三同时"执行情况及工程试运行情况等。

(2) 总体布局和设备布局情况调查。

(3) 职业病危害因素调查。主要内容包括：调查生产工艺过程中存在的职业病危害因素及其来源、理化性质与分布以及生产环境和劳动过程中的职业病危害因素，开展工作日写实并调查劳动定员以及职业病危害作业的相关情况。

(4) 职业病防护设施与应急救援设施调查。主要调查：①生产工艺过程、生产环境和劳动过程中存在的职业病危害因素发生 (散) 源或生产过程；②产生职业病危害因素的理化性质和发生 (散) 特点；③所设置的各类职业病防护设施的种类、地点及运行维护状况；④生产工艺过程、生产环境和劳动过程中存在的可导致急性职业损伤的职业病危害因素及其理化性质和危害特点；⑤可能发生泄漏 (逸出) 或聚积的工作场所；⑥所设置的各类应急救援设施的种类、地点及运行维护状况等。

(5) 个人使用的职业病防护用品调查。主要调查：①各类职业病危害作业工种 (岗位) 及其相关工作地点的环境状况；②所接触职业病危害因素的理化性质；③作业人员实际接触职业病危害因素的状况；④各类职业病危害作业工种 (岗位) 所配备防护用品的种类、数量、性能参数、适用条件；⑤防护用品使用管理制度的建立情况等。

(6) 建筑卫生学调查。指调查建筑结构、采暖、通风、空气调节、采光照明、微小气候等建筑卫生学的情况。

(7) 辅助用室调查。指调查工作场所办公室、生产卫生室 (浴室、存衣室、盥洗室、洗衣房)、生活室 (休息室、食堂、厕所)、妇女卫生室、医务室等辅助用室情况。

(8) 职业卫生管理情况调查。主要调查：①职业卫生管理组织机构及人员设置情况；②职业病防治计划与实施方案及其执行情况；③职业卫生管理制度与操作规程及执行情况；④职业病危害因素定期检测制度；⑤职业病危害的告知情况；⑥职业卫生培训情况；

⑦职业健康监护制度；⑧职业病危害事故应急救援预案编制及其演练情况；⑨职业病危害警示标识及中文警示说明的设置状况；⑩职业病危害因素申报情况；⑪职业卫生档案建立和管理情况；⑫职业病危害防治经费投入和保障情况等。

（9）职业健康监护情况调查。主要调查：①职业健康检查的实施范围；②职业健康检查的种类；③健康监护档案建立与管理；④职业禁忌证管理；⑤职业病病人的管理情况等。

2. 职业卫生检测

其主要工作包括以下 3 点：

（1）职业病危害因素检测。依据评价方案实施现场职业病危害因素检测，并按照划分的评价单元，整理和分析其所存在的职业病危害作业工种（岗位）及其相关工作地点的作业方法、接触时间与频度以及接触水平检测结果等，并分析各个职业病危害因素可能引起的职业病以及其他健康影响等。

（2）职业病防护设施检测。依据评价方案实施现场职业病防护设施检测，并按照划分的评价单元，整理和分析其所设置的职业病防护设施及其位置、性能参数的检测结果以及该工作场所职业病危害因素的检测结果等。

（3）建筑卫生学检测。依据评价方案实施现场建筑卫生学检测，并按照检测内容整理和分析检测结果。

3. 职业病危害评价

主要工作包括以下 8 个方面：

（1）职业病危害因素评价。建设单位按照划分的评价单元，针对存在的各类职业病危害作业工种（岗位）及其相关工作地点，根据职业病危害因素的检测结果并对照《工作场所有害因素职业接触限值》等标准，评价职业病危害因素接触水平的符合性。

作业人员接触职业病危害因素的浓度或强度超过标准限值时，应寻求评价机构提出针对性的控制措施建议，并采纳。

（2）职业病防护设施评价。建设单位按照划分的评价单元，针对其设置的各类职业病防护设施，根据其职业病防护设施调查结果、作业现场职业病危害因素检测结果、职业病危害防护设施检测结果以及职业健康监护调查结果等，并对照《排风罩的分类及技术条件》（GB/T 16758—2008）等相关标准要求，评价职业病防护设施设置的合理性与有效性。

工作场所职业病危害因素的浓度或强度超过《工作场所有害因素职业接触限值》限值时，应寻求评价机构提出针对性的防护设施改善建议，并采纳。

（3）个人使用的职业病防护用品评价。建设单位按照划分的评价单元，针对其存在的各类职业病危害作业工种（岗位），根据个人使用的职业病防护用品调查结果、职业病危害因素调查与检测结果以及职业健康监护调查结果，并对照《个体防护装备选用规范》或《呼吸防护用品的选择、使用与维护》等相关标准要求，评价所配备的个人职业病防护用品的符合性与有效性；对防护用品配备存在问题的，应寻求评价机构提出针对性改善建议并采纳。

（4）总体布局与设备布局评价。建设单位根据总体布局和设备布局的调查结果，对照

《工业企业总平面设计规范》《生产过程安全卫生要求总则》《工业企业设计卫生标准》《生产设备安全卫生设计总则》等相关职业卫生法规标准要求，评价总体布局及设备布局的符合性。

（5）建筑卫生学评价。建设单位根据建筑卫生学的调查与检测结果，并对照《生产过程安全卫生要求总则》《工业企业设计卫生标准》等相关标准要求，评价建设项目的建筑结构、采暖、通风、空气调节、采光照明、微小气候等建筑卫生学的符合性。

（6）辅助用室评价。建设单位根据职业卫生调查确定不同车间的车间卫生特征等级，结合辅助用室调查结果，并对照相关职业卫生的法规标准要求，评价建设项目的工作场所办公室、生产卫生室（浴室、存衣室、盥洗室、洗衣房）、生活室（休息室、食堂、厕所）、妇女卫生室、医务室等辅助用室的符合性。

（7）职业卫生管理评价。建设单位根据职业卫生管理情况的调查结果，对照相关职业卫生法规标准要求，评价建设项目及其建设施工阶段各项职业卫生管理内容的符合性。

（8）职业健康监护评价。建设单位根据职业健康监护调查结果和职业病危害因素的调查结果等，对照相关职业卫生法规标准要求，评价职业健康监护的实施、职业健康监护档案的管理以及检查结果的处置等的符合性。

4. 采纳措施建议

建设单位在对建设项目全面分析、评价的基础上，针对试运行阶段存在的职业病防护措施的不足，从职业卫生管理、职业病防护设施、个体防护、职业健康监护、应急救援等方面，综合提出控制职业病危害的具体补充措施与建议。建设单位在整改过程中应予以实施。

5. 评价结论

建设单位在全面总结评价工作的基础上，归纳建设项目的职业病危害因素及其接触水平、职业病防护设施、个人使用的职业病防护用品、建筑卫生学及辅助用室、职业卫生管理等的评价结果，指出存在的主要问题，对该建设项目职业病危害控制效果做出总体评价，并阐明是否达到建设项目职业病防护设施竣工验收的条件。

（三）报告编制与评审阶段

建设单位依据《建设项目职业病危害控制效果评价报告编制要求》编制评价报告。主要工作包括：分析、整理所得的资料、数据，并对其进行评价，得出结论，提出对策和建议，完成评价报告书的编制；对评价报告书进行评审、修改。

第六节 职业病危害防护设施竣工验收

一、基本要求

建设项目职业病防护设施竣工验收指由竣工验收的责任单位依据相关法律、法规和标准的规定，对照职业病危害控制效果评价检测或调查结果，通过现场检查等手段，考核该建设项目防护设施是否达到控制职业病危害要求的活动。

建设项目职业病防护设施竣工验收的基本要求包括以下 7 点：

1. 必须进行试运行

根据《建设项目职业病防护设施"三同时"监督管理办法》的规定，凡是应试运行的，其试运行的时间应当不少于 30 日，最长不得超过 180 日。

2. 必须进行监测

根据《建设项目职业病防护设施"三同时"监督管理办法》的规定，建设项目试运行期间，建设单位应当对职业病防护设施运行的情况和工作场所的职业病危害因素进行监测。

3. 必须控制效果评价

根据《职业病防治法》和《建设项目职业病防护设施"三同时"监督管理办法》的规定，建设项目试运行期间：

（1）建设单位应当对职业病防护设施运行的情况和工作场所的职业病危害因素进行监测。

（2）由卫生技术服务机构进行职业病危害控制效果评价。

4. 必须对报告进行评审

根据《建设项目职业病防护设施"三同时"监督管理办法》的规定，属于职业病危害一般或者较重的建设项目，建设单位主要负责人或其指定的负责人应当组织职业卫生专业技术人员对职业病危害控制效果评价报告进行评审，形成其是否符合职业病防治有关法律、法规、规章和标准要求的评审意见。

属于职业病危害严重的建设项目，其建设单位的主要负责人或指定的负责人应当组织外单位职业卫生专业技术人员参加评审，并形成评审意见。

5. 竣工验收权限

（1）职业病危害一般的建设项目。根据《建设项目职业病防护设施"三同时"监督管理办法》的规定，其竣工验收由建设单位自行组织。

（2）职业病危害较重的建设项目。根据《建设项目职业病防护设施"三同时"监督管理办法》的规定，其由建设单位自行组织。

（3）职业病危害严重的建设项目。根据《建设项目职业病防护设施"三同时"监督管理办法》的规定，其由建设单位主要负责人或其指定的负责人组织外单位职业卫生专业技术人员参加验收。

6. 分期建设的项目竣工验收

分期建设、分期投入生产或者使用的建设项目，其配套的职业病防护设施应当分期与建设项目同步进行验收。

7. 严禁违规投入生产或使用

建设项目职业病防护设施未按照规定验收合格的，不得投入生产或者使用。

二、竣工验收的范围

1. 设施和设备

指与建设项目有关的各项职业病防护设施，包括为预防、控制或消除粉尘、化学毒物、噪声、高温、振动、放射性等职业病危害所建成或配备的工程、设备、装置等各项防护设施。

2. 文件和资料规定的其他措施

（1）职业病防治法律、法规和规章等规定的各项职业病防治管理的措施。

（2）职业病危害评价报告书和有关项目设计文件规定应采取的其他各项职业病防护的措施。

三、竣工验收的工作准备

为了达到职业病防护设施竣工验收的要求，建设单位应当从以下 10 个方面进行相关工作准备。

1. 机构组织资料和规章制度资料准备

主要包括：领导机构；管理机构；人员配置；工作计划及实施方案；各项岗位责任制；规章制度；操作规程；职业病防治投入保障；职业卫生档案建立情况等。

2. 前期预防的证据资料准备

主要包括：①建设项目预评价系列化的资料；②职业病危害控制效果评价系列资料等。

3. 材料和设备管理资料准备

主要包括：①新技术、新工艺和新材料的使用；②有毒物质管理资料等。

4. 作业场所管理状况准备

主要包括以下 10 点：

（1）生产布局的合理性（有毒有害和无毒无害是否分开作业等）。

（2）职业卫生的基本条件。

（3）警示标识、中文警示说明。

（4）报警装置及其运行。

（5）现场急救用品、冲洗设备、应急撤离通道的设置。

（6）必要的泄洪区设置。

（7）辅助卫生用室设置。

（8）放射工作场所的防护设施及其运行。

（9）高毒作业场所的防护设施及其运行。

（10）女职工、职业禁忌、未成年工等特殊劳动保护设施及其运行等。

5. 作业场所职业病危害因素的监测准备

主要包括：

（1）监测系统及其运行的稳定性、可靠性。

（2）职业病危害因素的监测频次、强度或浓度的符合性。

6. 告知义务履行证据资料准备

主要包括以下 5 点：

（1）劳动合同的告知。

（2）操作规程告知。

（3）应急救援措施告知。

（4）作业场所职业病危害因素监测、评价结果告知。

（5）职业健康体检结果告知、职业禁忌告知等。

7. 防护设施和个人防护用品管理状况的准备

主要包括：

（1）职业病防护设施类别、台账及其管理状况。

（2）护品的配置、批准、采购、库存、发放、使用、报废、监督等。

8. 职业健康监护管理的准备

主要包括以下 5 点：

（1）管理制度的建立及其内容的完整性。

（2）"四期"职业健康检查的实施情况。

（3）职业禁忌作业的管理情况。

（4）女职工特殊劳动保护管理情况。

（5）职业健康监护档案的建立和管理等情况。

9. 职业病危害事故应急救援管理的准备

主要包括以下 3 点：

（1）职业病危害事故专项应急预案的编制、审批和实施情况。

（2）职业病危害事故应急救援资源配置和保障情况。

（3）职业病危害事故应急预案的演练实施情况等。

10. 职业卫生培训管理及证据资料的准备

主要包括以下 6 点：

（1）培训工作规章制度的建立情况。

（2）培训师资、设施、场所等硬件配置情况。

（3）培训对象的完整性情况。

（4）培训计划和方案编制、审批，培训内容的完整性情况。

（5）培训计划和方案的实施、指标完成状况。

（6）培训对象的资质管理等情况。

四、竣工验收的必备条件及不得通过的条件

1. 必备条件

建设项目职业病防护设施竣工验收前必须具备以下条件：

（1）建设项目已经依法审批、核准、备案。

（2）建设项目单位已完成职业病危害预评价，预评价报告经职业卫生专家评审合格。

（3）建设单位已完成《职业病防护设施设计专篇》编制。

（4）建设项目职业病防护设施与建设项目主体工程同时进行，分阶段完成或全部完成。

（5）建设项目已完整取得施工单位所提交的与项目建设相关的资质、证明资料。

（6）建设项目已完整取得监理单位所提交的与项目建设监理相关的资质、证明资料。

（7）建设单位已完成《职业病危害控制效果评价报告》编制，且报告已经过职业卫生专家评审。

（8）建设单位已按照规定的时间、期限完成了联合试运转（使用），编制完成了《联合试运转（使用）报告》。

（9）建设项目工程已经工程质量监督部门验收，并取得质量合格的认证。

2. 不得通过的条件

根据《建设项目职业病防护设施"三同时"监督管理办法》的规定，有下列情形之一的，建设项目职业病防护设施不得通过验收：

（1）评价报告内容和评价结论内容不符合《建设项目职业病防护设施"三同时"监督管理办法》第二十四条规定的。

（2）评价报告未按照评审意见整改的。

（3）未按照建设项目职业病防护设施设计组织施工，且未充分论证说明的。

（4）职业病危害防治管理措施不符合要求的。

（5）职业病防护设施未按照验收意见整改的。

（6）不符合职业病防治有关法律、法规、规章和标准规定的其他情形的。

五、竣工验收工作方案主要内容

建设单位在职业病防护设施验收前，应当编制验收工作方案。验收工作方案应当包括下列内容：①建设项目概况；②建设项目风险类别；③建设项目职业病危害预评价、职业病防护设施设计执行情况；④参与验收的人员及其工作内容、责任；⑤验收工作时间安排、程序等。

建设单位应当在职业病防护设施验收前20日将验收方案向管辖该建设项目的卫生行政部门进行书面报告。

六、竣工验收基本程序

基本程序包括以下10个方面：

（1）落实各项管理措施，开展职业病危害控制效果评价。

（2）编写《职业病防护设施验收方案》并报告相关部门。

（3）建设单位组织《职业病危害控制效果评价报告》评审。

（4）形成《职业病危害控制效果评价报告》备查。

（5）准备职业病防护设施验收相关文件和资料。

（6）建设单位组织职业病防护设施验收。

（7）卫生行政部门按相关规定对建设单位组织的验收活动、结果进行监督核查。

（8）形成职业病防护设施验收报告备查。

（9）验收结果提交相关卫生行政部门，同时进行信息公示。

（10）职业病防护设施正式投入生产和使用。

七、投产前或使用前的管理措施

根据《建设项目职业病防护设施"三同时"监督管理办法》的规定，建设项目投入生产或者使用前，建设单位应当依照职业病防治有关法律、法规、规章和标准要求，采取下列职业病危害防治管理措施：

（1）设置或者指定职业卫生管理机构，配备专职或者兼职的职业卫生管理人员。

（2）制定职业病防治计划和实施方案。

（3）建立、健全职业卫生管理制度和操作规程。

（4）建立、健全职业卫生档案和劳动者健康监护档案。

（5）实施由专人负责的职业病危害因素日常监测，并确保监测系统处于正常运行状态。

（6）对工作场所进行职业病危害因素检测、评价。

（7）建设单位的主要负责人和职业卫生管理人员应当接受职业卫生培训，并组织劳动者进行上岗前的职业卫生培训。

（8）按照规定组织从事接触职业病危害作业的劳动者进行上岗前职业健康检查，并将检查结果书面告知劳动者。

（9）在醒目位置设置公告栏，公布有关职业病危害防治的规章制度、操作规程、职业病危害事故应急救援措施和工作场所职业病危害因素的检测结果；对产生严重职业病危害的作业岗位，应当在其醒目位置设置警示标识、中文警示说明和职业病危害告知卡。

（10）为劳动者个人提供符合要求的职业病防护用品。

（11）建立、健全职业病危害事故应急救援预案。

（12）职业病防治有关法律、法规、规章和标准要求的其他管理措施。

第七节　职业病危害项目申报

一、概述

用人单位在生产过程中产生粉尘、有毒有害物质、噪声、振动、放射等职业病危害因素，会严重危害职工身体健康。熟悉并掌握本用人单位存在的职业病危害因素产生和分布情况，进而采取相应的防治措施，对做好职业病防治管理具有重要意义。

职业病危害项目申报是职业病危害防治管理的基础工作。及时、如实地进行申报，有助于引导用人单位掌握存在的职业病危害状况，促进自觉做好职业病危害防控，督促职业健康主体责任落实，保护职工身体健康；也有助于国家监管部门掌握全国职业病危害的分布情况，加大对违法违规行为的打击力度，更加有针对性地开展职业健康管理监管执法工作；同时为国家做好职业病防治管理情况普查，制定完善职业病危害防治政策提供依据，有效保护从业人员的职业健康。

凡存在《职业病危害因素分类目录》（国卫疾控发〔2015〕92号）所列职业病危害因素的用人单位（以下简称"用人单位"），均应按照规定向所在地卫生行政部门进行职业病危害项目申报，并接受其监督管理。卫生行政部门依法对职业病危害项目申报情况进行抽查，并对职业病危害项目实施监督检查，对未按规定进行职业病危害项目申报的用人单位进行相应的行政处罚，确保用人单位职业病危害项目申报工作落实到位。

二、申报要求

《职业病防治法》第十六条规定："**国家建立职业病危害项目申报制度。用人单位工作场所存在职业病目录所列职业病的危害因素的，应当及时、如实向所在地卫生行政部门申报危害项目，接受监督。**"这从法律层面为进行职业病危害项目申报提供了依据。

根据《职业病危害项目申报办法》规定和国家卫健委职业健康司政策要求，用人单位存在以下情况时，需要及时、如实进行职业病危害项目申报或变更申报：

（1）新建、改建、扩建、技术改造或者技术引进建设项目竣工验收后。

（2）因技术、工艺、设备或者材料等发生变化导致原申报的职业病危害因素及其相关内容发生重大变化后。

（3）用人单位工作场所、名称、法定代表人或者主要负责人发生变化的。

（4）经过职业病危害因素检测、评价，发现原申报内容发生变化的，自收到有关检测、评价结果后。

（5）原申报内容未发生变动，但经一个年度后。

职业病危害项目申报必须如实、及时进行，用人单位对申报资料真实性负责。卫生行政部门对申报内容进行抽查和监督。

职业病危害项目申报实行属地和分级管理，用人单位要根据单位性质对口进行申报。具体分为以下两种情况：

（1）中央企业、省属企业及其所属用人单位的职业病危害项目，向其所在地设区的市级人民政府卫生行政部门申报。省直管县、市用人单位向所在直管县、市级政府卫生行政部门申报。

（2）其他用人单位的职业病危害项目，向其所在地县级人民政府卫生行政部门申报。

三、申报内容

根据《职业病危害项目申报办法》规定，职业病危害项目申报需要提交以下4类内容：①《职业病危害项目申报表》；②用人单位的基本情况；③工作场所职业病危害因素种类、分布情况以及接触人数；④法律、法规和规章规定的其他文件、资料。《职业病危害项目申报表》内容按国家卫健委设置的网上新申报系统填报，同时用人单位可根据当地卫生行政部门规定，提交相应的纸质材料。

四、申报类型和频次

1. 初次申报

刚注册的企业，还没进行任何申报记录时系统默认为初次申报，无法选择变更申报和年度更新。

2. 变更申报

用人单位在生产经营过程中出现以下任一情形，要向原申报机关申请变更职业病危害项目内容，主要存在以下4种情况：

（1）存在《职业病危害因素分类目录》（国卫疾控发〔2015〕92号）的用人单位，

在新建、改建、扩建、技术改造或者技术引进建设项目建成后竣工验收之日起 30 日内进行的申报。

（2）因技术、工艺、设备或者材料等发生变化导致原申报的职业病危害因素及其相关内容发生重大变化的，自发生变化之日起 15 日内进行申报。

（3）用人单位工作场所、名称、法定代表人或者主要负责人发生变化的，自发生变化之日起 15 日内进行申报。

（4）经过职业病危害因素检测、评价，发现原申报内容发生变化的，自收到有关检测、评价结果之日起 15 日内进行申报。

3. 年度更新

对于用人单位完成职业病危害项目初次申报，职业病危害因素没有发生改变，但距离上次申报超过 11 个月后，要进行年度更新。

职业病危害项目申报除初次申报、年度更新和变更申报外，无其他申报类型。

五、申报过程

1. 申报形式

用人单位职业病危害项目的文件、资料在形式上有纸质文本和电子数据两种。用人单位通过网上申报系统申报成功后，应同时根据当地卫生行政部门的要求提交有关申报纸质版材料。

2019 年 8 月 16 日前，职业病危害项目申报分为煤矿和其他用人单位两类，分别报送所在地煤矿安全监察部门和所在地安全生产监督管理部门。根据 2018 年 12 月 29 日《职业病防治法》第四次修正规定，职业病防治工作职能划转到国家卫健委和劳动保障行政部门管理。2019 年 8 月 16 日，国家卫健委职业健康司下发了《关于启用新版"职业病危害项目申报系统"的通知》，正式启用新版"职业病危害项目申报系统"，并对新版系统账号分配、数据衔接和操作流程进行了说明。

2. 申报程序

（1）用人单位在"职业病危害项目申报系统"（网址：www.zybwhsb.com）注册并登录，原"作业场所职业病危害申报与备案系统"于 2019 年 8 月 31 日 24 时停止使用。原"作业场所职业病危害申报与备案系统"中用人单位申报信息已移至新申报系统，在原系统完成申报的用人单位无须重新进行申报。原申报单位登录新系统时，需要在新系统中重新注册，并在更新申报内容时，及时对缺失信息和变化信息进行补充和更新。

（2）用人单位在线填写和提交《申报表》，填写基本信息、主要产品、职业病危害因素种类、职业病危害因素检测情况、职业健康监护开展情况；如需修改已申报内容，需在系统中修改后重新保存。

（3）申报信息填制完成后，用人单位打印申请表，并在每一页上加盖单位行政公章。

（4）用人单位将打印盖章的申请表拍照，作为附件进行上传。

（5）与所在地市级卫生行政部门或直管县、市卫生行政部门联系，请求对申报的《职业病危害项目申报表》进行审核备案。

（6）经卫生行政部门驳回职业病危害项目申报的用人单位，要按照要求修改有关内容后重新申报。

（7）经卫生行政部门审核通过职业病危害项目申报的用人单位，可在申报系统打印"申报表"和"回执单"，"回执单"经卫生行政部门加盖公章后，存入职业卫生档案中，作为职业病危害项目申报完成的凭证和资料。

3. 申报系统有关说明

（1）用于职业病危害项目申报的计算机硬件要求。CPU：1.5G 以上；内存：4G 以上；硬盘：200G 以上；分辨率：1280×1024 或以上；上网设备：拨号、ISDN、ADSL、宽带局域网、专线。

（2）用户计算机软件要求。操作系统：Windows XP 或 Windows 2003、Win7、Win8、Win10；支持软件：Office 2007 或以上版本；浏览器要求：系统支持 IE11.0 以上版本系列浏览器，或使用带有极速模式的浏览器，推荐使用 360 安全浏览器，并在极速模式下使用。

（3）注册信息说明。

登录账号：登录系统的账号名，只能包含字母和数字，不能重复；

姓名：建议填写职业卫生管理联系人姓名；

登录密码：8~16 位，必须包含大小写字母和数字；

确认密码：与登录密码保持一致；

手机号码：用于接收短信验证码；

验证码：随机刷新，保持一致；

短信验证码：点击"获取密码"，会发送验证码至填写的手机号码上。

（4）匹配原系统注册信息，并导入数据。匹配到原申报信息时，可能匹配到一个或多个申报信息，需要仔细核对单位名称及单位地址，确认无误后，点击确定即可。

（5）企业名称必须与工商注册的名称一致。

（6）企业规模。按照企业实际的从业人数、资产总额以及营业收入选择正确的企业规模。

（7）经济类型。遵循《关于划分企业登记注册类型的规定》（国统字〔2011〕86 号）选择正确的经济类型。

（8）填报人。填写当前申报操作人的姓名；联系电话：填写当前申报操作人的联系电话；法定代表人：自动调用企业注册时填制的法定代表人姓名，可编辑修改；联系电话：填写法定代表人的联系电话；职业卫生管理联系人：填写职业卫生管理联系人姓名；联系电话：填写职业卫生管理联系人联系电话；本单位在册职工总数：填写本单位在册职工总数；外委人员总数：填写本单位外委人员总数；接害总人数（含外委）：填写本单位接害总人数，含外委人数，校验逻辑：接害总人数≤本单位在册职工总数+外委人员总数；职业病累计人数：填写本单位职业病累计人数，校验逻辑：职业病累计人数≤本单位在册职工总数+外委人员总数；主要负责人培训：根据实际情况填写主要负责人是否参与培训；职业卫生管理人员培训：根据实际情况填写职业卫生管理人员是否参与培训；接触职业病危害因素年度培训总人数：根据实际情况填写接触职业病危害因素年度总培训人数。

六、终结注销申报

用人单位因经营、债务、不可抗力等因素终止生产经营活动的，要自生产经营活动终止之日起 15 日内向原申报机关报告并办理注销手续；终结注销后不再申报和接受卫生行政部门的监督。

七、监督管理

未按规定进行职业病危害项目申报的单位，根据情节严重程度，由卫生行政部门给予行政警告、处罚、责令停止作业或关闭。

（1）未及时、如实进行职业病危害项目申报的单位，由卫生行政部门责令限期改正、给予警告，并处 5 万元以上 10 万元以下的罚款。

（2）对于隐瞒职业病危害和职业卫生真实情况的，由卫生行政部门责令限期治理，并处 5 万元以上 30 万元以下的罚款，情节严重的，责令停止产生职业病危害的作业，或者提请有关人民政府按照国务院规定的权限责令关闭。

（3）用人单位未按照职业病危害项目变更申报规定及时进行变更职业病危害项目内容的，由卫生行政部门责令限期改正，并处 5 千元以上 3 万元以下的罚款。

第四章 职业病危害因素监测、检测与评价

第一节 概 述

一、职业危害检测与评价的目的及意义

目前，我国职业病危害因素接触人数、患病人数和新发病人数均居世界前列，而且自加入世界贸易组织后，越来越多的国内企业开始参与国际经济贸易竞争，职业健康问题也直接影响到企业的竞争力，并成为一些国家向我国提出反倾销、抵制我国出口贸易的一个重要理由。

然而，在相当一部分用人单位的决策层，重安全事故防范轻视职业病防治工作的现象仍较为普遍。一些地方基层政府，出于对经济利益的考虑，也往往忽视职业病防治工作，存在地方保护主义。尤其是一些小型用人单位，未能如实将作业场所的职业病危害因素告知员工，未定期监测作业场所，未对员工进行定期体检，未建立职业健康监护档案。员工的维权和自我保护意识也较薄弱。职业病的发病是个长期过程，当显性病状出现时，员工很大多数已离开原单位，由于职业病诊断依据不足，因此病人家属遭遇维权难的困境。因此，做好职业病危害因素监测与评价，对促进经济发展和保护劳动者身体健康有着重要意义。

随着社会经济与科技的不断发展，现代经济结构与产业重组，发生了根本性变化，新的职业病危害因素也明显增加，因此职业病危害因素监测与评价就成为了职业病防治工作中的一项重要工作内容；通过职业危害监测、检测与评价为用人单位职业病危害防治决策提供科学的量化依据，提高职业病防治资金的使用率，降低企业经营投入成本，有效保护劳动者身心健康。

《职业病防治法》等法律、法规对职业病危害因素监测和评价有明确的规定。用人单位应依照相关法律法规的规定，认真做好职业病危害因素监测评价，掌握工作场所职业病危害因素的性质、强度及其在时间、空间的分布情况，调查职业病危害因素对接触人群的健康损害，评价工作场所作业环境、劳动条件、职业卫生质量，确定工作场所环境是否符合职业卫生标准要求，为制定卫生标准和卫生防护措施，改善不良劳动条件，预防和控制职业病，保障劳动者健康提供科学依据。

同时，职业危害检（监）测的另一个重要目的，是为用人单位职业病危害防治日常管理中，作业场所环境卫生状况评估、职业病危害因素接触情况、防护设施防护效果及防护

设施运行状态以及个体防护用品的选用等提供明确的参考依据。

二、国家法律、法规、规章的相关要求

1. 职业病防治法

第二十六条："用人单位应当实施由专人负责的职业病危害因素日常监测，并确保监测系统处于正常运行状态。

用人单位应当按照国务院卫生行政部门的规定，定期对工作场所进行职业病危害因素检测、评价。检测、评价结果存入用人单位职业卫生档案，定期向所在地卫生行政部门报告并向劳动者公布。

职业病危害因素检测、评价由依法设立的取得国务院卫生行政部门或者设区的市级以上地方人民政府卫生行政部门按照职责分工给予资质认可的职业卫生技术服务机构进行。职业卫生技术服务机构所作检测、评价应当客观、真实。

发现工作场所职业病危害因素不符合国家职业卫生标准和卫生要求时，用人单位应当立即采取相应治理措施，仍然达不到国家职业卫生标准和卫生要求的，必须停止存在职业病危害因素的作业；职业病危害因素经治理后，符合国家职业卫生标准和卫生要求的，方可重新作业。"

2. 中华人民共和国尘肺病防治条例

第十七条："凡有粉尘作业的企业、事业单位，必须定期测定作业场所的粉尘浓度。测尘结果必须向主管部门和当地卫生行政部门、劳动部门和工会组织报告，并定期向职工公布。"

3. 使用有毒物品作业场所劳动保护条例

第二十六条："用人单位应当按照国务院卫生行政部门的规定，定期对使用有毒物品作业场所职业中毒危害因素进行检测、评价。检测、评价结果存入用人单位职业卫生档案，定期向所在地卫生行政部门报告并向劳动者公布。"

"从事使用高毒物品作业的用人单位应当至少每一个月对高毒作业场所进行一次职业中毒危害因素检测；至少每半年进行一次职业中毒危害控制效果评价。"

"高毒作业场所职业中毒危害因素不符合国家职业卫生标准和卫生要求时，用人单位必须立即停止高毒作业，并采取相应的治理措施；经治理，职业中毒危害因素符合国家职业卫生标准和卫生要求的，方可重新作业。"

4. 工作场所职业卫生管理规定

第十九条："存在职业病危害的用人单位，应当实施由专人负责的工作场所职业病危害因素日常监测，确保监测系统处于正常工作状态。"

第二十条："职业病危害严重的用人单位，应当委托具有相应资质的职业卫生技术服务机构，每年至少进行一次职业病危害因素检测，每三年至少进行一次职业病危害现状评价。"

"职业病危害一般的用人单位，应当委托具有相应资质的职业卫生技术服务机构，每三年至少进行一次职业病危害因素检测。"

"检测、评价结果应当存入本单位职业卫生档案，并向卫生健康主管部门报告和劳动

者公布。"

第二十一条："存在职业病危害的用人单位发生职业病危害事故或者国家卫生健康委规定的其他情形的，应当及时委托具有相应资质的职业卫生技术服务机构进行职业病危害现状评价。

用人单位应当落实职业病危害现状评价报告中提出的建议和措施，并将职业病危害现状评价结果及整改情况存入本单位职业卫生档案。"

第二十二条："用人单位在日常的职业病危害监测或者定期检测、现状评价过程中，发现工作场所职业病危害因素不符合国家职业卫生标准和卫生要求时，应当立即采取相应治理措施，确保其符合职业卫生环境和条件的要求；仍然达不到国家职业卫生标准和卫生要求的，必须停止存在职业病危害因素的作业；职业病危害因素经治理后，符合国家职业卫生标准和卫生要求的，方可重新作业。"

三、职业危害检测类型及对象

职业危害检测按照法律、法规、规章及监管要求及检测周期一般分为职业病危害因素定期检测、职业病危害因素评价检测、职业病危害因素日常监测及委托检测。定期检测也可理解为验证检测，由具备检测能力的第三方检测机构定期对用人单位日常监测结果进行全面的验证，为管理决策提供依据；评价检测是指对用人单位或建设项目职业危害防护情况进行评估时所作的检测；日常监测是由用人单位自行进行的经常性职业危害监测，主要为日常管理提供依据；委托检测是指当不具备检测能力时委托有检测能力的机构进行的检测。

按照为用人单位决策和管理服务、反映职业危害接触水平的需要，职业危害检测一般可分为职业病危害接触水平的检（监）测和职业危害防控措施效果的检（监）测。《工作场所有害因素职业接触限值》规定的职业接触限值包括：化学有害因素、物理因素、生物因素以及生物监测指标和职业接触生物限值。生物监测指标是指被吸收进入人体内的职业病危害因素或职业病危害因素在人体经代谢产生的产物。因此，目前职业危害检测主要检测的内容有：工作场所存在的化学有害因素、物理因素、生物因素的检测，人体代谢物（血、尿）中生物监测指标物的检测以及职业病防护措施效果的评估检测。

随着社会、经济及科技的发展，我国的职业卫生标准经历了由对环境到对人的转变。在 2002 年《职业病防治法》出台之前，职业卫生标准只规定了车间空气中有毒有害物质的标准；《职业病防治法》出台以后，职业卫生标准体系进一步完善，由对车间空气的环境标准转变为与劳动者接触的空气的标准，即职业接触限值。

四、开展职业危害检（监）测的时机

根据《工作场所有害因素职业接触限值　第 1 部分：化学有害因素》（GBZ 2.1—2019）6.5 "化学有害因素职业接触水平及其分类控制"，按照劳动者实际接触化学有害因素的水平可将劳动者的接触水平分为 5 级，其对应的推荐控制措施为：

（1）0（职业接触水平≤1% OEL），基本无接触；不需采取行动。

（2）Ⅰ（1% OEL＜职业接触水平≤10% OEL），接触极低，根据已有信息无相关效

应；一般危害告知，如标签、SDS 等。

（3）Ⅱ（10% OEL <职业接触水平≤50% OEL），有接触但无明显健康效应；一般危害告知，特殊危害告知，即针对具体因素的危害进行告知。

（4）Ⅲ（50% OEL <职业接触水平≤OEL），显著接触，需采取行动限制活动；一般危害告知，特殊危害告知，职业卫生监测，职业健康监护，作业管理。

（5）Ⅳ（职业接触水平>OEL），超过 OEL；一般危害告知，特殊危害告知，职业卫生监测，职业健康监护，作业管理，个体防护用品和工程，工艺控制。

据此可知，在岗位劳动者接触水平>50% OEL（职业接触限值）时，需要开展职业病危害日常监测。但判定接触水平仍须通过定期检测或评价检测提供数据依据。

第二节　职业病危害因素分类

职业病危害因素又称职业性有害因素，是在职业活动中产生和（或）存在的，可能对职业人群健康、安全和作业能力造成不良影响的条件，包括化学、物理、生物等因素。

在职业病防治工作中，清晰掌握工作场所职业病危害因素是做好职业病防治工作的切入点，是开展职业健康工作的前提。该项工作的意义在于：它是建设项目职业病危害因素分类管理的重要因素；是用人单位依法申报职业病危害因素项目的直接依据；是开展工作场所职业病危害因素监测与评价的依据；是开展健康监护工作的针对性依据；是开展职业病诊断的先决条件；是设置职业病防护设施和职业病危害因素警示标识的依据；是给员工配置个人防护用品的基础性依据；是实施行政处罚的重要证据等。

一、按照职业病危害因素来源分类

（一）生产工艺过程中产生的有害因素

1. 化学因素

在生产中接触到的原料、中间产品、成品，以及生产过程中的废气、废水、废渣中的化学毒物均可对健康产生损害。化学性毒物以粉尘、烟尘、雾、蒸气或气体散布于车间空气中，主要经呼吸道进入体内，还可经皮肤、消化道进入体内。

常见的化学性有害因素包括生产性毒物和生产性粉尘。

（1）生产性毒物。生产性毒物包括 7 类：①金属及类金属，常见的如铅、汞、砷、镉、锰等；②刺激性气体，常见的如氯气、氮氧化物、氨、氟化氢等；③窒息性气体，常见的如一氧化碳、硫化氢、氰化氢、甲烷等；④有机溶剂，常见的如苯及其同系物、二氯乙烷、正己烷、二硫化碳、溶剂汽油；⑤苯的氨基和硝基化合物，常见的如苯胺、三硝基苯胺；⑥高分子化合物，常见的如氯乙烯、丙烯腈、含氟塑料等；⑦农药，常见的如有机磷酸酯类农药、拟除虫菊酯类农药、百草枯等。

（2）生产性粉尘。生产性粉尘主要包括：矽尘、煤尘、石墨尘、炭黑尘、石棉尘、滑石尘、水泥尘、云母尘、陶瓷尘、铝尘、电焊烟尘、铸造粉尘等。

2. 物理因素

常见的不良物理因素包括 5 类：

（1）异常气象条件，如高温、低温、高湿、高气压、低气压。

（2）噪声。

（3）振动。

（4）非电离辐射，如超高频辐射、高频电磁场、微波、紫外线、红外线、激光等。

（5）电离辐射，如 X 射线等。

3. 生物因素

生物原料和作业环境中存在的致病微生物或寄生虫，如炭疽杆菌、森林脑炎病毒、布氏杆菌、真菌孢子、血源性病原体等。

（二）劳动过程中的有害因素

劳动过程是生产中劳动者为完成某项生产任务的各项操作的总和，主要涉及劳动强度、劳动组织及操作方式等，包括：

（1）不合理的劳动组织和作息制度。

（2）精神（心理）性职业紧张，如机动车驾驶过程中产生的心理紧张。

（3）劳动强度过大或生产定额不当，如安排的工作与生理状况不相适应等。

（4）个别器官或系统过度紧张，如视力紧张、发音器官过度紧张等。

（5）长时间处于不良体位、姿势或使用不合理的工具等。

（三）工作环境中的有害因素

生产环境是劳动者操作、观察、管理生产活动所处的外环境，涉及作业场所建筑布局、卫生防护、安全条件和设施相关的因素，常见的有：

（1）自然环境中的因素，如炎热季节的太阳辐射、高原环境的低气压、深井的高温高湿。

（2）厂房建筑或布局不合理、不符合职业卫生标准，如通风不良、采光照明不足、有毒无毒工段同在一个车间等。

（3）由不合理生产过程或不当管理所致的环境污染。

二、国家职业病危害因素分类目录

由于职业性有害因素的种类多，导致职业病和工作相关疾病的范围很广，需要采取的职业病防护措施也不同。为了贯彻落实《职业病防治法》，加强职业病危害防治的针对性，提高防治效果，根据现阶段我国的经济发展水平，并参考国际通行做法，国家制定了《职业病危害因素分类目录》列出了目前应重点防控的六大类危害因素：

1. 粉尘

包括矽尘、煤尘、石棉尘、滑石尘、水泥尘、铝尘、电焊烟尘、铸造粉尘和其他粉尘等。

2. 放射性因素

包括可能导致职业病的各种放射性物质与其他放射性损伤等。

3. 化学因素

包括铅、汞、锰、镉、钒、磷、砷、砷化氢、氯气、二氧化硫、光气、氨、氮氧化合物、一氧化碳、二硫化碳、硫化氢、苯等。

4. 物理因素

包括高温、高气压、低气压、局部振动等。

5. 生物因素

包括炭疽芽孢杆菌、森林脑炎病毒、布鲁氏菌等。

6. 其他因素

包括金属烟、井下不良作业条件、刮研作业。

三、常见的主要职业病危害因素

(一) 生产性粉尘

1. 粉尘的来源

在生产过程中，对固体物料的破碎、研磨、熔融，对粉料的装卸、运输、混拌，液态物质的升华、物质的氧化等，如防护措施不健全，均会有大量粉尘逸散到作业环境空气中。

产生粉尘的主要生产作业活动有：①采矿业的凿岩、爆破、采矿、运输等；②基建业的隧道开凿、采石、筑路等；③金属冶炼业的原料破碎、筛分、选矿、冶炼等；④耐火材料、玻璃、陶瓷、水泥业的原料准备、加工等；⑤机器制造业的铸造、清砂、表面处理等；⑥化工、轻纺业的原料加工、包装等。

2. 粉尘的分类

按粉尘的性质可将其划分为无机粉尘、有机粉尘。

(1) 无机粉尘。包括矿物性粉尘（如石英、石棉、滑石、煤、石墨、岩石等）；金属类粉尘（如铁、铝、锡、铜、铅、锌、锰、稀土等）；人工无机粉尘（如水泥、人造金刚石、陶瓷、玻璃、合金材料等）。

(2) 有机粉尘。包括动物性粉尘（如毛、羽、丝、骨质等）；植物性粉尘（如棉、麻、谷物、枯草、蔗渣、木、茶、花粉、袍子等）；人工有机性粉尘（如炸药、有机染料等）。

在生产环境中，多数情况下为两种以上粉尘混合存在，如煤矿工人接触的煤矽尘、金属制品加工研磨时的金属和磨料粉尘、皮毛加工的皮毛和土壤粉尘等混合型粉尘。

(二) 生产性毒物

1. 生产性毒物来源

生产性毒物主要来源于生产过程中的原料、辅助原料、中间产品、成品、副产品、夹杂物或废弃物；有时也可来自热分解产物及反应产物，如聚氯乙烯塑料加热至 160~170 ℃时可以分解产生氯化氢，磷化铝遇湿分解产生磷化氢等。

2. 生产性毒物在空气中的存在形态

各种有害物质由于其理化性质不同，同时受职业现场环境及职业活动条件的影响，在工作场所空气中存在气体、蒸气和气溶胶 3 种形态。

1) 气体和蒸气

常温下氯气、一氧化碳等，通常以气态存在于空气中。常温是液体的有害物质如苯、丙酮等，以不同的挥发性呈蒸气态存在于空气中。常温下是固态的有害物质如酚、三氧化二砷等，也有一定的挥发性，特别在温度高的工作场所，也可以蒸气态存在。空气中的气态和蒸气态物质除汞以原子态存在外，都是以分子状态存在。

2）气溶胶

以液体或固体为分散相，分散在气体介质中的溶胶物质，称为气溶胶。其根据形成方式和方法的不同，可分为固态分散性气溶胶、固态凝集性气溶胶、液态分散性气溶胶、液态凝集性气溶胶4种类型。

气溶胶按存在的形式可分成雾、烟、尘。

（1）雾。指分散在空气中的液体微滴，多由蒸气冷凝或液体喷散形成（液态分散性气溶胶或液态凝集性气溶胶）。雾的粒径通常较大，在10 μm上下。

（2）烟。指分散在空气中的直径小于0.1 μm的固体微粒。烟属于固态凝集性气溶胶，如铅烟、铜烟等。烟的粒径通常比雾小。

（3）粉尘。指能够长时间悬浮于空气中的固体微粒。粉尘属于固态分散性气溶胶，如铅尘。尘的粒径范围较大，从1微米到几十微米不等。

（三）物理因素

生产和工作环境中，与劳动者健康密切相关的物理性因素包括气温、气湿、气压，噪声和振动，电磁辐射等。

1. 噪声

生产性噪声指在生产过程中产生的声音，其频率和强度没有规律，听起来使人感到厌烦。噪声的分类方法有很多种。

1）按噪声的时间分布分类

噪声分为连续声和间断声。

连续声包括稳态噪声和非稳态噪声，间断声又称为脉冲噪声。声级波动<3 dB的噪声称为稳态噪声，声级波动≥3 dB的噪声称为非稳态噪声。声音持续时间≤0.5 s，间隔时间>1 s，声压有效值变化≥40 dB的噪声称为脉冲噪声。

2）按照声音的来源分类

噪声分为机械性噪声、流体动力学噪声和电磁性噪声。

（1）机械性噪声。指由于机械的撞击、摩擦、转动所产生的噪声，如冲压、切割、打磨机的声音。

（2）流体动力学噪声。指气体压力或体积的突然变化或流体流动所产生的声音，如空气压缩或释放（汽笛）发出的声音。

（3）电磁性噪声。指由于电磁设备内部交变相互作用而产生的声音，如变压器所发出的声音。

噪声作业指存在有损听力、有害健康或有其他危害的声音，且8 h/d或40 h/周噪声暴露等效声级≥80 dB的作业。

2. 高温

高温作业指有高气温或伴有强烈的热辐射，或伴有高气湿（相对湿度≥80%）相结合的异常作业条件，湿球黑球温度指数（WBGT指数）超过规定限值的作业。

高气温按其气象条件的特点可分为以下3个基本类型：①高温、强热辐射作业；②高温、高湿作业；③夏季的露天作业。

3. 振动

振动指一个质点或物体在外力作用下沿直线或弧线围绕平衡位置来回重复的运动。根据振动作用于人体的部位和传导方式，生产性振动分为局部振动和全身振动。

（1）局部振动。常称为手传振动，又称手臂振动，指生产中使用振动工具或接触受振工件时，直接作用或传递到人手臂的机械振动或冲击。局部振动可能导致的职业病是手臂振动病。

（2）全身振动。指人体足部或臀部接触并通过下肢或躯干传导到全身的振动。

4. 非电离辐射和电离辐射

在我们赖以生存的环境中，辐射无处不在。按照辐射作用于物质时所产生的效应不同，辐射分为非电离辐射与电离辐射两类。

1）非电离辐射

非电离辐射是指波长大于 100 nm 而不足以引起生物体电离的电磁辐射。非电辐射包括紫外线、热辐射、射频辐射和微波等。

（1）超高频辐射。超高频辐射又称超短波，指频率为 30～300 MHz 或波长为 10～1 m 的电磁辐射，包括脉冲波和连续波。

（2）高频电磁场。高频电磁场指频率为 100 kHz～30 MHz，相应波长为 3 km～10 m 的电磁场。

（3）工频电场。工频电场指频率为 50 Hz 的电场。输电电压在 35～220 kV 的称为高压，330～750（765）kV 的称为超高压，1000 kV 及以上的称为特高压。

（4）激光。激光指波长为 200 nm～1 mm 的相干光辐射。

（5）微波。微波指频率为 300 MHz～300 GHz、波长为 1 m～1 mm 的电磁波，包括脉冲微波和连续微波。

（6）紫外辐射。紫外辐射又称紫外线，指波长为 100～400 nm 的电磁辐射。

2）电离辐射

电离辐射是指能使作用物质发生电离现象的辐射，即波长小于 100 nm 的电磁辐射。电离辐射包括宇宙射线、X 射线和来自放射性物质的辐射。常见电离辐射有：α、β、γ、X 和中子辐射。

放射性核素和射线装置是常见的电离辐射源。

5. 导致职业性皮肤病的危害因素

（1）导致电光性皮炎的危害因素：紫外线。

（2）导致其他职业病性皮肤病的危害因素。例如，可能导致职业性浸渍、糜烂的物理因素：高湿。主要存在的行业：纺织业的煮茧，腌制业的腌菜，家禽加工业的家禽宰杀等。

6. 导致职业性眼病的物理因素

（1）导致电光性眼炎的危害因素：紫外线。

（2）导致职业性白内障的危害因素：放射性物质、高温、激光。

（四）生物性有害因素

生产原料和生产环境中存在的对职业人群健康有害的致病微生物、寄生虫、昆虫和其他动植物及其所生产的生物活性物质统称为生物性有害因素。常见的有以下 3 种：

（1）炭疽杆菌。可能导致炭疽的职业病。

（2）森林脑炎病毒。可能导致森林脑炎的职业病。

（3）布氏杆菌。可能导致布氏杆菌病的职业病。

第三节 职业病危害因素日常监测

职业病危害因素日常监测由用人单位负责实施，是生产过程中防治职业病的重要手段之一，是保证作业场所中的职业病危害因素不超过国家规定限值的一项基本工作。用人单位必须严格按照国家有关规定进行职业病危害因素日常监测。

一、概念

职业病危害因素日常监测是职业病防治工作中的一项重要内容。其是指用人单位根据其工作场所存在的职业病危害因素，通过购买监测技术服务或配备检测仪器以及安设实时监测设备等方式组织对工作场所职业病危害因素进行的周期性监测，以掌握工作场所中职业病危害因素的性质、浓度、强度及时空分布情况，评价工作场所作业环境和劳动条件是否符合职业卫生标准的要求，为制定职业卫生防护对策和措施，改善不良劳动条件，预防控制职业病，保障劳动者健康提供基础数据和科学依据。

二、意义

1. 及时了解、及时掌握、及早发现

日常监测可使用人单位及时了解、掌握工作场所职业病危害因素的浓度或强度，早期发现职业病危害，及时采取防护措施，消除或减少职业病危害因素对劳动者健康的影响。其是职业病二级预防中的关键环节。

职业病危害因素日常监测是用人单位自身职业病防治管理义务之一。用人单位应当依据国务院卫生行政部门制定的规范，根据工作场所职业病危害因素的类别，确定日常监测点、监测项目、监测方法、监测频率（次），建立监测系统，建立监测仪器设备使用管理制度和监测结果统计公布报告制度等，设立专人负责监测的实施和管理，对主要职业病危害因素进行动态观察，及时发现、处理职业病危害隐患。用人单位应当切实落实有关监测管理制度，确保监测系统时刻处于正常运行状态。

2. 自我管理、有效防范

职业病危害因素的日常监测是用人单位进行自我管理、自我预防的有效办法。它可以使用人单位在发现工作场所职业病危害因素不符合国家职业卫生标准和卫生要求时，立即采取相应的治理措施，以有效地防止职业病危害事故的发生，及早发现突发性职业病危害事故的苗头并采取应急救治措施，避免事故发生或减少事故造成的损失。日常监测也是卫生行政部门执法监督的内容，对用人单位可以起到督促作用。

三、分类

开展工作场所职业病危害因素监测时，按照采用的检测方法及使用的仪器类型可分为现场检测、实验室检测。现场检测使用便携式仪器、工具，可在检测现场直接读取检测数据；实验室检测需经现场采样后，将样品送回实验室使用特定的分析仪器进行检测。

1. 现场检测

（1）检气管法。指将浸渍化学试剂的硅胶装在玻璃管内，当空气通过时，有害物质与化学试剂反应生成颜色，根据颜色的深浅或色调与标准色列比较，从而进行定性和定量地检测。

（2）便携式气体分析仪测定法。指采用以红外线、半导体、电化学、色谱分析、激光等检测原理制成的便携式直读仪器在工作现场进行的快速检测。

（3）物理因素的现场测量。指利用仪器设备对工作场所噪声、高温、振动、射频辐射、紫外光、激光等物理因素的强度及其接触时间进行测量，以评价工作场所的职业卫生状况和劳动者的接触程度及其可能受的影响。

2. 实验室检测

指在现场采样后，将样品送回实验室，利用实验室分析仪器进行测定分析的方法，是目前工作场所空气中化学物质检测最常用的检测方法。实验室检测常用的方法有：

（1）称量法：主要用于粉尘的测定。

（2）光谱法：广泛用于金属、类金属及其化合物、非金属无机化合物以及部分有机物的测定，如分光光度法、原子吸收分光光度法等。

（3）色谱法：主要用于有机化合物和非金属无机离子的测定，如气相色谱法、液相色谱法、离子色谱法等。

四、实施

用人单位进行职业病危害因素日常监测工作，应主要做到以下 7 个方面工作：

（1）用人单位应当制定作业场所职业病危害因素日常监测制度，制定职业病防治年度计划和实施方案。年度计划和实施方案应包括职业病危害因素日常监测的相关内容，如目的、目标、考核指标、措施、保障条件及监测方案的时间、进度、实施步骤、技术要求、考核内容、验收方法等。

（2）用人单位应当配备专职或者兼职的职业病危害因素监测人员，装备相应的监测仪器设备。监测人员应当经培训合格；未经培训合格的，不得上岗作业。配备的日常监测仪器及人员数量可参考表 4-1。

表 4-1 日常监测仪器及人员数量表

测尘点数量/个	测尘人员数量/人	测尘仪器数量/台	其他仪器数量
<20	≥1	≥2	声级计不低于 2 台；毒物监测仪器酌情配置
20~40	≥2	≥4	
40~60	≥3	≥6	
>60	≥4	≥8	

（3）用人单位不具备开展职业病危害因素日常监测条件的，可委托具有资质的职业卫

生技术服务机构按期进行。

（4）职业病危害因素监测结果不符合相关要求时，应立即对超标作业场所进行整改，整改结束后进行复测，直至作业场所职业病危害因素监测结果符合相关要求为止。

（5）职业病危害因素日常监测结果及落实整改情况存入本单位职业卫生档案。

（6）职业病危害因素日常监测结果通过公告栏及时向劳动者公布。

（7）监测采用定点或者以个体为单位的方法进行；煤矿粉尘监测推广使用实时在线监测系统。

第四节　职业病危害因素定期检测

一、概念

根据《用人单位职业病危害因素定期检测管理规范》（安监总厅安健〔2015〕16号），职业病危害因素定期检测指用人单位定期委托具备资质的职业卫生技术服务机构对其产生职业病危害的工作场所进行的检验。用人单位应按照《职业病防治法》第二十六条及《工作场所职业卫生管理规定》第二十条的相关要求建立职业病危害因素定期检测制度；职业病危害严重的用人单位每年至少委托职业卫生技术服务机构对所有作业场所存在的职业病危害因素进行一次全面检测。

二、采样点及采样对象的选择

1. 采样点选择的原则

（1）选择有代表性的工作地点。

（2）在不影响劳动者工作的情况下，采样点应尽可能靠近劳动者。

（3）在评价工作场所防护设备或措施的防护效果时，应根据设备的情况选定采样点。

（4）采样点应设在工作地点的下风向，远离排气口和可能产生涡流的地点。

例如，在评价劳动者接触毒物状况时，采样点可选择在劳动者经常操作和活动的场所。如果劳动者的活动范围大，或者没有固定的工作点，或者工作场所内污染发生源多，毒物的浓度较均匀，则可在工作场所内按一定距离均匀设置采样点，采样点之间的距离一般可取 3~6 m。

例如，在评价工作场所的污染程度时，应了解毒物的影响范围，可根据工艺流程，在生产过程的各个环节部位设置采样点，包括工作场所的休息场所、中心控制室、走廊，办公室等。

例如，在评价卫生防护措施的效果时，可在工作场所内均匀设置采样点，也可在实施防护措施的局部布点，有时还需在毒物的排放口、密闭装置的内外，在防护措施实施前后进行采样测定。

2. 采样点数量的确定

（1）工作场所按产品的生产工艺流程，凡逸散或存在有害物质的工作地点，至少应设置 1 个采样点。

（2）当一个有代表性的工作场所内有多台同类生产设备时，1~3台设置1个采样点；4~10台设置2个采样点；10台以上，至少设置3个采样点。

（3）当一个有代表性的工作场所内，有2台以上不同类型的生产设备，逸散同一种有害物质时，采样点应设置在逸散有害物质浓度大的设备附近的工作地点；逸散不同种有害物质时，将采样点设置在逸散待测有害物质设备的工作地点，采样点的数目参照（2）确定。

（4）当劳动者在多个工作地点工作时，在每个工作地点设置1个采样点。

（5）当劳动者的工作状态是流动情况时，在流动的范围内，一般每10 m设置1个采样点。

（6）仪表控制室和劳动者休息室，至少设置1个采样点。

3. 采样时段的选择

（1）采样必须在正常工作状态和环境下进行，避免人为因素的影响。

（2）空气中有害物质浓度随季节发生变化的工作场所，应将空气中有害物质浓度最高的季节选择为重点采样季节。

（3）在工作周内，应将空气中有害物质浓度最高的工作日选择为重点采样日。

（4）在工作日内，应将空气中有害物质浓度最高时段选择为重点采样时段。

4. 采样对象的选定

（1）要在现场调查的基础上，根据监测的目的和要求，选择采样对象。

（2）在工作过程中，凡接触和可能接触有害物质的劳动者都应列为采样对象范围。

（3）采样对象中必须包括不同工作岗位的、接触有害物质浓度最高和接触时间最长的劳动者，其余的采样对象应随机选择。

5. 采样对象数量的确定

（1）在采样对象范围内，能够确定接触有害物质浓度最高和接触时间最长的劳动者时，劳动者数和采样对象数：3~5人，选2人；6~10人，选3人；>10人，选4人。每种工作岗位劳动者数不足3名时，全部选为采样对象。

（2）在采样对象范围内，不能确定接触有害物质浓度最高和接触时间最长的劳动者时，劳动者数和采样对象数：6人，选5人；7~9人，选6人；10~14人，选7人；15~26人，选8人；27~50人，选9人；50人以上，选11人。每种工作岗位劳动者数不足6名时，全部选为采样对象。

第五节 职业病危害现状评价

一、基本概念

职业病危害现状评价指依据职业卫生相关法律、法规、规章和标准，对职业病危害严重的用人单位在正常生产运行过程中，工作场所存在的职业病危害因素及其危害程度、对劳动者健康的影响、职业病危害防护措施及效果等作出综合评价，指出存在的主要问题，提出改进措施和建议。

《工作场所职业卫生管理规定》（国家卫生健康委员会令 第5号）第二十条规定：**"职业病危害严重的用人单位，应当委托具有相应资质的职业卫生技术服务机构，每年至少进行一次职业病危害因素检测，每三年至少进行一次职业病危害现状评价。"**

二、评价目的、意义及原则

确保用人单位贯彻国家职业卫生法律、法规、标准、规范，预防、控制和消除职业病危害，保护劳动者健康及相关权益，促进经济健康发展。

评价意义有以下4点：

（1）用法律手段强化用人单位职业病防治意识，积极预防、控制和消除生产过程中的职业病危害。

（2）贯彻职业病防治方针中的"预防为主"。

（3）是预防、控制和消除职业病危害的有效途径。

（4）直接或间接提高企业的经济效益。

评价原则有以下4点：

（1）贯彻落实"以人为本、预防为主、综合治理"的方针。

（2）遵循科学、公正、客观、真实的原则，保证评价工作的独立性，排除非技术性人为因素的影响。

（3）现状评价工作应在常态生产状况和正常生产情况下进行。

（4）遵循国家法律法规的有关规定。

三、评价依据、范围和内容

1. 评价依据

（1）国家有关职业病防治的法律、法规、行政规章。

（2）《工业企业设计卫生标准》（GBZ 1—2010）、《工作场所职业病危害警示标识》（GBZ 158—2003）、《工作场所物理因素测量》（GBZ 189）等有关职业病防治的标准。

（3）国家卫生行政管理部门审核、审查的文件。

（4）职业病危害控制效果评价报告书。

（5）职业病危害防护设施设计专篇。

（6）职业卫生日常监测和定期检测资料。

（7）职业健康监护资料。

（8）与评价工作有关的其他资料。

2. 评价范围和内容

（1）评价范围。应包括用人单位生产经营的全部工作场所，未委托评价部分应予以说明。

（2）评价内容。主要包括总体布局及设备布局的合理性、职业病危害因素种类及分布、职业病危害程度对劳动者健康的影响程度、职业病危害防护设施及效果、建筑卫生学、个人使用的职业病防护用品、职业卫生管理措施及落实情况。

四、评价程序及实施

用人单位职业病危害现状评价工作程序主要包括准备阶段（包括资料收集、初步现场调查、编制现状评价方案）、实施阶段（包括职业卫生调查、职业卫生检测、职业病危害评价）和报告编制阶段（汇总资料、编制现状评价报告等）。

（一）准备阶段

1. 收集资料与初步现场调查

用人单位职业病危害现状评价应对单位的正常生产情况进行初步现场调查，并收集以下主要资料：

（1）用人单位的技术资料。主要包括：①单位概况；②生产过程中的物料、产品及其有关职业病危害的中文说明书；③生产工艺；④辐射源项；⑤生产设备及其有关职业病危害的中文说明书；⑥采取的职业病危害防护措施；⑦有关图纸；⑧有关职业卫生现场检测资料；⑨有关劳动者职业健康检查资料；⑩职业卫生管理的各类资料。

（2）用人单位的正常生产情况。

（3）国家、地方、行业有关职业卫生方面的法律、法规、编制、规范。

2. 编制用人单位职业病危害现状评价方案

企业在对收集资料进行研读与初步现场调查的基础上，编制用人单位职业病危害现状评价方案并对其进行技术审核。评价方案应包括以下主要内容：

（1）概述评价任务的由来、评价目的等。

（2）编制评价依据：列出适用于评价的法律法规、标准和技术规范等。

（3）评价方法、范围及内容：根据用人单位生产状况及特点，选定适用的评价方法，确定评价单元和评价内容。

（4）用人单位正常运行情况：简述用人单位的性质、规模、地点等基本情况及正常生产情况等。

（5）职业卫生调查内容。在分析用人单位有关资料的基础上，包括：①确定职业病危害因素及其分布；②职业病防护设施与应急设施的设置与运行维护；③个人使用的职业防护用品的配备与使用管理；④健康监护的实施与结果处置；⑤职业卫生管理措施的建立与实施等。

（6）职业卫生检测方案。内容包括：①确定职业病危害因素检测的项目、方法、检测点、检测对象和样品数等；②确定所需检测的职业病防护设施及其检测的项目、方法等；③确定建筑卫生学检测的方法、仪器、条件、频次、检测点设置等内容。

（7）组织计划。主要包括质量控制措施、工作进度、人员分工、经费概算等。

（二）实施阶段

1. 职业卫生调查

（1）单位概况及生产运行情况调查。主要调查工作性质、规模、地点、职业病危害因素检测、职业健康监护等职业卫生管理情况等。

（2）总体布局和设备布局调查。主要调查单位的总体布局和设备布局情况。

（3）职业病危害因素调查。主要内容包括：①调查生产工艺过程中存在的职业病危害因素及其来源、理化性质与分布；②生产环境和劳动过程中的职业病危害因素；③开展工作日写实；④劳动定员以及职业病危害作业的相关情况。

（4）职业病防护设施与应急救援设施调查。主要内容包括：①生产工艺过程、生产环境和劳动过程中存在的职业病危害因素发生（散）源或生产过程及其产生职业病危害因素的理化性质和发生（散）特点；②所设置各类职业病防护设施的种类、地点及运行维护状况；③生产工艺过程、生产环境和劳动过程中存在的可能导致急性职业损伤的职业病危害因素及其理化性质；④危害特点、可能发生泄漏（逸出）或积聚的工作场所；⑤所设置各类应急救援设施的种类、地点及其运行维护状况等。

（5）个人使用的职业病防护用品调查。主要内容包括：①各类职业病危害作业工种（岗位）及其相关工作地点的环境状况；②所接触职业病危害因素的理化性质、作业人员实际接触职业病危害因素状况；③各类职业病危害作业工种（岗位）所配备防护用品的种类、数量、性能参数、适应条件以及防护用品使用管理制度等。

（6）建筑卫生学调查。主要调查建筑结构、采暖、通风、空气调节、采光照明、微小气候等建筑卫生学情况。

（7）辅助用室调查。主要调查工作场所办公室、生产卫生室（浴室、存衣室、盥洗室、洗衣房）、生活室（休息室、食堂、厕所）、妇女卫生室、医务室等辅助用室情况。

（8）职业卫生管理情况调查。主要内容包括：①职业卫生管理组织机构及人员设置情况；②职业病防治计划与实施方案及其执行情况；③职业卫生管理制度与操作规程及执行情况；④职业病危害因素定期检测制度；⑤职业病危害的告知情况；⑥职业卫生培训情况；⑦职业健康监护制度；⑧职业病危害事故应急救援预案编制、批准及演练情况；⑨职业病危害警示标识及中文警示说明的设置情况；⑩职业病危害因素申报情况；⑪职业卫生档案管理情况；⑫职业病危害防治经费等。

（9）职业健康监护情况管理调查。主要调查职业健康检测的实施服务与种类、健康监护档案管理以及职业禁忌症和职业病病人的处置情况。

2. 职业卫生检测

（1）职业病危害因素检测。依据评价方案实施现场职业病危害因素检测，并按照划分的评价单元，整理和分析其所存在的职业病危害作业工种（岗位）及其相关工作地点的作业方法、接触时间与频度以及接触水平检测结果等，并分析各个职业病危害因素可能引起的职业病以及健康影响等。

（2）职业病防护设施检测。依据评价方案实施现场职业病防护设施检测，并按照划分的评价单元，整理和分析其所设置的职业病防护设施及其位置、性能参数的检测结果以及该工作场所职业病危害因素的检测结果等。

（3）建筑卫生学检测。依据评价方案实施现场建筑卫生学检测，并按照检测内容整理和分析检测结果等。

3. 职业病危害评价

（1）职业病危害因素评价。指按照划分的评价单元，针对其存在的各类职业病危害作业工种（岗位）及其相关工作地点，根据职业病危害因素检测结果并对照《工作场所有害因素职业接触限值　第1部分：化学有害因素》（GBZ 2.1—2019）、《工作场所有害因素职业接触限值　第2部分：物理因素》（GBZ 2.2—2007）等标准，评价职业病危害因素接触水平的符合性。

作业人员职业病危害因素的浓度或强度超过标准限值时，应分析超标原因，并提出针对性的控制措施建议。

（2）职业病防护设施评价。指按照划分的评价单元，针对其设置的各类职业病防护设施，根据其职业病防护设施调查结果、作业现场职业病危害因素检测结果、职业病危害防护设施检测结果以及职业健康监护调查结果等，并对照《排风罩的分类及技术条件》（GB/T 16758—2008）等相关标准要求，评价职业病防护设施设置的合理性和有效性。

工作场所职业病危害因素的浓度或强度超过 GBZ 2.1 或 GBZ 2.2 标准限值时，应分析其所设置职业病防护设施存在的问题，并提出针对性的防护设施改善建议。

（3）个人使用的职业病防护用品评价。指按照划分的评价单元，针对其存在的各类职业病危害作业工种（岗位），根据其个人使用的职业病防护用品调查结果、职业病危害因素调查与检测结果以及职业病健康监护调查结果，并对照《个体防护装备选用规范》（GB/T 11651—2008）等相关标准要求，评价所配备个人使用职业病防护用品的符合性和有效性；对防护用品配备存在的问题，应提出针对性的改进措施和建议。

（4）总体布局与设备布局评价。指根据总体布局和设备布局的调查结果，对照《工业企业总平面设计规范》（GB 50187—2012）及《生产设备安全卫生设计总则》（GB 5083—1999）等相关职业卫生标准要求，评价总体布局和设备布局的符合性。

（5）建筑卫生学评价。指根据建筑卫生学调查与检测结果并对照《生产过程安全卫生要求总则》（GB/T 12801—2008）、《工业企业设计卫生标准》（GBZ 1—2010）等相关标准要求，评价用人单位建筑结构、采暖、通风、空气调节、采光照明、微小气候等建筑卫生学的符合性。

（6）辅助用室评价。指根据职业卫生调查确定不同车间的车间卫生学特征，结合辅助用室调查结果并对照 GBZ 1 等相关职业卫生标准要求，评价建设项目的工作场所办公室、生产卫生室（浴室、存衣室、盥洗室、洗衣房）、生活室（休息室、食堂、厕所）、妇女卫生室、医务室等辅助用室的符合性。

（7）职业卫生管理评价。指根据职业卫生管理的情况调查结果，对照相关职业卫生法律法规、标准要求，评价用人单位职业卫生管理内容的符合性。

（8）职业健康监护评价。指根据职业健康监护调查结果和职业病危害因素调查结果等，对照相关职业卫生法律法规、标准要求，评价职业健康检查的实施、职业健康监护档案管理以及健康检查结果处置等的符合性。

4. 提出措施建议

在对用人单位全面分析、评价的基础上，针对用人单位存在的职业病防护设施不足，从职业卫生管理、职业病防护设施、个体防护、职业健康监护、应急救援等方面，综合提出控制职业病危害的具体补充措施与建议，以便用人单位在整改过程中予以实施。

5. 给出评价结论

在全面总结评价工作的基础上，归纳用人单位的职业病危害因素及其接触水平、职业病防护设施、个人使用的职业病防护用品、建筑卫生学及辅助用室、职业卫生管理等的评价结果，指出存在的主要问题，对用人单位职业病危害现状做出总体评价，并阐明是否达到国家职业卫生法律法规、标准的有关要求。

（三）报告编制阶段

（1）汇总实施阶段获取的各种资料、数据，完成用人单位职业病危害现状评价报告书与资料性附件的编制。

（2）用人单位职业病危害现状评价报告书应全面、概况地反映对现状评价工作的结论性内容与结果，用语规范、表述简洁并单独成册。

（3）资料性附件应包括：评价依据，职业卫生调查分析，职业病危害因素的有害性分析，职业病危害因素与建筑卫生学等检测过程，数据计算以及其他评价内容的调查、分析过程等技术性过程内容，以及用人单位的地理位置图、总平面布置图、职业病危害因素分布图、职业病防护设施布置图、职业病危害因素检测点布置图、职业病危害警示标识及中文警示说明布置图、检测人员在用人单位作业场所醒目位置检测摄影留证等有关资料。

第六节　职业病危害因素监测、检测技术

一、工作场所空气中化学有害因素的检（监）测

（一）基本要求

（1）采用科学、先进、可靠、可行的检验方法，尽可能引用国内外的标准方法或公认的监测方法。

（2）监测方法必须包括采样方法、样品预处理和测定方法，三者紧密衔接。

（3）方法的操作尽可能简便、安全、省时。

（4）监测方法应满足工作场所职业病有害因素的职业接触限值中容许浓度的要求：①方法最低检出浓度至少能监测到 0.5 倍的职业接触限量；②满足相应容许浓度的采样和监测：对于 MAC 和 PC-STEL，监测方法应满足短时间、定点采样监测的要求；对于 PC-TWA，监测方法应满足长时间、个体采样监测的要求。

（5）方法具有一定的特异性，空气中常见共存物不干扰测定或能被消除。

（6）采样方法应符合《工作场所空气中有害物质监测的采样规范》（GBZ 159—2004）的要求，能采集空气中相应存在状态的待测物。

（7）采样/检测使用的仪器设备必须符合有关技术规范的要求。

（8）方法性能指标应符合《职业卫生标准制定指南　第 4 部分：工作场所空气中化学物质测定方法》（GBZ/T 210.4—2008）。

（二）采样技术

1. 工作场所空气样品的特征

（1）有害物质品种多。同一工作场所（采样点），有多种有害物质共存。

（2）空气中有害物质浓度变化大。不同的工作场所（采样点），浓度不同；同一工作场所（采样点），不同时段浓度不同。

（3）影响空气中有害物质浓度的因素多。包括：①职业因素，职业不同，有害物质的种类和浓度不同；职业相同，有害物质的浓度不同；②气象因素，由于空气的体积与气温

和气压有关，气温和气压影响空气中毒物的浓度，为了便于统一，我国规定的空气中毒物浓度为气温为 20 ℃、气压为 101.3 kPa 下的浓度，因此在计算空气中毒物浓度前，必须先将采集的空气体积换算成标准采样体积；③人为因素，为了某种需要或目的，人为地改变正常工作条件、环境条件或操作规程等，以到达改变工作场所空气中有害物质的浓度。

2. 采样方法

1）气态和蒸气态有害物质的采样方法

采集工作场所空气中气态和蒸气态有害物质的采样分为：直接采样法、有泵型采样法和无泵型采样法。

（1）直接采样法。

注射器法。使用 50 mL 或 100 mL 的气密式注射器进行采样。优点是：操作简易快速，不需空气采样器。缺点是：采样量有限；不能长时间采样；体积大，易破碎，携带不方便；样品保存时间短。使用时应注意：选用气密性好的注射器；采样前，要用空气样品换洗 3~5 次；采样后，要垂直放置；取气时，用压出法；防止吸附。

采气袋法。采气袋可采用 50~10000 mL 的铝塑采气袋。该方法的优点是：采气袋重量轻，不易破碎，可重复使用，样品保存时间比注射器长。其缺点是：需要采气动力，不能用于长时间采样。使用时应注意：防止破损、防止吸附，采样前要用空气样品换洗3~5次。

（2）有泵型采样法。

该方法也叫有动力采样法，是用空气采样器（由电动抽气泵和流量计组成）作为抽气动力，将样品空气抽过样品收集器，使空气中的待测物被样品收集器采集下来，供测定用。

有泵型采样法根据采样方式不同，分为定点采样和个体采样。定点采样是在工作场所固定岗位采样，反映该定点处产生或存在的有害物质浓度情况；个体采样是将采样装置由作业人员随身携带，更接近于反映作业人员工作过程中实际接触到的有害物质浓度情况。

根据使用的样品收集器不同，有泵型采样法分为液体吸收法、固体吸附剂管法和浸渍滤料法等。

液体吸收法（吸收液+吸收管）。将装有吸收液的吸收管作为样品收集器，当样品气流通过吸收液时，吸收液气泡中的有害物质分子迅速扩散进入吸收液内，由于溶解或化学反应很快地被吸收液吸收。

优点：适用范围广，可用于各种化学物质的各种状态的采样；采样后，样品往往可以直接进行测定，不需经过样品处理；吸收管可以反复使用，费用小。

缺点：吸收管易损坏，携带和使用不方便；不适用于个体采样和长时间采样；需要采样动力。

使用时应注意：进气口尽量避免连接橡胶管等；采样前后，密封进出气口垂直放置；正确使用采样流量和吸收液体积；采样后，用管内吸收液洗涤进气管 3 次。

固体吸附剂管法。当空气样品通过固体吸附剂管时，空气中的气态和蒸气态待测物被多孔性固体吸附剂吸附而采集。

特性：固体吸附剂都是多孔性物质，有大的比表面积，其吸附作用有物理性和化学性两种。物理性吸附是靠分子间的作用力，吸附比较弱，容易在物理作用下发生解吸；化学性吸附是靠化学亲和力（原子价力）的作用，吸附较强，不易在物理作用下解吸。

固体吸附剂管的优点：体积小，质量轻，携带和操作方便；适用范围广，有机和无机、极性和非极性化合物的气体和蒸气都适用；可用于短时间采样和定点采样，也可用于长时间采样和个体采样。缺点：对不同的有害物质有不同的穿透容量；硅胶管容易吸湿，不能在湿度大的工作场所过长时间持续采样，长时间采样时，应 3 h 左右更换一只或发现硅胶变色后立即更换。

使用固体吸附剂法时应注意：①防止穿透，采样前需检查固体吸附剂管中的吸附剂是否装填好；采样时，将进气口朝上垂直放置；使用正确的采样流量，短时间采样时，流量为 100 或 200 mL/min；一般不能超过 500 mL/min；长时间采样时，流量为 20 ~ 50 mL/min；在空气中待测物浓度高或有共存物吸附时，要适当缩短采样时间或降低采样流量，或采用大剂量的固体吸附剂管；②防止污染，采样前后要密封好固体吸附剂管的两端，保存在清洁的容器内，不能放在有待测物的容器或环境中；③防止假穿透，溶剂解吸型固体吸附剂管要在稳定期内测定，既防止假穿透，又避免浓度下降。

浸渍滤料法。 滤料不能直接用于空气中气态和蒸气态待测物的采集，当滤料涂渍某种化学试剂后，待测物与化学试剂迅速反应，生成稳定的化合物，保留在滤料上而被采集下来。为了有利于化学反应，常常在浸渍液中加入甘油等试剂，因为浸渍滤料的厚度一般小于 1 mm，所浸渍的试剂量有限，限制了采集待测物的量和采样流量。使用时应注意：①采集待测物的量，受浸渍滤料所浸渍试剂量的限制，注意滤料的吸收容量，及时更换滤料，防止穿透；②采样流量，取决于待测物和试剂间的化学反应速度，流量设置要合理，考虑环境中物质浓度，温、湿度影响因素，流量设置不能太小或太大；③浸渍滤料法适用于空气中待测物浓度低或采样时间短的场所。

（3）无泵型采样法。

也叫扩散采样法，采集空气中化学物质时，不需要抽气动力和流量装置，而是根据费克（Fick）扩散定律，利用化学物质分子在空气中的扩散作用完成采样。无泵型采样器的结构如图 4-1 所示。

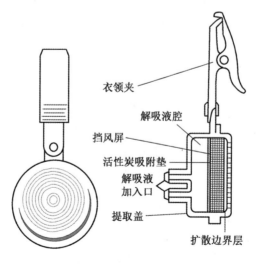

图 4-1 无泵型采样器

根据费克扩散第一定律，物质分子在空气中沿着浓度梯度而运动，即由高浓度向低浓度方向扩散，其质量传递速度与物质的浓度梯度、分子扩散系数以及扩散带的截面积成正比，与扩散带的长度成反比。公式表示为

$$W = \frac{DA}{L}(C_1 - C_0) \tag{4-1}$$

式中　W——质量传递速度和分子扩散速度，ng/s；

　　　D——分子扩散系数，cm^2/s；

　　　A——扩散面积，cm^2；

　　　L——扩散带长度，cm；

　　　C_1——分子中被测物质浓度，ng/cm^3；

　　　C_0——吸附介质表面被测物质浓度，ng/cm^3。

（$C_1 - C_0$）表示整个扩散带长度上的浓度变化，若所用的吸附剂能有效地吸收到达它表面的全部物质分子，则 $C_0 = 0$；再将上式两边乘以被动式采样器的采样时间 t，就可以得出下式：

$$W = \frac{DA}{L}C_1 t \tag{4-2}$$

式中　W——扩散到吸附剂上的物质总质量，ng。

此式表明：被动式采样器采集被测物质的总质量与被动式采样器本身的结构、被测物质在空气中的浓度及其分子扩散系数、采样时间有关。对于某一被测物质以及机构一定的被动式采样器来说，式中 $\frac{DA}{L}$ 是一常数，叫作被动式采样器的采样速度，单位为 cm^3/s，将此式改为

$$C_1 = \frac{WL}{DAt} \tag{4-3}$$

由此可见，只要测定被动式采样器采样后被测物质的总量，根据采样时间，就可以计算出空气中被测物质的浓度。

该方法优点：体积小、质量轻（几克~几十克）、结构简单，不用抽气装置，携带和操作都很方便；适合用作个体采样和长时间采样，也可作为定点采样和短时间采样。

缺点：因为它的采样流量与待测物分子的扩散系数成正比，扩散系数低的待测物因采样流量太小只能进行长时间采样，不适用于空气中待测物扩散系数小且浓度低的情况下作短时间采样。无泵型采样器有一定的吸附容量，若超过吸附容量，采样性能将变差，采样器本身不能反映这一现象。

使用注意事项：①采样前后要检查无泵型采样器的包装和扩散膜是否有破损，若有破损应废弃；②在高浓度的待测物和干扰物环境中采样时，要缩短采样时间，防止其收集介质的饱和；③应在一定风速下采样，以防止"饥饿"现象发生；④只能采集气态和蒸气态物质，不能用于气溶胶的采样；⑤采样前后要将无泵型采样器放在密闭的容器内运输和保存，以防污染；⑥采样后应检查扩散膜是否有破损或沾污待测物液滴，若有则这种样品不能采用，应弃去。

2）气溶胶态有害物质采样方法

（1）滤料采集法。

工作原理：利用滤料的阻留、吸附、静电和扩散作用，将气溶胶颗粒采集在滤料上。浸渍化学试剂的滤料还有化学吸收作用，将分子状态的物质采集在滤料上。常用滤料：微孔滤膜、过氯乙烯纤维滤膜（测尘滤膜）、超细玻璃纤维滤纸、慢速定量滤纸等。

该方法的优点：①适用于各态气溶胶的采样，采样效率高；②采样流量宽，适用于短时间和长时间采样；③可用于定点采样和个体采样。该方法的缺点：①样品一般需要处理后才能进行测定；②采样过程中，污染的可能性较大；③需要空气采样器。使用时应注意：①不能超过滤料的承载量；②根据滤料的性能，使用适当的采样流量；③采样过程中要防止污染。

（2）分段（分级）采样法。指利用颗粒的惯性，将不同粒径粉尘分段采集的方法，通常分为两段（不可吸入尘和可吸入尘或呼吸性粉尘）。常用的方法有旋风式和撞击式两种。

该方法的优点：测定结果更能反映粉尘的危害程度，可吸入粉尘含量高，有利于对粉尘性质的研究。该方法的缺点：①不同密度的粉尘分段结果不同，因为在同一采样流速下，同样粒径的粉尘因其密度不同，获得的动量就不同，冲击阻留的粒径就不同；②采样夹的价格较高，操作较麻烦。

（3）冲击式吸收管法。该方法的优点是：可采集各态气溶胶（雾、烟、尘），吸收管可反复使用，费用低。该方法的缺点是：采样效率较低，尤其是小颗粒气溶胶；吸收管易破损，携带不便；需要空气采样器。使用时注意：采样流量为 3 L/min。

3）蒸气态与气溶胶态共存时的采样方法

共存时的采样方法有 4 种：①浸渍滤料法；②冲击式吸收管法；③多孔玻板吸收管法；④串联法等。

3. 样品采集的基本要求

（1）在易燃、易爆工作场所采样时，应采用防爆型空气采集器。

（2）采样时，采样人员应注意做好个体防护。

（3）采样时，应至少包括以下信息：标题、样品受理唯一标识、监测单位名称、监测仪器名称、监测项目、样品唯一标识、测定环境条件参数、样品采集时间、被检单位签字、监测人员、复核者签字等。

（4）应满足工作场所有害物质职业接触限值对采样的要求。

（5）应满足职业卫生评价对采样的要求。

（6）应满足工作场所环境条件对采样的要求。

（7）采样过程中应保持采样流量稳定；长时间采样时应记录采样前后的流量，计算时用流量均值。

（8）在采样的同时应作样品空白，即将空气收集器带至采样点，除不连接空气采样器采集空气样品外，其余操作同样品。

（9）采样时应避免有害物质直接飞溅入空气收集器内；空气收集器的进气口应避免被衣物等阻隔；用无泵型采样器采样时应避免风扇等直吹。

（10）在易燃、易爆工作场所采样时，应采用防爆型空气采样器。

（11）采样过程中应保持采样流量稳定；长时间采样时应记录采样前后的流量，计算时用流量均值。

（12）在样品的采集、运输和保存的过程中，应注意防止样品的污染。

4. 采集空气样品的量

采集每个空气样品所需要的体积，要根据工作场所空气中待测物的容许浓度及其测定方法的灵敏度来决定，采样前可以计算出最小采气体积。最小采气体积指能测出容许浓度水平的毒物所必需采集的最小空气样品的体积，见式（4-4）：

$$V = \frac{vd}{C} \tag{4-4}$$

式中　V——最小采气体积，L；

　　　v——样品的总体积，mL；

　　　d——测定方法的检出限，μg/mL；

　　　C——容许浓度，mg/m³。

如果空气中待测物浓度高于其容许浓度时，则不受最小采气体积的限制，可以少采些空气样品。但是，在空气中待测物浓度接近容许浓度的情况下，采样体积通常应大于最小采气体积，使采集的待测物量位于测定方法的最佳测定范围内，以获得精密度高的测定结果。

5. 采样时机和频率

采样时机指在工作年、月内及工作日内进行采样的具体时刻。采样时机应选择在一年中空气中待测物浓度最高月份的工作日，并在浓度最高的时段进行采样监测。采样频率指进行一次采样监测的间隔周期。根据采样目的确定不同的采样频率。

6. 采样时间

采样时间指采一次空气样品所需要的持续时间。

（1）采样时间的长短首先由待测物容许浓度的要求来决定。对于时间加权平均容许浓度的监测，要求采样时间最好是整个工作班或者涵盖整个工作班；对于短时间接触容许浓度是 15 min 的时间加权平均浓度，采样时间应为 15 min；最高容许浓度的采样时间应不超过 15 min。

（2）采样时间的长短还依赖于测定方法的灵敏度及空气中待测物的实际浓度和采样流量等。

7. 采样误差

导致采样误差的主要因素包括：

（1）使用仪器的误差，如仪器不合格，未经校正等。

（2）采样操作造成的误差，如不正确的采样操作等。

（3）采样方法造成的误差，如选用方法不理想或不恰当。

（4）共存物的干扰。指采样过程中，空气中共存物与待测物发生理化反应，影响采集或测定。

（5）气象因素造成的误差，如气温、气压、湿度、风向、风速等造成的误差。

8. 样品的空白试验

样品空白试验是为了了解采样过程中样品的污染程度，用于扣除样品的空白。在采样过程中，不能忽视样品空白。样品空白试验的操作除不采集空气样品外，其余操作全部同样品试验，包括收集器的准备、采样的操作、样品的运输、保存和测定。空白试验一定要同样品试验一样在现场操作。

（三）化学有害因素的检（监）测技术

工作场所空气中有害物质的检测，分为现场检测与实验室检测。

1. 现场检测

指因需要对工作场所的职业卫生状况作出迅速的判断评价而进行的检测，如发生事故后的工作场所的检测，有剧毒物质存在的工作场所的常规检测等。

现场检测的优点是：能在短时间内得到检测结果，操作比较容易。

现场检测的缺点是：检测方法尚未成为我国的标准方法；通常不能正式用于职业卫生状况的评价。

现场检测常用的方法主要有两种：

（1）检气管（气体检测管）法。指将浸渍化学试剂的硅胶装在玻璃管内，当空气通过时，有害物质与化学试剂反应生成颜色，根据颜色的深浅或色调与标准色列比较定性和定量的方法（图4-2）。

图4-2　浸渍化学试剂的硅胶示意图

该方法的优点是：体积小，质量轻，携带方便，费用低；现场读数快速，操作简单，技术要求不高，经过短时间培训就能进行检测工作；方法的灵敏度较高，可用于许多有机和无机有害物质的检测。

该方法的缺点是：检测的准确度和精密度较差；检气管的保存时间一般为一年。

使用时应注意：抽气装置的体积要准确，最好用配套装置；注意温度对检气管显色的影响；在规定的时间内测量；不要用过期的检气管。

（2）气体测定仪法。指使用携带方便的测定仪器在现场进行即时直读式检测的方法。目前该方法常用的检测原理有红外线、半导体、电化学、气相色谱、激光、氢离子化检测器、光离子化检测器、气相色谱-质谱等。

该方法的优点是：具有较高的灵敏度、准确度和精密度；可用于许多有害物质的检测；体积较小，质量较轻，携带方便；操作简单快速。

该方法的缺点是：仪器价格较高；仪器的校正、使用和维护需要较高的技术和费用。

使用时应注意：在使用前进行校正；应使用经认证过的仪器。

2. 实验室检测

实验室检测指将现场采集的样品送至检测实验室进行测定，也是目前最常用的工作场所空气中毒物检测的方法。实验室检测的适用范围广，可以测定各种毒物和各类样品。其测定灵敏度高，检测结果准确度高，精密度好。

截至目前，国家颁发的与职业卫生标准配套的标准方法大都是实验室测定方法，可用于职业卫生评价。

实验室检测常用方法包括以下 9 种类别：

1）分子光谱法

该方法包括可见光分光光度法、紫外光分光光度法、红外光分光光度法和荧光分光光度法，被广泛用于无机和有机化合物的测定。

紫外—可见吸收光谱法是靠分子内电子跃迁产生的吸收光谱进行分析的一种常用的定量光谱分析法。分子在紫外—可见光区的吸收与其电子结构紧密相关。紫外—可见吸收光谱是进行定量分析最广泛使用的、最有效的手段之一。

该方法的优点是：可用于无机及有机体系；一般可检测 $10^{-4} \sim 10^{-5}$ mol/L 的微量组分，通过某些特殊方法（如胶束增溶）可检测 $10^{-6} \sim 10^{-7}$ mol/L 的组分；准确度高，一般相对误差仅 1% ~ 3%，有时可降至 1% 以下。

该方法定量的依据是朗伯—比尔定律。该定律表明，在一定条件下，溶液对光的吸收度与溶液的浓度和液层厚度的乘积呈正比，见式（4-5）：

$$A = kcb \qquad (4-5)$$

式中　A——吸光度；

　　　k——摩尔吸光系数；

　　　c——吸光物质的浓度，mol/L；

　　　b——吸收层厚度，cm。

2）荧光分光光度法

指利用物质吸收较短波长的光能后，发射较长波长特征光谱的性质，从而对物质定性或定量分析的方法，可以从发射光谱或激发光谱进行分析。

该方法使用的仪器为荧光分光度计。其主要应用于经能量较高的紫外线照射后能产生灭光或与试剂结合后能产生荧光的某些物质的测定，具有灵敏度高（通常比紫外分光光度法高 2~3 个数量级）、选择性强、重现性好、设备简单、快速等特点。其主要用于分析铍、硒、苯并（a）芘、油雾等近 20 种物质。

3）原子光谱法

该法主要用于金属和类金属及其化合物的测定。其中，原子吸收光谱法是原子光谱法中最常用的方法，因其能测定各种元素，灵敏度和精密度都能满足工作场所空气检测的需要，仪器和测定费用也较低。

原子吸收光谱法的优点是：

（1）检出限低，灵敏度高。例如，火焰原子吸收法的检出限可达到 10^{-9} 级；石墨炉原子吸收法的检出限可达到 $10^{-10} \sim 10^{-14}$ 级。

（2）分析精度好。火焰原子吸收法测定中等和高含量元素的相对标准差< 1%，其准确度已接近于经典化学方法；石墨炉原子吸收法的分析精度一般为 3% ~ 5%。

（3）分析速度快。原子吸收光谱仪在 35 min 内能连续测定 50 个试样中的 6 种元素。

（4）应用范围广。可测定的元素达 70 多个，不仅可以测定金属元素，也可以用间接原子吸收法测定非金属元素和有机化合物。

（5）仪器比较简单，操作方便。

4）原子荧光光谱法

该法具有原子吸收和原子发射光谱两种分析的特点，也有足够的灵敏度和精密度，干扰较少，可多元素同时测定，仪器和测定费用也较低，能测定砷、硒、碲、铅、锑、铋、锡、锗、汞、镉、锌等元素。

5）原子发射光谱法

指利用物质在热激发或电激发下，每种元素的原子或离子发射的特征光谱来判断物质的组成，从而进行元素的定性与定量分析的方法。原子发射光谱法可对约 70 种元素（金属元素及磷、硅、砷、碳、硼等非金属元素）进行分析。在一般情况下，该法用于 1% 以下含量的组分测定，检出限可达 10^{-6} 级，精密度为 ±10% 左右，线性范围约 2 个数量级。这种方法可有效地用于测量高、中、低含量的元素。

该方法的优点是：

（1）灵敏度高。利用该方法测量许多元素的绝对灵敏度为 $10^{-11} \sim 10^{-13}$ g。

（2）选择性好。许多化学性质相近而用化学方法难以分别测定的元素，如铌和钽、锆和铪、稀土元素，其光谱性质有较大差异，用原子发射光谱法可容易进行各元素的单独测定。

（3）分析速度快。可进行多元素的同时测定。

（4）试样消耗少（毫克级）。适用于微量样品和痕量无机物组分的分析，广泛用于金属、矿石、合金等各种材料的分析检验。

该方法的缺点是：非金属元素不能检测或灵敏度低。

6）电感耦合等离子体发射光谱法

电感耦合等离子体发射光谱法（ICP-AES）是以等离子体为激发光源的原子发射光谱分析方法，能测定大多数元素，可多元素同时测定，也具有足够的灵敏度和精密度，干扰少等优点；但仪器测定的费用较高，因而适用于多元素同时进行测定。其性能特点是：

（1）分析精度高。该方法可准确分析含量达到 10^{-9} 级的元素，而且对很多常见元素的检出限达到 10^{-7} 级，分析精度非常高。对于高低含量的元素要求同时测定，尤其是对低含量元素要求精度高的项目，使用 ICP-AES 法非常方便。

（2）样品范围广。该方法可以对固态、液态及气态样品直接进行分析。但由于固态样品存在不稳定、需要特殊的附件且有局限性等原因，气态样品一般与质谱、氢化物发生装置联用效果较好，并且可在不改变分析条件的情况下，同时进行多元素的测定，或有顺序地进行主量、微量及痕量浓度的元素测定。

（3）动态线性范围广。一般精密分析仪器的线性范围在 103 以下，电感耦合等离子体原子发射光谱仪的动态线性范围大于 106，也就是说，在一次测定中，既可测百分含量级的元素浓度，也可同时测 10^{-9} 级浓度的元素。这样就避免了高浓度元素要稀释、微量元素要富集的操作，既提高了反应速度也减少了烦琐的处理过程中不可避免产生的误差。

（4）多种元素同时测。多种元素同时测定是 ICP-AES 法最显著的特点。

（5）定性及半定量分析。对于未知的样品，等离子体原子发射光谱仪可利用丰富的标准谱线库进行元素的谱线比对，形成样品中所有谱线的"指纹照片"；计算机通过自动检索，快速得到定性分析结果；再进一步便可得到半定量的分析结果。该方法对于事故的快速初步判断、某种处理过程中中间产物的分析以及不需要非常准确的结果等情形非常快速和实用。

　　7）色谱法

　　又称色层法或层析法，是一种物理化学分析方法。它利用不同溶质（样品）与固定相和流动相之间的作用力（分配、吸附、离子交换等）差别，当两相做相对移动时，使各溶质在两相间进行多次平衡，达到相互分离。因此，色谱法用于多种离子、各种化合物的测定。色谱法的应用分类见表4-2。

表4-2　色谱法应用分类表

色谱类型	流动相	主要分析对象
气相色谱法	气体	挥发性有机物
液相色谱法	液体	可以溶于水或有机溶剂的各种物质
超临界流体色谱法	超临界流体	各种有机化合物
电色谱法	缓冲溶液、电场	离子和各种有机化合物

　　色谱法的优点是：

　　（1）分离效率高。几十种甚至上百种性质类似的化合物可在同一根色谱上得到分离，能解决许多其他分析方法无能为力的复杂样品分析。

　　（2）分析速度快。一般而言，色谱法可在几分钟至几十分钟内完成一个复杂样品的分析。

　　（3）检测灵敏度高。随着信号处理和检测器制作技术的进步，不经过预浓缩可以直接检测 10^{-9} g 级的微量物质；如采用预浓缩技术，检测下限可以达到 10^{-12} g 数量级。

　　（4）样品用量少。一次分析通常只需数纳升至数微升的溶液样品。

　　（5）选择性好。通过选择合适的分离模式和检测方法，可以只分离或检测需要分析的部分物质。

　　（6）多组分同时分析。在很短的时间内（20 min 左右），该方法可以实现几十种成分的同时分离与定量。

　　（7）易于自动化。现在的色谱仪器已经可以实现从进样到数据处理的全自动化操作。

　　色谱法的缺点是：定性能力较差。为克服这一缺点，人们已经发展色谱法与其他多种具有定性能力分析技术的联用。

　　下面简单介绍下色谱法中的气圈、液相色谱法及色谱法的定量分析：

　　（1）气相色谱法。指用气体作为流动相的色谱法。根据固定相的状态不同，又可将其分为气固色谱和气液色谱。气固色谱是用多孔性固体为固定相，分离的主要对象是一些永久性的气体和低沸点的化合物。

　　（2）高效液相色谱法。广义地讲，固定相为平面状的纸色谱法和薄层色谱法也是以液体为流动相，也应归于液相色谱法。不过通常所说的液相色谱法仅指所用固定相为柱型的柱液相色谱法。液相色谱法按分离机理通常分为吸附色谱法、分配色谱法、离子色谱法和凝胶色谱法四大类。

（3）定量分析。色谱定量分析的依据是被测物质的量与它在色谱图上的峰面积（或峰高）呈正比。数据处理软件（工作站）可以给出包括峰高和峰面积在内的多种色谱数据。因为峰高比峰面积更容易受分析条件波动的影响，且峰高标准曲线的线性范围也较峰面积窄，因此，通常情况是采用峰面积进行定量分析。

二、物理有害因素的检测

物理因素除振动外，多以场的形式存在，如声场、电磁场、热辐射场等。除高温外，物理因素的产生和消失与生产设备的启动与关闭是同步的。

（一）噪声

1. 基本概念

稳态噪声：在观察时间内，采用声级计"慢档"动态特性测量时，声级波动小于3 dB（A）的噪声。

非稳态噪声：在观察时间内，采用声级计"慢档"动态特性测量时，声级波动大于3 dB（A）的噪声。

脉冲噪声：噪声突然爆发又很快消失，持续时间≤0.5 s，间隔时间大于1 s，声压有效值变化≥40 dB（A）的噪声。

等效连续A计权声压级（等效声级）：在规定的时间内，某一连续稳态噪声的A计权声压，具有与时变的噪声相同的均方A计权声压，则这一连续稳态噪声的声级就是该时变噪声的等效声级。

2. 测量参数

稳态及其他非脉冲噪声的测量参数：A计权声级（A声级）、等效声级、频谱。

脉冲噪声的测量参数：峰值、脉冲次数、频谱。

3. 测量仪器

测量仪器主要有声级计、倍频程滤波器、计时秒表3种仪器：

（1）积分声级计或个人声剂量计：2型以上，具有A计权、"S（慢）"档和"Peak（峰值）"档。

（2）倍频程滤波器（频谱分析仪）。

（3）计时秒表。

4. 职业性噪声的测量方法

职业性噪声的测量方法参见《工作场所物理因素测量　第8部分：噪声》（GBZ/T 189.8—2007）。其中要注意的是测点的选择：

（1）工作场所声场分布均匀时，选择3个测点，每个测点记录2~3个读数，取平均值。

（2）工作场所声场分布不均匀时［测量范围内A声级差别≥3 dB（A）］，应将其划分为若干声级区，同一声级区内声级差小于3 dB（A），每个区域内选择2个测点，每个测点记录2~3个读数，取平均值。

（二）高温

1. 基本概念

高温作业：有高气温或有强烈的热辐射或伴有高气湿相结合的异常气象条件，WBGT 指数超过规定限值的作业。

WBGT 指数：又称湿球黑球温度指数，是综合评价人体接触作业环境热负荷的一个基本参量，单位为℃。

接触时间率：指劳动者在一个工作日内实际接触高温作业的累计时间与 8 h 的比率。

本地区室外通风设计温度：近 10 年本地区气象台正式记录每年最热月的每日 13：00—14：00 的气温平均值。

2. 测量参数

测量参数包括：WBGT 指数、接触时间率、体力劳动强度等。

3. 测量仪器

测量仪器主要包括：WBGT 指数测定仪、通风干湿球温度计、风速仪、定向辐射热计等。其中 WBGT 指数测定仪的测量范围应为 21~49 ℃，可用于直接测量。

4. 测量方法

测量具体方法参见《工作场所物理因素测量 第 7 部分：高温》（GBZ/T 189.7—2007）。

（三）超高频辐射

1. 基本概念

超高频辐射：又称超短波，指频率为（30~300）MHz 或波长为 1~10 m 的电磁辐射，包括脉冲波和连续波。

脉冲波：以脉冲调制所产生的超高频辐射。

连续波：以连续振荡所产生的超高频辐射。

功率密度：单位面积上的辐射功率，以 P 表示，单位为 mW/cm^2。

2. 测量仪器

选择量程和频率适合于所检测对象的测量仪器。

3. 测量对象

相同型号、相同防护的超高频设备，选择有代表性的设备及其接触人员进行测量；不同型号或相同型号不同防护的超高频设备及其接触人员应分别测量；接触人员的各操作位应分别进行测量。

4. 测量方法

（1）仪器校准。测量前应按照仪器使用说明书进行校准。

（2）测量操作者接触强度时，应分别测量其头、胸、腹各部位：立姿操作，测量点高度分别取 1.5~1.7 m、1.1~1.3 m、0.7~0.9 m；坐姿操作，测量点高度分别取 1.1~1.3 m、0.8~1 m、0.5~0.7 m。

（3）测量超高频设备场强时，将仪器天线探头置于距设备 5 cm 处。

（4）测量。测量时将偶极子天线对准电场矢量，旋转探头，读出最大值；测量时手握探头下部，手臂尽量伸直，测量者身体应避开天线杆的延伸线方向，探头 1 m 内不应站人或放置其他物品，探头与发射源设备及馈线应保持一定距离（至少 0.3 m）；每个测点应重复测量 3 次，取平均值。

（四）高频电磁场

1. 基本概念

高频电磁场（或称高频辐射），指频率为 100 kHz～30 MHz，相应波长为 10 m～3 km 范围的电磁场（或波）。

2. 测量仪器

选择量程和频率适合于所测量对象的测量仪器，即量程范围能够覆盖 10～1000 V/m 和 0.5～50 A/m，频率能够覆盖 0.1～30 MHz 的高频场强仪。

3. 测量对象

（1）相同型号、相同防护的高频设备，选择有代表性的设备及其接触人员进行测量。

（2）不同型号或相同型号不同防护的高频设备及其接触人员应分别测量。

（3）接触人员的各操作位应分别进行测量。

4. 测量方法

（1）仪器校准。测量前应按照仪器使用说明书进行校准。

（2）测量操作位场强时，一般测量头部和胸部位置；当操作中其他部位可能受更强烈照射时，应在该位置予以加测。

（3）测量高频设备场强时，由远及近，仪器天线探头距离设备不得小于 5 cm，当发现场强接近最大量程或仪器报警时，应立刻停止前进。

（4）测量。手持测量仪器，将检测探头置于所要测量的位置，并旋转探头至读数最大值方向，探头周围 1 m 以内不应有人或临时性地放置其他金属物件。磁场测量不受此限制。

每个测点连续测量 3 次，每次测量时间不应小于 15 s，并读取稳定状态的最大值。若测量读数起伏较大时，应适当延长测量时间，取 3 次值的平均数作为该点的场强值。

（五）微波辐射

1. 基本概念

微波：频率为 300 MHz～300 GHz、波长为 1 mm～1 m 范围内的电磁波，包括脉冲微波和连续微波。

脉冲微波：指以脉冲调制的微波。

连续微波：指不用脉冲调制的连续振荡的微波。

平均功率密度：指单位面积上一个工作日内的平均辐射功率。

日剂量：指一日接受辐射的总能量，等于平均功率密度与受辐射时间（按 8 h 计算）的乘积，单位为 $uW \cdot h/cm^2$ 或 $mW \cdot h/cm^2$。

2. 测量仪器

选择量程和频率适合于所检验对象的测量仪器。

3. 测量对象

（1）应在各操作位分别测量，一般测量头部和胸部位置。

（2）当操作中某些部位可能受更强辐射时，应予以加测；如需眼睛观察波导口或天线向下腹部辐射时，应分别加测眼部或下腹部。

（3）当需要查找主要辐射源，了解设备泄漏情况时，可紧靠设备测量，所测值可供防护时参考。

4. 测量方法

（1）测量前应按照仪器使用说明书进行校准。

（2）应在微波设备处于正常工作状态时进行测量，测量中仪器探头应避免红外线及阳光的直接照射及其他干扰。

（3）在目前使用非各向同性探头的仪器测量时，将探头对着辐射方向，旋转探头至最大值。

（4）各测量点均需重复测量 3 次，取其平均值。

（5）测量值的取舍：全身辐射取头、胸、腹等处的最高值；肢体局部辐射取肢体某点的最高值；既有全身又有局部的辐射，则取除肢体外所测的最高值。

（六）1 Hz~100 kHz 电场和磁场

1. 测量仪器

（1）仪器应覆盖被测设备的频率，如测量工频时测量仪器应能够响应 50 Hz。仪器量程根据被测频率的接触限值，应至少达到限值 0.01~10 倍的要求。

（2）仪器首选能响应均方根值的、配置三相式感应器的仪器。单相的仪器和个体磁场计若满足现场测量的要求也可使用。

（3）仪器应注明温度和相对湿度的适用范围。

2. 测点选择

测量点应布置在存在电场和磁场中有代表性的作业点。作业人员为巡检作业时，选择其规定的巡检点和巡检过程中靠近电磁场源最近的位置；作业人员为固定岗位作业时，选择其固定的操作位。相同或类似的测点可按电磁场源进行抽样，相同型号、相同防护、相同电流电压的低频电磁场设备，数量为 1~3 台时至少测量 1 台，4~10 台时至少测量 2 台，10 台以上至少测量 3 台。不同型号、防护或不同电流电压的设备应分别测量。

3. 测量高度

电磁场的检测以作业人员操作位置或巡检位置为依据，测量头、胸或腹部离电磁场源最近的部位，如无法判断时，应对头、胸、腹 3 个部位分别进行测量。

4. 测量读数

（1）现场环境电磁场较稳定，如电厂或变电站中的变压器、配电柜及变压开关等设备作业点，每个测点连续测量 3 次，每次测量时间不少于 15 s，并读取稳定状态的均方根值，取平均值。

（2）现场环境电磁场不稳定，如电阻焊作业等环境，应在预期电场和/或磁场强度最高的时间段测量，读取电磁场峰值及最高时间段的均方根值，每次测量时间一般不超过 5 min，劳动者接触时间不足 5 min 按实际接触时间进行测量，每个测点连续测量 3 次，取最大值。

5. 测量注意事项

（1）测量应在电磁场源正常运行状态下进行。

（2）为减少误差，测量仪器应选择没有电传导的材质支架（如塑料支架等）进行固定。

（3）测量电场时，测量者和其他人宜距离测量探头 2.5 m 以外。

（4）测量地点应比较平坦且无多余的物体。对不能移开的物体应记录其尺寸及其与探头的相对位置，以及该物体的物理性质，并应补充测量离物体不同距离处的场强。

（5）测量时，环境温度和相对湿度应符合仪器规定的要求。

（6）测量仪器有挡位设置的，应先将测试仪器调至最高挡位，然后进行测试，避免超过仪器挡位量程，造成仪器失灵。

（7）评估作业人员接触 8 h 工频电场强度时，需调查作业人员在各作业点的停留时间。

（8）佩戴心脏起搏器或类似医疗电子设备者不宜从事此测量工作。

（9）在进行现场测量时，测量人员应注意个体防护。

（七）紫外辐射

1. 基本概念

（1）紫外辐射。紫外辐射的波长范围是 100~400 nm：①长波紫外线（UVA），波长为 400~315 nm，又称黑斑区；②中波紫外线（UVB），波长为 315~280 nm，又称红斑区；③短波紫外线（UVC），波长为 280~1100 nm，又称杀菌区。

（2）辐照度。指照射到表面一点处面元上的辐射量除以该面元的面积，即单位面积上的辐射通量，单位有 W/cm^2、mW/cm^2 和 uW/cm^2。

2. 测量仪器

紫外照度计。

3. 测量部位

（1）应测量操作人员面、眼、肢体及其他暴露部位的辐照度或照射量。

（2）当使用防护用品如防护面罩时，应测量罩内辐照度或照射量。具体部位是：测定被测者罩内眼面部。

4. 测量方法

（1）仪器校准。测量前应按照仪器使用说明书进行校准。

（2）为保护仪器不受损害，应从最大量程开始测量，测量值不应超过仪器的测量范围。

（3）计算混合光源（如电焊弧光）的有效辐照度方法。混合光源需分别测量长波紫外线、中波紫外线、短波紫外线的辐照度，然后将测量结果加以计算。例如，电焊弧光的主频率分别为 365 nm、290 nm 以及 254 nm，其相应的加权因子分别为 0.00011、0.64 及 0.5。具体计算方法见式（4-6）：

$$E_{eff} = 0.00011 \times E_A + 0.64 \times E_B + 0.5 \times E_C \qquad (4-6)$$

式中 E_{eff}——有效辐照度，W/cm^2；

      E_A——所测长波紫外线（UVA）辐照度，W/cm^2；

E_B——所测中波紫外线（UVB）辐照度，W/cm^2；

E_C——所测短波紫外线（UVC）辐照度，W/cm^2。

（八）激光辐射

1. 基本概念

激光：波长 200 nm～1 mm 的相干光辐射。

激光器：通过受激发射过程产生和放大光辐射的装置。

照射量：受照面积上光能的面密度，单位为 J/cm^2。

照射时间：激光照射人体的持续时间。

2. 测量仪器

根据激光器的输出波长和输出功率选择适当的测量仪器：

（1）用 1 mm 极限孔径测量辐射水平时，测量仪器接收头的灵敏度必须均匀，测量误差不得超过±10%。

（2）测量时，中小功率的激光器选用锤形腔热电式功率计，小功率的激光器选用光电型的能量计，大功率的激光器选用流水量热式功率计。

3. 测量方法

（1）测量时将激光器调至最高输出水平，并消除非测量波长杂散光的影响。

（2）测量激光器和激光器系统对眼和皮肤的接触限值时，应在激光工作人员工作区进行。激光辐射测量仪器的接收头应置于光束中，以光束截面中最强的辐射水平为准。

（3）测量最大容许照射量的最大圆面积直径为极限孔径。测量眼的最大容许照射量时：波长为 200～400 nm 与 1400 nm～$1×10^6$ nm，用 1 mm 孔径；波长为 400～1400 nm，用 7 mm 孔径。测量皮肤的最大容许照射量时，用 1 mm 孔径。

（九）手传振动

1. 基本概念

振动：物体在力的作用下，沿直线或弧线经过某一中心位置来回重复的运动。

振幅：振动体离开中心位置的最大位移。

频率：振动体单位时间内振动的次数（即振动频率）。

加速度：振动体在单位时间内的速度变化（m/s^2）。振动体的加速度与位移成正比，而加速度的方向与位移方向相反。

手传振动：生产中使用手持振动工具或接触受振工件时，直接作用或传递到人手臂的机械振动或冲击。

2. 测量仪器

采用设有计权网络的手传振动专用测量仪，直接读取计权加速度或计权加速度级。

（1）测量仪器覆盖的频率范围为 5～1500 Hz，其频率响应特性允许误差：在 10～800 Hz范围内为±1 dB；4～10 Hz 及 800～2000 Hz 范围内为±2 dB。

（2）振动传感器选用压电式或电荷式加速度计，其横向灵敏度应小于10%。

（3）指示器应能读取振动加速度或加速度级的均方根值。

（4）对振动信号进行 1/1 或 1/3 倍频程、频谱分析时，其滤波特性应符合《电声学倍频程和分数倍频程滤波器》（GB/T 3241—2010）的相关规定。

（5）测量前应按照仪器使用说明进行校准。

3. 测量方法

按照生物力学坐标系，分别测量 3 个轴向振动的频率计权加速度，取 3 个轴向中的最大值作为被测工具或工件的手传振动值。

（十）采光与照明

1. 基本概念

（1）（光）照度。即单位面积的光通量，表面上一点的照度是入射在包含该点面元上的光通量 $\mathrm{d}\Phi$ 除以该面元面积 $\mathrm{d}A$ 所得之商。

$$E = \frac{\mathrm{d}\Phi}{\mathrm{d}A}$$

式中　E——照度，lx。

（2）采光系数。在室内参考平面上的一点，由直接或间接地接收来自假定和已知天空高度分布的天空漫反射光而产生的照度与同一时刻该天空半球在室外无遮挡水平面上产生的天空漫射光照度之比。

（3）采光均匀度。参考平面上的采光系数最低值与平均值之比。

（4）照度均匀度。通常指规定表面上的最小照度与最大照度之比（U_1），有时也用最小照度与平均照度之比（U_2）表示。

2. 测量仪器

1）采光测量

（1）（光）照度计：精度不低于一级，量程 $0.1 \sim 1.0 \times 10^5$ lx。

（2）亮度计：精度不低于一级，宜采用光电式亮度计。

2）照明测量

（1）（光）照度计。精度不低于一级，对于道路和广场照明的照度测量，分辨力 ≤ 0.1 lx，相对示值误差绝对值 ≤ ±4%，匹配误差绝对值 ≤ ±6%，余弦特性（方向性响应）误差绝对值 ≤ ±4%，换挡误差绝对值 ≤ ±1%，非线性误差绝对值 ≤ ±1%。

（2）亮度计。精度不低于一级，道路照明测量可积分亮度计，均匀度测量宜采用带望远镜头的光亮度计。相对示值误差绝对值 ≤ ±5%（0.02），匹配误差绝对值 ≤ 5.5%，稳定度绝对值 ≤ 1.5%，换挡误差绝对值 ≤ ±1%，非线性误差绝对值 ≤ ±1%。

3. 工作场所采光测量

1）测量要求

（1）采光系数测量的天空条件应为全阴天。

（2）测量时间应为 10：00—14：00。

（3）室内照度与室外照度同时测量。

（4）光接收器应稳定并避免遮挡。

2）室外照度测量

（1）测量室外照度应选择在周围无遮挡的空地或建筑物屋顶进行。接收器与周围建筑物或其他遮挡物形成的遮挡角 $\alpha < 10°$，或满足 l 与 h 之比大于 6，如图 4-3 所示。

（2）光接收器应水平放置，并避免地面发射光的影响。

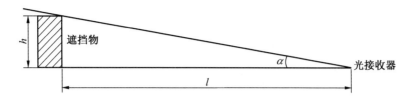

h—遮挡物高度；*l*—光接收器与遮挡物的距离；*α*—遮挡角

图 4-3　室外照度测量示意图

3）室内照度测量

（1）测点选择。选择室内整个区域或有代表性的区域，可采用矩形网格等间距布点；对于非矩形场地，可在场地内均匀布点，如图 4-4 所示。

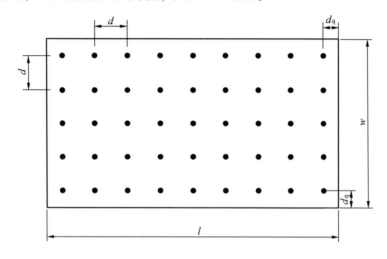

l—长度；*w*—宽度；*d*—网格间距；d_q—测点与墙或柱的距离

图 4-4　场地内均匀布点

测点间距应符合表 4-3 的规定。

表 4-3　测点间距

面积/m^2	网格间距/m	测点与墙式柱的距离/m
$S \leq 20$	0.5 或 1	$0.5 \leq d_q < 1$
$20 < S \leq 50$	1 或 2	$1 \leq d_q < 2$
$S > 50$	2 或 4	$1 \leq d_q \leq 2$

（2）测量高度。民用建筑距地面 0.75 m，工业建筑距地面 1 m。通道：取地面或距地面 0.15 m，建议选择实际工作面。

（3）走廊、通道、楼梯处，在长度方向按 1 m 或 2 m 布点。

4）采光系数和采光均匀度

室内某点的采光系数按式（4-7）计算：

$$C_i = \frac{E_n}{E_w} \times 100\% \qquad\qquad (4-7)$$

式中 C_i——第 i 个测点的采光系数；

     E_n——室内该点的照度，lx；

     E_w——与该点同时测量的室外漫射光照度，lx。

采光系数平均值应按式（4-8）计算：

$$C_{av} = \frac{1}{M \times N} \cdot \sum C_i \qquad\qquad (4-8)$$

式中 C_{av}——采光系数平均值，%；

     C_i——在第 i 个测点上的采光系数，%；

     M——纵向测点数；

     N——横向测点数。

采光均匀度应按式（4-9）计算：

$$U = \frac{C_{min}}{C_{av}} \qquad\qquad (4-9)$$

式中 U——采光均匀度；

     C_{min}——参考平面上的采光系数最小值，%；

     C_{av}——参考平面上的采光系数平均值，%。

单侧采光时，晴天测量得到的采光系数应按表4-4修正到（除以表中的数值）全阴天时的采光系数标准值。

表4-4   修 正 值 表

侧窗朝向（纬度）/(°)	30	40	50
南	1.60	2.10	—
东，西	1.15	1.30	1.50
北	1.10	1.20	1.30

注：测量宜选择夏至中午前后进行。

4. 工作场所照明测量

1）测量条件

（1）照明光源应满足：①白炽灯和卤钨灯累计点燃时间在 50 h 以上；②气体放电灯累计点燃时间在 100 h 以上。

（2）测量时：白炽灯和卤钨灯应燃点 15 min，气体放电灯应燃点 40 min。

（3）应在额定电压下进行照明测量；室内照明测量应在没有天然光和其他非被测光源影响下进行。

2）测量方法

（1）中心布点法。中心布点法如图4-5所示。

平均照度按式（4-10）计算：

$$E_{av} = \frac{1}{M \times N} \cdot \sum E_i \qquad\qquad (4-10)$$

式中　E_{av}——平均照度，lx；

　　　E_i——在第 i 个测点上的照度，lx；

　　　M——纵向测点数；

　　　N——横向测点数。

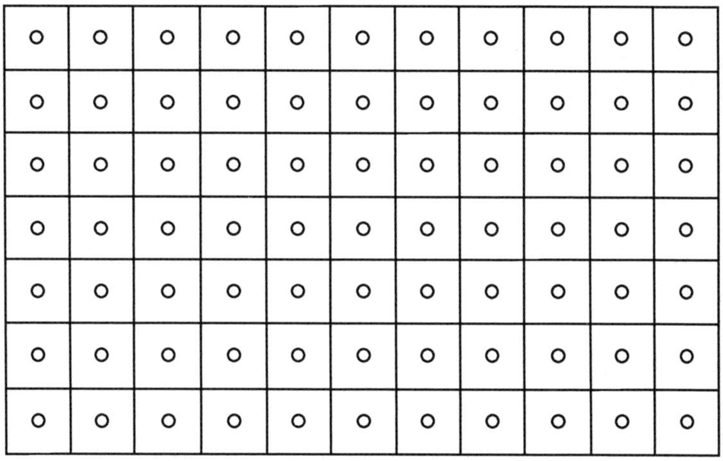

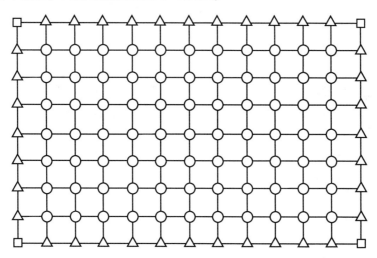

图 4-5　中心布点法

（2）四角布点法。四角布点法如图 4-6 所示。

〇—场内点；△—边线点；□—四角点

图 4-6　四角布点法

四角布点法的平均照度按式（4-11）计算：

$$E_{av} = \frac{1}{4MN} \times \left(\sum E_\theta + 2 \sum E_0 + 4 \sum E \right) \qquad (4-11)$$

式中　E_θ——测量区域 4 个角处的测点照度，lx；

　　　E_0——除 E_θ 外，4 条外边上的测点照度，lx；

E——4 条外边以内的测点照度，lx。

照度均匀度按式（4-12）、式（4-13）计算：

$$U_1 = \frac{E_{\min}}{E_{\max}}$$ (4 - 12)

式中　U_1——照度均匀度（极差）；

　　　$E_{\min}$——最小照度，lx；

　　　$E_{\max}$——最大照度，lx。

$$U_2 = \frac{E_{\min}}{E_{av}}$$ (4 - 13)

式中　U_2——照度均匀度（极差）；

　　　$E_{\min}$——最小照度，lx；

　　　E_{av}——平均照度，lx。

三、生物有害因素的检测

系统地对劳动者的血液、尿等生物材料中的化学物质或其代谢产物的含量（浓度），或由其所致的无害生物效应水平进行的系统监测。目的是评价劳动者接触化学有害因素的程度及其可能的健康影响。

（一）生物样品的采集时机

（1）已制定职业接触生物限值的待测物，应严格按照规定的采样时机进行采样。

（2）尚未制定职业接触生物限值的有害物质，应根据待测物的理化性质及其在人体内的代谢规律，特别是半减期，正确选择采样时机。

（二）生物样品的采集、运输和保存

生物样品的运输和保存要防止因泄漏、挥发、吸附、腐败变质和化学反应等作用造成待测物的损失和样品基体的变化；还要防止污染，不能将样品与装有待测物的容器存放在一起运输和保存。

生物样品不能在高温和日光下运输和保存，在运输过程中应避免振动和温度改变。需要冷藏的生物样品应尽快放入所需温度的冷藏设备中。

1. 血样的采集

血样采集量至少 0.1 mL，大于 0.51 mL 采集静脉血；采样时要注意防止污染，采集血清、血浆和全血时要防止溶血。

血样通常要求低温（4 ℃）运输和保存。冷冻保存的血样要防止溶血，应先将血浆分离出来分别保存。

2. 尿样的采集

尿样的采集量一般为 50 mL，采样后要及时测定肌酐或尿比重，将不合格尿样弃去（肌酐浓度＜0.3 g/L 或＞3 g/L 的尿样，比重＜1.010 或＞1.030）。

3. 呼出气的采集

采样环境条件：尽量在气温（20±15）℃、气压（101.3±2.5）kPa 的条件下进行采集，否则要校正采样体积。

采样方法：受检者先深吸一口清洁空气，屏气约 10 s 后呼出，用密闭性良好的采气管收集所需的呼出气；根据检测的要求，收集混合气或末端呼出气；采集时应避免唾液等进入采气管内。

（三）生物样品的检测技术

生物样品的检测按不同的样品（血、便、尿）及待测标志物检测方法，可分别采用一般临床检验方法进行检验，或采用理化实验室化学分析的检测方法。

四、职业病防护设施检测

职业病防护设施检测是为了评价职业病防护设施的有效性，是对防护设施的设计、安装、运行状况是否符合预期，能够有效控制职业危害进行评价的重要手段。防护设施主要包括通风排毒排尘设施、防噪声设施、防辐射设施、防高温低温设施以及厂房建筑采光照明设施等。防噪声、防辐射、防高低温及采光照明措施的评价可通过现场直接监测危害因素强度来实现。而通风排毒排尘设施则由于系统的复杂性，除了通过上述检测评估其防护效果外，还要通过检测通风量、压力分布、气流组织等相关参数分析通风系统性能是否符合设计预期或职业危害控制、治理的需要。

（一）通风量的测定

1. 示踪气体法

1）原理

在待测室内通入适量示踪气体，由于室内外空气交换，示踪气体的浓度呈指数衰减，根据浓度随时间变化的值，计算出室内的新风量和换气次数（常用示踪气体：CO_2、SF_6）。

2）测量步骤

（1）用尺测量并计算出室内容积 V_1 和室内物品（桌、沙发、柜、床、箱等）总体积 V_2。

（2）计算室内空气体积：

$$V = V_1 - V_2$$

（3）按测量仪器使用说明校正仪器。

（4）如果选择的示踪气体是环境中存在的（如 CO_2），应首先测量本底浓度。

（5）关闭门窗，用气瓶在室内通入适量示踪气体后将气瓶移至室外，同时用电风扇搅动空气 3~5 min，使示踪气体分布均匀；示踪气体的初始浓度应达到：至少经过 30 min，衰减后仍高于仪器最低检出限。

（6）打开测量仪器电源，在室内中心点记录示踪气体浓度。

（7）根据示踪气体浓度衰减情况，测量从开始至 30~60 min 时间段示踪气体浓度，在此时间段内测量次数不少于 5 次。

3）结果计算

（1）换气次数计算。计算见式（4-14）：

$$A = \frac{\ln(C_1 - C_0) - \ln(C_t - C_0)}{t} \qquad (4-14)$$

式中　A——换气次数，单位时间内由室外进入到室内的空气总量与该室内空气总量之比；

　　　C_0——示踪气体的环境本底浓度，mg/m^3 或%；

　　　C_1——测量开始时示踪气体浓度，mg/m^3 或%；

　　　C_t——时间为 t 时示踪气体浓度，mg/m^3 或%；

　　　t——测定时间，h。

（2）新风量计算。计算见式（4-15）：

$$Q = \frac{A \times V}{P} \tag{4-15}$$

式中　Q——新风量，单位时间内每人平均占有由室外进入室内的空气量，$m^3/(人 \cdot h)$；

　　　A——换气次数；

　　　V——室内空气体积，m^3；

　　　P——取设计人流量与实际最大人流量两个数中的高度，人。

若采用 SF_6 为示踪气体，则 1 h 进入室内空气量：

$$M_a = 2.30257 \times M \times \lg \frac{C_1}{C_2} \tag{4-16}$$

式中　M_a——1 h 内进入室内空气量，m^3/h；

　　　M——室内空气量，m^3；

　　　C_1——试验开始时空气中 SF_6 的含量，mg/m^3；

　　　C_2——1 h 后空气中 SF_6 的含量，mg/m^3。

若采用 CO_2 为示踪气体，则 1 h 进入室内空气量：

$$M_a = 2.30257 \times M \times \lg \frac{C_1 - C_2}{C_2 - C_a} \tag{4-17}$$

式中　M_a——1 h 内进入室内空气量，m^3/h；

　　　M——室内空气量，m^3；

　　　C_1——试验开始时空气中 CO_2 的含量，mg/m^3；

　　　C_2——1 h 后空气中 CO_2 的含量，mg/m^3；

　　　C_a——空气中 CO_2 的含量，取值 0.04%。

2. 风管法

测量原理：在机械通风系统处于正常运行或规定的工况条件下，通过测量新风管某一断面的面积及该断面的平均风速，计算出该断面的新风量。

如果一套系统有多个新风管，每个新风量均要测定风量，全部新风管之和即为该套系统的总新风量，根据系统服务区域内的人数，便可得出新风量结果。

1）测点要求

（1）检测点部位。检测点所在的断面应选在气流平稳的直管段，避开弯头和断面急剧变化的部位。

（2）圆形风管测点位置和数量。将风管分成适当数量的等面积同心环，测点选在各环面积中心线与垂直的两条直径线的交点上，圆形风管测点数见表 4-5。直径小于 0.3 m、流速分布比较均匀的风管，可取风管中心一点作为测点。气流分布对称和比较均匀的风管，可只取一个方向的测点进行检测。

表4-5　圆形风管测点数

风管直径/m	环数/个	测点数（两个方向共计）
≤1	1~2	4~8
1~2	2~3	8~12
2~3	3~4	12~16

（3）矩形风管测点位置和数量。将风管断面分成适当数量的等面积矩形（最好为正方形），各矩形中心即为测点。矩形风管测点数见表4-6。

表4-6　矩形风管测点数

风管断面面积/m²	等面积矩形数/个	测点数/个
≤1	2×2	4
1~4	3×3	9
4~9	3×4	12
9~16	4×4	16

2）测量步骤

（1）测量风管检测断面面积，按表分环/分块确定检测点。

（2）皮托管法测定新风量测量步骤如下：①检查微压计显示是否正常，微压计与皮托管连接是否漏气；②将皮托管全压出口与微压计正压端连接，静压管出口与微压计负压端连接，将皮托管插入风管内，在各测定上使皮托管的全压测孔对着气流方向，偏差不超过10°，测量出各点动压；重复测量一次，取算术平均值；③将玻璃液体温度计或电阻温度计插入风管中心点处，封闭测孔待温度稳定后读数，测量出新风温度。

（3）风速计法测定新风量测量步骤如下：①按照热点风速仪使用说明书调整仪器；②将风速仪放入新风管内测量各测点风速，以全部测定风速算术平均值作为平均风速；③将玻璃液体温度计或电阻温度计插入风管中心点处，封闭测孔待温度稳定后读数，测量出新风温度。

3）结果计算

（1）皮托法测量新风量的计算见式（4-18）：

$$Q = \frac{\sum_{i=1}^{n}(3600 \times S \times 0.076 \times \sqrt{273+t} \times \overline{\sqrt{P_d}})}{P} \tag{4-18}$$

式中　Q——新风量，$m^3/(人 \cdot h)$；

　　n——一个机械通风系统内新风管的数量；

　　S——新风管测量断面面积，m^2；

　　t——新风温度，℃；

　　P_d——新风动压值，Pa；

　　P——服务区人数，取设计人流量与实际最大人流量两个数中的高度，人。

（2）风速计法测量新风量的计算见式（4-19）：

$$Q = \frac{\sum_{i=1}^{n}(3600 \times S \times V)}{P}$$（4-19）

式中　Q——新风量，$m^3/(人 \cdot h)$；

　　　n——一个机械通风系统内新风管的数量；

　　　S——新风管测量断面面积，m^2；

　　　V——新风管中空气的平均速度，m/s；

　　　P——服务区人数，取设计人流量与实际最大人流量两个数中的高度，人。

（3）换气次数的计算见式（4-20）：

$$A = \frac{Q \times P}{V}$$（4-20）

式中　A——换气次数；

　　　Q——新风量，$m^3/(人 \cdot h)$；

　　　P——服务区人数；

　　　V——室内空气体积，m^3。

（二）罩口平均风速的测定

1. 测量的目的

通过排风罩罩口风速的测定，计算单个排风罩的排风量，从而为通风系统设计、风机选择以及换气次数、换气效率的评价提供技术支持。

排风量的计算主要有以下 3 个分类：

（1）依据《工业通风与空气调节实用技术（第二版）》一书可知：

$$L = 3600 \cdot v \cdot A \cdot K$$（4-21）

式中　L——风口风量，m^3/h；

　　　v——风口处测得的平均气体流速，m/s；

　　　A——风口净面积，m^2；

　　　K——考虑风口结构形式的面积修正系数，一般取 0.7~1.0。

（2）依据《排风罩的分类及技术条件》（GB/T 16758—2008）可知：

$$Q = F\bar{V}$$（4-22）

（3）依据《工业企业防尘防毒通风技术》一书：

$$Q = 3600Fv$$（4-23）

2. 测量方法

1）叶轮式风速计

对于罩口面积<0.3 m^2 的排风罩口，采用叶轮式风速计。

要求：①可同时测量温度与风速；②温度范围：0~150 ℃、0~250 ℃。

流速范围：0.5~30 m/s、4~50 m/s。

当罩口气流倾斜时，应当安装长度 0.5~1 m，断面尺寸与风口相同的短管进行测定。罩口类型及风速计移动轨迹如图 4-7 所示：

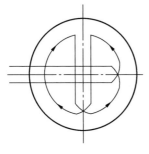 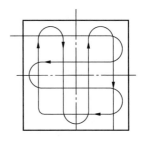

(a) 圆形罩口　　　　　　　　　　　　(b) 矩形罩口

图 4-7　罩口类型及风速计移动轨迹

2）热球式风速仪

测量范围：0.05~19.9 m/s，高速型可达 30 m/s。

（1）断面积大于 $0.3 \ m^2$ 的罩口，分 9~12 个小矩形截面测量，每小块面积小于 $0.06 \ m^2$，如图 4-8 所示。

（2）断面积≤$0.3 \ m^2$ 的罩口，取 6 个点测量，如图 4-9 所示。

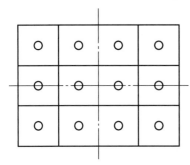 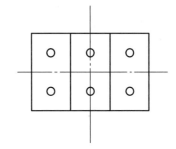

图 4-8　罩口取 12 个点测量　　　　图 4-9　罩口取 6 个点测量

（3）条缝形排风罩。高度方向至少 2 个测点，长度方向若干测点，测点距离≤20 mm。

（4）圆形排风罩。依据《工业通风与空气调节实用技术（第二版）》，至少取 5 个测点，如图 4-10 所示。

依据《排风罩的分类及技术条件》（GB/T 16758—2008），至少取 4 个测点，如图 4-11 所示。

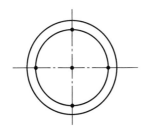 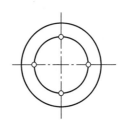

图 4-10　圆形排风罩取 5 个点　　　图 4-11　圆形排风罩取 4 个点

用圆形排风罩应至少测定 3 次，至少取 3 组数据，罩口风速为至少 3 组数据分别求得风速的平均值。

3. 罩口风量测定

风量仪采用皮托管式原理，利用风量罩（图 4-12）内设置的多个传感器对局部排风罩内风压进行多点、多次自动检测，从而直接计算得到风量的方法：可同时进行风量、风速检测；可同时进行风口风速检测与风温湿度检测（输入风口尺寸，即可自动换算风速）；可进行压差检测。

风量罩集成不同测量仪器时，可不仅仅局限于出风口风量测量，拆下风罩还可用于管道内压力，风速和风量的测量。管道测量时，连接上选配的皮托管和连接软管即可。

（三）管道内压力、风速的测定

1. 测定断面的确定（《工业通风与空气调节实用技术》）

图 4-12

通风管道内的风速及风量的测定，目前都是通过测量压力，再换算求得。要得到管道中气体的真实压力值，除了正确使用测压仪器外，还要合理选择测量断面，减少气流扰动对测量结果的影响。测量断面应选择在气流平稳的直管段上。

测量断面设置于弯头、三通、阀门、变径管前面时（相对气流运动方向），距这些部件的距离要大于 1.5~2 倍管道直径；设置于以上部件后面时，应大于 4~5 倍管道直径。如图 4-13 所示，现场条件许可时，离这些部件的距离越远，气流越平稳，对测量越有利。但是测试现场往往难以完全满足要求，这时只能根据上述原则选取适宜的断面，同时适当增加测点密度。但是，距局部构件的最小距离至少是管道直径的 1.5 倍。

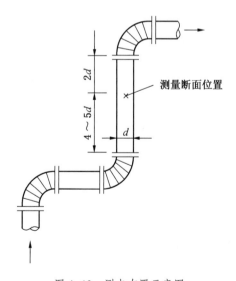

图 4-13　测点布置示意图

在测定动压时如发现任何一个测点出现零位或负值，表明气流不稳定，有涡流，则该断面不宜作为测定断面。如果气流方向偏出风管中心线 15° 以上，该断面也不宜作测量断面（检查方法：毕托管端部正对气流方向，慢慢摆动毕托管使动压值最大，这时毕托管与风管外壁垂线的夹角即为气流方向与风管中心线的偏离角）。选择测量断面，还应考虑测定操作是否方便和安全。

2. 测点布置

1）矩形风管测点布置

将其断面划分为面积相等的若干个小断面，断面尽可能接近正方形，其面积不小于 0.05 m²，边长为 200~250 mm，理想边长小于 220 mm，测点取小断面中心。矩形管道测定断面的测点数见表4-7。

表4-7 矩形管道断面测点数

管道断面积/m²	<1	1~4	4~9	9~16	16~20
测点数	4	9	12	16	20

2）圆形断面测点布置

（1）圆形风管。将测点断面划分为若干个"面积相等"的"同心圆环"，测点布置在各圆环面积等分线上；在互相垂直的直线上布置测孔（图4-14）。圆形风管测点划分的圆环数及测点数见表4-8。

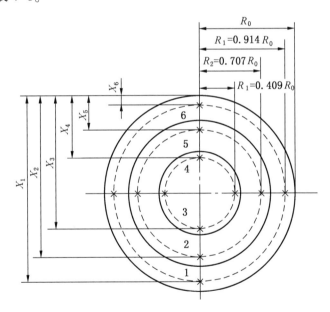

图4-14 圆形断面测点布置

表4-8 圆形风管测点数及圆环数

风管直径 D/mm	<300	300~500	500~850	850~1150	>1150
环数 n	2	3	4	5	6
测量直径数	1~2	1~2	1~2	1~2	1~2
测点数	2~4	6~12	8~16	10~20	12~24

同心环上各测点到风管中心的距离见式（4-24）：

$$R_i = R_0 \sqrt{\frac{2i-1}{2n}} \tag{4-24}$$

式中　R_0——风管半径，mm；

　　　R_i——风管中心到 n 环测点的距离，mm；

　　　i——从风管中心算起圆环的顺序号；

　　　n——风管断面所划分的圆环数。

测点距管道内壁的距离（以管径为基数）参见表4-9。

表4-9　测点距离管道内壁距离

测点序号	同心环数				
	2	3	4	5	6
1	0.933	0.956	0.968	0.975	0.979
2	0.750	0.853	0.895	0.919	0.933
3	0.250	0.704	0.806	0.853	0.882
4	0.067	0.296	0.680	0.774	0.823
5		0.147	0.320	0.660	0.750
6		0.044	0.194	0.340	0.645
7			0.105	0.226	0.355
8			0.032	0.147	0.250
9				0.081	0.177
10				0.025	0.118

（2）圆形烟道。圆形烟道测点划分的圆环数及测点数参见表4-10。

表4-10　圆形烟道测点划分

风管直径 D/mm	<0.3	0.3~0.6	0.6~1.0	1.0~2.0	2.0~4.0	>4.0
环数 n		1~2	2~3	3~4	4~5	5
测量直径数		1~2	1~2	1~2	1~2	1~2
测点数	1	2~8	4~12	6~16	8~20	10~20

3. 测量方法

通风管内气体的压力（全压、静压与动压）可用测压管与不同测量范围和精度的微压计配合测得。常用的测压管是 L 形毕托管（图4-15）、数字式压差计。

测压管与微压计的连接方式如图4-16所示。测压管的管头应迎向气流，其轴线应与气流平行。

在通风测定中，一般采用斜管式微压计。在靠近通风机的管段上，当压力值超过它的量程时，采用 U 形压力计。用测压管、微压计测量风速时，气流速度不能小于 5.0 m/s，流速过小，误差较大。必须在小于5.0m/s的流速点测定时，则应使用精度高的补偿式微压计。

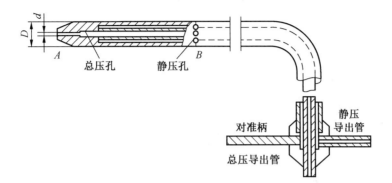

图 4-15　毕托管示意图

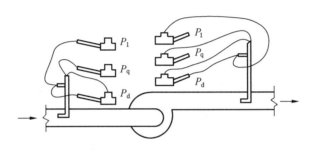

图 4-16　测压管与微压计的连接

（1）测定断面上的平均静压、平均全压：

$$P = \frac{P_1 + P_2 + \cdots + P_n}{n} \qquad (4-25)$$

式中　P_1、P_2、$\cdots$、P_n——各测点的静压或全压值，Pa；

　　　　n——测点数目。

（2）测定断面上的平均动压，一般采用方均根值：

$$P_{db} = \left(\frac{\sqrt{P_{d1}} + \sqrt{P_{d2}} + \cdots + \sqrt{P_{dn}}}{n} \right)^2 \qquad (4-26)$$

式中　P_{d1}、P_{d2}、$\cdots$、P_{dn}——各测点的动压值，Pa；

　　　　n——测点数目。

（3）当各测点动压相差不大时，平均动压也可用算术平均值：

$$P_{db} = \frac{P_{d1} + P_{d2} + \cdots + P_{dn}}{n} \qquad (4-27)$$

检测时，动压可能出现零值或负值，这表明：①仪器使用或测量方法错误；②断面气流不稳定，产生了涡流或倒流。此时应把负值当作零值计算。

4. 风速计算

$$v_p = \sqrt{\frac{2P_{dp}}{\rho}} \qquad (4-28)$$

式中　v_p——风管测定断面平均流速，m/s；

ρ——风管内空气的密度，kg/m^3。

5. 风量计算

$$L = 3600v_pA \tag{4-29}$$

式中　v_p——风管测定断面平均流速，m/s；

　　　A——所测风管的断面积，m^2。

6. 含尘气流

毕托管只适用于无尘气流的测量，用于含尘气流时容易堵塞，此时必须采用 S 形测压管。

S 形测压管由两根同样的金属管组成，测端做成方向相反的两个相互平行的开口（图 4-17）。一个开口面向气流，另一个背向气流，由于背向气流的开口上有涡流影响，测出的动压值比实际值大。因此，S 形测压管在使用前必须校正，求出修正系数。校正的方法不同，测压管的修正系数也不同。常用的有流速修正系数和动压修正系数两种，使用时必须注意。

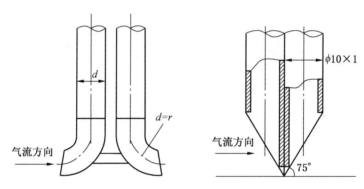

图 4-17　S 形测压管

流速修正系数：

$$K = \frac{v_0}{v}$$

动压修正系数：

$$K = \sqrt{\frac{P_{d0}}{P_d}}$$

式中　v_0——标准毕托管测压的风速，m/s；

　　　v——S 形测压管测出的风速，m/s；

　　　P_{d0}——标准毕托管测压的动压，Pa；

　　　P_d——S 形测压管测出的动压，Pa。

五、职业病危害因素相关标准及应用

与《职业病防治法》配套的规定职业病危害因素的标准有《工业企业设计卫生标准》（GBZ 1—2010）、《工作场所有害因素职业接触限值 第 1 部分：化学有害因素》（GBZ

2.1—2019)、《工作场所有害因素职业接触限值 第2部分：物理因素》（GBZ 2.2—2007）等。

（一）相关标准内容

《工业企业设计卫生标准》（GBZ 1—2010）相关职业病危害因素内容见表4-11~表4-21。

表4-11 设置系统式局部送风时，工作地点的温度和平均风速

热辐射强度/ (W·m⁻²)	冬季		夏季	
	温度/℃	风速/(m·s⁻¹)	温度/℃	风速/(m·s⁻¹)
350~700	20~25	1~2	26~31	1.5~3
701~1400	20~25	1~3	26~30	2~4
1401~2100	18~22	2~3	25~29	3~5
2101~2800	18~22	3~4	24~28	4~6

注：1. 轻度强度作业时，温度宜采用表中较高值，风速宜采用较低值；重强度作业时，温度宜采用较低值，风速宜采用较高值；中度强度作业时其数据可按插入法确定。

2. 对于夏热冬冷（或冬暖）地区，表中夏季工作地点的温度可提高2℃。

3. 当局部送风系统的空气需要冷却或加热处理时，其室外计算参数，夏季应采用通风室外计算温度及相对湿度；冬季应采用采暖室外计算温度。

表4-12 冬季工作地点的采暖温度（干球温度）

体力劳动强度级别	采暖温度/℃
Ⅰ	≥18
Ⅱ	≥16
Ⅲ	≥14
Ⅳ	≥12

注：1. 体力劳动强度分级见GBZ 2.2，其中Ⅰ级代表轻劳动，Ⅱ级代表中等劳动，Ⅲ级代表重劳动，Ⅳ级代表极重劳动。

2. 当作业地点劳动者人均占用较大面积（50~100 m²）：劳动强度Ⅰ级时，其冬季工作地点采暖温度可低至10℃，Ⅱ级时可低至7℃，Ⅲ级时可低至5℃。

3. 当室内散热量<23 W/m³时，风速不宜>0.3 m/s；当室内散热量≥23 W/m³时，风速不宜>0.5 m/s。

表4-13 生产辅助用室的冬季温度

辅助用室名称	气温/℃
办公室、休息室、就餐场所	≥18
浴室、更衣室、妇女卫生室	≥25
厕所、盥洗室	≥14

注：工业用人单位辅助建筑，风速不宜>0.3 m/s。

表 4-14 空气调节厂房内不同湿度下的温度要求 (上限值)

相对湿度/%	<55	<65	<75	<85	≥85
温度/℃	30	29	28	27	26

表 4-15 非噪声工作地点噪声声级设计要求

地点名称	噪声声级 dB	工效限值 dB
噪声车间观察 (值班) 室	≤75	
非噪声车间办公室、会议室	≤60	≤55
主控室、精密加工室	≤70	

表 4-16 辅助用室垂直或水平振动强度卫生限值

接触时间/h	卫生限值/(m·s⁻²)	工效限值/(m·s⁻²)
$4 < t \leqslant 8$	0.31	0.098
$2.5 < t \leqslant 4$	0.53	0.17
$1.0 < t \leqslant 2.5$	0.71	0.23
$0.5 < t \leqslant 1.0$	1.12	0.37
$t \leqslant 0.5$	1.8	0.57

表 4-17 全身振动强度卫生限值

工作日接触时间/h	卫生限值/(m·s⁻²)
$4 < t \leqslant 8$	0.62
$2.5 < t \leqslant 4$	1.10
$1.0 < t \leqslant 2.5$	1.40
$0.5 < t \leqslant 1.0$	2.40
$t \leqslant 0.5$	3.60

表 4-18 封闭式车间微小气候设计要求

参数	冬季	夏季
温度/℃	20~24	25~28
风速/(m·s⁻¹)	≤0.2	≤0.3
相对湿度/%	30~60	40~60

注: 过渡季节微小气候计算参数取冬季、夏季插值。

表4-19　车间卫生特征分级

卫生特征	1级	2级	3级	4级
有毒物质	易经皮肤吸收引起中毒的剧毒物质（如有机磷农药、三硝基甲苯、四乙基铅等）	易经皮肤吸收或有恶臭的物质，或高毒物质（如丙烯腈、吡啶、苯酚等）	其他毒物	不接触有害物质或粉尘，不污染或轻度污染身体（如仪表、金属冷加工、机械加工等）
粉尘	—	严重污染全身或对皮肤有刺激的粉尘（如炭黑、玻璃棉等）	一般粉尘（棉尘）	
其他	处理传染性材料、动物原料（如皮毛等）	高温作业、井下作业	体力劳动强度Ⅲ级或Ⅳ级	

注：虽易经皮肤吸收，但易挥发的有毒物质（如苯等）可按3级确定。

表4-20　每个淋浴器设计使用人数（上限值）

车间卫生特征	1级	2级	3级	4级
人数	3	6	9	12

注：需每天洗浴的炎热地区，每个淋浴器使用人数可适当减少。

表4-21　盥洗水龙头设计数量

车间卫生特征级别	每个水龙头的使用人数/人
1、2	20~30
3、4	31~40

（二）职业接触限值（OELs）

1. 定义

指劳动者在职业活动过程中长期反复接触某种或多种职业性有害因素，不会引起绝大多数接触者不良健康效应的容许接触水平。化学有害因素的职业接触限值分为时间加权平均容许浓度、短时间接触容许浓度和最高容许浓度三类。

2. 分类

1）化学有害因素的职业接触限值

化学有害因素主要包括化学物质、粉尘。化学因素的职业接触限值可分为时间加权平均容许浓度、最高容许浓度和短时间接触容许浓度及峰接触浓度四类。

（1）时间加权平均容许浓度（PC-TWA）。指以时间为权数规定的8小时工作日的平均容许接触水平，是评价劳动者接触水平和工作场所职业卫生状况的主要指标。

（2）短时间接触容许浓度（PC-STEL）。指在实际测得的8 h工作日、40 h工作周平均接触浓度遵守PC-TWA的前提下，容许劳动者短时间（15 min）接触的加权平均浓度。目的是限制劳动者在一个工作日内短时间内过高浓度的接触，保护劳动者即使短时间接触这些因素也不会发生急性毒性作用。

（3）最高容许浓度（MAC）。指在一个工作日内，任何时间、工作地点的化学有害因素均不应超过的浓度。

（4）峰接触浓度（PE）。指在最短的可分析时间段内（不超过15 min）确定的空气中特定物质的最大或峰值浓度。对于接触具有PC-TWA但尚未制定PC-STEL的化学有害因素，应使用峰接触浓度控制短时间的接触；在遵守PC-TWA的前提下，容许在一个工作日内发生的任何一次短时间（15 min）超出PC-TWA水平的最大接触浓度。目的是防止一个工作日内在PC-TWA若干倍时的瞬时高水平接触导致的急性不良健康效应。

2）物理因素职业接触限值

指接触包括噪声、高温作业、射频辐射、工频电场、振动、采光和照明、紫外辐射、激光、体力劳动分级和体力工作时心率和能量消耗的生理限值。

物理因素职业接触限值与接触职业危害因素的时间有直接关系，可以理解为时间的加权平均能量值。

3）生物接触限值（BELs）

指针对劳动者生物材料中的化学物质或其代谢产物或引起的生物效应等推荐的最高容许量值，也是评估生物监测结果的指导值。每周5 d、每天8 h接触，当生物监测值在其推荐值范围以内时，绝大多数的劳动者将不会受到不良健康影响。其又称生物接触指数（BEIs）或生物限值（BLVs）。

3. 职业接触限值为最高容许浓度的有害物质采样

（1）用定点的、短时间采样方法进行采样。

（2）选定有代表性的、空气中有害物质浓度最高的工作地点作为重点采样点。

（3）将空气收集器的进气口尽量安装在劳动者工作时的呼吸带。

（4）在空气中有害物质浓度最高的时段进行采样。

（5）采样时间一般不超过15 min；当劳动者实际接触时间不足15 min时，按实际接触时间进行采样。

（6）空气中有害物质浓度按式（4-30）计算：

$$C_{\mathrm{mac}} = \frac{C \times V}{F \times t} \qquad (4-30)$$

式中　C_{mac}——空气中有害物质的浓度，$\mathrm{mg/m^3}$；

C——测得样品溶液中有害物质的浓度，$\mathrm{\mu g/mL}$；

V——样品溶液体积，mL；

F——采样流量，L/min；

t——采样时间，min。

4. 职业接触限值为短时间接触容许浓度的有害物质采样

（1）用定点的、短时间采样方法进行采样。

（2）选定有代表性的、空气中有害物质浓度最高的工作地点作为重点采样点。

（3）将空气收集器的进气口尽量安装在劳动者工作时的呼吸带。

（4）在空气中有害物质浓度最高的时段进行采样。

（5）采样时间一般为15 min；采样时间不足15 min时，可进行1次以上的采样。

（6）空气中有害物质 15 min 时间加权平均浓度的计算。

一是，采样时间为 15 min 时，按式（4-31）计算：

$$STEL = \frac{C \times V}{F \times 15} \qquad (4-31)$$

式中　STEL——短时间接触浓度，mg/m³；

　　　　C——测得样品溶液中有害物质的浓度，μg/mL；

　　　　V——样品溶液体积，mL；

　　　　F——采样流量，L/min。

二是，采样时间不足 15 min，进行 1 次以上采样时，按式（4-32）计算：

$$STEL = \frac{C_1 T_1 + C_2 T_2 + \cdots + C_n T_n}{15} \qquad (4-32)$$

式中　　　　STEL——短时间接触浓度，mg/m³；

　　C_1、C_2、C_n——测得空气中有害物质浓度，mg/m³；

　　T_1、T_2、T_n——劳动者在相应的有害物质浓度下的工作时间，min。

三是，劳动者接触时间不足 15 min，按式（4-33）计算：

$$STEL = \frac{C \times T}{15} \qquad (4-33)$$

式中　STEL——短时间接触浓度，mg/m³；

　　　　C——测得空气中有害物质浓度，mg/m³；

　　　　T——劳动者在相应的有害物质浓度下的工作时间，min。

5. 职业接触限值为时间加权平均容许浓度的有害物质采样

根据工作场所空气中有害物质浓度的存在状况或采样仪器的操作性能，可选择个体采样或定点采样、长时间采样或短时间采样方法，以个体采样和长时间采样为主。

1）采用个体采样方法的采样

（1）采用长时间采样方法。

（2）选择有代表性的、接触空气中有害物质浓度最高的劳动者作为重点采样对象。

（3）按照《工作场所空气中有害物质监测的采样规范》（GBZ 159—2004）8.2 项确定采样对象的数目。

（4）将个体采样仪器的空气收集器佩戴在采样对象的前胸上部，进气口尽量接近呼吸带。

（5）采样仪器能够满足全工作日连续一次性采样时，空气中有害物质 8 h 时间加权平均浓度按式（4-34）计算：

$$TWA = \frac{C \times V}{F \times 480} \times 1000 \qquad (4-34)$$

式中　TWA——空气中有害物质 8 h 时间加权平均浓度，mg/m³；

　　　　C——测得的样品溶液中有害物质的浓度，g/mL；

　　　　V——样品溶液的总体积，mL；

　　　　F——采样流量，mL/min；

480——时间加权平均容许浓度规定的以 8 h 计，min。

采样仪器不能满足全工作日连续一次性采样时，可根据采样仪器的操作时间，在全工作日内进行 2 次或 2 次以上的采样。空气中有害物质 8 h 时间加权平均浓度按式（4-35）计算：

$$TWA = \frac{C_1 T_1 + C_2 T_2 + \cdots + C_n T_n}{8} \qquad (4-35)$$

式中　　　　TWA——空气中有害物质 8 h 时间加权平均浓度，mg/m³；

C_1、C_2、C_n——测得空气中有害物质浓度，mg/m³；

T_1、T_2、T_n——劳动者在相应的有害物质浓度下的工作时间，h。

2）采用定点采样方法的采样

（1）劳动者在一个工作地点工作时采样。

（2）可采用长时间采样方法或短时间采样方法采样。

（3）用长时间采样方法的采样：①选定有代表性的、空气中有害物质浓度最高的工作地点作为重点采样点；②将空气收集器的进气口尽量安装在劳动者工作时的呼吸带；③采样仪器能够满足全工作日连续一次性采样时，空气中有害物质 8 h 时间加权平均浓度按式（4-34）计算；④采样仪器不能满足全工作日连续一次性采样时，可根据采样仪器的操作时间，在全工作日内进行 2 次或 2 次以上的采样，空气中有害物质 8 h 时间加权平均浓度按式（4-35）计算。

（4）用短时间采样方法的采样：①选定有代表性的、空气中有害物质浓度最高的工作地点作为重点采样点；②将空气收集器的进气口尽量安装在劳动者工作时的呼吸带；③在空气中有害物质不同浓度的时段分别进行采样；④记录每个时段劳动者的工作时间；⑤每次采样时间一般为 15 min，空气中有害物质 8 h 时间加权平均浓度按式（4-32）计算。

（5）劳动者在一个以上工作地点工作或移动工作时采样：①在劳动者的每个工作地点或移动范围内设立采样点，分别进行采样，并记录每个采样点劳动者的工作时间；②在每个采样点，应在劳动者工作时，空气中有害物质浓度最高的时段进行采样；将空气收集器的进气口尽量安装在劳动者工作时的呼吸带；每次采样时间一般为 15 min；空气中有害物质 8 h 时间加权平均浓度按式（4-35）计算。

6. 存在两种以上职业性有害因素时

（1）无联合作用的资料时，分别测定浓度，与标准对比进行分析评价。

（2）当存在联合作用时，作用于同一器官、系统和相同的作用或者已知存在相加作用时，应当分别测定浓度，按照式（4-36）计算联合作用系数：

$$I = \frac{C_1}{OEL_1} + \frac{C_2}{OEL_2} + \cdots + \frac{C_n}{OEL_n} \qquad (4-36)$$

当 $I>1$，超过接触限值；$I=1$ 或者 $I<1$，未超过接触限值。

存在其他联合作用模式时，尚无明文规定。

第五章　职业病危害防治

职工一旦罹患职业病，就很难治愈。所以，职业病防治工作必须从致病源头抓起，实行前期预防，把工作重点放在预防、治理控制上，针对致病源头——职业病危害，主动采取相关的预防、治理控制措施，把职业病危害消灭在萌芽状态，即做好职业病危害防治工作，防止职业病的发生。

第一节　职业病危害防治的基本内容及技术

"预防为主、防治结合"的指导方针是职业病防治工作中必须坚持的基本方针。它是根据职业病可以预防，但是难治这个特点提出来的，是一个对劳动者健康负责的、积极的、主动的方针，是职业卫生工作长期经验的总结所证实应当采取的正确方针。预防可以减少职业病的发生，减轻职业病的危害程度，但是对已经引起的疾病仍要重视治疗，救治病人，减少痛苦。所以"预防为主、防治结合"是一个全面的方针，概括了职业病防治的基本要求。

一、职业病预防

1. 一级预防

又称病因预防，就是采用控制技术（即工程控制）消除或治理职业危害因素，降低职业危害，从根本上杜绝危害因素对人的作用。

用人单位应采用有利于职业病防治的工艺、技术和材料，减少职业病危害因素，对工艺、技术和原材料达不到要求的，应根据生产工艺和职业病危害因素的特性，合理利用职业病防护设施，降低工作场所职业病危害因素的浓度或强度。例如，预期劳动者接触浓度不符合要求的，根据实际接触情况设计有效的个人职业病防护措施，减少劳动者职业接触的机会和程度，预防和控制职业病危害的发生。

同时，对于人群中处于高危状态的个体，用人单位应按照职业禁忌的相关规定进行检查，凡有职业禁忌证者，不应参加该项作业活动。

2. 二级预防

又称发病预防，指早期检测人体受到职业病危害因素所致的疾病。

用人单位通过对劳动者进行职业健康监护，结合环境中职业性有害因素监测，实现早期发现劳动者所遭受的职业病危害；通过职业健康检查，建立职业健康档案，从而跟踪观察职业病及职业健康损害的发生、发展规律及分布情况，采取有效的干预措施，保护劳动者职业健康；同时，采取专人负责的职业病危害因素日常监测，及时发现工作场所职业病危害因素浓（强）度的异常变化，尽早发现生产过程或职业病防护设施存在或出现的问题，完善职业病危害防控措施，保证工作场所职业病危害因素浓（强）度符合国家、地方、行业、企业的职业卫生标准要求，从而保护劳动者健康。

3. 三级预防

指对患有职业病和遭受职业伤害的劳动者进行合理的治疗和康复。三级预防的主要措施包括：对已受损害的接触者应调离原工作岗位，并予以积极合理的治疗；根据接触者受到损害的原因，对生产环境和工艺过程进行整改、改进，既治病人，又治理环境；促进患者康复，预防并发症。

二、职业病危害接触控制

职业病危害有 3 个构成要素，即危害因素、接触途径（或传播途径）和接受者（即作业人员）。这 3 个因素同时存在并相互作用才构成对人体的危害，因此只要能控制危害因素与人员的接触，就可避免危害因素对人体的危害。要控制危害因素与人体的接触，应从以下 3 个方面治理和控制：

（1）采用治理技术消除、净化、隔离危害因素。

（2）通过检测监控技术监测作业环境中的有害因素，掌握有害因素的性质、分布特征，并控制其扩散传播。

（3）采用个体防护技术，防止有害因素接触或进入人体。

三、职业病危害防治技术

对不同的职业病危害因素应采取不同的治理技术或治理措施。企业在制定治理职业病危害因素的技术措施时，可考虑采用以下技术措施：

1. 工艺改革和技术革新

（1）替代技术。为了预防职业毒害，应设法以无毒或毒性小的原材料代替有毒或毒性较大的原材料。

例如，有毒的四氯化碳可用氯仿或石蜡系碳氢化物等代替；铸造业所用的石英砂容易引起矽肺，可用其他无害的或含硅量较少的物质代替等；某些品种的电镀，可改为无氰电镀，消除电镀工人接触氰化物的危险和含氰废水的排放；在喷漆作业中，可采用抽余油（石油副产品）、甲苯或二甲苯代替苯作为溶剂。但不是所有的毒物都容易找到无毒的物质代替，有些则要通过改革工艺过程来解决。

例如，某些化工生产工艺可采用管道反应，制造水银温度计时，用真空冷灌法代替烤灌排气法，以控制汞蒸气散发；又如将喷漆、油漆改为电泳涂漆，可消除苯蒸气的危害。

（2）改变操作方法。改变操作方法通常是改善作业环境条件的最好办法。采用自动化、机械化操作，可以避免工人直接接触毒物，如将人工洗涤法改为蒸气除油污法，蓄电池铅板的氧化铅改为机械涂法以及静电喷漆法等。

（3）隔离或密闭法。为了将有害作业点与作业人员隔开，可采用隔离措施。隔离的方式有围挡隔离、时间隔离、距离隔离、密闭等。例如，密闭在有毒气体、蒸气、液体或粉尘的生产过程中，将机器设备、管道、容器等加以密闭，使之不能逸出；对产生噪声的设备采用隔离或密闭方法可减少周围环境的噪声污染。

（4）湿式作业。对于产生粉尘的作业过程，可利用水对粉尘的湿润作用，采用湿式作业收到良好的防尘效果，如耐火材料、陶瓷、玻璃、机械铸造行业等所使用的固体粉状物料采用湿式作业，可使物料含水量保持在 3%～10%，从而避免粉尘飞扬；石粉厂用水碾、水运可根除尘害。

（5）隔绝热源。隔绝热源是防止高温、热辐射对作业人员肌体产生不良影响的重要措施。

2. 卫生工程控制技术

（1）厂房建筑设计的卫生要求。建筑厂房时应根据《工业企业设计卫生标准》的有关规定进行设计和施工。为减少或消除毒物对人体的危害，新建、扩建和改建的厂矿企业必须把防毒的措施项目与生产项目同时设计、同时施工、同时投产。建设单位应对设计图纸进行审核，提出符合本单位实际的意见和要求。

车间的设计应将生产工序合理安排。产生毒物的场所应合理配置，最好与其他工作场所隔离，使接触毒物的工人减至最少。车间的墙壁、地面也应使用不易吸附毒物的材料，并要求表面光滑，以便清洗。

（2）通风、净化。通风、净化是改善劳动条件、预防职业毒害的有力措施。特别是在上述各项措施难以解决的时候，采用通风、净化措施可以使作业场所空气中有毒有害物质含量保持在国家规定的最高容许浓度以下，通过净化设备可吸收、吸附、分离空气中的有害物质或粉尘，降低空气中的有害物浓度。

生产过程中常因设备的跑、冒、滴、漏，致使毒物逸入空气中，特别在加料、采样、加工、包装等操作时，更为常见。因此，采用适当的通风，排出已逸散出的毒物，是降低车间空气中毒物浓度的一项重要措施。通风措施可分为自然通风和机械通风，全面通风和局部通风等。控制车间有毒有害气体最有效的措施是对污染源加以控制，故通常采用抽出式局部机械通风以防止毒物的扩散。

（3）合理照明。合理照明是创造良好作业环境的重要措施之一。照明不合理会使作业人员视力减退，引起职业性眼病，促成工伤事故，降低工作质量，影响劳动生产率。

3. 检测监控技术

检测是利用仪器进行检验、测定、获取被检测对象数据信息的过程。如果只是在某个时间作检验、测定，则通常称为检测。如果是较长时间连续检验、测定，则称为实时检测或监测。检测或监测只是以数据或报警的方式告诉人们对象所处的状态，而并不去影响系统的状态。如果在监测系统的基础上，加上控制系统，就成了监控。监控不但能显示系统所处的状态，而且根据监测的结果可对系统进行调节、调整、纠偏、控制，使系统回到人们所设定的运行状态。

有害因素检测方法依检测项目的不同而异，种类繁多，但根据检测的原理机制不同，大致可分为化学检测和物理检测两大类。化学检测是利用检测对象的化学性质指标，通过一定的仪器与方法，对检测对象进行定性或定量分析的一种检测方法。它主要用于作业环境有害有毒物的检测，如炼油生产中对二氧化硫、碳氢化合物等有毒、可燃气体的检测。物理检测是利用检测对象的物理量（热、声、光、电、磁等）来分析对象性状的一种方法，如噪声、温度、放射性等的检测。职业病危害防治中常用的检测技术包括以下 5 种。

（1）有毒有害气体检测。主要用于存在有毒有害气体泄漏而又可能导致中毒、燃烧或爆炸的石油化工企业、生产或使用有毒有害物质的企业。具备报警功能的仪器可在有毒有害气体浓度超过安全浓度值时发出警报。

（2）粉尘检测。粉尘性能检测项目主要有粉尘浓度测定、分散度测定、粉尘成分分析等。粉尘浓度测定的标准方法是滤膜法。

（3）噪声检测。噪声检测主要包括声级测定和频谱测定。常用仪器有声级计、频谱仪、噪声分析仪等。声级计测量噪声的计权声压级，根据其精度分为精密声级计和普通声级计，可根据测量精度要求选用；对于脉冲噪声的测量则应选用脉冲声级计。一般噪声频率范围是较宽广的，在噪声控制中往往需要知道噪声的频谱，这时应选用频谱仪。

（4）辐射检测。辐射包括电磁辐射和放射性核素辐射：电磁辐射检测有超高频、高频、电磁场、激光、微波及紫外辐射检测；危害严重且易引起法定职业病的主要是放射性核素辐射。

按被检测对象的不同，放射性检测分为现场检测和个人剂量检测。前者是对具有放射性污染作业场所污染、状况的检测，后者是对操作人员所受内照射和辐射剂量的检测。放射性检测器的种类很多，可根据检测目的、试样形态、对象核素、射线类型、强度和能量等因素选用，常用的有电离型、闪烁式和半导体检测器。电离型检测器是利用射线通过气体介质时，使气体发生电离的原理制成的探测器。闪烁检测器是利用射线与物质作用发生闪光而制成的仪器，具有高灵敏度和高计数率的优点，适用于测量辐射强度。半导体检测器原理与电离型相似，只是检测元件是固态半导体。射线进入元件后，产生一电子空穴对，从而得到可测量的脉冲电流。

（5）生物检测。采用生物材料如血、尿、便、发等的检测方法，检测人体中受职业病危害影响产生的标的物。这种检测更能衡量作业环境危害因素对人体健康的危害影响程度。

4. 个体防护

个体防护是利用个体防护用品的阻隔、封闭、吸收、分散等的作用，保护人体机体的局部或全身免受外来的侵害。个人防护用品的种类很多，目前分类方法也不统一，但一般可按以下方法进行分类：

（1）按防护部位（或人的生理部位）分类。可分为头部、面部、眼、耳、呼吸道、手、足、躯干等的防护用品。

（2）按使用的原材料分类。根据个人防护用品使用的原材料不同，可分为棉纱棉布制品、化学纤维制品、丝绸呢绒制品、皮革制品、石棉制品、橡胶制品、人造革制品、塑料制品、有机玻璃制品、五金制品、纸制品等。

（3）按防护用途（或使用性质）分类。有两种分类方法，一类是用于防止工伤事故的，称为安全防护用具；用于预防职业病的，称为劳动卫生防护用具。另一类则按其所使用的原料分为一般防护用品（主要是指棉布棉纱制品）和专用防护用品（如防毒面具、安全帽、安全带等）。

5. 职业病危害防治技术的要求及选择

1）基本要求

采取职业病危害防治措施时，应当做到：

（1）预防生产过程中产生职业病危害因素。

（2）尽可能消除工作场所中职业病危害因素。

（3）控制工作场所中职业病危害因素并使之降低到符合国家规定的职业接触限值的要求。

2）选择的原则

（1）合规性原则。所选择的职业病危害防治措施应符合国家、地方、行业有关职业卫生法律、法规、标准、技术规范等相关要求。

（2）针对性原则。针对不同行业的特点、职业病危害因素特点及其产生职业病危害的后果条件制订防护对策。由于职业病危害因素及其产生职业病危害的条件具有隐蔽性、随机性、交叉影响性，企业应不仅是针对某项职业病危害因素孤立地采取措施，而应以系统全面地达到国家职业卫生标准为目的而采取优化组合的综合措施。

（3）可行性原则。职业病危害防治措施应在经济、技术、时间上是可行的且能够落实和实施。

（4）经济合理性原则。防治措施不应超过经济、技术水平，在采用先进技术的基础上，应考虑到进一步发展的需要；以职业卫生法律、法规、标准和技术规范为依据，结合经济、技术情况，使职业卫生技术装备水平与工艺装备水平相适应，求得经济、技术、职业卫生的合理统一。

3）选择的优先顺序

（1）对于粉尘及毒物等化学物质的控制技术，应遵循以下优先顺序实施综合治理：①用无毒或低毒物质代替有毒高毒物质；②改善有害的生产工艺与作业方法防止有害物扩散；③将产生有害因素的设备密闭化、自动化；④采取隔离或远距离操作；⑤采取局部通风、吹吸式通风、全面通风等工程防护措施。

上述仍不达标的情况下必须实施个体防护。

（2）对于噪声、振动等有害能量的控制技术，应遵循以下优先顺序实施综合治理：①采用不产生有害能量或产生较少的机械设备；②变更工艺、材料以及作业方法，降低有害能量水平；③利用吸收材料遮蔽有害能量发生源；④将劳动者与有害能量发生源隔离。

上述仍不达标的情况下必须实施个体防护用品、缩短作业时间等。

第二节　建设项目职业病危害预防措施

建设项目职业病危害预防主要包括选址、总平面布置、生产工艺及设备布局、建筑设计卫生要求、卫生工程技术防护措施、应急救援措施、个人防护措施、卫生辅助用室以及职业卫生管理措施等几方面。

一、选址

选址时，企业除考虑其经济性和技术合理性并满足工业布局和城市规划要求外，在职业卫生方面应重点考虑地质、地形、水文、气象等自然条件对企业劳动者的影响和建设项目与周邻区域的相互影响。

《工业企业设计卫生标准》（GBZ 1—2010）对建设项目的选址作了以下规定：

（1）工业企业选址需依据我国现行的职业卫生、环境保护、城乡规划及土地利用等法规、标准和拟建工业企业建设项目生产过程的卫生特征、有害因素危害状况，结合建设地点的规划与现状、水文、地质、气象等因素以及为保障和促进人群健康需要，进行综合分析而确定。

（2）建设单位应避免在自然疫源地选择建设地点。

（3）向大气排放有害物质的工业企业应布置在当地夏季最小频率风向被保护对象的上风侧。

（4）严重产生有毒有害气体、恶臭、粉尘、噪声且目前尚无有效控制技术的工业企业，不得在居住区、学校、医院和其他人口密集的被保护区域内建设。

（5）排放工业废水的工业企业严禁在饮用水源上游建厂，固体废弃物堆放和填埋场必须避免选在废弃物扬散、流失的场所以及饮用水源的近旁。

（6）属于第一、二类开放型同位素放射性工业企业严禁设在市区内。

（7）工业企业和居住区之间必须设置足够宽度的卫生防护距离，卫生防护距离的确定按有关卫生防护距离标准及其他相关国家标准执行。

（8）在同一工业区内布置不同职业卫生特征的工业企业时，应避免不同职业危害因素（物理、化学、生物等）产生交叉污染。

（9）食品工业和精密电子仪表等工业应设在环境洁净、绿化条件好、水源清洁的区域。

二、总体布局

总体布局包括平面布置和竖向布置，《工业企业设计卫生标准》中对相关内容有详细要求。

1. 平面布置

（1）工业企业的生产区、生活区、住宅小区、生活饮用水源、工业废水和生活污水排放点、废渣堆放场和废水处理厂，以及各类卫生防护、辅助用室等工程用地，应根据工业企业的性质、规模、生产流程、交通运输、环境保护等要求，结合场地自然条件，经技术经济比较后合理布局。

（2）工业企业总平面的分区应按照厂前区内设置行政办公用房、生活福利用房。生产区内布置生产车间和辅助用房的原则处理，产生有害物质的工业企业，在生产区内除值班室、更衣室、盥洗室外，不得设置非生产用房。

（3）反映工业企业建筑群体的总平面图应包括总平面布置的建（构）筑物现状，拟建建筑物位置、道路、卫生防护、绿化等内容，必须满足职业卫生评价要求。

（4）工业企业的总平面布置，在满足主体工程需要的前提下，应将污染危害严重的设施远离非污染设施，产生高噪声的车间与低噪声的车间分开，热加工车间与冷加工车间分开，产生粉尘的生产场所与产生毒物的生产场所分开，并在产生职业危害的生产场所与其他生产场所及生活区之间设有一定的职业卫生防护绿化带。

（5）厂区总平面布置应做到功能分区明确。生产区宜选在大气污染物本底浓度低和扩散条件好的地段，布置在当地夏季最小频率风向的上风侧；散发有害物和产生有害因素的车间，应位于相邻生产场所全年最小频率风向的上风侧；厂前区和生活区（包括办公室、厨房、食堂、托儿所、俱乐部、宿舍及体育场所等）布置在当地最小频率风向的下风侧；将辅助生产区布置在二者之间。

（6）在布置产生剧毒物质、高温以及强放射性装置的车间时，同时考虑相应事故防范和应急、救援设施和设备的配套并留有应急通道。

（7）高温厂房的朝向，应根据夏季主导风向对厂房能形成穿堂风或能增加自然通风的风压作用确定。高温车间的纵轴应与当地夏季主导风向相垂直，当受条件限制时，其角度不得小于45°。

（8）热加工厂房的平面布置应呈"L"或"Ⅱ"型、H或"Ⅲ"型。开口部分应位于夏季主导风向的迎风面，而各翼的纵轴与主导风向呈0°~45°夹角。

（9）厂房建筑方位应保证室内有良好的自然通风和自然采光。相邻两建筑物的间距一般不得小于相邻两个建筑物中较高建筑物的高度。高温、热加工、有特殊要求和人员较多的建筑物应避免西晒。

（10）能布置在生产场所外的高温热源，尽可能地布置在生产场所外当地夏季最小频率风向的上风侧，不能布置在生产场所外的高温热源和工业窑炉应布置在天窗下方或靠近生产场所下风侧的外墙侧窗附近。

（11）生产场所内发热设备相对于操作岗位应设计安置在夏季最小风向频率上风侧，生产场所天窗下方的部位。

（12）以自然通风为主的厂房，生产场所天窗设计应满足职业卫生要求：阻力系数小、通风量大、便于开启、适应季度调节；天窗排气口的面积应略大于进风窗口及进风门的面积之和；热加工厂房应设置天窗挡风板；厂房侧窗下缘距地面不应高于1.2 m。

2. 竖向布置

（1）放散大量热量的厂房宜采用单层建筑。当厂房是多层建筑物时，放散热和有害气体的生产过程应布置在建筑物的高层；如必须布置在下层时，应采取行之有效的措施，防止污染上层空气。

（2）噪声与振动较大的生产设备应安装在单层厂房内；如设计需要将这些生产设备安置在多层厂房内时，则应将其安装在多层厂房的底层；对振幅大、功率大的生产设备应设计隔振措施。

（3）含有挥发性气体、蒸汽的废水排放管道禁止通过仪表控制室和休息室等生活用室的地面下；若需通过时，必须严格密闭，防止有害气体或蒸汽逸散至室内。

三、生产工艺及设备布局

按照《工业企业设计卫生标准》的要求，生产工艺及设备布局应当符合以下原则：

（1）产生粉尘、毒物的生产过程和设备，应尽量考虑机械化和自动化，加强密闭，避免直接操作，并应结合生产工艺采取通风措施。

（2）产生粉尘、毒物的工作场所，其发生源的布置，应符合下列要求：①放散不同有毒物质的生产过程布置在同一建筑物时毒性大与毒性小的应隔开；②粉尘、毒物的发生源，应布置在工作地点的自然通风的下风侧；③如布置在多层建筑物内时，放散有害气体的生产过程应布置在建筑物的上层；如必须布置在下层时，应采取有效措施防治污染上层的空气。

（3）厂房内的设备和管道必须采取有效的密封措施，防止物料跑、冒、滴、漏，杜绝无组织排放。

（4）对于设有热源的工艺，宜使操作人员远离热源，尽量将热源布置在车间外当地夏季最小频率风向的上风侧；采用热压为主的自然通风时，热源尽量布置在天窗的下面；采用穿堂风为主的自然通风时，热源应尽量布置在夏季主导风向的下风侧；热源布置应便于采用各种有效的隔热措施和降温措施。

（5）噪声和振动的控制。在发生源控制的基础上，对厂房的设计和设备的布局需采取降噪和减振措施。

（6）噪声较大的设备应尽量将噪声源与操作人员隔开；工艺允许远距离控制的，可设置隔声操作（控制）室。

（7）噪声与振动较大的生产设备应安装在单层厂房内。如设计需要将这些生产设备安装在多层厂房内时，则应将其安装在多层厂房的底层。

四、建筑物设计卫生要求

车间建筑设计卫生要求主要包括采暖、通风、空调、采光、照明、墙体、墙面、地面等有关建筑设计方面。

1. 采暖

《工业企业设计卫生标准》中对采暖作了以下规定：

（1）凡近十年每年最冷月平均气温≤8 ℃的月份在3个月及3个月以上的地区应设集中采暖设施；出现≤8 ℃的月份为两个月以下的地区应设局部采暖设施。冬季工作地点的采暖温度设计标准见表5-1。

表5-1 冬季工作地点的采暖温度（干球温度）

体力劳动强度级别	采暖温度/℃
Ⅰ	≥18
Ⅱ	≥16
Ⅲ	≥14
Ⅳ	≥12

注：1. 体力劳动强度分级见《工作场所有害因素职业接触限值 第2部分：物理因素》（GBZ 2.2—2007），其中Ⅰ级代表轻劳动，Ⅱ级代表中等劳动，Ⅲ级代表重劳动，Ⅳ级代表极重劳动。

2. 当作业地点劳动者人均占用较大面积（50~100 m²）、劳动强度Ⅰ级时，其冬季工作地点采暖温度可低至10 ℃，Ⅱ级时可低至7 ℃，Ⅲ级时可低至5 ℃。

3. 当室内散热量＜23 W/m³时，风速不宜＞0.3 m/s；当室内散热量≥23 W/m³时，风速不宜＞0.5 m/s。

（2）集中采暖车间，当每名工人占用的建筑面积较大时（≥50 m²），仅要求工作地点及休息地点设局部采暖设施。

（3）凡采暖地区的生产辅助用室冬季室温不得低于表 5-2 中的规定。

表 5-2　生产辅助用室的冬季温度

辅助用室名称	气温/℃
办公室、休息室、就餐场所	≥18
浴室、更衣室、妇女卫生室	≥25
厕所、盥洗室	≥14

注：工业企业辅助建筑，风速不宜>0.3 m/s。

（4）冬季采暖室外计算温度≤-20 ℃的地区，为防止生产作业场所的出入口长时间或频繁开放而受冷空气的侵袭，应根据具体情况设置门斗、外室或热空气幕。

（5）设计热风采暖时，应防止强烈气流直接对人产生不良影响。送风风速一般应在 0.1~0.3 m/s，送风的最高温度不得超过 70 ℃。

2. 通风

《工业企业设计卫生标准》中对通风作了以下规定：

（1）自然通风应有足够的进风面积。

（2）工作场所每名工人所占容积小于 20 m² 的车间，应保证每人每小时不少于 30 m³ 的新鲜空气量；如所占容积为 20~40 m³ 时，应保证每人每小时不少于 20 m³ 的新鲜空气量；所占容积超过 40 m³ 时允许由门窗渗入的空气来换气。

（3）经常有人来往的通道（地道、通廊），应有自然通风或机械通风，并不得敷设有毒液体或有毒气体的管道。

（4）露天作业的工艺设备，亦应采取有效的卫生防护措施，使工作地点有害物质的浓度符合规定接触限值的要求。

（5）机械通风装置的进风口位置，应设于室外空气比较洁净的地方。相邻工作场所的进气和排气装置，应合理布置，避免气流短路。

（6）当机械通风系统采用部分循环空气时，送入工作场所空气中有害气体、蒸汽及粉尘的含量不应超过规定的接触限值的 30%。

（7）空气中含有病原体、恶臭物质（如毛类、破烂布分选、熬胶等）及有害物质浓度可能突然增高的工作场所，不得采用循环空气作热风采暖和空气调节。

（8）供给工作场所的空气一般直接送至工作地点。产生粉尘而不放散有害气体或放散有害气体而又无大量余热的工作场所、有局部排气装置的工作地点，可由车间上部送入空气。

3. 空调

《工业企业设计卫生标准》中对空调作了以下规定：

（1）采用空气调节的封闭式车间操作人员所需的适宜新风量为每人每小时 30~50 m³。

（2）封闭式车间内有害因素的浓度（强度）不得超过《工作场所有害因素职业接触

限值 第2部分：物理因素》（GBZ 2.2—2007）的要求。

（3）封闭式车间微小气候计算参数应满足表5-3的要求。

表5-3 封闭式车间微小气候设计要求

参数	冬季	夏季
温度/℃	20~24	25~28
风速/（m·s⁻¹）	≤0.2	≤0.3
相对湿度/%	30~60	40~60

注：过渡季节微小气候计算参数取冬季、夏季插值。

4. 采光、照明

建筑物采光、照明应符合《建筑采光设计标准》（GB/T 50033—2001）和《工业企业照明设计标准》（GB/T 50034—2013）的规定。

根据生产工艺要求，参照《工业企业照明设计标准》确定各场所的照度。一般生产车间的一般照明的照度为150~200 lx，办公室和值班室的照度为200~300 lx，一般作业一般照明照度范围75~150 lx，精细作业一般照明照度范围150~300 lx。在具体设计时应注意照明的均匀度及背景亮度，注意人工照明和自然采光的合理配置和补充。

5. 建筑物墙体、墙面、地面

《工业企业设计卫生标准》中对建筑物墙体、墙面、地面作了以下规定：

（1）产生噪声和振动的车间墙体应加厚。

（2）产生或可能存在毒物或酸碱等强腐蚀性物质的工作场所应有冲洗地面、墙壁的设施。产生剧毒物质的工作场所墙壁、顶棚和地面等内部结构和表面，应采取耐腐蚀、不吸收、不吸附毒物的材料，必要时加设保护层；车间地面应平整防滑，易于冲洗清扫；可能产生积液的地面应做防渗透处理，并采用坡向排水系统，其废水应纳入工业废水处理系统。

（3）生产时用水较多或产生大量湿气的车间，设计时应采取必要的排水防湿设施，防止顶棚滴水和地面积水。

（4）车间的维护结构应防止雨水渗透，冬季需要采暖的车间，围护结构内表面应防止凝结水气，围护结构不包括门窗。特殊潮湿车间工艺上允许在墙上凝结水气的除外。

五、职业卫生工程技术防护措施

采取工程技术措施消除或降低作业场所职业病危害因素的浓度或强度，是落实预防为主方针和保护劳动者健康的根本方法。职业卫生工程技术措施应与主体工程同时设计、同时施工、同时投入生产和使用。

1. 基本对策

（1）优先应用无危害或危害较小的工艺和原辅材料；

（2）广泛应用综合机械化、自动化生产装置（生产线）和自动化监测、报警、连锁保护等装置；

（3）实现自动控制、遥控和隔离操作，尽可能防止工作人员在生产过程中直接接触可能产生职业病危害的设备、设施和物料，使系统在人员误操作或生产装置（系统）发生故障的情况下也不会造成职业病危害事故的综合措施是优先采取的对策。

2. 防尘技术措施

需要对工艺、生产设备、原辅材料、操作条件、通风除尘设施、个人防护用品等技术措施优化组合，采取综合对策。

1）工艺和物料

选用不产生或少产生粉尘的生产工艺，采用无危害或危害性较小的原辅材料，是消除、减弱粉尘危害的根本途径。

2）限制、抑制扬尘和粉尘扩散

（1）采用密闭管道输送、密闭自动（机械）称量、密闭设备加工，防止粉尘外逸；不能完全密闭的尘源，在不妨碍操作的条件下，尽可能采用半密闭罩、隔离室等设施，隔绝及减少粉尘与工作场所空气的接触，将生产性粉尘限制在局部范围内，减少粉尘的扩散。

（2）通过降低物料落差、适当降低中部槽倾斜度、隔绝气流、减少诱导空气量和设置空间等方法，抑制由于正压造成的扬尘。

（3）对亲水性、弱黏性的物料和粉尘应尽可能采用增湿、喷雾、喷蒸汽等措施，可有效地减少物料在装卸、转运、破碎、筛分、混合和清扫等过程中粉尘的产生和扩散；厂房喷雾有助于车间漂尘的凝聚、降落。

（4）为消除二次扬尘，应在设计中合理布置，尽量减少积尘，平面、地面、墙壁应平整光滑，墙角呈圆角，便于清扫；使用负压清扫装置清除逸散、沉积在地面、墙壁、构件和设备上的粉尘；对炭黑等污染较大的粉尘作业及大量散发沉积粉尘的工作场所，则应采用防水地面、墙壁、顶棚和构件，并用水冲洗的方法清理积尘；严禁用吹扫方式清扫积尘。

3）通风除尘设施

设计时要考虑工艺特点和排尘的需要，利用风压、热压差，合理组织气流，充分利用自然通风改善作业环境。当自然通风不能满足要求时，应设置全面或局部机械通风除尘装置。全面机械通风是对整个厂房进行通风、换气。是把清洁的新鲜空气不断地送入车间，将车间空气中有害物质（包括粉尘）浓度稀释并将污染的空气排到室外，使室内空气中有害物质的浓度达到标准规定的浓度以下。

局部机械排风是对厂房内某些局部部位进行通风、换气，使局部作业环境条件得到改善。局部机械通风包括局部排风和局部送风。局部排风是在产生的有害物质的地点设置局部排风罩，利用局部排风气流捕集有害物质并排至室外，使有害物质不致扩散到作业人员的工作地点，是排除有害物质最有效的方法，是目前工业生产中控制有害物扩散、消除有害物危害的最有效的一种方法。局部排风时一般应使清洁、新鲜空气先经过工作地带，再流向有害物质产生部位，最后通过排风口排出，含有害物质的气流不应通过作业人员的呼吸带。

局部送风是把清洁、新鲜空气送至局部工作地点，使局部工作环境质量达到标准规定的要求，主要用于室内有害物质浓度很难达到标准规定的要求、工作地点固定且所占空间很小的工作场所，新鲜空气往往直接送到人呼吸带，以防止作业人员中毒、缺氧。

按照《工业企业设计卫生标准》的要求，在全面或局部机械通风排尘装置的设计中应当符合以下规定：

（1）根据生产工艺和粉尘特性，采取防尘通风措施控制其扩散，使工作场所生产性粉尘的浓度达到《工作场所有害因素职业接触限值》（GBZ 2.1—2019）要求。

（2）露天作业的工艺设备，亦应采取有效的卫生防护措施，使工作地点生产性粉尘的浓度符合《工作场所有害因素职业接触限值》（GBZ 2.1—2019）要求。

（3）局部通风排尘装置排出的有害气体必须通过除尘设备处理后，才能排入大气，保证进入大气的粉尘浓度不超过国家排放标准规定的限值。

（4）在生产中可能突然逸出大量生产性粉尘的工作场所，必须设计自动报警装置、事故通风装置，其通风换气次数不小于 12 次/h。事故排风装置的排出口，应避免对居民和行人的影响。

（5）局部吸尘（气）罩必须遵循形式适宜、位置正确、风量适中、强度足够、检修方便的设计原则，罩口风速或控制点风速应足以将发生源产生的尘、毒吸入罩内，确保达到高捕集效率。

（6）通风除尘设计必须遵循《工业建筑供暖通风与空气调节设计规范》（GB 50019—2015）及相应的防尘技术规范和规程的要求。

（7）通风除尘系统的组成及其布置应合理，管道材质应合格，容易凝结蒸气和聚积粉尘的通风管道，几种物质混合能引起爆炸、燃烧或形成危害更大物质的通风管道应设单独通风系统，不得相互连通。

（8）依据车间扬尘作业点的位置、数量，设计相应的通风除尘设施，对移动的扬尘作业，应与主体工程同时设计移动式轻便防尘设备。

（9）输送含尘气体的管道设计应与地面成适度夹角，如必须设置水平管道时，应在适当位置设置清扫孔，以利清除积尘，防止管道堵塞。

（10）按照粉尘类别不同，通风除尘管道内应保证达到最低经济流速，为便于除尘系统的测试，设计中应在除尘器的进出口处设测试孔，测试孔的位置应选在气流稳定的直管段。在有爆炸性粉尘及有毒有害气体净化系统中，应同时设置连续自动检测装置。

（11）由于工艺、技术上的原因，通风除尘设施无法达到职业卫生标准限值的粉尘作业场所，操作人员必须佩戴防尘口罩、工作服、头盔、呼吸器、眼镜等个人防护用品。

（12）加强通风除尘设施的维护检修。

3. 防毒技术措施

应对物料和工艺、生产设备、控制及操作系统、有毒物质泄漏处理等技术措施进行优化组合，采取综合对策措施。

1）物料和工艺

尽可能以无毒、低毒的工艺和原辅材料代替有毒、高毒工艺和原辅材料，是防毒的根本措施。例如，应用水溶性涂料的电泳漆工艺、无铅字印刷工艺、无氰电镀工艺、使用无苯涂装工艺等。

2）生产设备

生产装置应密闭化、管道化，尽可能实现负压生产，防止有毒物质泄漏、外逸。

生产过程机械化、程序化和自动控制可使操作人员不接触或少接触有毒物质，防止误操作造成职业中毒事故。

3）通风排毒设施

受技术、经济条件限制，仍然存在有毒物质逸散且自然通风不能满足要求时，应设置必要的机械通风排毒、净化装置，使工作场所空气中有毒物质浓度控制到职业卫生标准接触限值以下。

机械通风排毒方法主要有全面通风换气、局部排风、局部送风3种。全面通风换气是在生产作业条件不能使用局部排风或有毒物质作业地点过于分散、流动时，采用全面通风换气的技术措施排除工作场所存在的有毒物质；局部排风装置排风量较小、能耗较低、效果好，是最常用的通风排毒方法。局部送风主要用于有毒物质浓度超标、作业空间有限的工作场所，将新鲜空气直接送到操作人员呼吸带，以防操作人员发生职业中毒。

按照《工业企业设计卫生标准》的要求，在机械通风排毒装置的设计中应当符合以下规定：

（1）根据生产工艺和有毒物质特性，采取通风排毒措施控制其扩散，使工作场所有毒物质浓度达到《工作场所有害因素职业接触限值》的要求。

（2）露天作业的工艺设备，亦应采取有效的卫生防护措施，使工作地点有毒物质的浓度符合《工作场所有害因素职业接触限值》的要求。

（3）经局部排气装置排出的有毒物质必须通过净化设备处理后，才能排入大气，保证进入大气的有毒物质浓度不超过国家排放标准规定的限值。

（4）在生产中可能突然逸出大量有毒物质或易造成急性中毒或易燃易爆的有毒物质的作业场所，必须设计自动报警装置、事故通风设施，其通风换气次数不小于12次/h。事故排风装置的排出口，应避免对居民和行人的影响。

（5）有可能泄漏液态剧毒物质高风险度作业场所应专设泄险区等应急设施。

（6）局部机械排风系统各类型排气罩必须遵循形式适宜、位置正确、风量适中、强度足够、检修方便的设计原则，罩口风速或控制点风速应足以将发生源产生的尘、毒吸入罩内，确保达到高捕集效率。

（7）通风排毒设计必须遵循《工业建筑供暖通风与空气调节设计规范》（GB 50019—2015）及相应的防毒技术规范和规程的要求。

（8）通风系统的组成及其布置应合理，管道材质应合格，几种物质混合能引起爆炸、燃烧或形成危害更大物质的通风管道，应设单独通风系统，不得相互连通。

（9）当数种溶剂（苯及其同系物或醇类或醋酸酯类）蒸气或数种刺激性气体同时放散于空气中时，全面通风换气量应按各种气体分别稀释至规定的接触限值所需要的空气量的总和计算。除上述有害物质的气体及蒸气外，其他有害物质同时放散于空气中时，通风量应仅按需要空气量最大的有害物质计算。

（10）依据车间逸散毒物的作业点的位置、数量，设计相应的排毒设施，对移动的逸散毒物的作业，应与主体工程同时设计移动式轻便排毒设备。

（11）由于工艺、技术上的原因，通风排毒设施无法达到职业卫生标准限值的有毒物质作业场所，操作人员必须佩戴防毒口罩、工作服、头盔、呼吸器、眼镜等个人防护用品。

（12）加强通风排毒设施的维护检修。

4. 防噪声技术措施

采用低噪声工艺及设备，合理平面布置、隔声、消声、吸声和隔振降噪等综合技术措施，控制噪声危害。

（1）工艺设计与设备选择：①减少冲击性工艺和高压气体排放的工艺，尽可能以焊代铆、以液压代气压，物料运输中避免大落差和直接冲击；②选用低噪声设备；③噪声较大的设备应尽量将噪声源与操作人员隔开；工艺允许远距离控制的，可设置隔声操作（控制）室，隔声室的天棚、墙体、门窗均应符合隔声、吸声的要求。

（2）噪声源的布置：①具有生产性噪声的车间应尽量远离其他非噪声作业车间、行政区和生活区；②噪声与振动强度较大的生产设备应安装在单层厂房或多层厂房的底层；对振幅、功率大的设备应设计减振基础。

（3）防噪声工程技术措施。采取上述措施后工作场所噪声强度仍达不到《工业企业设计卫生标准》规定的噪声限值时，则应采用隔声、消声、吸声和隔声降噪卫生工程技术措施，使工作场所噪声限值符合《工业企业设计卫生标准》的要求。

（4）工作地点生产性噪声声级超过职业卫生限值，而采用现代工程技术治理手段仍无法达到卫生限值时，用人单位应给劳动者佩带声衰减性能良好的护听器。

5. 防振动技术措施

（1）工艺和设备。从工艺和技术上消除或减少振动源是预防振动危害最根本的措施，用油压机或水压机代替气（汽）锤、以电焊代替铆接等。

（2）基础。在振动发生源控制的基础上，对厂房的设计和设备的布局需采取减振措施，如可采取安装减振支架、减振垫层等工程措施；产生强烈振动的车间应修筑隔振沟。

（3）个人防护。采取个体防护措施，如戴防振手套、穿防振鞋等个人防护用品，降低振动危害程度。

6. 防高温技术措施

（1）自然通风措施。通过合理组织自然通风气流、设置全面、局部送风装置或空调降低工作环境的温度。

夏季自然通风用的进气窗其下端距地面不应高于 1.2 m，以便空气直接吹向工作地点；冬季自然通风用的进气窗其下端一般不低于 4 m，若低于 4 m 时，应采取防止冷风吹向工作地点的有效措施。

自然通风应有足够的进、排风面积。产生大量热、湿气、有害气体的单层厂房的附属建筑物占用该厂房外墙的长度不得超过外墙全长的 30%，且不宜设在厂房的迎风面。

（2）局部送风措施。高温作业地点采用局部送风降温措施时，带有水雾的气流达到工作地点的风速应控制在 3~5 m/s，雾滴直径应小于 100 μm；不带水雾的气流到达工作地点的风速，轻作业应控制在 2~3 m/s，重作业应控制在 4~6 m/s。

（3）供应清凉饮料。在炎热季节对高温作业工种的工人应供应含盐清凉饮料（含盐量为 0.1%~0.2%），饮料水温不宜高于 15 ℃。

（4）限制持续接触热时间。依据《高温作业分级》（GB/T 4200—2008）中"高温作业允许持续接触热时间限值"的规定，限制操作人员持续接触热时间。

（5）个人防护用品。使用隔热服、隔热面罩等个人防护用品。

7. 防寒技术措施

低温作业在我国许多产业领域中均有涉及。根据我国国家标准《低温作业分级》的规定，作业人员在生产劳动过程中，其工作地点平均气温等于或低于 5 ℃的作业即为低温作业。例如，冬季寒冷地区从事露天或野外的作业，如建筑施工、电力输变电线路施工与维护、装卸、地质勘探、农业、渔业、野外考察等；江河与水库的水上水下作业、水厂的水管爆裂抢修作业、海面的水上及水下作业；以及在室内因条件限制或其他原因而无采暖的作业，如冷库、酿造业的地窖等。

低温作业、冷水作业的防护措施主要包括：

（1）实现自动化、机械化作业，避免或减少低温作业和冷水作业。

（2）控制低温作业、冷水作业时间。

（3）选用导热系数小、吸湿性小、透气性好的材料作防寒服装；穿戴防寒服（手套、鞋）等个人防护用品。

（4）在冬季寒冷作业场所，要有防寒采暖设备，露天作业要设防风棚、取暖棚；设置采暖操作室、休息室、待工室等。

（5）冷库等低温封闭场所应设置通信、报警装置，防止误将人员关锁。

（6）要定期对作业工人进行体格检查，做好健康监护工作。凡是年龄在 50 岁以上，且患有高血压、心脏病、胃肠功能障碍等疾病的职业禁忌人员，应及时调离低温、冷藏作业岗位。

（7）重视女工的特殊保护，严禁安排"四期"内的女职工从事冷藏作业。

一般室内低温作业的防护措施，主要包括对低温环境的人工调节和对个人的防护。人工调节采用暖气、隔冷和炉火等办法，调节室内气温使之保持在人体可耐的范围内；室外低温作业的个人防护一般是穿用合适的防寒服装。衣服的防寒效果，不仅受其材料的影响，还与衣服的厚度和形状有很大关系。采用衣服内通热气或热水的办法，可以大大地提高抗寒能力。但其缺点是不能离开供应暖气或暖水的设备太远，要克服这一缺点，可采用电池加热的衣服和手套，既轻便又灵活，适用于高空和水下的低温作业。

8. 防非电离辐射（射频辐射）技术措施

按照《工业企业设计卫生标准》（GBZ 1—2010）的要求，非电离辐射的主要防护措施有场源屏蔽、距离防护、合理布局以及采取个人防护措施等，防非电离辐射技术措施应当遵循以下原则：

（1）产生工频电磁场的设备安装地址（位置）的选择应与居住区、学校、医院、幼儿园等保持一定的距离，使上述区域电场强度控制在最高容许接触水平 4 kV/m 以下。

（2）在选择极低频电磁场发射源和电力设备时，应综合考虑安全性、可靠性以及经济社会效益；新建电力设施时，应在不影响健康、社会效益以及技术经济可行的前提下，采取合理、有效的措施以降低极低频电磁场的接触水平。

（3）对于在生产过程中有可能产生非电离辐射的设备，应制定非电离辐射防护规划，采取有效的屏蔽、接地、吸收等工程技术措施及自动化或半自动化远距离操作，如预期不能屏蔽的应设计反射性隔离或吸收性隔离措施，使劳动者非电离辐射作业的接触水平符合《工作场所有害因素职业接触限值 第2部分：物理因素》（GBZ 2.2—2007）的要求。

（4）在设计劳动定员时应考虑电磁辐射环境对装有心脏起搏器病人等特殊人群的健康影响。

9. 防电离辐射技术措施

电离辐射防护按国家放射防护标准、规范等规定执行。建设项目职业卫生"三同时"阶段应针对电离辐射采取一系列的防护技术措施。

1）控制辐射源的质和量

在不影响效果的前提下，尽量减少辐射源的活度（强度）、能量和毒性，以减少受照剂量。

2）外照射防护

外照射防护的基本方法有时间防护、距离防护和屏蔽防护3种，通称"外防护三原则"。

时间防护：在不影响工作的原则下，尽量缩短受照时间。例如，工作要有计划，熟练、准确、迅速操作，进行模拟操作练习，都是行之有效的方法。如果作业场所剂量率较大，可由数人轮流操作，以减少每个人的受照时间。

距离防护：在不影响工作的前提下应尽量远离放射源。以求获得降低受照剂量的防护效果。例如，使用长柄作业工具、机械手或遥控装置等。

屏蔽防护：在实际工作中，单靠时间和距离防护达不到防护目的，可根据射线通过物质后可以被吸收和减弱的原理，在放射源和工作人员之间设置屏蔽，以减少受照剂量。根据射线种类不同，可选择不同性质的材料作屏蔽物。例如。防护 X、γ 射线可用铅、铁、水泥（混凝土）、砖和石头等；防护 β 射线可用铝、玻璃、有机玻璃等；防护中子可用石蜡和水等。

此外，现场作业人员还应按照规范要求穿戴个人防护用品。

3）内照射防护

使用开放型电离辐射源时，除了对工作人员造成外照射，还可能经过人的呼吸道、消化道、皮肤或伤口等进入体内，造成内照射。基本防护方法有围封隔离、除污保洁和个人防护等综合性防护措施，通称为内照射防护三要素。

（1）围封隔离防扩散。对于开放源及其工作场所必须采取层层封锁隔离的原则，把开放源控制在有限空间内，防止它向环境扩散；放射性工作场所要有明显的放射性标志，与非放射性场所区分开，对人员和物品的进出要进行监测。

（2）除污保洁。操作开放型放射源，重要的是使工作场所容易除去污染，操作时控制污染，随时监测污染水平。为此，对室内装修提出特殊要求。例如，墙壁地面应光滑，地面台面应铺以易除污染的材料（如橡皮板、塑料板等），墙面刷油漆；应当制定严格的开放型工作的规章制度和操作规程，防止放射性核素泼洒、溅出和污染环境与人体。遇到放射性污染应及时监测，同时使用各种除污染剂（如肥皂、洗涤剂、柠檬酸等）洗消除污。

（3）个人防护。使用个人防护用具（如口罩、手套、工作鞋和工作服等）；遵守个人防护规则，禁止一切能使放射线浸入人体的活动。例如，作业场所禁止饮水、进食、吸烟；杜绝用口吸取放射性液体等。

六、应急救援措施

应急救援措施是指在工作场所设置的报警装置、现场急救用品、洗眼器、喷淋装置和强制通风设备等现场应急处置设施、设备，以及应急救援中使用的通信、运输设备等。《职业病防治法》规定：对可能发生急性职业损伤的有毒、有害工作场所，用人单位应当设置报警装置，配置现场急救用品、冲洗设备、应急撤离通道和必要的泄险区。对应急救援设施用人单位应当进行经常性的维修、检修，定期检测其性能和效果，确保其处于正常状态，不得擅自拆除或者停止使用。

《工业企业设计卫生标准》（GBZ 1—2010）中规定：在布置产生剧毒物质、高温以及强放射性装置的车间时，同时考虑相应事故防范和应急、救援设施和设备的配套并留有应急通道。

另外，《工作场所有毒气体检测报警装置设置规范》（GBZ/T 223—2009）、《化工企业气体防护站工作和装备标准》（HG/T 23004—1992）、《生产作业现场应急物资配备选用指南》（Q/SY136—2012）等标准对常见应急救援配置提出了个体要求。

根据应急救援措施的要求，建设项目设计施工时应在生产工艺布置设计的同时考虑满足应急救援需求的应急救援通道、泄险区、现场应急处置设施等应急救援设施的设计、施工。

1. 检测报警装置

检测报警装置的设置应符合有关标准的配置要求：

（1）在生产中可能突然逸出大量有害物质或易造成急性中毒或易燃易爆的化学物质的室内作业场所，设置与事故排风系统相连锁的泄漏报警装置。

（2）结合生产工艺和毒物特性，在有可能发生急性职业中毒的工作场所，根据自动报警装置技术发展水平设计自动报警或检测装置。

（3）检测报警点应设在存在、生产或使用有毒气体的工作地点，以及可能大量释放或容易积聚的其他有毒气体的工作地点。

（4）检测报警装置宜采用固定式，不具备设置固定式的条件时，配置便携式检测报警仪。

2. 强制通风设施

在生产中可能突然逸出大量有害物质或易造成急性中毒或易燃易爆的化学物质的室内作业场所设置事故通风装置：

（1）事故通风装置应由经常使用的通风系统和事故通风系统双重保证，在发生事故时，能提供足够的事故通风的通风量。

（2）事故通风通风机的控制开关应分别设置在室内、室外便于操作的地点。

（3）事故排风的进风口，设在有害气体或有爆炸危险的物质放散量可能最大或积聚最多的地点。对事故通风的死角处，应设置导流措施。

此外，对于放散有爆炸危险的物质的工作场所，应设置防爆通风系统或事故排风系统。

3. 现场应急处置设施

为保障事故发生后，现场受害人员第一时间接受救治或自救，可能发生事故的现场设置冲淋等紧急处置设施：

（1）喷淋、洗眼设施应靠近可能发生相应事故的工作地点（危险点）。

（2）喷淋、冲眼设施保证连续供水，供水经过过滤净化，并达到要求压力。

（3）现场应急处置设施设置清晰的标识。

此外，喷淋器、洗眼器等卫生防护设施服务范围半径应符合紧急处置的要求，按照《化工企业安全卫生设计规范》（HG 20571—2014）的要求一般不超过15 m或步行10 s的距离，设施与危险发生点之间应有直线通道。

4. 急救用品

对于可能发生急性职业损伤的工作场所，设置急救箱放置急救用品或损伤紧急处置用品。

（1）急救箱应设置在便于劳动者取用的地点。

（2）急救箱应有清晰的标识，由专人负责定期检查和更新。

（3）配备内容可根据建设项目规模、职业病危害性质、接触人数等实际需要参照《工业企业设计卫生标准》及《化工企业气体防护站工作和装备标准》（HG/T 23004—1992）的要求确定。

七、个体防护措施

由于建设项目存在有毒有害的作业场所情况复杂、工艺条件多样或受限，有些作业场所难以采取通风等工程技术措施，或采取了工程技术措施后，作业场所职业病危害因素的浓度或强度可能依然不符合国家职业卫生标准的要求。此时，必须为作业人员提供有效的个体防护用品。

个体防护用品的使用只是弥补职业卫生工程技术措施落实的不足，不能代替工作环境和劳动条件的根本性改善措施（如原材料、工艺的改进、工程技术措施、管理措施等）。采取个体防护措施应针对劳动者接触职业病危害因素的不同特性，采用合理的、有效的个体防护用品，保证劳动者在佩戴个体防护用品后接触到的职业病危害因素的浓度或强度符合有关标准要求。

1. 个体防护用品要符合作业类别和工种的使用需求

国家标准《个体防护装备选用规范》（GB/T 11651—2008）中为个体防护装备的选用提供了基本的原则和要求，该标准对39种作业规定了如何选用个体防护用品，是选用个体防护用品的主要依据。

国家煤矿安全监察局2008年发布的《煤矿职业安全健康个体防护用品配备标准》对煤矿井下、井上、煤炭洗选和露天煤矿作业岗位所配备个体防护用品的种类、配备范围及使用等做了明确规定。

2. 个体防护用品的符合性要求

根据工作场所可能存在的职业病危害因素选择具有相应防护特性的个体防护用品，是个体防护用品选用的常用原则。

（1）当工作场所空气中粉尘浓度超过职业接触限值时，应采用防颗粒物呼吸器（如一次性防尘口罩、防尘半面罩、送风呼吸器等），同时根据峰接触浓度和暴露时间等因素选择相应防护等级的呼吸器；另外根据粉尘扩散等特点和作业特点选择防尘眼镜、防尘面具、防尘服等。其中，对于某些危害性较大（如具有致突变、致畸和致癌，以及放射性的粉尘）、可能达到或超过 IDLH（立即威胁生命和健康）浓度的粉尘，应采用隔绝式呼吸器、防尘服、防尘手套，甚至某些防辐射功能的个体防护用品等。

（2）当作业场所有毒物质过量或浓度超过职业接触限值时，根据毒物的存在形态、扩散方式、侵入人体途径、超标水平等情况选择相应防护用品（如呼吸防护、躯体防护、手部防护、足部防护、眼面部防护、头部防护等），针对毒物特性，以毒物释放计量或超标水平的防护等级等选择防护用品。

（3）工作场所物理性有害因素主要包括噪声、高温、激光、局部振动、辐射等。针对不同的有害因素的存在传播方式、暴露剂量及可能危害的躯体部位，选用针对性防护用品，如用于防护紫外、红外辐射的护目镜、面具和焊接护目镜等。

（4）接触生物性有害因素时，鉴于病菌病毒易于传播扩散，可能经口、鼻、皮肤和伤口等侵入的特点，选择防护口罩、眼面部防护器具、防护手套和全身性防护服装等。

3. 个体防护用品使用要满足国家职业卫生标准的要求

作为职业卫生工程技术措施的补充手段，个体防护用品的使用应能弥补工程技术措施的不足部分，达到控制职业病危害因素浓度或强度不超过职业接触限值的水平。

（1）呼吸防护用品的选用可参照《呼吸防护用品的选择、使用与维护》（GB/T 18664），该标准中给出了比较明确的呼吸防护用品选择思路和具体步骤。

（2）听力防护用品的选择要确定噪声作业场所有效听力防护所需要的防护用品的 SNR 值（单值噪声降低数），再根据作业条件和佩戴的使用特点，选择具体式样的听力防护用品。目前有 2 种方法选择 SNR 值：①按噪声 A 声级选择，按照《工业企业职工听力保护规范》的要求，选择的听力防护用品的 SNR 值乘以 0.6 后的值应大于作业场所噪声 A 声级监测结果超标值，理论上，使用者佩戴听力防护用品后实际接触噪声值在 75~80 dB（A）最合适，因此，将选择的 SNR 值加上 5~10 dB（A）后作为听力防护用品的 SNR 最终选择值，如根据噪声超标情况计算所需听力防护用品的最小 SNR 值为 17 dB（A），则最终宜选择 SNR 值为 22~27 dB（A）的听力防护用品；②按噪声 C 声级选择，按照《护听器的选择指南》（GB/T 23466—2009），可根据作业场所噪声 C 声级监测结果选择听力防护用品，选择的听力防护用品的 SNR 值应大于作业场所噪声 C 声级监测结果减去 85 dB（A）后的差值；同时要求使用听力防护用品后实际接触噪声的值在最佳范围（75~80）dB（A）。

4. 个体防护用品的使用期限和报废管理

个体防护用品的设计选用应充分考虑使用期限与报废，个体防护用品的使用期限与作业场所环境、个体防护用品使用频度、个体防护用品自身性质等多方面因素有关。一般来说要考虑以下 3 个方面的影响：

（1）腐蚀程度。根据不同作业对个体防护用品的磨损可分为重腐蚀作业、中腐蚀作业和轻腐蚀作业。腐蚀程度反映作业环境和工种使用情况。

（2）损耗情况。根据防护功能降低的程度可分为易受损耗、中度受损耗和强制性报废。受损耗情况反映防护用品防护性能情况。

（3）耐用性能。根据使用周期可分为耐用、中等耐用和不耐用。耐用性能反映个体防护用品材质状况，如用耐高温阻燃纤维织物制成的阻燃防护服，要比用阻燃剂处理的阻燃织物制成的阻燃防护服耐用。

按照《个体防护装备选用规范》（GB/T 11651—2008），个体防护用品出现下列情况时，即予报废：

（1）所选用的个体防护用品技术指标不符合国家相关标准或行业标准。

（2）所选用的个体防护用品与所从事的作业类型不匹配。

（3）个体防护用品产品标识不符合产品要求或国家法律法规的要求。

（4）个体防护用品在使用或保管贮存期内遭到破损或超过有效使用期。

（5）所选用的个体防护用品经定期检验和抽查不合格。

（6）当发生使用说明中规定的其他报废条件时。

八、辅助卫生用室设置

1. 辅助用室基本卫生要求

辅助用室包括工作场所办公室、生产卫生用室（浴室、存衣室、盥洗室、洗衣房）、生活卫生用室（休息室、食堂、厕所）、妇女卫生室。《工业企业设计卫生标准》（GBZ 1—2010）对辅助用室的设置作出了具体要求。

（1）根据生产特点、实际需要和使用方便的原则设置辅助用室，包括工作场所办公室、生产卫生室（浴室、存衣室、盥洗室、洗衣房）、生活室（休息室、食堂、厕所）、妇女卫生室。

（2）辅助用室应避开有害物质、病原体、高温等有害因素的影响。建筑物内部构造应易于清扫，卫生设备应便于使用。

（3）根据车间的卫生特征设置浴室、更/存衣室、盥洗室。浴室、盥洗室、厕所的设计计算人数，一般按最大班工人总数计算。存衣室的设计计算人数，应按其单位在册工人总数计算。

（4）工业园区内企业共用辅助用室的，应统筹考虑园区内各企业特点。

（5）根据职业病危害接触特征，对易沾染病原体或易经皮肤吸收的剧毒或高毒物质的特殊工种和染污严重的工作场所设置洗消室、消毒室及专用洗衣房等。

（6）低温高湿的重负荷作业，如冷库和地下作业等，应设工作服干燥室。

（7）生活用室的配置应与产生有害物质或有特殊要求的车间隔开，尽量布置在生产人员相对集中、自然采光和通风良好的地方。

（8）根据生产特点和实际需要设置休息室或休息区。休息室内应设置清洁饮水设施。女工较多的企业，在车间附近清洁安静处设置孕妇休息室或休息区。

（9）高温作业车间应设有工间休息室。休息室远离热源，采取通风、降温、隔热等措施，使温度不超过30℃；设有空气调节的休息室室内气温应保持在24~28℃；对于可以脱离高温作业点的，可设观察（休息）室。

（10）就餐场所的位置不宜距车间过远，但不能与存在职业性有害因素的工作场所相邻设置，并根据就餐人数设置足够数量的洗手设施。

（11）厕所不宜距工作地点过远，并应有排臭、防蝇措施。

2. 车间办公室

宜靠近厂房布置，且应满足采光、通风、隔声等要求。

3. 生产卫生室

应根据生产场所的卫生特征设置浴室、存衣室、盥洗室，如卫生特征1级、2级的生产场所应设浴室；3级宜在附近或在厂区设置集中浴室；4级可在厂区或居住区设置集中浴室。

同时《工业企业设计卫生标准》对淋浴器、盥洗水龙头的设计数量有具体规定，如车间卫生特征级别为1级的每个淋浴器使用人数为3~4人，车间卫生特征为2级的，每个淋浴器使用人数为5~8人；车间卫生特征级别为1、2级的，每个水龙头的使用人数为20~30人。

4. 生活用室

（1）生活用室的配置应按照职业卫生特征分级定位，应与产生有害物质或有特殊要求的车间隔开，应尽量布置在生产工人相对集中的地方。

（2）应根据生产特点和实际需要设置休息室。

（3）食堂的位置要适中，一般距车间不宜过远，但不能与有危害因素的工作场所相邻设置，不能受有害因素的影响。

（4）厕所与工作地点的距离不宜过远，并应有排臭、防蝇措施。生产场所内的厕所一般应为水冲式，同时应设洗污池。厕所的蹲位数应按使用人数计算进行设计。

男厕所：100人以下的工作场所按25人设1个蹲位；100人以上每增50人增设1个蹲位。小便器的数与蹲位数相同。

女厕所：100人以下的工作场所，按15人设1~2个蹲位；100人以上工作场所，每增30人增设1个蹲位。

（5）生活卫生用房应有良好的自然采光和通风。

5. 妇女卫生室

最大班女工在100人以上的用人单位，应设妇女卫生室，且不得与其他用室合并设置。其要求在《工业企业设计卫生标准》中有具体规定。

九、职业卫生管理措施

《中华人民共和国职业病防治法》等法律法规对建设单位的职业卫生管理提出了具体要求，《用人单位职业病防治指南》（GBZ/T 225—2010）对建设单位的职业卫生管理内容、方式提供了具体可参照的指南。

（1）设置或指定职业卫生管理组织机构或者组织，配备专职或者兼职的职业卫生管理人员负责本单位的职业病防治工作。

（2）主要负责人和职业卫生管理人员接受职业卫生培训，遵守职业病防治法律、法规，依法组织本单位的职业病防治工作。对劳动者进行上岗前的职业卫生培训和在岗期间的定期职业卫生培训，普及职业卫生知识，督促劳动者遵守职业病防治法律、法规、规章和操作规程，指导劳动者正确使用职业病防护设备和个人使用的职业病防护用品。

（3）制定职业病防治规划、年度计划及实施方案。

（4）建立、健全职业卫生管理制度和操作规程，并定期组织检查实施情况。职业卫生管理制度应包括职业病危害因素的监测及评价、工种防护设施、应急救援设施的维护管理、个体防护用品的管理、职业健康监护等方面的内容。

（5）建立、健全职业卫生档案和劳动者健康监护档案，按照国务院卫生行政部门的规定组织从事接触职业病危害因素的劳动者进行上岗前、在岗期间和离岗时的职业性健康检查，并将检查结果如实告之劳动者。

（6）在醒目位置设置公告栏，公布有关职业病防治的规章制度、操作规程、职业病危害事故应急救援措施和职业病危害因素检测结果。对产生严重职业病危害的作业岗位，在其醒目位置设置警示标识和中文警示说明。警示说明应载明产生职业病危害的各类、后果、预防以及应急处置措施等内容。

（7）针对建设项目职业卫生管理，建设单位必须全程参与。即在建设项目可行性论证时，建设单位必须对论证报告进行审核，重点审核建设项目职业卫生与职业病防治方面的可行性论证情况，开展《建设项目职业病危害预评价》，确保建设项目在职业病危害防治方面的可行性；在建设项目设计时，建设单位必须对初步设计进行审核，编制《职业病危害防护设施设计专篇》，确保职业卫生工程技术措施设计的经济性、合理性、合规性，能够满足消除、控制职业病危害因素的要求；在建设项目建设施工时，建设单位在工程监理单位施工监理的同时，应积极关注工程施工中职业卫生工程技术设施的施工落实。在建设项目投入试运行时开展《建设项目职业病危害控制效果评价》，确保职业病防护措施的有效性，并对职业病防护设施进行验收。

第三节　职业病危害防治管理

职业病危害防治管理不仅是预防和控制职业病危害的重要措施，也是现代化企业管理的一个组成部分，它是以避免作业人员遭受职业病危害为目的而进行的有关决策、计划、组织和控制方面的活动。其基本任务是发现、分析和消除生产过程中的各种危害因素，防止职业病发生，避免因职业危害而引起的各种损失，保障职工的安全与健康，不断促进劳动生产率的提高和生产的发展。

职业病防治工作的特点是牵涉面广，需多部门共同参与，密切配合；需多学科知识，既需临床医学、卫生工程、分析化学、流行病学、职业卫生与职业病学的知识，又需工程技术、生产工艺、人力资源管理等方面的知识。既是技术性工作，又是社会性工作。

要使用人单位的职业病防治工作卓有成效地开展，必须建立有效的管理模式。

一、传统管理模式的缺陷

我国自从建立职业病防治制度以来，曾经探索、改革了许多管理模式，对促进用人单位职业病防治工作起了积极的推动作用，但这些管理模式在新的经济条件下也存在许多缺陷。主要包括：

1. 以职工医院为主的管理模式

以职工医院为主的管理模式受专业知识和职权的限制，主要进行职业病人的治疗或疗养；职业病和可疑职业病的定期复查；其次是完成地方卫生行政部门、行业主管部门下达的职业病普查任务。由于职业病防治人员受专业技术知识的限制，存在重临床，轻预防，缺乏实施职业病的一级预防的技术能力。

2. 以安检部门为主的管理模式

以安检部门为主的管理模式由于缺少卫生技术人员和医疗设施，偏重于急性伤亡和急性中毒事故的预防，其次才是安排职业病人的治疗或疗养，组织有害作业人员的健康检查，习惯于从安全角度考虑，易忽略职业卫生要求可能高于安全管理的问题，只能在力所能及的范围内工作。

3. 以环保部门为主的管理模式

以环保部门为主的管理模式同样也缺少卫生技术人员和医疗设备，偏重于外环境的监督监测管理，其次才是生产作业环境有害因素的监测、计划，安排职业病人的治疗、疗养和有害作业人员的健康监护，职业病防治的工作仅限于此。

4. 以职业病防治所（院）为主的管理模式

以职业病防治所（院）为主的管理模式集职业病的治疗、健康监护、生产环境有害因素监测于一体，但由于生产工程技术人员及经验不足，仍局限在职业病的二级和三级预防，职业病危害的工程技术治理方面处于弱势。

5. 各有关部门分工负责的松散管理模式

在某些大型企业，根据国家和地方的职业病防治管理法规，制定了企业内部的职业病防治管理办法，明确了各有关部门的职责和任务，但组织机构不健全，缺少职业卫生专职职能管理部门，管理人员未落实，无权威部门督促、检查、考核和协调各有关部门的职业病防治工作，而且各有关部门关于职业卫生与职业病防治工作仍处于兼职或无专人负责管理，注重原本职工作，忽视兼职工作（职业病防治工作）或相互推诿，工作质量和效率不高的状态。

二、企业职业病防治一体化管理模式

有效的管理模式应充分把职业病三级预防工作有机地结合起来，将技术控制和健康监护、职业病治疗、作业环境有害因素监测融于一体。充分调动用人单位部各有关部门的工作积极性，改变由某一部门孤军作战，职业病防治工作难以开展的困难局面，使职业病防治工作由被动变主动，形成一体化管理模式。

1. 管理机构

该管理模式实行职业病防治领导机构（如职业病防治领导小组或职业病防治管理委员会）领导下的职业病防治管理机构（职能部门）主管、各有关部门分工负责制，由用人单位的主管领导负责，有关部门领导参加，实行集体领导，这样可更好地适应职业病防治工作的需要。领导机构负责落实职业病防治经费，审批本企业职业病防治管理办法和工作规划，解决职业病防治工作中的重大问题，协调各专业/战线有关部门的工作安排；职业病防治职能部门负责企业职业病防治日常工作管理，制订职业病防治工作计划，协调沟通各有关部门分工配合事项等。

用人单位的职业卫生与职业病防治管理机构和组织机构，应包括安全生产技术人员和医务工作者，或根据职业病防治特点和各专业职能部门的职能分工情况分工负责。如生产、装备部门主要应负责职业病防治的一级预防，人力资源等部门负责职业病的二级和三级预防。

用人单位的工作重点应放在一级预防，首先是采取技术措施消除、控制职业病危害因素；其次是做好劳动组织、职业健康监护等。用人单位从领导到职工都要建立职业卫生责任制，形成纵向到底、横向到边的连锁互保、人人有责的职业卫生管理格局。

2. 职业卫生职责内容

法定代表人全权代表单位对内外行使职权，因此用人单位法定代表人自然是职业卫生第一责任者，对本单位职业卫生应全面负责；单位各级负责人、各职能部门和接触有害作业的劳动者在生产中均应担负相应的职业卫生职责，其职责内容主要包括：

（1）单位的法定代表人（用人单位负责人）对本单位职业卫生工作应负直接责任和第一责任。

（2）用人单位在编制生产计划的同时，应制定职业卫生工作计划。

（3）用人单位的分管职业卫生的副厂长（副经理）协助用人单位主要负责人对职业卫生工作负业务分管责任。

（4）用人单位的总工程师（技术负责人）对本单位职业卫生负技术全面负责。

（5）用人单位各专业职能管理部门负责人对职责范围内的职业卫生管理工作负责。其内容应包括：①贯彻执行国家职业卫生法律、法规、规章、制度、标准和相关文件等；②本用人单位的职业卫生管理工作；③组织制定本用人单位职业卫生规划、计划和实施方案；④组织制订、修订本用人单位职业卫生管理制度；⑤职业卫生知识和技能的宣传、培训、教育；⑥职业病防护用品用具的计划编制、采购、发放、使用和管理；⑦建设项目的职业卫生竣工验收；⑧作业场所职业病危害因素监测、检测和评价；⑨职业健康检查；⑩职业健康监护工作；⑪建立职业卫生档案、职业健康监护档案；⑫职业病危害项目申报工作；⑬职业病病人权益保障管理工作等。

（6）车间（队）主任、工段长、班组长对本车间生产作业现场的职业卫生管理负责。

（7）作业职工对本岗位的职业卫生工作负责。

三、积极采取预防控制措施

职业病防治工作实行"预防为主、防治结合"的指导方针，用人单位作为职业病防治的责任主体，应当依照法律、法规要求，采取积极、主动的预防、治理控制措施，保护员工健康和企业的健康发展。

职业病防治要实现预防为主的方针，应重心前移，优先从源头上防止劳动者接触各类危害因素和改善可能引起健康损害的作业环境（工作场所），即优先采取工程技术措施预防、消除及控制工作场所可能产生或存在的职业病危害；其次通过开展工作场所职业病危害因素监（检）测、劳动者职业健康监护，为职业病危害预防、治理工程技术措施的效果提供评估、改进依据。

职业病危害预防、治理工程技术措施包括并应遵循以下内容及优先顺序：

（1）优先采用无危害或危害性较小的工艺和物料。

（2）改良生产工艺及作业方法，减少有害物质泄漏和扩散。

（3）采用生产过程密闭化、机械化、自动化的生产装置。

（4）隔离或遥控操作，避免操作人员在生产过程中直接接触产生有害因素的设备和物料。

（5）采取卫生工程控制措施控制有害物质扩散，即设置局部排气装置或设置整体换气装置。

职业病危害工程技术控制措施的实施首先必须要进行相关的工程设计，即编制"职业病防护设施设计专篇"。职业病防护设施的设计与其他专业的设计要求一样，要求设计部门应在建设项目可行性研究阶段、初步设计阶段编制"职业病防护设施设计专篇"。但就目前国内的状况来看，设计部门对于编制"职业病防护设施设计专篇"不甚了解，设计部门的专业设计人员虽然分工明确、各司其职、各负其责，但是在编制相对边缘且综合性的"职业病防护设施设计专篇"上，往往显得力不从心，甚至概念不清，把职业病防护措施用寥寥数语，蜻蜓点水一带而过，根本达不到应有的设计深度。实际上，与职业病危害控制密切相关的专业除建筑学、工艺学外，还有采暖、通风、空气调节、制冷、热能工程、给水排水、室内环境设计等专业，其中尤以采暖、通风、空气调节专业为重中之重。

因此，在目前的状况下，用人单位及建设单位在职业病危害防控措施的设计上，不应完全依赖设计部门，应建立完善的职业病危害防治审查制度，对职业病防治工作中的建设项目职业病危害评价、职业病防护设施设计等第三方服务机构提供的技术性文件、报告，组织专业技术人员或聘请相关专业领域的专家进行评审、审查，主动参与其中，与技术服务机构沟通完善，保证职业病危害防控措施的合规性、针对性、可行性和经济合理性，达到源头治理，重在预防的要求。

第六章 工 业 通 风

通风是采用自然或机械的方法，对某一空间进行换气，以创造卫生、安全等适宜空气环境的技术。而工业通风则是对生产过程的余热、余湿、粉尘和有害气体等进行控制和治理而进行的通风。

工业通风通过利用技术手段，合理组织气流，将车间内被生产活动所污染的空气排走，把新鲜的或经专门处理的清洁空气送入车间内，起着改善车间生产环境，保证劳动者从事生产活动所必需的劳动条件，保护劳动者身心健康的作用，是控制或消除生产过程中产生的粉尘、有害气体、高温和余湿积极有效的技术措施之一。

第一节 概 述

一、工业通风的目的

预防、消除及控制职业病危害，遵循源头治理的原则，改善工艺设备和作业方法，即优先从工艺选择、原材料替代、工程治理技术着手，从根本上防止和减少有毒有害气体类职业病危害产生。如果通过工艺设备和作业方法的改进后仍不能彻底消除有毒有害类职业病危害因素，应采取卫生工程措施控制其扩散，即采用通风措施，捕集逸出的职业病危害因素，排出工作场所外。

另外，为了应对工作场所中可能存在的缺氧、有毒有害气体、易燃易爆气体，需要通过通风来为工作场所作业人员提供新鲜空气、稀释空气中有毒有害物质浓度、稀释及排出空气中有毒有害物质、调节工作环境温湿度，防止职业危害，为员工提供良好的工作环境。

二、工业通风的类型

通风按通风动力的不同，可分为自然通风、机械通风和联合通风三类，联合通风是自然与机械相结合的通风方式；按车间内的换气组织不同，可分为局部通风、全面通风和混合通风三类。除联合通风外，单独的自然通风一般不需要设置动力设备，机械通风则需要包括风罩（进风口、排风口）、通风管道、风机、空气处理装置（净化装置）、控制系统以及其他附属设备在内的一整套装置形成通风系统。

（一）自然通风

自然通风是靠外界风力和室内外空气的温差及进排气口高度差造成的热压使空气流动的一种通风方式。依据这种自然形成的动力实现空气的交换，能够经济地得到所要求的通风效果。

自然通风适用于有害气体、粉尘浓度相对较低或温、湿度较高的生产作业场所。其在冶炼、轧钢、铸造、锻压热处理等高温车间已得到广泛应用。但生产性毒物危害较大，浓度较高或工艺要求进风需经过滤或处理时、进风能引起雾或凝结水时，不得采用自然通风。

1. 自然通风形式

通风形式按照自然通风的动力源包括热压和风压，归纳起来有：

（1）热压自然通风形式。由于室内外空气温度的不同，热空气上升与冷空气下降形成压差，导致空气对流形成自然通风，如图 6-1 所示。

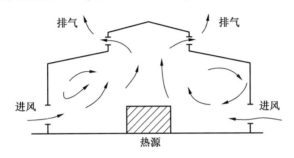

图 6-1 热压自然通风

（2）风压自然通风形式。由于室外风的作用，在建筑物的四周表面造成一定的压差，导致空气吹进和吹出房间，形成自然通风，如图 6-2 所示。

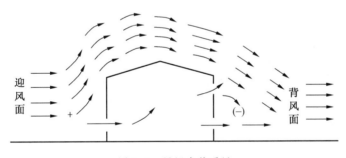

图 6-2 风压自然通风

室外气流吹过建筑物时，气流将发生绕流，经过一段距离后才恢复平行流动。室外气流绕流时，在建筑物的顶部和后侧形成弯曲循环气流，屋顶上部的涡流区称为回流空腔，建筑物背风面的涡流区称为回旋气流区，这两个区域的静压力均低于大气压力，形成负压区，这个区域称为空气动力阴影区（图 6-3）。空气动力阴影区最大高度：

$$H_c \approx 0.3(A)^{0.5} \tag{6-1}$$

屋顶上方受气流影响的最大高度：

$$H_c \approx (A)^{0.5} \tag{6-2}$$

式中 A——建筑物横断面积，m^2。

实际上自然通风中，热压和风压是同时起作用的：热压作用变化较小，风压作用变化较大；在实际中，还应考虑到当地不同季节的主导风向。

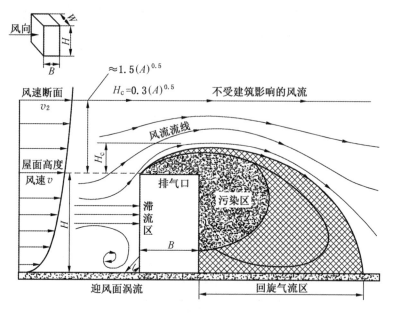

图 6-3　建筑物周围的气流流型

2. 自然通风优缺点

优点：

（1）不消耗机械动力。

（2）可以获得很大的通风换气量，特别是针对产生大量余热的车间和敞开式或棚式建筑，其通风换气效果尤其显著。

缺点：

（1）自然通风换气量受室外气象条件的影响，通风效果不稳定。

（2）难以对进入室内的空气进行处理，也难以对室内排出的污染空气进行净化处理。

（二）机械通风

指利用通风机产生的压力，使新鲜空气进入生产作业场所，把污浊空气排出生产作业场所。机械通风能对空气进行加热、冷却、加湿、净化处理，用管道将相应的设备连接起来组成一个机械通风系统。

1. 机械通风形式

机械通风的形式一般包括机械局部送风、机械局部排风，机械全面送风、机械全面排风。

2. 机械通风主要优点

（1）进入生产作业场所的空气可预先进行处理，使进入的空气符合职业卫生的要求。

（2）排出生产作业场所的空气可进行净化，回收贵重原料，减少污染。

（3）可将新鲜空气送到各个特定地点，并按需求分配空气量，还可将废气从生产作业场所直接排出。

3. 机械通风主要缺点

（1）通风系统比较复杂，造价较高，运行费用大。

（2）通风换气量往往因设施设备的局限性而受到限制。

（三）全面通风

全面通风指在生产作业场所内全面地进行通风换气，以维持整个生产作业场所工作范围内空气环境的卫生要求。全面通风就是用新鲜空气冲淡车间内污染空气，使工作地点空气中有害物质的含量不超过职业卫生标准规定的最高允许浓度。全面通风适用于有害物质扩散不能控制在生产作业场所内一定范围的场合，或污染源不能固定的场合。其效果取决于通风换气量和生产作业场所内的气流组织两个因素。全面通风可以通过自然通风或（和）机械通风实现。

按照对有害物控制机理的不同，全面通风可分为稀释通风、单向流通风和均匀流通风、置换通风等。

（1）稀释通风。是对整个房间（或车间）进行通风换气，用新鲜空气把车间的有害物浓度稀释到最高允许浓度以下。该方法所需的全面通风量较大，控制效果较难。

（2）单向流通风。图6-4所示是单向流通风的示意图。它通过有组织的气流运动，控制有害物的扩散和转移，保证操作人员的呼吸区内达到卫生标准的要求。这种方法具有通风量较小、控制效果较好等优点。

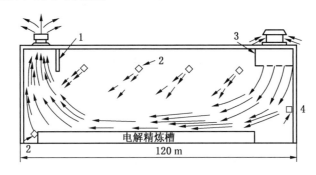

1—屋顶排风机组；2—局部加压射流；3—屋顶送风小室；4—基本射流

图6-4 单向流通风示意图

（3）均匀流通风。速度和方向完全一致的宽大气流称为均匀流，用它进行的通风称为均匀流通风。它的工作原理是利用送风气流构成的均匀流把室内污染空气全部压出和置换，如图6-5所示。气流速度原则上要控制在 0.20~0.50 m/s。这种通风方法能有效排出室内污染空气，目前主要应用于汽车喷漆室等对气流、温度、湿度控制要求高的场合。

（4）置换通风。在有余热的房间，由于在高度方向上具有稳定的温度梯度，如果以较低的风速（<0.20 m/s），将送风温差较小（$\Delta t = 2.0 \sim 4.0$ ℃）的新鲜空气直接送入室内工作区，低温的新风在重力作用下先是下沉，随后慢慢扩散，在地面上方形成一层薄薄的空气层。而室内热源产生的热气流，由于浮力作用上升，并不断卷

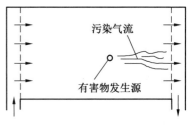

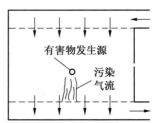

图6-5 均匀流通风示意图

吸周围空气。这样由于热气流上升时的卷吸作用、后续新风的推动作用和排风口的抽吸作用，地板上方的新鲜空气将缓慢向上移动，形成类似于向上的均匀流的流动，于是工作区的污浊空气便被后续的新风所取代。当达到稳定时，室内空气在温度、浓度上便形成两个区域：上部混合区和下部单向流动的清洁区，如图 6-6 所示，这种通风方式称为热置换通风。热置换通风的效果与送风条件有关。与传统的稀释通风方式相比，它具有节能、通风效率高等优点。

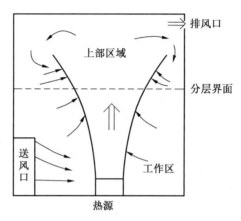

图 6-6　热置换通风示意图

1. 全面通风一般原则

（1）散发湿、热或有害物质的生产作业场所不能采用局部通风时，或采用局部通风仍不能满足职业卫生要求时，应采用或辅助全面通风。

（2）全面通风设计应尽量采用自然通风，自然通风达不到职业卫生要求时，应采用机械通风或自然与机械相结合的联合通风。

（3）设置集中供暖且有排风的生产厂房及辅助建筑物，应考虑自然补风。自然补风达不到职业卫生要求和生产要求或在技术、经济上不合理时，应设置机械通风。

2. 全面通风换气量

（1）通风换气量计算方法。当已知工作场所内某种有害气体产生量为 M，一定量空气 L 以全面通风方式通过工作场所，由于稀释了工作场所内的有害物，空气中有害气体浓度由 Y_0 提高到 Y_s，但不能超过职业接触限值。此时，所需通风量为

$$L = \frac{M}{Y_s - Y_o} \qquad (6-3)$$

式中　　L——换气量，m^3/h；

　　　　M——有害物产生量，mg/h；

　　　　Y_s——职业卫生标准中最高容许浓度，mg/m^3；

　　　　Y_o——送入工作场所内空气所含有害气体浓度，mg/m^3。

如直接采用外界新鲜空气送入工作场所内，则 Y_o 为 0，当大气中含有有害气体或蒸气时，送入工作场所中有害气体或蒸气含量不应超过国家规定的职业接触限值的 30%。

当数种溶剂（苯及其同系物、醇类或醋酸酯类）蒸气或数种刺激性气体同时放散于空

气中时，应按各种气体分别稀释至规定的接触限值所需要的空气量的总和计算全面通风换气量。除上述有害气体及蒸气外，其他有害物质同时放散于空气中时，通风量仅按需要空气量最大的有害物质计算。同时放散有害物质、余热和余湿时，全面通风量应按其中所需最大的空气量确定。

（2）通风换气量计算方法二。当缺乏确切资料而无法计算工作场所内放散的有害物的量时，全面通风所需换气量，可按同类工作场所的换气次数，用经验法确定。

换气次数是指换气量 L 与通风工作场所容积 V 的比值：

$$n = \frac{L}{V}(次/h)$$

各类工作场所的换气次数 n 可从专门规范或设计手册中查到，因此通风换气量为

$$L = nV \tag{6-4}$$

式中　L——换气量，m^3/h；

　　　n——通风换气次数，次/h；

　　　V——通风工作场所有效容积（通风场所体积减去设备等所占体积），m^3。

3. 全面通风气流组织

气流组织就是合理地布置送、排风口位置，分配风量，以及选用风口形式，以便用最小的风量达到最佳的通风效果。

1）全面通风气流组织原则

（1）进、排风应避免含有大量湿、热或有害物质的空气流入没有或仅有少量湿、热或有害物质的作业场所。送风口靠近人，排出口靠近污染物，操作人员位于污染物的上风侧。

（2）工作场所内所要求的职业卫生条件比周围环境的职业卫生条件高时，应保持工作场所内为正压状态。

（3）在整个通风的工作场所内，应尽量使进风气流均匀分布，减少涡流，避免有害物质在局部作业场所积聚。

（4）进、排风口的相对位置应安排得当，防止进风气流不经污染地带直接排出室外。

2）送风口的相关技术要求

《工业建筑供暖通风与空气调节设计规范》（GB 50019—2015）对机械送风方式的要求：

（1）放散热或同时放散湿、热和有害气体的厂房，当采取上部或上、下部同时全面排风时，宜送至作业地带。

（2）放散粉尘或密度比空气大的气体或蒸气，而不同时放散热的厂房，当从下部地区排风时，宜送至上部区域。

（3）当固定工作地点靠近有害放散源，且不可能安装有效的局部排风装置时，应直接向工作地点送风。

3）送、排风口位置对通风效果的影响

按全面通风的原则，工作场所内送风口应设在有害物含量较小的区域，排风口则应尽

量布置在有害物产生源附近或有害物含量最高区，以便最大限度地把有害物从工作场所内排出。在布置进风口时，应尽量使气流在整个工作场所内均匀分布，减少滞流区，避免有害物在死角处积聚。

送风口和排风口的相互位置，一般有下送上排、上送下排及上送上排 3 种形式，每种形式中，送、排风口又可布置在工作场所同侧或对侧。

（1）下送上排。这种气流组织方式多用于散发有害气体或余热的工作场所，新鲜空气可依最短路线迅速到达工作地点，途中受污染的机会较少，部分在工作场所下部工作地点作业的工人可直接接触到新鲜空气。下送上排的气流与工作场所内对流气流的流动趋势相符合，也与热致诱导的有害气体自下而上的趋势相一致。因此，涡流区非常少。

（2）上送下排。气流路线较为通畅且以纵向运动为主，涡流区较少。这种气流组织方式可用于无热源存在的工作场所。

（3）上送上排。采用这种方式时，由于送出的新鲜空气先经过工作场所上部然后才到达工作地点，可能在途中受到污染，且因气流的路线不很通畅，往往有较多的涡流区。这种气流组织方式只有在工作场所下部不便布置排风口时才采用。

（四）局部通风

局部通风是利用局部气流，使局部工作地点不受有害物质的污染，以建立良好的空气环境，即通过局部通风直接排出有害物质源附近的有害物质；是在工作地点某些范围建立良好的空气环境或在有害物扩散前将其从产生源抽出排走。

局部通风可以是局部送风或局部排风。局部通风所需的投资比全面通风小，取得的效果也比全面通风好。

1. 局部送风

把清洁、新鲜空气送至局部工作地点，使局部工作环境质量达到标准规定的要求，新鲜空气应直接送到呼吸带。局部送风主要用于室内有害物质浓度很难达到标准规定的要求、工作地点固定且所占空间很小的工作场所，也可用于高温车间的局部降温。

2. 局部排风

局部排风是在产生有害物质的地点设置局部排风罩，利用局部排风气流捕集有害物质并排至室外，使有害物质不至于扩散到作业人员的工作地点。含有有害物质的气流不应通过作业人员的呼吸带。局部排风是排出有害物质最有效的方法，也是目前工业生产中控制有害物扩散、消除有害物危害最有效的一种方法。

3. 局部通风系统的组成

局部通风系统一般由排气罩、通风管道、净化装置、通风机和其他附属设备所组成。系统中气体运动的能量一般由风机提供。典型的局部通风系统如图 6-7 所示。

（1）排气罩：最重要的部件之一，可捕集污染物，直接影响技术经济指标和净化效果。

（2）通风管道：输送气体的管道，使系统的设备和部件系统连成一个整体。

（3）净化设备：将有害气体净化处理的装置，净化系统的核心部分。

（4）通风机：通风系统中气体流动的动力装置。其提供动力，保证气体的流动速度，但存在压力损失。为防止风机腐蚀，应将风机放在净化设备后面。

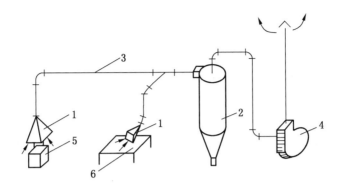

1—排气罩；2—净化装置；3—风管；4—通风机；5—污染源；6—工作台

图 6-7 局部通风系统示意图

4. 局部通风系统选择原则

（1）了解排放源烟气的组成、含量、温度与湿度。例如，冶金、化工烟气（SO_2、CO、NO 及 Cl_2 等），易挥发产物锌、铅蒸气，固体物料破碎粉尘等可用局部通风系统。

（2）了解烟气污染物特性，合理选择净化装置。例如，纯氧顶吹转炉炼钢过程产生的高温烟气，含不同粒度粉尘，有毒、易爆，针对该烟气特性，多用湿法净化装置。

（3）合理配置净化装置。用较低的投资和运行费达到较高污染物去除率，回收有用成分，避免二次污染。例如，在烟尘净化系统中，降尘室或旋风除尘器去除粗粒粉尘，再用布袋除尘器或电除尘器去除细粒级粉尘，除尘效果及投资成本比较好。

第二节 局部排风罩（排气罩）

局部排风罩是局部排风系统的重要组成部分，通过局部排风罩口的气流运动，可在污染物质散发地点直接捕集污染物或控制其在车间的扩散，保证室内工作区污染物浓度不超过国家卫生标准的要求。

按照工作原理不同，局部排风罩可分为以下 5 种基本形式：

（1）密闭罩。是将尘源全部或大部分围挡起来的排风罩，分全密闭罩、半密闭罩。

（2）柜式排风罩（通风柜）。

（3）外部吸气罩（包括上吸式、侧吸式、下吸式用槽边排风罩等）。

（4）接受式排风罩。

（5）吹吸式排风罩。

局部排风罩的设置原则：

（1）局部排风罩应尽可能靠近污染物发生源，使污染物局限于较小空间，尽可能减小其吸气范围，便于捕集和控制。

（2）排风罩的吸气气流方向应尽可能与污染气流运动方向一致。

（3）污染气流不允许通过人的呼吸带。

（4）尽可能避免或减弱干扰气流，如穿堂风、送风气流等对吸气气流的影响。

一、密闭罩

1. 全密罩

如图 6-8 所示是全密闭罩的结构图，它把有害物源全部密闭在罩内，在罩上设有工作孔，从罩外吸入空气，罩内污染空气由上部排风口排出。

它只需较小的排风量就能有效控制有害物的扩散，排风罩气流不受周围气流的影响。它的缺点是，影响设备检修，看不到罩内的工作状况。

1）密闭罩的形式

由于尘源和产尘设备各不相同，工艺生产条件千差万别，所以全密闭罩的形式也各种各样，按照全密闭罩密封范围的大小，可将它分为局部密闭罩、整体密闭罩、大容积密闭罩（密闭小室）3 种。

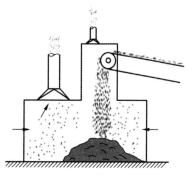

图 6-8 全密闭罩结构图

（1）局部密闭罩。只将产尘点密闭，其特点是：产尘设备及传动装置在罩外，便于观察和检修；罩内容积小，排风量少，经济性好；但是含尘气流速度较大或产尘设备引起的诱导气流速度较大时，罩内不易造成负压，易使粉尘外逸。

局部密闭罩适用于集中连续散发且含尘气流速度不大的尘源。

图 6-9 所示为四辊破碎机的局部密闭罩。物料在破碎过程中以及破碎后会落到带式输送机上均散发出大量粉尘，因此应设置局部密闭罩，使粉尘经排气口排走。

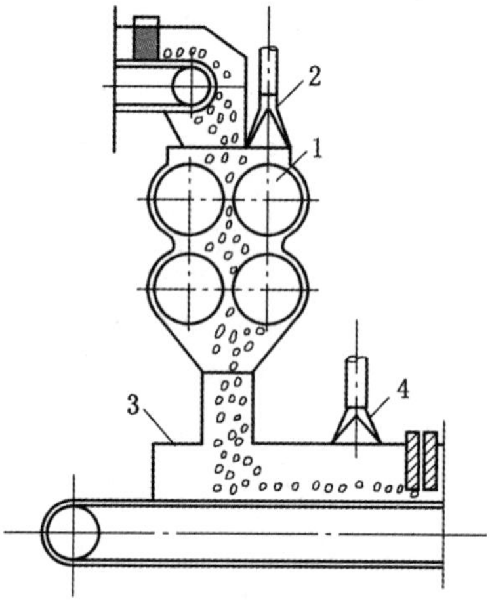

（2）整体密闭罩。将产尘设备大部分或全部予以密闭，只将传动装置留在罩外，如图 6-10 所示为圆筒筛整体密闭罩。

其特点是：密闭罩基本上可成为独立整体，设计容易，密封性好；罩上设置观察窗监视设备运转情况；检修时可打开检修门，必要时可拆除部分罩体。

整体密闭罩适用于振动或含尘气流速度较大、设备多处产尘等情况。

（3）大容积密闭罩（密闭小室）。将产尘设备（包括传动机构）全部密闭，形成独立的小室。

其特点是：罩内容积大，粉尘不易外逸；检修设备时可直接进入罩内。

1—四辊破碎机；2—上部排气口；

3—局部密闭罩；4—下部排气口

图 6-9 四辊破碎机局部密闭罩

这种罩适用于产尘量大且不宜采用局部和整体密闭罩的情况，特别是设备需要频繁检修的场合。其缺点是占地面积大，建造费用高，不宜大量采用。

图 6-11 所示为振动筛的密闭小室，振动筛、提升机等设备全部密闭在小室内。工人可直接进入小室检修和更换筛网。

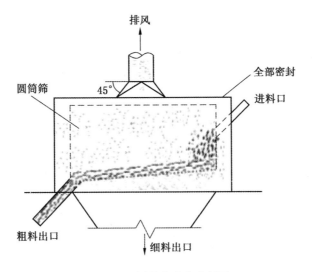

图 6-10 圆筒筛整体密闭罩

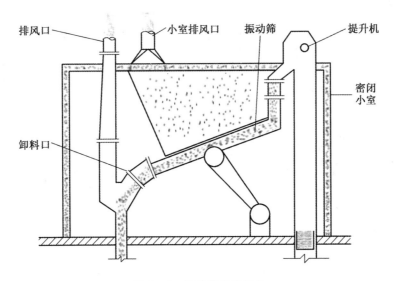

图 6-11 振动筛室密闭罩

2）排风口位置的确定

尘源密闭后，要防止粉尘外逸，还需通过排风消除罩内正压。罩内形成正压的主要因素有：机械设备运动、物料的运动和罩内温度差。

（1）机械设备运动。当图 6-10 所示的圆筒在工作过程中高速转动时，会带动周围空气一起运动，造成一次尘化气流。高速气流与罩壁发生碰撞时，会把自身的动压转化为静压，使罩内压力升高。

（2）物料运动。图 6-12 所示是带式输送机转载点的工作情况。物料的落差较大时，高速下落的物料诱导周围空气一起从上部罩口进入下部皮带密闭罩，使罩内压力升高。物料下落时的飞溅是造成罩内正压的另一个原因。

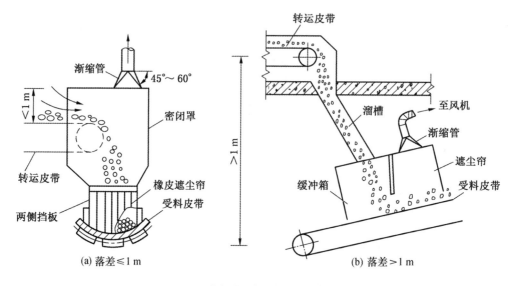

(a) 落差≤1 m

(b) 落差>1 m

图 6-12　带式输送机转载点的密闭抽风

为了消除下部密闭罩内诱导空气的影响，当物料的落差大于 1 m 时，应按图 6-12b 所示在下部进行抽风，同时设置宽大的缓冲箱以减弱飞溅的影响；当落差不大于 1 m 时，物料诱导的空气量较小，可按图 6-12a 设置排风口。

图 6-13 所示是发生飞溅时的情况，由于局部气流的飞溅速度较高，采用抽风的方法无法抑止这种局部高速气流动。

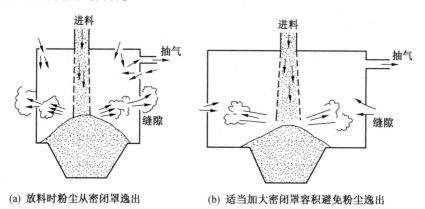

(a) 放料时粉尘从密闭罩逸出

(b) 适当加大密闭罩容积避免粉尘逸出

图 6-13　密闭罩内粉尘飞溅

正确的预防方法是避免在飞溅区域内有孔口或缝隙，或者设置宽大密闭罩，使尘化气流在到达罩壁上的孔口前速度已大大减弱。

（3）罩内温度差。当提升机提升高度较小、输送冷料时，主要在下部的物料点造成正压，可按图 6-14a 在下部设排风点。当提升机输送热的物料时，提升机机壳类似于一根垂直风管，热气流带着粉尘由下向上运动，在上部形成较高的热压。当物料温度为 50~150 ℃时，要在上、下同时排风，物料温度大于 150 ℃只需在上部排风，如图 6-14b 所示。

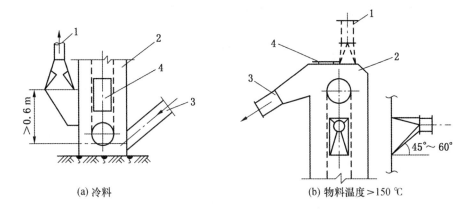

(a) 冷料　　　　　　　　　(b) 物料温度>150 ℃

1—排风口；2—斗式提升机；3—料管；4—检修门

图6-14　斗式提升机的密闭抽风

3）排风量的确定

从理论上分析，密闭罩的排风量可根据进、排风量平衡确定。

$$Q = Q_1 + Q_2 + Q_3 + Q_4 \qquad (6-5)$$

式中　　Q——密闭罩的排风量，m^3/s；

$\quad Q_1$——物料下落时带入罩内的诱导空气量，m^3/s；

$\quad Q_2$——从孔口或不严密缝隙吸入的空气量，m^3/s；

$\quad Q_3$——因工艺需要鼓入罩内的空气量，m^3/s；

$\quad Q_4$——在生产过程中因受热使空气膨胀或水分蒸发而增加的空气量，m^3/s。

Q_3取决于工艺设备的配置，只有少量设备如自带鼓风机的混砂机等才需考虑。Q_4在工艺过程发热量大、物料含水率高时才需考虑，如水泥厂的转筒烘干机等。由于全密闭罩所需排风量的详细准确计算是很困难的，对于大多数情况，排风量可简化为

$$Q = Q_1 + Q_2 \qquad (6-6)$$

对于不同的设备，因为它们的工作特点、密闭罩的结构型式及尘化气流的运动规律各不相同，因此难以用一个统一的公式对上述两部分风量进行计算；目前大多按经验数据或经验公式确定，设计时可参考有关手册。

减少防尘密闭罩的局部排风量，应尽可能减小工作孔或缝隙面积，并设法限制诱导空气随物料一起进入罩内。

2. 半密闭罩

当工艺生产条件不允许对尘源全部密闭，只能大部分密闭时，可采用半密闭罩，如在粉料装袋、喷漆、打磨、抛光等作业中使用。

一般情况下，半密闭罩有一面全部或大部分敞开，形成大面积的孔口，以便于工人操作。为了防止有害物从半密闭罩的敞开面外逸，还必须对半密闭罩进行排风。

（1）半密闭罩的形式。半密闭罩的种类很多，可按以下分类：①按罩中作业过程是否放热，可分为热过程半密闭罩和冷过程半密闭罩；②按罩上排气口的位置可分为上部排气、下部排气和上下同时排气半密闭罩。

（2）半密闭罩的排气口位置。半密闭罩的排气口位置对其敞开面上的空气速度分布有很大的影响。若该面上速度分布不均匀，含尘气体就有可能从速度小的部分逸出罩外，如冷过程上排气口、冷过程下排气口、热过程下部排气口、热过程上下联合排气口，如图6-15所示。

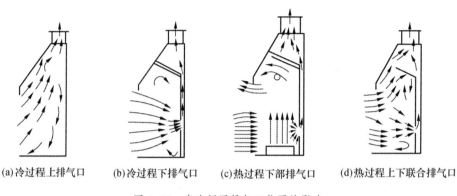

(a)冷过程上排气口　(b)冷过程下排气口　(c)热过程下部排气口　(d)热过程上下联合排气口

图 6-15　半密闭罩排气口位置的影响

（3）排风量的计算。由于半密闭罩有一面敞开，所以它所需的排风量较相应的全密闭罩风大。对于冷过程或发热量不大的过程，半密闭罩的排风量可按式（6-7）计算：

$$Q = Q_1 + FV_{min}\beta \tag{6-7}$$

式中　　Q_1——罩内工艺过程产生的污染气体量，m^3/s；

F——敞开面面积，m^2；

V_{min}——敞开面上所需断面最小平均风速，一般为 $0.7 \sim 1.5$ m/s，对于不同的有害物质，可参考手册；

β——安全系数，一般取 $\beta = 1.05 \sim 1.1$。

当罩内存在发热量较大的热源时，排风量可按式（6-8）计算：

$$Q = 0.525\sqrt{hQ_w F^2} \tag{6-8}$$

式中　　h——敞开面高度，m；

Q_w——罩内发热量，W；

F——敞开面面积，m^2。

二、通风柜

通风柜是密闭罩的一种特殊形式，其上一般设有可开闭的操作孔和观察孔，产生有害物的操作完全在罩内进行。

通风柜的形式很多，按排气口的位置可分为上部排风、下部排风、上下联合排风、供气式、吹吸联合工作 5 种形式。

（1）上部排风通风柜。当通风柜内产生的有害气体密度比空气小，或当柜内存在发热体时，应选择这种通风柜。图 6-16 所示为典型的上部排风通风柜，这类通风柜结构简单，应用广泛。

（2）下部排风通风柜。当柜内无发热体且产生的有害气体密度比空气大，柜内气流下降时，应选择下部排风通风柜。下部排风口可紧靠工作台面或距工作台面有一定的距离，如图 6-17 所示。

（3）上下联合排风通风柜。当柜内发热量不稳定或产生密度大小不等的有害气体时，为有效地适应各种不同的工况条件，可选用上下联合排风通风柜。

图 6-18 所示为固定导风板式上下联合通风柜，上排风口和下排风口的排风量为 1：2。这种通风柜结构简单，制作方便，多用于化学实验室。

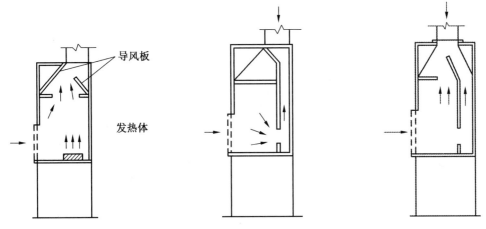

图 6-16 上部排风通风柜　　图 6-17 下部排风通风柜　　图 6-18 上下联合排风通风柜

（4）供气式通风柜（送风式通风柜）。这种通风柜的工作孔口上部及两侧设有吹风口，由供气管道输送的空气从吹风口吹出，形成隔挡室内空气幕。通风柜排气量的 $1/4 \sim 1/3$ 为室内空气，$2/3 \sim 3/4$ 为辅助供给的空气。

图 6-19 所示为供气式通风柜，可减少从室内的排风量，有利于保证室内的洁净度和正压，在供暖和空调房间内使用时，能节约能量 60% 左右，所以也称节能型通风柜。

（5）吹吸联合工作的通风柜。图 6-20 所示是吹吸联合工作的通风柜。它可以隔断室内干扰气流，防止柜内形成局部涡流，使有害物得到较好控制。

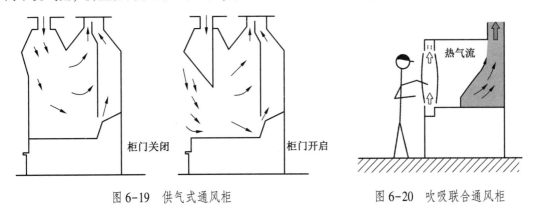

图 6-19 供气式通风柜　　　图 6-20 吹吸联合通风柜

通风柜排风量的计算方法与半密闭罩相同，可参见式（6-7）和式（6-8）。

三、外部罩

由于工艺条件限制，生产设备不能密闭时，可把排风罩设在有害物附近，依靠罩口的抽吸作用，在有害物发散地点造成一定的气流运动，把有害物吸入罩内。这类排风罩统称为外部吸气罩，如图 6-21 所示。

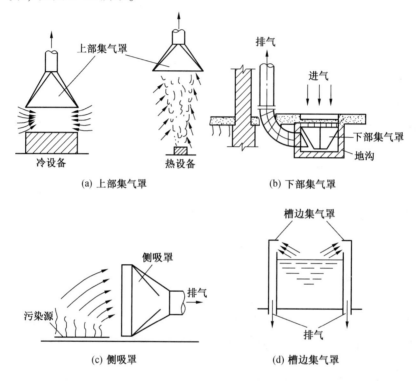

图 6-21　外部吸气罩

外部罩对粉尘的控制作用是通过罩外吸气汇流流动而实现的。粉尘离开尘源后，由于自身的动能以及罩外扰动气流的携带而扩散。只有当外部罩产生的吸气汇流流动足以克服粉尘向任一方向的扩散运动时，才能将尘源散发出的所有粉尘吸入罩内。

外部罩产生的吸气汇流场主要与外部罩的结构型式和吸气流量有关。设计外部罩的任务就是根据尘源的性质和工艺生产条件，正确选择外部罩的型式和以最小的吸气流量将粉尘捕集。在通风工程中，设计外部罩主要采用两种方法，即控制风速法和流量比法。

1. 控制风速法

为保证有害物全部吸入罩内，必须在距吸气口最远的有害物散发点（即控制点）上造成适当的空气流动，如图 6-22 所示。

控制点的空气流动称为控制风速（吸入速度）。外部吸气罩需要多大的排风量 Q，才能在距罩口 x 处造成必要的控制风速 V_x？要解决这个问题，必须掌握 Q 和 V_x 之间的变化规律。

1）前面无障碍时排风罩排风量的计算

（1）对于无边板圆形和矩形 $\left(\dfrac{b}{l} \geqslant 0.2，b\ 为吸气口宽度、l\ 为吸气口长度\right)$ 吸气口轴线

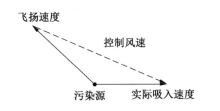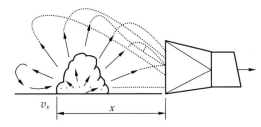

图 6-22 外部吸气罩的控制风速

上速度的经验公式:

$$\frac{v_c}{v_x} = \frac{10x^2 + F}{F}$$ (6-9)

式中 v_c——罩口平均风速,m/s;

v_x——轴线上距罩口 x 处的速度值,m/s;

F——罩口面积,m^2。

(2) 对于加边板圆形或矩形 $\left(\frac{b}{l} \geqslant 0.2\right)$ 的吸气口,有:

$$\frac{v_c}{v_x} = 0.75\left(\frac{10x^2 + F}{F}\right)$$ (6-10)

(3) 对于设于平台上 (图 6-23) 的排风罩,只是将式 (6-9) 和式 (6-10) 中吸气口面积 F 变为实际罩口面积的两倍。这种情况下无边板和有边板排风罩轴线上速度公式为

无边板:

$$\frac{v_c}{v_x} = \frac{5x^2 + F}{F}$$ (6-11)

有边板:

$$\frac{v_c}{v_x} = 0.75\left(\frac{5x^2 + F}{F}\right)$$ (6-12)

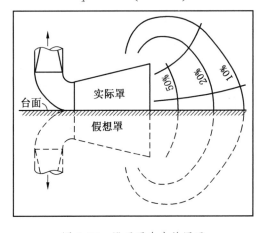

图 6-23 设于平台上的罩子

（4）对于宽长比 $\dfrac{b}{l} < 0.2$ 的条缝形吸气口，其轴线上的速度按下列经验公式计算：

自由悬挂无边板：

$$\frac{v_c}{v_x} = \frac{3.7lx}{F} \tag{6-13}$$

有边板设在工作台上：

$$\frac{v_c}{v_x} = \frac{2.8lx}{F} \tag{6-14}$$

有边板自由悬挂或无边板设在工作台上：

$$\frac{v_c}{v_x} = \frac{2lx}{F} \tag{6-15}$$

当罩口平均风速 v_c 已知时，排气量可由 $Q = Fv_c$ 求出。

（1）首先要确定罩口平均风速 v_c。

（2）当外部罩的控制距离为 x 时，在控制点上的风速 v_x 即为控制风速。v_x 可根据经验及现场实测确定，也可根据表6-1和表6-2确定。

表6-1 控制点的控制风速 v_x

污染物散发情况	举 例	控制风速/(m·s⁻¹)
以轻微的速度散发到几乎是静止的空气中	蒸汽的蒸发；气体或烟从敞开容器中外逸	0.25~0.5
以较低的速度散发到较平静的空气中	喷漆室内喷漆；间歇粉料装袋；焊接台；低速皮带机运输；电镀槽；酸洗槽	0.5~1.0
以相当大的速度散发到空气运动迅速的区域	高压喷漆；快速装袋或装桶；往皮带机上装料；破碎机破碎；冷落砂机	1.0~2.5
以高速散发到空气运动很迅速的区域	磨床；重破碎机；在岩石表面工作；砂轮机；喷砂；热落砂机	2.5~10

表6-2 表6-1中控制风速取上、下极限值的情况

范围下值	范围上值
室内空气流动小或者对捕集有利	室内扰动气流强烈
污染物毒性很低或者仅是一般的除尘	污染物毒性高
间断性生产或产量低	连续性生产或产量高
大型罩子大风量	小型罩局部控制

（3）v_x 确定后，可按式（6-11）~式（6-15）求出 v_c，从而计算出外部罩排风量 Q。

①自由悬挂圆形、方形和矩形 $\left(\dfrac{b}{l} \geq 0.2\right)$ 罩：

无边板：

$$Q = (10x^2 + F)v_x \tag{6-16}$$

有边板：

$$Q = 0.75(10x^2 + F)v_x \qquad (6-17)$$

②台面方形和矩形罩：

无边板：

$$Q = (5x^2 + F)v_x \qquad (6-18)$$

有边板：

$$Q = 0.75(5x^2 + F)v_x \qquad (6-19)$$

③自由悬挂条缝形罩：

无边板：

$$Q = 3.7lxv_x \qquad (6-20)$$

有边板：

$$Q = 2.8lxv_x \qquad (6-21)$$

④台面条缝形罩：

无边板：

$$Q = 2.8lxv_x \qquad (6-22)$$

有边板：

$$Q = 2lxv_x \qquad (6-23)$$

式中 Q——排风罩排风量，m^3/s；

x——控制距离，m；

v_x——控制风速，m/s；

F——排风罩口面积，m^2；

l——条缝形罩长度，m。

2）前面有障碍物时外部罩排风量的计算

排风罩如果设在工艺设备上方，由于设备的限制，气流只能从侧面流入罩内，罩口的流场与一般外部罩不同，如图 6-24 所示。

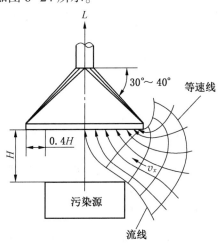

图 6-24 冷过程的上吸式排风罩

为避免横向气流的干扰，罩子每边均较尘源大 0.4H（H 为罩口至尘源表面的距离）或尽可能要求 H≤0.3a。这时排风量可按式（6-24）计算：

$$Q = KPHv_x \qquad (6-24)$$

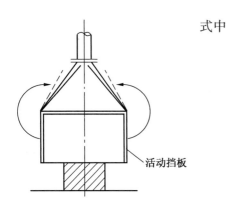

图 6-25　设有活动板的伞形罩

式中　　K——考虑沿高度速度分布不均匀的安全系数，一般取 $K=1.4$；

P——尘源敞开面的周长，m：对于矩形伞形罩，四周敞开时 $P=2(A+B)$，三面敞开时 $P=2A+B$，二面敞开时 $P=A+B$，一面敞开叶 $P=A$；

H——罩口至尘源表面的距离，m；

v_x——控制点（尘源边缘）的控制风速，m/s；

A、B——尘源的边长，m。

设计外部吸气罩时在结构上应注意的问题：

（1）为了减少横向气流的影响和罩口的吸气范围，在工艺条件允许时，应在罩口四周设固定或活动挡板，如图 6-25 所示。

（2）罩口上的速度分布对排风罩性能有较大影响。扩张角 α 变化时罩口轴心速度 v_c 和罩口平均速度的比值见表 6-3，图 6-26 是不同扩张角下排风罩的局部阻力系数（以管口动压为准），当 α=30°~60° 时阻力最小。

表 6-3　不同 α 角下的速度比

α	v_c/v_0	α	v_c/v_0
30°	1.07	60°	1.33
40°	1.13	90°	2.0

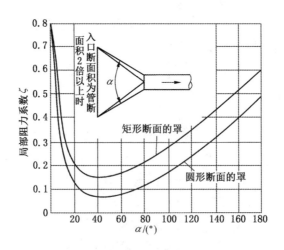

图 6-26　2 排风罩的局部阻力系数

综合结构、速度分布、阻力三方面的因素，α 角应尽可能小于或等于 60°。当罩口平面尺寸较大时，可采取图 6-27 所示的措施。

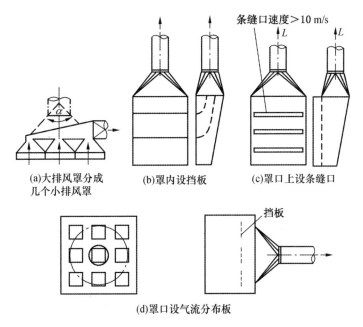

图 6-27 不同的罩口形式

2. 流量比法

控制风速法中没有考虑污染气流发生量对控制效果的影响。流量比法则同时考虑吸气气流和污染气流的综合作用，给出有关计算公式。

用排风罩排除污染气体时，其排风量 Q_3 等于污染源发生的气体量 Q_1 和周围吸入的气体量 Q_2 之和，即

$$Q_3 = Q_1 + Q_2 = Q_1\left(1 + \frac{Q_2}{Q_1}\right) = Q_1(1 + K) \qquad (6-25)$$

式中 K——流量比，反映了排风状态。

1）流量比 K

由上式可知，当 Q_1 一定时，K 值增大，则 Q_2 增大，排除污染气体的能力强；K 值小，则 Q_2 小，污染气体有可能泄漏。在污染气体刚好不必发生泄漏的极限状态时的 K 值称为极限流量比，用 K_Q 表示，即：

$$K_Q = \left(\frac{Q_2}{Q_1}\right)_{\text{Limit}} \qquad (6-26)$$

由于影响气流运动的因素非常复杂，实际的 K_Q 计算式是通过实验研究得出的。研究表明，K_Q 与污染气体发生量无关，只与污染源和罩的相对尺寸有关。

对图 6-28 所示的二维上吸式排风罩，K_Q 值可按下式计算：

$$K_Q = 0.2\left(\frac{H}{E}\right)\left[0.6\left(\frac{F_3}{E}\right)^{-1.3} + 0.4\right] \qquad (6-27)$$

上式的适用范围为 $D_3/E > 0.2$、$H/E \leqslant 0.7$、$1.0 \leqslant F_3/E \leqslant 1.5$。从式中看出，影响 K_Q 的主要因素是 H/E 和 F_3/E。H/E 是影响 K_Q 的主要因素，设计时要求 $H/E \leqslant 0.7$；增大 F_3

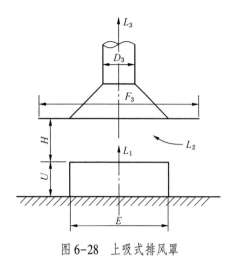

图 6-28 上吸式排风罩

可减小吸气范围，K_Q 随 F_3/E 的增大而减小。实验表明，在 $F_3/E \geqslant (1.5 \sim 2.0)$ 时，对 K_Q 不再有明显影响。

污染气体与周围空气有一定温度差时，K_Q 按式（6-28）修正。

$$K_{Q(\Delta t)} = K_{Q(\Delta t = 0)} + \frac{3}{2500}\Delta t \qquad (6-28)$$

式中　Δt——污染气体与周围空气的温差，℃。

上式适用于热源温度小于 750 ℃ 的场合。

有研究者还对二维、三维、上吸、侧吸等不同情况进行了详细的研究，并导出了 K_Q 的计算式，可参见有关文献。

2）排风罩排风量的计算

$$Q_3 = Q_1[1 + mK_{Q(\Delta t)}] = Q_1(1 + K_D) \qquad (6-29)$$

式中　m——考虑干扰气流影响的安全系数，按表 6-4 确定；

　　　K_D——设计流量比。

表 6-4　安　全　系　数

干扰气流速度/(m·s⁻¹)	0~0.15	0.15~0.30	0.30~0.45	0.45~0.60
安全系数 m	5	8	10	15

应用流量比法计算应注意以下 3 点：

（1）计算时应注意公式的适用范围。由于气流运动的复杂性，流量比法同样有某些不完善之处，如安全系数过大等，有待研究改进。

（2）流量比法是以污染气体发生量 Q_1 为基础进行计算的。Q_1 应根据实测的发散速度和发散面积计算确定；如果无法确切计算污染气体发生量，建议仍按控制风速法计算。

（3）周围干扰气流对排风量有很大的影响，在可能条件下应设法减弱它的影响。干扰风速 v_0 应尽可能实测确定。

四、接受罩和吹吸罩

1. 接受罩

有些生产过程或设备本身产生或诱导一定的气流运动，带动有害物一起运动，如高温热源上部的对流气流及砂轮磨削时抛出的磨屑及大颗粒粉尘所诱导的气流等。此时，排风罩应设在污染气流前方，让其直接进入罩内，如图 6-29 所示。

接受罩在外形上和外部吸气罩完全相同，但作用原理不同。对接受罩而言，罩口外的气流运动是生产过程本身造成的，接受罩只起接受作用，它的排风量取决于接受的污染空气量的大小。接受罩的断面尺寸应不小于罩口处污染气流的尺寸。

粒状物料高速运动时所诱导的空气量，由于影响因素较为复杂，通常按经验公式确定。

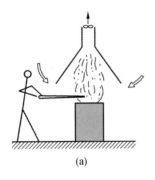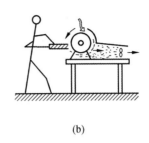

(a)   (b)

图 6-29 接受罩

1）热源上部的热射流

热源上部的热射流主要有两种形式：一种是生产设备本身散发的热射流，如炼钢电炉炉顶散发的热烟气；另一种是高温设备表面对流散热时形成的热射流。前者必须实测确定，下面对后者进行分析。

热射流可以近似看成是从一个假想点源以一定角度、边界为直线的一股气流。

该假想点热源位于实际热源表面以下距离为 M 处，如图 6-30 所示。在距假想点热源的距离为 Z 的横截面上有

热射流直径：

$$D_c = 0.434Z^{0.88} \qquad (6-30)$$

断面平均流速：

$$v_f = 0.05Q_b^{1/3}Z^{-0.29} \qquad (6-31)$$

断面流量：

$$Q_c = 7.4 \times 10-3Q_b^{1/3}Z^{1.47} \qquad (6-32)$$

式中　Z——假想点热源距计算横截面的距离，$Z=H+M$，m；

　　　H——热源表面至计算横截面的距离，m；

　　　M——假想点热源至热源表面的距离，$M=2.58B^{100/88}$，m；

　　　B——热源在水平投影面积的直径或边长，m；

　　　Q_b——热源对流散热量，$Q_b=2.5 (t_b-t_a)^{5/4}F_s$，W；

　　　t_b——热源水平表面温度，℃；

　　　t_a——热源周围空气的温度，℃；

　　　F_s——热源在水平面投影面积，m²。

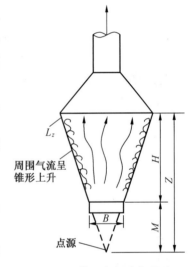

图 6-30 热源上部的接受罩

2）热源上部接受罩排风量的计算

从理论上说，只要接受罩的排风量等于罩口断面上热射流的流量，接受的断面尺寸等于罩口断面上热射流的尺寸，污染气流就能全部排除。实际上由于横向气流的影响，热射流会发生偏转，可能溢入室内。接受罩的安装高度 H 越大，横向气流的影响越严重。生产上采用的接受罩，罩口尺寸和排风量都必须加大。根据安装高度 H 的不同，热源上部的接

受罩可分为以下两类：①$H \leqslant 1.5F_s^{1/2}$（或 $H \leqslant 1.33B$）的称为低悬罩；$H > 1.5F_s^{1/2}$（或 $H > 1.33B$）的称为高悬罩。

（1）低悬罩排风量的计算。由于低悬罩位于收缩断面附近，罩口断面上的热射流横断面积一般小于（或等于）热源的平面尺寸。在横向气流影响小的场合，排风罩口尺寸应比热源尺寸扩大 150~200 mm。横向气流影响较大的场合，按下式确定：

圆形：

$$D_f = B + 0.5H \tag{6-33}$$

矩形：

$$\begin{cases} A_1 = a + 0.5H \\ B_1 = b + 0.5H \end{cases} \tag{6-34}$$

式中　　　D_f——圆形罩口直径，m；

　　A_1、B_1——矩形罩口长度和宽度，m；

　　　a、b——热源水平投影尺寸，m。

令热源表面面积等于罩口面积，热源表面处的热射流流量等于接受罩的排风量，再附加 15% 的安全系数后，可得：

圆形罩：

$$Q = 0.045(D_f)^{2.33}(\Delta t)^{5/12} \tag{6-35}$$

矩形罩：

$$Q = 0.06B_1^{4/3}A_1(\Delta t)^{5/12} \tag{6-36}$$

式中　Δt——热源表面与周围空气的温度差，℃。

（2）高悬罩排风量的计算。设计高悬罩时，罩口尺寸应比罩口断面处热射流尺寸增加 $0.8H$，即

$$D_f = D_c + 0.8H \tag{6-37}$$

高悬罩的总排风量为

$$Q = 1.15Q_c + v_r(F_f - F_c) \tag{6-38}$$

式中　Q_c——热射流在罩口的流量，m^3/s；

　　F_f——罩口面积，m^2；

　　F_c——热射流在罩口处横截面面积，m^2；

　　v_r——罩口扩大面积上空气的吸入速度，一般取 0.5~1.0 m/s。

2. 吹吸罩

1）吹吸罩的通风原理

利用外部罩控制有害物的扩散时，由于流向罩口的空气速度衰减很快，因此要在较远的控制点造成必要的吸入速度，需要的排风量就较大，而且易受干扰气流的影响。

可以采用在一侧吸气的同时在另一侧设喷吹气流，形成气幕，组成吹吸罩以提高其控制有害物的效果，如图 6-31 所示。在同样的控制效果下，采用吹吸式通风罩，风量可以大大减小，控制点至排风口的距离愈大，效果愈明显。吹吸式通风中的喷吹气流一般可视作平面射流，它的特点是速度衰减慢。

如图 6-32b 所示，二维吸气气流在罩口中心轴线上，$x = 2b_0$（b_0 为条缝口宽度）处，

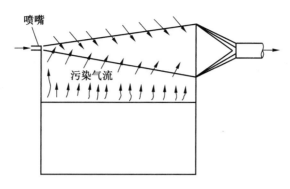

图 6-31 吹吸罩示意图

空气的吸入速度已降为 $v = 0.1v_0$（v_0 为罩口风速）。

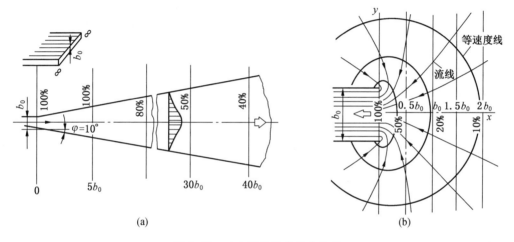

(a)

(b)

图 6-32 吹和吸的速度分布比较

如图 6-32a 所示的平面射流中，在距罩口 $x = 10b_0$ 处，轴心速度仅降低到 $v = 0.8v_0$（v_0 为吹风口出口平均风速，即使在 $x = 100b_0$ 处，还有 $v = 0.2v_0$。利用射流作动力，把有害物吹吸至排风口，再进行排除是十分有利的。

2）吹吸罩的计算

要使吹吸式通风系统在经济合理的前提下获得最佳的控制效果，必须遵循吹吸气流的流动规律，使两者协调一致地工作。

由于吹吸复合气流的运动情况较为复杂，尽管国内外很多学者都对其进行了研究，并提出了各种设计计算方法，但还没有一种公认的最好方法。

目前主要采用速度控制法和流量比法计算吹吸罩的排风量，有关这两种计算方法的详细过程可参考有关文献。

3）吹吸罩的应用

由于吹吸式通风依靠吹、吸气流的联合工作进行有害物的控制和输送，具有风量小、污染控制效果好、抗干扰能力强、不影响工艺操作等特点。应用吹、吸气流进行有害物控制的实例有：

（1）吹吸气流用于金属熔化炉的情况。如前面所述，热源上部接受罩的安装高度较大时，排风量较大，而且容易受横向气流影响，为了解决这个矛盾，可以在热源前方设置吹风口，在操作人员和热源之间组成一道气幕，同时利用吹出的射流诱导污染气流进入上部接受罩，如图6-33所示。

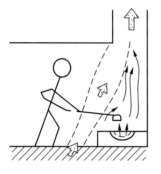 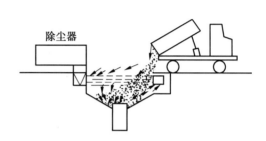

图6-33　炉前吹吸气流示意图　　　　图6-34　地坑吹吸罩

（2）用气幕控制破碎机坑粉尘的情况。当卡车向地坑卸大块物料时，地坑上部无法设置局部排风罩，会扬起大量粉尘。为此可在地坑一侧设吹风口，利用吹吸气流抑止粉尘的飞扬，含尘气流由对面的吸风口吸除，经除尘器后排除，如图6-34所示。

（3）吹吸气流不但可以控制单个设备散发的有害物，而且可以对整个车间的有害物进行有效控制。按照传统的设计方法采用车间全面通风时，要用大量室外空气对有害物进行稀释，使整个车间的有害物浓度不超过卫生标准的规定。由于车间有害物和气流分布不均匀，要使整个车间都达到要求是很困难的。图6-35所示为大型电解精炼车间采用吹吸气流控制有害物的示例。

在基本射流作用下，有害物被抑止在工人呼吸区以下，最后经屋顶排风机组排除；设在屋顶上的送风小室供给操作人员新鲜空气，在车间中部有局部加压射流，使整个车间的气流按预定路线流动。这种通风方式也称单向流通风，污染控制效果好，送、排风量少。

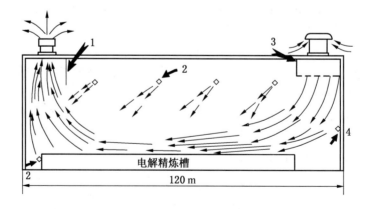

1—屋顶排气机组；2—局部加压射流；3—屋顶送风小室；4—基本射流

图6-35　电解精炼车间直流式气流简图

五、排风罩参数的确定方法

排风罩性能优劣的主要技术经济指标是排风量和压力损失。

1. 排风量

排风量计算参照式（6-39）：

$$Q = A_0 v_0 \qquad\qquad (6-39)$$

式中　v_0——实测罩口上的平均吸气速度，m/s；

　　　A_0——罩口面积，m^2。

2. 压力损失

排风罩的压力损失一般表示为压损系数与直管中动压的乘积，即

$$\Delta P = \xi \cdot P_d = \frac{\xi \cdot \rho v^2}{2} \qquad\qquad (6-40)$$

式中　ξ——压损系数；

　　　P_d——气流的动压，Pa；

　　　v——气流的速度，m/s。

第三节　通风系统中的风口及通风管道

通风系统中的风口为室内送、排风口和室外进、排风口。

一、室内送、排风口

室内送风口是送风系统中的风道末端装置，由送风道输送来的空气，通过送风口以适当的速度分配到各个指定的送风地点，如图6-36所示。

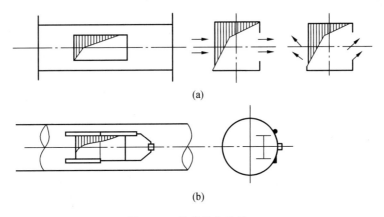

(a)

(b)

图 6-36　最简单的送风口

二、室外进、排风口

管道式自然风送风系统的室外进风装置应设在室外空气比较洁净的地点，在水平和竖

直方向上都要尽量远离和避开污染源，如图 6-37 所示。

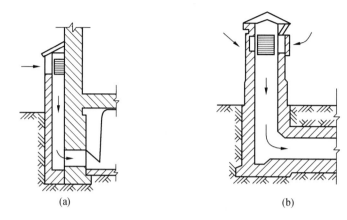

(a)   (b)

图 6-37　室外进风装置

三、通风管道

（一）管道布置

1. 管道布置的一般原则

输送介质不同，管道布置原则不完全相同。

1）划分系统的原则

下列情况不能合为一个净化系统：

（1）污染物混合后有引起燃烧或爆炸危险的。

（2）不同温度和湿度的气体，混合可能引起管道内结露。

（3）因粉尘或气体性质不同，共用一个系统会影响回收或净化效率者。

2）管道敷设的原则

管道敷设分明装和暗设，应尽量明装，以便检修；管道应尽量集中成列，平行敷设尽量沿墙或柱敷设；管道与梁、柱、墙、设备及管道之间应留有足够距离，以满足施工、运行、检修和热胀冷缩的要求，一般间距 100~150 mm；管道通过人行横道时，与地面净距不应小于 2 m，横过公路时不得小于 4.5 m，横过铁路时与铁轨面净距不得小于 6 m；水平管道敷设应有一定的坡度，以便于放气、放水、疏水和防止积尘，一般坡度为不小于 0.005°。坡度应考虑斜向风机方向，并应在风管的最低点和风机底部装设水封泄液管。

3）管道支撑的原则

管道与阀件不宜直接支承在设备上，应单独设支架或吊架。保温管的支架上应设管托。管道的焊接缝位置应布置在施工方便和受力较小的地方。焊缝不得位于支架处。焊缝与支架的距离不应小于管径，至少不得小于 200 mm。

4）管道连接的原则

为方便检修、安装，以焊接为主要连接方式的管道中，应设置足够数量的法兰；以螺纹连接为主的管道，应设置足够数量的活接头（特别是阀门附近）；穿过墙壁或楼板的那段管道不得有焊缝。

除尘管道布置除上述一般原则外，还应满足以下 4 点要求：

（1）除尘管道尽可能垂直或倾斜敷设。倾斜管道的倾角（与水平面的夹角）应不小于粉尘安息角；当必须水平敷设时，要有足够的流速以防止积尘。易产生积灰的管道，必须设置清灰孔。

（2）为减轻风机磨损，特别当气体含尘浓度较高时（大于 3 g/m³ 时），应将净化装置设在风机的吸入段。

（3）分支管与水平管或倾斜主干管连接时，应从上部或侧面接入。三通管的夹角一般不宜大于 30°。几个分支管汇于同一主干管，汇合点最好不设在同一断面。

（4）输送气体中含磨琢性强的粉尘时，在有局部压力损失处采取防磨措施，并在设计中考虑管件检修的便利性。

2. 管网布置方式

管网布置应实现各支管间的压力平衡，保证各吸气点达到设计风量，防止污染物扩散。

（1）干管配管方式，也叫集中式净化系统。其优点是管网布置紧凑，占地小，投资省，施工简便，应用较广泛。但各支管间压力平衡计算比较烦琐。

（2）个别配管方式，也叫分散式净化系统。吸气（尘）点多的系统管网，可采用大断面的集合管连接各分支管，集合管内流速不宜超过 3 m/s，以利各支管间压力平衡。对于除尘系统，集合管还能起初净化作用，但管底应设清除积灰的装置。

（3）环状配管方式，也叫对称性管网布置方式。其属于多支管复杂管网系统，支管间压力易于平衡。

（二）管道材料及管道断面形状的选择

1. 管道材料

（1）管道材料多为砖、混凝土、炉渣石膏板、钢板、木板（胶合板或纤维板）、石棉板、硬聚氯乙烯板等，最常用的是钢板。钢板主要分为普通薄钢板和镀锌钢板两种。

（2）连接需要移动风口的管道要用各种软管，如金属软管、塑料软管、橡胶管、帆布管等。

（3）输送腐蚀性气体的管道，如果涂刷防腐油漆的钢板仍不能满足要求，则可采用硬聚氯乙烯塑料板，但注意只适用于 -10~60 ℃，且不防火。输送含酸蒸气一般用含钛钢材、塑料管、陶瓷管。

（4）采用木板、木屑板和纤维板，一般应进行防腐处理，并能保温。国外还用玻璃纤维板，兼消声与保温效果。

2. 管道断面形状

管道断面形状有圆形和矩形两种。在相同断面积时，圆形管道压损小，材料省；矩形管道有效面积小，四角的涡流造成压力损失、噪声、振动。当管径较小、管内流速较高时，大都采用圆形管道，如除尘系统。输送高温烟气时，矩形管道的强度比圆形管道高。当管道断面尺寸大时，为充分利用建筑空间，通常采用矩形管道。

（三）管道保温

目的：减少输送过程的热量损耗或防止烟气结露而影响系统正常运行。

常用保温材料：石棉、矿渣棉、玻璃棉、玻璃纤维保温板、聚苯乙烯泡沫塑料、聚氨酯泡沫塑料等，导热系数大都<0.12 W/(m·℃)。

保温层厚度要根据保温目的计算出经济厚度。

保温层结构：由防腐层、保温层、防潮层和保护层组成。

（四）通风管道参数

1. 风管内空气流动的阻力

摩擦阻力：指由于空气本身的黏滞性及其与管壁间的摩擦而产生的沿程能量损失，又称为沿程阻力。

局部阻力：指空气流经风管中的管件及设备时，由于流速的大小和方向变化以及产生涡流造成比较集中的能量损失。

1）摩擦阻力

根据流体力学原理，空气在横断面形状不变的管道内流动时的摩擦阻力按式（6-41）计算：

$$p_{m} = \frac{\lambda}{4R_{s}} \cdot \frac{\rho u^{2}}{2} \cdot l \qquad (6-41)$$

式中　λ——摩擦阻力系数；

　　　u——风管内空气的平均流速，m/s；

　　　ρ——空气的密度，kg/m³；

　　　l——风管长度，m；

　　　R_{s}——风管的水力半径，m。

（1）圆形风管的摩擦阻力计算。

对于圆形风管，摩擦阻力计算公式可改写为

$$R_{m} = \frac{\lambda}{D} \cdot \frac{\rho u^{2}}{2} \qquad (6-42)$$

圆形风管单位长度的摩擦阻力（又称比摩阻）为

$$P_{m} = \frac{\lambda}{D} \cdot \frac{\rho u^{2}}{2} \cdot l \qquad (6-43)$$

式中　D——圆形风管直径，m。

得圆形风管的摩擦阻力为

$$P_{m} = R_{m} \cdot l \qquad (6-44)$$

摩擦阻力系数 λ 与空气在风管内的流动状态和风管管壁的相对粗糙度有关。在通风和空调系统中，薄钢板风管的空气流动状态大多数属于紊流光滑区到粗糙区之间的过渡区。计算过渡区摩擦阻力系数的公式很多，目前得到较广泛采用的公式为

$$\frac{1}{\sqrt{\lambda}} = -2\lg\left(\frac{K}{3.71D} + \frac{2.51}{Re\sqrt{\lambda}}\right) \qquad (6-45)$$

式中　K——风管内壁粗糙度，mm；

　　　D——风管直径，mm。

　　　Re——雷诺数，流体惯性力与黏性力的比值。

进行通风管道设计时,为了避免烦琐的计算,可根据制成的各种形式的计算表或线解图(图6-38)计算管道阻力。只要已知流量、管径、流速、阻力4个参数中的任意两个,即可利用该图求得其余的两个参数。

线解图是按过渡区的 λ 值,在大气压力 $B_0 = 101.3 \text{ kPa}$、温度 $t_0 = 20 \text{ ℃}$、空气密度 $\rho_0 = 1.204 \text{ kg/m}^3$、运动黏度 $v_0 = 15.06 \times 10^{-6} \text{ m}^2/\text{s}$、管壁粗糙度 $K = 0.15 \text{ mm}$、圆形风管等条件下得出的。当实际使用条件与上述条件不相符时,应进行修正。

密度和黏度的修正:

$$R_m = R_{m0} \left(\frac{\rho}{\rho_0} \right)^{0.91} \times \left(\frac{v}{v_0} \right)^{0.1} \quad (6-46)$$

空气温度和大气压力的修正:

$$R_m = K_t \cdot K_B \cdot R_{m0} \quad (6-47)$$

温度修正系数:

$$K_t = \left(\frac{273 + 20}{273 + t} \right)^{0.825} \quad (6-48)$$

大气压力修正系数:

$$K_B = \left(\frac{B}{101.3} \right)^{0.9} \quad (6-49)$$

K_t 和 K_B 可直接由图6-38查得。从图6-39可以看出,在 $t = 0 \sim 100 \text{ ℃}$ 的范围内,可近似把温度和压力的影响看作是直线关系。

管壁粗糙度的修正:

摩擦阻力系数 λ 值不仅与雷诺数 Re 有关,还与管壁粗糙度 K 有关。粗糙度增大,阻力系数 λ 值增大。

在通风空调工程中,常采用不同材料制作风管,各种材料的粗糙度 K 见表6-5,粗糙度修正系数见表6-6。

表6-5　几种风管材料的粗糙度　　　　　　　　　　　　　　mm

风管材料	绝对粗糙度	风管材料	绝对粗糙度
薄钢板或镀锌钢板	0.15~0.18	胶合板	1.0
塑料板	0.01~0.05	砖砌体	3.0~6.0
矿渣石膏料	1.0	混凝土	1.0~3.0
矿渣混凝土板	1.5	木板	0.2~1.0

表6-6　风管内表面的粗糙度修正系数

粗糙程度	管壁材料	速度/(m·s⁻¹)			
		5	10	15	20
特别粗糙	金属软管	1.7	1.8	1.85	1.9
中等粗糙	混凝土管	1.3	1.35	1.35	1.37
特别光	塑料管	0.92	0.85	0.83	0.80

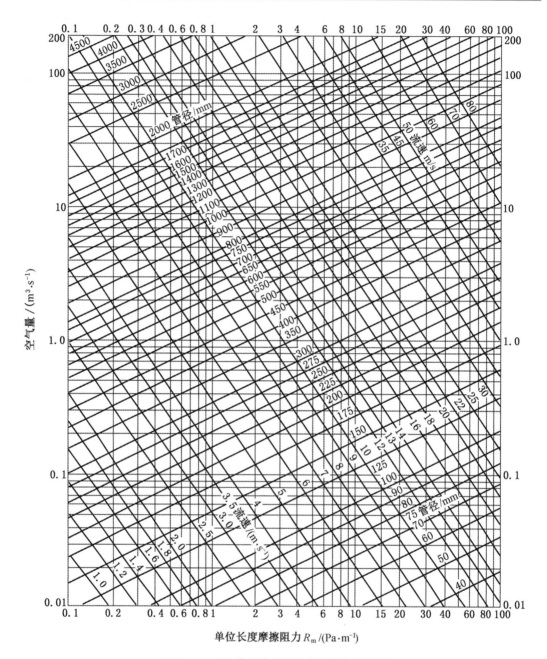

图 6-38　通风管道单位长度摩擦阻力线解图

当风管管壁的粗糙度 $K \neq 0.15$ mm 时，可先由图 6-38 查出 R_{m0}，再近似按式（6-50）修正。

$$\begin{cases} R_m = K_r \cdot R_{m0} \\ K_r = (Ku)^{0.25} \end{cases} \qquad (6-50)$$

式中　K_r——管壁粗糙度修正系数；

　　　K——管壁粗糙度，mm；

u——管内空气流通，m/s。

（2）矩形风管的摩擦阻力计算。

为利用圆形风管的线解图或计算来计算矩形风管的摩擦阻力，需要把矩形风管断面尺寸折算成相应的圆形风管直径，即折算成当量直径，再据此求得矩形风管中的单位长度的摩擦阻力。

所谓"当量直径"，就是与矩形风管有相同单位长度摩擦阻力的圆形风管直径，有流速当量直径和流量当量直径。

流速当量直径：设某一圆形风管中的空气流速与矩形风管中的空气流速相等，并且两者的单位长度摩擦阻力也相等，则该圆形风管的直径就称为此矩形风管的流速当量直径，以 D_u 表示。根据这一定义，圆形风管和矩形风管的水力半径必须相等。

矩形风管的水力半径：

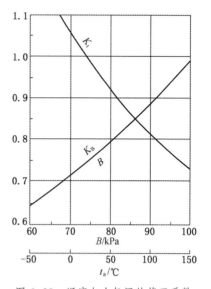

图 6-39　温度与大气压的修正系数

$$\begin{cases} R_s = \dfrac{ab}{2(a+b)} \\ D = \dfrac{2ab}{a+b} = D_u \end{cases} \qquad (6-51)$$

D 称为边长为 a、b 的矩形风管的流速当量直径；如果矩形风管内的流速与管径为 D_u 的圆形风管内的流速相同，两者的单位长度摩擦阻力也相等。因此，根据矩形风管的流速当量直径 D_u 和实际流速 u，由图查得的 R_m 值，即为矩形风管的单位长度摩擦阻力。

流量当量直径：设某一圆形风管中的气体流量与矩形风管的气体流量相等，并且单位长度摩擦阻力也相等，则该圆形风管的直径就称为此矩形风管的流量当量直径，以 D_L 表示。根据推导，流量当量直径可近似按式（6-52）计算。

$$D_L = 1.27^5\sqrt{\frac{a^3 b^3}{a+b}} \qquad (6-52)$$

在常用的矩形风管的宽、高比条件下，其误差在5%左右。

2）局部阻力

当空气流过断面变化的管件（如各种变径管、风管进出口、阀门）、流向变化的管件（弯头）和流量变化的管件（如三通、四通等），由于管道边界形状的急剧改变，引起气流中出现涡流区和速度的重新分布，从而使流动的能耗增加，这种能耗称局部阻力。

局部阻力按式（6-53）计算：

$$p_z = \zeta \frac{\rho u^2}{2} \qquad (6-53)$$

式中　ζ——局部阻力系数。

局部阻力系数一般通过实验方法来确定。

严格地说在管件处造成的能量损失仅仅占局部阻力损失的一部分，另一部分是在管件下游一定长度的管段上消耗的,因此无法与摩擦阻力分开。为了计算方便,通常是假定局部阻力集中在管件的某一断面上,并包含了它的摩擦阻力。局部阻力在通风除尘管道和空调系统中占有较大比例,往往占风管总阻力的40%~80%,因此,必须采取积极措施,把局部阻力减小到最低限度。

在通风除尘管道设计中,对管件的制作、连接、气流的进出口、风管与风机的接口等部分,都有一定的制作要求。

(1) 风管系统的进出口。风管系统的进口处是各种形式的排风罩。在机械通风除尘系统的设计中,在保证对尘源控制效果的前提下,应尽可能考虑减少排风罩的阻力消耗。含尘气流从大气空间进入风道,在气流进口处不但造成气流的压缩,而且产生涡流,因此会产生很大的局部阻力。几种罩口的局部阻力系数和流量系数见表6-7。

表6-7 几种罩口的局部阻力系数和流量系数

罩子名称	喇叭口	圆台或天圆地方	圆台或圆地方	管道端头	有边管道端头
罩子形状					
流量系数	0.98	0.90	0.82	0.72	0.82
局部阻力系数	0.01	0.235	0.49	0.93	0.49
罩子名称	有弯头的管道端头	有弯头有边的管道端头	排风罩(加在化铅炉上面)	有格栅的下级罩	砂轮罩
罩子形状					
流量系数	0.62	0.74	0.90	0.82	0.80
局部阻力系数	1.61	0.825	0.235	0.49	0.56

风管系统的出口处,气流排入大气。当空气由风管出口排出时,气流在排出前具有的能量将全部损失掉。对于出口无阻挡的风管,这个能量消耗就等于动压,所以出口局部阻力系数 $\zeta=1$;若在出口处设有风帽或其他构件时,$\zeta>1$,风管出口的局部阻力大小等于 $\zeta>1$ 的部分数值;为了降低出口动压,有时把风管系统的气流出口做成扩张角不大的渐扩管。

(2) 弯头。布置管道时,应尽量取直线,减少弯头。圆形风管弯头的曲率半径一般应大于1~2倍管径,如图6-40所示。

矩形风管弯头断面的长宽比(B/A)愈大,阻力愈小,如图6-41所示;在民用建筑中,常采用矩形直角弯头,应在其中设导流片,如图6-42所示。

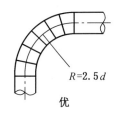 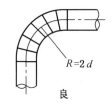 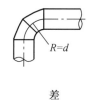

图 6-40 圆形风管弯头

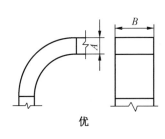 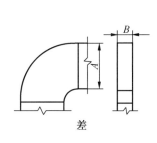 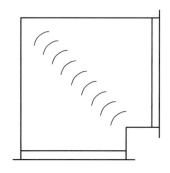

图 6-41 矩形风管弯头图   图 6-42 设有导流片的直角弯头

（3）三通。三通内流速不同的两股气流汇合时的碰撞，以及气流速度改变时形成的涡流是造成局部阻力的原因。两股气流在汇合过程中的能量损失一般是不同的，它们的局部阻力应分别计算。合流三通内直管的气流速度大于支管的气流速度时，会发生直管气流引射支管气流的作用，即流速大的直管气流失去能量，流速小的支管气流得到能量，因而支管的局部阻力有时出现负值；同理，直管的局部阻力有时也会出现负值；但不可能同时为负值。

必须指出，引射过程会有能量损失。为减小三通的局部阻力，应避免出现引射现象，注意支管和干管的连接，减小其夹角，如图 6-43 所示；同时还应尽量使主管和干管内的流速保持相等。

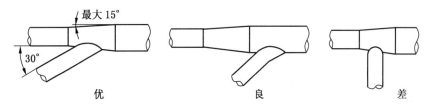

图 6-43 三通支管和干管的连接

（4）管道断面的突然变化。当气流流经断面积变化的管件（如渐缩管、渐扩管）或断面形状变化的管件（如圆形变矩形或矩形变圆形等异形管）时，由于管道断面的突然变化使气流产生冲击，周围出现涡流区，造成局部阻力。为了减少损失，当风管断面需要变化时，应尽量避免采用形状突然变化的管件，如图 6-44 所示，图中给出了管件制作和连接的优劣比较。

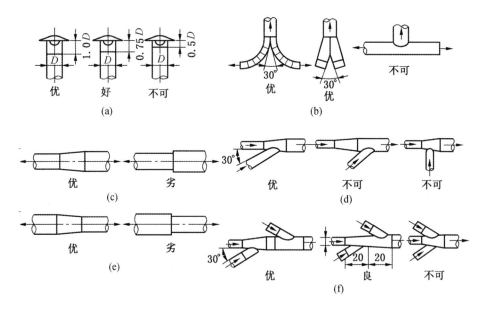

图 6-44　管件制作和连接的优劣比较

（5）通风机的进口和出口。要尽量避免在接管处产生局部涡流，通风机的进口和出口风管布置方法可采用图 6-45 所示连接。

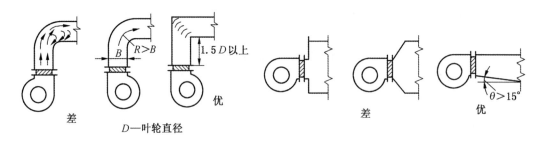

图 6-45　风机进出口的管道连接

为了使通风机运行正常，减少不必要的阻力，最好使连接通风机的风管管径与通风机的进、出口尺寸大致相同；如果在通风机的吸入口安装多叶形或插板式阀门时，最好将其设置在离通风机进口至少 5 倍于风管直径的地方，避免由于吸口处气流的涡流而影响通风机的效率；在通风机的出口处避免安装阀门，连接风机出口的风管最好用一段直管；如果受到安装位置的限制，需要在风机出口处直接安装弯管时，弯管的转向应与风机叶轮的旋转方向一致。

3）管段阻力

对通风管道系统的阻力计算，往往以流量发生变化的管件或设备为分点，将整个系统分成若干管段分别计算阻力，在此基础上计算管道系统的总阻力。

$$p_i = p_{mi} + p_{zi} \tag{6-54}$$

式中　p_i——各管段的阻力，Pa；

p_{mi}——各段内气流的摩擦阻力，Pa；

p_{zi}——各段内气流的局部阻力，Pa。

2. 管道系统的压力分布

气体在风管内流动，是由风管两端气体的压力差引起的，从高压端流向低压端。气体流动的能量来自通风机，通风机产生的能量是风压。

气体在流动中，要不断克服由于气流内部质点相对运动出现的切应力而做功，将一部分压能转化为热能而形成能量损失，即为管道的阻力。因为流动阻力是造成能量损失的原因，因此能量损失的变化必定反应流动压力的变化规律。

对于一套通风除尘系统，在风机未开动时，整个管道系统内气体压力处处相等，都等于大气压力，管内气体处于相对静止状态。开动通风机后，通风机吸入口和压出口处出现压力差，即把通风机所产生的能量传给气体，而这一能量使管内气体流动，克服沿程的各种阻力。把一套通风除尘系统内气体的动压、静压及全压的变化表示在以相对压力为纵坐标的坐标图上，就成为通风除尘系统的压力分布图，如图 6-46 所示。

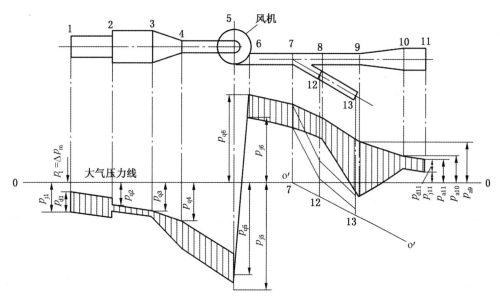

图 6-46 有摩擦阻力和局部阻力的风管压力分布

在通风除尘系统中，一般都用相对压力表示全压，即取大气压力为零，低于大气压力为负压，高于大气压力为正压。

（1）点 1：

$$p_{q0} = p_{q1} + p_1$$

$$p_{q1} = -p_1$$

$$p_{d1-2} = \frac{u_{1-2}^2 \rho}{2}$$

$$p_{j1} = p_{q1} - p_{d1-2} = \frac{u_{1-2}^2 \rho}{2} - p_1 \qquad (6-55)$$

式中　　p_1——空气入口处的局部阻力，Pa；

　　　　p_{d1-2}——管段 1—2 的动压，Pa。

（2）点 2：

$$p_{q2} = p_{q1} - (R_{m1-2}l_{1-2} + p_2)$$

$$p_{j2} = p_{q2} - p_{d1-2} = p_{j1} - (R_{m1-2}l_{1-2} + p_2)$$

$$p_{j1} - p_{j2} = R_{m1-2}l_{1-2} + p_2 \tag{6-56}$$

式中　　R_{m1-2}——管段 1—2 的比摩阻，Pa/m；

　　　　p_2——突然扩大的局部阻力，Pa。

（3）点 3：
$$p_{q3} = p_{q2} - R_{m2-3}l_{2-3}$$

（4）点 4：
$$p_{q4} = p_{q3} - p_{3-4}$$

（5）点 5（风机进口）：
$$p_{q5} = p_{q4} - (R_{m4-5}l_{4-5} + p_5)$$

（6）点 11（风管出口）：

$$p_{q11} = \frac{u_{11}^2 \rho}{2} + p_{11}' = \frac{u_{11}^2 \rho}{2} + \zeta_{11}' \frac{u_{11}^2 \rho}{2} = (1 + \zeta_{11}') \frac{u_{11}^2 \rho}{2} = \zeta_{11} \frac{u_{11}^2 \rho}{2} = p_{11}$$

式中　　u_{11}——风管出口处空气流速，m/s；

　　　　p_{11}'——风管出口处局部阻力，Pa；

　　　　ζ_{11}'——风管出口处局部阻力系数；

　　　　ζ_{11}——包括动压损失在内的出口局部阻力系数，$\zeta_{11} = 1 + \zeta_{11}'$。

（7）点 10：
$$p_{q10} = p_{q11} - R_{m10-11}l_{10-11}$$

（8）点 9：
$$p_{q9} = p_{q10} + p_{9-10}$$

（9）点 8：
$$p_{q8} = p_{q9} + p_{8-9}$$

（10）点 7：
$$p_{q7} = p_{q8} + p_{7-8}$$

（11）点 6（风机出口）：
$$p_{q6} = p_{q7} - R_{m6-7}l_{6-7}$$

自点 7 开始，有 7—8 及 7—12 两个支管。为了表示支管 7-12 的压力分布。过 0′ 引平行于支管 7-12 轴线的 0′—0′ 线作为基准线，用上述同样方法求出此支管的全压值。因为点 7 是两支管的共同点，它们的压力线必定要在此汇合，即压力的大小相等。把以上各点的全压标在图上，并根据摩擦阻力与风管长度成直线关系，连接各个全压点可得到全压分布曲线。将各点的全压减去该点的动压，即为各点的静压，可绘出静压分布曲线。从图6-46 可看出空气在管内的流动规律：

（1）风机的风压 p_f 等于风机进、出口的全压差，或者说等于风管的阻力及出口动压损失之和，即等于风管总阻力。

（2）风机吸入段的全压和静压均为负值，在风机入口处负压最大；风机压出段的全压和静压一般情况下均是正值，在风机出口正压最大。

（3）各并联支管的阻力总是相等。如果设计时各支管阻力不相等，在实际运行时，各支管会按其阻力特性自动平衡，同时改变预定的风量分配，使排风罩抽出风量达不到设计要求，因此，必须改变风管的直径或安装风量调节装置来达到设计风量的要求。

（4）压出段上点 9 的静压出现负值是由于断面 9 收缩得很小，使流通大大增加，当动压大于全压时，该处的静压出现负值；若在断面 9 开孔，将会吸入空气而不是压出空气。

3. 通风管道系统的设计计算

在进行通风管道系统的设计计算前，必须首先确定各排风点的位置和排风量、管道系统和净化设备的布置、风管材料等。计算的目的是，确定各管段的管径（或断面尺寸）和阻力，保证系统内达到要求的风量分配，并为选择风机和绘制施工图提供依据。

1）通风管道布置的一般原则

（1）除尘系统的风道布置要力求简单。风管应尽可能垂直或倾斜敷设。倾斜风管的倾斜角度（与水平面的夹角）应不小于粉尘的安息角，排除一般粉尘宜采用 40°~60°；当管道水平敷设时，要注意风管内风速的选取，防止粉尘在风管内沉积。

（2）连接吸尘用排风罩的风管宜采用竖直方向敷设。分支管与水平管或主干管连接时，一般从风管的上面或侧面接入，三通夹角宜小于 30°。

（3）除尘风管一般应明设，尽量避免在地下敷设；当必须敷设在地下时，应将风管敷设在地沟里。

（4）除尘风管一般采用圆形断面。管径设计宜选用"全国通用通风管道计算表"中推荐的统一标准，标准中圆管直径指的是外径。

（5）为减轻含尘气体对风机的磨损，一般应将除尘器置于通风机的吸入段。风管与通风机的连接宜采用柔性连接以减少震动。

2）管道的设计计算

风管的设计计算是在系统输送的风量已定、风管布置已基本确定的基础上进行的。其目的主要是设计管道断面尺寸和系统阻力消耗，进而确定需配用风机的型号和动力消耗。

风管管道设计计算方法有假定流速法、压损平均法和静压复得法 3 种，目前常用的是假定流速法。

压损平均法的特点：将已知总作用压头按干管长度平均分配给每一管段，再根据每一管段的风量确定风管断面尺寸。如果风管系统所用的风机压头已定，或对分支管路进行阻力平衡计算，此法较为方便。

静压复得法的特点：利用风管分支处复得的静压来克服该管段的阻力，根据这一原则确定风管的断面尺寸。此法常用于高速空调系统的水力计算。

假定流速法的特点：先按技术经济要求选定风管的流速，再根据风管的风量确定风管的断面尺寸和阻力。

假定流速法的计算步骤和方法如下：

（1）绘制通风系统轴侧图。首先绘制通风系统轴侧图，并对各管段进行编号，标注各管段的长度和风量，以风量和风速不变的风管为一管段；一般从距风机最远的一段开始，由远而近顺序编号。管段长度按两个管件中心线的长度计算，不扣除管件（如弯头、三通）本身的长度，如图 6-47 所示。

（2）选择合理的空气流速。风管内的风速对系统的经济性有较大影响。流速高、风管断面小，材料消耗少，建造费用小；但是，系统阻力增大，动力消耗增加，有时还可能加速管道的磨损。流速低、阻力小，动力消耗少；但是风管断面大，材料和建造费用增加。对通风除尘系统，流速过低会造成粉尘沉积，堵塞管道。因此，必须进行全面的技术经济比较，确定适当的经济流速。

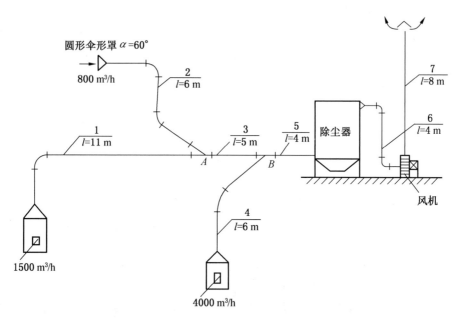

图 6-47　通风系统轴侧图

根据经验，对于一般的工业通风除尘系统，其风速和最低风速可按表 6-8 和表 6-9 确定。

表 6-8　一般通风系统风管内的风速　　　　　　　　　　　　　　　m/s

风管部位	生产厂房机械通风		民用及辅助建筑物	
	钢板及塑料风管	砖及混凝土风道	自然通风	机械通风
干管	6~14	4~12	0.5~1.0	5~8
支管	2~3	2~6	0.5~0.7	2~5

表 6-9　通风除尘管道内最低空气流速　　　　　　　　　　　　　　m/s

粉尘种类	垂直管	水平管
粉状的黏土和砂	11	13
耐火泥	14	17
重矿物粉尘	14	16
轻矿物粉尘	12	14
干型砂	11	13
煤 灰	10	12
湿土（2%以下水分）	15	18
铁和钢（尘末）	13	15
棉 絮	8	10
水泥粉尘	8~12	18~22

表 6-9（续） m/s

粉尘种类	垂直管	水平管
灰土、砂尘	16	18
锯屑、刨屑	12	14
大块干木屑	14	15
干微尘	8	10
染料粉尘	14~16	16~18
大块湿木屑	18	20
麻（短纤维粉尘、杂质）	8	12

（3）确定管段直径和阻力损失。根据各管段的风量和选定的流速确定各管段的管径（或断面尺寸），计算各管段的摩擦阻力和局部阻力；确定管径时，应尽可能来先用标准规格的通风管道直径，以利于工业化加工制作。

阻力计算应从最不利的环路（即距风机最远的排风点）开始，即以最大管路为主线进行计算。各管段的阻力为摩擦阻力和局部阻力之和。袋式除尘器和静电除尘器后风管内的风量应把漏风量和反吹风量计入。在正常运行条件下，除尘器的漏风率应不大于 5%。

（4）并联管路的阻力平衡。为保证各送、排风点达到预期的风量，两并联支管的阻力必须保持平衡。对于一般的通风系统，两支管的阻力差应不超过 15%；除尘系统应不超过 10%。若超过上述规定，可采用调整支管管径、增大风量、调节阀门的方法使其阻力平衡。

（5）计算系统的总阻力。通风除尘管道系统总的阻力损失 p_t，它是阻力最大的串联管线各段阻力 p_i 之和，即

$$p_t = \sum_{i=1}^{n} p_i \tag{6-57}$$

式中 p_i——串联管路中某一段的阻力，Pa。

（6）选择通风机和所配用的电动机。排风罩处所需要的排风量以及输送这些气体所产生的压力消耗均由通风机提供。通风机应提供的风量 Q 按式（6-58）计算：

$$Q = K_1 Q_t \tag{6-58}$$

式中 Q_t——通风除尘系统中各排风罩处所需的抽风量之和，m^3/s；

K_1——通风除尘系统中风管漏风附加系数，按《工业建筑供暖通风与空气调节设计规范》（GB 50019—2015）中的规定，对除尘和烟气净化系统，$K_1 = 1.10 \sim 1.15$。

通风机应提供的风压 p 可由式（6-59）求得：

$$p = (K_2 p_t + p_s) K_3 \tag{6-59}$$

式中 p_t——风管系统的总阻力，由管遭阻力计算得到，Pa；

p_s——除尘器的阻力，Pa；

K_2——风管阻力附加系数，按《工业建筑供暖通风与空气调节设计规范》中的规定。通风除尘系统 $K_2 = 1.15 \sim 1.20$；

K_3——由于通风机产品的技术条件和质量标准允许比产品样本提供的数据低而应考虑的附加系数，一般采用 $K_3 = 1.08$。

4. 通风管道的布置及部件

1）风管材料

通风管道的断面形状有圆形和矩形两种。在同样断面积下，圆形风管周长最短，最为经济。由于矩形风管四角存在局部涡流，在同样风量下，矩形风管的阻力要比圆形风管大。风管在一般情况下（特别是除尘风管）都采用圆形风管，只是有时为了便于加工和建筑配合才采用矩形断面。

风管可以采用薄钢板、塑料板、混凝土等材料制作，需要经常移动的风管则用柔性材料制作，如金属软管、橡胶管等。薄钢板是最常用的风管材料，一般的通风系统采用厚度为 0.5~1.5 mm 的钢板制作。除尘系统因管壁磨损大，采用厚度为 1.5~3.0 mm 的钢板。

2）连接

通风管道大都采用焊接或法兰连接。为了保证法兰连接的密封性，法兰间应放入衬垫，衬垫厚度为 3~5 mm。衬垫材料随输送气体性质和温度的不同而不同。

（1）输送气体温度不超过 70 ℃ 的风管，采用浸过干性油的厚纸垫或浸过铅油的麻辫。

（2）除尘风管应采用橡皮垫或在干性油内煮过并涂了铅油的厚纸垫。

（3）输送气体温度超过 70 ℃ 的风管，必须采用石棉厚纸垫或石棉绳。

（4）风管内外表面应涂油漆，油漆的类别及涂刷次数可参考有关资料。

第四节 通 风 机

一、通风机的类型

通风机是将机械能转化为气体的势能和动能，用于输送空气及其混合物的动力机械。

1. 通风机的分类

按工作原理，通风机分为离心式通风机、轴流式通风机；按风压大小分类：低压通风机（$p < 1000$ Pa）、中压通风机（1000~3000 Pa）、高压通风机（$p > 3000$ Pa）；按功能分类：排尘通风机、防爆通风机、防腐蚀通风机等；按安装位置分类：屋顶通风机和室内通风机。

2. 功能及特点

1）离心式通风机

作用原理：空气由轴向进入叶轮，沿径向离开通风机。

特点：压头高，噪声小。

安装：室内的地面上、平台上、屋面上，一般下面都有减振机座和减振器体系。

2）轴流式通风机

作用原理：空气沿轮轴向进入并离开风机。

特点：体积小、安装简单，可直接安在墙面上或管道内。风压一般比离心风机的风压低，噪声比离心风机高，主要用于系统阻力较小的通风系统。

3）屋顶通风机

安装在屋顶上，用于通风换气的专用轴流式或离心式通风机。

二、通风机的选择

根据输送气体的性质和风压范围，确定风机类型。可选一般风机；输送含尘气体，选用排尘风机；输送腐蚀性或爆炸性气体，选用防腐蚀或防爆炸通风机；输送高温气体，选用引风机或耐高温风机。类型确定后，再根据净化系统的总风量、总压损失，选择对应通风机。

第五节 通风系统的正常运行防护

一、影响通风系统正常运行的因素

通风系统操作运行过程中，应严格遵守工艺技术规程、岗位操作规程、安全规程及各种规章制度。通风系统先于生产工艺系统运行，在生产工艺系统之后停止，避免粉尘在净化装置和管道中沉积，或因通风系统滞后运行造成污染物的泄漏。通风系统在运行中出现问题应及时解决，严格执行日常维护和定期检修的规章制度，定期消除管道和设备的沉积物，消除泄漏，调节系统风量和风压，排除事故隐患。

二、通风系统的防腐

1. 造成通风系统腐蚀的主要因素

钢材腐蚀有两种类型，一种是化学腐蚀，另一种是电化学腐蚀。

化学腐蚀：若烟气中含有二氧化硫、氯化物等腐蚀性物质，再加上烟气湿度和温度的变化，致使金属材料表面形成一层具有较强腐蚀性的液膜，产生对金属材料的腐蚀。

电化学腐蚀：由于金属材料本身不纯，形成以铁为阳极，碳为阴极的原电池，并产生电化学反应，造成比化学腐蚀更严重的腐蚀。

2. 防腐措施

（1）金属保护膜措施：①金属生成一层坚固的氧化膜保护镀膜本身及钢材不受腐蚀；②镀层电负性大于钢材，产生电化学腐蚀，先腐蚀防腐镀膜，保护钢材不受腐蚀，直到镀层被完全腐蚀，钢材才开始遭到腐蚀，如镀锌钢板。

（2）非金属保护膜措施：油漆及有机防腐材料通过喷涂等工艺形成金属材料的保护层，达到防腐蚀目的。

三、通风系统的防磨

1. 造成通风系统及管道等设备磨损的主要因素

（1）粉尘性质。不同生产工艺和原材料，粉尘性质差异较大。

（2）通风装置与管道材料。不同材料抗磨损性能相差较大，一般选用硬度强、抗磨损性强的材质。

（3）运输条件。输运管道形状、输送速度等对磨损影响明显；磨损量与气流速度的三次方成正比；输送管道形状变化，形成涡流或造成粉尘对管壁的撞击作用，都会增大磨损量。

2. 防磨措施

（1）采用耐磨材料替代易磨损部件与衬里。目前常用的耐磨材料主要有耐磨铸铁、铸石及橡胶等。

（2）由于磨损量与风速的三次方成正比，因此粉尘输送宜在保证不造成粉尘沉积的条件下，选择适当风速。

（3）输送管道弯曲部分会造成严重磨损，除采用耐磨材料衬里外，还可选择适当的截面形状和尺寸，提高其抗磨损性能。

四、通风系统的防爆

1. 引起通风系统燃烧爆炸的主要因素

在一定条件下，烟气中的可燃物会产生燃烧反应，而剧烈的燃烧反应则形成爆炸。易产生爆炸的粉尘粒子特征：燃烧热值高，粒度小，易氧化，悬浮性能好，湿度低，易带电。

2. 防爆措施

爆炸的首要条件是形成爆炸混合物。系统的密闭性差，导致空气中的氧进入净化系统，易形成爆炸性混合物。防爆措施有：

（1）保证通风系统的气密性，防止系统负压过大，氧气渗入；防止正压过大，使可燃成分溢出。

（2）加入惰性气体，改变混合气体成分，防止形成爆炸性气体混合物。

（3）消除引爆源，防止产生明火（摩擦、撞击、静电）。

（4）安置自动监控警报系统，监测易爆物的温度、压力、浓度、湿度等参数。

（5）在易发生爆炸的部位和地点设置泄爆孔与阀门。

（6）设计可燃气体管道时，必须使气体流量最小时的流速大于该气体燃烧的传播火焰速度，以防止火焰向管内传播。

（7）防止火焰在设备之间传播，在管道上装设内有数层金属网或砾石层的阻火器。

五、通风系统的防振

机械振动不但引起噪声而且会引发共振，造成设备损坏。

1. 隔振

隔振指通过弹性材料防止机器与其他结构的刚性连接。通常作为隔振基座的弹性材料有橡胶、软木、软毛毡等。

2. 减振

减振指通过减振器降低振动的传递。设备的进出口管道上应设置减振软接头，如图6-48所示；风机、水泵连接的风管、水管等可使用减振吊钩，如图6-49所示，以减小设备振动对周围环境的影响。

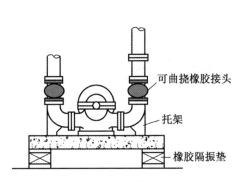

图 6-48　橡胶软接头在系统中的应用

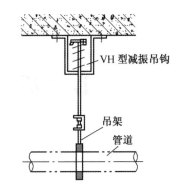

图 6-49　VH 型减振吊钩在系统中的应用

3. 应用阻尼材料

阻尼材料通常由具有高黏滞性的高分子材料做成，具有较高的损耗因子。将阻尼材料涂在金属板材上，当板材弯曲振动时，阻尼材料也随之弯曲振动。由于阻尼材料具有很高的损耗因子，因此在做剪切运动时，内摩擦损耗就很大，使一部分振动能量变为热能而消耗掉，从而抑制了板材的振动。

第七章 粉尘危害防治

第一节 概 述

一、粉尘及来源

1. 粉尘

能够长时间呈浮游状存在空气中的固体微粒叫粉尘。生产过程中形成的粉尘叫生产性粉尘。按胶体化学观点，粉尘是一种气溶胶，其分散介质是空气，分散相是固体微粒。

2. 粉尘的产生

生产性粉尘的来源广泛。例如，矿山开采、凿岩、爆破、运输、隧道开凿、筑路等作业活动；冶金工业中的原材料准备、矿石粉碎、筛分、配料等作业活动；机械制造业中的原料破碎、配料、清砂等作业活动；耐火材料、玻璃、水泥、陶瓷等工业的原料加工作业活动；皮毛、纺织工业的原料处理活动；化学工业中的固体原料加工处理作业过程等。

3. 粉尘的运动和扩散

（1）尘源是指生产作业活动产生粉尘的设备、产生粉尘的地点（点、线、面）。如破碎机、球磨机、砂轮机、压砖机等。

（2）扩散是指粉尘产生后，悬浮于空气中进而向外蔓延的过程。如粉尘散布到周围空气中，污染车间空气、危害劳动者的身体健康的过程。

粉尘扩散是2种气流连续作用的结果：一次尘化气流：伴随生产过程中产生的气流将粉状物料扬起、使物料扬化、形成局部含尘气流；二次气流：局部含尘空气从形成地点带走，使其扩散蔓延。

粉尘从静止状态变为悬浮于周围空气中的状态，称为"尘化"过程。大体上包括剪切压缩造成的尘化作用、诱导空气造成的尘化作用、综合性尘化作用和热气流上升造成的尘化作用。如图7-1所示。

当机械设备表面温度很高时，它会形成一股向上运动的热射流，在有粉末状散发物的情况下，粉尘也会随之上升。同时也会卷吸周围空气，并在作业场所内形成对流，使粉尘不断扩散。

如果没有其他气流的影响，一次尘化作用给予粉尘的能量是不足以使粉尘在室内散布的，它只能造成小范围的局部气流污染。造成粉尘进一步扩散的原因是二次气流，它的方向、速度决定粉尘扩散的方向和范围。采用削弱尘源强度、控制一次尘化气流、隔断二次气流和组织吸捕气流的方法，才能有效控制粉尘，达到控制粉尘扩散的目的。

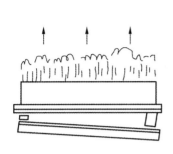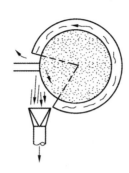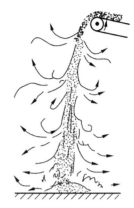

(a)剪切压缩造成的尘化气流　　(b)诱导空气造成的尘化作用　　(c)综合性的尘化作用

图 7-1　尘化过程

二、粉尘分类

（1）按粉尘的性质分，可分为无机性粉尘、有机性粉尘和混合性粉尘。

无机性粉尘包括矿物粉尘（如砂、煤），金属性粉尘（如铁、锡、铅及其化合物），人工无机粉尘（如金刚砂、水泥、玻璃纤维）；有机性粉尘包括植物性粉尘（如木材、烟草、面粉），动物性粉尘（如兽皮、角质、毛发），人工有机粉尘（如炸药、有机染料、塑料、化纤）；混合性粉尘为上述多种粉尘的混合物（如金属研磨时，金属和磨料粉尘混合物等）。

在职业健康工作中，常依据粉尘性质，初步判断其对人体危害机理及程度。

（2）按粉尘中是否含有二氧化硅分，可分为矽性粉尘、非矽性粉尘。

①矽性粉尘：含游离二氧化硅的粉尘，如石英，花岗岩等；含结合二氧化硅的粉尘，如硅酸盐，系以二氧化硅与金属氧化物结合的形式存在，如石棉尘，滑石尘，水泥尘等；混合性粉尘：二氧化硅粉尘与其他粉尘同时存在，如煤矿粉尘等。

②非矽性粉尘：属性粉尘（如锡、铝、钡、铁等）、煤尘、有机性粉尘（如分动物性粉尘、植物性粉尘）。

（3）按粒子可见程度分，可分为可见粉尘、显微粉尘和超显微粉尘。

可见粉尘粒径大于 10 μm，用眼睛可以分辨，对人体和环境有害；显微粉尘粒径为 0.25~10 μm，在普通显微镜下可以分辨，对人体和环境危害大；超显微粉尘粒径小于 0.25 μm，在超倍显微镜或电子显微镜下可以分辨，对人体和环境危害更大，其中小于 0.1 μm 的危害不太大。

（4）按粉尘颗粒的大小分，可分为灰尘、尘雾和烟尘。

灰尘粉尘粒子的直径大于 10 μm，在静止的空气中，以加速沉降，不扩散；尘雾粉尘粒子的直径介于 10~0.1 μm，在静止的空气中，以等速降落，不易扩散；烟尘粉尘粒子直径为 0.1~0.001 μm，因其大小接近于空气分子，受空气分子的冲撞呈布朗运动（不规则运动），几乎完全不沉降或非常缓慢而曲折地降落。

由于粉尘颗粒的大小不同，在空气中滞留的时间长短也不同，直接影响作业人员的接尘时间。粉尘在空气中呈现的状态不同所采取的治理方法也不同。

三、粉尘的理化特性

粉尘的理化性质是指粉尘本身固有的各种物理、化学性质。粉尘具有的与防尘技术关系密切的特性主要有：密度、粒径、分散度、安息角和滑动角、湿润性、黏附性、爆炸性、荷电性及导电性、含水率、磨损性、凝并等。

1. 密度

粉尘密度定义：单位体积的粉尘质量。粉尘密度有真密度和堆积密度之分。粉尘的真密度 ρ_p 是指粉尘在不包括尘粒间和尘粒体内部的空隙，而是在密实状态下的单位体积的质量；粉尘的堆积密度 ρ_b 是指粉尘在包括尘粒间和尘粒体内部的空隙，即在自然堆积状态下的单位体积的质量。

真密度和堆积密度间的关系：

$$\rho_b = (1 - \varepsilon)\rho_p$$

式中　　ε——粉尘的空隙率。

粉尘的空隙率是指尘粒间的空隙体积与自然堆放粉尘的总体积之比。

2. 粒径

粉尘粒径的大小直接影响人体的危害程度，粒径不同的粉尘在呼吸道各部位的沉积情况各不相同，如图7-2所示。粒径越小，对人体危害性越大。

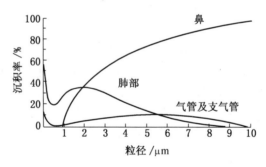

图7-2　不同粒径粉尘不同位置沉积率

从解剖硅肺病的人肺组织中发现的尘粒，有95%~99%的粒径都小于5 μm。所以，现在一般认为5 μm以下的尘粒对人体的危害性最大。

1）单一粒径

（1）斯托克斯径是指与被测尘粒密度和终末沉降速度相同的球形粒子直径。

雷诺数 $Re \leq 1$ 时，斯托克斯粒径的定义式：

$$d_{st} = \sqrt{\frac{18\mu v_s}{(\rho_c - \rho)g}}$$

式中　　μ——流体的动力黏度；

v_s——尘粒在重力场中于该流体中的终末沉降速度；

ρ_c——尘粒的真密度；

ρ——流体的密度；

g——重力加速度。

（2）空气动力径是指与被测尘粒在空气中的终末沉降速度相同、密度为 1 g/cm³ 的球形颗粒直径。

（3）分割粒径（或称临界粒径）是指某除尘器能捕集一半的尘粒的直径，即除尘器分级效率为 50% 的尘粒直径。它是表示除尘器性能的很有代表性的粒径。

2）平均粒径

能够简明地表示颗粒群的某一物理特性而得出的该颗粒群的平均尺寸，包括算术平均径、中位径、众径、平均表面积径。

（1）算术平均径是指单一粒径的算术平均值。即

$$\bar{d}_p = \frac{\sum d_i n_i}{\sum n_i}$$

式中　d_i——第 i 种粉尘的粒径；

n_i——粒径为 d_i 粉尘的颗粒数。

（2）中位径是指粒径频率分布的累计值为 50% 时的粒径，可用于表示分级除尘器的性能。

（3）众径是指粒径分布中频率密度达到最大值时的粒径。

（4）表面积平均径是指颗粒群中颗粒总表面积与颗粒数之比的平方根，常用于表示颗粒群在重力场或惯性力场下的沉降速度。

3. 分散度

粉尘分散度即粉尘的粒径分布，是指某一颗粒群中不同粒径所占的比例。

粉尘的粒径分布可用分组（按粉尘粒径大小分组）的质量百分数或数量百分数来表示。前者称为质量分散度，后者称为计数分散度。

粉尘的分散度不同，对人体的危害以及除尘器性能和采取的除尘方式也不同。因此，掌握粉尘的分散度是评价粉尘危害程序、评价除尘器性能和选择除尘器的基本条件。由于质量分散度更能反映粉尘的粒径分布对人体和除尘器性能的影响，所以在防尘技术中多采用质量分散度。粒径分布是评价粉尘危害程度、除尘器性能和选择除尘器的基本条件。

4. 润湿性

粉尘颗粒能否与液体相互附着或附着难易的性质称粉尘的润湿性。湿润现象是分子力作用的一种表现，是液体（水）分子与固体分子间的互相吸引力造成的。它以用湿润接触角 θ 的大小表示，如图 7-3 所示。

如尘粒和液体接触时，接触面能扩大而且相互附着，就是润湿性粉尘；反之，接触面趋于缩小而不能附着，则是非润湿性粉尘。影响粉尘的润湿性的因素：

（1）粉尘的粒径、生成条件、组分、温度、压力、含水率、表面粗糙度及荷电性。

（2）液体的表面张力、尘粒与液体间的黏附力及相对运动速度等。例如，粉尘的润湿性随温度上升而下降，随压力增加而增加，随液体表面张力减小而增强，随细尘粒

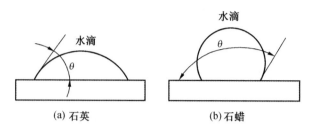

图 7-3　液滴的湿润角

（5 μm以下）特别是 1 μm 以下的超微米尘粒与水滴间相对运动速度的增高而增大。

（3）亲水性粉尘——易被水润湿的，如锅炉飞灰、石灰尘。可选用湿式除尘器；

（4）疏水性粉尘——难于被水润湿的，如煤尘、炭黑、石墨、硫黄尘。不宜选用湿式除尘器。

（5）水硬性粉尘——吸水后形成不溶于水的硬垢，如水泥、熟石灰和白云石粉尘等。不宜采用湿式除尘，易使管道和设备结垢、堵塞。

粉尘的湿润性是选择除尘器的主要依据之一。例如，用湿式除尘器处理疏水性粉尘，除尘效率不高。如果在水中加入某些湿润剂（如皂角素等），可减少固液之间的表面张力，提高粉尘的湿润性，从而达到提高除尘效率的目的。

5. 粘附性

尘粒附着在固体表面上或粒子间彼此附着的现象称为粘附，后者也称自粘。克服附着现象所需要的垂直作用于粒子重心上的力称为粘附力。

影响粉尘粘附性的因素很多，现象也很复杂。一般情况下，粉尘的粒径小、形状不规则、表面粗糙、含水率高、润湿性好及荷电量大时易产生粘附现象。除此之外，粘附现象还与周围介质的性质、粒子与气体的运动状况有关。例如，液体中粒子的粘附比气体中弱得多；表面粗糙或有可溶性和粘性物质的固体表面能大大提高粘附力；高速含尘气流对粒子的浮升力超过壁面与粒子间粘附力时会使已粘附在壁面上的粒子脱离下来。

粉尘的粘附性对除尘既有利，也有害。粉尘相互间的凝并与粉尘在固体表面上的堆积都与粉尘的粘附性相关。前者会使尘粒增大，在各种除尘器中都有助于粉尘的捕集；后者易使粉尘设备或管道发生故障和堵塞。粉尘的含水率、形状、分散度等对它的粘附性均有影响。

6. 荷电性及导电性

（1）荷电性。粉尘在其产生和运动过程中，由于相互碰撞、摩擦、放射线照射、电晕放电及接触带电体等原因而带有一定电荷的性质称为粉尘的荷电性。

粉尘的荷电量随温度升高、比表面积加大及含水率减小而增大，还与其化学成分等有关。粉尘荷电后将改变其某些物理性质、如凝聚性、粘附性及其在气体中的稳定性等，同时对人体的危害也增强。

（2）导电性。粉尘的导电性用电阻率来表示，其大小与它测定时的温度、湿度、粉尘的粒径和堆积的松散度等有关。

粉尘的导电性只是用来表示相互比较的粉尘电阻，也称比电阻。粉尘的比电阻是指面积为 1 cm²、厚度为 1 cm 的粉尘层的电阻值，单位为 $\Omega \cdot cm$。

粉尘的导电性分为容积导电和表面导电。

（1）容积导电是指粉尘颗粒本体内电子或离子发生的导电，约 200 ℃ 以上时，主要靠容积导电。

（2）表面导电是指颗粒表面团吸附水分等形成的化学膜的导电。比电阻高的粉尘，在约 100 ℃ 以下时，主要靠表面导电。煤粉炉烟尘比电阻与烟温的关系曲线如图 7-4 所示。

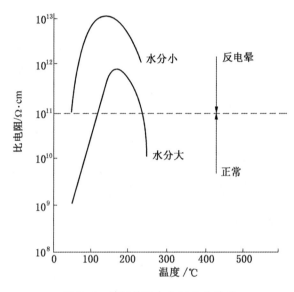

图 7-4　煤粉炉烟灰与烟温的关系

由图 7-4 可知，在表面导电为主的低温范围内，粉尘比电阻称为表面比电阻，其值随温度升高而增大；在容积导电为主的高温范围内，粉尘比电阻称为容积比电阻，其值随温度升高而减小；在表面导电和容积导电作用相近的中间温度范围内，粉尘比电阻是表面比电阻和容积比电阻的合成，其值最高。

7. 含水率

粉尘中所含水量与粉尘总质量的百分比称为粉尘的含水率。粉尘中所含水量是指附着在尘粒表面上的和包含在凹坑处及细孔中的自由水分，以及紧密结合在尘粒内部的结合水分。化学结合的水分（如结晶水等）不属于水量范围。粉尘总质量是指粉尘中所含水量与干粉尘质量之和。

粉尘的含水率对粉尘的润湿性、粘附性、荷电性、导电性、安息角及爆炸性等有影响。

8. 安息角和滑动角

将粉尘自然地堆放在水平面上，堆积成圆锥体的锥底角称为粉尘安息角。安息角也称休止角、堆积角，一般为 35°~55°；将粉尘置于光滑的平板上，使此平板倾斜到粉尘开始滑动时的角度，为粉尘滑动角，一般为 30°~40°。粉尘安息角和滑动角是评价粉尘流动特性的一个重要指标，它们与粉尘粒径、含水率、尘粒形状、尘粒表面光滑程度、粉尘粘附性等因素有关，是设计除尘器灰斗或料仓锥度、除尘管道或输灰管道斜度的主要依据。

9. 磨损性

粉尘在流动过程中对器壁或管壁的磨损程度称为粉尘的磨损性。硬度大、密度高、粒径粗、带有棱角的粉尘磨损性大。粉尘的磨损性与气流速度的 2~3 次方成正比。在高气流速度下，粉尘对管壁的磨损更为严重。

在除尘技术中，为了减轻粉尘的磨损，需要适当地选取除尘管道中的流速和壁厚。对磨损性大的粉尘，最好在易于磨损的部位，如管道的弯头、旋风除尘器的内壁等处采用耐磨材料作内衬。内衬除采用一般的耐磨涂料外，还可以采用铸石、铸铁等材料。

10. 爆炸性

在一定的浓度和温度（或火焰、火花、放电、碰撞、摩擦等作用）下会发生爆炸的粉尘称为爆炸危险性粉尘。如煤尘、麻尘、硫矿粉等悬浮于空气中的粉尘达到一定浓度时，如存在能量足够的火源，如高温、明火、电火花以及由于摩擦、振动、碰撞引起的火花等就会引起爆炸；有些粉尘（如镁粉、碳化钨粉等）与水接触后会引起自燃或爆炸；还有些粉尘（如溴与磷、锌粉与镁粉等）互相接触或混合后也会引起爆炸。

爆炸危险性粉尘（如泥煤、松香、铝粉、亚麻等）在空气中的浓度只有在达到某一范围内才会发生爆炸，这个爆炸范围的最低浓度叫作爆炸下限，最高浓度叫作爆炸上限。粉尘在空气中的爆炸上限很高，一般都达不到，具有实际意义的只有爆炸下限。

粉尘的爆炸性与多种因素有关。燃烧发热量越大、氧化速度就越快、悬浮性越强、粒径越小、混合物中氧浓度越大、湿度越小、荷电性越强的粉尘越容易引起爆炸。

对于有爆炸危险的粉尘，在进行通风除尘系统设计时必须给予充分注意，采取必要的防爆措施。例如，对使用袋式除尘器的通风除尘系统可采取控制除尘器入口含尘浓度，在系统中加入惰性气体（仅用于爆炸危险性很大的粉尘）或不燃性粉料，在袋式除尘器前设置预除尘器和冷却管，消除滤袋静电等措施来防止粉尘爆炸。防爆门（膜）虽然不能防止爆炸，但可控制爆炸范围和减少爆炸次数，在万一发生爆炸时能及时地泄压，可防止或减轻设备的破坏，降低事故造成的损失。

11. 尘粒凝并

微细尘粒通过不同的途径互相接触而结合成较大的颗粒称为尘粒凝并。尘粒凝并也称尘粒凝聚，在除尘技术中具有重要意义。因为凝并可使微细尘粒增大，使之易于被除尘器捕集，同时可以大大节省能量。

四、粉尘防治

1. 粉尘防治"八字方针"

粉尘控制的一般性原则就是遵循"革、水、密、风、护、管、教、查"八字方针。

"革"：对原辅材料或生产工艺进行改造，如用大颗粒粉尘代替小颗粒粉尘，或通过工艺改革，如将干法工艺改革为湿法工艺，不产生粉尘；或变革工艺无人接触粉尘等。

"水"：通过湿式作业避免或减少粉尘，或通过喷雾降尘、煤层注水、湿式凿岩等方式控制粉尘的发生和扩散。

"密"：通过密闭隔离的方式将粉尘发生源进行隔离，通常采用密闭罩等防控设施，也有通过水幕或气幕的方式将尘源进行隔离。

"风"：是目前工业生产中控制粉尘扩散、消除粉尘危害的最有效的方法之一，主要是通过通风的方式将作业场所的粉尘有效捕集，并通过除尘器等对尾气进行净化，最常用的是局部排风系统。

"护"：受生产条件限制，在粉尘无法控制或高浓度粉尘条件下作业，必须合理、正确地使用防尘口罩、防尘服等个人防护用品。

"管"：要重视防尘工作，防尘设施要改善，维护管理要加强，确保设备的良好、高效运行。加强监督、管理。由于生产中操作不当或除尘设备使用、维护管理不当，可能人为地造成粉尘飞扬。因此，加强监督、管理，对防尘有积极意义。

"教"：加强防尘工作的宣传教育，普及防尘知识，使接尘者对粉尘危害有充分的了解和认识。通过宣传教育，统一认识，人人参与防尘工作，使粉尘的危害降到最低限度。

"查"：定期对接尘人员进行体格检查，对从事特殊作业的人员应发放保健津贴，有作业禁忌证的人员，不得从事接尘作业；定期检查，包括经常性测定车间内工作场所粉尘浓度，检查各项防尘制度的执行情况，防尘设备的使用、维护情况。

诸多用人单位防尘工作多年来的实践证明，在多数情况下，单靠某一种方法是难以解决粉尘危害问题。要切实做好防尘工作，使工作地点的含尘浓度和工厂排出的气体中的含尘浓度分别达到职业卫生标准和排放标准的规定，就必须采取防尘综合措施。

2. 改革工艺设备和操作方法，采用新技术

改革工艺设备和工艺操作方法，采用新技术，是消除和减少粉尘危害的根本途径。

在工艺改革中，首先应当采取使生产过程不产生粉尘危害的治本措施；其次是产生粉尘以后通过治理减少其危害的治标措施。如用压力铸造、金属模铸造代替砂型铸造，用磨液喷射加工新工艺取代沿用近一个世纪的磨料喷射加工方法，可以从根本上消除粉尘的污染和对人体的危害。

采用高压静电技术对开放性尘源实行就地控制，可以有效地防止粉尘扩散，使作业点的含尘浓度大大降低。以不含或少合游离 SiO_2 的物料或工艺代替游离 SiO_2 含量高的物料或工艺，也是从根本上解决粉尘危害的好办法。

3. 湿式作业及水力消尘

湿式作业及水力消尘是一种简便、经济、有效的防尘措施，在生产和工艺条件许可的情况下，应首先考虑采用。水对大多数粉尘有良好的湿润性。如将工件的清理、原料的制备改为湿式作业，将物料的干法破碎、研磨、筛分、混合改为湿法操作，在物料的装卸、转运过程中往物料中加水，可以减少粉尘的产生和飞扬。

在车间内用水冲洗地面、墙壁、设备外罩、建筑构件，能有效防止粉尘二次飞尘。如石英行业将干法生产石英砂改为湿法后，不但大大降低了作业点的含尘浓度，而且还提高了产量和产品质量。

4. 密闭尘源

密闭尘源是防止粉尘外逸的有效措施，它常与通风除尘措施配合使用。

耐火材料、陶瓷、玻璃、铸造、建材等行业通过密闭尘源、消除正压、降低物料落差等措施，能有效地防止破碎、筛分、混合、装卸、运输等生产过程的粉尘外逸，使作业点含尘浓度大大降低。

某耐火材料厂的硅砖车间，原设有整套通风除尘装置，由于密闭不好，车间内含尘浓度仍高达 400 mg/m³，设备进行严格密闭后，含尘浓度降到 2~3 mg/m³。

5. 通风除尘

通风除尘是目前应用较广、效果较好的一种防尘措施。通风除尘就是用通风的方法，把从尘源处产生的含尘气体抽出，经除尘器净化后排入大气。

目前，各行业的通风除尘设备不断更新，装备水平不断提高，采用通风方法控制尘源的范围也不断扩大。

6. 其他技术措施

（1）添加降尘剂除尘技术。所有的煤尘都具有一定的疏水性，加之水的表面张力又较大，添加降尘剂后，则可大大增加水溶液对粉尘的浸润性，即粉尘粒子原有的固气界面被固液界面所代替，致使液体对粉尘的浸润程度大大提高，从而提高了降尘效率，我国煤矿应用的降尘剂有：渗透剂 JFC、除尘剂 HY、湿润剂 SR-1。

（2）泡沫除尘技术。泡沫除尘是一种用无空隙的泡沫体覆盖尘源，使刚产生的粉尘得以湿润、沉积而失去飞扬能力的除尘方法，泡沫除尘可应用于综采机组、掘进机组、带式输送机及尘源较固定的地点。

（3）磁化水除尘技术。磁化水是经过磁化器处理过的水，这种水的物理化学性质发生了暂时的变化，此过程称作水的磁化。磁化水性质变化的程度与磁化器的磁场强度、水中所含杂质的性质、水在磁化器内的流动速度等因素有关。水经磁化处理后，其表面张力、吸附能力、溶解能力及渗透能力增加，使水的结构和性质暂时发生显著的变化，使水的黏度降低，晶构变小，水珠也变小，有利于提高水的雾化程度，增加水与粉尘的接触机会，提高降尘效率。目前我国矿山推广应用的磁化器主要有 TFL 系列与 RMJ 系列磁水器。

磁化水降尘技术是改善的喷雾降尘法，是降低呼吸性粉尘的另一条技术途径。通过对水及其中所含电解质的离子等施加一种外磁场，削弱水分子间的黏聚力，改变水分子的氢键联系，迫使水的黏性下降，从而改变水的表面张力。由于黏度、表面张力降低，吸附、溶解能力增强，致使雾化程度得到提高，可以提高捕捉粉尘的概率，从有关研究实际降尘效果来看对总粉尘的降尘效率比清水提高 14.7%，对呼吸性粉尘降尘率比清水提高 14%。

（4）声波雾化除尘技术。声波雾化降尘技术是利用声波凝聚、空气雾化的原理，从提高尘粒与尘粒、雾粒与尘粒的凝聚效率以及雾化程度来提高呼吸性粉尘的降尘效率，产生声能的声波发生器是该项技术的关键。

声波雾化喷嘴具有普通压气雾化喷嘴的特点，雾化效果好，耗水量低，雾粒密度大。同时，产生的高频、高能声波可使已经雾化的雾粒二次雾化，减小雾粒直径，提高雾粒与尘粒的凝并效果。然而，声波雾化喷嘴产生的声波频率在可听范围内，声压级高，噪声较大；此外，雾粒变小易受环境风流影响，寿命也短。

（5）预荷电高效喷雾降尘技术。对现场粉尘状况调查发现，悬游粉尘大多带有电荷，于是提出了如何利用这一现象降低呼吸性粉尘的思路。如果让水雾带有极性相反的电荷，可使雾粒和尘粒之间产生较强的静电引力，从而提高水雾对粉尘的捕获效果。

基础研究的结果表明，荷电水雾对呼吸粉尘的降尘效率是随水雾荷质比的提高而线性上升的，最高达到 75.7%。实现这一目的的关键是电介喷嘴，其耗水量小、雾化效果好、雾粒密度大且能使水雾带上足够多的电荷。

第二节 通 风 除 尘

一、通风除尘系统组成

通风除尘系统属于局部机械通风系统的一种。一般有排风罩、通风管道、除尘器、通风机和其他附属设备所组成，如图7-5所示。

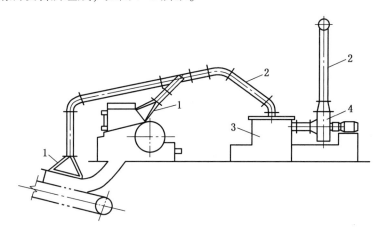

1—局部通风罩；2—通风管道；3—除尘器；4—通风机

图7-5 局部通风除尘系统组成示意图

其工作过程：从尘源散发出的粉尘连同周围的空气，被排风罩吸入后，经过风管送至除尘器，在除尘器中绝大部分粉尘与空气分离而被捕集，经排灰装置排出，净化后的空气经排风管道排出。系统中气体运动的能量一般由通风机提供。

1. 局部排风罩

局部排风罩也称为吸尘罩，是局部排风的重要装置，是用来捕集粉尘的。通过抽风控制并隔离尘源，不使粉尘外逸。它的性能好坏直接影响整个系统的技术经济指标，性能良好的局部排风罩（如密闭罩），只要较小的风量就可以获得良好的工作效果。由于生产设备和操作的不同，排风罩的形式是多种多样的。

2. 通风管道

通风系统中输送气体的管道称为通风管道，它把通风系统中的各种设备或部件连成了一个整体。为提高系统的经济性，应合理选定通风管道中的气流速度，管路应力求短、直。通风管道通常用表面光滑的材料制作，如薄钢板、聚氯乙烯板等。

3. 除尘器

除尘器是将粉尘从含尘气流中分离出来并加以收集的设备，经除尘器处理之后，符合排放标准的尾气排入大气。

4. 通风机

通风机是向机械排风系统提供气流流动的动力装置。为了防止通风机的磨损和腐蚀，通常把通风机放在净化设备后面。按通风机工作原理可分为离心、轴流、贯流式 3 种。

二、通风除尘系统的形式

按照结构特点和布置形式，通风除尘系统可分为就地式除尘系统、分散式除尘系统和集中式除尘系统。

1. 就地式除尘系统

就地式除尘系统是将除尘器或除尘机组直接安装在产尘设备上，就地捕集和回收粉尘。

该系统的特点是系统布置紧凑，维护管理方便，可省掉排风罩、进风管道等部件，系统结构大为简单；其缺点是受到生产和工艺条件的限制，应用范围不广。

2. 分散式除尘系统

分散式除尘系统是将一个或数个（一般不超过 3 个）同一工艺流程中的产尘作为一个系统，除尘系统和通风机安装在产尘设备附近，一般不由生产操作人员看管，不设专人管理。

该系统的特点是管路短、布置简单，阻力容易平衡、风量调节方便；结构紧凑，体积小，空气处理量不大，净化效率较高，净化后的空气往往直接排入车间内。其缺点是粉尘的后处理比就地式和集中式系统麻烦。

分散式除尘系统可分为固定式和移动式 2 种：固定式适用于产尘设备比较分散但不移动，且厂房内有安装除尘设备位置的场合，如烧结车间、铸造车间等；移动式多为小型除尘机组的形式，适用于尘源分散且不固定的情况，如手工电弧焊所用除尘器等。

3. 集中式除尘系统

集中式除尘系统是将多个产尘点或整个车间甚至全厂的产尘点全部集中为一个系统。系统中的除尘器等设备放置在专门的除尘室内，由专人负责管理。集中式除尘系统可分为枝状式和集合管式 2 种。

（1）枝状式通风除尘系统是在与除尘器和通风机相连的干管上直接连接许多枝状管网系统。无论在设计上还是运行调节上，都比分散式除尘系统复杂。适合 $Q < 2500\ \mathrm{m^3/h}$，排尘点最好不超过 6 个，干线管道长度不超过 40 m。这种系统处理风量大，便于集中管理，粉尘后处理比较容易，维护费和设备的价格比较低。但是存在管道长而复杂、排风管道容易被粉尘堵塞、阻力不容易平衡、风量调节难等缺点。

（2）集合管式通风除尘系统是将所有排风支管全部或部分连接于集合管上，然后与除尘器和风机相连。其特点是断面积一般较大，保持较低的空气流速，能克服枝状式通风除尘系统的缺点。

优点是直接关闭任何排风分支管，对整个系统工作影响不大；局部排风量变化范围较宽，具有自动调节风压和风量的功能；因集合管内速度较低，粗粉尘在此被分离，减少净化设备负荷，减少总管和主要设备的磨损。

按照集合管结构特点分类，可分卧式、立式和筒式集合管 3 种，如图 7-6 所示。

卧式集合管是工业上应用的最广泛的一种形式。这种集合管的底部沿全长设有粉尘输送装置，用来排出沉降在集合管内的粉尘。通常采用螺旋输送机、刮板输送机、拉链输送

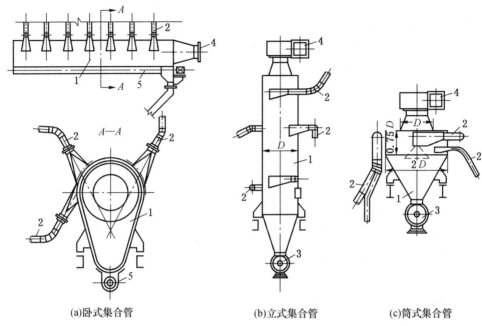

(a)卧式集合管　　　　　(b)立式集合管　　　　(c)筒式集合管

1—集合管；2—排风支管；3—卸尘器；4—与通风机相接的接口；5—螺旋输送机

图 7-6　集合管

机及水力输送等粉尘输送装置。

该系统的所有排风支管均可以从任意角度在组合管上部或侧面与之相连接。当产尘设备配置在同一层或相邻两层且较集中的厂房时，宜采用卧式集合管。

立式集合管是垂直安装的，在厂房内可能要穿过好几层平台，这是与卧式集合管不同之处。立式集合管的底部有卸灰装置，定期排出沉落下来的粉尘。当产尘设备是在厂房内的各层平台上布置的且彼此间的水平距离较小时，适宜采用这种集合管。

筒式集合管是一种由枝状式通风除尘系统到集合管式通风除尘系统的过渡形式。在这种系统中，集合管所连接的排风支管并不多，各支管又带着几个局部排风罩。当产尘设备布置在好几层房间内且彼此相距较远，不便采用立式集合管系统，或者按照设备的操作条件必须将所有排风罩编成几组运行时，可以采用这种系统。

三、通风除尘系统形式的确定

通风除尘系统形式应根据工艺设备、生产流程以及厂房布置等具体条件，按下列原则确定：

（1）具有同一生产流程且同时工作的扬尘点相距不大时，宜合设一个系统。但粉尘性质不同，不宜合为同一除尘系统；当不同性质的粉尘混合回收或无回用价值时，也可设同一除尘系统。

（2）下列情况之一者，严禁合为一个除尘系统。

①凡混合后有引起着火燃烧或爆炸的危险者；

②不同温度和湿度的含尘气体，混合后可能引起管道内结露者；

③因粉尘性质不同，共用一种除尘设备，除尘效果差别较大者。

（3）对于产尘设备比较集中并有条件设集中除尘室的，应采用集中式除尘系统。当扬尘点超过 6 个时，最好采用集合管式除尘系统。

（4）对于产尘设备比较分散并且厂房有安装位置的，应采用分散式或枝状集中式除尘系统。

四、除尘器

除尘器的形式很多，基本上可以分成干式与湿式两大类。对含尘气体中尘粒不作湿润处理的除尘设备称为干式除尘器，如重力沉降室、旋风除尘器、袋式除尘器、静电除尘器等；用水或其他液体使含尘气体中的尘粒湿润而捕集的除尘设备称为湿式除尘器，如水浴除尘器、水膜旋风除尘器、自激式水力除尘器、文氏管除尘器等。

除尘器各类很多，作用原理各不相同，适用范围也不同。在实际选用时，要根据生产工艺具体情况、含尘空气特性、尘粒特性、所要求的空气净化程度等方面的因素全面考虑。

1. 除尘器的分类

各类除尘器及其优缺点、效率见表 7-1 和表 7-2。

表7-1　各类除尘器性能

类别	优　　点	缺　　点
机械式除尘器	结构简单，造价低，维护方便	除尘效率不高
过滤式除尘器	除尘效率高，对呼吸性粉尘也可保持较高的除尘效率，经济性好，便于回收有价值的颗粒	一次性投资高，附属部件多，滤料容易堵塞、损坏，工作性能不稳定
湿式除尘器	设备简单，造价低，除尘效率高	有时会消耗较高的能量，需要进行污水处理，处理风量受脱水性能的限制
静电除尘器	除尘效率高（特别对呼吸性粉尘），消耗少	设备复杂，投资大，维护要求严，不宜应用于有爆炸性粉尘

表7-2　各种除尘器对不同粒径粉尘的除尘效率

类别	除尘器名称	除尘效率/%		
		50 μm	5 μm	1 μm
机械式除尘机	惯性除尘器	95		
	中效旋风除尘器	94	16	3
	高效旋风除尘器（多管除尘器）	96	27	8
	重力除尘器	40	73	27
过滤式除尘器	振打袋式除尘器	>99	>99	99
	逆喷袋式除尘器	100	>99	99

表7-2(续)

类别	除尘器名称	除尘效率/%		
		50 μm	5 μm	1 μm
湿式除尘器	冲击式除尘器	98	85	38
	自激式除尘器	100	93	40
	空心喷淋塔	99	94	55
	中能文丘里除尘器	100	>99	97
	高能文丘里除尘器	100	>99	99
	泡沫除尘器	95	80	
	旋风除尘器	100	87	42
静电式除尘器	干式除尘器	>99	99	86
	湿式除尘器	>99	98	92

2. 评定除尘器性能指标

(1) 除尘效率是衡量除尘器清除气流中粉尘的能力。除尘器的总除尘效率系指含尘气流在通过除尘器时，所捕集下来的粉尘量（包括各种粒径的粉尘）占进入除尘器的粉尘量的百分数 η （%），即

$$\eta = \frac{G_c}{G_i} \times 100\% \qquad (7-1)$$

式中　G_i——进入除尘器的粉尘量，kg/s；

　　　G_c——被捕集的粉尘量，kg/s。

根据总除尘效率的不同，除尘器可分：低效除尘器、中效除尘器和高效除尘器。低效除尘器：除尘效率为50%~80%，如重力沉降式、惯性除尘器等；中效除尘器：除尘效率为80%~95%，如低能湿式除尘器、颗粒层除尘器等；高效除尘器：除尘效率为95%以上，如电除尘器、袋式除尘器、文丘里除尘器等。

如果除尘器结构严密不漏风，可写成：

$$\eta = \frac{Q_1 C_1 - Q_2 C_2}{Q_1 C_1} \times 100\% = \frac{C_1 - C_2}{C_1} \times 100\% \qquad (7-2)$$

式中　Q_1、Q_2——除尘器进口和出口的风量，m³/s；

　　　C_1、C_2——除尘器进口和出口空气中粉尘浓度，mg/m³。

(2) 分级除尘效率是指某一粒径（或粒径范围）下的除尘效率 η_d，可用式（7-3）表示

$$\eta = \frac{G_{cd}}{G_{id}} \times 100\% \qquad (7-3)$$

式中　G_{id}——除尘器出口气流中，粒径 d 的粉尘量，kg/s；

　　　G_{cd}——除尘器入口气流中，粉径 d 的粉尘量，kg/s。

分级效率与总除尘效率的关系为

$$\eta = \sum_{1}^{n} \eta_i \varphi_{id} \tag{7-4}$$

式中　φ_{id}——除尘器进口气流中粒径为 d 的粉尘重量百分比,%。

(3) 穿透率（P）是指气流中未被捕集的粉尘占进入除尘器粉尘量的百分数,可表示为

$$P = (1 - \eta) \times 100\% \tag{7-5}$$

穿透率反映了排入大气中粉尘量的概念,根据穿透率可直接计算出排入大气的总尘量。因此,除尘效率是从除尘器所捕集的粉尘的角度来评价除尘器性能,而穿透率是从除尘器未被捕集的粉尘的角度来评价除尘器性能。

(4) 多级除尘器的总除尘效率。如果 2 台或 2 台以上除尘器串联运行时,假定第一级除尘器的总除尘效率为 η_1,第二级除尘器的总除尘效率为 η_2,其他依次类推,第 n 级除尘器的总除尘效率为 η_n,则 n 台除尘器串联运行时,其总除尘效率 η 为

$$\eta = 1 - (1 - \eta_1)(1 - \eta_2)\cdots(1 - \eta_n) \tag{7-6}$$

(5) 除尘器的阻力是评定除尘器性能的重要指标,阻力可分低阻力除尘器、中阻力除尘器和高阻力除尘器。低阻力除尘器：$\Delta P < 500$ Pa,一般指重力除尘器、电除尘器等;中阻力除尘器：$500 < \Delta P \leqslant 2000$ Pa,如旋风除尘器、袋式除尘器、低能耗型湿式除尘器等;高阻力除尘器：$\Delta P > 2000$ Pa,如高能耗文丘里除尘器。

(6) 除尘器的经济性。设备费主要指除尘器的材料消耗费、加工制作费、安装费用以及除尘器的各种辅助设备（如反吹风机、水处理设备、压缩空气等）的费用。

运行维护费主要有气流通过除尘器所做的功、清灰时所消耗的能量以及易损件的更换、维修材料等。运行费主要是指除尘器的耗电量,取决于除尘器的阻力和处理风量。

(7) 选择除尘器时应注意事项：①除尘器必须满足所要求的净化程度;②除尘设备的运行条件,选择除尘器时必须考虑除尘系统中所处理烟气、烟尘的性质,使除尘能正常运行,达到预期效果;③烟气性质：如温度、压力、黏度、密度、湿度、成分等对除尘器的选择有直接关系;④烟尘性质：如烟尘的粒度、密度、吸湿性和水硬性、磨损性对除尘器的选择及其正常运行都具有直接影响;⑤除尘设备的经济性（占地面积、维护条件以及安全因素）。

在选择除尘器时,必须在满足所处理烟尘达到排放标准的基础上,确保除尘器运行中的技术、经济合理性。

3. 机械式除尘器

机械式除尘器是利用重力、惯性力及离心力等机械作用,使含尘气流中的粉尘被分离捕集的除尘装置。包括重力沉降室、惯性除尘器、旋风除尘器。

1) 重力沉降室

(1) 沉降速度为

$$U_{ps} = \sqrt{\frac{4(\rho_p - \rho_g)gd_p}{3C_p\rho_g}} \tag{7-7}$$

$$U_{ps} = \frac{(\rho_p - \rho_g)gd_p^2}{18V_g} \tag{7-8}$$

（2）沉降室工作原理，如图 7-7 所示，多层重力沉降室多级沉降室如图 7-8 所示。

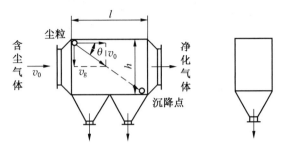

图 7-7 沉降室工作原理

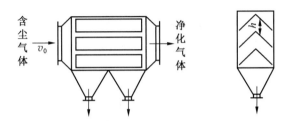

图 7-8 多层重力沉降室多级沉降室

$$\eta_i = \frac{l \cdot U_{ps}}{V_g \cdot h} \times 100\% \cdot d_{min} = \sqrt{\frac{18 V_g \cdot h \cdot V_g}{\rho_p}} \quad\quad (7-9)$$

（3）沉降室的设计计算：

沉降室的长度：

$$I = \frac{h \cdot V_g}{u_{ps}} \quad\quad (7-10)$$

沉降室的宽度：

$$B = \frac{Q}{h \cdot u_g} \qu\quad (7-11)$$

（4）重力沉降室的特点：仅适于除去 50 μm 以上粉尘；压力损失为 50~100 Pa，气流速度通常取 1~2 m/s，除尘效率为 40%~60%；构造简单，施工方便，投资少，收效快；体积庞大，占地多，效率低，不适于除去细小尘粒；工程上应用不广泛，仅作多级除尘系统的第一级除尘装置（即前置除尘器）。

2）惯性除尘器

含尘气流在运动过程中，遇到障碍物（如挡板、水滴、纤维等）时，气流的运动方向将发生急剧变化，如图 7-9 所示。

由于尘粒的质量比较大，仍保持向前运动的趋势，故有部分粉尘撞击到障碍物上而被沉降分离。

与重力除尘器相比占地面积小，能除掉粒径 20~30 μm 以上尘粒，除尘效率为 50%~70%，多作为高性能除尘器的前一级除尘器。

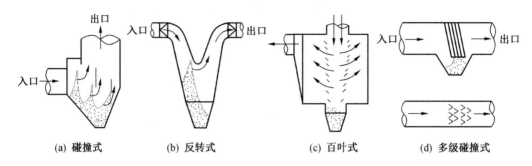

(a) 碰撞式   (b) 反转式   (c) 百叶式   (d) 多级碰撞式

图 7-9　惯性除尘器结构

3) 旋风除尘器

（1）旋风除尘器的工作原理：旋风除尘器是利用离心力从含尘气体中将尘粒分离的设备。由筒体、锥体、排出管 3 部分组成，如图 7-10 所示。

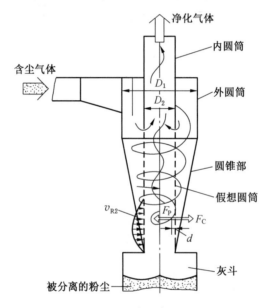

图 7-10　旋风除尘器

（2）旋风除尘器的临界粒径所能捕集的最小粉尘直径，称临界粒径 d_c。

一般情况下临界直径越小，旋风除尘器的除尘性能越好，反之越差。从理论上，小于临界粒径的尘粒是完全不能被捕集的。实际上，尘粒进入除尘器后，由于颗粒间的相互碰撞、细小微粒的凝聚，以及夹带、静电和分子引力作用等因素，使一部分小于临界粒径的细粉尘也被捕集。

（3）影响旋风除尘器性能的因素。使用条件和结构形式对旋风除尘器的性能都有不同程度的影响。

在使用方面的因素有：进口风速、含尘气体的性质、除尘器底部的严密性等；在结构方面的因素有：入口形式、筒体直径、排出管直径、筒体和锥体高度和排尘口直径等。旋风除尘器结构尺寸对性能的影响见表 7-3。

表7-3 旋风除尘器结构尺寸对性能的影响

增加	阻力	效率	造价
除尘器直径	降低	降低	增加
进口面积（风量不变）	降低	降低	—
进口面积（风速不变）	增加	增加	—
圆筒长度	略降	增加	增加
圆锥长度	略降	增加	增加
圆锥开口	略降	增加或降低	—
排气管插入长度	增加	增加或降低	增加
排气管直径	降低	降低	增加
相似尺寸比例	几乎无影响	降低	—
圆锥角度	降低	20°~30°为宜	增加

（4）常用的旋风除尘器设备结构简单，造价低；没有传动机构及运动部件，维护修理方便而被广泛采用；可用于净化高温热烟气，能捕集粒径10 μm以上的尘粒，效率达80%以上。

几种常用的旋风除尘器的结构形式主要有多管旋风除尘器、旁路旋风除尘器、扩散旋风除尘器和长锥体旋风除尘器。

多管旋风除尘器如图7-11所示，旁路旋风除尘器如图7-12所示。

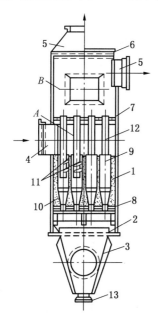

1—外壳；2—支撑部分；3—灰斗；4—进气管；5—排气管；
6—顶盖；7、8—支撑板；9—小旋风集尘器；10—填料；
11—导向叶片；12—排气导管；13—排尘口
图7-11 立式多管旋风除尘器

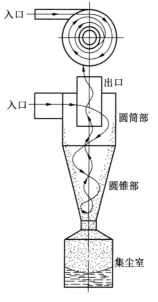

图7-12 旁路旋风除尘器

扩散旋风除尘器圆筒体较短，下接倒锥体，倒锥体下部装有倒漏斗形的反射屏（又称挡灰盘），如图7-13所示。

扩散式旋风除尘器的除尘过程：含尘气流进入除尘器后，从上向下做旋转运动，在到达锥体下部时，由于反射屏的作用，大部分气流折转向上由排出管排出；紧靠器壁的少量气流随同浓缩的粉尘沿倒锥下沿与反射屏之间的环缝进入灰斗；携尘气流进入灰斗后，由于速度降低，粉尘得到分离，净化气流由反射屏中心透气孔向上排出，与上升的主气流混合后经排出管排出除尘器。

长锥体旋风除尘器有较长的锥体（图7-14），除尘效率随着锥体长度的增加而逐渐提高，阻力系数随着锥体长度的增加而下降，但当锥体到达一定长度时，效果则相反。因此，一般采用锥体长度为筒体直径的2.8倍。

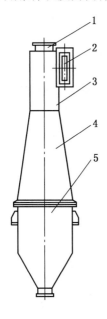

1—排气管；2—进气管；3—筒体；4—锥体；5—灰斗

图7-13 扩散旋风除尘器

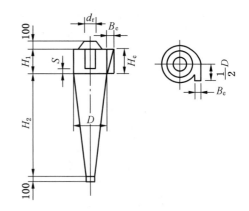

图7-14 长锥体旋风除尘器

长锥体旋风除尘器的直筒段的长度较短，当进口气速小于14 m/s时，直筒段的长度与除尘效率无关；当进口气速大于14 m/s时，除尘效率因直筒段长度的增加而提高，阻力系数随着直筒段长度的缩短而提高。因此，当进口气速为14~16 m/s时，可不设置筒段；当进口气速为24~26 m/s时，可设置长度为筒体直径0.7倍的直筒段。

长锥体旋风除尘器对纤维性的棉尘效率几乎为100%，一般情况下除尘效率为90%。以滑石粉为式样，当进口气速为13~14 m/s时，压力损失为1100~1260 Pa；当进口气速为11 m/s时，压力损失为800 Pa。

4. 湿式除尘器

湿式除尘器也称洗涤器，它是利用液体来净化气体的装置，气流中的粉尘主要是靠液（水）滴来捕集，水与含尘气流的接触方式大致有水滴、水膜和气泡3种形式。

湿式除尘器按其结构形式大致可以分为贮水式、加压水喷淋式、强制旋转喷淋式。

1）贮水式

除尘器内有一定量的水，由于高速含尘气体进入后，冲击贮水槽的水形成水滴、水膜和气泡，对含尘气体进行洗涤，如图7-15所示。

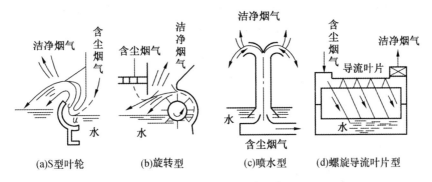

(a)S型叶轮　　　(b)旋转型　　　(c)喷水型　　　(d)螺旋导流叶片型

图 7-15　贮水式湿式除尘装置

贮水式除尘器的特点是使用循环水，耗水量少，只消耗蒸发和排除泥浆时的损失。不使用具有细小喷孔的喷嘴喷水，各部分没有很小的间缝，不容易发生堵塞，能处理含尘浓度高、大流量的含尘气体。

这类除尘器有喷淋塔洗涤器、离心式洗涤器和冲击（自激）式除尘器。

（1）重力喷淋塔洗涤器如图7-16所示。含尘气流流动形式有顺流、逆流和错流3种。因液滴和颗粒之间的惯性碰撞、拦截和凝聚作用，使较大的粒子被液滴捕集。其结构简单，压力损失小，操作稳定，中心轴线安装喷嘴。

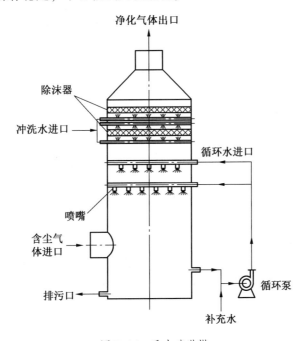

图 7-16　重力喷淋塔

（2）离心式洗涤器借离心力加强液滴与尘粒的碰撞作用，用固定的导流叶片使气流旋转。其中，应用比较多的除尘器是旋风水膜除尘器，这类除尘器也有立式和卧式。

立式旋风水膜除尘器如图7-17所示，入口位于筒体下方，含尘气体切向进入除尘器，旋转上升，最后由上部出口排出。旋转气流所产生的离心力将尘粒甩向器壁，这与干式旋风除尘器的工作原理相同。水膜除尘器上部设有供水设施，使除尘器筒体内表面形成一层均匀的水膜，粉尘一旦到达器壁，即进入水膜中，以防止粉尘从器壁弹回气流中去。这类除尘器效率为90%~95%。进口的最高允许含尘浓度2000 mg/m^3，否则应在其前加一级除尘器，以降低进口含尘浓度；入口气流速度在15~22 m/s。

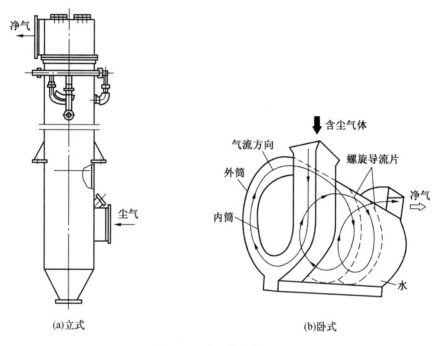

图7-17　旋风水膜除尘器

卧式旋风水膜除尘器也称水鼓除尘器、旋筒式水膜除尘器等，它主要有内筒、外筒、螺旋形导流片、集尘水箱、脱水器等组成，如图7-17所示。内、外筒之间的导流叶片将除尘器内部分成若干个螺旋形通道，含尘气流沿器壁以切线方向导入，沿螺旋通道流动。

对各种粉尘的粒径小到0.1 μm，除尘效率几乎全部在90%~100%，除尘器阻力在300~1000 Pa。

影响卧式旋风水膜除尘器效率取决于除尘器内部水位高低、水膜形成和气流旋转圈数等因素。关键因素是除尘器内的水位，水位的高低又关系到水膜的形成。

这类除尘器设备的优点是阻力小、效率高、结构简单，运行费用低，耗水量少（0.05~0.09 L/m^3），对所处理空气的冷却和增湿程度很小，适合于处理各种粉尘的气体。

（3）冲击（自激）式除尘器最简单的形式如图7-18所示。含尘气流以一定的流速从喷头（或散流器）冲入水中，然后折转180°改变其流动方向，在惯性作用下，部分尘粒被分离；气流冲击溅起水花、水雾，可使气流得到进一步的净化，净化后的气流经挡水板脱水后排出。

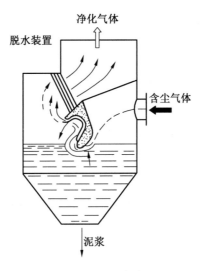

图 7-18 冲击式除尘器

冲击（自激）式除尘器特点：效率与阻力取决于气流的冲击速度和喷头的插入深度。当冲击速度一定时，除尘效率和阻力随喷头插入深度的增加而增加；当插入深度一定时，除尘效率和阻力随冲击速度的增加而增加。但在同一条件下，当冲击速度和插入深度增大到一定值后，如继续增加，其除尘效率几乎不变化，而阻力却急剧增加。罗托克伦型自激式除尘器如图 7-19 所示，新型高效自激式水浴水膜除尘器如图 7-20 所示。

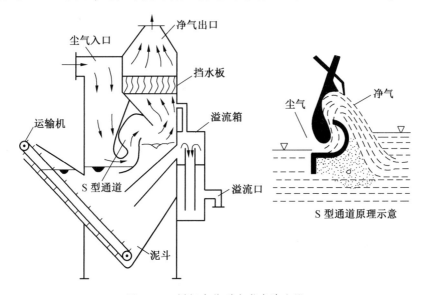

图 7-19 罗托克伦型自激式除尘器

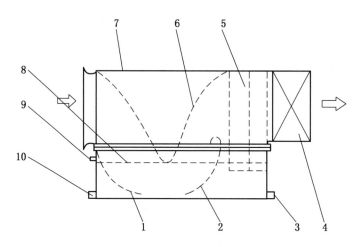

1、2—下导流叶片；3—排浆阀；4—轴流风机；5—脱水器；6—上导流叶片；7—外壳；8—水面；9—注水孔；10—水箱

图 7-20 新型高效自激式水浴水膜除尘器

2）加压水喷淋式

是向除尘器内供给加压水，利用喷淋或喷雾产生水滴，对含尘气体进行洗涤。

这类除尘器有泡沫除尘器、文丘里除尘器、旋风水膜除尘器、填料塔、湍球塔等。

（1）泡沫除尘器（图 7-21）。气流由下往上通过筛板上的水层，当气流速度控制在一定范围内时（与水层高度有关），可以在筛板上形成泡沫层，在泡沫层中的气泡不断地破裂、合并，又重新生成。气流在通过这层泡沫层后，粉尘被捕集，气体得到净化。水通过筛板漏泄至除尘器下部的水槽中。

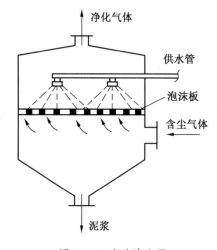

图 7-21 泡沫除尘器

（2）文丘里除尘器。由收缩管、喉管、扩散管和喷水装置构成，它与旋风分离器一起构成文丘里除尘器，如图 7-22 所示。含尘气体以 60～120 m/s 的高速通过喉管，这股高速气流冲击从喷水装置（喷嘴）喷出的液体使之雾化成无数微细的液滴，液滴冲破尘粒周围的气膜，使其加湿、增重。在运动过程中，通过碰撞，尘粒还会凝聚增大，增大（或增

重）后的尘粒随气流一起进入旋风分离器，尘粒从气流中分离出来，净化后的气体从分离器排出管排出。

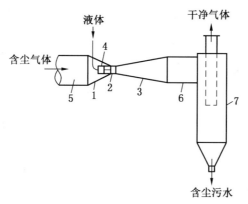

1—收缩管；2—喉管；3—扩散管；4—喷水装置；5—进气管；6—连接管；7—旋风分离器

图 7-22　文丘里除尘器

文丘里除尘器除尘效率主要取决于喉管的高速气流将水雾化，并促使水滴和尘粒之间的碰撞，是一种效率较高的除尘器，具有体积小，结构简单，布置灵活等特点，对粒径为 1 μm 的粉尘除尘效率达 99%。文丘里除尘器的缺点是阻力大，一般为 6000～7000 Pa。

文丘里除尘器在化工和冶金企业中得到广泛的应用。如烟气温度高，含湿量大或比电阻过大等原因不宜采用电除尘器或袋式除尘器时，可用于文丘里除尘器。

3）强制旋转喷淋式

强制旋转喷淋式是借助机械力强制旋转喷淋，或转动叶片，使供水形成水膜、水滴、气泡、对含尘气体进行洗涤。除尘器内有机械旋转雾化器，故气量的变化对雾化影响不大，小型设备也能处理较大气量，占地面积小，但其结构复杂，动力消耗比较大。旋转式喷雾式除尘器如图 7-23 所示。

5. 袋式除尘器

袋式除尘器是过滤式除尘器的一种高效除尘器，如图 7-24 所示。对微细粉尘有较高的效率，一般可达 99% 以上。目前在各种高效除尘器中，袋式除尘器是最有竞争力的一种。

1）袋式除尘器的工作过程和原理

（1）袋式除尘器的滤尘过程（图 7-24a）：含尘气体从除尘器底部锥体引入左侧正在滤尘的滤袋中，含尘气体在经过滤袋初尘层时，尘粒即被阻隔，净化后的气体由引风机排向大气。随着滤袋上捕集的粉尘增厚，阻力渐渐加大，到达到规定压力降（通常为 1200～1500 Pa）时，左侧滤袋上方吸气阀关闭，

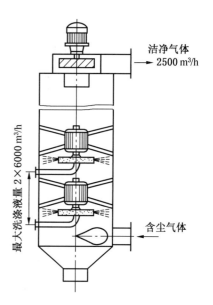

图 7-23　旋转喷雾式除尘器

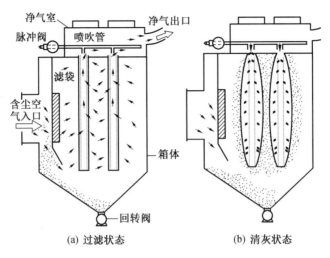

净气室　净气出口
脉冲阀　喷吹管
滤袋
含尘空气入口
箱体
回转阀

(a) 过滤状态　　　　　(b) 清灰状态

图 7-24　袋式除尘器

逆吹阀打开，用引风机回流部分净化后气体，由滤袋外向袋内反吹清灰（图 7-24b）。

（2）袋式除尘器的滤尘原理：用滤布的过滤作用进行除尘。滤布与纤维层滤料不同，滤布是用纤维织成的比较薄而致密的材料，主要是表面过滤作用，含尘空气通过滤布后，由于过滤、碰撞、拦截、扩散、静电作用，粉尘被阻留在滤料内表面上，净化后的气体由除尘器风机口排出。

滤布的过滤作用：新滤布在开始时粉尘被捕集沉积于纤维间，使滤布孔隙更加缩小并均匀化，逐渐在滤布表面形成一层初始粉尘层。在过滤的过程中，初始粉尘层起着重要的作用，由于初始粉尘层的孔隙小而均匀，捕集效率增强。

（3）袋式除尘器的除尘特点：对亚微米粉尘也有较高捕尘效率，对 0.2~0.4 μm 粉尘的捕集效率却很低，对 1 μm 以上粉尘，效率可达 99% 以上。随着沉积粉尘的加厚，阻力将增高，阻力过高将使风机工作风量减少，阻力应控制在 1000~2000 Pa。

2）袋式除尘器的分类和清灰过程

（1）分类：按清灰方式分，可分为机械清灰、逆气流清灰、脉冲喷吹清灰和声波清灰除尘器；按除尘器内的压力分，可分为负压式和正压式除尘器；按滤袋形状分，可分为圆袋和扁袋除尘器；按含尘气流进入滤袋的方向分，可分为内滤式和外滤式除尘器；按进气口的位置分，可分为下进风式和上进风式除尘器。

（2）清灰：需要采取清落积尘的措施，称为清灰。

清灰的目的：一是清落沉积的粉尘层，使过滤阻力大大降低；二是不致破坏初始粉尘层，使滤布仍保持较高的捕集效率。

袋式除尘器的清灰方式和清灰效果的好坏是影响除尘效率、阻力、滤袋寿命及工作状况的重要环节。清灰的基本要求是能从滤布上迅速地、均匀地清落适量的沉积粉尘，并仍能保持一定的初始粉尘，而不损坏滤袋和消耗较少的动力。

袋式除尘器过滤过程中阻力逐渐升高，当达到一定值（约 2000 Pa）开始清灰，阻力降低到规定的残留阻力（700~1000 Pa）清灰终止，清灰周期及阻力变化情况如图 7-25 所示。

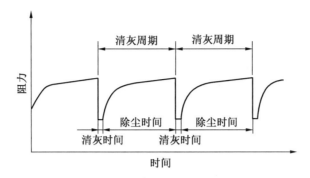

图 7-25　袋式除尘器清灰周期阻力变化

（3）清灰工作方式如下：①连续工作袋式除尘器正常工作，清灰时不切断过滤风流。主要清灰方法有脉冲喷吹、气环喷吹。清灰时，只是喷吹的滤袋气流暂时停止，保持整个滤袋器工作状态和风流的稳定，但清灰时可使排出粉尘浓度增加；②间歇工作，清灰时整个袋式除尘器停止过滤，间歇循环工作，以避免透过的灰尘被风流带走而不能连续抽尘过滤；③分隔室工作，将袋式除尘器分成若干个互相隔开的分隔室，顺序切断风流进行清灰，其余各室正常进行。

3）常用袋式除尘器的结构形式

（1）机械振打袋式除尘器是利用机械振打机构使滤袋产生振动，将滤袋上的积尘抖落到灰斗中的一种除尘器，如图 7-26 所示。工作方式如下：①垂直方向振打，采用垂直方向振打，清灰效果好，对滤袋的损伤较大，特别是在滤袋下；②水平方向振打，可分为上部水平方向振打和腰部水平方向振打。过滤风速一般取 0.6 ~ 1.6 m/ min，阻力为 120 ~ 800 Pa。

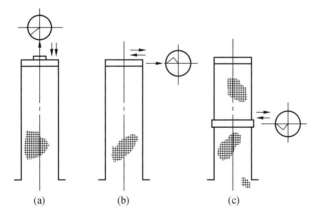

图 7-26　机械振打袋式除尘器

（2）脉冲喷吹袋式除尘器是目前国内生产量最大、使用最广的一种带有脉冲机构的袋式除尘器，其有中心喷吹、环隙喷吹、顺喷和对喷等多种结构形式，MC 型（采用中心喷吹式）脉冲喷吹式袋式除尘器的结构如图 7-27 所示。

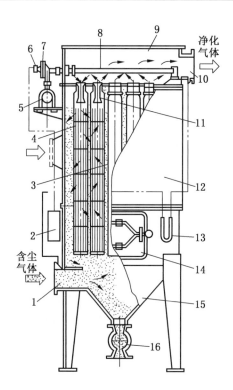

1—进风口；2—控制仪；3—滤袋；4—滤袋框架；5—气包；6—控制阀；7—脉冲阀；8—喷吹管；9—净气箱；
10—净气出口；11—文氏管；12—中箱体；13—U形压力计；14—检修门；15—集尘斗；16—卸灰装置

图7-27　MC型脉冲喷吹袋式除尘器

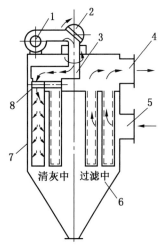

1—反吹风机；2—回转阀；
3—反吹旋臂；4—净气出口；
5—含尘气体进口；6—灰斗；
7—滤袋；8—切换阀

图7-28　脉动反吹（吸）
风袋式除尘器

（3）逆气流反吹（吸）风袋式除尘器主要有回转反吹扁式除尘器、脉动反吹风袋式除尘器和反吹风袋式除尘器。脉冲反吹风袋式除尘器的结构如图7-28所示。它是利用脉冲反吹式进行清灰的袋式除尘器，脉冲反吹清灰就是从反吹风机来的反吹气流给予脉动动作，具有较强的清灰作用，但要有能使反吹气流产生脉动动作的机构，如回转阀等。

6. 静电除尘器

静电除尘器是利用高压电场产生的静电力使粉尘从气流中分离出来的除尘设备。由于粉尘从气流中分离的能量直接供给粉尘，所以电除尘器比其他类型的除尘器消耗的能量小，压力损失仅为200～500 Pa，目前在冶金、火力发电厂、水泥等工业部门获得广泛应用。

（1）静电除尘器的工作原理：利用直流高压电源和一对电极——放电极与集尘极，造成不均匀电场，以分离捕集通过气流中的粉尘。放电极一般用金属线悬吊于集尘极中心；集尘极用金属板做成圆筒形（管式电除尘器）或平行平板形（板式电除尘器）。一般放电极为阴极，集尘极为阳极并接地，如图

7-29 所示。

电除尘器工作过程是: 电晕放电—气体分离—尘粒荷电—尘粒捕集—振打清灰。

高压直流电源在集尘极和放电极间造成不均匀电场, 在电场力的作用下, 空气中的自由离子向两极运动形成电流, 当电压升高、电场强度增大时, 自由电子运动速度增高, 高速运动的离子碰撞着空气中的中性原子, 并使后者电离为正、负离子, 称为空气电离。空气被电离后, 极间运动离子数大大增加, 极间电流急剧增大 (电流称为电晕电流), 空气成了导体。在放电极周围出现一个淡蓝色光环,

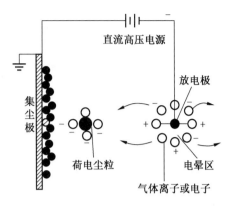

图 7-29 静电除尘器原理图

称为电晕。含尘空气通过电极空间时, 由于空气中离子的碰撞和扩散, 尘粒获得带电离子的电荷, 在库仑力作用下, 荷电尘粒向电极运动并沉落在电极上, 尘粒从气体中分离。

(2) 电除尘器的结构形式按集尘极的形式可分为板式和管式电除尘器 (图 7-30); 按气体流动方向可分为立式和卧式电除尘器; 根据清灰方式可分为干式和湿式。

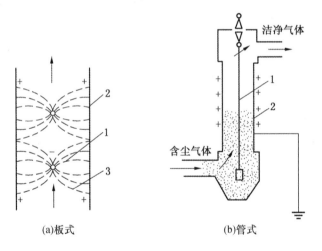

1—电晕极; 2—集尘板; 3—电力线

图 7-30 板式和管式电除尘器

7. 颗粒层除尘器

颗粒层除尘器具有高温、耐磨损、耐腐蚀、不燃不爆、除尘能力不受粉尘比电阻影响等特点, 克服了袋式除尘器和电除尘器的一些缺点, 被认为是一种很有发展前途的工业高温除尘器。颗粒层除尘器的缺点是其压力损失较大和清灰装置较复杂。

1) 颗粒层除尘器的工作原理

颗粒层除尘器是利用颗粒状物料 (如硅石、砾石等) 作为填料层的一种内部过滤式除尘装置, 如图 7-31 所示。其滤尘机理与袋式除尘器相似, 主要靠惯性、拦截及扩散作用等, 使粉尘附着于颗粒状滤料及其他粉尘表面上。过滤效率随颗粒层厚度及其上沉积的粉尘层厚度的增加而提高, 但压力损失也随之提高。

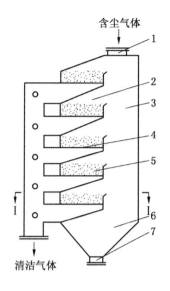
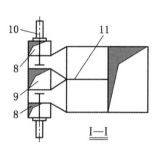

1—进气口；2—沉降室；3—过滤间；4—颗粒层；5—下筛网；6—灰斗；7—排灰斗；8—反吹风口；
9—净气口；10—阀门；11—隔板

图 7-31　颗粒层除尘器

颗粒层除尘器除尘过程：含尘气体由进口进入，大尘粒经沉降室沉降，细尘粒经颗粒层过滤，净化后的气体排至大气；反吹气进入后，经下筛网使颗粒层均匀沸腾，以达到反吹清灰的目的。聚集的大尘粒沉积于灰斗，定期排放，余下的细尘粒通过其余的颗粒层过滤。除尘器的过滤层数可根据处理烟气量而定。烟气量大时，可以将多台除尘器并联使用。

2）影响颗粒层器性能的因素

直接影响颗粒层除尘器的净化效率和阻力的主要参数有：颗粒滤料的种类、滤料粒径、滤料厚度、过滤风速。

（1）颗粒滤料的种类。各种颗粒材料都可以作为颗粒层除尘器的滤料，但表面光滑的球体的除尘效率要比形状不规则的物料低，实际应用中，可选用形状不规则、表面粗糙的滤料。滤料应具有相应的耐高温和耐腐蚀性能，要具有一定的机械强度，避免在清灰过程中被破碎，造成滤料损失，影响效果。

可用作颗粒层除尘器的滤料很多，如硅石、卵石、煤块、炉渣、金属屑、玻璃屑、塑料等。目前常用硅石作滤料，硅石的耐磨性、耐腐蚀性和耐热性都很强。

（2）滤料粒径。滤料颗粒的大小对除尘效率有很大影响。颗粒越细，除尘效率越高，但气流阻力也越大，而且滤层的容尘能力也较差。随着滤料颗粒直径的增加，颗粒间间隙也大，粉尘穿透性能增强，滤层的容尘能力随之增加，但过粗的滤料将使除尘效率下降。实际使用的硅石颗粒度是不均匀的，一般取硅石平均当量直径为 1~2.5 mm。

（3）滤料厚度。较厚的滤料层可以获得较高的除尘效率，但阻力也相应增加。在通风机风压允许范围内，可以通过增加滤料层厚度提高除尘效率。一般滤料层越厚，除尘效率越高，但气流阻力也越大，而且反洗时需要风压也越高。硅石颗粒层厚度一般取 100~200 mm。

（4）过滤风速。风速越高，扩散、重力、截留等效应都有所降低，而惯性效应提高。

惯性效应仅对大尘粒有效，而在高风速的情况下，大尘粒的反弹和二次冲刷也加剧，使效率降低，故风速的增加会导致效率的降低，阻力的增加。阻力范围内（1000～1500 Pa），风速可取 0.3～0.8 m/s。

3）颗粒层除尘器的分类

颗粒层除尘器按颗料床层的位置分，可分为垂直床层和水平床层 2 种；按床层的性质分，可分为固定床、移动床和流化床；按清灰方式分，可分为不再生、振动加反吹风清灰、耙子加反吹风清灰、沸腾反吹风清灰等；按层床的数量分，可分为单层和多层颗粒层除尘器。

4）颗粒层除尘器的结构形式

（1）移动床颗粒层除尘器主要是利用滤料颗粒在重力作用下向下移动以达到更换滤料的目的。因此，这种除尘器一般都采用垂直床层。根据气流的方向与颗粒移动的方向可分为平行流式（两者的方向平行）以及交叉流式（气流为水平方向，与颗粒层垂直交叉）。

目前采用较多的是交叉流式，但平行流式也开始用于工业除尘。交叉流颗粒层除尘器除尘原理如图 7-32 所示。干净的滤料装入上部料斗 1 中，通过上部回转给料器 2 送入到颗粒过滤层 3 及 4 中。含尘气流水平通过过滤层，使气体得到净化。粘附有粉尘的滤料在重力作用下向下移动，通过下部回转给料器 5 排出。

（2）单层耙式颗粒层除尘器。含尘空气切向

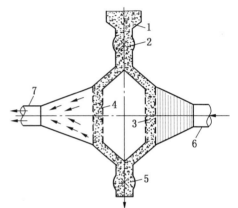

1—料斗；2—上部回转给料器；
3、4—过滤层；5—下部回转给料器；
6—进气管；7—排气管

图 7-32　交叉流颗粒层除尘器

进入除尘器下部的旋风筒，在离心力的作用下预先分离粗颗粒粉尘，未被分离的细粉尘随气流进入过滤层上部箱体，当气流自上而下流过颗粒层时被阻留在滤层表面和滤层中。净化后的气体由净气出口排至排气总管。当颗粒层中积灰较多时由传动机构带动阀门，关闭净气出口，开启反吹风管，使反吹气流由下向上通过颗粒层。此时，由电机带动耙子搅动颗粒层，使积聚于颗粒层内和表面的粉尘松散，并使粒状滤层保持平整。经松动后的积尘随反吹气流进入旋风筒沉降（图 7-33）。该种除尘器也可以多层重叠，以适应大烟气量净化。

（3）沸腾颗粒层除尘器是采用沸腾清灰机构，从颗粒床层下部以足够流速的反吹空气经分布板鼓入过滤层中，使颗粒层呈流态化，颗粒间互相搓动，上下翻腾，使积于颗粒层中的灰尘从颗粒中离析和夹带出去，达到清灰的目的。反吹停止，料层的表面应保持平整均匀，以保证过滤效率。

影响沸腾清灰的主要因素是反吹风速。风速过低，达不到沸腾目的；太高则可能把颗粒吹出。因此，存在一个使颗粒层达到流化的最低反吹风速，此速度称临界流化风速，可通过实际测量得到。

为克服颗粒层除尘器所存在的问题，冶金部安全技术研究所等单位根据态化鼓泡原理，研制了沸腾颗粒层除尘器，其结构和除尘过程如图 7-34 所示。

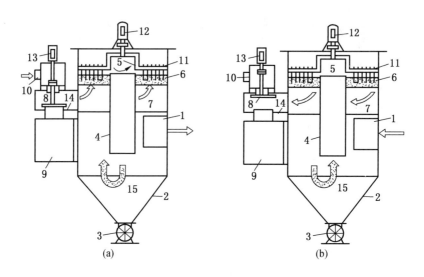

1—入口；2—旋风筒；3—格式排灰阀；4—内管；5—耙子；6—砂粒层；7—净化后的气体；8—圆盘截止阀；
9—排风总道；10—反吹风管；11—上箱体；12—电机；13—阀门驱动器；14—净气出口；15—含尘气体

图7-33　耙式颗粒层除尘器

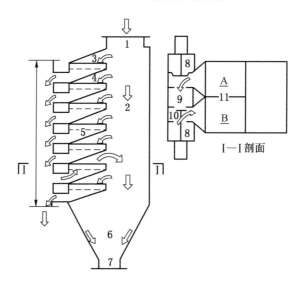

1—进气口；2—沉降室；3—过滤空间；4—颗粒层；5—筛网；6—灰斗；7—排灰口；8—反吹风口；
9—净气口；10—阀门；11—隔板

图7-34　多层沸腾颗粒层除尘器

第三节　无（微）动力除尘

随着近几年来除尘技术的不断发展，无动力除尘装置应运而生，该除尘装置利于空气动力学原理实现自降尘，真正实现了无动力和零排放目的，降低了电量和污水排放，在越来越多的输送系统中采纳。

　　无动力除尘技术利用重力除尘、空气动力学和压力平衡的原理，打破传统的除尘方式，对各扬尘点进行分散除尘，无须任何外加的动力设备。

　　微动力除尘技术是针对与带式输送机相关的破碎机、振动筛、料仓等设备，在无动力除尘技术的基础上，配加小型过滤器辅助除尘的一种除尘技术；无动力除尘技术除尘方法属于环保干法除尘技术领域，适用于物料输送系统转运站等扬尘点的除尘，不适用于炉窑等烟气除尘，如图7-35所示。

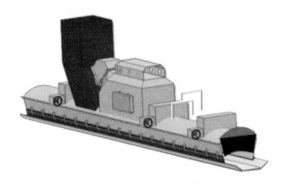

图7-35　无动力除尘器三维示意图

一、除尘原理

　　无动力除尘技术运用空气动力学原理，利用物料跌落时产生的压力差，在除尘器内形成气流闭环流通，对各扬尘点进行分散除尘。在需除尘的设备上，设置除尘室，在除尘室内设置应力板。物料跌落或受到振动时，含尘气流往上运动，撞击到应力板，变为紊流，气流的速度与方向均发生改变，大颗粒的粉尘沉降下来。在密封的除尘室内，输送带仍然继续运行，物料下料口出现微负压，在除尘室内设置密封气体回流管，将微正压气流引至物料下料口前，保持压力平衡，实现除尘器内闭环流通，保证粉尘连续沉降。

二、除尘工艺流程

　　1. 无动力除尘工艺

　　无动力除尘工艺流程（图7-36）：密封室—粉尘气流—密闭落料管—除尘室—尘气分离室—粉尘循环室—密封室—空气。除尘系统如图7-37所示。

　　2. 微动力除尘工艺

　　微动力除尘工艺流程（图7-38）：粉尘气流（落料管）—多功能消尘室—尘料分流装置—滤尘室—微环室—脉冲负压吸尘器—密封帘—滤尘室—空气。其除尘系统如图7-39所示。

三、除尘设备

　　除尘设备由密封室、密闭落料管、栈桥微环室、导料槽总成、除尘室、缓尘回流室、多功能消尘室、尘气分离室、尾密封室、尾缓解室、小功率除尘器、物料干湿传感装置等组成。

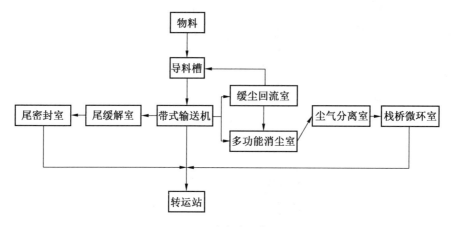

图 7-36 无动力除尘技术流程

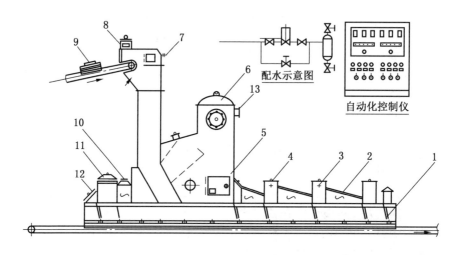

1—导料槽总成；2—栈桥微环室；3—雾化装置（3）；4—尘气分离室；5—多功能消尘室；6—缓尘回流室；7—潮解装置（2）；
8—密封进料室；9—物料干湿传感装置；10—尾缓解室；11—尾密封室；12—清扫投料口；13—检验孔

图 7-37 无动力除尘系统

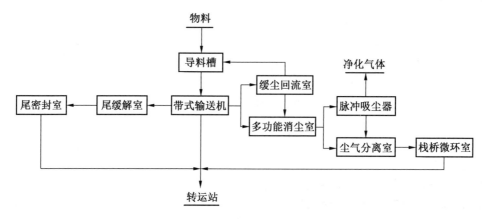

图 7-38 微动力除尘技术流程

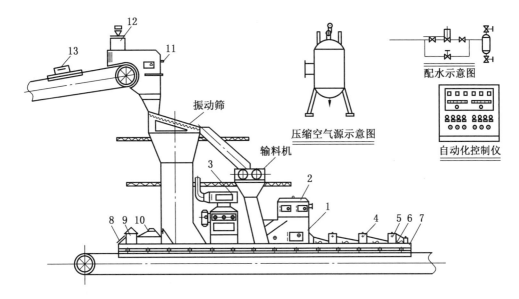

1—多功能消尘室；2—缓结回流室；3—负压吸器；4—雾化装置；5—气分离装置；6—栈桥微环室；7—导料槽总成；
8—清扫投料口；9—尾密封室；10—尾缓解室；11—潮解装置；12—密封进料室；13—干湿传感装置

图7-39 微动防尘系统

四、除尘效率

在除尘工程设计中一般采用全效率作为考核指标，有时也使用分级效率进行表达。

1. 全效率

全效率是指除尘器初夏的粉尘量与进入除尘器的粉尘量的百分比。即

$$\eta = \left(\frac{G_2}{G_1}\right) \times 100\% \qquad (7-12)$$

式中　　η——除尘器的效率，%；

　　　　G_1——进入除尘器的粉尘量，g/s；

　　　　G_2——除尘器除下的粉尘量，g/s。

由于在现场无法直接测出进入除尘器的粉尘量，应先测出除尘器进出口气流中的含尘浓度和相应的风量，再用式（7-13）计算：

$$\eta = \left(Q_1 C_1 - \frac{Q_2 C_2}{Q_1 C_1}\right) \times 100\% \qquad (7-13)$$

式中　Q_1——除尘器入口风量，m³/s；

　　　C_1——除尘器入口浓度，mg/m³；

　　　Q_2——除尘器出口风量，m³/s；

　　　C_2——除尘器出口浓度，mg/m³。

2. 总效率

在除尘系统中，若有除尘效率分别为 η_1、η_2、…、η_n 的几个除尘器串联运行时，除

尘系统的总效率用 η 表示，计算式为

$$\eta = 1 - (1 - \eta_1)(1 - \eta_2)\cdots(1 - \eta_n) \tag{7 - 14}$$

3. 穿透率

穿透率 ρ 为除尘器出口粉尘的排出量与入口粉尘的进入量的百分比，按下式计算：

$$\rho = (Q_2 C_2 / Q_1 C_1) \times 100\% \tag{7 - 15}$$

4. 分级效率

分级效率 η_c 为除尘器对某一粒径 d_c 或粒径范围 Δd_c 内粉尘的除尘效率，如下式所示：

$$\eta_c = (\Delta S_c / \Delta S_j) \times 100\% \tag{7 - 16}$$

式中　ΔS_c——在 Δd_c 的粒径范围内，除尘器捕集的粉尘量，g/s；

　　　ΔS_j——在 Δd_c 的粒径范围内，进入除尘器的粉尘量，g/s。

五、压力损失

除尘器压力损失 ΔP 为除尘器进、出口处气体流经除尘器所耗的接卸能，当知道除尘器局部阻力系数 ξ 值时，可用下式计算。在现场可用压力表直接测出。

$$\Delta P = \xi \rho_0 v^2 / 2 \tag{7 - 17}$$

式中　ΔP——除尘器的压力损失，Pa；

　　　ρ_0——处理气体的密度，kg/m³；

　　　v^2——除尘器入口处的气流速度，m/s。

六、技术特点

无动力除尘技术改变传统的除尘工艺，除尘观念新颖，除尘原理运用得当，设备构思巧妙，工艺布局合理、节能，不消耗动力或动力消耗小，除尘指标先进。具有与传统除尘方法一样的除尘效果，并且具有以下特点：

（1）没有管道等引出厂房，也无除尘器、通风机、烟囱等设备，不占地，无景观视觉污染。

（2）无须配备操作工人，维护方便，费用低。

（3）无动力除尘工艺，无动力消耗。

（4）微动力除尘工艺，动力消耗低，大约为布袋除尘技术的 20%。

（5）节约投资 20% ~ 30%。

（6）保证粉尘捕集率达到 90% 以上，设备出口气体含尘量 < 50 mg/Nm³，操作点的含尘浓度 < 10 mg/m³。

（7）设备密封性好，粉尘捕集率高，可以达到 90% 以上。

（8）维护量小，密封条寿命长，3 年以后才需要更换。

第四节　喷雾抑尘降尘

喷雾抑尘是借助一定的装置，产生一个软封——水雾封，将尘源封闭。水雾与粉尘高速、反复碰撞，将其捕集，并一起粘附于物料表面，由于物料表面加了一层水，表面张力增

大，进入下一道工序前不会产生超量粉尘，增加物料含水量，对下一道工序尘源的治理有力。

一、干（云）雾抑尘技术

干雾抑尘技术是通过"云雾"化的水雾来捕捉粉尘，让水雾与空气中的粉尘颗粒结合，形成粉尘和水雾的团聚物，受重力作用而沉降下来，实现源头抑尘，可以有效地解决局部封闭/半封闭状态下无组织排放粉尘的处理难题，如进料斗和给料机等装卸区域的除尘。

传统喷雾除尘技术产生的水滴直径 200~300 μm，不仅效率低、能耗高，而且往往会导致物料过分湿润，影响成品产量。

1. 微米级干雾抑尘原理

干雾抑尘装置是利用干雾喷雾器产生的 10 μm 以下的微细水雾颗粒（直径 10 μm 以下的雾称干雾），使粉尘颗粒相互粘结、聚结增大，并在自身重力作用下沉降。

粉尘可以通过水粘结而聚结增大，但那些最细小的粉尘只有当水滴很小（干雾）或加入化学剂（表面活性剂）减小水表面张力时才会聚结成团。如果水雾颗粒直径大于粉尘颗粒，粉尘仅随水雾颗粒周围气流而运动，水雾颗粒和粉尘颗粒接触很少或者根本没有机会接触，则达不到抑尘作用；如果水雾颗粒与粉尘颗粒大小接近，粉尘颗粒随气流运动时就会与水雾颗粒碰撞、接触而粘结一起。水雾颗粒越小，聚结概率则越大，随着聚结的粉尘团变大加重，从而很容易降落。水雾对粉尘的"过滤"作用就形成了。

微米级干雾抑尘装置是由压缩空气驱动的声波振荡器，通过高频声波将水高度雾化，"爆炸"成上千上万个 1~10 μm 大小的水雾颗粒，压缩气流通过喷头共振室将水雾颗粒以柔软低速的雾状方式喷射到粉尘发生点，粉尘聚结而坠落，达到抑尘目的。

2. 微米级干雾抑尘装置的组成

微米级干雾抑尘装置由微米级干雾机、空气压缩机、储气罐、配电箱、水气分配器、万向节喷雾器总成、水气连接管线、电伴热带和控制信号线组成，如图 7-40 所示。干雾抑尘主要特点：

（1）在污染的源头起尘点进行粉尘治理。

（2）抑尘效率高，无二次污染无须清灰，针对 10 μm 以下可吸入及可入肺粉尘治理效果高达 96% 以上，避免矽肺病危害。

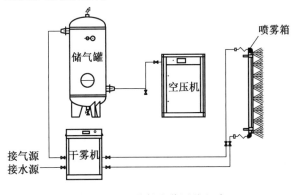

图 7-40　干雾抑尘装置的组成

（3）水雾颗粒为干雾级，在抑尘点形成浓而密的雾池。

（4）节能减排，耗水量小，与物料重量比仅为 0.02%～0.05%，是传统除尘耗水量的 1/10～1/100，物料（煤）无热值损失。

（5）占地面积小，全自动 PLC 控制，节省基建投资和管理费用。

（6）系统设施可靠性高，省去传统的风机、除尘器、通风管、喷洒泵房、洒水枪等，运行、维护费用低。

（7）适用于无组织排放，密闭或半密闭空间的污染源。

（8）大大降低粉尘爆炸概率，可以减少消防设备投入。

（9）冬季可正常使用且车间温度基本不变（其他传统的除尘设备，使用负压原理操作，带走车间内大量热量，需增加车间供热量）。

（10）大幅降低除尘能耗 40%～90% 及运营成本。

（11）烟雾 ≤2.8 μm 的水珠；2.8 μm＜干雾≤10 μm；10 μm＜湿雾≤50 μm；50 μm＜毛毛雨≤100 μm；100 μm＜小雨≤200 μm。

二、生物纳膜抑尘技术

生物纳膜是层间距达到纳米级的双电离层膜，能最大限度增加水分子的延展性，并具有强电荷吸附性；将生物纳膜喷附在物料表面，能吸引和团聚小颗粒粉尘，使其聚合成大颗粒状尘粒，自重增加而沉降；生物纳膜抑尘技术的除尘率最高可达 99% 以上，平均运行成本为 0.05～0.5 元/t（《大气污染防治先进技术汇编》）。

1. 作用机制

生物纳膜抑尘技术是将一种生物药剂与水混合，通过加药设备纳膜化后喷洒在矿石表面形成保护膜，从而达到抑制粉尘的技术。

生物纳膜抑尘技术是根据粉尘聚合理论，运用纳米级的生物材料，将抑尘纳膜制剂喷附在矿石表面，最大限度抑制矿石在生产过程中所产生粉尘的扩散。属于粉尘散发前除尘，与粉尘扩散后再进行处理的除尘技术相比，具有很大的优势，在矿石破碎、筛分和运输过程中，都能够有效地控制粉尘的散发。该技术的主要设备——抑尘机能将生物药剂和水充分混合起泡，形成纳米级细微泡沫，此泡沫薄膜具有双电子层，层间距仅几纳米，利用超细粉尘（≤10 μm）的电离性，泡沫对成千上万包裹着的超微颗粒在电荷等作用下进行吸附团聚，形成大的粉尘颗粒团，达到增加自重后降落的目的。

2. 生物纳膜药剂

生物药剂主要成分是椰子及动物提取物，对人体和环境没有危害，能在一定时间后自行分解，一般 3 h 内降解率约 70%，48 h 后降解率大于 95%。矿石含水量越高，药剂的抑尘效果保持时间越长，纳膜药剂的吸附作用越强，除在破碎时产生少量粉尘，筛分和运输过程几乎不产生新的二次扬尘（生物纳膜抑尘技术在南山矿选矿厂的应用）。

生物纳米抑尘技术具有投资少、能耗低、除尘率高、运行成本低、维护方便等优势。

三、高压喷雾技术

近年来，高压喷雾降尘技术已在国外的许多煤矿中使用，我国只有极少数矿井开始使用，降尘效果也十分显著。降尘率高的原因是水雾粒与尘粒的凝结效率高。在低压喷雾时，水雾粒是通过惯性碰撞、拦截捕尘、凝集、布朗扩散的综合作用来降尘的。采用高压喷雾不但有低压喷雾时的 4 种机理作用，还使水雾带有较高的正负电电荷，提高了单颗水雾粒对微细粉尘的捕集效率。因此，显著提高对呼吸尘和全尘的沉降率。采用高压水流作为介质，通过参数的调节，可将其携带的高能量水用于水滴的破碎，从而得到优良的雾化效果。

四、影响喷雾除尘效果的因素

1. 雾滴粒度

水雾滴粒度根据喷雾除尘的要求来确定的，一般情况下粒度越小在空气中分布的密度越大，与粉尘的接触机会越多，降尘效果越好，因为有的粉尘有一定的抗湿性，甚至，有的粉尘具有油性，当雾粒过大时，动量大，其质量也大，不易与粉尘相碰撞，过小时易蒸发，即使粉尘与雾粒相碰撞，没等粉尘落地，水分已经蒸发，没有起到作用。

通过理论和实践目前得出，雾滴粒度在 $10 \sim 200~\mu m$ 时灭尘效果较好，最佳灭尘效果的雾滴粒度为 $20 \sim 50~\mu m$。

2. 雾滴速度

雾粒速度决定与煤尘接触效果。如果相对速度大，两者碰撞时动量大，有利于克服水的表面张力，将煤尘湿润捕获。雾滴速度快时，其动量大，与尘粒碰撞后迅速降落，减少煤尘在空中的停留时间，可有效地防止水在空气中蒸发。有的研究资料表明，当雾粒达到 $0.1~mm$，水粒的速度提高到 $30~m/s$ 时，对 $2~\mu m$ 的尘粒降尘率可提高约 50%，据观测雾粒速度一般应大于 $20~m/s$。

3. 雾的密度

喷雾的密度是指在单位时间内单位水雾流的截面的水耗量，喷雾的密度越大，降尘效果越好。适当加大供水流量，可提高雾滴的运动速度与分布密度，增加雾滴与煤尘碰撞捕尘的机会，但流量达到一定的程度后再增加对降尘效果不明显，一般在有效射程内，喷雾密度平均 $104 \sim 105$ 粒/cm^3 的供水量比较适宜。同时，供水压力增大，水雾粒粒度小，雾化程度高，分布密度大。

4. 喷雾的覆盖半径

喷雾的覆盖半径对降尘效果的影响也非常大，喷雾的覆盖半径大时，能将起尘点全部覆盖，增加雾滴同尘粒的碰撞机会，提高灭尘效果。此外，矿尘浓度、粒径、带电性对捕尘效果也存在影响。对于实际的降尘问题，煤尘中既有质量又有大小，惯性和截留的效应同时并存。

第五节　矿　山　防　尘

针对矿山（尤以煤矿）粉尘造成的威胁，前人做了大量研究。在 20 世纪 50 年代中期到 60 年代，国内科学技术人员较系统地进行煤层注水机理及工艺的研究；在 70 年代，研制出煤层注水专用的高压注水泵及配套注水仪表和器具，形成了煤层注水成套技术；在 80

年代煤矿机械化发展迅速，采掘工作面产尘强度也急剧增加，针对采掘面高产尘强度的现状，先后研究成功采煤机内外喷雾降尘技术、机采工作面含尘气流控制技术、液压支架自动喷雾降尘技术、综采放顶煤工作面综合防尘技术、机掘工作面通风除尘技术、湿式和干式掘进机用除尘器、锚喷除尘器、转载运输系统自动喷雾降尘、泡沫除尘等多种降尘技术与装备；在20世纪90年代，进行了超声雾化、荷电喷雾、高压喷雾等高效喷雾降尘技术的研究，使呼吸性粉尘的降尘率大大提高。

随着现代科学技术的不断发展，目前已成功研制出了涡流控尘装置、KCS系列新型湿式除尘器和CPC高压喷雾降尘装置，使机掘工作面综合除尘技术配套装备更加完善，采煤机高压喷雾总粉尘降尘效率进一步提高，用水量显著减少。

井下的防尘措施是由井下采矿生产过程及生产环境的特点所决定的。我国积累了丰富的井下防尘经验，即以湿式作业，加强通风为主要内容的综合性防尘措施。

一、控制尘源

1. 煤层注水技术

煤层注水是通过打钻，通过钻孔利用水的压力将水注入即将回采的煤体，增加煤体的水分，使煤体得到预先湿润，控制和降低煤体在开采过程中产生的浮游煤尘，是综合防尘工作中一项预防性治本措施。

2. 掘进机作业防尘技术

悬臂式掘进机在巷道作业时，一般采用多措施配合防尘，主要的防尘措施有：喷雾洒水、水射流式除尘风机除尘等。近年来，一些煤矿相继发明、创新了掘进机的外置高压喷雾降尘系统。

3. 爆破作业防尘技术

爆破作业防尘技术是利用特制的塑料袋装水填入炮眼内，在爆炸瞬间，水在高温高压下汽化，大量水汽急剧向周围扩散，同时水在爆炸压力作用下强力渗透到煤体中，从而有效地抑制煤尘的产生。水封爆破是在堵塞炮眼的两炮泥中用装水的塑料袋填于炮眼中，其作用主要借助爆破产生的冲击波，将充填于炮孔中的水飞散在工作面有限空间，吸收空气中飞扬的粉尘和炮烟，以达到消除炮烟与粉尘的目的。水封爆破与水泡泥的不同之处在于水封爆破是用两段炮泥封存一段水柱。

4. 湿式打钻技术

在打钻过程中，将压力水通过凿岩机或煤电钻送入钻孔，以湿润、冲洗和排除产生的粉。

5. 净化风流技术

在回采工作面、掘进工作面的回风流巷道内安设水幕设施，高压水通过管路、过滤装置、阀门、喷头，使水源形成雾化状态，雾化水幕和风流混合，可以有效地降低风流中的粉尘浓度。

在进风运输巷道中，采用净化风流水幕可以对送入采、掘工作面风流进行预净化，减少粉尘对采、掘工作面的二次污染。

6. 采煤机喷雾技术

滚筒采煤机一般均安置内、外喷雾装置。高压水源从安装在滚筒上、截割部固定箱、摇臂、挡板上等多处的喷嘴喷出水雾，对截割下来的煤体进行降尘。喷嘴的布置方式、数量及喷嘴的选型，与降尘效果的关系极为密切。

7. 液压支架喷雾技术

目前有些煤矿采用在液压支架内或液压支架之间安设有洒水喷雾装置，包括自动的和手动的方式，降低移架时产生的粉尘浓度。

8. 通风排尘技术

设计科学的通风方式，选择合理的风速、风量，有效地降低回采工艺、运输工艺的粉尘浓度。

二、切断尘源

1. 喷雾降尘技术

喷雾降尘是向浮游于空气中的粉尘喷射水雾，通过增加尘粒的重量，达到降尘的目的。这一技术的关键是喷嘴要能形成具有良好降尘效果的雾流。例如，在大巷内安设净化水幕，在回采工作面、掘进工作面、煤炭运输各转载点、煤仓入口、煤仓放煤口等处安置喷雾水幕（自动的或手动的），能够极大地提高除尘效果。

2. 除尘器除尘技术

采用除尘器将空气中的粉尘分离出来，从而达到净化空气含量的目的。目前，矿井的井下除尘器主要应用的是袋式除尘器、水射流除尘器、锚喷除尘器等。

三、装载、运输防尘

（1）一般在装岩机上安装自动喷雾洒水装置。

（2）在装车点安装自动喷雾装置，利用湿润管湿润溜煤眼中的煤炭。

（3）使用密闭罩、半密闭罩将尘源密封起来，从下部将含尘空气抽至除尘器中净化。

（4）在下落煤高度大的地方，装设密闭罩或除尘器除尘，从而达到净化空气的目的。

四、法规的强制性防治技术措施

《煤矿作业场所职业病危害防治规定》（原国家安全生产监督管理总局令 第73号）的第六章，规定的强制性防治措施包括：

（1）粉尘测试措施：对煤矿煤尘、矽尘、水泥尘的粉尘浓度限值及其测尘频次、周期、方法和测尘地点的选择等做出了明确规定。

（2）洒水系统措施：井工煤矿必须建立完善的防尘洒水系统，并对对水质做出了明确规定。

（3）钻孔作业降尘措施：①井工煤矿在煤、岩层中钻孔，应当采取湿式作业；②井工煤矿掘进井巷和硐室时，必须采用湿式钻眼；③井工煤矿炮采工作面应当采取湿式钻眼；④井工煤矿打锚杆眼应当实施湿式钻孔；⑤煤（岩）与瓦斯突出煤层或者软煤层中难以采取湿式钻孔时，可以采取干式钻孔，但必须采取除尘器捕尘、除尘，除尘器的呼吸性粉尘除尘效率不得低于90%。

（4）爆破降尘措施：使用水炮泥；爆破前后冲洗井壁巷帮；爆破过程中采用高压喷雾（喷雾压力不低于8 MPa）或者压气喷雾降尘、装岩（煤）洒水和净化风流等综合防尘措施。

（5）采煤机降尘措施：井工煤矿采煤机作业时，必须使用内、外喷雾装置。其中，内喷雾压力不得低于2 MPa，外喷雾压力不得低于4 MPa；内喷雾装置不能正常使用时，外喷雾压力不得低于8 MPa，否则采煤机必须停机。

（6）架间降尘措施：井工煤矿液压支架必须安装自动喷雾降尘装置，实现降柱、移架同步喷雾。

（7）破碎机降尘措施：井工煤矿破碎机必须安装防尘罩，并加装喷雾装置或者除尘器。

（8）放煤口降尘措施：井工煤矿放顶煤采煤工作面的放煤口，必须安装高压喷雾装置（喷雾压力不低于8 MPa）或者采取压气喷雾降尘。

（9）掘进机的降尘措施：井工煤矿掘进机作业时，应当使用内、外喷雾装置和控尘装置、除尘器等构成的综合防尘系统。其中，掘进机内喷雾压力不得低于2 MPa；外喷雾压力不得低于4 MPa；内喷雾装置不能正常使用时，外喷雾压力不得低于8 MPa；除尘器的呼吸性粉尘除尘效率不得低于90%。

（10）风流净化措施：井工煤矿的采煤工作面回风巷、掘进工作面回风侧应当分别安设至少2道自动控制风流净化水幕。

（11）放煤作业降尘措施：煤矿井下煤仓放煤口、溜煤眼放煤口以及地面带式输送机走廊必须安设喷雾装置或者除尘器，作业时进行喷雾降尘或者用除尘器除尘。煤仓放煤口、溜煤眼放煤口采用喷雾降尘时，喷雾压力不得低于8 MPa。

（12）煤尘注水测试措施：井工煤矿的所有煤层必须进行煤层注水可注性测试。对于可注水煤层必须进行煤层注水。煤层注水过程中应当对注水流量、注水量及压力等参数进行监测和控制，单孔注水总量应当使该钻孔预湿煤体的平均水分含量增量不得低于1.5%，封孔深度应当保证注水过程中煤壁及钻孔不漏水、不跑水。

在厚煤层分层开采时，在确保安全前提下，应当采取在上一分层的采空区内灌水，对下一分层的煤体进行湿润。

（13）喷浆降尘措施：喷射混凝土时应当采用潮喷或者湿喷工艺，喷射机、喷浆点应当配备捕尘、除尘装置，距离锚喷作业点下风向100 m内，应当设置2道以上自动控制风流净化水幕。

（14）装载点降尘措施：井工煤矿转载点应当采用自动喷雾降尘（喷雾压力应当大于0.7 MPa）或者密闭尘源除尘器抽尘净化等措施。转载点落差超过0.5 m，必须安装中部槽或者导向板。装煤点下风侧20 m内，必须设置一道自动控制风流净化水幕。运输巷道内应当设置自动控制风流净化水幕。

（15）其他：对露天煤矿及其洗煤厂的粉尘管理也做出了相关规定。

第八章　化学毒物、非电离辐射和电离辐射危害防治

第一节　化　学　毒　物

一、基本概念

1. 毒物

在一定条件下，较小剂量就能够对生物体产生损害作用或使生物体出现异常反应的外源化学物称为毒物。

毒物可以是固体、液体和气体，与机体接触或进入机体后，能与机体相互作用，发生物理化学或生物化学反应，引起机体功能或器质性的损害，严重的甚至危及生命。

2. 生产性毒物

生产性毒物是指生产过程中存在的可能对人体产生有影响的化学物，主要经呼吸道吸收，其次为皮肤、消化道吸收。

3. 中毒

机体过量或大量接触化学毒物，引发组织结构和功能损害、代谢障碍而发生疾病或死亡者，称为中毒。中毒的严重程度与剂量有关，多呈剂量-效应关系。

中毒按其发生发展过程，可分为急性中毒、亚急性和慢性中毒。一次接触大量毒物所致的中毒，为急性中毒；多次或长期接触少量毒物，经一定潜伏期而发生的中毒，称慢性中毒；介于两者之间的中毒，为亚急性中毒。有时也难以划分。

4. 职业中毒

职业中毒是指劳动者在从事生产劳动过程中，接触生产性毒物而发生的中毒。

5. 急性中毒

急性中毒是指在短时间内过量毒物作用于人体所发生的病变。例如，吸入过量硫化氢后引起的昏迷、死亡或使用有机磷农药时皮肤严重沾染所造成的急性胆碱酯酶抑制等。有些毒物的急性中毒，需要经过一定的潜伏期后才明显地出现症状（如光气中毒），因此易被忽视应引起注意。

6. 慢性中毒

慢性中毒是指由较小量的毒物，经常或反复侵入人体而引起的病变，常在从事有关生产数月，以至数年后才逐渐发生明显症状。长期在显著地超过毒物最高容许浓度的环境下操作，而又不注意防护措施者，容易产生慢性中毒。例如，慢性汞中毒的行业有氯碱行

业、染料行业、化肥行业、涂料行业；慢性铅中毒的行业有氯碱行业、橡胶行业、涂料行业、化学试剂行业、塑料行业、石油机械行业。

二、毒物的产生和接触途径

生产过程中，主要在以下生产作业和岗位操作可能接触到毒物。

（1）原料的开采和提炼。矿山类行业在开采过程中可形成粉尘或逸散出蒸气，如锰矿中的锰粉，汞矿中的汞蒸气，煤矿开采过程中产生的一氧化碳、硫化氢等；冶炼过程中产生大量的蒸气和烟，如炼铅。

（2）材料的搬运和贮藏。固态材料产生的粉尘，如有机磷农药；液态有毒物质包装泄漏，如苯的氨基、硝基化合物；贮存气态毒物的钢瓶泄漏，如氯气等。

（3）材料加工。原材料的粉碎、筛选、配料，手工加料时导致的粉尘飞扬及蒸气的逸出，不仅污染操作者的身体和地面，还可成为二次毒源。

（4）化学反应。某些化学反应如果控制不当，可发生意外事故，如放热产气反应过快，可发生冒锅，使物料喷出反应釜；易燃易爆物质反应控制不当可发生爆炸，以及反应过程中释放出有毒气体等。

（5）操作。成品、中间体或残余物料出料时，物料输送管道或出料口发生堵塞工人进行处理时，成品的烘干、包装时，以及检修设备时，都可能有粉尘和有毒蒸气逸散。

（6）生产中应用。在农业生产中喷洒杀虫剂、喷漆中使用苯作稀释剂、矿山掘进作业使用炸药等，用法不当造成污染。

（7）其他。有些作业虽未使用有毒物质，但在特定情况下亦可接触到毒物以至发生中毒，如进入地窖、废巷道或地下污水井时发生硫化氢中毒等。

接触生产性毒物的机会是相当多的，情况也比较复杂，必须对毒物的特性及生产条件有所了解，才能有效地加以预防。

三、常见化学性危害因素分类

1. 按生产性质分类

（1）化肥生产企业主要毒物，主要包括氨、一氧化碳、硫化氢、氮氧化物、氟化氢、磷化氢等。

（2）硫酸、纯碱制造企业主要毒物，主要包括二氧化硫、三氧化硫、氨。

（3）氯碱制造企业毒物，主要包括氯、氯化氢。

（4）农药生产企业主要毒物，主要包括三氯化磷、三氯乙醛、氯、氮氧化物、三氯硫磷、磷化氢、氯化氢、光气、硫化氢等。

（5）涂料生产企业主要毒物，主要包括光气、二氧化硫、氮氧化物、氯化氢、氰化氢、苯类等。

（6）有机合成溶剂助剂生产企业主要毒物，主要包括氯、氯化氢、甲醛、有机氟、醛、苯类、二氧化硫、三氯化磷、丙烯醛等。

（7）无机盐生产企业主要毒物，主要包括氯磷酸蒸气、磷化氢、氟化氢、氮氧化物等。

（8）橡胶加工企业主要毒物，主要包括二氧化硫、汽油、苯、二甲苯等。

（9）矿山行业主要毒物，主要包括一氧化碳、氟、氮氧化物、二氧化硫、硫化氢等。

2. 按引起急性职业中毒的毒物分类

（1）麻醉性毒物，主要包括甲醇、汽油等。

（2）窒息性毒物，主要包括硫化氢、一氧化碳等。

（3）溶血性毒物，主要包括砷化氢、二硝基苯等。

（4）神经性毒物，主要包括有机铅、有机磷等。

（5）腐蚀性毒物，硫酸二甲酯、苯酚等。

（6）刺激性毒物，主要包括氯、光气、二氧化硫等。

（7）致热性毒物，主要包括氧化锌、氧化镉等。

（8）致敏性毒物，主要包括苯二胺、甲苯二异氰酸酯等。

四、职业中毒防治技术措施

在生产作业环境中，毒物常以粉尘、烟尘（比粉尘更细的颗粒，如铅烟、铜烟、锰尘等）、气体、蒸气或雾滴的状态出现，在防护不严或意外事故等异常情况下，在生产、使用、运输等过程中，存在或产生于原料、辅助材料、中间反应物、中间产品及产品中的有毒化学物质，可通过呼吸道、皮肤或消化道等途经进入人体，成为引起职业中毒的原因。防治职业中毒应采取以下 4 点技术措施。

（一）从源头消除毒物

1. 改革工艺

利用科学技术和工艺改革，通过合理的设计和科学的管理，尽可能从根本上消除职业病危害因素。如采用无害工艺技术代替有害工艺技术、以无毒原辅材料代替有毒原辅材料、实现自动化作业、遥控技术等。

尽量采用先进技术和工艺过程，避免开放式生产，消除毒物逸散的条件；采用远距离程序控制，最大程度减少工人接触毒物的机会；用无毒或低毒物质代替有毒物质等。例如，用真空灌装代替热灌法生产水银温度计；用四氯乙烯代替四氯化碳干洗衣物；用静电喷漆代替人工喷漆，消除苯蒸气的危害；再如，某些品种的电镀，可改为无氰电镀，消除电镀工人接触氰化物的危险和含氰废水的排放；在喷漆作业中，可采用抽余油（石油副产品）、甲苯或二甲苯代替苯作为溶剂。

2. 合理布局

车间的设计应将生产工序合理安排。不同生产工序的布局，不仅要满足生产需要，而且要考虑卫生要求。有毒的作业应与无毒的作业分开，危害大的毒物要有隔离设施及防范手段。产生毒物的场所应合理配置，最好与其他工作场所隔离，使接触毒物的工人减至最少。车间的墙壁、地面应使用不易吸附毒物的材料，并要求表面光滑，以便清洗。

3. 隔离作业

将毒物的生产置于密闭的装置中进行，并采用自动化、机械化操作，减少毒物的逸散，避免车间空气被污染，避免工人直接接触毒物。如有些新建厂房已将毒物的运送、开桶、倾倒等操作步骤全部机械化或管道化，并将毒性大的物质反应釜密闭在单独的小室内进行，操作者只需在密闭室外操纵电钮，密闭室内设有专用排风设备，从根本上防止毒物对工人的危害。

(二) 通风排毒

生产过程中常因设备的"跑、冒、滴、漏",致使毒物逸入空气中,特别在加料、采样、加工、包装等操作时,更为常见。因此,采用适当的通风,排出已逸散出的毒物,是降低车间空气中毒物浓度的一项重要措施。

通风措施可分为自然通风、机械通风、全面通风、局部排风等。

1. 自然通风

自然通风通常用于有余热的房间,要求进风空气中有害物质浓度不超过工作场所空气中有害物质短时间接触容许浓度或最高容许浓度的30%。已经广泛应用于冶金、轧钢、铸造、机械制造、金属热处理等生产车间。

2. 机械通风

机械通风是利用通风机产生的压力,克服沿程的液体阻力,使气流沿风道的主、支网管流动,从而使新鲜空气进入工作场所,污染的空气从工作场所排出。

3. 全面通风

全面通风是在工作场所内全面进行通风换气,用于有害物质的扩散不能控制在工作场所内一定范围的条件下,或是有害物质发源地的位置不能固定的条件下。

采用全面通风时,应不断向工作场所供应新鲜或符合一定要求的空气,同时从工作场所内排出污浊空气,以使工作场所空气中有害物质浓度不超过职业卫生标准规定的短时间接触容许浓度或最高容许浓度,维持工作场所内良好的工作环境。要使全面通风发挥其应有作用,首先要根据工作场所用途,生产工艺的布置,有害物散发源的位置及特点,人员操作岗位和其他有关因素,合理地组织气流;然后根据计算和实际调查资料取得有害气体散发量数据,确定合适的全面通风换气量。

4. 局部排风

局部排风是将生产中产生的有害、有毒气体或蒸气在其发生源处控制收集起来,不使其扩散到工作场所,并把有害气体经净化后排至工作场所以外。主要用于有害物质毒性较大且浓度较高的工作场所,或污染源分布范围较小的场合,或有害物质进入空气速度快且无一定规律的场合,或作业人员呼吸带距离污染源较近的场合。

局部通风排毒排风系统由排风罩(吸气罩)、风道、净化器、风机和排气筒组成,如图 8-1 所示,局部排风系统可以实现有害有毒气体的净化回收;而全面通风换气因有害、有毒气体被稀释扩散,无法集中,也无法予以净化回收。因此,采用局部排风系统应在达到排毒要求的前提下,尽可能减少排风量,这样有利于净化回收,节省净化回收设备的初投资及运行费用。

1) 吸气罩

吸气罩与吸尘罩的原理并无本质区别,目的是把作业地点产生的有毒有害气体吸至罩内。对吸气罩的原则要求与吸尘罩相类似,仍是形式适宜、位置正确、风量适中、强度足够、检修方便。

常用的吸气罩类型有排毒柜、伞形排气罩及槽边吸罩等,它的形状与工艺过程有密切的关系,有时与操作台联成一整体。在不妨碍作业的前提下,吸气罩口应尽量接近有毒有

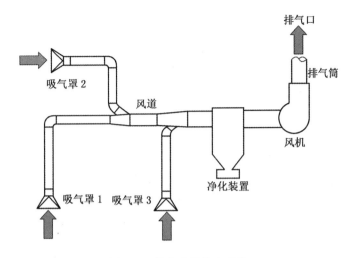

图 8-1　局部通风排毒系统

害气体发生源，以保证取得良好的吸气效果。

（1）排毒柜是用于控制有毒有害气体的一种局部排气装置。它属于密闭罩，把有毒有害气体发生源完全隔离于柜内，柜上设有开闭自如的操作孔和观察孔。为防止在操作过程中从柜内逸出有害气体，需自柜内抽风，造成负压。这类排毒柜由于密闭程度好，一般用较小的抽风量即可控制有毒有害气体不从柜内逸出。在化学实验室、电子仪表生产厂、温度计厂的工序以及小件喷漆作业等常使用这种柜形吸气罩。传统的排毒柜采用单纯吸气的方式，造成负压；气帘式排毒柜，即采用上吹下吸或下吹上吸的方式，在排毒柜开口处形成气帘，阻止有毒有害气体的扩散逸出。

（2）伞形排气罩是应用十分广泛的一种局部排气罩，通常安装在有害物发生源的上方，罩面与发生源之间的距离视有害物的特性和工艺操作条件而定。当发生源只产生有害物而发热量不大时（一般指有害气体温度不高于周围空气的温度），为冷过程，此时伞形排气罩在发生源最不利的有害物散发点处，造成一定的上升风速，将有害气体吸入罩内；当发生源散发有害物且散热量较大时，为热过程，此时伞形排气罩将热致诱导气流量"接受"并全部排走。因此，有冷过程伞形排气罩与热过程伞形排气罩之分。

冷过程伞形排气罩：自由吸气的伞形排气罩罩口气流运动规律与自由吸气的旁侧吸气罩相同。罩口风速的分布与罩体的扩张角有关，扩张角越小，罩口风速分布越均匀。扩张角小于 60°时，罩口中心风速与罩口平均风速接近；当扩张角大于 60°时，罩口中心风速与罩口平均风速之比随扩张角的增大而显著增大，罩口中心部分风速比罩口边缘处大。但扩张角过小，为使罩面适应有害物发生源形状并具有足够面积，伞形罩罩体会过高，既耗材，又可能受高度所限。因此，一般情况下，伞形排气罩扩张角应小于 60°、大于 45°为宜，以保证其排气效果和实用性。

伞形排气罩的效果还与罩口离发生源的距离、侧面围挡的程度有关。罩口离发生源越近，侧面围挡的程度越高，排气效果越好。因此，在不影响生产操作的前提下，应尽量使罩口接近有害物发生源，尽可能在排气罩侧面增设围挡，这样既能节省风量，又提高排气效果。

热过程伞形排气罩：在工业企业工作场所内，热源上部有 2 种形式的热气流，一种是设备本身在操作过程中产生热气流，如炼铁冲天炉和炼钢炉炉顶的高温烟气，沥青熔化锅上部的热沥青烟气等；另一种是热设备表面对流散热时形成的对流气流，任何垂直、水平热表面对流散热时，其附近的空气被加热后形成上升的对流气流。在热气流上升过程中，由于热诱导作用，沿途不断有周围空气掺混进去，使热气流体积不断增大，气流截面也随之扩大。

热过程伞形排气罩的作用是把上升过程中体积逐渐增大的污浊空气迅速排走。因此，对热过程伞形排气罩设计的关键是计算诱导上升的气流流量及上升气温在不同高度上的横截面大小。但在热气流上升初始阶段体积增加并不显著，根据实验观察，在离热设备约为 $1.5F^{\frac{1}{2}}$（F 是高温发热设备的水平投影面积）以内，混入的气体量甚微，可以忽略不计。因此，通常把离热设备 $1.5F^{\frac{1}{2}}$ 以下的称为低悬伞形罩，离热设备大于 $1.5F^{\frac{1}{2}}$ 的称为高悬伞形罩。

（3）槽边吸气罩是专门用于各类工业池、槽上（如酸洗槽、电镀槽、盐浴炉池、油垢清洗池等）的一种局部排风装置。它是利用安装在大业池、槽边缘一侧、两侧或整个周边的条缝吸气口，在槽面上造成一定的横向气流，将槽内散发的有毒有害气体或蒸气吸走。

槽边吸气罩罩口结构有条缝式、平口式、斜口式、倒置式及吹吸式等多种形式。槽边吸气罩应不妨碍工艺操作，能有效地排除有毒有害气体，保证有毒有害气体不流经工人呼吸带。为使抽风量不致过大，罩口至槽内液面的距离应尽量减小，一般以不超过 150 mm 为适宜。

2）净化

净化是指用通风排气的方法从工作场所内排出的各种有毒有害气体需采取适当的净化处理措施。对于一些经济价值较大的物质，应尽量回收，综合利用。经过净化处理后排到大气中去的有毒有害气体应符合废气排放标准的要求。有毒有害气体的净化方法有吸收法、吸附法、燃烧法和冷凝法。

（1）吸收法是利用气体混合物中各组分在某种液体吸收剂中的溶解度不同，将其中溶解度最大的组分分离出来。对通风排气而言，就是将有害气体或蒸气和空气的混合物与适当的液体接触，使有害气体或蒸气溶解于液体中，达到废气净化的目的。吸收过程分为物理吸收和化学吸收 2 种。

物理吸收：一般不伴有明显的化学反应，可当作单纯的物理溶解过程。例如，用水吸收气体混合物中的氨或吸收二氧化碳等。化学吸收：过程伴有明显的化学反应。例如，用石灰水吸收二氧化硫、用碱液吸收二氧化碳等。化学吸收远比物理吸收复杂。

在吸收操作中，把所有的液体称为吸收剂，被吸收气体称为吸收质、可溶气体或组分，其余不被吸收的气体称为惰性气体。

（2）吸附法是用多孔性的固体物质处理气体混合物，使其中所含的有害气体或蒸气吸附于固体表面上，以达到净化的目的。能吸附有害气体或蒸气的固体物质称为吸附剂，被吸附的物质称为吸附质。处在相互作用中的吸附剂或吸附质总称为吸附体系。

　　吸附作用主要是固体的表面力，吸附质可以不同的方式附着在吸附剂表面上。吸附有2种方式，一种为物理吸附，另一种为化学吸附。物理吸附时，气体与吸附剂不起化学反应，被吸附的液体很容易从固体表面逐出，不改变其原来的性质；化学吸附时，气体与吸附剂起化学反应，被吸附的气体需要在很高的温度下才能逐出，因化学反应改变了其原来的性质。

　　适合有害气体净化需要的吸附剂均具有多孔的结构，且在每单位质量固体物质上均具有巨大的内表面，其外表面只占总表面积的极小部分。例如，在气体净化中最常用的硅胶及活性炭就具有这种特性。1 kg 硅胶上有 500 km^2 的内表面，而 1 kg 活性炭上有效吸附表面积达 1000 km^2。

　　（3）冷凝法适用于净化、回收蒸气状态的有害物质，利用物质在不同温度下具有不同的饱和蒸气压这一性质冷却气体，使处于蒸气状态的有害物质冷凝成液体，从废气中分离出来。冷凝净化程度要求越高，废气的冷却温度越低，冷却所需的费用也就越大。因此，当废气中蒸气含量比较高时，冷凝回收才有经济意义。冷凝回收往往用于吸收、吸附、燃烧法的预处理，预先回收可以利用的纯物质，可减轻这些方法的负荷。

　　（4）燃烧法是利用废气中某些有害物质可以氧化燃烧的特性，将它燃烧变成无害物质的方法。燃烧净化仅能处理可燃的有害气体，或在高温下能分解的有害气体。因此，燃烧净化不能回收废气中含有的原物质，根据条件可回收氧化过程中产生的热量。燃烧净化法主要用于含有机溶剂及碳氢化合物的废气处理。这些物质在燃烧过程中被氧化成二氧化碳和水蒸气。燃烧净化有直接燃烧和催化燃烧2种。直接燃烧是利用废气中可燃的有害气体做燃料来燃烧的方法，适用于含一定量可燃组分的有害气体，如果处理可燃组分含量较低的有害气体，必须依赖辅助燃料供热，如柴油机的废气净化。催化燃烧是用催化剂使废气中可燃组分在较低温度下氧化分解的方法，已应用于金属印刷、绝缘材料、漆包线、油漆、二氧化碳、氮氧化物的废气处理等方面。

　　（三）监测监控

　　严格进行环境监测、生物材料监测与健康检查。定期监测作业场所空气中毒物浓度，将其控制在最高容许浓度以下。严格实施岗前职业健康检查，排除职业禁忌症者参加接触毒物的作业。坚持定期职业健康检查，早期发现工人健康情况并及时处理。

　　（四）管理措施

　　1. 严格法制管理

　　相关的法律、法规是职业中毒防治工作的法律依据，各用人单位必须认真贯彻执行。用人单位应将生产安全和预防职业病工作列为企业管理的重要组成部分。

　　2. 强化设备管理

　　对生产设备要加强维修和管理，防止"跑、冒、滴、漏"污染环境。

　　3. 改善劳动组织

　　毒物的浓度和对人作用的时间为影响毒性作用的最主要因素。如浓度不变，则机体受毒害的程度随接触时间增加而加剧。因此，必须采取有效措施，防止人持续地接触毒物，有助于控制中毒的发生。某些特殊作业可在劳动力的调配、时间的安排等方面根据条件适当考虑。

4. 加强职业卫生宣传教育

世界范围内每年约有上千种新化学物质进入人类环境中，通常最先接触者是现场操作的工人，应在工人及其有关人员中普及防毒知识，使人人懂得预防方法，自觉遵守防毒的规章制度和执行安全操作规程。

5. 加强职业卫生培训

要把防治职业中毒的相关内容纳入职业健康的培训内容之中。注重现场职业中毒急救设备、设施使用技能的培训。

第二节　非电离辐射

当心电磁辐射

图 8-2　电磁辐射标志

辐射量子能量小于 12 eV 的电磁辐射波，其频率约为 2.4×10^{15} Hz，其波长约为 0.124 μm。辐射所具有的能量并不足以使原子产生电离或自由基，只能使组织分子旋转和颤动。这类不足以导致组织电离的辐射称为非电离辐射，主要包括：可见光线、红外线、射频辐射、激光、紫外线。电磁辐射标志如图 8-2 所示。

射频辐射指频率在 100 kHz~300 GHz 的电磁辐射，也称无线电波，是电磁辐射中量子能量较小、波长较长的频段（波长范围为 1 mm~3 km）。包括高频电磁场和微波。

一、高频电磁场的防护

（一）确认场强的发生源

为了对高频电磁波的产生源进行屏蔽，首先应找出发生源。据调查，高频振荡电路、高频馈线、高频工作电路均可能成为强辐射的发生源。

高频振荡电路应设置在金属机壳内的，但也有将高频电容器组或高频变压器配置于机壳外未加屏蔽（如高频淬火时的高频变压器），从而使工作地点场强显著增高。高频馈线如果很长、又距工人工作地点很近时，也可成为较大的场强发生源；熔炼用的感应炉、外延用的感应线圈及介质加热时的电容极板，没有屏蔽时也可成为场强主要发生源。此外，由金属通风管道和高频车间敷设的金属网也会使作业场所的场强显著增高。

（二）防护技术

1. 电磁屏蔽目的和种类

1）目的

屏蔽就是采取一切手段，将电磁辐射的作用与影响局限在指定的空间范围内。电磁屏蔽的目的在于防止射频电磁场的影响，使其辐射强度被抑制在允许范围之内。

2）种类

电磁屏蔽主要是用来抑制交变电磁能量的辐射、干扰。若从屏蔽的作用来分，电磁屏蔽主要分为两大类：

（1）主动场屏蔽。需要将电磁场的作用限定在某个范围之内，使其不对限定范围之外的任何生物机体或仪器设备发生影响。这种屏蔽为主动场的屏蔽。主动场屏蔽，场源位于屏蔽体之内，主要是用来防止场源对外的影响。其特点是：场源与屏蔽体间距小，所要屏蔽的电磁辐射强，屏蔽体结构设计要严谨，屏蔽体要妥善进行符合技术要求的接地处理。

（2）被动场屏蔽。需要在某指定的空间范围之内，使其不对范围之内的空间构成干扰和污染，也就是说外部场源不对指定范围之内的生物机体或仪器设备发生作用。这种屏蔽称为被动场屏蔽，特点是：屏蔽体与场源间距很大，屏蔽体可以不接地（电磁屏蔽分类如图8-3所示）。

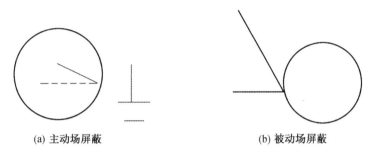

(a) 主动场屏蔽　　　　　　　　　　　　　(b) 被动场屏蔽

图 8-3　电磁屏蔽分类

2. 场源的屏蔽

根据工艺过程和操作情况，采用金属薄板（或金属网、罩）将高频电磁波的场源包围，以反射或吸收高频电磁波的场能。场源屏蔽必须有良好的接地装置，以便将场能转变为感应电流引入地下。

屏蔽材料：铜、铝丝（板）为佳，紫铜比黄铜效果更好，以及铁网（板）材等；在中、短波段以铜为宜，（也可用铝）在微波段，可以选择铁材。

屏蔽材料的厚度可以选择薄铜、铝板（厚度 1 mm）。为了降低接地的高频感抗，接地线尽可能选用短、粗及多股的铜线或铜条。对感应加热设备的屏蔽一般采用厚度为 0.5 mm 左右（或大于 0.5 mm）的铝或铝合金作屏蔽材料。高频防护接地采用铜板、屏蔽体不能有棱角（材料铜网、铜板或铝板）。

（1）电场和磁场辐射两项均超过国家规定，防护时可以采取重点部位屏蔽振荡源、输出馈线、工作电极板（刀口）3 个主要部位用铜材制作屏蔽体并良好连接后接地，注意屏蔽体根据需要形状制作时不能有棱角，应是过渡圆角，接地铜板的长度应避开波长的 1/4 奇数倍，屏蔽体上开孔、开缝孔洞尺寸应小于波长的 1/5 缝隙、宽度应小于波长的 1/10，接地电阻应<4 Ω，接地板越短越好，使高频磁场辐射尽量减少泄漏，处理好等电位。

（2）对于电子设备一类的高频设备，为了防止干扰，外壳和屏蔽装置都需要接地，若能各自分开接地更好，接地电阻达 4 Ω 以下。

（3）若屏蔽防护确实有困难的，工作人员可穿金属服，戴特制的金属头盔和金属眼镜。

（4）为使高频设备易于散热或设置观察孔时，可加设铜丝网。

（5）在设计屏蔽结构时，建议被屏线圈和屏蔽的间距，经面不小于线圈的半径，轴面不小于线圈的直径，以防止屏蔽对于被屏蔽设备电特性的反作用。

（6）距离防护。在不影响操作的前提下尽量远离辐射源，例如，使用长柄作业工具、遥控装置等。对场源周围要有明确的标志。

（7）合理布局。安装高频机尽可能远离非专业工人的作业点和休息场所，高频机之间应有一定距离，并有良好的接地装置。

二、微波辐射的防护

微波的辐射源主要为磁控管、速调管、调制管等，偶有敞开的波导管和发射天线。使用时，发射天线为主要辐射源，其次是波导管连接处。加热设备的连接缝隙和物料出入口可有微波漏出。

微波辐射防护的基本原则：屏蔽辐射源、加大辐射源与作业点的距离、个人防护。

1. 屏蔽辐射源

（1）反射屏蔽。反射屏蔽适用于散射的辐射波（传输线缝的泄漏及磁控管的阴极输出端等）。板（片）状金属屏蔽可达良好的屏蔽，即使很薄，屏效也很大；网状屏蔽比板（片）状差，根据技术需要及要求，衰减在数百倍范围时，网状屏蔽曾得到广泛应用。此外，还有用夹细金属丝或涂银的织品组成屏蔽窗帘、工作服、风帽等"可塑性"屏蔽。

（2）吸收屏蔽。在某些情况下，完全或部分地屏蔽辐射源，可能会引起生产或工作过程的破坏，其原因是从屏蔽壁反射的反射波作用于辐射体，影响其正常工作。因此，需采用吸收覆盖，即屏蔽设备的反射面，用可吸收微波的材料覆盖。此办法也可应用于微波加热设备传送装置的出入口，以降低出入口微波的泄漏。

2. 加大辐射源与作业点距离

当不可能对辐射源进行屏蔽时，应采用工作地点的屏蔽或加大工作地点与辐射源的距离。因此，微波作业点应设置于辐射强度最小的部位，尽量避免在辐射流的正前方工作。装置必要的活动屏蔽吸收挡板，以降低操作点的辐射强度。

3. 个人防护

作业人员穿戴微波屏蔽服、防护帽、防护眼镜等，定期进行检测和工作人员的健康检查。

三、红外辐射的防护

红外辐射即红外线，也称热射线。波长 $0.7\ \mu m \sim 1\ mm$。凡是温度在 $-273\ ℃$ 以上的物体，都有红外线辐射，因而自然界中的所有物体均可看成红外辐射源，只是波长、强度和发射功率等不同。物体的温度愈高，其辐射波长愈短。太阳是自然界中最强的红外辐射源。

红外辐射按波长可分为红外、中红外、远红外。长波（远）红外线波长 $3\ \mu m \sim 1\ mm$，只能被皮肤吸收，产生热的感觉；中波红外线波长 $1400\ nm \sim 3\ \mu m$，能被角膜和皮肤吸收；短波（近）红外线波长 $760 \sim 1400\ nm$，可被组织吸收引起灼伤。

红外辐射防护的重点是对眼睛的保护，严禁裸眼直视强光源。生产操作中应戴绿色防护镜，镜片中应含有氧化亚铁或其他可过滤红外线的成分。个体防护用品如下：

（1）防护服，反射性铝制遮盖物、铝箔制衣服。

（2）防护眼镜，其作用是滤过红外线。

（3）防护帽。

（4）鞋盖、手套。

四、紫外辐射的防护

波长范围在 100~400 nm 的电磁波称为紫外辐射。其波长介于 X 射线和紫色可见光之间，光子能量较大（3.1~12 eV）。

紫外线通过介质时能引起强烈的光化学反应和光电效应，但一般容易被透明物质吸收。波长小于 160 nm 的紫外线可以被空气（臭氧）完全吸收，200~300 nm 波段的紫外线具有卫生学意义。

凡物体温度达 1200 ℃ 以上时，辐射光谱中即可出现紫外线。随着温度升高，紫外线的波长变短，强度增大。生产中常见的紫外辐射源及其波长见表 8-1。

表 8-1　生产中常见的紫外辐射源及其波长

生产过程及设备	物体温度/℃	产生紫外线辐射波长/nm
冶炼炉	1200~2000	320
电焊、气焊	3000	290
乙炔气焊	3200	230
探照灯、水银石英灯	—	220~240
制版强光等	—	230
石英焊接	—	225
电炉弧	—	221

1. 紫外辐射对人体的影响

（1）对皮肤的损害。皮肤对紫外线的吸收，随波长而异。受到强烈的紫外线辐照，可引起皮肤红斑、水泡、水肿；停止照射 24 h 后可有色素沉着；接触 300 nm 波段，可引起皮肤灼伤；波长 297 nm 的紫外线对皮肤的作用最强，可引起皮肤红斑并残留色素沉着；长期暴露紫外线可时皮肤皱缩、老化，更有甚者诱发皮肤癌。

（2）对眼睛的损害。吸收过量波长为 250~320 nm 的紫外线可大量被角膜和结膜上皮所吸收，引起急性角膜结膜炎，称为电光性眼炎，是法定职业病之一，多见于无防护的电焊操作工或辅助工。

在阳光照射的冰雪环境下作业时，大量反射的紫外线可引起角膜、结膜损伤，称为雪盲症；沙漠、海面等大面积日光中紫外线的反射亦可引起日光性眼炎；紫外线的生物效应为光化反应，使蛋白质变性、凝结。这些反应及损伤程度与吸收的能量有直接关系。损伤眼角膜的紫外线是短波紫外线，一般认为引起角膜炎症的波长在 257~285 nm，波长 280 nm 作用最强。电光性眼炎是眼科最常见的一种电磁辐射伤，其临床表现为发作需经过一定的潜伏期，潜伏期的长短取决于照射方向、辐射强度及照射时间。一般为 6~8 h，故常在夜间或清晨发作，起初仅有眼睛异物感或不适，后有眼部烧灼感或剧痛，伴有高度畏光、流泪和视物模糊。重者角膜上皮可大片脱落，角膜知觉减退，瞳孔反射性缩小，急性症状一般持续 6~8 h，然后逐渐在 48 h 内消退。

慢性电光性眼炎是长期暴露于紫外线所引起的，结膜轻度充血，可伴有色素沉着，失去光泽和弹性。患者自觉眼痛、畏光、流泪和烧灼感等。

2. 紫外辐射的防护

生产中常见的紫外辐射主要来源于电焊作业，操作者必须佩戴专用的防护面罩、防护眼镜以及防护手套，不得有裸露的皮肤。

电焊工工作时应用可移动的屏障围住作业区，以免周围其他人受照射。在操作中与助手要密切配合，防止助手猝不及防，遭受照射。

五、激光的防护

激光的用途广泛，如工业上的激光打孔、切割、焊接等；军事和航天事业上的激光雷达、激光通讯、激光测距、激光制导、激光瞄准等；医学上的眼科、外科、皮肤科、肿瘤科等多种疾病的治疗。以上工作场合均可接触激光。

1. 激光对人体的影响

激光对人体组织的伤害及损伤程度主要决定于激光的波长、光源类型、发射方式、入射角度、辐射强度、受照时间以及生物组织的特性与光斑大小，激光伤害人体的靶器官主要为眼睛和皮肤。

（1）激光对眼的损伤。在一般情况下，可见光与近红外波段激光主要伤害视网膜，紫外与远红外波段激光主要损伤角膜，而在远红外与近红外波段、可见光与紫外波段之间，各有一过渡光谱段，可同时造成视网膜和角膜的损伤，并可危及眼的其他屈光介质，如晶状体。

（2）激光对皮肤的损伤。激光对皮肤的轻度损伤表现为红斑反应和色素沉着，随着辐射剂量的增加，可出现水疱、皮肤褪色、焦化、溃疡等。250~320 nm 的紫外激光可使皮肤产生光敏作用。遭受大功率激光辐射时，也能透过皮肤使深部器官受损。

2. 激光的防护措施

（1）工程措施防护：①凡有光束漏射可能的部位要设置防光封闭罩；②必须安装激光开启与光束止动的连锁装置，光拦孔盖的开闭阀门，遥控触发式或延缓发射开关，光学观察窗口的滤光设施及激光发射的指示信号等装置；③建立专人检查维修制度；④高压电器要有防触电阀；⑤工作场所的防护措施包括：围护结构应用吸光材料制成，色调宜暗；工作区采光宜充足；室内不得有反射、折射光束的设备、用具和物件；室内应有一定效果的排风设施。

（2）个体防护措施包括：使用护目镜，定期测试防护效果；必须穿戴防燃工作服，工作服的颜色宜略深；要定期测定工作点曝光强度。

（3）技术措施防护：①作业人员必须经过专业知识的学习和培训，了解激光的危害及安全防护知识；②必须建立完善作业场所的操作规程和安全制度；③无论是实验室或野外，使用激光器都必须确定操作区和危险带，设醒目的警告牌，无关人员严禁入内，严禁裸眼直视激光；④对激光器调试时要先切断电源，使电容器放电，以防止脉冲激光器偶然输出激光伤人。

第三节　电　离　辐　射

电离辐射是指携带足以使物质原子或分子中的电子成为自由态，从而使这些原子或分子发生电离现象的能量辐射。电离辐射是能使受作用物质发生电离现象，即波长小于 100 nm 的电磁辐射。

电离辐射的特点是波长短、频率高、能量高。电离辐射可以从原子、分子或其他束缚状态中放出一个或几个电子，是一切能引起物质电离的辐射总称。其种类很多，高速带电粒子有 α 粒子、β 粒子、质子，不带电粒子有中子以及 X 射线、γ 射线。

一、电离辐射的产生和形成

在日常生活中人们时刻受到放射性物质的辐射照射，它来源于天然本底照射。这类照射包括空间宇宙射线和存在于土壤、岩石、水源及人体中的放射性核素产生的照射。由于在人类演化过程中已经适应了这种本底辐射照射，一般不会产生危害。放射性危害的产生主要是由于人工辐射源的照射及自然环境放射性异常所造成的。

天然环境放射性异常是因有些地区地壳中有丰富的放射性矿藏（如铀、钍和镭矿等），其照射量远高于一般地区。

人工放射源主要是来自原子能工业和放射性核素的应用。随着科学技术的不断发展，在各行各业的生产中，放射性物质的应用越来越多，接触和使用放射性和由此可能产生的放射性危害也越来越多。有放射性危害处应有明显标志，如图 8-4 所示。

当心射线

图 8-4　放射线标志

（一）原子能工业的放射性

1. 核工业

核工业业务类部门的放射性危害主要是来源于各个生产环节和各环节所排放的废水、废气、废渣。核燃料生产循环的每一个环节都排放放射性物质，但不同环节排放量不同。

铀矿开采过程所产生的放射性污染，主要是氡、氡的子体以及放射性粉尘对空气的污染，放射性矿井水对水体的污染；废矿渣和尾矿等固体废物污染；铀矿石在选、冶过程中，排出的放射性废水、废渣量都很大，尾矿中的镭约为原矿的 93%～98%，铀为原矿的 5%～20%，所以尾矿中镭及其子体氡是产生放射性危害的主要放射性核素；铀精制厂、铀元件厂和铀气体扩散厂也产生放射性危害。

2. 核电站

核电站放射性污染物为人工放射性核素，即反应堆材料中的某些元素在中子照射下生成的放射性活化物；其次是因元件包壳的微小破损而泄漏的裂变产物，元件包壳表面污染铀的裂变产物。核电站排放的放射性废气中有裂变产物[131]碘、氚和惰性气体[85]氪、[133]氙，活化产物有[14]氮、[41]氩和[14]碳以及放射性气溶胶。

核电站所产生的放射性污染物的数量与反应堆类型、功率、净化能力和反应堆运行状况等有关。如早期一座核电站每年排出的废水放射性强度（除氚外），一般为几个 3.7×10^{10} Bq 到几十个 3.7×10^{10} Bq，20 世纪 70 年代后期始，年排放量大大减少，只有个别核

电站超过 18.5×10^{10} Bq。在正常情况下，核电站的放射性污染很轻微，一般不超过本底辐射剂量的 1%。只有在核电站反应堆发生堆芯熔化事故时，才可能造成严重的放射性危害。如 1986 年 4 月 26 日苏联切尔诺贝利核电站发生的事故，使大量放射性物质泄漏。

3. 核燃料后处理厂

核燃料后处理厂是将反应堆辐照元件进行化学处理，提取钚和铀再度使用。后处理厂产生的放射性核素为裂变产物和少量超铀元素。其中一些核素半衰期长、毒性大（如 ^{90}锶、^{137}铯和 ^{239}钚），所以后处理厂是核燃料生产循环中的重要放射性污染源。

4. 核试验

核爆炸在瞬间能产生穿透性很强的中子和丁辐射，同时产生大量放射性核素。前者称为瞬间核辐射，后者称为剩余核辐射。剩余核辐射有 3 个来源：

（1）裂变核燃料进行核反应时产生的裂变产物，约有 36 种元素，200 多种同位素。

（2）未发生核反应的剩余核燃料，主要是 ^{235}铀、^{239}钚和氚。

（3）核爆炸时产生的中心和弹体材料以及周围空气、土壤和建筑材料中的某些元素发生核反应而产生的感生放射性核素。

核爆炸产生的放射性核素除了对人体产生外照射外，还会通过空气和食物产生内照射。其中危害最大的核素是 ^{89}锶、^{90}锶、^{137}铯、^{131}碘、^{14}碳和 ^{239}钚等。

（二）一般矿山开采中的放射性

一般矿山开采即使不是生产铀等放射性矿石的矿山，包括煤矿、金属矿山、化工矿山、建材矿山等，都含有微量的放射性物质，会产生氡的危害。氡的产生是 226 镭原子衰变的结果，这种衰变是自发产生的，人们还无法控制这种衰变，因而氡的产生是连续的，氡从岩石里跑到空气中来的过程也是连续的。

氡是一种无色、无味、无臭的放射性气体，也是一种惰性气体，通常不参加化学反应。氡原子衰变后就变成氡子体的原子，氡子体的原子也具有放射性，其危害比氡强得多。从 ^{226}镭经 α 衰变到氡及其子体的过程：^{226}镭→^{222}氡→^{218}钋→^{214}铅、^{214}铋、^{214}钋→^{210}铅。氡子体与氡不同，它们不是气体，而是一种极细的金属微粒。氡子体微粒是带电的，它们能很牢固地粘附在一切物体的表面形成难以擦掉的"放射性薄层"，这种现象称为附壁效应。氡子体对劳动者的主要危害是内照射。

（三）工农业生产中的放射性

在工业上，放射性核素示踪剂可用于气体和液体流量的测量、泄漏现象的跟踪和泄漏率的测定，放射性核素制成的辐射源可以用于各种监测和控制仪表的制造，如厚度计、密度计、液位计、火灾报警器、γ 探伤仪、X 射线荧光分析仪。在辐射化工领域，放射性核素可用于辐射聚合、辐射催化、辐射接枝和辐射合成，以及制作永久性发光涂料等。

在农业上，放射性核素示踪法已经广泛应用于土壤改良、作物施肥、农药杀虫机制、动植物营养及生理代替、农用水资源探查，以及农业灌溉、土壤分析、生物固氮研究等，另一方面，封闭辐射源在辐射育种、辐射食品保鲜、辐射诱发昆虫不育法防治病虫害等方面也获得有效应用，并且已获得非常可观的经济效益和社会效益。

（四）医疗及科研中的放射性

1. 科学研究

放射性核素在科学研究中的应用种类和范围广泛，无论是化学、物理、生物，医学等基础科学，还是材料、能源、空间、生命和环境等应用科学，放射性核素已经发展成为一种非常有效的研究工具，运用这种高灵敏、高选择性的研究手段，成功地获得各种物质在宏观和微观世界中的运动规律、相互作用机制等方面的信息，从而为自然界各种错综复杂现象的本质探索提供科学依据。如应用 ^{14}C 作示踪剂探明光合作用过程中碳的反应机制。此外，放射性核素的辐射能是一种特殊的能源，由此制成的放射性核素电池可供人造卫星、宇宙飞船、无人气象站、海底声呐站以及人工心脏起搏器等用作能源。

2. 医疗

在医学上，人们把含有放射性核素的药剂称为放射性标记药物。放射性标记药物在临床上有 2 种用途：用放射性核素作示踪剂诊断体内某种脏器的疾患；用放射性核素发射的特殊射线的电离辐射效应治疗某种疾病。

放射性药物在临床诊断上主要用于脏器的显影与功能检查。在显影方面，对于肝、肾、肺、脑、心脏、胰、骨骼、甲状腺和肾上腺等已经有了实用意义，并在许多医院中普遍推广应用，如 ^{191}Au 放射性制剂扫描已经成为诊断肝病变的最有效手段之一；在脏器功能检查方面，主要项目有甲状腺功能、肾功能、心放射图和血容量测定等，如 ^{131}I 检查已经是诊断甲状腺功能的最佳的方法之一。

放射性药物在治疗方面也有多种应用，例如，甲状腺功能亢进症、功能自主性甲状腺肿瘤、真性红细胞增多症，原发性出血性血小板增多症、某些皮肤和眼科疾患以及恶性肿瘤等。此外，放射性核素在医学科学和生命科学研究领域同样有重要的用途。例如，应用放射性示踪法可以观察机体中细胞的代谢行为、细胞变异过程的机制，物质在体内和脏器内的吸收、分布、转移、转变和排泄的过程。在中医理论的研究中，可以用来探讨脏腑经络的本质、相互关系和针刺麻醉的原理、中药有效成分的测定和作用机制的考察等。

医疗照射造成的剂量是不容忽视的。如临床诊断中以 $3.7×10^7$ Bq 的 NaHPO₄（32P）进行一次肿瘤定位诊断，其全身所受的剂量相当于职业照射年容许量的 2 倍，其红骨髓所受剂量相当于年容许剂量的 5 倍；以 $3.7×10^6$ BqNaI（^{131}I）做一次甲状腺扫描，甲状腺的吸收剂量相当于职业性年容许剂量的 5 倍（甲状腺年容许剂量当量为 0.3 Sv）。在 X 射线诊断方面，胸部 X 射线摄影时，皮肤剂量最大可达 0.2 Gy，胸部深处可达 0.02 Gy 左右；胃肠透视时，皮肤剂量最大处可达 0.4 Gy 以上，性腺剂量可也达 0.016 Gy 左右，相当于职业照射一个季度的容许剂量；牙科 X 射线摄影时，照射部位所受剂量可达 0.15 Gy。

二、职业性电离辐射危害类型

工业企业中接触密封源的机会常见于射线的无损探伤、自动测厚、水泥料位控制、路基密度测量、X 射线荧光分析、中子活化分析等。从事开放源作业常见于含放射性物质的矿石开采、冶炼、荧光涂料的生产和使用等，虽然某些矿不属于放射性矿井，但矿井中工作可能会接触到较高浓度的氡等。电离辐射所致人体损伤或疾病的总称为放射性疾病。放射性疾病包括：

（1）外照射慢性放射病。指劳动者人体在较长时间内连续或间断受到超剂量限值的外照射，在达到一定累积剂量后引起的以造血组织损伤为主并伴有其他系统改变的全身性疾病。

（2）内照射放射病。指大量放射性核素进入劳动者体内，作为内照射源对机体照射引起的全身疾病。内照射放射病的发病机理及病变的本质和外照射大体相同，由于其在体内的吸收、分布、代谢、排泄、生物半减期等复杂问题而有自己的特点。

（3）放射性皮肤损伤。电离辐射对身体局部受到一次或短时间内多次大剂量外照射所引起的皮肤损伤称为急性放射性皮肤损伤，或称皮肤放射烧伤。由急性皮肤损伤迁延或小剂量长期照射引起的皮肤损伤称慢性放射性皮肤损伤。

（4）电离辐射的远后效应。指劳动者个体受照后几个月、几年甚至几十年发生的效应。远后效应可出现在受照者本人身上，也可显现在劳动者的后代身上，前者称为躯体晚期效应，后者称为遗传效应。

躯体晚期效应主要是致癌作用，包括白血病（潜伏期 5~25 年）、甲状腺癌（潜伏期 16~20 年）、乳腺癌（潜伏期 10~20 年）、肺癌（潜伏期平均为 17 年）、骨肉癌、皮肤癌（潜伏期平均为 20~25 年）。此外还有辐射性白内障，潜伏期从 6 个月到 35 年。遗传效应主要有胚胎致死、畸形、智力低下和致癌。

三、电离辐射危害的控制

（一）控制辐射源的质和量

控制辐射源的质和量是治本方法。由于人体组织在受到射线照射时，能发生电离，当照射剂量低于一定数值时，射线对人体没有伤害，如果人体受到射线的过量照射，便可产生不同程度的损伤。所以，对射线防护的基本原则是避免放射性物质或射线污染环境和侵入劳动者的人体，采取多种措施，减少劳动者接受来自内外照射的剂量。

应用电离辐射的工作应在不影响效果的前提下，尽量减少辐射源的活度（强度）、能量和毒性，以减少受照剂量。例如，应用开放源时，选用毒性低的放射性核素；X 线透视时，采用影像增强器，可以减少 X 线输出量等，但这种方法受到应用目的的限制。

（二）辐射防护

辐射防护的基本方法有时间防护、距离防护和屏蔽防护 3 种。

1. 时间防护

因外照射的总剂量和受照时间成正比，在不影响工作的原则下，应尽量缩短受照时间。例如，工作要有计划，熟练、准确、迅速操作，事先进行空白模拟操作练习，减少不必要的停留时间等。如果作业场所剂量率较大，可由数人轮流操作，以减少每个人的受照时间。

2. 距离防护

放射性物质的辐射强度与距离的平方成反比，即

$$\frac{I_1}{I_2} = \frac{d_2^2}{d_1^2}$$

（8 - 1）

式中 I——距放射源距离为 d_1 时的辐射强度；

I_2——距放射源距离为 d_2 时的辐射强度。

由式（7-1）可知，工作人员所受的剂量率（单位时间内所受的剂量）与距离的平方成反比。如 $3.7×10^7$ Bq 的钴源在距其 10 cm 处，所产生的 γ 射线剂量率同 $3.7×10^9$ Bq 的钴源，在距其 1 m 处的剂量率相等。因此，采取加大操作距离、实行遥控操作的办法可以达到防护的目的。在倒装放射源时，由于剂量较大，可采用长臂夹钳，使人体离放射源尽可能远，以减少工作人员所受的剂量。

3. 屏蔽防护

在实际工作中，单靠时间和距离防护往往达不到防护目的。根据射线通过物质后可以被吸收和减弱的原理，在放射源和工作人员之间设置屏蔽，以减少受照剂量；根据射线种类不同，可选择不同性质的材料作屏蔽物。例如，防护 X、γ 射线可用铅、铁、水泥（混凝土）、砖和石头等；防护中子用石蜡和水等。

屏蔽防护中的主要技术问题是屏蔽材料的选择、屏蔽体厚度的计算和屏蔽体结构的确定。

1）屏蔽材料的选择

各种射线在物质中的相互作用形式是有区别的，选择屏蔽材料时要注意这些差别。材料选择不当，不但经济上造成浪费，而且屏蔽效果会适得其反。例如，要屏蔽 β 射线，必须先用轻材料，然后视情况再附加重物质防护。如将其次序颠倒，因 β 射线在重物质中比在轻物质中能产生更多的韧致辐射，就会形成一个相当大的 γ 辐射场。

各类射线的屏蔽材料选择原则见表8-2。

表8-2 屏蔽材料选择原则

射线种类	与物质作用的主要形式	屏蔽材料种类	屏蔽材料举例
α	电离和激发	一般物质	一张纸
β	电离和激发，韧致辐射	轻物质+重物质	铅或有机玻璃+铁
γ	光电效应，康普顿效应，电子对效应	重物质	铅、铁、混凝土
中子	弹性散射、非弹性散射，吸收	轻物质	水，石蜡

在选择和使用屏蔽材料时，除考虑达到屏蔽目的外，还必须注意：材料的经济价值和易得程度，屏蔽体容许占的空间大小、支持物能否承受、屏蔽材料的结构强度，吸收辐射后是否会产生感生放射性或其他毒性物质等。

α 粒子在物质中运动时的比电离（单位射程上的能量损失）是很高的，因此在任何物质中的射程都很短。如一个 5 MeV 的 α 粒子（大部分 α 粒子的能量在 4~9 MeV 范围）的射程，在空气中大约是 3.5 cm，在普通纸张中约为 40 μm，而在铝材中只有 23 μm。因此，对 α 粒子的外照防护很简单，稍远一点（大于 5 cm），或源外包一层纸等即可。

劳动者的人体表皮上无生命的角质层部分，平均厚度大约是 7 mg/cm^2，即直线深度约 70 μm。在表皮上能量小于 7.5 MeV 的 α 粒子没有到达有生命活动的深度时，就被完全阻止。因此，在考虑外照射防护时，对 α 粒子一般不须采取任何屏蔽措施。例如，放射 α 粒子的放射性物质污染手时，不必担心 α 粒子对手的外照射，只须防止手上的污染物转移到体内即可。

γ射线常用铅、铁、水泥、砖、石等屏蔽，β射线常用有机玻璃、铝板等屏蔽。弱β放射物质（如^{14}C、^{35}S和^3H）可不必屏蔽；强β放射物质（如^{35}P）则要以1 cm厚的塑胶或玻璃板遮蔽，当发生源发生相当量的二次X射线时，需要用铅遮蔽。

2）屏蔽体厚度计算

γ射线和X射线的放射源要在有铅或混凝土屏蔽的条件下贮存，屏蔽厚度根据放射源的放射强度和需减弱的程度而定。射线穿过屏蔽层后的辐射强度计算式为

$$I = I_0 e^{-\mu d} \tag{8-2}$$

式中　　I_0——射线穿过屏蔽层前的辐射强度；

μ——线性减弱系数，原子序数大的物质μ大；

d——防护屏厚度，cm。

水、石蜡或其他含大量氢分子的物质，对遮蔽中子放射体有效，若屏蔽的用量少时也可使用镉板。遮蔽中子可能产生二次γ射线，在计算屏蔽厚度时，应予考虑。

放射性同位素仪表的放射源都放在铅罐内（γ源）或铅盒中（β源），铅罐或铅盒的厚度，是根据防护要求来设计的，仪表不工作时，射线出口都有塞子或挡片盖住，仪表工作时，只有一束射线射到被测物上，一般在距放射源1 m以外的四周，设置探测器的防护板，工作人员在其后面每天工作8 h也无伤害。

（1）防护释放γ射线的屏蔽厚度。

防护释放γ射线的放射性物质所需要的屏蔽厚度可按表8-3计算。

表8-3　γ射线屏蔽厚度计算

放射活性 a/ 3.7×10¹⁰ Bq	放射能量/MeV								
	0.2	0.5	0.8	1.0	1.5	2.0	2.5	3.0	4.0
0.01	−0.14	−0.36	−0.27	−0.11	+0.37	+0.78	+1.15	+1.4	+1.70
0.02	−0.09	0	+0.41	+0.76	+1.57	+2.16	+2.63	+2.91	+3.21
0.05	−0.01	+0.47	+1.31	+1.90	+3.15	+4.00	+4.57	+4.99	+5.20
0.1	+0.06	+0.82	+1.99	+2.77	+4.34	+5.38	+6.05	+6.41	+6.71
0.2	+0.10	+1.17	+2.67	+3.63	+5.54	+6.77	+7.52	+7.92	+8.21
0.5	+0.17	+1.64	+3.57	+4.78	+7.12	+8.60	+9.47	+9.91	+10.21
1	+0.23	+1.99	+4.25	+5.65	+8.31	+9.99	+10.95	+11.41	+11.71
2	+0.28	+2.35	+4.93	+6.52	+9.51	+11.37	+12.42	+12.92	+13.22
6	+0.36	+2.81	+5.82	+7.66	+11.09	+13.21	+14.37	+14.91	+15.21
10	+0.41	+3.17	+6.50	+8.52	+12.28	+14.59	+15.85	+16.42	+16.72
20	+0.47	+3.52	+7.18	+9.39	+13.48	+15.98	+17.32	+17.92	+18.23
50	+0.54	+3.99	+8.08	+10.54	+15.06	+17.81	+19.27	+19.92	+20.22
100	+0.60	+4.34	+8.76	+11.40	+16.25	+19.20	+20.75	+21.43	+21.72
危险区域 b/m	加	加	加	加	加	加	加	加	加
0.20	+0.26	+1.64	+3.16	+4.02	+5.55	+6.44	+6.85	+7.00	+7.00

表8-3(续)

放射活性 a/	放射能量/MeV								
$3.7×10^{10}$ Bq	0.2	0.5	0.8	1.0	1.5	2.0	2.5	3.0	4.0
0.50	+0.11	+0.71	+1.36	+1.73	+2.39	+2.77	+2.95	+3.01	+3.01
1	0	0	0	0	0	0	0	0	0
2	−0.11	−0.71	−1.36	−1.73	−2.39	−2.77	−2.95	−3.01	−3.01
5	−0.26	−1.64	−3.16	−4.02	−5.55	−6.44	−6.85	−7.00	−7.00
10	−0.37	−2.35	−4.52	−5.76	−7.94	−9.21	−9.80	−10.01	10.01
工作时间 c/ （h · d^{-1}）	加	加	加	加	加	加	加	加	加
1	−0.17	−1.06	−2.04	−2.60	−3.59	−4.16	−4.42	−4.52	−4.52
2	−0.11	−0.71	−1.36	−1.73	−2.39	−2.77	−2.95	−3.01	−3.01
4	−0.06	−0.35	−0.68	−0.87	−1.20	−1.39	−1.47	−1.51	−1.51
8	0	0	0	0	0	0	0	0	0
24	+0.09	+0.56	+1.08	+1.37	+1.89	+2.20	+2.20	+2.39	+2.39
屏蔽物 d	乘	乘	乘	乘	乘	乘	乘	乘	乘
铅	1.00	1.00	1.00	1.00	1.00	1.00	1.00	1.00	1.00
铁	8.80	2.88	1.96	1.74	1.49	1.43	1.47	1.48	1.59
铝	41.67	9.80	6.18	5.33	4.83	5.00	5.28	5.68	6.39
水	106.84	21.54	13.42	11.59	10.36	11.11	11.19	12.11	12.78

注：a 为基本数；b 为危险区域修正值；c 为工作时间修正值；d 为屏蔽物的修正值。

计算公式为

$$所需屏蔽厚度 = (a + b + c) × d$$

例如，设防护 $0.5×3.7×10^{10}$ Bq 的放射性物质，该物质在 50 cm 内能放出 1.8 MeVγ 射线，求每天工作 4 h 所需铁屏蔽的厚度 = [8.60 + 2.77 + (−1.39)] × 1.43 = 14.3 cm（铁）。

对于 γ 放射源，铅屏蔽层的厚度取决于所操作核素的种类和活度，典型的屏蔽要求是辐射照射的水平降低到原来的 1/1000；即屏蔽厚度相当于 10 个半值层。如 Cs-137 铯的半值层是 6.5 mm，那么铅屏蔽层的厚度应该为 65 mm。

（2）防护 β 射线的屏蔽厚度计算可按表 8-4 查取。一般 β 射线的能量大于 70 keV，可穿透皮肤表层，故要注意外照射防护。

表8-4　防护 β 射线屏蔽厚度　　　　　　　　　　　　　cm

E/MeV	空气	水	铝
0.05	2.91	0.0046	0.00144
0.10	10.10	0.016	0.0050
0.50	119	0.187	0.0593

表 8-4（续）   cm

E/MeV	空气	水	铝
1.00	306	0.48	0.152
1.50	494	0.78	0.247
2.00	710	1.11	0.351
3.00	1100	1.74	0.550
5.00	1900	2.98	0.942
10.00	3900	6.08	1.92
20.00	7800	12.3	3.90

射程 R 为带电粒子在物质中沿其入射方向所穿过的最大直线距离。屏蔽材料的厚度等于 β 粒子在该材料中的最大射程时，即可屏蔽所有 β 粒子。因此一般操作的防护要求：几兆 Bqβ 源：戴手套、眼罩，使用镊子等工具；较强 β 源：长柄工具操作，大于 R 的有机玻璃屏。

最大射程法经验公式为

$$\begin{cases} R = 0.412E^{(1.265-0.0954\ln E)} & (0.01 < E < 2.5 \text{ MeV}) \\ R = 0.53E - 1.06 & (2.5 \leqslant E < 20 \text{ MeV}) \end{cases} \tag{8-3}$$

式中　R——电子在轻物质中的射程，g/cm^2。

已知材料的密度 ρ，可计算出最大射程对应的屏蔽材料厚度。

半值层法是由半值层求所需屏蔽材料的厚度或估算屏蔽效果。n 个半值层的屏蔽厚度可使辐射减弱 $1/2n$。

3）中子的屏蔽

主要是对快中子的屏蔽。中子在物质中的减弱过程，基本上与 γ 射线相似，也遵循指数规律。

加速器和些同位素中子源，都伴随着有很强的 γ 辐射，$^{236}\text{Ra-Be}$、$^{124}\text{Sb-Be}$ 中子源等的 γ 照射量率甚至会超过中子产生的剂量当量率；中子被吸收后也伴随产生很强的 γ 射线。因此，在设计和计算对中子防护时，还必须考虑对 γ 射线的屏蔽。混凝土中既含有水的成分，适用于中子屏蔽，又含有重物质，适用于 γ 屏蔽，且价廉易得又较坚固，可做成任意形状或大小，在中子防护中得到了广泛应用。

4）屏蔽材料的结构形式

屏蔽材料可以做成固定型和可移动式（非固定型）2 大类。所有屏蔽材料的结构形式要做到减少泄漏辐射，然后才考虑满足使用上的其他要求。对于固定型，在设计施工中就应予以周密考虑；对于非固定型，要考虑简单易制和易于拆装搬运等。构件的任何一面必须尽量避免与射线束方向平行。

一个较强的辐射场，有时很小的一束泄漏辐射也可以在某一立体角内造成很强的照射，特别是当这个区域正是工作人员经常停留或经过的地方时，危险性就更大了。为了避免意外辐射的存在，消除对工作人员造成的不能容许的照射，凡属一切屏蔽措施都必须在投入正式使用之前做出放射防护卫生评价。此外，由于人们接触辐射源的实际情况非常复杂，因此时间、距离和屏蔽这3种防护方法应视具体情况而定，可以单独使用，也可以结合使用。

（三）封闭型辐射源对建筑物的要求

使用封闭型辐射源时，对建筑物有地点选择、屏蔽、监视设施和通风4个方面的特殊要求。

1. 地点选择

一个较强的 γ 辐射源（强度与 $n \times 10^{13}$ Bq 量级的 ^{60}Co 相当的源），一般必须隔离在一个单独的建筑物内；中等强度的 γ 辐射源（强度与 10^{13} Bq 以上的 ^{60}Co 相当的源），可设在建筑物一端的底层或地下室。但都应尽量避免建在人口稠密地区或居民的生活区，以减少正常情况下和事故时受到照射的各类人员的总剂量，即集体剂量。

2. 屏蔽

一个放射性工作场所的设计，除了要保证工作人员自身所受剂量不超过规定的标准以外，还必须保证相邻地区人员所受的剂量也不超过相应的规定。特别是上下左右前后均有人工作或居住时，必须满足相应的辐射安全标准。因此，在计算各方向所需的屏蔽厚度时，要确定屏蔽后各方向的容许照射量率，这个容许照射量率就是对在这个方向邻近地区工作和生活人员的防护标准。但这个标准还要根据相邻场所的使用情况及人员存在因子等综合考虑确定。例如，在离 1.25 m 高的墙壁 30 cm 处的地面上放 3.7×10^{12} Bq 的 ^{60}Co 源，其散射辐射使离该墙另一侧 2 m 处一点地面上，产生的照射量率约为 100 mR/h；一个高约 4 m 的照射室，当顶上的照射量率为 1000 μR/s 时，在照射室外约 3 m 处的地面上，其照射量率可达 1 μR/s 左右。这是空气散射的结果。

辐照室一般是由样品照射室和操纵室组成的。照射室和操纵室之间由迷宫相连。迷宫是一种旨在减少辐照室入口处照射量率的防护结构，一般迷宫每节有 2 m 长，迷宫拐弯次数和墙厚要根据辐射源大小确定，通常有 2~3 个拐弯。迷宫内散射辐射的剂量贡献，可以粗略地估计为行进方向每改变一次就损失99%（仅指散射），入口处的照射量率应降至 2.5 mR/h 以下。

不工作时的辐射源，一般都存放在地下土井（另加屏蔽容器）或水井中。不会溶解的固体放射性物质和封装严密的其他放射性物质都可用水井存放。照射不怕水泡的样品，也可以直接在水中操作，其优点是易于观察，在诸如改变几何位置等过程中样品可连续受到照射。一般水深 3 m 以上，即能满足中等强度辐射源的屏蔽要求。井壁要能防止渗水，并有较好的去污性质。水应定期更换，换前要测定水中放射性活度，符合排放标准的可作工业废水直接排放。水中有放射性污染时，从水中拿出的样品或工具（如水下照明行灯等），未经去污前都不能随便乱放，以免造成辐照室污染。水的 pH 值要严格控制，以防止对建筑材料和源的包装容器的腐蚀。水下照明可用水下白炽灯。

3. 监测设施

为了避免误入辐照室发生严重的照射事故，一般规定对活度大于 10^{13} Bq 的 ^{60}Co 辐射源，使用时必须设有远距离的控制、观察设备及报警指示，必要时应设置连锁装置。通常远距离控制装置是由钢丝绳、滑轮和绞车组成的传动结构；不需要经常升降的远距离控制装置，可以用手动绞车。操纵时要小心，对有关传动的部分应经常上油，严防钢丝绳被卡住。辐射源所处位置可以从刻度盘上读出，也可以用潜望镜、反射镜或窥视窗直接观察。窥视窗一般用铅玻璃，其厚度应经过精确计算确定，并留有足够安全系数，报警指示可用声、光讯号。当辐射源在辐照室照射样品时，要在辐照室入口处给出红灯或音响讯号；在水下操作的辐照装置，水面必须有连续的辐射报警仪。一切监控指示装置都必须经常检查，以保证正常运行。

如果辐照场在室外，周围必须划出禁区，用铁丝网或围墙圈出一定范围，不经同意不得有任何人进入。圈界上要有明显的辐射危险标志，禁区的范围根据辐射源的强度确定，禁区外的剂量当量率不应超过相邻地区的标准。室外使用辐射源，更应加强管理，严防丢失。

4. 通风

空气在受到了射线照射后，有辐照分解现象，其主要产物是臭氧（O_3）。臭氧能造成鼻喉刺痛，轻者咳嗽、头痛、胸闷，重者肺水肿和肺炎。当臭氧在空气中所含重量百分比高于 0.00092% 时，会使人明显中毒。臭氧在工作场所空气中最大容许浓度为 0.3 mg/m³，这样的浓度人们嗅觉器官可以感觉到，甚至比它更低一些也可以感觉出来。

一般情况下，辐照室新鲜空气的输入量可以按 10 g 镭当量 γ 射线源每小时需要 1 m³ 的新鲜空气计算。当需要在样品照射室工作时，应在辐射源停止工作（辐射源放入井或屏蔽容器中），并再继续通风 10～20 min 后才可以进入。对中等强度的辐射源，所需要风量不大，通常在屋檐下加个轴流风机就能满足要求。风机和风管的布置要防止有大量射线束泄漏，结构上不能使管道直径很大，并要求做成斜筒式，以减少直射而出的射线。风机是用来排风的，进风口就是迷宫的入口处。

工作人员在照射室内可通过设在迷宫的反射镜观察照射室内辐射源工作情况。辐射源由钢丝绳系住，钢丝绳用导向滑轮变向和定位。用的是手摇和电动两用蜗轮蜗杆卷扬机控制辐射源的上升或落下，经过变速，从井底贮存位置提升到井上工作位置。落下时用转换开关变换电机旋转方向，用接触器控制电机，使辐射源到达照射位置或落到井底时，电动机即自动停车。

辐射剂量有连续监测和报警设备，辐射源与安全门之间的连锁装置，一般无特殊要求，但必须可靠。

（四）X 射线机的防护

X 射线机在工业和医学上都有广泛应用。X 射线机有一个特点即开机时才有大量辐射存在。停机后，辐射完全消除。X 射线的防护比较容易，机房面积按机器的功率设计。100 mA 以下的 X 射线机房也不应小于 24 m²；200 mA 以上的应大于 36 m²。牙科用 X 射线机应有单独机房。

一般对摄影机房，在有用射线束方向的墙壁应有 2 mm 铅当量（某一厚度的铅当量是指它的屏蔽效果与同样厚度的铅相当）的防护厚度；侧墙和天顶应有 1 mm 铅当量的防护厚度。透视机房的墙壁可薄一些，但也应有 1 mm 铅当量的厚度。机房的门窗也应有适当铅当量的防护厚度。

（五）矿山氡放射性的防护

通风排氡是保证井下通风空间的氡和子体浓度达到允许浓度的手段，是控制氡放射性危害的主要措施。通风空间是指通风系统中进风部分和使用部分所有风流通过，以及应当有风流通过的井巷、硐室、采场等的总称。回风道不属于通风空间，无须保证回风道的空气辐射安全条件。因此，排氡通风主要范围即为通风空间。

各矿井下的条件不同，氡问题的大小和形成原因也不同，矿井防氡工作涉及氡的析出、传播和排除，因此，所采取的措施必须考虑到排氡通风的特点，不仅依靠增大风量，还要适应当地实际情况，合理利用。

（六）γ射线探伤作业及应用放射性发光涂料的防护

1. γ射线探伤作业的防护

γ射线探伤是利用γ射线对物质具有强大的穿透能力来检查金属铸件、焊缝等内部缺陷的作业。因使用的是γ辐射源，在探伤作业中会遭受到γ射线的外照射。通常是由于仪器发生故障、探伤室屏蔽防护有缺陷、缺乏防护知识、违反操作规程、不能充分利用防护条件等情况下发生的。γ射线探伤作用的卫生防护基本要点如下：

（1）熟练掌握探伤技术与防护技术。

（2）充分做好探伤前的准备，探伤机工作时，工作人员不得靠近。

（3）用射线照射部件时，使用"定向防护罩"。

（4）不进行探伤作业的其他人员，必须在安全距离以外。

（5）探伤室必须设在单独的单层建筑物内，防护墙应有足够的厚度，最好不设置窗户，透照间的门应设有连锁装置，以免其他人员误入室内。

（6）探伤作业应在剂量仪器经常监督下工作。

（7）探伤室应由透照间、操纵间、暗室、办公室等组成。墙壁应有一定的防护厚度。

（8）透照间应有通风装置，换气次数可根据实际情况而定。

2. 应用放射性发光涂料的防护

放射性发光涂料是用少量放射性同位素作为持久的光源，激发硫化锌发生荧光的一种涂料。常用的放射性同位素有 ^{226}Ra、^{147}Pm 和 ^3H 等。其中 ^{147}Pm 和 ^3H 都属于 β 衰变的同位素，放出的 β 粒子最大能量分别为 0.223 MeV 和 0.018 MeV。半衰期分别为 2.64 a 和 12.26 a。使用放射性发光涂料中的主要危害有放射性粉尘、放射性沾染、外照射，氢气及其衰变子体及有机蒸气等。

清除发光涂料放射性危害的最有效方法就是使用新型的发光涂料，如稀土硅铝酸盐型的长余辉发光材料，而不用放射性物质。在使用放射性发光涂料时卫生防护的基本要点如下：

（1）生产车间应有足够的空间，每个操作人员应在不小于 4.6 m² 的面积和 15 m³ 的容积下工作，有良好的自然采光、照明和通风系统，工作地点最小照度不低于 700 lx。

（2）发光涂料的分装、称量、调剂和涂描必须在玻璃或有机玻璃制的透明的手套箱内进行，箱内应设有良好的局部排风设施。工作完毕应将盛发光涂料的坩埚移至指定的有通风设施的地点，各种工具应用有机溶剂清洗干净。

（3）为防止外照射，车间内不应存有大量发光涂料，应将分装容器置于铅防护罐内并存入仓库。装配涂描有放射性发光涂料的工件时，应在专门的房间内进行，工作人员应配戴套袖、手套、防尘口罩及防护眼镜，装配室应有排风设备。

（4）使用放射性发光涂料的单位应设专职或兼职人员负责卫生防护工作。

四、放射性防护管理

要达到安全操作放射性物质的目的，除了具备必要的防护措施以外，还要加强对放射性工作的管理。放射性物质管理工作主要包括：放射性物质贮存和运输管理、放射性检测和放射性接触的健康管理。

（一）放射性物质贮存和运输管理

1. 放射性物质的贮存

使用（包括生产、应用和研究）放射性物质的单位，必须设有专人负责领用、登记、保管和运输等方面的管理工作，建立健全账目和管理制度，定期检查，做到收支清楚，账物相符。领用放射性物质必须得到领导和安全卫生防护部门的批准，并在本单位办理登记手续。单位之间相互转让时，应在一方办理注销，另一方办理领用接收手续。放射性物质贮存处应有"辐射-危险"标志，以免将放射性物质误做一般物质处理，或有人随意接近。

装有高比度放射性物质溶液的玻璃容器，贮存时必须放在金属或塑料的容器内，该容器的大小要能足以容纳全部保存的液体，一旦玻璃容器因机械作用、辐射作用或其他原因破损时，溶液不会逸出而造成污染。气态和有可能产生气体或气溶胶的放射性物质，贮存时必须用金属等的密闭容器盛装，然后放在通风柜或工作箱内，容器在使用前必须经过充气法或负压法作泄漏检查；贮存放射性物质的地点应选在不会有高温或水浸，并且人员不经常接近的地方。所有存放放射性物质的容器必须贴上明显的标签，标明所盛放射性物质的名称、元素状态、放射性活度、存放日期和存放负责人等，存放放射性物质的保险柜和其他容器等，必须容易开启和关闭，保险柜应加锁。对于有外照射危险的放射性物质，贮存时要考虑存放地点附近、左邻右舍、楼上楼下视辐射剂量大小，采取相应屏蔽措施。可移动性屏蔽设施结构一定要稳妥可靠，屏蔽效果能满足各类人员的辐射防护标准。

2. 放射性物质的运输

放射性物质运输时，会涉及剂量控制和污染控制 2 个方面的安全问题。任何形式的运输都应该避免放射性物质（特别是液体）翻倒或扩散。

（1）运输放射性溶液时，应有两层包装，如果第一层包装破损，第两层包装还能继续起到包容作用。在 2 层包装之间，应有能吸收放射性溶液的填料，填料的数量应能保证把全部溶液吸收掉。

（2）对于放射性活度小于 1 mg 镭当量的放射性同位素，只做短距离运输时，一般可不用专门工具；放射性物质数量较大，距离长的运输，应把放射性物质包装好。包装容器的要求必须符合有关辐射防护和容器机械强度以及防火或防水性能的规定。承运部门应根据放射性物质的放射性活度和辐射剂量确定运输工具和方式，飞机、火车或汽车都可以作为运输工具。放射性活度和辐射剂量较大时，必须使用专门的飞机、火车或汽车。

（3）铁路运输放射性物质时规定：凡每件货物放射性活度不超过 1.85×10^6 Bq 或放射性活度超过 1.85×10^6 Bq，但比放射性不超过 3.7×10^4 Bq 的；部分涂有放射性发光剂的工业产品，包装表面清洁，γ 射线照射率小于 0.1 μR/s 的，都可以作为非放射性货物运输。

（4）放射性货物按包装物的外表面的照射量率分类可分为4级，见表8-5。货物最外层包装的表面是不允许有放射性物质污染的，以免污染运输工具；包装放射性核素的外容器允许稍有污染。运输中运载1级、2级包装件的货车可与一般列车（包括客运列车）挂连，运载3级包装件的有时要用专列，运载4级包装件的则必须用专列。1、2、3级包装的货物按一般批运或拼装时，4件1级包装折合为1件2级包装，5件2级包装折合为1件3级包装，20件1级包装折合为1件3级包装。所有放射性货物均须按标准规定贴上明显的"放射性"标签，并注明包装级别，以免与别的货物相混。

表8-5　放射性货物运输包装等级

包装等级	γ射线的最大容许照射量率			
	包装表面		距包装表面1 m处	
	μR/s	mR/h	μR/s	mR/h
1	0.1~0.3	0.4~1	—	—
2	4.1	15	0.2	0.7
3	55	290	2.5	9
4	>55	>200	15	54

注：1. 包装表面的快中子不超过20个，$cm^{-2} \cdot s^{-1}$。

2. 距一批包装表面1 m处总的快中子数不超过20个，$cm^{-2} \cdot s^{-1}$。

（二）放射性检测

为了保护工作人员免受电离辐射的伤害，需要对作业环境的空气或工作面的放射性污染物进行测量和监视，以便及时掌握人员的暴露量，对工作过程中的放射源进行评价。作业场所的辐射状况的检测目前还没有一种较好的仪器能精确地测出人体的吸收剂量，只能测出照射量，再通过换算得出近似的吸收剂量。

1. 放射性检测方法与仪器

辐射防护的测量装置有大型的固定设备和便携式仪器。有些固定设备需要将样品拿到设备上测量，有的是在作业场所进行固定监测，获得连续读数；便携式仪器是对作业场所的辐射场进行快速测量。常用的辐射探测仪有胶片剂量计、袖珍剂量笔、热释光剂量仪、携带式α和β污染测量仪、X—γ剂量仪，中子—γ辐射仪等。

1）胶片剂量计

胶片剂量计是测量累积个人剂量的基本手段，它能保持随时可查的永久性记录，在某种程度上能判断辐射能量，价格便宜，方法易行。缺点是受环境因素的影响较大，暗室处理比较麻烦，在混合辐射场中使用测量误差比较大。

胶片剂量计为一胶片佩章。由塑胶或金属夹着放射感光胶片，其大小相当于牙科用的X射线胶片。感光胶片由涂在玻璃或树脂膜片上的感光乳胶构成，有单面或双面2种。乳胶的基本成分是溴化银或氯化银。当带电粒子通过乳胶层时，溴化银颗粒便形成潜像，受照后的胶片，经过显影、定影处理后，显示出一定的黑度，胶片变黑的程度与所受到的照射量有关，同标准系列胶片对照，可显示辐射暴露的程度。在胶片两面用薄镉板覆盖作为过滤片，可对不同的能谱产生不同的过滤作用，经过滤的胶片可以测量γ射线和α射线的剂量，未经过滤的胶片可测量 β 和能量较低的 γ 射线。特殊胶片可侦测中子，使用胶片剂量计时，应注意环境、湿度、温度，以及显影液的成分和显影时间长短等因素对胶片变黑程度的影响。胶片显示的黑度与胶片对辐射的响应有直接的关系。胶片对辐射的响应、胶片本身的成分、辐射能量、类型和暗室处理等条件有关。

（1）胶片对 X、γ 射线的能量响应一般用最高响应对应的灵敏度（或称峰值灵敏度，在 40 keV 左右）和 ^{60}Coγ 射线灵敏度之比表示。无过滤片时胶片的能量响应在 10~20 之间，在实际测量中必须考虑和利用能量响应。采用过滤片补偿方法的缺点是方向性引起的误差较大，特别是对低能射线的影响更明显。

（2）胶片对 β 辐射的响应通常采用不同厚度塑料过滤片下胶片灵敏度之差或比值与能量的关系确定出所测 β 射线的有效能量，进而确定相应的 β 剂量。

（3）胶片对中子的响应灵敏度比对 γ 的要低，但在 γ 辐射比中子弱得多时，中子效应给 γ 剂量测量带来的误差应予注意。国产 X 射线胶片在反应堆热柱上所得到的热中子响应数据表明，0.01 Sv 热中子的响应平均相当于 0.11 R 和 0.15R（R：伦琴）左右的 ^{60}Coγ 射线照射量的响应。因此一般不要直接用胶片测中子，而常常是在胶片上盖一片中子活化截面积较大的金属箔，利用活化产生的 β、γ 射线对胶片产生的密度来间接测热中子。

（4）混合场胶片剂量计类型较多，一般应当根据现场的情况综合考虑设计或选择哪种类型。自动化程度较高的个人监测服务机构，适合采用较复杂的通用剂量计；现场情况较简单、辐射水平又较低的场所可采用简单的剂量计。采用具有开窗、不同厚度的两个塑料窗和适当厚度的锡过滤片以及相应的镉过滤片的剂量计，就能满足 β、X、γ 和热中子混合辐射场的剂量测量。

2）剂量笔

剂量笔为一钢笔形状的小型测量器。有自读式和非自读式 2 种。自读式剂量笔中有一小的显微镜，可以观察响应；非自读式剂量笔须在另外仪器上读出响应。在个人剂量监测中常作为辅助手段，与其他类型个人剂量计（胶片剂量计、辐射光致荧光玻璃剂量计和热释光剂量计等）配合使用，经常在设备维修或需要控制工作人员工作时间的场合下使用。

自读式剂量笔主要由验电器形式的电离室和小型的光学显微镜等组成。电离室壁构成一个电极，中心电极与电离室的其他部分绝缘，中心电极上安装有一根可以偏移的细石英丝；用充电装置对它进行充电，中心电极和石英丝上带正电荷，石英丝被中心电极排斥开，细丝离开中心电极偏转的距离决定于所加电压值；细丝借助于光学显微镜可以观察读数，充电时调节验电器上的电压可以使细丝落在标尺读数的零点。当该剂量笔受到 X、γ 辐射照射时，电极之间的气体发生电离而产生离子，离子向室壁和石英丝移动，收集的电荷使电压降低，石英丝向中心电极靠近，这时，石英丝的位移指示出在电离室中所收集的电荷数量，这就能测定该剂量笔所在位置处的照射量。

附带静电计的非自读式电容器型剂量笔由内表面涂有石墨导电层的酚醛塑料外壳和绝缘良好的中心电极组成。当电荷分布在中心电极时，这个电离室变成一个充电的电容器，由静电计测定所收集的电离电荷，就得到照射量。

3）热释光剂量仪（TLD）

（1）原理：利用某些磷光体在电离辐射的照射下，能够贮存辐射能量特性，当被照射的热释光片（磷光体）加热时，被贮存的能量以光能的形式释放出来，热致发光的强度同磷光体接受的电离辐射能量呈近似正比关系，通过测光系统给出数字，即可显示剂量的大小。

（2）热释光材料：热释光材料大致可分为 3 类：空气等效性好而灵敏度稍差的热释光材料，如 LiF、$Li_2B_4O_7$ 和 BeO 等；空气等效性差而灵敏度高的热释光材料，如 $CaSO_4$ 和 CaF_2 等；介于前二类之间的有 $MgSO_4$ 和 MgB_4O_7 等。

（3）仪器：热释光剂量计的种类繁多，可以根据监测范围和监测对象所在辐射场的情况选择简易型的或多窗的剂量计。在挑选或设计个人剂量计时，除选定热释光元件之后，还应考虑便于佩戴，操作方便，用户不易打开或丢失，不易引起污染，避光，有易于识别的编码，等等。

热释光测量仪大致可分操作简单而且价格便宜的测量仪、多功能通用测量仪、自动测量仪三种类型。

对热释光测量系统的要求是全套自动功能可靠，过失概率小，剂量计读数重复可靠，测量速度快。

热释光元件还适于做成小型的指环剂量计。辐射场的 β 辐射能量较高时可以用 JR—101 外包 3.7 mg/cm^2 聚乙烯构成的手指剂量计，LiF—聚四氟乙烯薄膜外包 3 mg/cm^2 聚乙烯构成的指环剂量计，对 ^{45}Ca 与 ^{90}Y 的响应比为 0.92，$^{90}Y/^{60}Co$ 响应比为 0.87，可直接测 β、γ 吸收剂量总和。

热释光的特点是测量范围较宽，灵敏度高，可用以测量 α、β、γ 及中子射线。

4）便携式 α、β 污染测量仪

便携式 α、β 污染测量仪为电池供电的污染测量仪，配有闪烁计数器和盖格—弥勒计数管 2 种探头，当配备双晶体探头时，可分别或同时测量 α、β（γ）污染，并发出不同音调的声音，可测量人体、衣物、仪器设备、工作台等表面的 α、β（γ）污染，是一种剂量防护通用测量仪器。

仪器配不同的闪烁探头，可分别测量 α、β（γ），配双晶体探头可分别测量 α、β（γ），亦可同时测量（α+β）。配盖格—弥勒管探头可测量墙壁、地面的 β（γ）的污染。

5）X-γ 剂量仪

X-γ 剂量仪为线性剂量率测量仪表，采用 3 mg/cm^2 薄窗电离室为探测元件，可测量组织中的吸收剂量率，测量范围为 0~10^{-5} Gy/h、10^{-4} Gy/h、10^{-3} Gy/h、10^{-2} Gy/h、10^{-1} Gy/h，能量响应为 10 keV~10 eV 的辐射光能。适用于放射性工作人员和工厂、医疗等单位作 X、γ 剂量率测量用。

6）便携式中子—γ 辐射仪

便携式中子—γ 辐射仪适用于工厂厂房和生产车间内测量快中子及慢中子通量及 γ 辐射强度。

2. 低水平放射性的测量

在核辐射防护、放射性示踪技术应用、环境放射性监测、放射性地质勘探以及考古学等领域中，人们常常要分析和检测一些放射性含量十分微弱的样品。这类样品的放射性浓度均低于 37 Bq/kg，对于这样"低水平"的放射性样品，如果应用常规的放射性探测仪器难以测得准确的结果。此时，必须采用特殊的低水平测量技术和低本底放射性测量设备。

1）低活性 α 射线的测量

（1）ZnS 闪烁计数器。ZnS（Ag）易被制成大面积的闪烁屏，有较好的稳定性，尤其适用于大面积固体、样品的测量。闪烁屏由粒度为 $10\sim20~\mu m$ 的发光体制成，发光体的厚度在 $15~mg/cm^2$ 左右。这样制成的 ZnS（Ag）闪烁屏对 α 射线的探测效率在 95% 以上。为了降低探测器的本底，ZnS 材料须经过严格的净化处理，同时还必须配上噪声脉冲幅度小于闪烁信号幅度的高质量光电倍加管。采用特殊的样品制备技术提高探测效率和降低本底。例如，把待测的溶液与 ZnS（Ag）闪烁体均匀混合，然后沉积到玻璃片上进行测量。

（2）金硅面垒型半导体探测器。这类半导体探测器具有探头材料的纯度极高、放射性杂质含量非常低、对 α 射线有很高的能量分辨率的特点。进口的半导体探测器表面积可达 $10~cm^2$，分辨率为 $10\sim20~keV$。半导体探测器的缺点是灵敏面积较小，不能测量大面积放射性样品，但它适用于能谱分析。这类仪器的探测限一般可达 $(0.5\sim1)\times10^{-3}~Bq$。

（3）核乳胶径迹法。核乳胶法的操作要点：照射前，先让核乳胶在室温下的饱和水蒸气中放置 3 d，把本底径迹衰退掉；尔后，把待测样品紧贴在核乳胶上进行照射，时间须 7 d 左右（具体时间取决于样品的放射性水平）。照射后的核乳胶，经显影和定影处理后，置于显微镜下测量径迹数，据此确定待测样品中活性的含量。核乳胶法的优点是设备简单，灵敏度高，探测限可达 $10^{-4}\sim10^{-5}~Bq$。缺点是照射时间长，测量与操作都比较麻烦。

2）低活性 β 射线的测量

（1）流气式正比计数器。这类探测装置大部分以云母窗式计数管作样品计数器，用圆柱形玻璃计数管作反符合环，以降低宇宙射线硬成分引起的本底。屏蔽层由不同材料组合而成，诸如铅—铁、铅—铜、铅汞等，旨在消除宇宙射线软成分和周围环境 γ 辐射对本底的贡献。

（2）薄塑料闪烁计数器。这是一种低本底 β 探测器，其主要特点是塑料闪烁材料处理得很净洁，放射性杂质含量少。闪烁体主要由原子序数低的物质组成，对环境 γ 辐射不灵敏，灵敏体积小，测量日粒子的闪烁体厚度仅需 $0.1\sim0.3~mm$，加工方便，操作简单。

（3）金硅面垒型半导体探测器。这是一种高灵敏度低水平声活性测量装置。特点是窗薄，探测效率高，对 γ 和中子辐射不灵敏，故本底较低，装置设计得紧凑，屏蔽材料重量轻。

（4）液体闪烁计数器。液体闪烁计数器的基本原理与其他闪烁测量技术相似，其主要特征是闪烁体为液体。待测的放射性样品可以溶解或悬浮于闪烁液中，也可以把样品吸附于固体材料（如滤纸）上，再浸入闪烁液中。由于样品和闪烁液直接接触，一般 β 探测器中的自吸收、窗吸收、几何条件以及反散射等不利因素的影响可获得很大的改善。所以，低本底液体闪烁计数器的探测效率很高，尤其适用于 ^3H、^{14}C 一类低能量 β 辐射体的测量。

3）低活性 γ 射线的测量

用于低本底 γ 射线能谱分析的探测器有 2 类：一类是 NaITl 闪烁探测器，另一类是高纯锗、硅半导体探测器。前者主要优点是探测效率较高，但能量分辨率不如半导体探测器；后者的特点是能量分辨率很高，但探测效率较低，灵敏体积较小。

Ge（Li）半导体探测器在低本底 γ 能谱分析中所占的地位越来越重要。近年来，我国已经从国外引进的 Ge（Li）γ 能谱分析仪，在低水平 γ 环境放射性监测与分析中显示出其很大的优越性。

3. 放射性气体的测量

在核反应堆、加速器和核燃料加工与后处理工厂等核企业的工作场所或周围环境中，无论是正常运行期间还是处于事故的情况下，放射性气体的监测是必不可少的，监测的对象主要包括 ^3H、^{85}Kr、^{131}I 和 ^{133}Xe，旨在评价核活动实践的安全程度，并且有助于及时发现意外的事故。在天然环境辐射的监测与调查中，空气中氡及其子代产物浓度的监测都涉及放射性气体的测量。

放射性气体测量的常用方法有 2 种：一种是把待测的气体样品抽入到电离室或者让它流过一个装有若干薄壁计数管的容器，直接测量电离电流或脉冲计数率；另一种方法是让待测气体通过硅胶、活性炭或纤维性滤膜等吸附材料，使气体中所含的痕量放射性物质定量地吸附于或过滤于取样的介质上，再测量取样材料上的放射性。前一种方法便于实现在线连续监测，后一种方法则是间歇法取样测量，比较方便。具体选用哪种方法视实际条件和监测的要求而定。

（三）放射性接触的健康管理

为保证放射性工作人员操作放射性物质时的安全，必须对每个工作人员在就业前进行一次全面的健康检查。只有健康合格的工作人员，才能从事职业性的放射性工作。

1. 放射性工作人员的不适应症

（1）血红蛋白低于 120 g/L（男）或 110 g/L（女），红细胞数低于 400 万/mm^3（男）或 350 万/mm^3（女），血红蛋白高于 175 g/L 或红细胞数超过 580 万/mm^3 者，高原地区可参照当地正常值范围处理。

（2）已参加放射性工作的人员，白细胞总数持续低于 4000/mm^3 或高于 10000/mm^3 者。准备参加放射性工作的人员，白细胞总数持续低于 4500/mm^3 者。

（3）血小板持续低于 10 万/mm^3。

（4）慢性肺疾患、明显的慢性气管或支气管疾患、严重的鼻咽疾患，均不宜从事有射气、气溶胶或放射性灰尘的工作。

（5）慢性肝疾患，不宜从事可能损害肝脏的放射性核素的工作；慢性肾疾患，不宜从事可能损害肾脏的放射性核素的工作。

（6）严重或广泛的皮肤疾患，不宜从事易污染皮肤的工作。

（7）其他器质性或功能性疾患，医疗卫生部门可根据病情和接触放射性的具体情况确定。

若已接触放射性的工作，发现不适应症时也应给予减少接触、短期脱离、疗养或调离放射性工作岗位等处理。

2. 职业期间的健康检查周期

受照剂量接近年最大容许剂量当量水平者，每年体检一次，受照剂量低于年最大容许剂量的十分之三者，每二、三年检查一次。因特殊情况，一次外照射超过年最大容许剂量当量或一次进入体内的放射性核素超过一年容许摄入量的一半者，应及时进行体检并作出必要的其他医学处理。检查结果发现异常时，应及时进行复查。

3. 职业期间的健康检查体检项目

除了一般体检的项目（如外周血常规等）外，应根据从事的放射性作业的特殊性开展有关项目的检查。例如，对从事具有中子、γ 射线和 X 射线的放射性工作人员，尤需注意眼晶体的检查；对从事可能产生射气、气溶胶及放射性粉尘作业的人员，应注意呼吸系统的检查；对接触特别能损害某内脏的放射性核素的工作人员，应增加相应脏器功能的检查。

由辐射引起的疾患，往往不会在受照后随即表现出来。因此，必须将健康检查的结果连同所受的剂量记录一起建立档案，长期保存，以备日后需要时查考。

第九章　噪声、振动、高温及其他职业危害防治

第一节　噪　　声

一、基本概念

1. 噪声及分类

噪声是一种人们不愿意听到的声音，生产性噪声是在生产过程中产生的声音，其频率和强度没有规律，听起来使人感到厌烦。噪声一般分以下几类：

（1）空气动性噪声。由于气体的非稳定过程而产生的噪声，如进、排气噪声、风扇噪声等。

（2）机械性噪声。由于固体振动而产生的噪声，如摩擦、敲击等引起的噪声。

（3）电磁性噪声。由于电磁振动（电磁力引起内部零件结构振动）而产生的噪声，如发电机、变压器等产生的噪声。

（4）燃烧噪声。气体力引起内容零件结构振动，并向外辐射的噪声。

2. 声场

声场是指声波传播的空间，分为自由声场、半自由声场、混响声场、半混响声场。

（1）自由声场（边界完全吸收声波）。允许声波在任何方向作无反射自由传播的空间。

（2）半自由声场。声波仅以地面作为反射面，在其他方向作无反射自由传播的空间。

（3）混响声场（边界完全反射声波）。允许声波在任何方向作无吸收传播的空间。

（4）半混响声场。边界既不完全反射声波、又不完全吸收声波的空间。

3. 频率

频率是指声波每秒波动的次数，单位为 Hz。

次声波：＜20 Hz；超声波：＞20000 Hz；基准声波：1000 Hz。

4. 声速

声速是指声波在介质中的传播速度。即

$$C = \sqrt{\frac{K}{\rho}} \tag{9-1}$$

式中　K——体积弹性模量；

　　　ρ——介质的密度。

5. 声压和声压级

声压是指有声波时介质的压强对其静压力的变化量。

听阈声压：2×10^{-5} Pa；痛阈声压：20 Pa。

声压级（L_p）是指声压 p 对基准声压 p_0（取为 20 μPa，即听阈声压）平方之比的常用对数乘以 10。

$$L_p = 10 \lg \left(\frac{p^2}{p_0^2} \right) = 20 \lg \frac{p}{p_0} \qquad (9-2)$$

式中　p_0——基准声压，$p_0 = 2 \times 10^{-5}$ Pa；

　　　p——测点声压，Pa。

由式（8-1）可知，声压变化 10 倍，声压级变化 20 dB；声压变化 100 万倍，声压级变化 120 dB。听阈声压与痛阈声压间的声压级变化幅度为 0～120 dB。

6. 声功率和声功率级

声功率是指声源在单位时间内辐射的总能量。

为便于衡量声功率的相对大小，引入声功率级 L_w（dB）：

$$L_w = 10 \lg \frac{W}{W_0} \qquad (9-3)$$

式中　W_0——基准声功率，$W_0 = 2 \times 10^{-12}$ W；

　　　W——声源辐射的声功率，W。

声压级与声功率级的关系：功率级不能直接测得，可在一定条件下利用声压级进行换算，见表 9-1。

表 9-1　点声源的声功率级与声压级的关系

声场类型	适用环境	关系式	备注
自由声场	全消声室	$L_w = L_p + 20 \lg r + 11$	r—离声源的距离（m）
半自由声场	半消声室、大房间、户外	$L_w = L_p + 20 \lg r + 8$	t—混响时间（s） t_0—1 s
混响声场	全反射室	$L_w = L_p + 10 \lg \frac{t}{t_0} - 10 \lg \frac{V}{V_0} -$ $10 \lg \left(1 + \frac{S\lambda}{8V} \right) - 10 \lg \frac{p_0}{10} + 14$	V—实验室容积（m³） V_0—1 m³ S—实验室表面积（m²） λ—声波长（m） p_0—大气压（Pa）

声压级的值与声源（测点间的距离）及测量环境有关，而声功率级与测点无关，故对于固定式机械设备 ISO 推荐以声功率级作为噪声的评价量。因此，声压级要换算为声功率级。

7. 声级的计算（合成与分解）

（1）基本原则：能量叠加原则，即当声场中同时存在 n 个声功率分别为 W_1，W_2，…，

W_n 的独立声源时，其声源合成的总声功率 W_t 为

$$W_t = W_1 + W_2 + \cdots + W_n \tag{9-4}$$

（2）声功率级的合成为

$$L_{W_t} = 10\lg\frac{W_t}{W_0} = 10\lg\frac{W_1 + W_2 + \cdots + W_n}{W_0} \tag{9-5}$$

（3）声压级的合成为

$$P_t = \sqrt{P_1^2 + P_2^2 + \cdots + P_n^2} \tag{9-6}$$

由声压级的定义式可得总声压级 L_{P_t} 为

$$L_{P_t} = 20\lg\frac{P_1}{P_0} = 20\lg\frac{\sqrt{P_1^2 + P_2^2 + \cdots + P_n^2}}{P_0}$$

$$= 10\lg\left[\left(\frac{P_1}{P_0}\right)^2 + \left(\frac{P_2}{P_0}\right)^2 + \cdots + \left(\frac{P_n}{P_0}\right)^2\right]$$

由于 $L_P = 10\lg\left(\dfrac{P^2}{P_0^2}\right) = 20\lg\dfrac{P}{P_0}$，$\left(\dfrac{P_i}{P_0}\right)^2 = 10^{0.1L_{Pi}}(i=1, 2, \cdots, n)$，故：

$$L_{P_t} = 10\lg\left(\sum_{i=1}^{n} 10^{0.1L_{Pi}}\right) \tag{9-7}$$

例如：当两个声源声压级分别为 100 dB 时，合成后的总声压级 L_{P_t} 为 103 dB。

（4）经代数运算，声压级的分解为

$$L_{P_t} = 10\lg(10^{0.1L_{pb}} + 10^{0.1L_{pd}})$$

$$L_{P_d} = 10\lg(10^{0.1L_{pt}} - 10^{0.1L_{pb}}) \tag{9-8}$$

（5）声级平均值是指围绕噪声源在同一测量表面上多个测点噪声级的平均值。

根据能量叠加原则，可得声压级平均值 L_{pm} 为

$$L_{pm} = 10\lg\left(\frac{1}{m}\sum_{i=1}^{m} 10^{0.1L_{pi}}\right) \tag{9-9}$$

式中　L_{pi}——第 i 个测点测得的声压级，$i=1, 2, \cdots, m$；

　　　m——测点总数。

简便算法：当各测点声压级之间相差不大于 5 dB 时，可按算术平均法计算，其误差小于 1 dB。

8. 噪声发射

噪声发射是指确定的声源（机器或设备）发射到周围环境中的空气（传播）声。

（1）发射声压（L_p）。由被测声源在工作位置处或其他任意规定的位置处产生的声压级。常用的 A 计权发射声压级是声源在整个运行周期上的平均值，记作 L_{pA}。

（2）测量表面声压级（L_{pAd}）。这个 A 计权声压级是离声源距离为 d 的一个测量面上声能量的平均值，常用 $d=1$ m，记作 $L_{pA.1 m}$。

（3）测量的噪声发射值（L）。通过测量确定的任何 A 计权声功率级、A 计权时间平均发射声压级或 C 计权峰值发射声压级。测量值既可由单台机器加以确定，也可由一批机器取平均值来确定。单位用"dB"表示，且不一定取整数。

（4）噪声发射标牌值。由制造厂标示在机器的标牌上或提供于用户的技术文件中给出

的噪声发射值,单位用"dB"表示的标牌值应以整数给出。

(5)不确定度(K)。由测量的噪声发射值归纳出的测量不确定度数值。

(6)单一数值的噪声发射标牌值(L_d)。测量的噪声发射值和不确定度之和,取最接近的整数 dB 值。

$$L_d = L + K \qquad (9-10)$$

(7)两个数值的噪声发射标牌值(L 和 K)。测量的噪声发射值 L 和它的不确定度 K,二者都取最接近整数的 dB 值。

9. 噪声照射

噪声照射是对工作场所中某一固定位置(如工作位置)而言。它包含所有传到该位置上的噪声:来自本身机器的噪声,来自其他机器或声源传来的噪声,由车间内天棚、墙面及任何设备反射面来的噪声。在整个规定时间周期 T 内,实际状况下测点(工作位置)处的噪声,如图 9-1 所示。

辐射到工作位置处的噪声与相关工作位置、实际运行、照射时间以及所有声源的影响有关。

10. 噪声暴露

噪声暴露是对工作场所中的人而言。它是指在规定时间周期内某个人在人耳处所接受到的噪声,如图 9-2 所示。对一个单一工作位置工作的人,其噪声暴露量与该工作位置上的噪声照射量是一样的。辐射给人的噪声与人所在位置实际运行、暴露时间以及所有声源的影响有关。

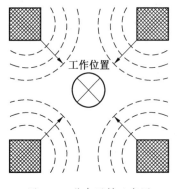
图 9-1 噪声照射示意图

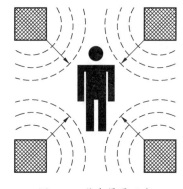
图 9-2 噪声暴露示意

11. 隔声量 R

透声系数是指入射到构件的声功率(W_i)与透过构件的声功率(W_r)之比。用透声系数表示隔声材料的构件的隔声性能不方便,因此采用隔声量 R 表示材料及构件的隔声性能。即

$$R = 10\lg \frac{1}{\tau}$$

式中 R——隔声量,dB;

τ——透声系数。

二、噪声的危害

噪声对人类的危害是多方面的，首先是听觉器官的损伤。一次高强度脉冲噪声的瞬时暴露所引起的听觉损害称急性声损伤，多见于爆震后故又叫爆震性聋；由长期持续性强噪声刺激引起的损伤称为慢性声损伤，即噪声聋。噪声聋是国家法定职业病之一。

（1）噪声强度越大，对人的听力危害就越重、越快；强度相同，频率越高，频谱越窄，危害越大。

（2）脉冲噪声（持续时间小于 0.5 s，间隔大于 1 s，强度波动幅度超过 40 dB）比同等声级的持续噪声危害重。持续噪声中非稳态（声强波动在 5 dB 以上）噪声比稳态噪声危害大。

（3）无论哪种噪声，每天暴露的时数和工龄越长，对人的损伤越重。听力损害的临界暴露年限（使 5% 以上的工人产生听觉损害的最小年限）与噪声强度有关。85 dB（A）时为 20 a 左右；90 dB（A）时为 10 a 左右；95 dB（A）时为 5 a 左右；100 dB（A）时不足 5 a。若每日暴露总时间相同，连续暴露比有休息的间隔暴露危害大。

（4）噪声与振动同时产生的作业场所，噪声对劳动者的危害大于振动对劳动者的危害。

（5）年龄越大越容易受到损害，但也与个体敏感程度有关。

（6）原患感音神经性聋者，易受噪声再损伤。中耳疾患对噪声损害的影响尚未定论。

（7）劳动者能否坚持使用个人防护用品或在生产作业场所是否采取防护措施有很大关系。

三、噪声控制一般原则

噪声对人体的危害有 3 个构成要素，即噪声源、传播途径和接受者，这 3 个要素同时存在并相互作用才构成对人体的危害。因此，控制噪声应从这 3 个构成要素入手。常用的噪声控制技术有吸声、隔声、减振、隔振、消声等方法，它们既可以用于声源的控制，也可用于控制声的传播。对于接受者主要采取个体防护技术。

1. 控制生产性噪声的原则

（1）消除或降低噪声源。

（2）消除和减少噪声传播。

（3）加强生产作业现场管理。

（4）尽可能减少劳动者在噪声环境中的停留时间。

（5）加强个人防护。

2. 控制措施

根据噪声作业危害的构成要素，噪声控制应从噪声源的控制、传播途径的控制和个人防护 3 个方面考虑。

1）噪声源的控制

在噪声源处降低噪声是噪声控制的最有效方法。通过研制和选择低噪声设备，改进生产加工工艺，提高机械零、部件的加工精度和装配技术，合理选择材料等，都可达到从噪声源处控制噪声的目的。

（1）合理选择材料和改进机械设计（选用低噪声的设备）降低噪声。一般金属材料（如钢、铜、铝等）内阻尼较小，消耗振动能量较少，凡用这些材料制成的零部件，在激振力的作用下，在构件表面会辐射较强的噪声。而采用消耗能量大的高分子材料或高阻尼合金，在同样作用力的激发下，减振合金要比一般合金辐射的噪声小。因此，在制造机械零部件或工具时，若采用减振合金代替一般钢、铜等金属材料，就可以获得降低噪声的效果。

通过改进设备的结构减小噪声潜力也很大。例如，风机叶片形式不同，产生噪声大小有很大差别，通过选择最佳叶片形状，可以降低风机噪声。实验证实，当把风机叶片由直片形改成后弯形，可降低噪声约 10 dB（A）。

改变传动装置也可以降低噪声。各种旋转的机械设备，采用不同的传动装置，其噪声大小也不相同。例如，一般正齿轮传动装置噪声较大，可达 90 dB（A）；改用斜齿轮或螺旋齿轮，啮合时重合系数大，可降低噪声 3~10 dB（A）；若改用皮带传动代替正齿轮传动，可降低噪声 10~15 dB（A）。

（2）改进工艺和操作方法降低噪声，从噪声源上降低噪声。例如，用低噪声的焊接代替高噪声的铆接、用液压代替高噪声的锤打、用喷气织布机代替有梭织布机等，都会收到降低噪声的效果。在工厂把铆接改为焊接，把锻打改为摩擦压力或液压加工，降噪量可达 20~40 dB（A）。

（3）减小激振力降低噪声。在机械设备工作过程中，尽量减小或避免运动零部件的冲击和碰撞。冲击时，系统之间动能转换时间短，振幅峰值高，伴随强烈的噪声，更易使人的听觉系统损伤。冲击除辐射到空气中的噪声外，还要激励被冲构件传递固体声，从而传递得很远，形成二次固体声。降低此类噪声，要使运动零部件的连续运动代替不连续运动；减少运动部件质量及碰撞速度；采取冲击隔离；尽量提高机械和运动部件的平衡精度，减小不平衡离心惯性力及往复惯性力，降低激振力，使机械运转平稳、噪声降低。

（4）提高运动零部件间的接触性能，尽量提高零部件加工精度及表面精度，选择合适的配合，控制运动部件间的间隙大小，要有良好的润滑，注意检修，减少摩擦。例如，一台齿轮转速为 1000（r/min）的设备，当齿形误差由 17 μm 减为 5 μm 后，由于提高了齿轮的加工精度，减少了啮合摩擦和振动，可降低噪声 8 dB（A）。若降轴承滚珠加工精度提高一级，轴承的噪声可降 10 dB（A）左右。

（5）降低机械设备系统噪声辐射部件对激振力的响应。机械设备系统中的零部件振动就要辐射噪声，可采用以下措施减少声源的噪声。

①尽量避免共振发生。当激振频率与固有频率相等或接近时，结构的动刚度显著下降，响应振幅急剧变大，激起部件强烈振动，此时系统最有效地传递振动和发射噪声。在共振区附近，振动响应的幅值主要由系统阻尼的大小决定，阻尼越小，共振表现得越强烈。在此种情况下，改变共振部件的固有频率，可有效地减少部件的振动及由此产生的噪声。例如，可以增加噪声辐射面的质量、增加刚度或改变辐射面尺寸来降低噪声。

②适当提高机械结构动刚度。在相同的激振力作用下，通过提高机械结构的动刚

度，提高其抗振能力，则振动与噪声就会下降。其措施是改善机械结构的静刚度和固有频率。

通常机械设备的噪声大小反映了机器零部件的加工和装配精度的好坏。噪声小，能使机械设备处于良好的工作状态，延长使用寿命，这也是评价机器优劣的一项重要指标。

2）传播途径的控制

当声源控制方法仍达不到降噪要求时，就需要在噪声的传播途径上直接采取声学措施包括吸声、隔声、减振、消声等技术控制噪声。各种噪声控制的技术措施都有其特点和适用范围，采用何种措施，视噪声源的实际情况，参照有关标准，综合考虑经济等因素来定。几种噪声控制措施的降噪原理、应用范围及减噪效果见表9-2。

表9-2　常用噪声控制措施

措施分类	降噪原理	应用范围	减噪效果/dB（A）
吸声	利用吸声材料或结构，降低厂房、室内反射声	车间内噪声设备多且分散	4~10
隔声	利用隔声结构，将噪声源和接受点点隔开，常用的有隔声罩、隔声间和声屏障	车间人多噪声设备少用隔声罩，反之用隔声间，二者均不行用声屏障	10~40
消声	利用阻性、抗性、小孔喷注、节流减压等原理消减气流噪声	气动设备的空气动力性噪声，各类放空排气噪体	15~40
隔振	把振动设备与地板的刚性接触改为弹性接触，隔绝固体声传播，如隔振器	设备振动厉害，固体声传播远	8~25
减振（阻尼）	利用内摩擦、耗能大的阻尼材料、涂抹在振动构件表面，减小振动	机械设备外壳，管道振动噪声严重	5~15

3）个体防护

工作地点生产性噪声声级超过职业卫生限值，采用现代工程技术治理手段仍无法达到卫生限值时，就应采用个体防护措施。

（1）个人使用的职业病防护用品。用人单位应给接触噪声作业的劳动者佩带声衰减性能良好的护听器。常用的有耳塞、耳罩、防声帽等。耳塞是放在耳道内的防声器，有防声棉、橡胶耳塞、塑料耳塞、浸腊耳塞等，耳塞具有携带方便，质软、佩戴舒适、经济耐用等特点；耳罩用金属或塑料做成外壳，在边缘上衬柔软的材料，增加密闭性，可减低噪声10~20 dB。

（2）合理分配和布置工作任务。煤矿井下工作制度应尽量由三八制改为四六制，减少劳动者的井下工作时间，避免时间过长接触噪声。合理布置工作量，尽量避免劳动者加班。增加噪声接触劳动者的假期或休息日，以使其听觉系统得到充分休息。

（3）定期听觉检查。噪声对听觉器官的损害属特异性损害，而且目前尚无有效的治疗方法。当劳动者开始接触超过规定的噪声，大多感到耳内不适、耳鸣、轻度听力减退，返回安静环境后能迅速完全恢复，此种保护性生理反应称听觉适应。暴露时间渐久，听力下降明显，脱离噪声环境后数小时或 10 余小时能完全恢复者称为听觉疲劳；所造成的听力丧失称为暂时性阈移；脱离噪声环境很久听力仍不能恢复者称为永久性阈移，临床即称噪声性聋。

对在噪声环境中的工作人员严格执行定期的听力检查，并对其结果存档以便进行动态观察，随时了解劳动者的听力状态，发现敏感者或受害者，及早发现及早进行治疗，是防止噪声危害的有效途径。

（4）加强宣传教育和培训，提高防控意识

加强对劳动者的宣传教育，提高自我保护意识，充分认识到噪声危害的严重性，增强其自我防范意识。

四、隔声控制措施

隔声是噪声控制工程中常用的一种技术措施。在噪声传播途径中，利用墙体、各种板材及其构件与接收者分隔开来，使噪声在空气中传播受阻，因而不能顺利地通过，以减弱噪声对环境的影响，这种措施被通称为隔声法。

1. 隔声原理与参数

隔声原理：声波在空气中传播，入射到匀质屏蔽物时，部分声能被反射，部分声能被吸收，部分声能可能透过屏障物。设置适当的平帐物可阻止声能的透过，降低噪声的传播。

透声系数（τ）：表示隔声构件本身透声能力的大小，通常是指无规则入射时各入射角度透声系数的平均值。

隔声量（TL）：一般隔声构建的 $\tau \ll 1$，为计算方便，采用隔声量表示结构本身的隔声能力。即

$$\tau = \frac{W_t}{W} = \frac{I_t}{I} = \frac{p_t^2}{p^2}$$

式中　W_t——透过构件的声功率；

　　　I——构件声强；

　　　I_t——透过构件的声强；

　　　p——构件声压，Pa；

　　　p_t——透过构件声压。

$$TL = 10\lg(1/\tau) \qquad (9-11)$$

平均隔声量：同一隔声结构，对于不同频率的声音具有不同的隔声性能，实际应用中，取不同倍频程下的隔声量值得到算术平均值作为平均隔声量。

频程平均隔声量：一方面考虑到人耳的听觉特性，另一方面考虑到通常隔声构建对低频的隔声量较低，而对高频的隔声量较高。

频程平均隔声量（125~4000 Hz 个频程）

$$\begin{cases} \overline{TL} = 13.5\lg m + 14 \\ \overline{TL} = 16\lg m + 8 \end{cases} \qquad (9-12)$$

2. 单层构件的隔声性能

构件的隔声量 TL 与材料的面密度 M、声波的激振频率 f、声波的入射角等因素有关。当声波法向入射无限大理想均质构件、并向自由场辐射声能时，正入射构件隔声量为

$$TL = 20 \lg Mf - 42.2 \text{ dB}$$

式中　M——材料的面密度，kg/m^2；

　　　f——激振频率，Hz。

可见，M（或 f）增加 1 倍，TL 可提高 6 dB，这一关系被称为"质量定律"。上述假定与实际情况有出入，实际隔声量比理论值小。TL 实际值计算式为

$$TL = 14.521 \lg M + 14.51 \lg f - 26(\text{dB}) \tag{9-13}$$

由式（8-11）可见，单层构件随着面密度 M 或激发频率 f 增加 1 倍，TL 大致增加 4.4 dB。

在选用隔声构件需要确定隔声量时，可利用"等隔声"列线图简便求得。单层均质实体墙的实用计算方法更为简便，仅需估计出主要声频区域 100~3150 Hz 频段内的均值，经验公式为

$$TL = 10 + 14.5 \lg M(\text{dB}) \tag{9-14}$$

3. 双层隔声结构

若将一垛实体墙分成两层墙板，板间留以一定间距空气层，则隔声量比实体单层墙高（图9-3）。实验表明，在双层墙间留以 10 cm 的空气层，隔声量比单层墙可提高 8~12 dB。而达到相同隔声量时，双层墙的重量仅为单层墙的 1/3 左右。在工程应用中，应防止双墙因刚性连接形成"声桥"。

若出现"声桥"，则 TL 值明显小于理论估计值。大量实验表明，当腔内填充足够吸声材料时，其 TL 值比之无填料者可增加了 7~10 dB。其计算公式为

$$TL = 16 \lg[(m_1 + m_2)f] - 30 + \Delta TL \tag{9-15}$$

式中　ΔTL——与空气层厚度有关的附加隔声量。

空气层厚度与附加隔声量的关系如图 9-4 所示，同等面密度单双层结构隔声量比较见表9-3。

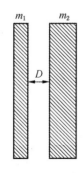

图9-3　双层隔声结构

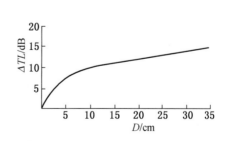

图9-4　空气层厚度与附加隔声量关系

表 9-3　同等面密度单双层结构隔声量比较

材料	材料总厚度/mm	材料总面密度/（kg·m⁻³）	平均隔声量/dB	
			单层结构	双层结构
钢板	2	11.6	28.7	41.6（中空 7 cm）
铝板	2	5.2	25.2	30（中空 7 cm）

双层结构（频程）平均隔声量为

$$\begin{cases} \overline{TL} = 16\lg(m_1 + m_2) + 8 + \Delta TL \\ \overline{TL} = 13.5\lg(m_1 + m_2) + 14 + \Delta TL \end{cases} \quad (9-16)$$

4. 多层复合结构

由几层密度不同的轻薄板材组成的隔声构件通称为多层复合结构（图 9-5）。该类复合结构因各层材料阻抗不匹配，产生分层界面上的多次反射，材料的阻尼作用，还会减弱面层薄板振动的辐射噪声和共振频率，或临界频率出现的隔声"低谷"。当基板间距接近1/4 波长时，隔声量可超过"质量定律"，近似达到两层板各自隔声量之和。在高频区，因夹心层对声波的衰减会更大。

5. 组合隔声体

实用中隔声墙体为与门、窗和孔隙等组成的一种组合墙（图 9-6）。因普通门窗和孔隙的隔声量很小甚至透声，使整片墙体的隔声量明显低于原有墙体结构的隔声量。组合墙的隔声量由墙面上各构件的平均透射系数确定。

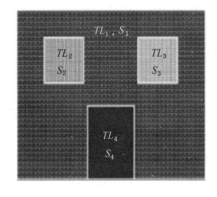

图 9-5　多层复合结构

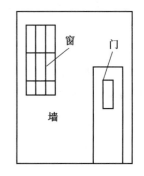

图 9-6　组合隔声体

$$\overline{TL} = 10\log\frac{1}{\tau} = 10\log\frac{\sum S_i}{\sum \tau_i \cdot S_i} = 10\log\frac{\sum S_i}{\sum 10^{-0.1TL_i} \cdot S_i} \quad (9-17)$$

尽管墙的隔声效果很好，面积也大，但由于存在低隔声量的门窗，使得整体平均隔声量大大降低。

6. 隔声罩

某些机械设备（如鼓引风机、球磨机、空压机等）因辐射噪声大，不仅影响操作的劳动者，而且对周围环境造成较大干扰。可将设备封闭在一个小空间内，以减弱噪声的污染程度，这种隔声装置称为隔声罩，一般固定密封型隔声罩可有 20~30 dB 的降噪效果。

隔声罩的隔声效果通常以插入损失 IL 表示。它是指噪声源在设置隔声罩前后在罩外同点位置上的声压级差或声功率级之差。在确定隔声罩的平均隔声量时，据使用经验，一般罩内有强吸收或一般吸收或无吸收时，插入损失分别为 10 dB、15 dB 和 20 dB 左右。

在设计选用隔声罩时，应注意以下几点：

（1）选取隔声性能良好的轻质复合结构，若为单层金属薄板，内侧除涂阻尼材料外，还需附加吸声层。

（2）罩内吸声材料的平均吸声系数为 0.5，还应注意防火、防潮、耐腐等特殊环境需求。

（3）避免声源和罩壁之间的刚性连接，与地面接合处要严格密缝，当地、墙有强烈振感时，罩底周边应垫衬弹性板条。

（4）为便于设备的检修和装卸，隔声罩宜采用拼装式单元，但必须防止接缝处的"漏声"，采取相应的堵缝措施。

（5）隔声罩内壁面与机械设备间应留有较大的空间，通常应留设备所占空间的 1/3 以上，各内壁与设备的间隔一般不得小于 100 mm。

7. 隔声间

在吵闹的环境中建立一个小空间与声源隔离，即隔声间，它既可作为车间的操作控制室，又可作为监察室或工人休息室。当车间未作任何吸声处理或吸声处理后噪声仍较高，声源又比较分散，作业方式主要是监控操作，采用隔声间效果良好。隔声间门窗应符合以下要求：

（1）在满足隔声要求的情况下应选用定型产品。

（2）应防止缝隙漏声，门扇和窗扇的隔声性能应与缝隙处理的严密性相适应，缝隙密封一般采用乳胶条或工业毡（工业毡效果较好，尤其对高频噪声效果好）。

（3）对采用单层隔声门不能满足隔声要求的情况，可设计两道隔声门的声阱；声阱的内表面应具有较高的吸声性能，两道门宜错开布置；

（4）对采用单层隔声窗不能满足隔声要求时，可设计多层隔声窗；

（5）特殊情况可使用专用的隔声门窗。

（6）隔声量 $TL \leqslant 25$ dB 时，可采用单层玻璃；隔声量 $TL = 25~40$ dB 时，采用双层玻璃；隔声量 > 40 dB 时，采用三层玻璃。两（三）层玻璃尽量不要平行设置（避免共振），最好使用不同厚度（面密度）的玻璃，两层玻璃之间的周边应布置强吸声材料。

8. 声屏障

利用隔声构件或隔声结构阻挡噪声传播，以达到某点降噪效果的装置称为声屏障。

声屏障可用于车间内遮挡某些固定强噪声源，也可用于隔离厂区相邻环境之间的声干扰，对于降低交通噪声对道路两侧建筑物的影响是一种实用的措施。因声波的绕射作用，降噪效果比隔声罩小。目前在综合车间因有多种机械设备工作，故对强噪声源多采用移动式声屏障降低邻近工位的噪声。

设计使用声屏障应注意以下事项：

（1）在声屏障的一侧或两侧衬贴吸声材料，可减弱反射声强度，衬贴吸声材料的一侧应面向声源。

（2）屏障的降噪量设计要适当，因屏障的高度在实用中有一定限度，降噪量确定后，只要屏障材料的 *TL* 值比声屏障降噪量高出 10 dB 即可。

（3）屏障宽度应有足够高度，以增加声程差，有效高度越高，降噪效果就越明显。

（4）屏障宽度至少取其高度的 1.5~2 倍，最好为 4~5 倍。

（5）安置声屏障时，应尽量使之靠近声源处，活动声屏障与地面之间缝隙应减到最小。

五、消声控制措施

消声技术的载体是多种用途、规格的消声器，消声器是既能允许气流通过，又能有效地降低噪声的设备。

在工程实际中，消声器被广泛应用于鼓风机、通风机、罗茨风机、轴流风机、空压机等各类空气动力设备的进排风口消声；空调机房、锅炉房、冷冻机房、发电机组房等建筑机房的进出风口消声；通风与空调系统的送回风管道消声；冶金、石化、电力等工业部门的各类高压高温及高速排气消声，以及各类柴油发电机的消声等。

1. 消声器基本原理

典型消声器的基本原理如图 9-7 所示。

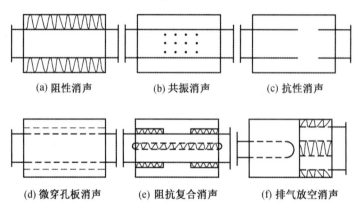

(a) 阻性消声　　(b) 共振消声　　(c) 抗性消声

(d) 微穿孔板消声　　(e) 阻抗复合消声　　(f) 排气放空消声

图 9-7　典型消声器原理示意

（1）阻性消声是利用装置在管道内壁或中部的阻性材料（主要是多孔材料）吸收声能，降低噪声而达到消声的效果。

（2）共振消声是利用与管道连通的小孔及空腔构成的共振腔与声波共振消耗声能而达到消声的效果。

（3）抗性消声是利用管道截面的变化（扩张或收缩）使声波产生反射而达到消声的效果。

（4）微穿孔板消声是属共振兼阻性消声范畴。将共振孔减少至微孔（≤1 mm），因提高吸声系数，降低噪声质量而起到消声作用。

（5）复合消声是将以上 4 种消声原理组合应用即可构成多种复合式消声器。

（6）节流降压消声是用多次节流方法，将高压降分散为多个小压降，以达到降低高压排气放空噪声的目的。

（7）小孔喷注消声是将一个大孔喷注改变为大量小孔喷注，以达到降低高速气流排放噪声的目的。

2. 消声器性能评价量

消声器性能的评价主要包括声学性能和空气动力性能 2 方面，通常由消声量（又分为传声损失和插入损失）、阻力系数及气流再生噪声 3 个评价量表示。

（1）消声量根据测量方法不同分别以传声损失及插入损失表示。传声损失是指消声器进口端入射声能与出口端远射声能相比较，入射声与透射声声功率级之差值；若消声器进出口管道截面相同，则传声损失也等于入射声与透射声声压级之差值。插入损失是指安装消声器前后相比较，管门辐射噪声的声功率级之差值；若管口截面相同，则插入损失也等于消声器安装前后某定点的声压级差值。

（2）阻力系数是指气流通过消声器时产生的压力损失与通道内的平均动压之比。而压力损失则为消声器进口端与出口端平均全压之差。

（3）气流再生噪声是指一定速度的气流流经消声器时，气流本身的湍流噪声及气流激发消声器结构振动产生的噪声。气流再生噪声主要决定于流速，同时也与消声器的结构形式等因素有关。

3. 消声器的结构

（1）阻性消声器具有结构形式多、中高频消声性能好、低频性能较差等特点。常见的结构形式有管式、片式、蜂窝式、列等式、折板式、声流式、多室式、圆盘式、弯头式、百叶式等。其中阻性管式消声器（包括片式消声器）在工程中应用最为广泛。

（2）共振式消声器具有频率选择性强、消声频带窄、气流阻力较小等特点。其型式一般为管式或片式等，主要用于消除低频噪声。

（3）节流减压消声器具有结构简单、消声量大、降压效果好等特点，主要用于降低高压高速排气噪声。

（4）抗性消声器具有结构简单、中低频消声性能良好的特点。其结构形式有单节扩张式、多节串联扩张式等。

（5）小孔喷注消声器结构简单，但加工有一定难度，其消声效果主要由小孔孔径决定。在小孔范围内，孔径减半，消声量可增大 9 dB。

4. 选用消声器注意事项

（1）合理选择消声器形式规格。根据声源类别、噪声、频谱特性、工艺及降噪要求和安装条件等合理选择消声器。如噪声呈中高频宽带特性（如风机类），则可选用阻性消声器或以阻性为主的复合式消声器；如噪声呈明显低中频咏动特性或气流通道内不宜使用阻性吸声材料时（空压机、柴油机等），则可选用抗性消声器、共振式消声器；当遇到高温、高压、高速排气放空噪声时，则选用节流减压、小孔喷注及节流减压小孔喷注复合等排气放空消声器。

在具体设计及选择消声器的形式规格时，还必须注意适用风量、压力及压力损失的要求。对于风压较高的声源，其配用消声器必须有足够的结构强度；对于允许压力损失较低的条件，其消声器的结构形式只能采用管式、片式等，而不能采用折板式及迷宫式。

（2）正确选用消声器的吸声材料及消声结构。消声器的消声大都是通过吸声材料或消声结构达到的。常见用于消声器的多孔材料主要有离心玻璃棉、超细玻璃棉、聚氨酯声学泡沫及膨胀珍珠岩等。其中以离心玻璃棉毡或棉板应用最多，常用密度为 $20 \sim 30$ kg/m³，厚度为 $5 \sim 15$ cm，如需改善低频消声特性，则可采取适当加大厚度、密度以及后留空腔等措施。阻性材料大多系由松散纤维加工而成，因此用于阻性消声器内必须设有护面层。护面层的设计与选用应视消声器内气流速度及压力条件而定，一般可选用玻璃纤维布、塑料或金属纱网以及穿孔金属板（开孔率）20%等；对于高温、高速、潮湿、净化等工艺条件，则可考虑微穿孔板消声结构，包括单腔或双腔结构等。

（3）严格控制消声器内的气流速度。消声器内气流速度的增大不仅影响消声性能，而且使消声器的压力损失显著增加。通常气流噪声与流速的 6 次方成正比，而压力损失与流速的平方成正比，因此必须严格控制通过消声器内的气流速度。如对用于有特殊安静要求的空调通风系统，消声器的流速宜为 $2 \sim 5$ m/s，一般安静要求的流速为 $6 \sim 8$ m/s，用于工业系统的消声器流速可控制在 $10 \sim 20$ m/s。

六、吸声控制措施

吸声：通过吸声材料和吸声结构来降低噪声的技术。一般情况下，吸声控制能使室内噪声降低 $3 \sim 5$ dB，使噪声严重的车间降噪 $6 \sim 10$ dB。

材料吸声：当媒质的分界面为材料表面时，部分声能被吸收的现象称为材料吸声。

吸声材料：具有较大吸声能力的材料。

（一）吸声构件

1. 多孔材料吸声法

矿渣棉、石棉、玻璃棉、毛毯、多孔灰泥及木丝板等都属于多孔材料。这些材料主要是吸收高、中频声，而对低频声吸收较差。多孔材料吸收声能主要是由于声波在材料的气孔中振动时，空气的黏滞所引起的热损耗而造成的。为了有效地吸收声能，材料应为多孔结构，气孔与外界联通，以促使声波透入到材料的内部。但如果孔隙太大，成为疏松的材料，反而降低吸声能力。

材料的孔性、厚度、密度、装置方式和孔洞大小都影响材料的吸声效果。增大材料厚度，对中低频声吸收的效果增加，但对高频影响较少；对噪声的每个频率都有一个极限的材料厚度，超过这个厚度，则无意义。增加材料的密度，在一定限度内，吸声效果将随密度增加而增加。对厚度一定的多孔材料，改变其背后的空气层厚度，可以改变对低频的吸声性能，空气层厚度增加，低频吸声系数稍有下降。试验表明，空气层的作用对不同厚度的吸声材料是不同的。吸声材料层越薄，空气层对吸声系数的影响越大，吸声材料厚度不宜太薄。

2. 薄板共振结构吸声法

由板状材料做成的薄板，如胶合板、胶质纤维板、石膏板、石棉水泥板、铅板、纸板等，在声波的交变压力激发下，迫使薄板产生振动；振动时，板产生弯曲变形（其边缘被嵌固），出现板内部的摩擦损，将机械能转变为热能。当声波频率为振动系统的共振频率时，薄板产生强烈共振，此时消耗声能很大，即吸收声能最为显著。

影响薄板吸收声能的主要因素有：材料的物理常数、吸声结构的组成形式和尺寸、吸声结构的安装方法（如安装在木龙骨或墙上）以及吸声结构在室内的布置情况等。它们的影响程度与板是否容易振动和变形有关。

对不同的薄板重量 M 与不同的空气层厚度 D，吸声共振频率也不同。M 或 D 数值越大，对低频吸声越有利。在空气层充填多孔吸声材料将增加结构的吸声系数，特别是在接近薄板共振频率的范围内更为显著。

3. 共振空腔吸声法

把带有小开口的封闭空腔埋在墙或天花板里，露一小口与室内连通。

当外来声波传到共振器时，孔颈（咽喉）中的空气在声波的压力作用下，像活塞一样进行往复运动，运动的气体具有一定的质量，可抗拒由于声波作用而引起的运动速度的变化。同时，声波进入孔颈时，由于颈壁摩擦和阻尼，使得相当一部分的声能转变为热能而消耗掉。此外，充满气体的空腔具有阻碍来自孔颈压力变化的特性，使孔颈处的空气柱像质量，空腔（共振腔）内的空气像弹簧，构成一个弹性振动系统。当外来声波频率等于其共振频率时，将引起孔颈中的空气柱发生共振，此时振动的幅值最大，空气柱往返于孔颈中的速度也最大，摩擦损耗也就最大，声能消耗也最多。这种共振吸声器称为亥姆霍兹共振器。其共振吸声器对频率有较强的选择性，适宜于降低中低频峰值的噪声。

4. 穿孔板式结构吸声法

在吸声板上，钻穿许多小孔（图 9-8），每个小孔相当于一个单个共振吸声器，其效果相当于一个连续的单个共振吸声器，但比单个共振吸声器经济。

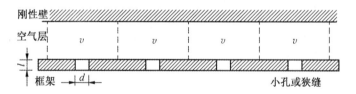

图 9-8　穿孔板式吸声结构

5. 微穿孔板结构吸声法

微穿孔板吸声结构是在普通穿孔板结构的基础上发展起来的。它是一种板厚和孔径为毫米级以下，穿孔率为 1% ~ 3% 的金属微穿孔板和空腔组成的复合吸声结构，因微穿孔板的孔细而密，其声阻比穿孔板大，吸声系数和吸声带宽都比穿孔板吸声结构优越。微穿孔板吸声结构具有清洁、美观、轻便的、消声量大和空气动力性能好的优点，特别适用高速气流噪声的控制。在特殊条件下使用其耐高温和气流冲击，不怕油雾，为动力机械的气流噪声控制提供较好的吸声结构。

6. 特殊吸声结构

（1）空间吸声体：悬空悬挂，吸声性能好，节约吸声材料，便于安装，装拆灵活，如图 9-9 所示。

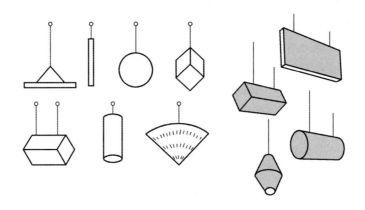

图 9-9　常见几种空间吸声体

（2）吸声尖劈：可获得较高的吸声系数。尖劈高度最好约等于所需吸声波的最低频率的波长的一半，这样吸声尖劈的吸声系数可达 0.98 以上，几乎可以吸收全部声能。如果要求不高，尖劈可以适当减短。

（二）吸声构件的选择

（1）中高频噪声的吸声降噪可采用常规成型吸声板、密度较小或薄的玻璃棉板等多孔吸声材料，可设置穿孔板等护面材料。

（2）宽频带噪声的吸声降噪可在材料背面设置空气层，或增加多孔吸声材料的厚度和面密度。

（3）低频噪声的吸声降噪可采用穿孔板共振吸声结构，为增加吸声频带的宽度，可在共振腔内填充适量的多孔吸声材料。

（4）室内湿度较高或有清洁要求的吸声降噪，可采用薄膜覆面的多孔吸声材料或单、双层微穿孔板等吸声结构。

（三）吸声处理方式的选择

（1）所需吸声降噪量较高、房间面积较小的吸声设计，宜对屋顶、墙面同时进行吸声处理。

（2）所需吸声降噪量较高、车间面积较大时，车间吸声体面积宜取房间屋顶面积的40%或室内总面积的15%，对扁平状大面积车间只可对屋顶进行吸声处理。

（3）声源集中在车间局部区域而噪声影响整个车间时，应在声源所在区域的屋顶及墙面做吸声处理，且同时设置隔声屏障。

（4）吸声降噪宜采用空间吸声体的方式；空间吸声体宜靠近声源。

第二节　振　　动

一、振动的概念

物体在外力作用下沿直线或弧线以中心位置（平衡位置）为基准的往复运动，称为机械运动，简称振动。物体离中心位置的最大距离为振幅。单位时间内内振动的次数称为频率，它是评价振动对人体健康影响的常用基本参数。

振动对劳动者的影响分为全身振动和局部振动。全身振动是由振动源（振动机械、车辆、活动的工作平台）通过身体的支持部分（足部和臀部），将振动沿下肢或躯干传布全身引起的振动；局部振动通过振动工具、振动机械或振动工件传向操作者的手和上臂。

二、常见的振动作业

全身振动的频率范围主要在 1~20 Hz。局部振动作用的频率范围在 20~1000 Hz 之间。上述划分是相对的，在一定频率范围（如 100 Hz 以下）既有局部振动作用又有全身振动的作用。

（1）局部振动作业。主要是使用振动工具的各工种，如砂铆工、锻工、钻孔工、捣固工、研磨工及电锯、电刨的使用者等进行作业。

（2）全身振动作业。主要是振动机械的操作工。如震源车的震源工、车载钻机的操作工、钻井发电机房内的发电工，以及地震作业、钻前作业的拖拉机手等野外活动设备上的振动作业工人（如锻工）等。

三、振动的职业危害

振动病一般是对局部病而言，也称职业性雷诺现象、振动性血管神经病、气锤病和振动性白指病等。国家已将振动病列为法定职业病。

振动病主要是由于局部肢体（主要是手）长期接触强烈振动而引起的。长期受低频、大振幅的振动时，由于振动加速度的作用，可使植物神经功能紊乱，引起皮肤与外周血管循环机能改变，出现一系列病理改变。早期可出现肢端感觉异常、振动感觉减退、手麻、手疼、手胀、手凉、手掌多汗多在夜间发生；其次为手僵、手颤、手无力（多在工作后发生），手指遇冷即出现缺血发白，严重时血管痉挛明显，X 片可见骨及关节改变。如果下肢接触振动，以上症状出现在下肢。

振动的频率、振幅和加速度（加速度增大，可使白指病增多）是振动作用于人体的主要因素，气温（寒冷是促使振动致病的重要外界条件之一）、噪声、接触时间、体位和姿势、个体差异、被加工部件的硬度、冲击力及紧张等因素也很重要。

四、振动防治措施

（一）振动控制技术措施

1. 振动控制方法和措施

振动控制就是减少或阻止振源产生的振动通过弹性介质传播影响到区域或个人。振动控制主要有隔绝和阻尼 2 种方法。隔绝是减弱由机器传给基础的振动；阻尼是吸收金属、薄板或其他金属结构的振动能量，以减弱振动辐射和噪声。

以上方法主要通过以下手段实现：

（1）减少振源的激振强度。

（2）切断振动的传播途径或在传播途径上削弱振动。

（3）承受振动的建筑或设备可采取防振措施，包括使用减振器、使用减振垫层、使用减振沟和减振墙、建筑规划的合理分布等。

2. 减振与隔振

减振是工程上防止振动危害的主要手段。减振可分为主动减振和被动减振。主动减振是在设计时就考虑消除振源或减小振源的能量或频率，在精密仪器、航空航天设备、大型汽轮发电机组及高速旋转机械中应用较多，但费用昂贵，普通工程机械中应用较少；被动减振有隔振和吸振等，隔振又可分为主动隔振和被动隔振。

为了防止或限制振动带来的危害和影响，现代工程中采用的减振与隔振措施如下：

（1）减弱或消除振源（主动减振）。如果振动的原因是由于转动部件的偏心所引起的，可以用提高动平衡精度的办法来减小不平衡的离心惯性力。对往复式机械（如空气压缩机等）也需要注意惯性力的平衡。

（2）远离振源（被动隔振）。如精密仪器或设备要尽可能远离具有大型动力机械、压力加工机械及振动机械的工厂或车间，以及运输繁忙的铁路、公路等。

（3）提高机器本身的抗振能力（主动减振）。衡量机器结构抗振能力的常用指标是动刚度，动刚度在数值上等于机器结构产生单位振幅所需的动态力。动刚度越大，机器结构在动态力作用下的振动量越小。

（4）避开共振区。根据实际情况尽可能改变系统的固有频率（主动减振）或改变机器的工作转速（被动减振），使机器不在共振区内工作。

（5）适当增加阻尼（阻尼吸振）。阻尼吸收系统振动的能量，使自由振动的振幅迅速衰减，对于强迫振动的振幅有抑制作用，尤其在共振区内甚为显著。

（6）动力吸振（被动吸振）。对某些设备上的测量或监控仪表，采用在仪表下安装动力吸振器的方法可稳定仪表的指针，提高测量精度。

（7）采取隔振措施。用具有弹性的隔振器，将振动的机器（振源）与地基隔离，以便减少振源通过地基影响周围的设备；或将需要保护的精密设备与振动的地基隔离，使其不受周围振源的影响，这是被动隔振。

3. 隔振材料与减振器

凡是既能支承运转设备动力荷载，又能产生弹性变形，并在卸载后能立即恢复原状的材料或元件均可作为隔振材料或减振器。下面介绍几种工程中最常用的减振元件和材料。

1）中高频振动的减振

（1）钢弹簧。常见的有螺旋弹簧、锥形弹簧、圈弹簧、板片弹簧等，尤以螺旋弹簧在机器减振中多见。钢弹簧的静态压缩量可以任意选择，系统共振频率可控制在很低的范围内；缺点是阻尼特性差，容易传递高频振动，并在运转启动时转速通过共振频率会产生共振。因此，在应用中应附加阻尼措施。

（2）钢丝绳减振器。该类减振器能适应现代化产业对振动冲击和噪声控制技术的严格要求，是一种具有优良的振动和冲击性能的新型产品，可有效地降低结构噪声。具有多向弹性变形、非线性软化型刚度、使用与存储方便、重量轻等优点。

（3）橡胶类减振器和隔振垫。橡胶是一种较理想的弹性材料，以天然橡胶、丁氰或氯丁橡胶等尤好。板状或块条状实心橡胶受压变形量很小，必须经过加工成肋状钻孔或凸台等方可增加受力时的变形量。若需更大的变形量，则可变更橡胶的受力方式。

（4）玻璃纤维板。用酚醛树脂或聚醋酸乙烯胶合的玻璃纤维板（俗称冷藏板）也是一种隔振材料，可应用于负载不大的设备减振。其特点是隔振效果良好，有防火、防腐、施工方便、价格低廉的优点。但材料受潮后，隔振效果稍受影响。

（5）空气垫减振器。一般由气缸体、活塞、活塞杆和气阀组成，通过气阀向气缸体内充入压力空气而形成气垫，气缸体受到剧烈振动经过气垫的缓冲变成活塞平稳的运动，从而达到减振的目的。

（6）其他材料。软木、毛毡、泡沫塑料、塑料气垫纸、矿渣棉毡、废橡胶、废金属丝等也可以作为隔振材料使用。但塑料制品易老化，性能随环境变化较大，除了作小型设备、仪器等临时性的隔振措施外，工程中应用不多。以下是几种常用的隔振材料：①矿渣棉毡，厚 20~100 mm，负荷 500 kg/m²；②玻璃纤维，厚 100~150 mm，负荷 1~2 t/m²；③软橡胶板，厚 10~50 mm，负荷 5~10 t/m²；④软木，负荷 15~20 t/m²；⑤重型机械可采用硬橡胶板垫层，负荷为 30~40 t/m²，或使用沥青混凝土垫层。

隔振材料和减振器的工程应用是错综复杂的，必须根据实际情况因地制宜地选择各种隔振材料和减振器，并合理地进行结构布置，以便取得良好的隔振效果。

2）低频振动的减振

由于谐振频率的缘故，上述隔振方法不适用于 15 Hz 以下的低频段的隔振。在低频段一般采用以下隔振方法：

（1）磁力隔振垫。磁力隔振垫是一种新型的宽带被动式隔振系统，它的谐振频率仅为 2 Hz 且谐振峰非常平缓，对高于 2 Hz 的振动有良好的隔振效果。一般常见的被动式减振系统（如空气减振系统、橡胶减振系统或弹簧减振系统等），因谐振频率较高（约十几赫兹到几十赫兹）对低频振动的隔振效果不佳。

在磁力隔振垫内部，由强力钕铁硼磁极对产生的磁力隔隙能够有效地减少和隔绝振动传递。这种作用是双向的，既可以减少地面对仪器设备的振动干扰，也可以减少自身产生振动的设备对地面和周围的振动干扰。

适用于各种需要减少外部振动干扰或隔离振动源对外部的影响。例如，光学测量装置、精密光学显微镜、电子显微镜等各种精密测试分析仪器；各种压缩机，机械泵等机械设备的消振减振，有效减少水平和垂直方向的振动干扰。

特殊设计的磁力隔振垫内没有钢或铜材料的零件，橡胶圈也只是起密封和保持稳定作用，而不是起减振作用，这样最大限度地降低了谐振频率和谐振峰。有效的工作频率范围宽，特别对于很低频率振动的消振减振效果良好。

精心选择的材料、仔细设计的结构、恰当的阻尼系数，使得磁力隔振垫能够达到最好的性价比，不需要日常维护和调整，安装调整简单，漏磁极小。谐振频率远比一般的被动式减振器低，减振隔振性好，可以适用各种场合的不同需要。

（2）TMC 压电式主动隔震系统。TMC STACIS Ⅲ 主动隔震平台系统是一种高带宽、高增益的主动式隔振系统。它提供与低硬度隔振系统（传统的空气隔离装置）不同的、极为良好的隔振性能。STACIS 高硬度特性提供卓越的位置稳定性，不易受到外界声波的干扰，可以机动灵活地安置设备。

STACIS 由一个中央控制器和 3 个或更多的单个隔离体组成，每个隔离体都有三维主动式隔离功能。3 个或更多的单个隔离体组合后，可以对载荷提供 6 个自由度上的振动隔离。尽管起初看上去系统有些相互牵连，实际上 STACIS 的专利拓扑允许隔离体各自独立而不会冲突。安装时一般无须特殊调整，安装后的系统免维护运行。

每个 STACIS 隔离体内都有一个小的中间块，坐落在 5 个压电传动器（PZT）的 3 个轴上，3 个振动传感器测量中间块的移动。这个信号过滤后经高压放大器（HVA）反馈到 PZT。高阻尼的橡胶块（同样在隔离体内部）将中间块与载荷连接起来，主动反馈环路提供 $0.7 \sim 200$ Hz 的隔振，在 10 Hz 附近有一个峰点，10 Hz 以上主动隔振效果开始减少，被动隔离体接替继续工作。

（3）混凝土隔振台。由于土质和地质情况的多样性，该方法效果不稳定，无精准预判性，一般认为在同一条件及同一施工水准下，隔振台质量越大效果越好。

（二）振动防治管理措施

（1）改革工艺设备和方法，以达到减振的目的。包括采取自动化、半自动化控制装置，减少接振；改进振动设备与工具，降低振动强度，或减少手持振动工具的重量，以减轻肌肉负荷和静力紧张等；改革风动工具，改变排风口方向，工具固定；从生产工艺上控制或消除振动源是振动控制的最根本措施。

（2）改革工作制度，专人专机，及时保养和维修。

（3）在地板及设备地基采取隔振措施（橡胶减振动层、软木减振动垫层、玻璃纤维毡减振垫层、复合式隔振装置）。

（4）控制生产作业场所的温度，保持在 16 ℃以上。

（5）建立合理劳动制度，坚持工间休息及定期轮换工作制度，以利各器官系统功能的恢复。

（6）强技术训练，减少作业中的静力作业成分。

（7）发放个体防护用品，如防振保暖手套等。

（8）采取保健措施。坚持就业前体检，凡患有就业禁忌症者，不能从事该做作业；定期对劳动者进行体检，尽早发现受振动损伤的作业人员，采取适当预防措施及时治疗振动病患者等。

五、隔振措施

1. 隔振原理

隔振器是以弹性支承代替振源与地基之间的刚性连接，能起到隔振效果，从而在一定频率范围内降低了从振动源传递到地基的激振力。

振动设备通过隔振器与刚性地基连接，设备振动模型如图 9-10 所示。

隔振器的效果一般用隔振传递比 T 量化。当质量块受迫振动时，通过弹簧传递到基础的作用力与迫使质量块振动的驱动力的比值称为传递比 T。

传递比是表征隔振器隔振效果的物理量，传递比越小，减振效果越好。对于单自由度振动，且振动驱动力为简谐力，则得

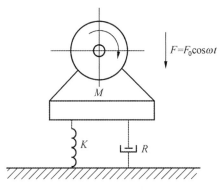

图 9-10 设备振动模型

$$T = \frac{T_T}{T_0} = \sqrt{\frac{1 + \left(2\zeta\dfrac{f}{f_n}\right)^2}{\left[1 - \left(\dfrac{f}{f_n}\right)^2\right]^2 + \left(2\zeta\dfrac{f}{f_n}\right)^2}} \tag{9 - 18}$$

式中　　T_T——通过隔振器传递给基础的力；

　　　　T_0——质量块受到的驱动力；

　　　　$\dfrac{f}{f_n}$——频率比，驱动力频率与系统固有频率的比值。

隔振效果还可以用隔振效率表示，隔振效率定义为

$$I = (1 - T) \times 100\%$$

隔振效率比振动传递系数更为直观，因而在实际隔振设计中都采用隔振效率描述隔振效果。

2. 隔振设计

从隔振原理可以看出，隔振效率主要跟振动源激励频率与系统固有频率之比、阻尼比有关。因此，隔振设计也主要围绕这几个参量进行。常规的隔振设计内容和程度如下。

（1）隔振要求的确定。隔振的要求，即隔振的标准建筑物内设备振动对人的影响主要是设备振动传递到建筑物内而激发起的噪声，因而隔振要求主要与设备振动强度、建筑物内敏感点的位置与噪声允许材料、振动设备的安装位置、建筑结构等有关，需根据这些因素综合考虑确定所需隔振要求。

（2）计算振动源扰力频率。对于转动类设备，扰力频率 f（或驱动频率）由设备的振动频率确定，其振动的基频一般为转动轴的转速，因此扰力频率 f 为

$$f = \frac{n}{60}$$

表 9-4 列出各类建筑和设备所需的振动传递比 T 的建议值，此建议值是行业内专家经过多年工程经验总结而来，可供设计时参考。

表9-4 各类建筑和设备所需的振动传递比的建议值

按建筑用途区分		
隔离固体声要求	建筑类别	振动传递比 T
很高	音乐厅、歌剧院、录音室、播音室、演播厅、会议室、声学实验室、电影院等	0.01~0.05
较高	医院、旅馆、学校、高层公寓、住宅、图书馆等	0.05~0.2
一般	办公室、多功能体育馆、餐厅、商店	0.2~0.4
较低要求	工厂、地下室、车库、仓库等	0.8~1.5

按设备种类区分			
设备种类		振动传递比 T	
		地下室、工厂等	楼层建筑（2层以上）
水泵	功率≤3 kW	0.3	0.10
	功率>3 kW	0.2	0.05
往复式冷冻机	<10 kW	0.3	0.15
	10~40 kW	0.25	0.10
	40~110 kW	0.20	0.05
密闭式冷冻设备		0.30	0.10
离心式冷冻机		0.15	0.05
空调调节设备		0.30	0.20
发电机		0.20	0.10
冷却塔		0.30	0.15~0.20

按设备功率区分			
设备功率/kW	振动传递比 T		
	底层、一楼	两层以上（重型结构）	两层以上（轻型结构）
≤4	—	0.50	0.10
4~10	0.50	0.25	0.07
10~30	0.20	0.10	0.05
30~75	0.10	0.05	0.025
75~220	0.05	0.03	0.015

（3）确定隔振系统的固有频率。隔振系统的固有频率由隔振系统的静态下沉度（刚体压在弹簧的压缩量）求得

$$f_n = \frac{5}{\sqrt{\delta}} \qquad (9-19)$$

式中 δ——压缩量。

从隔振原理可看出，当扰力频率 ω 大于系统固有频率的 $\sqrt{2}$ 倍时，隔振系统才起到隔振

的作用。系统固有频率越低，隔振效率越高，隔振设计的一个原则是尽量降低隔振系统有固有频率。

降低隔振系统固有频率的方法有2种：①增加设备的质量 M，通常可采用加混凝土基座（或称混凝土惰性块）的方法实现；②减小隔振器的刚度 K，即选择更柔软的隔振器，使得在同样荷载下产生更大的压缩量。

通常在振动设备下配置较大的混凝土惰性块，然后再在其下方设置隔振装置。采用这种构造的优点如下：①减少设备自身振动的振幅。由于增大了设备总质量，而设备激振力不变，因此可以降低设备振幅，对保护设备自身起到很大的改善作用；②降低机组重心，增加系统稳定性，确保设备的安全工作；③降低机组重量分布不均产生的偏心影响，从而使得各支撑点受力更均匀，增加系统稳定性。

（4）选择合适的隔振器。确定好系统固有频率后，即可根据隔振系统重量与所需压缩量计算隔振器的数量和刚度，选择合适的隔振器装置。为达到隔振目的，隔振材料或隔振器应符合下列要求：①弹性性能优良，刚度低；②承载力大，强度高，阻尼适当；③耐久性好，性能稳定，不因外界温度、湿度等条件变化而引起性能发生较大变化；④抗酸、碱、油的侵蚀能力强；⑤取材容易；⑥加工制作和维修、更换方便。

隔振器材和隔振器种类较多，各种类型隔振器有各自的性能特点，应根据需要选择合适的隔振器。常见的隔振设备见表9-5。

表9-5　常见隔振设备

序号	设备名称	隔振原理及结构
1	隔振垫	橡胶隔振垫； 玻璃纤维垫； 金属丝网隔振垫； 软木、毛毡、乳胶海绵等制成的隔振垫
2	隔振器	橡胶隔振器； 全金属隔振器（包括：螺旋弹簧隔振器、蝶簧隔振器、板簧隔振器和钢丝绳隔振器）； 空气弹簧； 弹性吊架（橡胶类、金属弹簧类或复合型）
3	柔性接管	可曲绕橡胶接头； 金属波纹管； 橡胶、帆布、塑料等柔性接头

3. 弹簧隔振器

在隔振工程中，钢弹簧隔振器具有性能稳定、承载能力强、寿命长、抗环境污染能力强、计算可靠、固有频率低等优点，通常固有频率范围在 2~6 Hz，其隔振效果非常好（特别是低频段），对低速旋转（转速小于 800 r/min）的设备更为有效。此外，钢弹簧隔振器可进行非常精确的计算，在荷载范围内其压缩量与负荷之间呈良好的线性关系，因此通过准确计算可得到隔振系统的压缩量与固有频率。

钢弹簧隔振器的缺点是阻尼很小，通常自身阻尼比为 0.001~0.05，在通过固有频率区域时会产生剧烈的振动，应该与阻尼器同时使用；钢弹簧还存在高频失效的问题，根据内部质量共振原理，在激振频率大于一定数值时，振动以弹性波的形式传播，无法获得应有的隔振效果，因此可在弹簧隔振器的上下加盖板垫、橡胶隔振垫，采用柔性减振材料等方法解决。

弹簧的设计方法非常成熟，可设计出满足各种要求的隔振器。弹簧隔振器由一定数量的弹簧、外壳和预压螺栓组成一个整体。外壳按几何形状可分为圆形或矩形，构造可分封闭式、半封闭式或外露式等。有时在弹簧隔振器下部或上部或上下部加一层邵氏硬度为40°~60°的橡胶板，以减少弹簧隔振器高频短路和固体传声传递，增加安装面摩擦力，阻止水平移动。

常用的弹簧隔振器为钢圆柱螺旋弹簧隔振器，将弹簧隔振器和阻尼结构组成一体，就构成了阻尼弹簧隔振器。

4. 橡胶隔振器

1）橡胶隔振器性能特点

（1）可自由选取形状和尺寸，制造简单，可根据需要选择 3 个相互垂直方向的刚度；通过改变橡胶硬度、隔振器内外部结构可大幅度改变隔振器的性能，以满足各种刚度的要求。

（2）可使隔振系统的固有频率达到较低水平，通常固有频率为 10~15 Hz，并且具有较高的阻尼作用，对高频振动能量的吸收有很好的效果，不需要再安装阻尼隔振器。

（3）不会产生高频失效的现象，橡胶隔振器能使高频的结构噪声（也叫固体噪声）显著降低，通常能使得 100~3200 Hz 频段的结构噪声降低达 20 dB 左右。

（4）无论在拉、压、剪切和扭转受力情况下，变形都比较大。

（5）与金属弹簧隔振器相比其固有频率难以达到 5 Hz 以下，对低转速设备不适用；抗环境污染与抗温度变化能力较弱，容易受到日照、湿度、臭氧等环境影响，寿命较短；在长时间荷载作用下，会产生蠕变现象，不能长期接受较大应变，橡胶隔振器一般寿命为3~5 年。

2）橡胶隔振器类型

根据受力方式不同，橡胶隔振器可分为压缩式（或称挤压式）、剪切式和压缩剪切复合式。

（1）压缩式隔振器承载能力大，适用于荷载大或者安装空间小的场所。其形状结构可以做成各种形式，以适应安装条件的要求。

（2）剪切式隔振器单纯依靠橡胶受压时所产生的剪切力，不能承受很大的荷载，变形量较大，适用轻负荷、低转速的设备隔振。其隔振效果好，但稳定性稍差，如图 9-11 所示。

（3）压缩剪切复合隔振器同时承受压力和剪切力，稳定性非常好，适用于隔振与稳定要求都比较高的场合，如图 9-12 所示。

从图 9-12 可看出，压缩剪切复合隔振器上盖为金属盖，可将隔振器受力均匀传递，让橡胶同时产生压缩和剪切力；同时上盖又可起到保护橡胶不受光线照射和油侵蚀，增加了橡胶的寿命。

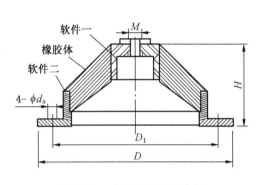

图 9-11 剪切式隔振器结构

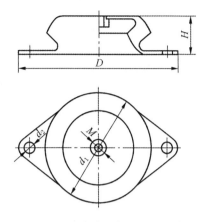

图 9-12 压缩剪切复合隔振器结构

3）橡胶隔振器的胶种选用原则

是根据不同隔振对象和使用要求进行选择。

（1）天然胶。天然胶强度、延伸性、耐磨性和耐寒性均较好，且能与金属牢固黏合，但耐热性与耐油性较差。

（2）丁腈胶。耐热耐油性能好，阻尼较大，并能与金属牢固黏合，目前国内大都采用丁腈胶。

（3）氯丁胶。耐候性好，并能与金属牢固黏合，但生热性太大，常用于对防老化和防臭氧要求较高的地方。

（4）丁基胶。阻尼大，耐寒、耐臭氧、耐酸，但与金属黏合较困难。

（5）乙烯丙烯共聚物橡胶。主要用在湿度较高的环境。

4）橡胶隔振器的选择原则

（1）当橡胶隔振器承受的动载荷较大或机器转速较高（大于 1500 r/min）时，可选用压缩型隔振器。

（2）当橡胶隔振器承受的动载荷较小或机器转速较低（600~1500 r/min）时，可选用剪切型隔振器。

（3）介于上述两者之间的情况，可选用压缩剪切复合型隔振器。

（4）当对隔振要求不高或要求投资低、使用方便时，可选用橡胶隔振垫。

5. 空气弹簧隔振器

空气弹簧是在一密封容器中冲入压缩空气，利用气体的可压缩性体现弹簧作用。

空气弹簧具有较低的刚度、较高的承载能力和可调阻尼的特点。隔振系统的固有频率可低至 1 Hz，主要用于汽车、城市轨道、铁路车辆等行业。

6. 橡胶隔振垫

橡胶隔振垫是利用弹性材料本身的自然特性做成一定形状尺寸的隔振防冲击元件，也可视为一种简易的挤压式隔振器。它常与弹簧隔振器同时使用，可改善弹簧隔振器高频失效现象，增大隔振器摩擦力，增加稳定性；对于隔振要求不很高的场合也可单独使用。

7. 其他类型隔振材料

（1）软木隔振垫层材料应用最早、使用历史最悠久的隔振材料，在橡胶和聚乙烯类化学材料还没广泛应用之前曾大量采用。其特点：承压能力较小，一般在 200 kPa 以内，通常可以使用 15~20 年；固有频率较高，其隔振效果较为有限，适用于高频或冲击设备的隔振。

由于天然软木价格昂贵，其他材料的软木其隔振效果不佳，因此现在已很少使用。

（2）玻璃纤维板是一种纤维材料，具有一定的阻尼和弹性，是一种良好的隔振材料，使用较为普遍。

玻璃纤维的优点是不易老化、不腐、不蛀，抗酸、抗碱和抗油性能良好，价格低廉；缺点是需防水，受潮后变形，隔振效果下降，承压能力小，一般仅为 10~15 kPa，且自振频率较高。玻璃纤维板厚 5~20 cm 时，其固有频率为 10~20 Hz。

（3）毛毡适用频率范围为 30 Hz 左右，适用于对车间内中小型机器隔振降噪处理，毛毡隔振系统的固有频率主要取决于毛毡的厚度，而不是它的面积和静荷载。

毛毡压得越密实，系统的固有频率就越高。通常采用的毛毡厚度为 10~25 cm，当承受 2~70 N/cm^2 压力时，固有频率为 20~40 Hz。其优点是价格便宜，安装可以随意裁剪，与其他材料表面黏结性强。

（4）海绵隔振材料和泡沫塑料类隔振材料是指橡胶和塑料经过发泡处理的具有空气微孔的橡胶和塑料，其具有非常优越的压缩性能。

由海绵橡胶和泡沫塑料构成的弹性支撑系统主要特点是：使用这种材料可获得很软的支撑系统；剪切容易、安装方便；载荷特性表现为显著的非线性，但产品很难保证质地均匀，长时间承压容易产生永久变形，隔振效率降低。

近年来这类隔振材料使用量逐步增大，由于它承压能力较小，主要应用于住宅、办公等民用建筑的浮筑结构，降低楼板撞击声。相对于玻璃纤维类材料，这种化纤类减振材料具有不需要放水（很多时候其自身就起到放水的作用）、厚度小（50 cm 以内）的优点。因此，更适合于对空间要求较严格的民用建筑中。

8. 管道柔性接头和吊架

设备的振动，除了通过基础沿建筑结构传递处，还会通过管道和管内介质以及固定管道的构件传递并辐射噪声。

管道隔振与基础隔振不同，采用管道隔振后，管内介质的振动仍然可以沿着管道传播，因而其隔振效果往往不如基础隔振效果显著。但管道隔振不仅可以降低毗邻空间的噪声，还可延长设备的运行寿命。管道隔振也是通过消除管道与建筑结构之间的刚性连接实现的，软连接还可以起到温度、压力和安装的补偿作用。

目前常用的隔振软管有各种橡胶软连接和不锈钢波纹软管。

橡胶软管具有很好的隔振降噪效果，缺点是其使用受到介质温度、压力的限制，同时耐腐蚀性较差。

不锈钢波纹管能耐高温、高压和腐蚀性介质，经久耐用，具有良好的隔振效果，因此应用较广，但它造价较高。

在空调管道隔振控制中，对于低温、低压的水管可以采用各种橡胶软管，而对冷冻机、空压机和高压水泵则需选用不锈钢波纹管。

设备与管道之间配置软管后，可衰减设备振动通过管道传播，但管道内介质引起的振动仍可通过固定管道的构件传播到建筑结构，因此必须采取隔离措施。常用的方法是使用弹簧的弹性吊件，或在吊架上铺设弹性隔振材料。

六、阻尼减振与阻尼减振材料

（一）阻尼减振

阻尼减振是指采用高阻尼材料附着在容易受激发振动的薄板结构表面，用以抑制和消耗薄板的振动，从而达到减振降噪的目的。

阻尼减振技术已广泛应用于航空航天、汽车工业、仪器仪表、兵器、土木与结构、建筑业等各类行业，阻尼材料的研制和应用已成为噪声扰动控制行业的一个重要领域。

1. 阻尼减振基本原理

一般金属材料（如钢、铝、铜等）的固有阻尼很小，在激振力的作用下极易产生结构的弯曲振动。在金属薄板或薄管壁上涂贴阻尼材料，通过外加阻尼的方法加大材料的阻尼以降低噪声，其原理在于：

（1）阻尼涂层减弱金属薄板弯曲振动的强度。当金属薄板受激发而产生弯曲振动时，其振动能量便迅速传递给涂贴在其上面的阻尼材料，引起阻尼材料分子间的摩擦和相互错动；由于阻尼材料内损耗、内摩擦大，使薄板振动的能量相当一部分转变为热能耗散掉，从而减弱薄板弯曲振动强度，噪声也随之降低。

（2）涂贴阻尼材料缩短金属薄板振动的时间。阻尼可缩短金属薄板被激发后振动的时间。如同样的金属薄板，在不加阻尼材料的情况下受到激振力作用，振动要 2 s 才停止；涂贴阻尼材料后，当受到同样大小的激振力作用，其振动时间只要 0.1 s 就停止了。

如果发声时间小于 50 ms，人耳很难感觉到。因此，在金属薄板上涂贴阻尼材料以缩短激振后的振动时间，降低金属板辐射噪声的能量，达到控制噪声的目的。

2. 阻尼损耗因子 η

阻尼材料是指内损耗和内摩擦较大、刚度较低的黏弹材料，阻尼材料以材料的损耗因子 η 作为衡量阻尼大小的特征值，损耗因子是以材料受到机械振动激励时耗损能量与机械振动能量的比值表示的。即

$$\begin{cases} \varphi = \dfrac{W'}{W} \\ \varphi = 2\pi\eta \end{cases} \tag{9-20}$$

式中　W'——振动系统每振动一个周期所损失的能量；

　　　W——总的振动能量；

　　　φ——阻尼容量；

　　　η——损耗因子，无量纲。

不同材料有不同的内阻尼。在常温下，大多数阻尼材料的损耗因子 η 在噪声干扰的主要频率（30~500 Hz）范围内接近常数，因此用损耗因子就可以描述阻尼材料的阻尼性能。阻尼材料的损耗因子 η 可应用频率响应法或衰减率法，通过实际测量求得，见表9-6。

表9-6 常见材料的阻尼损耗因子

材料	η 值	材料	η 值
金属	0.0001~0.001	阻尼合金	0.2
玻璃	0.001~0.005	复合材料	0.05~0.2
木料	0.01~0.05	阻尼橡胶	0.1~5
混凝土	0.1	高分子聚合物	0.1~10

3. 阻尼技术的实施

（1）阻尼涂层的种类。阻尼涂层与金属板面结合通常有2种：一种是自由阻尼层，另一种是约束阻尼层。自由阻尼层是将阻尼材料涂在板的一面或两面，板受到振动而产生弯曲时，板和阻尼层都允许有压缩和延伸变形；约束阻尼层是在两板之间黏结阻尼材料，板受到振动而发生弯曲变形时，阻尼层受到上、下两个面板的约束而不能伸缩，各层之间只能依靠剪切作用消耗振动能量，阻尼材料在两层板之间产生更大的剪切变形，起到比自由阻尼更好的减振降噪效果。

（2）阻尼层的厚度。阻尼措施的效果除了与涂层的施工方法有关外，还与阻尼层的厚度有关。自由阻尼层厚度为金属板厚度的2~3倍：厚度太小，起不到应有的阻尼效果；厚度太大，阻尼效果的增加不显著。约束阻尼层的厚度与阻尼材料的特性、板的厚度等多种因素有关，情况更复杂。

阻尼降噪效果与金属板的振动频率成正比，与板单位面积的质量成反比。对高频振动采取阻尼措施的效果比对低频振动要好，在薄金属板上采取阻尼措施比在厚金属板上的效果更好。实践证明，当板厚在5 mm以上时，采取阻尼措施效果不明显。

（3）采取阻尼措施的注意事项。阻尼材料应要选取损耗因子 η 较高的材料，阻尼材料对金属板要具有良好的黏结性，以保证不因金属板振动而碎裂或与金属板脱离。选取阻尼材料时，还要根据现场的条件，考虑阻燃、防油、防腐蚀、隔热、保温等因素。

（二）阻尼减振材料

根据基底材料的不同，常用阻尼减振材料分为沥青系、橡胶系、水溶系、环氧树脂系等。

基底材料是阻尼材料的主要成分，其作用是使组成阻尼材料的各种成分进行黏合并黏结到金属板上。基料性能好坏对阻尼效果起到决定性的作用。除基料外，还需添加填料，其作用是增加阻尼材料的内耗损能力和减少基料用量。最好的填料是密度较大的金属粉末，但其价格相对较贵；常用的填料有碳酸钙、铅粉、黄沙、膨胀珍珠岩粉、石棉等。

（1）沥青减振阻尼材料取材方便，价格低廉，缺点是容易受温度和强度的限制。为了改善其性能，当环境温度较高时，可在其中掺加石棉绒，避免沥青软化；当温度较低时，可在其中添加少量桐油，避免低温下沥青干裂。

（2）橡胶减振阻尼材料主要是合成橡胶减振阻尼材料，动态特性和使用范围受成分、硬度和填料的影响较大。合成橡胶减振阻尼材料动态性能见表9-7，国产 ZN 系列橡胶减振阻尼材料的主要性能见表9-8。它们都广泛应用于各类工程机械。

表9-7　合成橡胶减振材料动态特性

序号	材料	最大损失因数 β_{max}	相应频率/Hz	测试温度/℃	β_{max}时的剪切弹性模量/(10^6N·m^{-2})
1	多硫化物橡胶	5.00	1000	25±25	10
2	丁基橡胶	4.02	3100	21	10
3	胶基橡胶	2.59	3000	25	20
4	聚丁基乙烯	2.00	2	30±70	200
5	丁基橡胶，硫化	1.80	10000	20	7
6	丁钠橡胶，加石墨，硫化	1.60	10000	20	10~50
7	氨基橡胶（82%铅末）	1.40	4000	25	10
8	氟橡胶	1.30	1775	45±55	0.12
9	氯丁橡胶	1.18	10000	20	1.5
10	氯丁橡胶、硫化	1.10	4000	20	2
11	氟硅橡胶	0.56	300	30±70	0.6
12	硅胶	0.33	500	60±40	0.02
13	天然橡胶（轮胎）	0.20	500	25±50	1

表9-8　国产ZN系列阻尼材料的主要性能

序号	牌号	β_{max}	剪切模量/(10^6N·m^{-2})	温度范围/℃
1	ZN-1	1.40	1.6	-15~50
2	ZN-2	1.10	4.0	-14~47
3	ZN-3	1.10	4.0	-14~47
4	YZN-4	1.45	2.8	-21~70
5	YZN-5	1.85	3.5	-15~50
6	YZN-6	1.85	4.1	10~75

第三节　高　　温

一、高温环境和高温作业

1. 高温环境

高温环境是由于太阳的辐射、气温的升高以及各种热源散发热量而形成的。当生产车间内存在散热源时，其温度比一般车间高，散热强度大于 23 W/m^3 时称为热车间。

按照国家相关标准的规定，35 ℃以上的生活环境和 32 ℃以上的生产劳动环境称为高温环境。

2. 高温作业类型

高温作业的气象条件包括空气的温度、湿度、空气的流速和热辐射 4 个因素。它们都受到气候变化、生产情况、热源、通风设备和建筑条件等方面的影响。高温作业一般有 2 种类型：一类是高温、强辐射作业，另一类是高温、高湿作业。此外，还有夏季的露天作业。

（1）高温+强辐射作业。这种类型的作业又称干热型作业，辐射热强度大，空气相对湿度低，如冶金工业炼焦、炼铁、轧钢车间，机械制造工业铸造、锻造、热处理车间，陶瓷、搪瓷、玻璃、砖瓦制造炉窑车间，火力发电、轮船轮机舱、锅炉车间。特点是：气温高，热辐射强度大，相对湿度小的干热环境。

（2）高温+高湿作业。这种类型的作业又称湿热作业，相对湿度达 80% 以上，而辐射热不大，如印染、造纸、水产品加工、纺织、屠宰、深矿井作业、桑拿浴等。特点是：温度 35 ℃，相对湿度 90%，高温、高湿、低气流的湿热环境。

（3）夏季露天作业。这种类型的作业是指室外实际出现本地区夏季通风室外计算温度时，工作地点温度高于室外温度 2 ℃ 或 2 ℃ 以上的作业。其特点是高温、强辐射的作业环境。

本地区夏季通风室外计算温度是指近 10 年本地区气象台正式记录每年最热月中每日 13：00—14：00 的气温平均值。

3. 高温条件下人体的体温调节功能

在一定的环境温度下，人体的产热和散热保持相对的平衡。产热主要来自体内物质的氧化代谢过程。骨骼肌是产热最多的器官之一，肌肉活动时，骨骼肌产生的热量可以增加若干倍，占总产热量的 75% ~ 80%。

机体产热的同时又以各种方式将这些热量散失到体外，从而保持体温的相对稳定。机体主要散热部位是皮肤，约有 90% 的热量是通过皮肤散热，它是以辐射、传导和对流、蒸发等物理方式进行的，其中蒸发散热分为不感蒸发和发汗 2 种。

（1）不感蒸发是指机体虽无明显发汗，但体液的水分仍不断透出皮肤表面，并且在未聚成明显水滴以前就蒸发掉的一种散热形式。每天以这种方式蒸发的水分为 300 ~ 600 mL。

（2）发汗是指在安静状态下，当环境温度达到（30±1）℃时，汗腺开始活动分泌出汗液。如果空气湿度大，衣着又多时，气温达 25 ℃ 便可引起人体发汗。劳动者在操作时，产热量增加，环境温度虽低于 20 ℃，亦可发汗。发汗的散热量与汗量、环境湿度及风速等因素有密切关系，只有汗液能迅速蒸发，才能起到散热的作用。

4. 高温作业对人体的影响

高温作业环境下，劳动者通过呼吸、出汗及体表血管的扩张向外散热。若人体产热量仍大于散热量时，人体产生热蓄积，促使呼吸和心率加快，皮肤表面血管的血流量增加，有时可达正常值的 7 倍多，这种现象称为热应激效应。因此，高温作业对人体有以下影响。

（1）体温调节障碍。高温环境下作业，体温往往有不同程度的升高，生产环境气温在 35 ℃ 以下时，工人体温绝大多数在正常范围；气温超过 35 ℃、特别是超过 38 ℃ 时，体温升高者显著增多，劳动强度大者更为明显。

高温作业时皮肤温度也可迅速升高。在适宜的气象条件下，躯干皮肤温度为 32 ~ 35 ℃，四肢稍低；劳动时体内产热增加，体表血管扩张，皮肤温度上升，加速了散热过程，生产环境中的辐射热和对流热的作用，也可使皮肤温度迅速升高。

（2）水盐代谢紊乱。大量出汗使水盐大量丢失，导致水和电解质紊乱，甚至引起热痉挛。

汗液中含有 0.1%～0.5% 的氯化钠及钙、维生素 C、维生素等。大量排汗会造成这些物质的损失。劳动者 1 d 随食物摄取食盐约为 10～20 g，高温作业时，随汗液排出的盐可能超过 20～25 g，造成人体缺盐（氯化钠）。一个工作日（8 h）结束时，高温作业工人的体重可减轻 1.5～4 kg，这是因大量出汗，身体丧失大量水分所致。当水分丧失达体重的 5%～8%，不能及时得到补充，就可能发生水盐平衡失调，出现无力、口渴、尿少、脉搏加快、体温升高等症状。

（3）循环系统负荷增加。大量出汗使血液浓缩，血黏稠度加大，有效循环血量减少；皮肤血管扩张，血压降低，心跳加快，心输出量加大，使心肌负荷加重。

（4）消化系统疾病增多。高温条件下劳动作业时，可能出现消化液分泌减少，胃液酸度降低，出现食欲减退、消化不良以及其他胃肠疾病。

（5）神经系统兴奋性降低。在高温作用下，大脑皮层调节中枢的兴奋性增加，由于负诱导使中枢神经系统运动功能受抑制，因而使动作的准确性、协调性、反应速度以及注意力降低，易发生工伤事故。

（6）泌尿系统负担加重。高温作业因大量出汗造成尿液浓缩，以致引起肾功能不全，表现为尿中出现蛋白、红细胞等。

高温还可降低机体对化学物质毒作用的耐受度，使毒物对机体的毒作用更加明显。高温也可使机体的免疫力降低，抗体形成受抑制，抗病能力下降等。

二、高温危害的防治措施

高温防治应采取包括工程技术措施、劳动组织措施和卫生保健措施在内的综合防治措施。从工程技术措施的 4 个方面考虑，即改进工艺过程和合理布置、屏蔽热源与隔热、通风降温和采取个人防护。

（一）改进工艺过程和合理布置热源

改进生产工艺存在生产性热源的用人单位应积极采取先进生产工艺，控制热源，减少作业人员高温接触。尽量采用机械化、自动化，减少体力劳动。其防治措施包括：

（1）工艺流程的设计应使操作人员远离热源，同时根据其具体条件采取必要的隔热降温措施。

（2）热加工厂房的平面布置应呈 L 形或 Ⅱ、M 形。开口部分应位于夏季主导风向的迎风面，而各翼的纵轴与主导风向呈 0°～45° 夹角。

（3）高温厂房的朝向，应根据夏季主导风向对厂房能形成穿堂风或能增加自然通风的风压作用确定。厂房的迎风面与夏季主导风向宜呈 60°～90° 夹角，最小也不应小于 45°。

（4）热源应尽量布置在车间的外面，采用热压为主的自然通风时，热源尽量布置在天窗的下面；采用穿堂风为主的自然通风时，热源应尽量布置在夏季主导风向的下风侧；热源布置应便于采用各种有效的隔热措施和降温措施。

（5）热源之间可设置隔墙（板），使热气沿隔墙上升，通过天窗排出。

（6）热车间应设有避风的天窗，天窗和侧窗应便于开关和清扫。

（7）夏季自然通风用的进气窗下端距地面不应高于 1.2 m，以便空气直接吹向工作地点。冬季自然通风用的进气窗下端一般不低于 4 m，低于 4 m 时，应采取防止冷风吹向工作地点的有效措施。

（8）自然通风应有足够的进风面积，产生大量热、温气、有害气体的单层厂房的附属建筑物，占用该厂房外墙的长度不得超过外墙全长的 30%，且不宜设在厂房的迎风面。

（9）产生大量热或逸出有害物质的车间，在平面布置上应以最大边作为外墙。如四周均为内墙时，应采取措施向室内送入清洁空气。

（10）作业人员操作位宜位于热源的上风侧。

（二）屏蔽热源与隔热

1. 建筑物隔热

炎热地区的工业广场或辅助建筑可采取建筑物隔热措施，以减少太阳辐射传入车间的热量。一般是从建筑物外围结构、屋顶淋水，外窗遮阳等方面采取隔热措施。外窗和屋顶接受太阳辐射的时间长、强度大，在围护结构接受的总辐射热量中占主要地位。

1）外窗遮阳

是利用不透明材料遮挡太阳光线，使阳光不能直接射入车间内。遮阳的方法很多，如安装遮阳板，兼顾隔热、挡风、防雨、采光和通风等功能。

2）屋顶隔热

较大幅度地减少太阳辐射强度，并能降低屋顶内表面温度，从而减少屋顶对人体的热辐射。目前常用的屋顶隔热有以下几种：

（1）通风屋顶是在普通平屋顶上设置空气层，其隔热原理是利用通过间层内流动的空气把部分太阳辐射热带起。因此，建筑设计时应充分利用屋顶内的热压和风压，以加大屋顶内的换气量，提高隔热效果。2 种通风屋顶结构如图 9-13 所示。

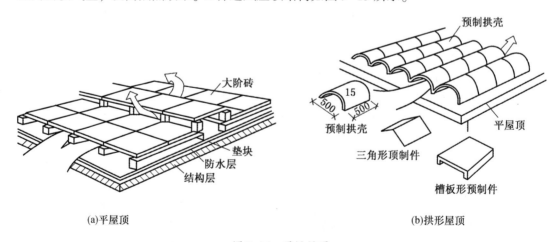

(a)平屋顶　　　　　　　　　　　　　　　(b)拱形屋顶

图 9-13　通风屋顶

实践证明，当通风空气间层高度为 200~300 mm 时，通风屋顶的内表面温度要比普通平屋顶低 4~6 ℃，可使车间内温度降低 1.6~2.5 ℃。

（2）通风屋顶下加保温层可大幅度降低屋顶的总体传热系数，减少传入的辐射热量，用于空调高温车间降温。但用于一般热车间的降温，成本较高。

3）屋顶淋水

是通过屋脊上的多孔水管向屋顶淋水，在屋顶面上形成流水层，水在蒸发时吸收大量的蒸发潜热，从而可降低屋顶的太阳辐射强度。同时，也使屋顶内表面温度有所降低。对轻型结构有坡层面的建筑可采用屋顶淋水隔热降温措施。

屋顶淋水的隔热效果与淋水量及外界风速有关，通常淋水强度取 $30\sim50\ kg/(m^2 \cdot h)$。对于传热系数 $2.9\ W/(m \cdot K)$ 的轻型红瓦人字屋面，屋顶淋水可使屋顶内表面平均温度下降 $4\sim6\ ℃$。采用屋顶淋水隔热时，应在太阳辐射达到高峰前开始淋水，高峰过后停止。

2. 设备隔热

高温车间对热设备采取隔热措施，可以减少散入车间工作地点的热量，防止热辐射对人体的危害。隔热后热设备外表面温度一般不应超过 $60\ ℃$，作业人员所受辐射强度应小于 $0.7\ kW/m^2$。设备隔热一般可分为热绝缘和热屏蔽 2 类。

1）热绝缘

在发热体外直接包覆一层导热性能差的材料后，由于热阻的增加，发热体向外散发的热量就会减少。材料的导热性越差，厚度越大，则发热体向外散量的减少幅度就越大。

选择绝缘材料一般宜比较导热率、密度、安全使用温度范围、抗压或抗折强度、不燃或阻燃性能、化学性能、单位体积材料价格、安全性、施工性能等。有机绝热材料适用于较低的温度，无机绝热材料的耐温能力都极强。常用材料：岩棉制品、超细玻璃棉制品、膨胀珍珠岩制品、硅酸铝棉制品。

2）热屏蔽

根据生产工艺及劳动操作的实际情况，可采用以下屏蔽热辐射措施。

（1）反射屏蔽采用反射性能强、表面光滑的金属板，如铝板、铝箔或其他金属板刷银粉等，将热源大部分或局部遮蔽，或制成屏蔽罩并利用热压作用经管道将热气排出车间。遮热板与散热体之间应保留 $15\sim20\ cm$ 的流动空气夹层，以进一步提高隔热效果。

（2）吸收屏蔽采用黑色平板或设置水循环夹层，夹层朝向作业人员操作位一侧应为铝或有金属涂层的光面。

（3）透明屏蔽设置隔热控制室，控制室观察窗采用加金属网的特种玻璃。

（4）织物屏蔽采用有金属反射膜的纤维织物作为反射体，便于移动布置。

（三）通风降温

高温作业在采取隔热措施的同时，在满足工艺和卫生要求的情况下，尽可能采取自然通风、局部机械送风等措施进行换气。实现换气的方法一般有自然通风和机械通风 2 种。自然通风是依靠自然的热压或风压的作用，机械通风是依靠风机等机械设备的作用。对热车间来说，由于车间内散量很大，车间余热加热了空气构成自然通风的动力，自然通风就显得经济有效。

1. 自然通风

自然通风是利用室内外温差造成的热压和风力作用于建筑物不同表面所形成的风压实现通风的一种方式。

1) 自然通风的特点

不消耗动力，可获得巨大的通风换气量；可稀释工作区有害气体、粉尘及蒸气的浓度，空气新鲜；但控制有难度，特殊要求的情况下，风量不足。

2) 作用原理

车间围护结构上开有门、窗等空洞，当在空洞的两侧存在压力差时，空气会通过空洞流动，进入或排出车间，带走热量、带入新风。

$$\Delta p = \zeta \cdot \frac{\rho v^2}{2} \qquad (9-21)$$

式中　Δp——窗孔两侧的压力差，Pa；

　　　v——空气流过窗孔时的流速，m/s；

　　　ρ——通过窗孔空气的密度，kg/m^3；

　　　ζ——窗孔的局部阻力系统。

式（9-21）可改写为

$$v = \sqrt{\frac{2\Delta p}{\zeta \cdot \rho}} = \mu \cdot \sqrt{\frac{2\Delta p}{\rho}}$$

$$\mu = (1/\xi)^{1/2} \qquad (9-22)$$

式中　μ——窗孔的流量系统，μ 值的大小与窗孔的构造有关，一般小于 1。

通过面积为 F 窗孔的空气量为

$$L = \mu F \sqrt{\frac{2\Delta p}{\rho}} \cdot G = \rho L = \mu F \sqrt{2\rho\Delta p} \qquad (9-23)$$

由式（8-15）可以看出，流经窗孔的空气量 G 与窗孔面积 F 和两侧压力差 Δp 有关。对于一定面积的窗孔，流经的空气量大小随 Δp 的增加而增加。

通过窗孔的空气量为

$$L = vF = \mu F \cdot \sqrt{\frac{2\Delta p}{\rho}} \qquad (9-24)$$

$$G = \rho L = \mu F \cdot \sqrt{2\rho \cdot \Delta p} \qquad (9-25)$$

实现自然通风的条件是窗孔两侧存在压差，它是影响自然通风量大小的主要因素。在自然通风条件下，压力差 Δp 的形成是由于冷热两部分空气自身的重力作用的结果，或者是外界风的作用结果。前一种情况的自然通风称为热压作用的自然通风，后一种情况的自然通风称为风压作用的自然通风。实际上多为热压和风压同时作用的自然通风。

3) 热压自然通风

由于高温车间的气温比室外空气温度高，车间内热空气的密度小于室外空气的密度，造成室内外空气压力差。在压差的作用下，热空气上升，自厂房上部的天窗口排出；车间外的冷空气从厂房外墙的窗孔进入车间，热压作用的自然通风时空气的流动如图 9-14 所示。

热压的大小与室内外温差及进风口和排风口之间的垂直距离成正比。热压越大，每小时换气次数越多，自然通风的效果就越好。

室内外空气没有温度差，或者窗孔间没有高度差，就不会产生热压作用下的自然通风。

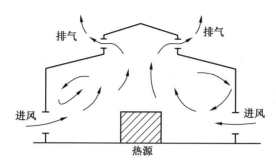

图 9-14　热压自然通风时空气的流动

为了增大热压，应当加大进排风窗孔的高度差，其最合理的途径是降低进风窗孔的高度。

4）风压自然通风

处在水平气流中的建筑物，对气流起了阻碍作用，致使其四周外界气流的压力分布不均。作用于建筑物的迎风面上的风压高于大气压，为正压；作用于背风面上的风压低于大气压力，为负压。作用于建筑物侧面的风压，在绝大多数情况下也是负压，如图 9-15 所示。如果在位于正压区内的建筑物外墙上开设窗孔，则室外空气将通过这些窗孔进入车间内；如果在位于负压区的建筑物外墙上开设窗孔，空气将通过窗孔自车间内排出。

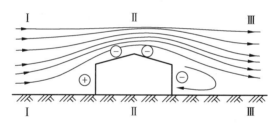

图 9-15　建筑物周围风压分布示意图

建筑物周围的风压分布与该建筑的外形和外界的风向有关。风向一定时，不论是正压值还是负压值，建筑物外墙上某一点的风压值为

$$p = K \cdot \frac{v_0^2 \cdot \rho_0}{2} \qquad (9-26)$$

式中　　p——风压，Pa；

v_0——室外风速，m/s；

ρ_0——室外空气密度，kg/m³；

K——空气动力系数。

空气动力系数 K 值由试验方法求得。对于迎风面，K 为正值；对于背风面，K 为负值。

5）热压和风压同时作用的自然通风

当热压和风压同时作用下，在迎风面外墙下部开口处，热压和风压的作用方向是一致的，迎风面下部开口处的进风量要比热压单独作用时大；在迎风面外墙上部开口处，热压和风压作用方向相反，自上部开口处的排风量要比热压单独作用时小。如果上部开口处的风压大于热压，就不能再在自上部开口排气，相反将变为进气，形成风流倒灌现象。

对背风面外墙，当热压和风压同时作用时，在上部开口处两者的作用方向是一致的，而下部开口处两者的作用方向是相反的。因此，上部开口的排风量比热压单独作用时大，下部开口的进风量将减少，有时甚至反而从下部开口排气。

实践指出，当迎风面外墙上的开口面积占该外墙总面积的 25% 以上时，如果室内阻力小，在较大的风速作用下，车间内会产生"穿堂风"，即车间外的空气以较大的流速自迎风开口进入，横贯车间，自背风面开口排出。在"穿堂风"的作用下，车间的换气量将显著增加。

由于室外风的风速和风向经常变化，不是一个可靠的稳定因素，为了自然通风的设计效果，根据现行的《工业企业采暖、通风和空气调节设计规范》的规定，在实际计算时仅考虑热压的作用，风压一般不予考虑。但必须定性地考虑风压对自然通风的影响。

6）厂房自然通风的主要形式

（1）利用普通天窗进行自然通风时，以侧窗为进风口，天窗为排风口。天窗应与车间的长轴平行。由于排风口受风向的影响，需要适当调节天窗才能发挥应有的作用。如有风时，应关闭迎风面的天窗，只开背风面的天窗；否则，天窗之间造成穿堂风或形成冷风倒灌现象。

（2）避风天窗是为不受风向变化的影响，不发生倒灌现象，在天窗外安装挡风板或其他结构形式，使天窗具有良好的排风性能，如图 9-16 所示。挡风板的高低、大小及其与天窗的距离随建筑物的形式不同而不同。

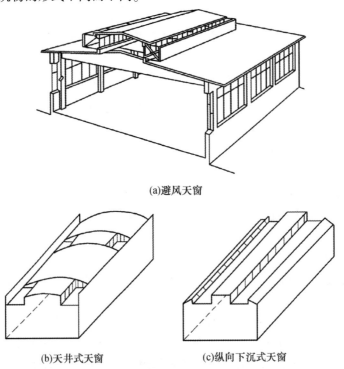

(a)避风天窗

(b)天井式天窗   (c)纵向下沉式天窗

图 9-16　厂房自然通风的天窗

（3）开敞式厂房主要特点是进、出风口面积大，阻力小，通风量大，是利用穿堂风为主的自然通风。换气次数可达50~150次/h。排气口可安装挡风板或井式天窗作为排风口，进风口应设置可装卸的窗扇。为防止冬季冷空气流入车间，冬季可关闭，夏季敞开。

开敞式厂房可分为全开敞式，上开敞、下开敞和侧窗4种形式。开敞厂房与相邻的厂房间距要足够大，当厂房跨度为9~12 m时，"穿堂风"效果良好；当大于20 m时，则效果不佳。

2. 局部机械送风

高温车间的自然通风虽然是一种经济有效的全面通风的降温措施，但它在车间内所造成的风速一般很小，气流方向也较难控制。因此，在热辐射较强和温度较高的工作地点，还必须采用局部机械送风措施，提高局部工作地点的风速或将冷空气直接送到工作地点，改善局部工作地点的气象条件。常用的局部送风降温设备有送风风扇、喷雾风扇、空气淋浴和局部空调和空气幕等。

1）送风风扇

使用送风风扇在工作地点造成较大的气流流动速度，可以促进人体的汗液蒸发，在高温车间人体散热要靠汗液蒸发，汗液蒸发量越大，散热量越大。

在辐射热小于2 kW/m²，气温小于35 ℃，需要一定风速的作业地点，可采用送风风扇，如轴流风机或风扇等，风速应在2~6 m/s范围内可调。

有粉尘作业的车间不宜采用普通送风风扇，以免吹起粉尘，污染工作场所空气环境。

2）喷雾风扇

是在风扇上安装喷雾器的一种局部通风设备，送出的气流混有雾状水滴，能起到蒸发降温的作用。雾滴蒸发可以使热的地面和机器设备表面温度降低，减少人体受到二次辐射热源的热辐射作用；悬浮于空气中的雾滴，能吸收辐射热，蒸发时吸收热量降低工作服的温度，有利于人体散热；在高温低湿车间里，能湿润车间的空气，预防工人的上呼吸道黏膜干燥、破损和感染，雾滴还能起到降尘的作用。

在辐射热小于2 kW/m²，气温不小于35 ℃的工作地点宜采用喷雾风扇，到达工作地点的风速在3~5 m/s范围内，雾滴直径应小于100 μm。

3）空气淋浴

在空气温度和辐射强度较高的工作场所，当生产工艺不允许有雾滴、不允许采用再循环空气，或要求保持一定温度和湿度的高温作业厂房，可在厂房内布置空气淋浴设施，向作业地点送冷风。

空气淋浴系统由风机、空气处理室、通风管道和送风口等部分组成。室外空气经风机送至空气处理室，先经粗过滤除尘后，进行喷雾冷却及加湿或减湿，再经除雾器除雾后送至风道。冷源可用天然深井水或人工冷源（冷冻机），冷却后的空气经管道分别送至不同工作地点的送风口——喷头，吹向人体。应用较普遍的是旋转式"巴图林"型喷头。它是一个45°斜切矩形出风口，出口处装有多片导流叶片，拉动叶片一边的连杆可以改变叶片的开启角度，改变气流出口方向。喷头上部为圆形可转动的接口，与通风系统的垂直送风管相连。

空气淋浴设备宜具备湿度调节和调整气流方向的功能。送到人体处风速以 2～3 m/s、风量 2000～4000 m³/h 为宜。

设置空气淋浴系统时应注意送风管道的隔热保温，保温材料主要有软木、聚苯乙烯泡沫塑料（通常为阻燃型）、超细玻璃棉、玻璃纤维保温板、聚氨酯泡沫塑料和石板等，导热系数应在 0.12 W/(m·℃) 以内，保温风管的传热系数控制在 1.84 W/(m·℃) 以内。通常保温结构有 4 层：防腐层（涂防腐漆或沥青），保温层（粘贴、捆扎、用保温钉固定），防潮层（包塑料布、油毛毡、铝箔或刷沥青，以防潮湿空气或水分进入保温层内），保护层（室内可用玻璃布、塑料布、木版、聚合板等，室外管道应用镀锌铁皮或铁丝网水泥）。

4）局部空调

主要有冷风机、隔离室。

（1）冷风机是局部空调机组的一种，由风机、制冷和热交换器、压缩机、散热器、控制器等组成，是较先进的通风降温设备。多用于各种隔离操作室和热车间的休息室的通风降温。

（2）隔离室是为高温作业人员设置的隔离控制室、休息室。隔离控制室、休息室应配备局部空调降温设施。设有空调的休息间气温宜保持在 24～28 ℃。

5）空气幕

利用变截面均匀送风的空气分布器送出一定速度和温度的幕状气流，用来封住建筑物的大门，也称大门空气幕。空气幕可以防止室外冷、热气流的侵入，阻挡灰尘、余热和有害气体的扩散。

空气幕可分为热空气幕（冬季采暖房间的外门）、冷空气幕（夏季空调房间的外门）、等温空气幕（散发有害物质房间的大门）。

（四）个人防护措施

1. 定期体检

欲从事高温作业的劳动者，就业前需进行体检，凡患有心脏病、高血压、溃疡病、肝肾疾病及中枢神经系统病变者不宜从事高温作业。从业人员需定期体检。

2. 合理供给饮料及补充营养

高温作业者应供给含盐饮料，用以补偿大量出汗损失的水分和盐分。一般每人每天补充水 3～5 L，除膳食供给的 12～15 g 盐以外，再补充 8～10 g 盐。水的补充方法应以少饮多次为宜，饮料温度 8～12 ℃，避免引起肠胃不适。高温环境下作业的人员能量消耗较大，膳食的总热量应提高到 1.26×10⁴ kJ 以上。要注意蛋白质的供给，特别是要保证蛋白质的质量，多吃鱼、肉、蛋、奶和豆类食品；还要适量补充维生素 B1、维生素 B2、维生素 C 及锌、钙、镁、铁等微量元素。

3. 避免在高温下长时间作业

（1）当作业地点气温高于 37 ℃ 时应采取局部降温和综合防暑措施，并应减少接触时间。

（2）特殊高温作业（如高温车间桥式起重机驾驶室），车间内的监控室、操作室及炼焦车间拦焦车驾驶室等应有良好的隔热措施，热辐射强度应小于 700 W/m²，室内温度不应超过 28 ℃。

（3）高温作业车间应设有工间休息室，休息室内温度不应高于室外气温；设有空调的休息室室内温度应保持在 25~27 ℃。

4. 合理使用个人防护用品

（1）高温作业的工作服应具有耐热、导热系数小、透气性能好的特点。

（2）为了隔绝辐射热，应穿热反射服，如白色帆布工作服，同时配备其他的个人防护用品。

（3）对于特高湿作业，应穿冰服、风冷衣，不仅可以延长作业者在高温环境下持续作业的时间，还可以缩短生产设备的停机维修时间。

（五）生产组织措施

合理安排劳动负荷及休息场所，休息室应离开高温作业环境，高温作业应尽量采取集体作业方式，以便及时发现中暑者，并进行及时救护。

三、户外高温作业防护

对于各种从事户外建设工程的作业场地，应在劳动地点附近设置休息室或凉棚，其面积应满足最大班次作业人员休息的需要。休息室应配置空调或电扇，凉棚内可设置喷雾风扇，并保证清凉饮料的供应。

户外驾驶机械车辆的作业岗位其驾驶室应采取良好的隔热和空调措施，驾驶室内温度应不小于 28 ℃。

根据本地区气象条件和生产工艺情况，用人单位应适当调整作息时间，其高温作业允许持续接触热时间和持续接触热后必要休息时间宜按照有关防暑降温规定的要求执行。清凉饮料及防暑药品管理：

（1）清凉饮料以含盐量 0.1%~0.2%，水温 8~12 ℃为宜。

（2）防暑药品可配备仁丹、十滴水、藿香正气水、清凉油等。

（3）清凉饮料饮用量应不少于人均 2.5 L；防暑药品供应量以满足实际需要为宜。

（4）清凉饮料及防暑药品应符合卫生标准。

四、矿井下热害防治

热害是矿井内围岩散发出来的地球内部热量，它是矿井内空气增温的主要热源，是矿井热害的根源。

1. 井下气候条件

矿井井下的气候条件包括空气温度、湿度及空气在井巷中流动的速度。其中温度是影响气候的主要条件因素。

（1）影响温度变化的因素。主要包括：地热的影响、地表温度的变化、空气压缩升温、氧化物质增加、人的呼吸、机械设备的运行、水的蒸发等。

（2）变化规律。矿内空气温度的变化规律一般是随风流网路的延长而升高。

（3）井下风速。风速是调节气候的一个重要措施。

（4）空气湿度。是指矿井中空气中所含水蒸气量。表示方法有绝对湿度（每立方米或每公斤空气所含水蒸气量的克数）和相对湿度（一定体积中实际含有水蒸气量与同温度同体积下饱和水蒸气量之比的百分数）。

2. 矿井气候条件对人体的影响

矿井最适宜的劳动温度是 15～20 ℃，矿井最适宜的相对湿度是 50%～60%。但矿井相对湿度一般较高为 80%～90%，不宜调节，因此应从温度和风速入手调节井下气候。人体的散热方式有对流、辐射和蒸发。

温度过低时，对流和辐射的散热能力强，人体容易感冒；温度适中，人体感到舒适。如果温度超过 25 ℃时，对流和辐射能力大为减弱，汗液蒸发能力增强；温度达到 37 ℃时，人体的对流和辐射散热方式停止，唯一的散热方式是汗液蒸发；温度超过 37 ℃时，人体将从空气中吸热，感到烦闷，如果湿度大，会有桑拿感觉，甚至会引发中暑。

3. 矿井高地温危害防治技术

（1）优化矿井通风系统的技术。通风系统应合理；选择合理的巷道布置方式；回采工作面、掘进工作面、主要硐室等作业地点采用合理的局部通风方式；扩大主要进回风巷道的断面面积，增加矿井通风能力；使用大功率局部通风机扩大巷道断面等。

（2）依靠先进的科学技术手段实施制冷降温。在矿井井口附近建立地面制冰站，经过专用的输冰管道，将冰送至矿井下融化，再将低温冷水输送到高地温作业地点达到降温目的。在采、掘工作面附近建立移动式制冷站，对高地温作业地点实施降温。对有热源条件的矿井，利用矿井瓦斯发电的余热（或其他余热）作为制冷能源，建立制冰站实施矿井降温。

（3）采用降低原岩温度的技术。对预采煤层进行煤体注水，对采空区实施灌水，提高煤层含水率和导热条件，降低原岩温度。

（4）加强地温测量和地温预报。明确责任部门和相关技术人员定期实施矿井高地温的测量，建立高地温作业地点的档案和资料，同时，提出防治的建议、措施，将高地温的相关信息及时报送矿井主要领导和高地温作业地点施工单位。

（5）综合治理技术。注重对高地温作业地点劳动者的职业健康培训，建立高温危害告知制度，提高职工对高地温危害的防治意识。

加强对高地温劳动者的休息和保健管理工作，适当改进作业班次，可考虑把"三八"生产班制改为"四六"生产班制。应规定高地温工作面劳动者不得加班加点，加强高地温作业地点劳动者的个体防护等。

第四节　其　他　危　害

一、低温作业的危害防治

1. 低温与低温作业

低温是指环境气温以低于 10 ℃为界限，还应当考虑当时环境的空气湿度、风速等综合因素。

低温作业是指在寒冷季节从事室外及室内无采暖的作业，或在冷藏设备的低温条件下以及在极区的作业，工作地点的平均气温等于或低于 5 ℃。

2. 低温作业的环境

（1）冬季在寒冷地区或极区从事露天或野外作业，如建筑、装卸、农业、渔业、地质勘探、野外考察研究等，以及在室内因条件限制或其他原因而无采暖的作业。

（2）在人工降温环境中工作，如储存肉类的冷库和酿造业的地窖等，这类低温作业的特点是没有季节性。

（3）在暴风雪中迷途、过度疲劳、船舶遇难、飞机迫降等意外事故，寒冷天气中进行战争或训练，人工冷却剂的储存、运输和使用过程中发生意外。

3. 低温作业对人体的影响

（1）引起体温调节障碍。皮肤毛细血管收缩，使人体散热量减少。环境温度继续下降，产生冷应激效应。通过肌肉的抖动，增加了产热量，维持体温恒定。当在低温环境下工作时间过长时，超过了人体的冷适应能力，使体温调节发生障碍，造成机体的损害。

（2）引起中枢神经系统兴奋与传导能力降低。人体长期处于低温环境，会出现痛觉迟钝和嗜睡状态，还会导致循环血量、白细胞、血小板减少，血糖降低，血管痉挛，营养障碍。

（3）引起血液循环速率减慢。低温作用初期，心输出量增加，后期则心率减慢、心输出量减少。长时间在低温下，会引起凝血时间延长并出现血糖降低，寒冷和潮湿引起血管长时间痉挛，致使血管营养和代谢发生障碍，血管内血流缓慢，易形成血栓。

（4）引起其他部位运动不灵活。较长时间处于低温环境中，神经传导减慢，造成感觉迟钝、肢体麻木、反应速度和灵活性减低，活动能力减弱。最先影响手足，由于动作能力降低，差错率和废品率上升。在低温下，人体其他部位也发生相应变化，如呼吸减慢，血液黏稠度逐渐增加，胃肠蠕动减慢等。由于过冷，致使全身免疫力和抵抗力降低，易患感冒、肺炎、肾炎等疾病，同时还引发肌病、神经痛、腰痛、关节炎等。

4. 低温作业防护

（1）做好采暖和保暖工作。参照《工业企业设计卫生标准》（GBZ 1—2010）和《工业建筑供暖通风与空气调节设计规范》（GB 50019—2015）的要求，寒冷作业场所要有防寒采暖设备，露天作业要设防风棚、取暖棚。冬季车间的环境温度，重劳动不低于10℃，轻劳动不低于15 ℃，以保持手部皮肤温度不低于20 ℃为宜，全身皮肤温度不低于32 ℃。

（2）做好个体防护。御寒服装应选用热阻值大、吸汗、透气性强的衣料，尺寸适宜，潮湿的衣服应及时烘干，还可以通过较短时间的寒冷刺激和体育锻炼，增强工人的耐寒力。

（3）注意低温环境下的营养供给。低温环境可使人体的热能消耗增加。根据测定，在不同的低温环境中，人体基础代谢可增加10% ~ 15%，且低温下的寒战、笨重防寒服增加身体负担并使活动受限，亦使能量消耗增加。此外，低温下体内一些酶的活力增加，使机体的氧化产能能力增强，热能的需要量也随之增加，总热能消耗增加5% ~ 25%。一般每日热能供给量约为12. 55 ~ 16. 74 MJ/人。其中，蛋白质的供给量应占总能量的13% ~ 15%为宜。

5. 冷藏作业的劳动保护

（1）建立健全各项规章制度，做到有章可循。加强冷藏作业人员的安全知识教育，提高他们的安全生产意识，杜绝违章操作、冒险作业现象的发生。

（2）加强制冷设备的检查检修，严禁跑、冒、滴、漏。

（3）采用臭氧消毒除臭时，应时刻检测库内的臭氧浓度。若臭氧浓度超过 2 mg/m³ 时，作业人员不可待在库房内，否则需戴防毒面具。

（4）工作时，必须穿戴好防寒服、鞋、帽、手套等保暖用品；防寒衣物要避免潮湿，手脚不能缚得太紧，以免影响局部循环。

（5）冷库附近要设置更衣室、休息室，保证作业人员有足够的休息次数和休息时间，有条件的最好让劳动者作业后洗个热水澡。

（6）作业人员应谨慎操作，防止运输工具或货物碰撞库门、电梯门、墙壁以及排管，对易受碰撞的地方应设置防护装置。

（7）登高作业时，应脚踏实地，集中思想，防止从高处溜滑跌落。

（8）劳动者在轨道下推、拿滑轮时，必须戴好安全帽。

（9）两人搬运货物时，步调要一致，做到同起同落，避免失手跌倒受伤。卸货装车时，严禁倒垛。

（10）冷库货物应合理堆垛，不要超高堆垛，以防货垛倒塌伤人和损坏排管。堆垛时，还必须留出合理的通道。对于非包装物的堆码尤需注意在靠通道和单批垛长超过 10 m 的垛头，要堆码成双排井字垛或采取其他加固方法。

（11）要注意库房出口安全。为保证库内作业工人随时走出，库门里外应均能打开。如果原设计库门不能从里面打开，则应在库房合适位置设置可从里面打开的应急出口，或者安装能向外呼救的报警按钮。对于采用电动或气动的库门，必须同时配置手动门装置。所有库门和供紧急情况下使用的太平门、报警器应派专人负责定期检查，发现问题及时整改。管理人员在最后出门时，应仔细认真地检查库内的每个角落，清点人数，确定库内没有留人后方可下班。

（12）要定期对作业人员进行体格检查，凡是年龄在 50 岁以上，且患有高血压、心脏病、胃肠功能障碍等疾病的人必须调离低温岗位。要重视女工的特殊保护，严禁安排"四期"内的女职工从事冷藏作业。

（13）劳动者在冷库作业时，由于受低温环境的影响，其机体、营养代谢会发生改变，因此作业人员应特别注意饮食，少吃冷食，以免冷食对胃肠道产生不良刺激，影响消化。热食应以高脂和富含蛋白质的食物为主，还应多吃富含维生素 C 的蔬菜。

二、高气压危害防治

高压泛指超过正常生活环境中的大气压力。一般人们生活在 1 个大气压的环境中。

1. 接触机会

高气压作业环境主要有两类：一类是潜水作业，另一类称为潜函作业。

（1）潜水作业是指人或机械在水下环境里进行水下施工、打捞沉船、海洋矿藏勘探等工作。水面下的压强与下潜的深度成比例，即每下沉 10.3 m，增加 101 kPa，潜水作业具有能见度差、低温、高气压的特点，是强体力劳动。

（2）潜函作业（沉箱作业）是指作业人员置身于地下或水下深处的构筑物（潜函

内工作，各种水下工程、地下工程、矿山竖井延深等，主要见于修建桥墩。

（3）高压氧治疗舱和高气压舱的研究作业。

2. 高气压对机体的影响

人对高气压有一定的耐受能力，一般健康人均能耐受 303.98~405.30 kPa 的高气压，超过此限度，就可能对健康造成一定危害。

高气压对机体的影响主要发生在加压和减压过程中。加压时由于外耳道压力比内耳压力大，使鼓膜内陷，出现内耳充塞感，耳鸣及头晕等症状，压力上升太快时，可造成鼓膜穿孔。

持续高压下，可发生神经系统机能改变。如附加压超过 707~1010 kPa 以上时，可发生氮中毒，开始表现为兴奋性增高，如酒醉状，随后出现意识模糊、幻觉等。还可引起血液循环系统机能的改变，使心脏活动增强，血流升高和血流速度加快。

3. 减压病及其预防

减压病是指在高气压环境中工作一定时间后，在返回正常气压环境时，因减压过速，减压幅度过大，溶解在机体组织和血液内的氮来不及经肺排出产生大量气泡所引起的一种职业病。预防减压病的主要措施包括：

（1）改革生产工艺。在竖井延深和各种地下工程施工时，采用先进的钻井法、沉井法、冻结法等施工方法代替沉箱作业；水下桥墩施工时，采用管栓钻孔法，作业人员不必进入高气压环境，从根本上消除减压病的发生。

（2）严格执行减压规程。从事高气压作业的人员在返回常压时，严格执行减压规定是防止发生减压病的关键，目前，潜水作业的减压多采用阶段减压法，沉箱作业多用等速减压法。

（3）卫生保健措施。用人单位应建立合理的生活制度，保证作业人员保健食品的供给及足够的热量，定期进行健康检查；从事高气压的作业人员应养成良好的卫生习惯。

（4）进行技术革新。采用氦和氢代替氮，氦和氢不具有麻醉作用，且密度低，使人能在比过去深 10 倍的水中潜水。

三、低气压危害防治

低气压自然气候特点：空气稀薄，氧气不足，气温低，气湿低，昼夜温差大，太阳辐射强烈，气候多变。

1. 低气压环境

高空、高山与高原均属于低气压环境。高山与高原指海拔在 3000 m 以上的地点。海拔越高，氧分压越低。海拔 3000 m 处，气压约 70.66 kPa，氧分压 14.67 kPa；海拔 8000 m 处，气压约 35.99 kPa，氧分压 7.47 kPa。在高山与高原作业有强烈的紫外线和红外线，日温差大、温湿度低、气候多变等。

2. 低气压对机体的影响

在高原低氧环境下，人体为保持正常活动和生产作业，在细胞、组织和器官首先发生功能的适宜性变化，约需 1~3 个月，逐渐过渡到稳定的适应称为习服。

人对缺氧的适应个体差异很大，一般来说，在海拔 3000 m 以内，能较快适应；3000~

5330 m 时部分人需较长时间适应；5330 m 为人适应的临界高度。

低气压对人体的影响主要是大气分压过低，直接影响肺泡气体交换。在海平面，动脉氧分压为 12.0 kPa；在海拔 5500 m 时，动脉氧分压为 4.5 kPa，造成机体严重缺氧。

3. 高山病

由于高原（山）地区特殊的自然条件，对于因工作需要而进入高原（山）地区的人员，可能因机体不能适应或者不能完全适应高原（山）环境而引起不同程度、不同类型的高原（山）适应不全症，又称高原病或高原适应不全症。

高山病不是一个精确的名字，从使用意义上讲，大概分为 2 种：一是高山特有疾病，指在别的地方不会发生的，只有在高山上才能发生的病，如高山反应、高山肺水肿；二是高山常见，易发生的疾病，如雪盲、冻伤、胃出血。这些病其他地方也有，在高山更易发生。这些病统称高山病，医学上称高原病。高山病分急性高山病和慢性高山病。

4. 高山病的预防

（1）全面的体格检查。进入高原前，应进行全面的、严格的身体检查，凡患有心血管系统疾病、高血压、结核病、支气管哮喘、支气管扩张、甲状腺功能亢进、听觉和神经系统疾病、血液系统疾病者，都不宜进入高原地区。

（2）加强适应性锻炼。初次进入高原时，应实行"阶梯上升"锻炼，从 2~3 km 开始，每 1 km 作为一个阶梯，以 1~2 周时间进行适应性锻炼，待适应后再继续登高。

（3）做好卫生宣传教育工作。正确认识高原（山）自然环境特点，解除思想顾虑，配合医护人员积极预防高山病的发生。

（4）增加饮食营养。在进入高原途中和进入高原初期，应注意以易消化、高糖、高蛋白的膳食为主，宜少吃多餐，久居高原的饮食应多食富有维生素的食品，喝浓茶、节制饮酒。

（5）注意防寒、防冻伤、防雪盲。针对高原气候的特点，进行劳动保护工作，工作服应保暖、保温、防冻伤；雪地工作应戴有色防护眼镜；注意预防感冒等。

四、不良照明的危害防治

（一）照明分类及特点

1. 自然照明

优点：最经济、最良好的照明方式，光线柔和明亮，人眼舒适；光谱中的紫外线对人体健康有益；节约能源。其缺点：在时间、空间上不能保证足够的均匀性；不能满足每个工作面需要的照度；直射阳光刺激引起目眩。

2. 人工照明

在自然采光不足或不能利用阳光的时间（如夜班）、场所（如矿井、隧道、地下室等）和需要高照度的作业（如精密作业），为从事生产活动或保证作业安全而采用人工光源的一种照明形式。人工照明按照射范围可以分为一般照明、局部化照明、局部照明、混合照明和特殊照明。

（1）一般照明（全面照明）是指不考虑特殊局部需要，通常在整个工作场所安置若干照明器，给整个工作台提供大体相同的照度，使各工作面普遍达到所规定视觉条件的照明方式。它适用于对光线投射方向没有特殊要求、工作点较密集或作业工作点不固定的场所。

（2）局部化照明是指在为一般的工作区域提供照明同时给邻近区域提供较低的照明方式。对于照度要求较高，工作位置密度不大，且单独装设一般照明不能满足要求的场所，宜采用局部化照明。

（3）局部照明是指在某些工作面上分别装上照明器，使其达到所规定视觉条件的照明方式。由于它靠近工作面，可少耗电而获得高的照度，注意直接眩光和使周围视野变暗的影响。一般对工作面照度要求不超过 30~40 lx 时，可不必采用局部照明。

（4）混合照明是指由一般照明与局部照明共同组成的照明方式。它是在工厂内特定地点（如试验、检查场所及流水线作业上进行细致操作的地方）给以高照度的照明方式，是一种经济、合理、实用的照明方案。一般照明与局部照明的适宜比例一般在 1:5 左右，可视工作场所的大小而定，工作场所较小的地方可适当提高一般照明的比例。

（5）特殊照明是指应用于特殊用途或有特殊效果的各种照明。例如，方向照明、透过照明、微细对象检查照明、不可见光照明、运动对象检查照明、色彩检查照明等。

3. 综合照明

在自然照明的基础上加上人工照明以满足工作面上所需照度的一种照明方式，既能达到充分利用自然光的目的，又考虑到自然照明的不足，并选用适当的人工照明加以补充

（二）不良照明对人体与作业的影响

1. 影响人视觉功能的因素

1）视角

指瞳孔中心对视察物体的张角。物体在视网膜上成像的大小是由视角的大小决定的。一个物体能否被看见，首先要求它在视网膜上所形成的像要足够大，使视网膜上两个被光刺激的锥体之间要至少有一个不受光或少受光刺激的锥体把它们隔开，否则就分辨不出两点。能看得见的最小视角称为最小生理极限角，通常用分（′）为单位表示视角大小。一般规定最小生理极限角为 0.5′，长时间在低于最小生理极限角下视物，会严重影响视力。

2）对比感度

物体与背景之间的亮度差越大，眼睛就越容易将它与背景区别开来。对一定视角的物体，其物体与背景的最小亮度差叫作临界亮度差，它与背景亮度之比叫作临界对比，而临界对比的倒数称为对比感度。

对比感度与照度、物体大小、观察距离以及眼适应情况等因素有关，对比感度愈大的人能分辨愈小的亮度对比，或者在相同的对比条件下，辨别物体更清楚。视力较好的人，其临界对比约为 0.01，即其对比感度为 100。

3）光强分布与眩光

就光强分布而言，全面照明比局部照明更为可取，因为全面照明可以避免眩光。因此，应将电灯尽可能地均匀分布以避免光强的差异。往返穿梭于光强不一的区域容易导致眼睛疲劳，随着时间的延长，可导致视力下降。

由于亮度分布不适当，或亮度的变化幅度太大，或空间和时间上存在极端的亮度对比，引起不舒适或降低观察物体的能力，或同时产生这 2 种现象的视觉条件，称为眩光。与眩光有关的因素如下：

（1）光源的亮度。直接观看可承受的最大亮度是 7500 cd/m² 。

（2）光源的位置。当光源位于观察者的 45°视角内时易产生眩光，如果将光源放置在这一视角之外眩光则大为降低（图9-17）。

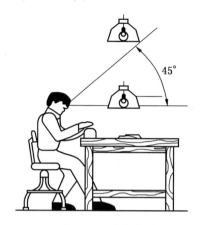

图 9-17　光源位置

光源安装的位置越低或房间越大，眩光就越强，因为在大房间的光源或位置低的光源更容易进入能产生眩光的视角内，如图9-18、图9-19所示。

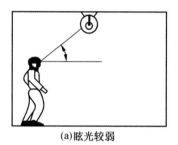

(a)眩光较弱

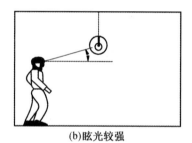

(b)眩光较强

图 9-18　位置越低，眩光越强

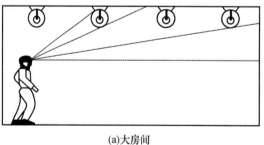

(a)大房间

(b)小房间

图 9-19　房间越大，眩光越强

（3）不同物体表面的亮度分布。视野内物体的亮度差别越大，越容易产生眩光，也越容易降低眼睛的分辨力，因为眩光效应能影响视觉的适应过程。因此要求最大亮度差别最好不要超过如下的值：

视觉作业/工作台表面＝3∶1

视觉作业/周围背景＝10∶1

（4）暴露的时间量级。如果暴露的时间太长，亮度较低的光源也能产生眩光。

4）照度的均匀度与稳定性

工作面上（一般为长宽各在0.75 m范围内）最小照度与平均照度之比称为照度均匀度。照度均匀度小时，使视力调节紧张，易引起视觉疲劳，故规定照度的均匀度应大于0.7。

2. 照明对人体和作业的影响

1）照明与人群健康的关系

（1）对生理功能有影响。光主要通过神经系统影响机体整个内部环境。眼睛对可见光的刺激与反应是很敏感的，甚至很小的刺激就可引起大脑皮层的兴奋过程并形成条件反射。

（2）对心理和情绪的影响。光作为一种信号能显著地作用于劳动者的大脑皮层，直接影响人们的心理活动、情绪状态。如黑暗的环境使人们心情沉闷、阴郁、不安和恐慌，明亮的环境使劳动者心情豁然开朗、兴奋愉快、精神振奋。

（3）对劳动者的行为的影响。工作场所的照度适宜可以增加劳动者的辨识能力，有利于辨别物体高低、深浅、颜色以及相对位置，还可以扩大视野，有利于增加判断反应时间，减少失误判断；相反，照明质量差，照度水平低，使人观察事物吃力，增加能量消耗，恶化眼的调试和会聚能力。

（4）与视觉功能、近视的关系。光是引起视觉的刺激物，光进入视觉器官后，使人们产生视知觉，即光感觉、形态觉、色觉、立体觉、运动觉的综合。光刺激的强度决定着视觉，劳动者的视觉功能直接与照明的质量有着密切关系。

2）照明与作业的关系

（1）照明与疲劳。合适的照明能提高近视力和远视力。因为在亮光下，瞳孔缩小，视网膜上成像更为清晰，视物清楚。当照明不良时，需反复努力辨认，易使视觉疲劳，工作不能持久。眼睛疲劳的自觉症状有：眼球干涩、怕光、眼病、视力模糊、眼充血、出眼屎、流泪等。视觉疲劳还会引起视力下降、眼球发胀、头痛以及其他疾病而影响健康，并会引起工作失误和造成工伤。

（2）照明与事故。事故的数量与工作环境的照明条件有密切的关系。事故统计资料表明，事故产生的原因是多方面的，但照度不足则是重要的影响因素，视觉疲劳是产生事故和影响工效的主要原因。人眼在亮度对比过大或物体及其周围背景发出刺目和耀眼光线时，即在眩光状况下，会因瞳孔缩小而降低视网膜上的照度，并在大脑皮层细胞间产生相互作用，使视觉模糊。眩光在眼球介质内散射，也会减弱物体与背景间的对比，造成不舒适的视觉条件，进而导致视觉疲劳。良好的照明使人感到舒适，并能调整人的精神状态，进而提高工作效率。

照明条件不好时，视觉疲劳增加，劳动生产率下降；当照度逐渐增加时，视觉疲劳也逐渐减少，劳动生产率随之增长（在1200 lx以下表现明显）。此外，不良照明还会影响人的情绪，降低人的兴奋性与积极性，照度过低或炫目都会使人感到不愉快，容易疲劳，影响工作效率。

（三）不良照明的预防措施

1. 积极提高照度水平，保证作业环境适宜的照度

选用合适的照明器具，定期维护照明设备，合理配置光源、增加灯具数量。

2. 提高照明的质量，防止炫目、照度不均匀及频闪效应

1）充分利用自然光

日光是最好的光源，其光谱成分最适宜于人的视觉功能，作业环境利用更多的日光有助于改善光线的分布，消除或减弱阴影。

擦净窗户，增加玻璃的透光性；扩大窗户的面积或将窗户设于较高的位置；工人工作或机器放置的地点，尽可能选择在能够更多吸收日光的地方；在车间天花板上安装半透明材料制造的天窗。

2）限制炫目

限制光源的亮度，可用半透明材料减少光源亮度或遮住直射光线；灯具要有适度悬挂高度与必要的保护角（最好为45°）。还可适当提高环境亮度，减少亮度对比。

3）照度的均匀性

通过合理的灯具布置保证照度的均匀性，并注意边行灯至场边的距离保持在 $L/2\sim L/3$ 之间（L 为灯具间距）。灯具的布置可采用棋盘式和直角式，对于一般工作来说，有效工作面大体为 30 cm×40 cm，在这个工作面范围照度的差别应不大于10%。

4）采取适当措施对生产性照明进行光学控制

（1）遮挡措施。将灯安装在一个有开口的不透明的罩内，通过遮挡控制光线输出，提高局部照明的效果。

（2）反射措施。应用反射表面将分散的光线被收集并反射到需要的地方。这种控制方法比遮挡法更有效。

（3）漫反射措施。将灯安装在半透明的灯罩内，光源外观的体积增大，但其亮度也降低了。实际应用的散光罩吸收了灯发出的部分光线，相应降低了照明系统的效率。

（4）折射措施。应用棱镜效应，使光线"弯曲"，射向所需的方向。这一方法特别适用于室内一般照明，既具有控制眩光的作用，又有较高的效率。

5）避免频闪效应的影响

荧光灯在交流电源作用下，随着电流的增减，光通量发生相应变化，容易引起频闪效应。将光通量波动深度控制在25%以下，可避免频闪效应的产生。

6）提高被观察物体与其背景之间的对比度

从理论上讲，作业周围环境的照明最好是逐渐降低，以避免强烈的对比。视野内的观察对象、工作面和周围环境之间亮度比最好为5：2：1，最大容许亮度比为10：3：1。如果工作场所照度水平要求不高（如150~300 lx），则视野内的亮度差别对视觉工作影响较小。

7）正确使用光源方向

一般情况下劳动者总是习惯于光线来自前上方，但对于检验等工作，光源的方向尤为重要。如检验瓶装液体，应该让光线从瓶底方向射入；检验印制电路板，应该让光线从边

缘方向射入。

3. 合理进行照明设计

首先要充分了解生产工艺和工人活动的特点与要求，并参照已建厂房的调查情况与效果，结合当前电力供应和经济情况，以《建筑采光设计标准》和《建筑照明设计标准》为依据，通过充分讨论研究，再提出比较合理的照明设施方案。

人工照明设计时，要考虑到的因素，如作业区要求的照度、视野内亮度的分布、作业或观察对象的大小与反射率、作业或观察对象与周围环境亮度对比、工作中容许观察的时间、个体特征使设计方案更趋合理。

4. 优化照明

合理运用色彩调节生产现场的照明，优化照明效果，可降低劳动者的视觉疲劳。

不同的色彩环境对劳动者的生理和心理会产生不同的刺激作用，从而对劳动者的生产效率带来不同的影响。因此，在生产现场营造适宜的色彩环境，对天花板、墙壁、地板、过道、设备、工作台等施以适当的色彩装饰，使置身于其中的劳动者感到舒适、愉快、安全、精神振奋、精力集中，是保障劳动者的身心健康、提高生产效率的一条重要途径，也是搞好生产现场管理的一个重要手段。

5. 推行健康照明

健康照明是一种有利于人类、环境和社会健康发展的照明，它不仅涉及物理学、化学、生物学知识，而且还要研究生理学、心理学、气象学和计算机科学等相关科学，尤其与光度学、色度学、视觉科学和照明科学技术关系更为密切。

健康照明要求做到照明技术与艺术的统一，满足生理和心理健康的需求。健康照明设计不仅要考虑被照面上照度、眩光、均匀度、阴影、稳定性和闪烁等照明技术问题，而且还要处理好紫外辐射、光谱组成、光色、色温等对人的生理和心理的作用。

第十章 个 体 防 护

第一节 个体防护用品的概念及分类

一、个人防护用品基本概念

1. 防护

防护是指利用各种器材、设施，采取各种措施，避免生产、检修、抢险等作业过程中，有毒有害物质、辐射等各种不利因素对人员和装备的毒蚀破坏。

2. 个体防护

个人防护是指利用个体防护用品的阻隔、封闭、吸收、分散等的作用，保护人体机体的局部或全身免受外来的侵害。

3. 个体防护用品

个体防护用品是指作业人员在生产活动中，为安全和健康，为防御物理、化学、生物等外界因素伤害人体或职业性毒害而穿戴和配备的各种物品的总称，亦为个人劳动防护用品或个体劳动保护用品。

个体防护用品分为特种个体防护用品和一般个体防护用品。

防护护品的功能原理是使用一定的屏蔽体或系带、浮体，采取隔离、封闭、吸收、分散、悬浮等手段，保护劳动者的机体或全身免受外界危害因素的侵害。护品供劳动者个人随身使用，是保护劳动者不受职业危害的最后一道防线。当劳动安全卫生技术措施尚不能消除生产劳动过程中的危险及有害因素，达不到国家标准、行业标准及有关规定，也暂时无法进行技术改时，使用护品就成为既能完成生产劳动任务，又能保障劳动者的安全与健康的唯一手段。

个人使用的职业病防护用品是指劳动者在职业活动中个人随身穿（佩）戴的特殊用品，这些用品能消除或减轻职业病危害因素对劳动者健康的影响。

二、个人防护用品分类

1. 按用途分类

个人防护用品按用途分，可分为防止伤亡事故的个人防护用品和预防职业病的个人防护用品。

1）以防止伤亡事故为目的的个体防护用品

主要包括：

（1）防坠落个体防护用品：如安全带、安全网等。

（2）防冲击个体防护用品：如安全帽、防冲击护目镜等。

（3）防触电个体防护用品：如绝缘服、绝缘鞋、等电位工作服等。

（4）防机械外伤个体防护用品：如防刺、割、绞碾、磨损用的防护服、鞋、手套等。

（5）防酸碱个体防护用品：如耐酸碱手套、防护服和靴等。

（6）耐油个体防护用品：如耐油防护服、鞋和靴等。

（7）防水个体防护用品：如胶制工作服、雨衣、雨鞋和雨靴、防水保险手套等。

（8）防寒个体防护用品如防寒服、鞋、帽、手套等。

2）以预防职业病为目的的个体防护用品

主要包括：

（1）防尘个体防护用品：如防尘口罩、防尘服等。

（2）防毒个体防护用品：如防毒面具、防毒服等。

（3）防放射性个体防护用品：如防放射性服、铅玻璃眼镜等。

（4）防热辐射个体防护用品：如隔热防火服、防辐射隔热面罩、电焊手套、有机防护眼镜等。

（5）防噪声个体防护用品：如耳塞、耳罩、耳帽等。

2. 以人体防护部位分类

（1）头部防护个体防护用品。如防护帽、安全帽、防寒帽、防昆虫帽等。

（2）呼吸器官防护个体防护用品。如防尘口罩（面罩）、防毒口罩（面罩）等。

（3）眼面部防护个体防护用品。如焊接护目镜、炉窑护目镜、防冲击护目镜等。

（4）手部防护个体防护用品。如一般防护手套、各种特殊防护（防水、防寒、防高温、防振）手套、绝缘手套等。

（5）足部防护个体防护用品。如防尘、防水、防油、防滑、防高温、防酸碱、防震鞋（靴）及电绝缘鞋（靴）等。

（6）躯干防护个体防护用品，通常称为防护服。如一般防护服、防水服、防寒服、防油服、放电磁辐射服、隔热服、防酸碱服等。

（7）护肤个体防护用品。用于防毒、防腐、防酸碱、防射线等的相应保护剂。

第二节 个体防护用品的管理

一、配置管理

（1）一般用人单位应当按照《个体防护装备选用规范》（GB/T 11651—2008）和国家颁发的个体防护用品配备标准以及有关规定，为劳动者配备个体防护用品。

（2）煤矿单位应当按照《煤矿职业安全卫生个体防护用品配备标准》（AQ1051—2008）为劳动者报备个体防护用品。

（3）用人单位应当安排用于配备个体防护用品的专项经费。

（4）用人单位不得以货币或者其他物品替代应当按规定配备的个体防护用品。

（5）用人单位为从业人员提供的个体防护用品，必须符合国家标准或者行业标准，不得超过使用期限。

（6）用人单位应当督促、教育从业人员正确佩戴和使用个体防护用品。

二、采购管理

（1）用人单位的计划部门每月初按照个体防护用品消耗定额，并结合生产实际编制出月度采购计划，报行政主要负责人审批。

（2）用人单位的物资部门根据采购计划，并对仓库常规的个体防护用品设定月度合理库存量，结合库存量合理安排采购。

（3）用人单位应明确个体防护用品采购的责任单位和监督部门。

采购人员应严格按采购计划的要求，以及个体防护用品质量标准按时进行采购，做到竞标采购，所采购的个体防护用品质量和性能必须符合国家标准或行业标准，特种个体防护用品必须具有安全生产许可证、产品合格证和安全鉴定证；一般个体防护用品，应该严格执行其相应的标准。

用人单位不得采购和使用无安全标志的特种个体防护用品；购买的个体防护用品须经本单位的安全生产技术部门或者管理人员检查验收。

（4）用人单位应明确个体防护用品验收的管理部门，审核个体防护用品供货厂家资质、产品质量检验资料，监事会和工会组织督促检查。

三、库存管理

（1）用人单位应设立个体防护用品专用贮存库，各仓库具体负责个体防护用品保管、出入库和日常管理工作，保证个体防护用品的贮存安全，防止腐烂变质，如有库存不足、品种不全等情况，要及时报告安排采购。

（2）个体防护用品采购后，交由验收的管理部门进行检验，合格后及时办理入库手续，仓库管理人员做好个体防护用品的入库验收工作。

（3）仓库管理人员负责核对发票，清点数量，在确认物资名称、规格、材质、数量符合要求后方可办理入库手续。

（4）仓库管理人员在个体防护用品入库验收时，发现个体防护用品的名称、规格、数量不符合要求的或不符合审批规定的，有权予以拒收。

（5）仓库管理人员对物资、台账必须按规定项目填写，日清月结，凭单入账并做到账、物、卡相符。

（6）仓库管理人员应准确掌握库存个体防护用品动态并及时报送库存动态表，确保收支与结存保持平衡。

（7）仓库管理人员应对库存个体防护用品进行不定期检查，并做好适当防潮，防腐等保养工作。对有保管期限的物资，须在到期之前及时通知相关部门进行处理。

四、发放管理

（1）个体防护用品发放标准和使用周期，根据国家相关法规和相关标准的规定执行。

（2）凡是从事多种作业或在多种劳动环境中作业的劳动者，应按其主要作业的工种和劳动环境配备个体防护用品。

（3）生产、安全、保卫等部门的管理人员，应根据其经常进入的生产区域，配备相应的个体防护用品。

（4）用人单位应有公用的安全帽、工作服等个体防护用品供外来人员（参观、学习、检查等）临时使用。公用个体防护用品的应保持整洁、卫生，专人保管。

（5）个体防护用品的领取、发放程序应做出明确规定。

五、使用管理

1. 个体防护用品的正确选择

针对防护要求，正确选择性能符合要求的个人防护用品，绝不能选错或将就使用，特别是不能以过滤式呼吸防护器代替隔离式呼吸防护器。

过滤式呼吸防护器将空气中有害物质予以过滤、净化，一般用于空气中有害物质浓度不很高，且空气中的含氧量不少于18%的场合。机械过滤式主要为防御各种粉尘、烟或雾等质点较大的有害物质的口罩，常称为防尘口罩。

在戴手套感到妨碍操作的情况下，防护膏膜常用于防护皮肤污染，特别是有机化合物（如各种溶剂、油漆和染料等）不但能经皮肤进入体内，且常引起职业性皮肤病。

2. 教育和训练

用人单位新工人上岗前安全教育，要专门进行有关正确使用和保养个体防护用品的培训。对于结构和使用方法较复杂的用品，如呼吸防护器，应对使用的劳动者进行反复训练和培训，确保其正确使用。对劳动者应加强正确使用个体防护用品的教育，使劳动者掌握使用个体防护用品的目的和意义。

3. 个体防护用品使用

劳动者在作业过程中，必须按照安全生产规章制度和个体防护用品使用规则，正确佩戴和使用，未按规定佩戴和使用个体防护用品的不得上岗作业。

4. 维护和保养

耳塞、口罩、面具等用后应以肥皂清水洗净，并以药液消毒、晾干。净化式呼吸防护器的滤料要定期更换，药罐在不用时应将通路封塞，以防失效。防止皮肤污染的工作服，用后应即集中洗涤。

5. 报废处理

个体防护用品必须按照国家要求和产品有效期内使用，超出安全防护期限不得继续使用，应立即报废，由企业回收统一处理。

六、监督管理

用人单位应对个体防护用品的各项管理工作全面监督。

（1）对制度建立和完善情况的监督。用人单位应当建立健全个体防护用品采购、验收、保管、发放、使用、报废等各个环节的管理制度。

（2）管理过程监督。主要包括：①个体防护用品管理相关法律、法规和标准的执行情况；②用人单位个体防护用品的专项经费的保障情况；③个体防护用品使用的培训情况；

④个体防护用品的配置标准执行情况；⑤个体防护用品采购、库存管理情况；⑥个体防护用品的发放情况；⑦个体防护用品的使用情况；⑧监督结果的处理等。

用人单位对企业个体防护用品管理监督检查所发现的问题，有权要求其责任单位限期整改，并依照相关规章、制度对责任者进行责任追究和处罚。

第三节 个体防护用品的选用

一、个体防护用品的选用原则

个人防护装备的门类品种繁多、涉及面，正确选用是保证劳动者安全、健康的前提。

1. 掌握职业病危害的因素、类别

应根据工作环境和性质确定作业类别，并详细了解作业过程中可能出现的职业性危害因素。

2. 规范选择生产厂家

结合生产厂家提供的产品性能、数据进行选择和确认。应选购有生产许可证、安全鉴定证的个人防护用品、装备。

3. 必须符合法规标准

个体防护用品有一定的使用期限，具体可根据不同作业工种对产品的磨蚀、产品使用过程中防护功能的降低受损以及耐用情况确定。当符合下述条件之一时，个人防护装备应予报废，不得继续使用：

（1）不符合国家标准、行业标准或地方标准的。

（2）未达到上级安全生产监督管理机构根据有关标准和规程所规定的功能指标的。

（3）在使用或保管贮存期内遭到损坏或超过有效使用期，经检验未达到原规定的有效防护功能最低指标的。

4. 充分发挥护品作用

劳动防护用品的作用是使用一定的屏蔽体、过滤体、系带或浮体，采取阻隔、封闭、吸收、分散、悬浮等手段，保护人体的局部或全部免受外来的侵害。因此，劳动防护用品首先应穿着舒适、便于操作，不影响工作效率，在满足防护功能的条件下，尽量使其外观优美大方。劳动防护用品本身不得损害佩戴者的身体器官。

对于特种防护服，目前尚未有国家技术（产品）标准。暂执行相应的地方技术（产品）标准。在防护服中，使用最普遍的是防机械外伤服，主要是起屏蔽作用。国家标准要求在结构设计上尽可能避免有松散部位，并做到"三紧"（领口紧、下摆紧、袖口或裤角紧），以防刮绞造成伤害。同时，要求服装的面料必须具有一定的耐磨强度、裂断强度和抗撕强度等主要机械性能。

服装的缝合部位能承受一定的拉力，对其施加拉伸载荷 29.4 N 时，缝合部位应无脱线、断线现象。对于特殊用途的防护服，如防静电、防酸碱、阻燃及隔热服等，除应满足于上述技术要求外，其特殊防护功能还要符合相应的技术（产品）标准的要求。

二、头部防尘用品

头部防尘用品主要是防尘帽，也叫防尘头罩，通常由头罩、披肩组成。在作业环境不是很恶劣的场所，防尘帽通常与防尘眼镜和防尘口罩配合使用，其目的是防止粉尘进入。防尘帽面料的选择范围比较广泛，可以根据企业的经济效益，选择不同档次的纯棉或化纤面料。

三、呼吸器官防护

呼吸护具按防护用途分为防尘、防毒和供氧3类；按作用原理分为净化式、隔绝式2类。呼吸防护用品是预防尘肺和职业中毒等职业病的重要产品。主要产品有自吸过滤式防尘口罩、过滤式防毒面具、氧气呼吸器、自救器、空气呼吸器、防微粒口罩等。

1. 自吸过滤式防尘口罩

自吸式过滤式防尘口罩是靠佩戴者的呼吸力量克服部件的阻力，用于防尘的一种净气过滤式呼吸防护器，其包括自吸过滤式简易防尘口罩和自吸过滤复式防尘口罩。简易防尘口罩分为无呼气阀和有呼气阀2种，前者吸气和呼气都通过滤料进行，如图10-1a所示；后者吸气和呼气分开，如图10-1b所示。复式防尘口罩是由滤尘盒、呼气阀和吸气阀、头带、半面罩等组成，其吸气和呼气有分开的通道，如图10-1c所示。

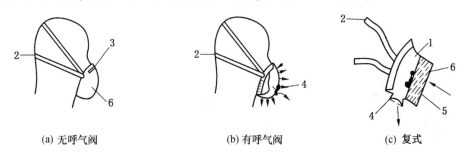

(a) 无呼气阀　　　　　　　(b) 有呼气阀　　　　　　　(c) 复式

1—面罩底座；2—头带；3—调节阀（可选）；4—呼气阀；5—吸气阀；6—滤料（过滤器）

图10-1 自吸过滤式防尘口罩示意

防尘口罩的作用是阻止粉尘吸入，因此口罩的选择主要考虑其阻尘效率，尤其是对5 μm以下的呼吸性粉尘的阻隔效率。这主要与口罩滤料的主要性能有关。

（1）滤料的纤维细度。以纤维直径的大小表示滤料的纤维细度，单位为微米。一般用于防尘口罩的滤料纤维直径以小于5 μm为好，现在常用的丙纶超细纤维的直径为4.0 μm，过氯乙烯超细纤维滤料的纤维直径小于2 μm。纤维的细度与阻尘效率成正相关，即纤维越细，阻尘效率越高。

（2）滤料的组织结构。与滤料的制作工艺有关，目前合成纤维无纺滤料的成型工艺主要有针刺法、直接喷射法、黏结法、热熔法等。而多采用的是热熔喷射成型法，用这种方法可以采用2种或2种以上的不同纤维材料复合成型，提高阻尘效率，又比较松软，透气性能好。

（3）滤料的荷电性。滤料带静电量的大小与阻尘效率成正相关性，即静电荷量越大，阻尘效率越高。当粉尘通过滤料时主要受到 4 种阻止作用：若其粒径大于滤料纤维间的空隙时，粉尘碰撞在滤料表面，由于惯性和力的反作用而改变方向，沉降和粘附在滤料的表层，即碰撞截留；滤料纤维上有毛刺，当粉尘经过滤料时，被纤维上的毛刺勾住，阻止粒子穿透，即勾住效应；多层过滤滤料是由超细纤维互相搭接编织成网，而且是多层次的"三维结构"，当粉尘通过滤料时被层层截留；滤料带有静电荷，对相当极性的粉尘粒子会产生排斥作用，而对异性粉尘粒子则产生吸附作用以捕捉粉尘，即静电效应。

2. 自吸过滤式防毒面具

自吸过滤式防毒面具是靠佩戴者自身的呼吸为动力，将污染的空气吸入到过滤器中经净化后的无毒空气供人体呼吸。根据结构不同，可分成导管式防毒面具和直接式防毒面具 2 类。前者又称隔离式防毒面具，是由将眼、鼻和口全遮盖住的全面罩、滤毒罐和导气管等部件组成，如图 10-2a 所示；后者由全面罩或半面罩直接与滤毒罐（小型）或滤毒盒相连接，如图 10-2b、图 10-2c 所示。小型滤毒罐重 300 g，中型滤毒罐 300~900 g，大型滤毒罐重 900~1400 g，滤毒盒重 200 g。

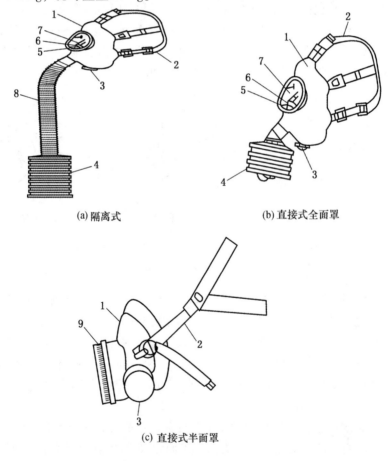

(a) 隔离式　　　　　　(b) 直接式全面罩

(c) 直接式半面罩

1—面罩；2—头部系带；3—排气阀；4—滤毒罐；5—吸气阀；6—隔障；
7—目镜；8—导管；9—滤毒盒

图 10-2　防毒口罩

（1）活性炭吸附。活性炭是用木材、果实和种子烧成的炭，再经蒸气和化学药剂处理制成。这种活性炭具有不同大小孔隙结构的颗粒，当气体或蒸气在活性炭颗粒表面或微孔容积内积聚时，这种现象称为吸附。这种吸附是逐渐进行的，直到气体或蒸气充填活性炭的微孔容积，即完全饱和，气体和蒸气才可以穿透活性炭床层（厚度）。活性炭孔隙的内表面越大，活性越大，吸附毒气和蒸气效率也越高。

（2）化学反应。是指用化学吸收剂与有毒气体和蒸气产生化学反应净化空气的方法。根据不同的毒气和蒸气采用不同的化学吸收剂，产生分解、中和、络合物、氧化或还原等反应，详见表10-1。

表10-1　化学吸附剂与毒气（蒸气）的主要化学反应

吸收毒气和蒸气的化学反应	毒气和蒸气	吸　收　剂
遇水分解和中和加水分解的产物	酸性毒气和蒸气、酸蒸气和卤酸酐等	苛性碱、碱金属氧化物和弱酸碱性盐
用酸性吸收剂中和	氨	酸、弱酸盐、弱碱和强酸的盐
吸收和产生络合物	氢酸及其衍生物、氨	氢氧化物和重金属盐
氧化和中和氧化物	砷化合物、一氧化碳、氢酸和硫化氢	过氧化物、酸和盐
还原	卤化物、氯和溴	硫代硫酸盐、亚硫酸盐、重金属低价盐

（3）催化剂作用。例如用霍加拉特为催化剂将一氧化碳变成二氧化碳的过程，其催化反应发生在霍加拉特的表面上。当水蒸气与霍加拉特作用时，其活性降低，降低的程度取决于一氧化碳的温度和浓度大小。温度越高，水蒸气对霍加拉特的影响越小。因此，为了防止水蒸气对霍加拉特的作用，在一氧化碳防毒面具中，用干燥剂来防湿，把霍加拉特置于两层干燥剂之间。

国标《过滤式防毒面具通用技术条件》中就自吸过滤式防毒面具的面罩、滤毒罐、导气管、面具部件的连接、制作材料等方面进行了诸多技术规定。

3. 隔离式呼吸器

隔离式呼吸器又分为送风式和压气式2类。送风式有手动送风、电动送风和自吸式长管呼吸器3种；携气式有空气呼吸器和氧气呼吸器2种。

1）送风式防毒面具

（1）手动送风机呼吸器由全面罩、吸气软管、背带和腰带、空气调节袋、导气管和手动风机等部件组成，如图10-3所示。手动送风呼吸器的特点是不要电源，送风量与转数有关；面罩内由于送风形成微正压，外部的污染空气不能进入面罩内。手动送风呼吸器在使用时，应将手动风机置于清洁空气场所，保证供应的空气是无污染的清洁空气。由于手动风机需要人力操作，体力强度大，需要2人一组轮换作业。

（2）电动风机送风呼吸器由全面罩、吸气软管、背带和腰带、空气调节袋、流量调节装置、导气管、风量转换开关、电动送风机、过滤器和电源线等部件组成，其结构如图10-4所示。电动送风机呼吸器的特点是使用时间不受限制，供气量较大，可以供1～5人

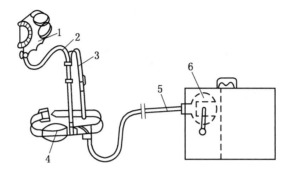

1—全面罩；2—吸气软管；3—背带和腰带；4—空气调节袋；5—导气管；6—手动风机

图10-3　手动送风呼吸器

使用，送风量依人数和导气管长度而定。电动送风机呼吸器有防爆型和非防爆型2类，在使用时应将风机放在清洁和含氧量大于18%的地点，非防爆型不能用于有甲烷气体、液化石油气及其他可燃气体浓度可能超过爆炸极限的危险场所。

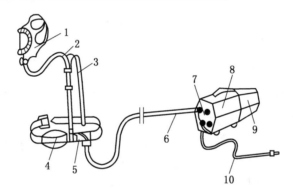

1—全面罩；2—吸气软管；3—背带和腰带；4—空气调节袋；5—流量调节器；6—导气软管；
7—风量转换开关；8—电动送风机；9—过滤器；10—电源线

图10-4　电动送风机呼吸器结构示意

（3）自吸式长管呼吸器由面罩、吸气软管、背带和腰带、导气管、空气输入口（过滤器）和警示板等部分组成，如图10-5所示。自吸式长管呼吸器的特点是将导气管的一端固定于新鲜无污染的场所，另一端与面罩连接，依靠佩戴者自己的肺动力（呼吸肌的收缩）将清洁的空气经导气管、吸气软管吸进面罩内。

这种呼吸器是靠自身的肺动力，在呼吸的过程中不能总是维持面罩内为微正压，如在面罩内压力下降为微负压时，就有可能造成外部污染的空气进入面罩内。因此，这种呼吸器不宜在毒物危害大的场所使用。此外，导气管的长度不宜太长，阻力在30 L/min时为186~196 Pa。导气管（软管）的阻力大小与长度、管的直径和内壁状况（如光滑）等有关。

2）压气式呼吸器

压气式呼吸器由空气压缩机或高压空气瓶经压力调节装置将高压降为中压后，把气体通过导气管送到面罩供佩戴者呼吸的一种保护用品，主要有恒量式、供给式和复合式3种。

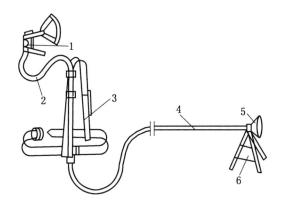

1—面罩；2—吸气软管；3—背带和腰带；4—导气管；5—空气输入口（过滤器）；6—警示板

图 10-5　自吸式长管呼吸器示意

（1）恒量式压气呼吸器将来自压缩空气管道或高压空气瓶或空气压缩机的空气，通过空气导管、吸气软管送到面罩供佩戴者使用。设有流量调节装置，可以根据需要调节送气量。还装有过滤压缩空气中的粉尘和油雾的过滤器，如图 10-6 所示。

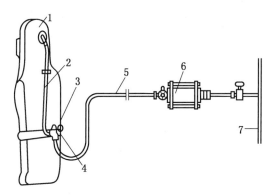

1—防护罩；2—吸气软管；3—流量调节装置；4—腰带；5—导气管；6—过滤器；7—压缩空气管

图 10-6　恒量式压气呼吸器示意

（2）供给式压气呼吸器由面罩、肺力阀、软管接合部、背带和腰带、导气管和空气压缩机等部分组成，如图 10-7 所示。这种呼吸器的特点是用肺力阀根据佩戴者呼吸的需要量调节送气量。

（3）复合式压气呼吸器有 2 个高压空气容器瓶，当由于某种原因发生中断送气时，能将供气源换成小型高压空气容器，通过肺力阀吸入压缩空气。

3）自给式呼吸器

（1）自给式空气呼吸器可分为正压式和负压式 2 类，用于抢险作业救援的分别用 RPP 和 RNP 标记，用于逃生自救的分别用 EPP 和 ENP 标记。其型号标志不同，储气量不同。型号标志为 6、8、12、16、20、24 时，其额定储气量分别为 600 L、600～800 L、800～1200 L、1200～1600 L、1600～2000 L、2000～2400 L。自给式空气呼吸器通常由高压空气瓶、输气管、面罩等部件组成。使用时，压缩空气经调节阀由瓶中流出，通过减压装置将压

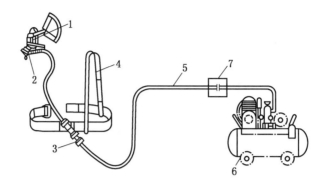

1—面罩；2—肺力阀；3—软管接合部；4—着装带（背带和腰带）；5—空气导管；6—空气压缩机；7—过滤器

图 10-7　供给式压气呼吸器

力减到适宜的压力供佩戴者使用。通常高压空气瓶的压力由 1.47×10^7 Pa 减到 $2.94 \times 10^5 \sim$ 4.9×10^5 Pa。人体呼出的气体从呼气阀排出。

根据供气方式不同，空气呼吸器又可分成动力型和定量型（又称恒量型）。动力型是以肺部呼吸能力供给所需空气量，定量型是在单位时间内定量地供给空气。定量型空气呼吸器又有 2 种产品，一是适用于气态的环境，另一种是适用于液态的环境。适用于液态环境的定量型空气呼吸器结构示意如图 10-8 所示。

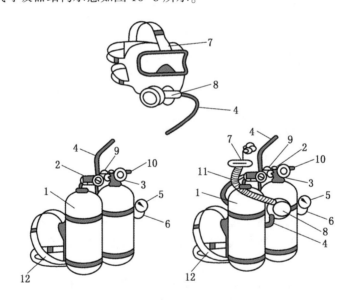

1—压缩空气钢瓶；2—钢瓶阀；3—减压器；4—中压连接管；5—压力表；6—压力表管；7—面具；
8—定量阀；9—警报装置；10—备用阀；11—呼吸软管；12—背带

图 10-8　用于液态环境定量型空气呼吸器结构示意

（2）氧气呼吸器由佩戴者自行携带高压氧气、液氧或化学药剂反应生成氧气作为气源的一类呼吸器。

一般的氧气呼吸器包括：全面罩、口鼻罩、鼻夹、呼吸软管（压力软管、导管）、固定装置（背带等）、呼吸袋、氧气瓶（容器或罐）等部件。

高压氧气呼吸器除了上述部件外，还必须有：气体需量阀、气瓶阀、压力表（或压力显示器）、隔离阀、逸流阀（单一需气型选用）、连续流量阀、连续流量减压阀（用于单一需气型）、二氧化碳吸收剂等部件。

液氧呼吸器除了氧气呼吸器所需要的部件外，还必须有吸气阀和呼气阀、二氧化碳吸收剂和逸流阀。

化学生氧呼吸器除了氧气呼吸器所需要的部件外，还必须有显示器、逸流阀。

隔绝式正压氧气呼吸器在产品基本参数、气密性和零部件等方面应符合相应的技术规范要求。

4）呼吸防护用具使用和维护要点

（1）呼吸防护用具使用要点：①呼吸防护用具在使用前应检查其完整性、过滤元件的适用性、电池电量、气瓶气量等，符合有关规定才允许使用；②进入有害环境前，应先佩戴好呼吸防护用具，对于密合型面罩，使用者应做佩戴气密性检查，以确认密合；③不允许单独使用逃生型呼吸器进入有害环境，只允许从中离开；④若呼吸防护用具同时使用数个过滤元件（如双过滤盒），应同时更换；若新过滤元件在某种场合迅速失效，应考虑所用过滤元件是否适用；⑤除通用部件外，在未得到产品制造商认可的前提下，不应将不同品牌的呼吸防护用具的部件拼装或组合使用；⑥在缺氧危险作业中使用呼吸防护装备，应符合国标《缺氧危险作业安全规程》的规定；⑦在立即威胁生命和健康的环境下使用时，若空间允许，应尽可能由两人同时进入危险环境作业，并配备安全带和救生索；在作业区外至少应留一人与进入人员保持有效联系，并应备有救生和急救设备；⑧在低温环境下使用时，全面罩镜片应具有防雾或防霜的能力；供气式呼吸器或携气式呼吸器使用的压缩空气或氧气应干燥；使用携气式呼吸器应了解低温环境下的操作注意事项；⑨供气式呼吸防护用具使用前应检查供气源的质量、气源不应缺氧，空气污染浓度不应超过国家有关的职业卫生标准或有关的供气空气质量标准；供气管接头不允许与作业场所其他气体导管接头通用；应避免供气管与作业现场其他移动物体相互干扰，不允许碾压供气管。

（2）呼吸防护用具的维护要点：①使用携气式呼吸器后，应立即更换用完的或部分使用的气瓶或呼吸气体发生器，并更换其他过滤部件，更换气瓶时不允许将空气瓶与氧气瓶互换；②使用者不得自行重新装填过滤式呼吸防护用具的滤毒罐或滤毒盒内的吸附过滤材料，也不得采取任何方法自行延长已经失效的过滤元件的使用寿命；③个人专用的呼吸防护用具应定期清洗和消毒，非个人使用的每次用后都应清洗和消毒；④不应清洗过滤元件，对可更换过滤元件的过滤式呼吸防护用具，清洗前应将过滤元件取下；⑤若需使用广谱清洗剂消毒，在选用消毒剂时，特别是需要预防特殊病菌传播的，应先咨询呼吸防护装备生产者和工业卫生专家；应特别注意消毒剂生产者的使用说明；⑥呼吸防护用具应储存在清洁、干燥、无油污、无阳光直射和无腐蚀性气体的地方；若不经常使用，应将其放入密封袋内储存；储存时应避免面罩变形，且防毒过滤元件不应敞口储存；⑦所有紧急情况和救援使用的呼吸防护用具应保持待用状态，并置于管理、取用方便的地方，不得随意变更存放地点；⑧在每次使用呼吸防护用具时，使用密合性面罩的人员应首先进行佩戴气密性检查，以确定使用人员面部与面罩之间有良好的密合性；若检查不合格，不允许进入有害环境。

四、眼、面部和听觉器官防护

眼部的防护主要用防护眼镜，其有防异物的安全护目镜和防光的护目镜 2 种。前者是防御有害物伤害眼睛的产品，如防冲击眼护目镜和防化学药剂护目镜等；后者是防御有害辐射线伤害的产品，如焊接护目镜和炉窑护目镜、防激光护目镜和防微波护目镜等产品。

面部防护主要用防护面罩，其有安全型和遮光型 2 种。前者是防御固态的或液态的有害物体伤害眼面的产品；后者是防御有害辐射线伤害眼面的产品。

听觉器官的防护主要用护耳器，它是避免噪声过度刺激人耳的器件。听力保护用品最常见的有耳塞和耳罩 2 类，其中耳塞又包括反复使用和丢弃式 2 种。

1. 眼部防护

（1）防冲击眼护具是用来防止高速粒子（大、小）对眼睛冲击的伤害。主要是大型切削、破碎、清砂、木工、建筑、开山、凿岩、各种机械加工等行业的工人使用。防冲击眼护具的种类较多，大体可分为眼镜、眼罩。眼镜分为普通眼镜和带侧护罩的眼镜，眼罩分为敞开式和密闭式，敞开式眼罩又有无边和有边的 2 种。眼护具使用无色透明材料，可见光透过率在 89% 以上，镜片有一定强度，受外来冲击力不至于因异物冲击使镜片破碎而造成眼睛伤害。材料有塑胶、有机玻璃、钢化玻璃及双层玻璃胶合片、金属丝网等，镜架采用不易燃烧的乙酸纤维制作。

（2）焊接眼护具由镜架（镜框）、滤光片和保护片等部件构成。生产焊接护目镜应按国标《焊接眼面防护具》要求进行。其技术性能要求包括材料、结构、规格、视野、光学性能、非光学性能等多个方面。

2. 面部防护

（1）焊接防护面罩由观察窗、滤光片、保护片和面罩等部分组成，其产品应符合国家标准《职业眼面部防护焊接防护 第 1 部分：焊接防护具》（GB/T 3609.1—2008）的规定。按照国家标准《个人用眼护具技术条件》（GB 14866—2006），焊接面罩分为手持式、头戴式、安全帽与面罩连接式、头盔式等形式。该类产品的技术要求包括材料、结构、重量及规格、滤光片和保护片性能、材料阻燃性能等方面。

（2）防热辐射面罩由面罩和头罩组成。其产品应符合《炉窑护目镜和面罩》规范的规定。按其式样可分为头戴炉窑热辐射面罩、全帽面罩连接式和头罩式防热面罩 3 种。

头戴炉窑热辐射面罩其面罩为有机玻璃制成，头带可用红钢纸板或塑料制成；全帽面罩连接式的有机玻璃面罩与安全帽前部用螺栓连接，可以上下掀动，不仅防热辐射，还防异物冲击和防头部伤害；头罩式防热面罩由面罩、头罩和披肩构成，有全封闭式和半封闭式 2 种。头罩式面的头罩和披肩应用阻燃面料制作，在有热辐射的环境应选白色或喷涂金属的材料制成，其反射热辐射性能较好。面罩若是全有机玻璃制成，应表面镀金属或贴金属薄膜，反射热辐射的效果和隔热效果更好。观察窗的滤光片可用镀金属膜无机玻璃或镀膜有机玻璃制作。头罩式防热辐射面罩多用于有热辐射、火花飞溅的作业场所。

防热辐射面罩的产品性能应符合《炉窑护目镜和面罩》规范的规定。用金属镀膜制作的面罩主要是反射红外线辐射，屏蔽效率可达到 98%。在炉前使用除降辐射热外，还可保护眼面免受异物的伤害。如果以有机玻璃为基片的镀膜片，可在有机玻璃片外再覆以一层普通无机玻璃片为保护片，以达到提高耐温性和抗摩擦性，能在 165 ℃以下环境作业较长时期。

3. 听觉器官防护用品

听力防护用品（耳塞、耳罩等）应符合的技术要求：与耳部的密合要好；能有效地过滤噪声；佩戴时感觉舒适；与其他防护用品能良好地配合；外形美观，不影响通话，不遮掩危险声信号且经济耐用；必须经国家指定的监督检验部门进行检验，取得合格证后。

1）耳塞

是插入外耳道内，或置于外耳道口处的护耳器。其产品质量应符合护耳器—耳塞的国标规定。耳塞的种类按其声衰减性能可分为防低、中、高频声耳塞和隔高频声耳塞。按使用材料可分为纤维耳塞、塑料耳塞、泡沫塑料耳塞和硅橡胶耳塞。

2）耳罩

是由压紧每个耳郭或围住耳郭四周而紧贴在头上遮住耳道的壳体所组成的一种护耳器。耳罩壳体可用专门的头环、颈环或借助于安全帽或其他设备上附着的器件而紧贴在头部，如图 10-9 所示。

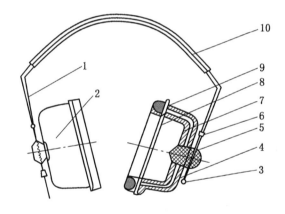

1—头环；2、4—耳罩的左右外壳；3—小轴；5—橡胶塞；6—羊毛毡（吸声材料）；

7—泡沫塑料（吸声材料）；8—垫板；9—密封垫圈；10—护带

图 10-9 耳罩结构

头环是用来连接两个耳罩壳体，具备一定夹紧力的佩戴器件。耳罩壳体是用来压紧每个耳郭或围住耳郭四周而遮住耳道的具有一定强度和声衰减作用的罩壳。耳垫是覆在耳罩壳体边缘上和人头接触的环状软垫。

在耳罩的结构上，要求其头环弹性适中，长短应能调节，佩戴时没有压痛或明显的不舒服感，高度应在 112~142 mm 可调，壳体必须能在相互垂直的两个方向上转动；耳垫必须是可更换的，接触皮肤部分应无刺激，且能经受消毒液的反复清洗，耳垫材料必须柔软，具有一定的弹性，以增加耳罩的密封和舒适性。

3）听力防护用品选择和使用要点

目前在耳塞类听力防护用品中，国际上较流行的是一种具有慢回弹性的泡沫制的耳塞，它具有携带存放方便、降噪效果好的优点，并且能适合不同人的耳道，佩戴时感觉舒适。耳罩类产品也向多样性发展，有的可以直接与安全帽配合使用，有的可防震，有的可折叠等。听力防护用品使用应注意以下几点。

（1）使用耳塞时，要先将耳郭向上提拉，使耳甲腔呈平直状态，然后手持耳塞柄，将耳塞帽体部分轻轻推向外耳道内，并尽可能地使耳塞体与耳甲腔相贴合。但不要用劲过猛过急或插得太深，以自我感觉适度为止。耳塞戴后感到隔声不良时，可将耳塞稍微缓慢转动，调整到效果最佳位置为止。佩戴泡沫塑料耳塞时，应将圆柱体搓成锥形体后再塞入耳道，让塞体自行回弹、充满耳道。佩戴硅橡胶自行成型的耳塞，应分清左右塞，不能弄错，放入耳道时，要将耳塞转动放正位置，使之紧贴耳甲腔内。

（2）使用耳罩时，应先检查罩壳有无裂纹和漏气现象，佩戴时应注意罩壳的方向，顺着耳郭的形状戴好；佩带时应将连接弓架放在头顶适当位置，尽量使耳罩软垫圈与周围皮肤相互密合，如不合适时，应移动耳罩或弓架，调整到合适位置为止。

（3）无论戴用耳罩还是耳塞，均应在进入有噪声车间前戴好，在噪声区不得随意摘下，以免伤害耳膜。如确需摘下，应在休息时或离开后，到安静处取出耳塞或摘下耳罩。耳塞或耳罩软垫用后需用肥皂、清水清洗干净，晾干后再收藏备用。橡胶制品应防热变形，同时撒上滑石粉贮存。

（4）实现听力的有效防护必须计算护听器的 SNR 值（单值噪声降低数）：①依据 A 声级噪声选择。根据作业场所 A 声级噪声 L_A 检测结果选择护听器，要求护听器的 SNR 值乘以 0.6 后应大于噪声超标值。通常，使用者佩戴护听器实际接触噪声值在 75~80 dB 最为理想；②依据 C 声级噪声选择。根据现场 C 声级噪声 L_C 监测结果选择护听器，即以 L_C 减去护听器的 SNR 值后应大于噪声超标值。

五、躯体防护用品

（一）对防护服的一般要求

躯体的防护主要采用防护服。防护服可分为特种防护服和一般防护服 2 种。特种防护服是指在直接危及劳动者安全健康的作业环境中穿用的各类能避免和减轻职业危害的防护服，其专用性较强，如防静电工作服、阻燃防护服等；一般防护服是指防御普通伤害和脏污的各行业穿用的工作服。对防护服的一般要求如下：

（1）防护服装的功能首先取决于所选用的面料。防护服的面料应满足：一是应具备防护性能，二是应具备能作为服装用性能，其两者兼备才能起到防护作用。防护性能是指服装面料对危害因素的抗御能力及这种能力的持久性。它随危害性质的不同而又具体体现在若干个项目的指标要求上，面料的防护性能是综合性的指标。服装用性能是指材料制作服装的可能性和穿着、使用过程中所表现出的特征。制作的防护服装面料要求具有良好的透气及吸湿性能，以调节和保持人体的热平衡，不致让穿用人员过多地失热或蓄热，要达到一定的舒适性能；在可能条件下，防护服的面料要尽量做到色泽大方，手感良好。

（2）防护服装的型号、款式、性能等因素在工作过程中应符合安全要求。防护服型号选择应本着穿着美观、合体，并与工作过程中的灵活、安全性科学地结合起来，在安全的前提下，增加防护服的美感。款式结构尽量避免有松散的部分，以防产生勾、挂、绞等现象；防护服的袖口与下摆，都应为紧口式，以免在操作中被机械卷入，袖口周围不应有易被机械勾挂的扣、带；口袋的位置应注意选择或不要口袋，避免机械勾挂，防止在发生事故时手刚巧放在口袋内不能更好地保护自己。

（二）防护服

1. 一般防护服

一般防护服根据其结构又可分为上下身分离式、衣裤（或帽）连体式、大褂式、背心、背带裤、围裙、反穿衣等款式。一般防护服应符合国标《一般防护服》的规定，其技术性能要求包括面料和辅料的性能要求、型号尺寸、针距密度、缝制工艺、成品外观、成品色差等诸多方面。

2. 特种防护服

1）防静电工作服

防静电工作服是为了防止衣服的静电积累，用防静电织物为面料而缝制的工作服。防静电工作服的防护效果关键在于防静电织物的性能，其次还要考虑使用环境，因为不同类型的防静电织物，在使用环境相同的条件下，其抗静电效果是会有差异的。

（1）防静电织物的分类。防静电织物按其制造工艺不同，可分为两大类：第一类是通过后整理工艺获得的防静电织物。主要用抗静电剂对织物表面进行处理，使抗静电剂通过热处理发生交连而固着，或通过树脂载体而粘附在织物表面，从而达到抗静电效果。这种方法工艺流程短、投资少、见效快。第二类是通过织造工艺直接获得的防静电织物。其织造工艺又有 2 种：一种是在涤纶或锦纶聚合物的内部添加抗静电剂；另一种是以各种纤维为基础的织物中织入导电纤维，从而使织物达到防静电效果。

（2）防静电织物的抗静电机理。防止静电积聚的措施是通过一定的途径尽快传导物体上的静电荷，使其分散或泄漏出去。目前用于绝缘体的防静电措施有物体导电化、物体亲水化和环境高温化 3 种。选用抗静电剂进行树脂整理和在涤纶或锦纶聚合物内部添加抗静电剂的方法获得的防静电织物，是采用亲水性树脂或离子型表面活性剂等，依靠吸湿达到减少织物表面电阻，增强导电能力，促使静电荷较容易传导泄漏和分散。这与环境湿度有关，当相对湿度较低时静电传导能力较弱，耐久性较差。用导电纤维的织物是利用物体导电化的方法，不受环境的影响，耐久性好，是目前主要发展方向。

导电纤维防止静电起电的原理和利用电晕放电消除静电的原理基本相同。只是放电"尖端"不是针状电极而是导电纤维，所选择的导电纤维的纤度越细，表面越粗糙和空起部位越多，越容易产生电晕型尖端放电。当人体穿着含导电纤维织物的工作服接触大地时，电阻值很小的导电纤维靠近带电体（织物中非导电纤维），电力线向导电纤维集中，在导电纤维周围形成强电场，发生电晕放电将局部空气击穿，产生的正负离子中和带电体上电荷极性相反的离子，极性相同的离子通过导电纤维利用带电体的电场自身放电，达到消除静电的目的。当人体穿着含导电纤维的工作服与大地绝缘时，意味着导电纤维也不接地。带电体产生静电时，电荷向导电纤维汇聚，导电纤维感应出与带电体上电荷极性相反的电荷，这些电荷在导电纤维附近局部空间产生电场并使这部分空气电离产生电晕放电，电晕放电产生的正负离子与带电体所带电荷极性相反，离子移向织物，与织物所带电荷中和而消除静电。因此，应选择含导电性良好的导电纤维面料制成防静电工作服。

（3）防静电工作服的防护性能。防静电服装应全部使用防静电织物，不使用无防静电功能的衬里。如必须使用这种衬里（衣袋、加固布等）时，衬里的露出面积应占全部防静电服内面露出面积的20%以下；超过20%（如防寒服或特殊服装）时，应做成面罩与衬里为可拆式，当需要时，可将没有防静电能力的衬里拆下。

（4）防静电工作服的使用要求如下：①凡是在正常情况下，爆炸性气体混合物连续地、短时间频繁地出现或长时间存在的场所及爆炸性气体混合物有可能出现的场所，可燃物的最小点燃能量在 0.25 mJ 以下时，应穿用防静电服；②禁止在易燃易爆场所穿脱防静电服；③禁止在防静电服上附加或佩戴任何金属物件；④防静电服还应与防静电鞋配套使用，同时地面也应是导电地板；⑤防静电服应保持清洁，保持防静电性能，使用后用软毛刷、软布蘸中性洗涤剂刷洗，不可损伤服料纤维；⑥穿用一段时间后，应对防静电服进行检验，若防静电性能不符合标准要求，则不能再作为防静电服使用。

2）防酸工作服

防酸工作服是从事酸作业人员采用的具有防酸性能的工作服，它是用耐酸织物或橡胶、塑料等防酸面料制成。在结构上应满足领口紧、袖口紧和下摆紧，并且不能有明兜，如做兜则必须加兜盖等制作要求。防酸工作服产品根据材料的性质不同分为透气型防酸工作服和不透气型防酸工作服 2 类。前者用于中、轻度酸污染场所的防护，产品有分身式和大褂式 2 种款式；后者用于严重酸污染场所，有连体式、分身式和围裙等款式。

防酸面料的防护功能是通过整理工艺、改变织物纤维表面的特性获得的。一般液体滴在固体表面，由于液体和固体的表面张力及液体和固体间的相互作用，使液滴形成各种不同的形状，如图 10-10 所示。当接触角 $\theta = 180°$ 时，液滴为珠状，是一种理想的不湿润状态。

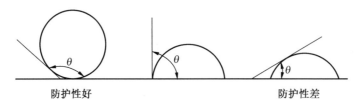

防护性好　　　　　　　　　　　　　　　防护性差

图 10-10　液滴的形状

由于两相间总会存在一些粘附作用，接触角等于 180°的情况从未发生过，只能获得近似情况，如 160°更大一些。当 $\theta = 0°$ 时，液滴在固体表面铺平，为固体表面被液滴湿润的极限状态，一般没经过整理的织物与液体接触时均处在这一状态。对织物表面进行整理，使接触角 θ 尽量增大，这使液体在织物表面总处在珠状，以达到不湿润不粘附的目的。

使用防酸工作服之前应检查是否破损，并且只能在规定的酸作业环境中作为辅助用具使用；穿用时应避免接触锐器，防止受到机械损伤；橡胶和塑料制成的防酸服存放时应注意避免接触高温，用后清洗晾干，避免暴晒，长期保存应撒上滑石粉以防粘连；合成纤维类防酸工作服不宜用热水洗涤、熨烫，避免接触明火。

六、手足部及其他部位防护用品

（一）手（臂）足部防护用品

手（臂）的防护用品按防护部位分为防护手套和防护袖套 2 类。前者主要用来保护肘以下（主要是腕部以下）手部免受伤害。按其形状可分为五指手套、三指手套、连指手套、直型手套和手型手套等；按使用特性可分为带电作业用绝缘手套、耐酸（碱）手套、焊工手套、橡胶耐油手套、X 射线手套、防水手套、防机械伤害手套、防震手套、防静电手套、防热辐射手套、电热手套、防微波手套和防切割手套等。后者是用以保护前臂或全臂免遭伤害的。按其使用特性可分为防辐射热袖套和防酸碱袖套。

足部防护用品主要为防护鞋，其中对应用场所危害因素较大的防护鞋统一称为特种防护鞋；对危害因素不显现的防护鞋统称为常规防护鞋。国家对特种防护鞋的生产、经营非常重视，建立了许可证制度，并强制要求按照国家强制性标准《防护鞋通用技术条件》执行。防护鞋按防护功能可分为工业用防护鞋、林业安全鞋、铸造及类似热作业用安全鞋、建筑等高处作业用安全鞋、搬运和修理工等工种用的安全鞋、采矿鞋等。

1. 手（臂）防护用品

1）带电作业用绝缘手套

这是作业人员在交流电压 10 kV 及以下电气设备（或相应电压等级的直流电气设备）上进行带电作业时，戴在手上起电气绝缘作用绝缘手套。其产品型号、外型尺寸和技术要求应符合国标《带电作业用绝缘手套通用技术条件》的规定。该类手套按照在不同电压等级的电气设备上使用，又可分为 1 型、2 型、3 型 3 种。其中，1 型用于 3 kV 及以下电气设备上工作，2 型用于 6 kV 及以下电气设备上工作，3 型用于 10 kV 及以下电气设备上工作。电绝缘手套的最重要技术要求是其绝缘特性。对 1 型，交流试验电压为 10 kV，最低耐受电压为 20 kV；对 2 型，交流试验电压为 20 kV，最低耐受电压为 30 kV；对 3 型，交流试验电压为 30 kV，最低耐受电压为 40 kV。

2）耐酸碱手套

该类手套主要用来预防酸、碱等伤害手部，其质量应符合技术规范《耐酸（碱）手套（AQ 6102—2007）》的规定。耐酸碱手套的主要技术性能是手套的不泄漏性和耐渗透性能。前者要求手套在（10±1）kPa 压力下，不准有漏气现象发生；后者应进行耐渗透性试片试验和成品试验，并符合相应技术要求。

3）焊工手套

焊工手套是防御焊接时的高温、熔融金属和火花烧灼手的个人防护用具。其采用牛、猪绒革或二层革制成，按指型不同分为二指型（A）、三指型（B）和五指型（C）3 种。焊工手套产品的技术性能应符合《焊工手套》技术标准规定。

4）防静电手套

防静电手套是由含导电纤维的织料制成，另一种是用长纤维弹力腈纶编织手套，然后在手掌部分贴附聚氨酯树脂，或在指尖部分贴附聚氨树脂或手套表面有聚乙烯涂层。含导电纤维的手套是使积累在手上的静电很快散失，而有聚氨醋或聚乙烯涂层的手套主要是不易产生尘埃和静电。这些产品主要用于弱电流、精密仪器的组装、产品检验、电子产业、印刷、各种研究机关的检验工作等。

5）耐高温阻燃手套

耐高温阻燃手套是用于冶炼炉或其他炉窑工种的一种保护手套。一种是用石棉为隔热层，外面衬以阻燃布制成手套；另一种是用阻燃的帆布为面料，中间衬以聚氨酯为隔热层；还有一种是手套表面喷涂金属，耐高温阻燃还能反射辐射热。手套有两指式和五指式2种，分大号、中号和小号3个规格，可供不同的人选用。

6）防护袖套

其中防辐射热套袖有石棉套袖和铝膜布隔热套袖2种。前者长660 mm，袖口直径200 mm，用于高温炉窑等高温有辐射的场所；后者长595 mm，袖口直径195 mm，用于高温炉窑及有强辐射的作业环境。防水、化学腐蚀套袖有胶布套袖和塑料套袖2种，均适用于与水、酸碱和污物等接触的作业。

防护手套的品种还有很多，应根据防护功能、防护对象仔细选用，如耐酸碱手套、有耐强酸（碱）的、有只耐低浓度酸（碱）等的，不能乱用，以免发生意外。防水、耐酸碱手套使用前应仔细检查，观察表面是否有破损。简易办法是向手套内吹气，用手捏紧套口，观察是否漏气，若漏气则不能使用。

橡胶、塑料等类防护手套用后应冲洗干净、晾干，保存时避免高温，并在制品上撒上滑石粉以防粘连。绝缘手套应定期检验电绝缘性能，不符合规定的不能使用。接触强氧化酸（如硝酸、铬酸等）容易造成防护手套发脆、变色、早期损坏，高浓度的强氧化酸甚至会引起烧损，应注意观察。乳胶手套只适用于弱酸、浓度不高的硫酸、盐酸和各种盐类，不得接触强氧化酸（硝酸等）。

2. 足部防护用品

1）防护鞋

保护足趾安全鞋是用皮革或其他材料制成，并在鞋的前端装有金属或非金属的内包头，可以承受一定的力量，能保护足趾免受外来物体打击伤害的鞋。按照国际标准ISO8782.1的定义，只有鞋的前部能承受200 J能量的冲击叫安全鞋，而承受冲击100 J能量的叫保护鞋。

防护鞋的结构和部件如图10-11所示，且有低帮、高腰、半筒和高筒等款式。在对防

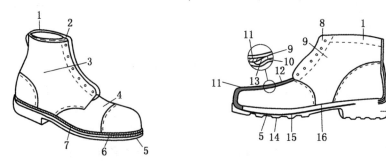

1—鞋口；2—舌头；3—1/4部分；4—补片；5—外底；6—中底；7—羽状线；8—护面；9—帮；10—衬里；
11—内包头；12—补片衬里；13—泡沫片；14—齿；15—防刺穿垫；16—内底；17—跟

图10-11 防护鞋的结构和部件

护鞋进行设计时，应根据人体足部的生理卫生学要求对鞋底、鞋帮、鞋后跟等进行正确设计。防护鞋在鞋的耐压力、抗冲击力、内包头的耐压力和抗冲击性能等方面应符合有关安全技术规范要求。

防护鞋（靴）的类型较多，应根据不同的作业场所选用，防护鞋（靴）的使用见表10-2。

表10-2 防护鞋（靴）的选用

防护鞋类型	选用及使用范围
防油防护鞋	用于地面积油或溅油的场所作业
防水防护鞋	用于地面积水或溅水的作业场所作业
防寒防护鞋	用于低温作业人员的足部保护，以免受冻伤
防刺穿防护鞋	用于足底保护，防止被各种尖硬物件刺伤
防砸防护鞋	前包头有抗冲击材料，防坠落物砸伤脚部
炼钢防护鞋	用于防烧烫、刺割，耐高温，能承受一定静压力和耐一定温度、不易燃，适用于冶炼、炉前、铸铁等

2）防静电鞋和导电鞋

防静电鞋是既能消除人体静电积聚又能防止250V以下电源电击的防护鞋，它分为防静电皮鞋和防静电布面胶底鞋2种。导电鞋具有良好的导电性能，可在短时间内消除人体静电积聚，只能用于没有电击危险场所的防护鞋，它也分为导电皮鞋和导电布面胶底鞋2种。防静电鞋和导电鞋的各种产品在其电阻值、物理力学性能等技术方面应符合国家标准《个体防护装备职业鞋》（GB 21146—2007）的规定。

（1）防静电鞋和导电鞋都有消除人体静电积聚的作用，可用于易燃易爆作业场所。防静电鞋要与防静电服同时穿用才能更有效地消除静电。防静电鞋和导电鞋在穿用时，不应同时穿绝缘的毛料厚袜及绝缘鞋垫。

（2）防静电鞋、导电鞋在穿用过程中，一般不超过200 h应进行鞋电阻值测试一次，如果电阻不在规定的范围内，则不能作为防静电鞋或导电鞋继续使用。

（3）防静电鞋和导电鞋应经常保持清洁，保证防静电或导电性能不被减弱。因此，在使用后应及时刷洗，刷洗时要用软毛刷、软布蘸酒精或不含酸、碱的中性洗涤剂，避免机械或化学性损伤。

（二）其他防护用品（护肤用品）

护肤品分为防水型、防油型、皮膜型、遮光型和其他用途型5类。各类产品应符合国家标准《劳动护肤剂通用技术条件》（GB/T 1341—2006）的规定。护肤产品的卫生指标应符合表10-3的规定。

表10-3 护肤用品中微生物和有毒物质限量

序号	指　标	限量
1	细菌总数/(个·mL^{-1})	＜1000
2	粪大肠菌群/(个·mL^{-1})	不得检出

表10-3(续)

序号	指　标	限量
3	绿脓杆菌/(个·mL^{-1})	不得检出
4	金黄色葡萄球菌/(个·mL^{-1})	不得检出
5	汞/10^{-6}	<1
6	铅(以铅计)/10^{-6}	<40
7	砷(以砷计)/10^{-6}	<10
8	甲醇/10^{-6}	0.002

1. 防护膏

其主要是由基质与充填剂2部分组成。基质为膏的基本成分，一般为流质、半流质和脂状物质，其作用是增加涂展性，即对皮肤的附着性，从而能隔绝有害物质的侵入。充填剂决定防护膏的防护效能，具有针对性。采用不同的充填剂可获得不同的防护膏。常见的防护膏有以下几种。

(1) 亲水性防护膏采用硬脂酸、碳酸钠、甘油、香料和水适当比例配合而成。其特点是防护膏含油成分较少，若用后不盖紧盒盖，时间较长会因水分蒸发而使防护膏变硬固化。亲水性防护膏对防御机油、矿物油、石蜡油等引起的痤疮有一定效果。

(2) 疏水性防护膏含油脂较多，在皮肤表面形成疏水性膜，堵塞皮肤毛孔，能防止水溶性物质的直接刺激。膏的成分常用凡士林、羊毛脂、蓖子油、鲸蜡、蜂蜡为基质；用氧化镁、次硝酸铋、氧化锌、硬脂酸镁等为充填剂，从其中选用几种适宜比例配合制成。疏水性防护膏能预防酸、碱、盐类溶液对皮肤所引起的皮炎。由于这类防护膏含油性成分较多，有一定粘附性，因此不宜在有尘毒的作业环境中使用。

(3) 遮光护肤膏。有些物质粘附在皮肤上时，经光线照射后会引起皮肤发炎和刺痛，这种经光线照射后助长对皮肤刺激反应的化学物质叫光敏性物质，如沥青、焦油等。遮光防护膏不仅要防光敏物质附着于皮肤上，而且还应有遮断光线的作用，遮断光线的物质有氧化锌、二氧化钛等，主要是利用这些物质为白色能反射光的原理；另一类物质是对光有吸收作用，如盐酸奎宁、柳酸苯酯、阿地平等。前者的遮光效果较好，只是用料较多，防软膏呈白色，涂抹在脸上呈现一层白粉，有碍雅观。

需要注意，遮光防护膏的基质不宜采用凡士林、植物油或其他能溶解光敏物质的油脂，避免皮肤对毒物吸收引起不良反应。

(4) 滋润性防护膏近来加入蜂王浆、珍珠粉等类物质，以增加滋润皮肤的功效。对预防和治疗酸碱、水、各种溶剂引起的皲裂和粗糙均有好的效果。

2. 护肤霜

护肤霜产品主要用于预防和治疗皮肤干燥、粗糙、皲裂及职业性皮肤干燥。特别适用于接触吸水性或碱性粉尘、能溶解皮脂的有机溶剂和肥皂等碱性溶液，也特别适用于露天、水上作业等工种。

特效护肤霜的主要成分是水解明胶，这是一种易于被人体吸收的高蛋白，其分子量小，溶解力强，易于被人体吸收。它含有 18 种氨基酸，其中缬氨酸、亮氨酸、异亮氨酸、赖氨酸、苏氨酸、丙氨酸、蛋氨酸等 7 种是人体不可缺少的氨基酸。它还含有一般蛋白质中不常见的烃基赖氨酸，并且脯氨酸和烃基脯氨酸含量特别多，约占总量的 2/5，这对于皮肤、毛发具有很好的保湿和营养作用。水解明胶也有保护胶体性质及较强的掩蔽作用，对刺激物有缓冲作用，是较理想的防护剂基料。

3. 皮肤清洗剂

有皮肤清洗液和皮肤干洗膏 2 种。前者是用硅酸钠、烷基酸聚氧化烯（10）醚、甘油、氯化钠、香精等原料适量比例配合而成，对各种油污和尘垢有较好的除污作用，对皮肤无毒、无刺激且能滋润皮肤、防糙裂、除异味，适用于汽车修理、机械维修、机床加工、钳工装配、煤矿采挖、石油开采、原油提炼、印刷油印、设备清洗等行业；后者是在无水情况下去除皮肤上油污的膏体。

4. 皮肤防护膜

又称隐形手套。这种皮肤防护膜附着于皮肤表面，阻止有害物对皮肤的刺激和吸收作用；同时有些配方能对有机溶剂、清漆、树脂胶类引起的皮炎有一定预防作用。但不能防酸碱类溶液。近来还有一种防护膜产品含有广谱杀菌剂对氧甲酚，能杀灭常见病菌，其有效保护时间可达 4 h，在 4 h 之内经多次洗涤后不用重新涂抹，适用于各行各业人员使用，预防汽油、柴油、机油、涂料及其他无腐蚀性物质对皮肤的伤害。

第四节　尘毒个体防护

个人防护是根据尘毒从呼吸道、皮肤及消化道侵入人体的 3 条途径而采取的相应防护措施。劳动者的个人防护中呼吸系统防护最重要，其次是皮肤防护，消化道防护一般比较容易。

一、消化道防护

防止尘毒从消化道进入劳动者人体的措施主要是加强管理和职业卫生教育，严格按照操作规程执行。

注意在有尘毒场合不饮食、饮水、吸烟、班后淋浴、漱口、更衣，饭前洗脸洗手，工作衣帽隔离存放，定期清洗，即可防止毒品从消化道进入人体。

常年专业接触尘毒的劳动者要定期进行身体检查，以便对人身中毒早期发现，及早治疗。

二、皮肤防护

皮肤防护主要是穿用防护服、手套、口罩、防护鞋、靴等，有时根据毒物性质涂布防护油膏等。

1. 眼睛防护

在有粉尘及有毒化学物质的作业场所，防护眼睛的器具主要有护目镜和防护面罩。

（1）护目镜。防有害液体护目镜主要用来防止酸、碱等液体及其他危险液体与化学药品所引起眼的伤害。镜片用普通玻璃制作，镜架不宜用金属制作，以免受到腐蚀。防灰尘、烟雾及各种有毒气体的护目镜必须密闭，遮边无通风孔，与脸部接触严密，镜架要能耐酸、碱。这种护目镜适合有轻微毒性或刺激性不太强的情况下使用。在毒性较大的情况下，应与防毒面具一起使用。

（2）防护面罩。用于保护面部和脖颈免遭有害气体、液体及尘毒的危害。面罩上设置有观察窗，所使用的材料必须透明，没有伤痕和变形，重量轻，不易燃烧。

防有害液体飞溅面罩主要用来防止酸、碱等腐蚀性液体损伤面部，大部分用有机玻璃制成。防灰尘、烟雾及各种有毒气体面罩适用于毒性较小或刺激性不太强的作业场合，戴上面罩很热，因而最好能用导气管送风。

（3）护目镜与面罩的选择。护目镜、面罩的宽窄和大小要恰好适合使用者要求，过松易滑落，起不到防护的作用，过紧会造成头痛与不适，影响工作。对护目镜和面罩要经常进行检查和保养，应根据不同的工种使用不同品种的防护面罩。

2. 手的防护

劳动者进行生产作业主要是用双手操作，手要经常处于危险之中。因此，必须使用防护手套加以保护。

（1）防护手套应该尽量不妨碍手的功能，使作业能顺利进行。防护手套必须根据作业条件设计其大小、厚度、手指的粗细、长度以及制作手套的材料。特别要考虑手在作业时的握力，因手在操作时，拇指与其他四指必须相对行动，拇指在生理机能上起着重要作用。为了尽量发挥手的功能，所使用的手套必须要有与防护它们相适应的形状。

（2）制作的手套不仅要考虑手指的形状，还要有足够的长度，使之能遮盖住衬衣或工作服的袖口，不要让手腕裸露出来。如果手套不能达到这种长度，则在作业时，会使有毒有害药剂飞沫溅入袖内，使作业人员受到伤害；手套的开口不能开得太大，手腕的地方制成松紧式为好。

（3）使用手套时，必须对工件、设备及作业情况进行分析，选择合适材料制作操作方便的手套，方能起到防护手的作用。手接触化学药品或者溅上药品飞沫，就有受到被药品烧伤的危险，需要使用防化学药品手套。这种手套的制作材料有天然橡胶、合成橡胶或乳胶，必须根据所涉及的药品种类，对制作手套材料的性质（如抗磨损性、耐穿透性、耐热性、柔软性等）进行研究后选择使用。现在一般多采用一次性的乳胶手套，可以免除清洗的麻烦，但要注意其强度。在从事接触危险性大或剧毒化学物品时，还应选用结实耐用的橡胶手套。

（4）为便于握住器皿，应采用五指手套。手套上如果有气孔，药品就会由此而渗入手套内。检查的方法：在使用前，应从手套口吹入空气，使它稍微鼓胀，再从手套口开始折叠，看有无漏气现象，这样就会很快知道手套的好坏。

（5）对需要精细调节的作业，戴手套不便操作；对于使用钻床、铣床和传送机旁和具有夹挤危险的地方操作人员若使用手套，有被机械缠住或夹住的危险，这种场合禁止使用手套。

3. 脚的防护

在有尘毒的作业环境，脚的防护主要是穿用相应的防护鞋、袜、靴等。

4. 全身防护

在产生有害气体的工厂或者高温作业的现场,有时需要对劳动者的整个人体进行防护。在这种情况下,要防护人体就必须使用防护工作服。例如,在接触火焰、高温、熔融金属,腐蚀性化学药品或低温作业中,都需要穿戴工作服来保护整个身体。在尘毒作业场所可以选用:

(1) 全身防护型工作服。它是由头罩或盔式头罩、送风管、净化器和上下连接的衣服组成。

(2) 防毒工作服。它由头巾(帽)、上衣和下装组成,袖口和下摆用松紧带系紧。

(3) 耐酸工作服,它是用耐酸性的衣料制成的工作服。

三、呼吸防护

在存在有害气体、蒸气或粉尘的生产作业现场,需要对劳动者进行呼吸系统的防护。用于保护呼吸系统的防护器具按其作用原理可分为过滤式防护和隔断式防护器具2大类。

(一) 粉尘防护

粉尘防护用品包括防止有害粉尘、烟雾、金属粉末以及在空气悬浮的微细颗粒等吸入呼吸器官而使用的防尘面罩和口罩。其原理是借助于过滤器的作用,以滤除空气中含有的粉尘、烟雾以及金属粉末,使微细颗粒不致进入人体肺部。在使用时要根据粉尘、烟雾以及金属粉末的种类,选用适用于作业现场情况的防尘用品。个人防尘用品种类很多,可分为过滤式和隔离式2大类。

1. 过滤式粉尘防护

被粉尘污染的空气经过滤净化后供劳动者呼吸。过滤式防尘用品分为自吸式和送风式2种。自吸式是依靠人体呼吸器官吸气,如各种防尘口罩等;送风式则是利用微电机抽吸染尘空气,如送风口罩、送风面罩、送风头盔、送风帽等。

1) 自吸过滤式粉尘防护用品

其形式有20~30种,可分为复式口罩和简易口罩2类。复式防尘口罩阻尘率可高达97~99%,并且呼吸阻力小,佩戴舒服。复式口罩多以高效的过氯乙烯滤布为滤材,用软塑料或橡胶制作主体件。由于主体件的结构尺寸与脸部密合,只要呼吸气阀的密性良好,口罩的阻尘效率就可达99%以上,其阻力约30 Pa。

简易式防尘口罩结构简单,重量轻,阻力小,携带方便,但防尘效果不如复式口罩。简易式防尘口罩的品种很多,按结构形式大致可分为3类。

(1) 直接成型口罩是利用过滤材料在一定条件下的可塑性,将滤料做成与脸型相吻合的口罩,阻尘效率可达97%。

(2) 支架型口罩是以氯伦布为过滤材料制成,由塑料支架、过滤材料、头带等部件组成。适用于一般粉尘作业,阻尘效率在90%以上,这类口罩不能曝晒、火烤,应存放在阴凉通风干燥处。不要挤压,以防变形。

(3) 夹具型口罩以内外塑料件为夹具,将滤料夹在中间而制成,阻尘效率可达98%,阻力为130 Pa。这类口罩妨碍视线小,无效腔小,是比较好的简易式防尘口罩。

2）送风过滤式防尘用品

是采用电动送风的防尘装置而制成，阻尘效率高，戴用舒适，不闷气。其形式有口罩、面罩、头盔之分。

（1）送风口罩。利用微电机抽吸染尘空气，空气经过滤器净化后，通过蛇形管送入口鼻罩供人呼吸。由于采用机械送风，故没有呼吸阻力，使用者感觉比较舒适。

（2）送风头盔由帽盔、面罩、滤尘袋、微电机和电源构成。帽盔用工程塑料制作，面罩根据不同用途采用有机玻璃面罩或电焊式隔热面罩；滤尘袋用织物制成，也可用滤毒材料制成。送风头盔的优点是适用范围广，重量轻，风量大，安全舒适。

2. 隔离式粉尘防护

隔离式防尘用品可将人的呼吸道与染尘空气隔离，由人自行吸入清洁地带的空气，或用自备的空气、氧气呼吸装置供给空气和氧气，也可以由气压机供给新鲜空气。隔离式防尘用品过滤面积大，故吸气阻力小，防尘效率高，隔离式防尘用品有以下几种。

1）自吸隔离式口罩

它是由口鼻罩、排气阀、吸气嘴和头带组成，结构较简单。使用者依靠自身的呼吸器官通过导气管、口鼻罩吸入新鲜空气，适用于一般过滤式口罩不能满足需要的场所。阻力取决于导气管的长度，使用者行动半径不能超过 7 m。

2）隔离式送风口罩

这种口罩的结构型式与自吸隔离式类似，但需要备有过滤器和空气压缩机。其特点是口罩内始终保持正压，呼吸阻力小，口罩连接着管路，使用者活动范围受限。

隔离式送风口罩适用于气溶胶浓度高和使用者短期内暴露不会有生命危险的场所，如罐体、船舱内的喷涂作业场所。一台空压机可同时供几个口罩使用，送风管的允许长度为40 m。因空压机送出的空气中含有油污、水分及杂质，需要用过滤器过滤，滤料可采用滤布、瓷环、焦炭、泡沫塑料、海绵、棉花、医用纱布等。

3）隔离式送风面罩

由头盔、前后披巾、观察窗、送风管，过滤器和空压机组成，主要用于铸件清砂、喷砂除锈、在仓室或容器内电焊等作业。可保护工人面部不被砂粒击伤，免受粉尘危害，也可只用电焊面罩，向罩内送风，不加披巾。

3. 防尘用品的选择

防尘用品的形式很多，需要正确选择才能达到粉尘防护的目的。一般可根据以下方法选择。

（1）根据粉尘的浓度选择。例如，矽尘的最高容许浓度为 2 mg/m³，滤尘口罩的阻尘效率为 99%，这种口罩可以在空气的含尘浓度不超过 200 mg/m³ 的作业场所使用。

（2）根据氧含量和毒性选择。当空气中的氧含量大于 18% 时，采用过滤式防尘用品；当空气中的氧含量小于 18% 时，采用隔离式防尘用品。前者多用于无毒粉尘的作业场所，后者多用于有毒粉尘或伴有毒气的作业场所。

对有毒粉尘和放射性粉尘（如铅烟、铀矿粉尘等）场所，应选用防气溶胶口罩。选择要求参见表 10-4。所选用的防尘、防毒口罩必须经国家指定的部门进行鉴定，达到技术要求方准使用。

表 10-4　根据粉尘毒性选择防尘口罩

粉尘各类	作业名称	要求口罩阻尘率/%
有毒粉尘和放射性粉尘及气溶胶	铍、砷、铅、锰、铀矿等的采选、冶炼	99~99.5
一般毒性粉尘	锡矿等开采，粉碎、电焊、石棉制品等，粉尘浓度在 60~100 mg/m³ 以下	95~99
其他无毒粉尘	含游离二氧化硅 10% 以下的煤尘、水泥尘等，粉尘浓度在 60~100 mg/m³ 以下	90~95

（二）有毒有害气体防护

常用的呼吸系统防毒器具可分为过滤式防毒器具和隔断式防毒器具 2 大类。

1. 过滤式防毒器具

过滤式防毒器具是使被毒气污染的空气先经过滤料将毒气滤除，从而使空气得到净化，然后再被吸入肺内。常用的滤料是活性炭，其孔多，表面积大，对有毒气体进行物理性吸附。将活性炭用化学药剂进行处理，利用其化学吸附滤除毒气，如用于防氨的滤料是用 20% 的硫酸铜水溶液将活性炭进行处理。在使用过滤式防毒器具时，有 2 个限制条件：一是环境的空气要含有足够的氧气，体积浓度应在 18% 以上，以满足呼吸需要；二是空气中毒气浓度不能太高，体积浓度必须在 2% 以下，否则，毒气经过滤后不能全部清除，仍有中毒的危险。这类防毒器具，国内常用的有防毒面具、防毒口罩、防酸防氨纱布口罩等。

1）防毒面具

防毒面具由橡胶面罩、导气管、滤毒罐 3 部分组成。

（1）面罩是橡胶制头盔式面罩，依据头型大小，各厂家生产有 3~5 种型号。每个使用者应根据自己的头型大小选择合适的面罩。面罩戴上后，面罩边缘应与头部密合，气密性好，不漏气，又不太紧，不感到有压迫性头痛，面罩上有眼窗，既保护眼睛又不影响视线。但在冬季，眼窗玻璃片容易出现由呼出气中的水汽形成的水雾，影响视力，最好解决的办法是在玻璃片上涂一层硅油。面罩上有一个阀门，是单向阀。呼气时，单向阀打开，将呼出气排入大气；吸气时，单向阀关闭，气只能经滤毒罐、导气管被吸入。因此，在使用前应检查此单向阀是否失灵。

（2）导气管是一根橡胶制波纹管，长 50 cm 左右；连接滤毒罐与面罩，是吸入气的通道。

（3）滤毒罐有圆柱形或扁圆形铁皮（或塑料）罐，各号滤毒罐的有效防保时间，应当根据使用时的具体条件（如空气温度、湿度、有毒气体浓度和使用者的劳动强度、肺活量大小等）确定。滤毒罐的防毒范围及防护时间见表 10-5，防毒面具使用中应注意：使用时，应根据现场毒物的性质正确选择相应型号的滤毒罐；进入有毒气体污染区域前，应先检查全套防毒面具的气密性，简易方法是戴好防毒面具，用手或橡皮塞堵上滤毒罐的进气孔，深吸气，如没有空气进入，则此套防毒面具的气密性良好，可以使用，否则应修理或更换，才能使用；使用时，一定要注意打开滤毒罐进气孔的橡皮塞，以免使用者窒息；每次使用后，需重新称量滤毒罐的重量，若该罐总重量超过原重量约 20 g，说明罐已失效，应停止使用；使用后，滤毒罐若还没有失效，必须拧上滤毒罐的螺帽盖和进气孔塞上橡皮塞，保持罐子密闭，以免受潮失效。

2）防毒口罩

防毒口罩由橡胶主体、塑料滤毒盒（内装防毒药剂）、呼气阀和系带等组成。

表 10-5 滤毒罐的防毒范围和防护时间

过滤件类型	标色	防护对象	测试介质	4级		3级		2级		1级		穿透浓度/(mL·m⁻³)
				测试介质浓度/(mg·L⁻¹)	防护时间/min	测试介质浓度/(mg·L⁻¹)	防护时间/min	测试介质浓度/(mg·L⁻¹)	防护时间/min	测试介质浓度/(mg·L⁻¹)	防护时间/min	
A	褐	苯、苯胺类、四氯化碳、硝基苯	苯	32.5	≥135	16.2	≥115	9.7	≥70	5.0	≥45	10
B	灰	氯化氰、氯氰酸、氯气	氯氰酸（氯化氰）	11.2 (6)	≥90 (80)	5.6 (3)	≥63 (50)	3.4 (1.1)	≥27 (23)	1.1 (0.6)	≥25 (22)	10
E	黄	二氧化硫	二氧化硫	26.6	≥30	13.3	≥30	8.0	≥23	2.7	≥25	5
K	绿	氨	氨	7.1	≥55	3.6	≥55	2.1	≥25	0.76	≥25	25
CO	白	一氧化碳	一氧化碳	5.8	≥180	5.8	≥100	5.8	≥27	5.8	≥20	50
Hg	红	汞	汞	—	—	0.01	≥4800	0.01	≥3000	0.01	≥2000	0.1
H₂S	蓝	硫化氢	硫化氢	14.1	≥70	7.1	≥110	4.2	≥35	1.4	≥35	10

注：C_3N_3 有可能存在于气流中，（C_3N_3+HCN）总浓度不能超过 10 mL/m³。

按防毒药剂的不同可分为多种型号，各型号防毒药剂的防护性能及其防护对象见表 10-6。

表 10-6 各种防毒药剂防护性能及防护对象

药剂型号	防护对象	试验标准			吸收剂	国家规定安全浓度/(mg·L⁻¹)
		代表性气体与蒸气	浓度/(mg·L⁻¹)	防护时间/min		
1	各种酸性气体、氯、二氧化硫、光气、氧化氮、硝酸、硫的氧化物、卤化氢等	氯	0.31	156	面具 7 号药剂	0.002
2	各种有机蒸气、苯、汽油、乙醚、二硫化碳、四乙基铅、丙酮、四氯化碳、醇类、溴甲烷、氯化氢、氯仿、苯胺类、卤素	苯	1.0	155	面具 3 号药剂	0.05
3	氨、硫化氢	氨	0.76	29	面具 4 号药剂	0.03

表10-6(续)

药剂型号	防 护 对 象	试验标准			吸收剂	国家规定安全浓度/$(mg \cdot L^{-1})$
		代表性气体与蒸气	浓度/$(mg \cdot L^{-1})$	防护时间/min		
4	汞蒸气	汞蒸气	0.013	3160	$CuSO_4 \cdot SH_2O$ 碘化钾及氯处理活性炭	0.00001
5	氢氯酸、氯乙烷、光气、路易氏气	氢氯酸气体	0.25	240	7号、3号面具药剂	0.003
6	一氧化碳	—	—	—	5号面具药剂	0.02
	砷、锑、铅等化合物	—	—	—	1号、6号面具药剂	

　　防毒口罩只适用于有毒气体浓度较低的场所。使用时，必须根据现场的毒气品种选用适当型号的防毒药剂，不能随便代替。在使用中，对有气味的有毒气体，当闻到有毒气体气味时，即防毒药剂失效；对无气味的有毒气体，判断防毒药剂失效的方法，要看安装在滤毒盒里指示纸的变色情况而定。防汞滤毒盒中的指示纸是由乳白色变为橙红色的；防氢氰酸滤毒盒中的指示纸是由乳白色变为灰色的。不透明的滤毒盒，翻开吸气阀看指示纸变色就算失效；透明的滤毒盒，从外面看到指示纸从滤毒盒盖到盒底都变色时，就算失效。发现失效，应立即停止使用，到空气新鲜处更换新的防毒药剂。

　　2. 隔绝式的防毒器具

　　隔绝式防毒器具是使作业人员呼吸的气体与所在的被有毒气体污染的环境完全隔绝。这类防毒器具的最大优点是作业环境空气中毒气浓度无论多么高，都适用。此类防毒器具，国内常用的有氧气呼吸器、化学生氧式防毒面具、蛇管自吸式面具和供气式面具4种。

　　1）氧气呼吸器基本结构：

　　氧气呼吸器由氧气瓶、清净罐、减压器、气囊、导气管和面罩等组成。

　　（1）氧气瓶。贮存氧气，容积为1L，工作压力200 kg/cm²，可供使用2 h。

　　（2）清净罐。内装氢氧化钙吸收剂，是吸收人体呼出气体中的二氧化碳，罐中装吸收剂1.1 kg。

　　（3）减压器。把高压氧气的压力降到2.0~2.5 kg/cm²，使氧气通过定量孔以保持1.3~1.1 L/min的量不断送入气囊中。当定量孔的供氧量不能满足使用时，从减压器腔室可以向气囊送气。

　　（4）气囊。工作人员呼出气经清净罐净化后进入气囊，氧气瓶的氧气经减压器降压后定量进入气囊，两股气混合后供吸入。

　　（5）导气管。有2根波纹管：一根是连接面罩与清净罐，呼出气的通道；另一根是连接面罩与气囊，吸入气的通道。

　　（6）面罩。与防毒面具的面罩相似。

2）氧气呼吸器的工作原理

工作人员从肺部吸出的气体，经面罩、呼气阀、进入清净罐，清净罐的吸收剂吸收呼出气中的 CO_2，其他气体进入气囊；氧气瓶中的氧气经高压管、减压器进入气囊与清净罐出来的气体混合成含氧空气。当工作人员吸气时，含氧空气由气囊经吸气阀、吸气管、面罩而被吸入人的肺部，完成了整个呼吸循环。在这个循环过程中，由于呼气阀、吸收阀是单方向开启的活门，因此整个气流方向始终是沿着一个方向前进。

3）氧气呼吸器的使用注意事项

呼吸器佩戴好后，首先要打开氧气瓶，观察压力表所指示的压力值，压力在 $100\ kg/cm^2$ 以上方能使用，压力太低应更换氧瓶；其次要按手动补给，使气囊内原积存的气体排出去；再次，将面罩戴好后进行几次深呼吸，观察呼吸器内部机件是否良好；最后，确认各部都正常方可进入有毒气体污染区进行工作。

4）化学生氧式面具

化学生氧式面具由生氧药罐、气囊、导气管和面罩等组成。上海橡胶制品二厂生产的"SM-1"化学生氧面具比较新颖，结构紧凑、轻巧，便于携带，安全可靠、坚固耐用。此种面具的特点是利用生氧药（NaO_2）吸收清除呼出气中的二氧化碳和水分，供给氧气。其生氧机理如下：

$$2NaO_2+H_2O \longrightarrow 2NaOH+\frac{3}{2}O_2$$
$$2NaOH+CO_2 \longrightarrow Na_2CO_3+H_2O$$
$$NaOH+CO_2 \longrightarrow NaHCO_3$$

当作业者使用化学生氧式面具时，先深吸一口气，再戴上面罩；呼出气经面罩、呼气阀、导气管进入生氧药罐，清除 CO_2，H_2O，生成氧气，进入气囊。吸气时，气囊气经吸气阀、导气管，进入面罩被吸入肺内；由于呼气阀、吸气阀都是单向活门，整个气流方向始终沿着一个方向前进。化学生氧式面罩使用时间长短，是根据生氧药罐装入生氧药剂的多少而定。据计算装入 $500\ g$ 过氧化钠（NaO_2）的生氧药罐，中等体力强度的劳动可供使用 $1\ h$。

此种面具带有一个定时钟，根据生氧药罐大小定 $0.5\ h$、$1\ h$ 等。在使用时注意定时钟的铃声，铃声一响，表示生氧药剂即将用尽，应立即撤离毒区，否则有窒息危险。

5）自吸式长管面具

是由面罩和长管 2 部分组成。结构简单，使用方便，不用任何药剂等。面罩与防毒面具的面罩相同，长管是 $15\sim20\ m$ 的橡胶波纹管。

自吸式长管面具适用于进入有毒气体存在的贮罐、反应釜内作业或抢救中毒病人。使用时，将长管的进气口放在上风侧空气新鲜的地方，并应有专人监护。监护人应不断将长管进气口贴在耳边，听其"呼呼"的进气声是否正常，若进气声不正常，应立即查找原因，及时排除故障。

6）供气式长管面具

供气式长管面具与自吸式长管面具基本相同。只是长管的进气口接在吹风机的供气箱上，通过长管将新鲜空气正压送到作业者的面罩里。由于是正压送气，长管可以更长，作业者戴上此种面具可以进入更深、更大的毒气污染区域去工作。但使用过程中，一定注意长管切勿受压或打结，以免新鲜空气送不到作业者的面罩里。

3. 防毒器具的选择和使用

在工业生产中，较多的有毒物质主要是通过呼吸道进入人体，而损伤人的生理机能。为了对呼吸器官进行有效的保护，防止有毒物质对人体的损害，就必须根据各种不同的作业现场和具体情况，选择适用的防毒面具。

过滤式防毒器具在使用时有多种条件限制，如要注意滤毒罐的种类及其有效使用时间及范围，空气中的氧气含量不易确定是否能达到18%以上等，因此在有条件的情况下应尽量选用隔绝式防毒器具，比较安全有效。

为了充分发挥防毒面具的作用，确保劳动者的人身安全，应对使用的劳动者进行必要的训练，使他们熟悉所用防毒面具的性能，掌握操作要领，正确地佩戴使用。还要训练使用人员养成减少呼吸频率、进行深长呼吸的习惯，这样可降低佩戴防毒面具时的呼吸阻力，易于适应工作条件。

第五节　噪声个体防护

由于技术或经济上的原因，在声源和传播途径上难以解决的场合，而劳动者又必须处于高噪声环境下坚持工作，佩戴个人防噪声用品是保护劳动者听觉器官不受损伤的重要措施之一。常用的防噪声用品有耳塞、耳罩、头盔等（统称为护耳器），把耳塞塞入外耳道，用耳罩罩起外耳部分，或用头盔把整个头颅密封起来，就可以隔绝外界的强烈噪声。

严格来说，护耳器就是一种隔声措施。一个理想的护耳器必须满足隔声值高、戴起来舒适及对皮肤没有损害作用。此外，还要戴上护耳器后不影响语言交谈，佩戴方便和经济耐用。

一、防噪声耳塞

目前，我国常用的防声耳塞可划分为预模式、棉花耳塞、泡沫塑料耳塞和新型硅橡胶耳塞4种类型。

1. 预模式

预模式是用软橡胶（氯丁橡胶），或软塑料（聚氯乙烯树脂）或泡沫塑料等用模具压制而成。把它塞入外耳道内防止外来声波的侵入，如果选用大小尺寸得当，其高频隔声量很大，在刺耳的高频声为主的车间（如球磨机、铆接、织布车间）佩戴，有明显的隔声效果。

2. 棉花耳塞

棉花耳塞是将普通棉花卷成锥形棉团状，塞入耳内借以隔开部分噪声，保护听觉器官。这种耳塞全频率的隔声值约为5~10 dB，高频可达14 dB；对于95~100 dB以下的中高频噪声，这种棉花耳塞有明显的隔声效果。如果把棉花浸入甘油或蜡，还可提高隔声效果，隔声值可达15~20 dB，但使用时不如棉花方便、舒适。

3. 泡沫塑料耳塞

用聚乙烯和增塑材料等原料制成泡沫塑料耳塞外形有圆锥形和圆柱形，其重量比橡胶耳塞轻，使用时先将耳塞柱的任一端直径捏小，然后将此小端插入耳道内，靠其弹性慢慢在几秒至几十秒内回弹膨胀，与耳道紧密结合，这种耳塞隔声效果较好。

4. 新型硅橡胶耳塞

新型硅橡胶耳塞是用硅橡胶、二氯甲基三乙氧基硅烷和辛酸亚锡等原料制成，在液体状态下直接注入使用者的外耳道内，经 10~20 min 固化成型，这种耳塞的大小完全适合使用者的耳道形状，密闭性较好，压强均匀，具有较高的隔声值和良好的舒适度。这种耳塞只限于本人使用，左右耳不能通用，使用后用手指抠出，如有污脏可用肥皂水洗净放入小盒内下次再用。这种耳塞降噪效果好，尤其对低中频为主的噪声有重要的降噪意义。

二、耳罩

耳罩是把整个耳郭全部密封起来的护耳器。它由耳罩外壳、密封圈、内衬吸声材料和弓架 4 部分组成。

耳罩壳具有一定质量，由硬质材料制成，以隔绝外来声波的侵入，内衬以一定厚度的吸声材料以吸收罩内的混响声；在罩壳与颅面接触的一圈用柔软的泡沫塑料、海绵橡胶做成垫圈，以满足既与皮肤密贴，又无触痛感；弓架要求有一定的强度。耳罩不仅能防护枪炮等强烈的脉冲声，也能防护各种高强的空气动力性噪声和各种机械噪声，一般有 30 dB的隔声效果。

三、防噪声帽盔

防噪声帽盔（又称头盔航空帽）是由玻璃丝布壳和内衬吸声材料组成。

防噪声帽盔的优点是隔声量大，而且能减少声音通过颅骨传导引起内耳的损伤，对头部还有防振和保护作用。罩用时可以与通信耳机同时使用。

防噪声帽盔的缺点是体积大而笨重，戴起来不方便，透气性差，不适于夏天使用，价格较贵，一般只有在高强噪声条件和需要多种防护作用的场合下，才将帽盔和耳塞连用。

四、胸部防护

当噪声超过 140 dB 以上，不但对听觉、头部有严重的危害，而且对胸部、腹部各器官尤其对心脏也有极为严重的危害，因此，在极强噪声的环境下，要考虑人的胸部防护。

防护衣由内玻璃钢或铝板、内衬多孔吸声材料组成，可以防噪，防冲击声波，以期对胸、腹部的保护。

第六节　高温与辐射个体防护

一、高温个体防护

高温作业人员的工作服，应以耐热、导热系数小而透气性能好的织物制成。为防止强热辐射，特殊高温作业人员（如修炉工等）必须做好个人防护，主要有：

（1）必须穿厚白帆布的棉衣裤，或铝膜布制棉服和通风防热服等。

（2）应根据作业需要不同，供给工作帽、防护眼镜、面罩、手套、鞋盖和护腿等个人防护用品。

（3）佩戴防热面罩的视野要大，可见度要好，面罩不应受汗水雾气影响。头颈部有丰富的表皮血管，其面积虽仅占全身表面积的10%，却可散发体内大量的热量，采用冷却式头盔可产生凉快的感觉，降低头颈部皮温，提高蒸发放热效率，降低中枢体温。

（4）防热服装应具有隔热、阻燃和透气等性能，水冷服、通风服多连有一根水管或风管，只适用于固定工作场所。

二、辐射个体防护

电离辐射对人体的危害是由超过允许剂量的放射线作用于机体而发生的。放射危害分为外照射危害和内照射危害。外照射危害是放射线由体外穿入机体而造成的伤害，X射线、β射线、β粒子和中子都能造成外照射危害；内照射危害是由于吞食、吸入、接触放射性物质，或通过受伤的皮肤直接侵入人体内而造成的。

辐射个体防护就是根据放射线与人体的作用方式和途径进行的。防止外照射的个体防护措施是对人体采用屏蔽包裹，阻挡放射线由体外穿入人体；防止内照射的个体防护措施是防止放射性物质从消化道、呼吸道、皮肤接触3条途径进入人体。在任何可能有放射性污染或危险的场所，都必须穿工作服、戴胶皮手套、穿鞋套、戴面罩和目镜，在有吸入放射性粒子危险的场所，要携带氧气呼吸器。在发生意外事故而导致大量放射污染或可能被多种途径污染时，可穿供给空气的衣套。

（一）外照射危害防护

1. 护目镜

为了进行眼睛的防护，采用佩戴护目镜的方法。防射线护目镜采用铅制玻璃镜片，这种镜片是在一般玻璃中加入一定量的金属铅制成，利用铅对射线的吸收和阻挡，对眼睛进行保护。

对于其他类型的非电离辐射线的护目镜的种类较多，主要用以防止在生产中的有害红外线、耀眼的可见光和紫外线进入眼部，以及防止焊接过程中产生的强光、紫外线、红外线和金属飞屑对面部的伤害。其镜片主要有吸收式、反射式，吸收—反射式、光化学反应式和光电式等。吸收式镜片可将有害辐射线吸收，使之不能进入眼内；反射式镜片可将有害辐射线反射掉；吸收—反射式镜片同时有以上2种作用，在吸收式镜片上采用镀膜法镀上膜层即成为吸收—反射式镜片，这种镜片可以避免吸收式护目镜使用时间长导致温度升高的缺点；光化学反应式镜片是在炼制硅玻璃时注入卤化物（如卤化银）而制成的，将这种玻璃暴露在辐射能下，会发生光密度或颜色的可逆性变化，光化学反应式镜片目前还未应用于工业护目镜，其原因是变色速度慢；光电式镜片是用透明度可变的陶瓷材料或电效应液晶等制成，它是用光电池接受强光信号，再通过光电控制器，促使液晶改变颜色吸收强光，若没有强光时液晶恢复原来的排列状态，镜片变成无色透明，国外已将这种镜片广泛应用于护目镜的制造上。

为防止激光对眼睛的伤害，激光作业人员必须戴激光护目镜。激光护目镜的种类很多，按其防护原理大致可以分为以下7种：

（1）反射型。利用反射材料把入射激光反射掉。

（2）吸收型。利用吸收材料吸收入射激光。

（3）反射—吸收型。采用对激光既能吸收又能反射的材料制成，因此这种护目镜具有工作波段范围宽又不降低能见度的优点。

（4）爆炸型。这种护目镜在镜片涂上一层厚度约为千分之几厘米的可爆药物，当入射激光强度达到预定的允许值时能迅速引爆，从而起到遮蔽激光的作用。

（5）光化学反应型。在两层镜片之间注入具有光色互变效应的透明液状化学药物，当入射激光强度超过允许值时，此种化学药物能迅速反应，产生可吸收入射光的颜色，颜色的深浅程度随入射光强和波长的变化而变化。但现有材料的光化学反应速度仍然较慢，一般仅达到微秒级的水平。

（6）光电型。在两层偏振光片之间夹一块铁电陶瓷片，当入射光强超过允许值时，光电二极管通过控制电路将电压加在陶瓷片上，使陶瓷片由透光转变为不透光，总的转换时间为 3 μs。美国已研制成这种护目镜，经试用其性能较为稳定。

（7）微晶玻璃。将卤化物晶粒注入硅玻璃中生长而成，或将具有三能态吸收特性的有机溶液注入塑料压缩而成，它的吸收光谱很宽，可以从近紫外区、可见光区直到近红外区，反应时间最快的是 10 ns，恢复时间最快的在毫秒数量级。

护目镜宽窄和大小要恰好适合使用者要求，对护目镜要进行经常检查和保养。护目镜要表面光滑，以免操作人员戴用时感到视物不清、头晕，影响视力，镜架要圆滑，不可造成擦伤或有压迫感，镜片与镜架衔接要牢固。护目镜一定要按出厂时标明的遮光编号或使用说明书使用，切勿用错。

防护面罩与护目镜的作用类似，其防护面积较大。

2. 防护手套

一般情况下，医用乳胶手套和塑料手套都能满足操作放射性物质的要求。尺寸型号要选择合适，太大时会使操作不方便。手套在穿戴前应仔细检查，破裂或有小孔的不能使用。脱下手套时应将污染面翻向里，要特别注意不要污染手和手套的内层（清洁面）。污染在手套上的放射性物质，一般能及时清洗掉，但当仔细清洗后污染程度仍超过控制水平时，手套就不能继续再使用。手套的清洗，一般应戴在手上进行，不宜脱下来洗。

进入开放型放射性工作场所时，应有专用鞋，相邻的放射性工作场所有时也要配备专用鞋，拖鞋、胶鞋等均可做专用鞋。

3. 防护服

放射性工作人员的工作服一般采用白色棉织品做成。合成纤维织品具有静电作用，容易吸附空气中的放射性微尘而不宜采用。丙级（放射性较弱）实验室水平的操作，大体上用白大褂（包括工作帽）即可；乙级（放射性中等）实验室水平的操作，宜采用上、下身联合工作服；甲级（放射性较强）实验室水平的操作，应将个人衣服（包括袜子、鞋子）全部更换成工作服和专用鞋。

在特殊放射性场所进行个人防护可采用全身防护的通气冷却服和通水冷却服。通气冷却服是一种衣服内通入冷气的防护服，由于通入冷气而使人体的周围温度保持在可耐范围之内。这种防护服具有良好的防护效果，但结构比较复杂，且需要供应冷气和调节气体的装备。通水冷却防护服是在衣服的夹层里放上一层用细的水管网织成的夹层，水管里通入冷水，以取得防护效果。由于水的热容量比空气高，它的防护效果也较通气冷却服高，但结构更为复杂，需要有供应和调节冷水的装备。

一切放射性工作的实验室，都应明确规定在放射性工作场所使用过的工作服、鞋和手套等防护用品的存放地点。未经防护人员测量并同意，绝对不准将个人防护用品穿戴出放射性工作场所或移至非放射性区使用。

（二）内照射危害防护

1. 防护口罩

正确地使用防护口罩是减少工作人员摄入放射性物质的重要手段。由于放射性气溶胶粒子的直径极小，普通口罩对放射性气溶胶的过滤作用不明显。目前常用于放射性工作场所的口罩是以超细合成纤维（直径 1.5 μm 或 2.5 μm 左右）为过滤材料做成的。

防护口罩的特点：过滤材料本身的过滤效率很高（大部分在 99.9% 以上），但戴不好（与脸面接触不严密）时，侧漏很严重。用医用胶布粘合花瓣型口罩与脸面的接触处，对减少侧漏有很大帮助。

2. 氧气呼吸器

在具有放射性气溶胶、粉尘微粒的场所，工作人员吸入放射性物质会产生内照射时，应佩戴隔绝式氧气呼吸器，以防止放射性物质由呼吸系统进入人体而造成危害。

（三）个体放射性吸收监测

从事放射性工作的人员都应佩戴个人吸收剂量监测装置，随时随地观测所吸收的放射性剂量的大小，一旦发现有异常立即采取相应措施。缩短接触时间、加大操作距离与实行遥控等，以减少操作人员对放射性物质的吸收。

（四）个体卫生防护

放射性工作人员的个体卫生防护主要有两方面：离开工作场所时，应仔细进行污染测量并洗手，在甲、乙级工作场所操作的人员，工作完毕就进行淋浴；放射性工作场所内严禁进食、饮水、吸烟和存放食物。操作中良好的卫生习惯，可以减少放射性同位素的伤害。其基本要点有：

（1）在受容盘或双层容器上操作，以减少破坏或泄漏。

（2）工作台上覆盖可吸收或粘着放射性物质的材料。

（3）选择毒性和使用量均较小的同位素。

（4）采用湿法作业，并避免经常转移。

（5）不用嘴吸移液，手腕以下有伤口时，不应操作。

（6）用过的吸管、搅棒、烧杯及其他用具，应放在吸收物质上，不能直接放在桌子或工作台上，在放射区使用的用具，不要用于放射区外。

（7）放射性的物质应存放在有屏蔽的安全处所，易挥发的化学物质要放在通风良好处。

（8）人员离开放射性作业场所，必须彻底清洗身体的暴露部分，并用肥皂和温水洗手 2~3 min。

（9）为防止因破损而引起污染，所有装放射性物质的瓶子，要贮存在大容器或受容盘内。当操作人员体表受到放射性物质污染时，要进行体表去污处理。对体表去污首先要选择合适的洗涤剂，不能采用有机溶剂（乙醚、氯仿和三氯乙烯等）和能够促进皮肤吸收放射性物质的酸碱溶液、角质溶解及热水等。一般可用软毛刷涮洗，操作要轻柔，防止损伤皮肤。常用的皮肤去污剂有：①EDTA 溶液，取 10 g Na$_4$-EDTA（乙二胺四乙酸四钠盐，络合物），溶于 100 mL 蒸馏水中；②高锰酸钾溶液，取 6.5 g KMnO$_4$ 溶于 100 mL 蒸馏水中；③亚硫氢酸钠溶液，取 4.5 g 亚硫氢酸钠溶于 100 mL 蒸馏水中；④复合络合剂，5 g Na$_4$-EDTA、5 g 十二烷基磺酸钠、35 g 无水碳酸钠、5 g 淀粉和 1000 mL 蒸馏水混合；⑤DTPA 溶液，取 7.5 g DTPA（二乙撑三胺五乙酸，络合物）溶于 100 mL 蒸馏水中；⑥5% 次氯酸钠溶液。亦可采用 EDTA 肥皂去污，将此肥皂涂在污染处，稍洒点水，让其很好地起泡沫后，再用柔软的刷子涮洗（对指甲缝、皮肤皱折处尤要仔细涮洗）；然后用大量清水（温水更好）冲洗，这样反复 2~3 次，每次 2~3 min；最后用干净毛巾擦干或自然晾干，用仪器检查去净与否。

如用上述方法不能去净时，可先试用 Na$_4$-EDTA 溶液（10%），用软毛刷或棉签蘸二乙撑三胺五乙酸，络合物溶液涮洗污染处 2~3 min，然后用清水冲洗。也可以将高锰酸钾粉末倒在用水浸湿过的污染皮肤上，或将手直接浸泡在高锰酸钾溶液中，用软毛刷涮洗 2 min，然后用清水冲洗，擦干后再用 4.5% 亚硫氢酸钠脱去皮肤表面颜色，最后用肥皂和水重新洗涮。这种去污方法，最多只能重复 2~3 次，否则会损伤皮肤。

被 ^{131}I 或 ^{125}I 污染时，先用 5% 硫代硫酸钠或 5% 亚硫酸钠洗涤，再以 10% 碘化钾或碘化钠作为载体帮助去污。被 ^{32}P 污染时，先用 5%~10% 磷酸氢钠（Na$_2$HPO$_4$）溶液洗涤，再以 5% 柠檬酸洗涤，效果很好。

在没有有效的去污剂时，也可用普通肥皂，这时清洗的次数可以适当多一些。有时，用普通方法洗涤后，再用橡皮膏或火棉胶粘贴也有很好的去污效果。一般在污染处贴揭 4~5 次能将极大部分污染去除掉。

去污完成后，应在涮洗过的皮肤上涂以羊毛脂或其他类似油脂，以保护皮肤，预防龟裂；头发污染时，可用洗发香波，或 3% 柠檬酸水溶液，或 EDTA 溶液洗头，必要时剃去头发；眼睛污染时，可用洗涤水冲洗。伤口污染有时也会发生，这时应根据情况用橡皮管或绷带像普通急救一样先予以止血，再用生理盐水或 3% 双氧水（H$_2$O$_2$）冲洗伤口。

去除皮肤上的放射性物质时，不仅方法要正确，而且也要及时，在一般方法无效时就应马上请医生指导，特别是所受的污染很强时，要做外科切除手术，这须由有经验的防护人员与医生共同研究确定。

第十一章　职业病危害事故应急救援

为了科学、规范、有力、有序、有效地预防与控制突发职业病危害事件，快速有效地做好对受害人员的救治工作，保护劳动者健康，最大限度地减轻突发职业病危害事件的危害及其造成的损失，必须依照相关法律、法规的规定，结合用人单位的实际情况，建立突发职业病危害事故应急救援系统，才能真正实现"预防为主"的职业病防治方针。

第一节　应　急　管　理

一、应急救援基本任务及特点

1. 事故应急救援的基本任务

（1）营救人员。立即组织营救受害人员，保护其他人员。抢救受害人员是应急救援的首要任务。

（2）控制事态。迅速控制事态，防止事故扩大。对事故造成的危害进行检测、监测，测定事故的危害区域、危害性质及危害程度。

（3）消除后果。及时清理废墟和恢复基本设施，将事故现场恢复至相对稳定的状态。

（4）事故分析。事故发生后应及时调查事故的发生原因和事故性质，并总结救援工作中的经验和教训。

2. 事故应急救援的特点

（1）不确定性和突发性。大部分事故都是突然爆发，爆发前基本没有明显征兆，而且一旦发生，发展蔓延迅速，甚至失控。

（2）应急活动的复杂性。事故、灾害或事件影响因素与演变规律的不确定性和不可预见的多变性；众多来自不同部门参与应急救援活动的单位，在信息沟通、行动协调与指挥、授权与职责、通讯等方面的有效组织和管理；应急响应过程中公众的反应、恐慌心理、公众过急等突发行为的复杂性等。

（3）较强的专业技术支持。包括易燃、有毒危险物质、复杂处置等。

（4）对每一行动方案、监测以及应急人员防护等都需要在专业人员的支持下进行决策。

二、事故应急管理相关法律要求

《安全生产法》《突发事件应对法》《特种设备安全法》《职业病防治法》《危险化学品安全管理条例》《关于特大安全事故行政责任追究的规定》《特种设备安全监察条例》《生产安全事故应急条例》等法律法规，对危险化学品、特大安全事故、重大危险源等应急救援工作提出了相应的规定和要求。

2006年1月8日，国务院发布了《国家突发公共事件总体应急预案》，明确了各类突发公共事件分级分类和预案框架体系，规定了国务院应对特别重大突发公共事件的组织体系、工作机制等内容，是指导预防和处置各类突发公共事件的规范性文件。

国家将突发公共事件分为自然灾害、事故灾难、公共卫生事件、社会安全事件4类。按照各类突发公共事件的性质、严重程度、可控性和影响范围等因素，又将公共突发事件分为四级，即：

(1) Ⅰ级（特别重大）：红色。

(2) Ⅱ级（重大）：橙色。

(3) Ⅲ级（较大）：黄色。

(4) Ⅳ级（一般）：蓝色。

特别重大或者重大突发公共事件发生后，省级人民政府、国务院有关部门要在4 h内向国务院报告，同时通报有关地区和部门。

三、事故应急管理

重大事故的应急管理不只限于事故发生后的应急救援行动。应急管理是对重大事故的全过程管理，贯穿于事故发生前、中、后的各个过程，充分体现了预防为主，常备不懈的应急思想。应急管理是一个动态过程，包括预防、准备、响应、恢复4个阶段。

(1) 预防。在应急管理中预防有两层含义：一是事故的预防工作，通过安全管理和安全技术等手段，尽可能地防止事故的发生，实现本质安全；二是在假定事故必然发生的前提下，通过预先采取的预防措施，达到降低或减缓事故的影响或后果的严重程度，如加大建筑物的安全距离、工厂选址的安全规划、减少危险物品的存量、设置防护墙以及开展公众教育等。从长远看，低成本、高效率的预防措施是减少事故损失的关键。

(2) 准备。应急准备是应急管理过程中一个极其关键的过程。它是针对可能发生的事故，为迅速有效地开展应急行动而预先所做的各种准备。

(3) 响应。应急响应是在事故发生后立即采取的应急与救援行动。

(4) 恢复。即：①恢复工作应在事故发生后立即进行；②首先应使事故影响区域恢复到相对安全的基本状态；然后逐步恢复到正常状态；③要求立即进行的恢复工作包括事故损失评估、原因调查、清理废墟等；④吸取事故和应急救援的经验教训，开展进一步的预防工作和减灾行动。

四、事故应急救援体系构建

构建应急救援体系应贯彻顶层设计和系统论的思想，以事件为中心，以功能为基础，分析和明确应急救援工作的各项需求，在应急能力评估和应急资源统筹安排的基础上，科学地建立规范化、标准化的应急救援体系，保障各级应急救援体系的统一和协调。一个完整的应急体系应由组织体系、运作机制、法制基础和应急保障系统4部分构成。

1. 组织体系

应急救援体系组织体制主要包括：

（1）管理机构。是指维持应急日常管理的负责部门。

（2）功能部门。包括与应急活动有关的各类组织机构，如消防、医疗机构等。

（3）应急指挥。是在应急预案启动后，负责应急救援活动场外与场内指挥系统。

（4）救援队伍。由专业和志愿人员组成。

2. 运作机制

应急救援活动一般划分为应急准备阶段、初级反应阶段、扩大应急阶段、应急恢复阶段4个阶段。因此，应急运作机制主要由以下4个基本机制组成：

（1）统一指挥。是应急活动的最基本原则。

（2）分级响应。在初级响应到扩大应急的过程中实行的分级响应的机制。

（3）属地为主。强调"第一反应"的思想和以现场应急、现场指挥为主的原则。

（4）公众动员。是应急机制的基础，也是整个应急体系的基础。

3. 法制基础

法制建设是应急体系的基础和保障，也是开展各项应急活动的依据，与应急有关的法规可分为法律、法规、技术规范和相关标准4个层次。

4. 保障系统

（1）通信信息系统。构筑集中管理的通信信息平台是应急体系重要的基础建设。应急通信信息系统要保证所有预警、报警、警报、报告、指挥等活动的信息交流快速、顺畅、准确，以及信息资源共享。

（2）培训演练系统。

（3）技术支持系统。

（4）物资与装备系统。不但要有足够的资源，而且还要快速、及时供应到位；还要有人力资源保障、应急财务保障等。

第二节　应急预案制定

一、应急预案编制依据

应急预案编制的依据应包括：

1. 应急管理相关法律

例如，《中华人民共和国突发事件应对法》《中华人民共和国安全生产法》《中华人民共和国职业病防治法》等。

2. 应急管理法规

例如，《生产安全事故应急条例》（国务院令 第708号）、《突发性公共卫生事件应急条例》（国务院令 第376号）、《生产安全事故应急预案管理办法》（应急管理部令 第2号）。

3. 国务院部门规章或文件

例如，国务院办公厅转发《国家安监总局、国资委、财政部、公安部、民政部、卫生部、环保总局等部门关于加强企业应急管理工作意见的通知》（〔2007〕13号文件）等。

4. 应急管理国家标准及地方标准

例如,《生产经营单位生产安全事故应急预案编制导则》(GB/T 29639—2020)、《特种设备应急预案编制导则》(GB/T 33942—2017)、《社会单位灭火和应急疏散预案编制及实施导则》(GB/T 38315—2019)、《森林火灾应急预案编制导则》(DB44/T 2252—2020)。

5. 应急管理地方法规或文件

用人单位所属省、市的应急管理法规。

二、应急预案编制工作准备

职业病危害事故应急预案的编制准备工作包括以下内容:

1. 人力资源准备

成立编制(或修订)工作小组(编制人员、审核人员、批准人员)。

2. 职业病危害的危险源辨识和风险分析

可能导致职业病危害事故的危险源(类别、范围、危害程度等)。

3. 安全生产基本条件分析

涉及职业病危害防治的相关条件、环境等。

4. 本单位应急资源分析和评估确认

需要分析和评估的用人单位内部的应急资源包括:①事故抢险救灾队伍(人力)资源;②应急救援技术资源;③应急救护资源及能力;④设备、设施、材料、交通工具等资源;⑤通信和信息资源;⑥财力资源;⑦其他资源。

5. 可被本企业利用的外部(社会)应急资源分析

外部应急资源主要有:①专业救护队伍;②医疗急救资源;③交通运输资源;④环境监测资源;⑤气象服务资源;⑥其他资源等。

6. 资料收集

(1)法律、法规、技术规范、相关标准。

(2)本单位过去所编制的应急预案资料。

(3)本行业、本单位,相邻单位的职业病危害事故案例。

(4)本单位技术管理资料。

(5)本单位职业病危害事故预防规章制度、技术措施。

(6)本单位组织机构设置、管理模式基本情况等。

7. 应急预案编制策划

(1)综合应急预案策划。

(2)专项应急预案策划。

(3)现场处置方案策划。

(4)附件设计和策划等。

三、应急预案编制工作流程

(1)编制(修订)工作的技术准备。

(2)资料收集。

（3）职业病危害危险源全面辨识。

（4）职业病危害风险评价。

（5）职业病危害事故应急救援能力全面评估。

（6）专项应急预案和现场处置方案编写。

（7）文稿征求意见。

（8）文稿修改。

（9）文稿审查。

（10）提交评审。

（11）评审意见修改。

（12）与本用人单位其他预案一起批准、发布。

（13）报备、存档。

（14）实施修订。

四、应急预案主要内容

职业病危害事故应急预案是该用人单位《安全生产事故应急预案》中的一个组成部分。

（1）与《综合应急预案》有机衔接。按照相关法规和《生产经营单位生产安全事故应急预案编制导则》要求，用人单位的《综合应急预案》要素包括总则、应急组织机构、应急响应、后期处置、应急保障。

（2）《职业病危害事故专项应急预案》主要内容。按照《生产经营单位安全生产事故应急预案编制导则》要求，《职业病危害事故专项应急预案》主要内容应包括 5 个要素，分别是适用范围、应急组织机构及职责、响应启动、处置措施和应急保障。

（3）《职业病危害事故现场处置方案》主要内容。按照《生产经营单位安全生产事故应急预案编制导则》要求，《职业病危害事故现场处置方案》的主要内容应包括 4 个要素，分别是事故风险描述、应急工作职责、应急处置、注意事项。

五、应急预案评审和备案

（1）应急预案的评审。应急预案编制完成后，用人单位应按照《生产安全事故应急预案管理办法》《生产经营单位生产安全事故应急预案编制导则》和《生产经营单位生产安全事故应急预案评审指南（试行)》（安监总厅应急〔2009〕73 号）等相关规定，履行评审程序。

（2）应急预案的颁发和实施。应急预案由用人单位的安全生产第一责任者批准颁发并实施。批准的形式可以是本单位的批准令，也可以是行政文件。

（3）应急预案报备。应急预案按照相关法规的规定，分别向本用人单位的上级安全生产主管部门、用人单位所在地政府的安全生产应急管理部门履行备案和抄报。

第三节 应急预案演练

应急预案的演练既是国家法律、法规的强制性要求，也是应急管理的重要组成部分。

一、应急演练目的

（1）检验预案。通过开展应急演练，查找职业病危害事故专项应急预案中存在的问题，进而完善应急预案，提高应急预案的实用性和可操作性。

（2）完善准备。通过开展应急演练，检查职业病危害事故或突发事件所需应急队伍、物资、装备、技术等方面的准备情况，发现不足及时予以调整补充，做好应急准备工作。

（3）锻炼队伍。通过开展应急演练，增强演练组织单位、参与单位、参与人员对职业病危害事故专项应急预案的熟悉程度，提高应急处置能力。

（4）磨合机制。通过开展应急演练，进一步明确相关单位、人员的职责和任务，理顺工作关系，完善应急机制。

（5）科普宣教。通过开展应急演练，普及应急知识，提高广大职工对职业病危害事故风险防范意识和自救互救等灾害应对能力。

二、应急演练类别

（1）按组织形式划分，可分为桌面演练和实战演练。

（2）按内容划分，可分为单项演练和综合演练。

（3）按目的与作用划分，可分为检验性演练、示范性演练和研究性演练。

三、规范编制演练文本

（1）应急演练文本结构。应急演练演练文本是一整系列化的文件，包括跨年度的《应急演练规划》；每一年度的《应急演练计划》；职业病危害事故专项应急预案的《应急演练实施演练方案》是上述规划、计划的配套资料。

（2）应急演练文本编制依据。主要依据包括应急演练管理法律、法规，国家应急演练部门规章，技术标准，本单位备案的应急预案等。

（3）应急演练文本的审批。按照国家应急预案演练的相关标准规定，用人单位所编制的《应急演练规划》《应急演练计划》《应急演练实施演练方案》应分别由本单位的负责人或业务部门履行审批（或评审）的程序。

四、应急演练的组织和实施

（1）做好演练前的动员和培训。动员和培训是做好应急演练的基础性工作，是保障演练有效性和成功的措施。演练之前，用人单位应明确动员、培训的方式方法和培训的内容；应明确实施动员和培训应达到的效果。

（2）演练实施。按照应急演练方案及其脚本实施，做好过程控制、演练评估、演练记录。明确演练结束和中止的条件。

（3）演练总结。在完成演练评估的基础上，按照演练方案的策划完成《演练评估报告》。基层参演单位（生产车间）应首先总结，在此基础上，用人单位对应急演练进行全面的总结和评价，肯定成绩，查找差距。

应急演练办公室负责相关资料收集，编写《应急演练工作总结》。其报告编制的格式、内容应符合国家应急预案演练标准的相关要求。

第四节　应急救援装备

应急救援装备的配备应根据各自承担的应急救援任务和要求进行。选择装备要根据实用性、功能性、耐用性、安全性以及客观条件配置。

事故应急救援的装备可分为两大类：基本装备和专用救援装备。

一、基本装备

1. 通信装备

目前，我国应急救援所用的通信装备一般分为有线和无线两类，在救援工作中，常采用无线和有线两套装置配合使用。移动电话（手机）和固定电话是通信中常用的工具，由于使用方便，拨打迅速，在社会救援中已成为常用的工具。在近距离的通信联系中，也可使用对讲机。另外，传真机的应用缩短了空间的距离，使救援工作所需要的有关资料及时传送到事故现场。

2. 交通工具

交通工具是实施快速救援的可靠保证，在应急救援行动中常用汽车作为主要的运输工具。

国外，直升机和救援专用飞机已成为应急救援中心的常规运输工具，在救援行动中配合使用，提高了救援行动的快速机动能力。目前，我国的救援队伍主要以汽车为交通工具，在远距离的救援行动中，借助民航和铁路运输，在海面、江河水网，救护汽艇也是常用的交通工具。另外，任何交通工具，只要对救援工作有利，都能运用，如各种汽车、畜力车、甚至人力车等。

3. 照明装置

一般情况下，重大事故现场情况均较为复杂，在实施救援时需要良好的照明。因此，救援队伍应配备必要的照明装置或照明设施，以利于救援的顺利进行。

照明装置的种类较多，在配备照明工具时除了应考虑照明的亮度外，还应根据事故现场情况，注意其安全性和可靠性。如工程救援所用的电筒应选择防爆型电筒。

4. 防护装备

有效地保护施救队伍才能取得救援工作的成效。在事故应急救援行动中，对各类救援人员均需配备个人防护装备。个人防护装备可分为防毒面罩、防护服、耳塞和保险带等。在有毒救援的场所，救援指挥人员、医务人员和其他不进入污染区域的救援人员多配备过滤式防毒面具。对于工程、消防和侦检等进入污染区域的救援人员应配备密闭型防毒面罩。目前，常用正压式空气呼吸器。

二、专用装备

专用装备主要是指各专业救援队伍所用的专用工具（物品）。在现场紧急情况下，需要使用大量的应急设备与资源。如果没有足够的设备与物质保障，即使受过很好训练的应急队员面对灾害也无能为力。随着科技的进步，现在有很多新型的专用装备出现，如消防机器人、电子听漏仪等。

（1）各专业救援队在救援装备的配备上，除了本着实用、耐用和安全的原则外，还应及时总结经验教训，必要时自己动手研制简易可行的救援工具。在工程救援方面，简易可行的救援工具会获得较好效果。

（2）侦检装备应具有快速准确的特点，要根据所救援事故的特点来配备。在化工救援中，多采用检测管和专用气体检测仪，优点是快速、安全、操作容易、携带方便，缺点是具有一定的局限性。国外采用专用监测车，除配有取样器、监测仪器外，还装备了计算机处理系统，能及时对水源、空气、土壤等样品就地实行分析处理，及时检测出毒物类别、毒物浓度，并计算出扩散范围等救援所需的各种救援数据。在煤矿救援中，多采用瓦斯检测仪对有毒气体的检测等。

（3）医疗急救器械和急救药品的选配应根据需要，有针对性地加以配置。急救药品，特别是某些特殊的解毒药品，应根据化学毒物的种类有针对性地实施。世界卫生组织为对付灾害的卫生需要，编制了紧急卫生材料包标准，由2种药物清单和1种临床设备清单组成，还有一本使用说明书，现已被各国当局和救援组织参考或采用。

（4）事故现场需要的常用应急设备与工具主要包括：①消防设备：输水装置、软管、喷头、自用呼吸器、便携式灭火器等；②危险物质泄漏控制设备：泄漏控制工具、探测设备、封堵设备、解除封堵设备等；③个人防护设备：防护服、手套、靴子、呼吸保护装置等；④通信联络设备：对讲机、移动电话、电话、传真机、电报等；⑤医疗支持设备：救护车、担架、夹板、氧气、急救箱等；⑥应急电力设备：主要是备用的发电机；⑦资料：计算机及有关数据库和软件包、参考书、工艺文件、行动计划、材料清单等。

第五节　检测报警系统

有害气体检测报警仪是专用的职业安全卫生检测仪器，用来检测化学品作业场所或设备内部空气中的可燃或有毒气体和蒸气含量并超限报警。空气欠氧检测仪也属于这类仪器。事故隐患的检测报警，对避免和控制职业病危害事故具有重要意义。工作场所有害气体检测主要有以下5种：

（1）泄漏检测。设备管道有害气体或液体（蒸气）现场泄漏检测并报警，设备管道运行的检漏。

（2）检修检测。设备检修置换后检测残留有害气体或液体（蒸气），特别是动火前的检测更为重要。

（3）应急检测。生产现场出现异常情况或者处理事故时，为了安全和卫生要对有害气体或液体（蒸气）进行的检测。

（4）进入检测。工作人员进入有害物质隔离操作间，进入危险场所的下水沟、电缆沟或设备内操作时，要检测有害气体或液体蒸气。

（5）巡回检测。安全卫生检查时，要检测有害气体或液体蒸气。

一、有毒有害气体检测报警仪的原理

1. 结构与原理

通常的有毒有害气体检测仪由气体采集部分、信号处理部分、显示及报警部分、数据存储及传输部分和供电部分组成。传感器是气体采集部分、也是整个气体检测仪的关键部件，通过传感器与有毒有害气体反应，产生电流，转换成线性电压信号，电压信号经放大和 A/D 转换；信号处理器对 A/D 转换的数据进行分析处理由 LCD 显示出所测气体的体积分数。当检测气体的体积分数达到预先设定报警值时，蜂鸣器和发光二极管将发出报警信号，同时将报警信息记录在内置或外置存储器中。有毒有害气体检测报警仪原理框图如图11-1 所示。

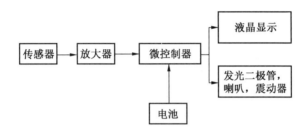

图 11-1　有毒有害气体检测报警仪原理框图

2. 有毒有害气体的检测原理与分类

1）催化燃烧检测器

常见的可燃气 LEL 的检测通常采用催化燃烧检测器。催化燃烧式传感器的核心为惠通斯电桥，其中的桥臂上有催化剂，当与可燃气体接触时，可燃气体在有催化剂的电桥上燃烧，其桥臂的电阻发生变化，其余桥臂的电阻不变化，从而引起整个电路的输出发生变化，该变化与可燃气体的浓度成比例，从而实现对可燃气体的检测。

从原理可知，通过该方法检测可燃气，是以催化燃烧为基础，所以分辨率较低。该方法的分辨率一般为 1%LEL，大约为 100×10^{-6}，对于有机气体毒性的检测不能采用该检测方法。

LEL 传感器的灵敏度是以甲烷为代表的，由于不同气体燃烧产生的热量不同，分子量较大的碳氢化合物蒸气（例如汽油、煤油）等很难扩散到传感器电极表面进行充分燃烧，因而输出灵敏度较低。常见气体在 LEL 传感器上的灵敏度与甲烷的比较见表11-1。

表 11-1　常见气体在 LEL 传感器上的灵敏度与甲烷灵敏度的比较

气体/蒸气	LEL/%	灵敏度/%
丙酮	2.2	45
氨气	15.0	125

表11-1(续)

气体/蒸气	LEL/%	灵敏度/%
苯	1.2	40
乙烷	1.1	48
飞机燃料	0.8	30
甲烷	5.0	100
丁酮	1.8	38
丙烷	2.0	53
甲苯	1.2	40

2)双量程可燃气传感器（LEL/TC）

LEL/TC 传感器是一种可检测气体的爆炸下限和体积百分比浓度的传感器，在检测甲烷时可在气体爆炸下限和体积浓度之间自动转换。

TC 传感器的工作原理：当气体通过加热线圈时引起冷却，气体热导部分的电阻降低，达到检测的目的。由于每种气体的热导值是唯一的，只要检测气体与对照物相比即可，任一种气体都可以用 TC 传感器进行检测。

TC 传感器需要标定，可直接用目标气体进行标定，也可使用某一种参考气体（如甲烷）进行标定，再利用校正系数（CF）转换到目标气体浓度。

3)电化学检测器

常见有毒气体，特别是无机毒气，一般采用专用的传感器进行检测，既定性又定量的检测，该类传感器大多为电化学传感器（也称燃料池传感器）。电化学传感器分为二电极和三电极 2 种类型，由扩散栅、金或铂等贵金属制成的传感电极（阴极）、铅锌等金属制成的参比电极（阳极）、电解液（如氢氧化钾溶液或醋酸钾溶液）等组成，三电极传感器还增加有计数电极、外部湿度栅或过滤膜等。目标气体在传感电极上发生反应，产生的电流通过对电极构成回路，参比电极为传感电极提供合适的偏值；传感器通过参比电极与传感电极的催化剂实现选择性反应，即定性反应，回路产生的电流与气体的浓度成正比，实现定量反应，并且有很宽的线性测量范围。

对电活性较弱的气体（氢气和一氧化氮等），需要在计数电极上使用一个偏置电压，这有助于传感器对特定化合物的检测。

电化学传感器性能比较稳定、线性度好、寿命较长、耗电很小、分辨率一般可以达到 0.1×10^{-6}（随传感器不同有所不同），其温度适应性也比较宽（有时可以在 $-40 \sim 50$ ℃之间工作），但它的读数受温度变化的影响比较大。因此，这种仪器都有软硬件的温度补偿处理。

电解液池中的参比电极是不断被消耗的，当电极的所有表面被氧化，电化学反应就将停止，电流输出为零。此时，要更换传感器。燃料池传感器的寿命大致可以维持 1~2 年。

电化学传感器的另一个缺点是干扰。例如，氯气传感器会对 10×10^{-6} 的硫化氢有大约 0.3×10^{-6} 的读数，或者说，如果测量时存在 10×10^{-6} 的硫化氢，那么氯气的读数应当减去 0.3×10^{-6}。在某些情况下干扰是正的，传感器的读数比实际值要大；有些情况下干扰是负的，传感器的读数比实际值要小。还原性气体（如硫化氢和一氧化碳）会在电极上氧化，氧化性气体（如氯气、二氧化氮和臭氧）则在电极上还原。

氧气传感器为两电极传感器，由铅作阳极，其检测原理与三电极大致相似，但不如三电极的传感器的输出稳定，寿命较短，大约为1年。

在大多数的仪器中，即使是在关机状态，传感器也在产生电流和消耗；有些仪器通过切断电路避免电流流动来增加传感器的使用寿命，但这种方式在仪器开启时重新平衡的时间加长（可能需要几分钟），在重新平衡过程中，电流将重新流过电路。重新平衡需要较长时间的原因是扩散到传感器上的氧气已经积聚到电极之上，而去除氧气的办法就是通过电化学反应将其转化为氧化铅，只有将积聚的氧气消耗殆尽才能得到准确的测量结果。一般仪器采取仪器开启后"倒计时"的办法，读数开始会很高然后慢慢下降达到稳定数值。如果仪器具有此项功能，则在仪器达到重新平衡之前不要进行调零或者校正操作。

4）金属氧化物半导体传感器

金属氧化物半导体传感器（MOS）是一个宽带检测装置，既可以用于检测10^{-6}级的有毒气体，也可以用于检测百分比浓度的易燃易爆气体。

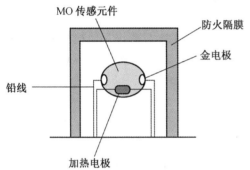

图11-2 MOS传感器的构成

MOS传感器由一个金属半导体（如SnO_2）构成，如图11-2所示。在清洁空气中，它的电导很低，而遇到还原性气体（如一氧化碳或可燃性气体），传感元件的电导会增加。如果控制传感元件的温度，可以对不同的物质有一定的选择性。

MOS传感器的主要缺点是非线性响应，很难解释读数，灵敏度较差，湿度影响较大。当湿度增加时，传感器的输出也增加；当湿度降低时，传感器的读数即使存在污染物也可能很低，甚至为零。有时由于选择曲线错误，可能会有误报警。另外，MOS传感器对常见污染物的检测线性范围相对较窄。在线性范围之内，检测结果很准确，一旦浓度落在线性范围之外，就无法提供准确的定量测定。

5）光离子化检测器（PID）

光离子化检测器通过一个高能量的紫外灯提供离子化的能量，挥发性有机化合物被紫外光电离后的组分被离子腔收集产生电流，而电流与气体浓度成正比。光离子化检测器检测原理示意图如图11-3所示。

紫外灯发出的能量决定了它所能检测的化合物的种类。现在可以选择的能量有8.4 eV、9.5 eV、9.8 eV、10.0 eV、10.2 eV、10.6 eV、11.7 eV和11.8 eV（随制造商不同）。大多数的产品允许在同一台仪器上使用不同能量的紫外灯。

（1）PID灯的选择与寿命。所选择的灯的能量越低，可能检测的化合物种类就越少，灯的能量越高，它所受到的物理限制也就越多，寿命就越短。PID灯是由一个充满低压单一气体或混合气体（氧气、氮气、氢气或氦气）的玻璃泡构成。通过电流和辐射波使这些气体激发产生紫外光，光束通过一个窗口射出。较高能量的灯（11.7 eV和11.8 eV）的

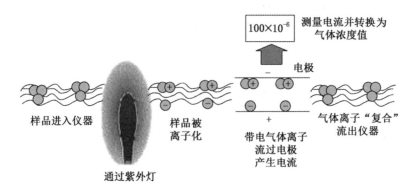

图 11-3　光离子化检测器检测原理示意

窗口材料是由氟化锂制成的，它很容易吸收水分和被灯自己发出的紫外光照射而衰变。因此，高能量灯的寿命比较短。在一般操作下可以使用 1 个月或 2 个月。另外，尽管高能量灯发出的能量会使更多的物质离子化，但它产生的光通量却要比低能量灯少，高能量灯的离子化电流比较低，容易产生漂移。

通过选择灯的能量也可能改变选择性。例如，9.8 eV 灯的能量输出足以检测苯（电离能量 IP 为 9.24 eV），但对很多其他物质的离子化就不足，无法检测到。9.8 eV 灯窗口材料采用氟化钙材料或夹有氟化钙的三明治结构，寿命较短，正常操作下可以持续 6 个月。10.6 eV 灯的窗口采用氟化镁材料，既不会吸收水蒸气也不会被紫外线损坏，因此 10.6 eV 灯的寿命较长，一般操作下可以连续使用 1~2 年；10.6 eV 灯的能量足以检测大多数的 VOC（挥发性有机化合物），因此 10.6 eV 灯的使用也就最广泛。

（2）仪器的标定。PID 是非特性的，可选择性差，难以确定所检测 VOC 气体的种类。仪器的读数是所有可检测物质的信号之和，因此只能检测所有 VOC 的总量。同时，由于离子电位和其他物理性质的不同，相同浓度的其他气体可能产生的读数也不同，说明 PID 的读数与校准气体标定有很大关系。

标定是建立在对已知浓度、已知气体相应离子电流基础上的，其他气体的仪器响应是与它们本身性质有关的，一个 10×10^{-6} 的读数表明仪器产生一个与 10×10^{-6} 标定气体相同的离子电流。其他气体得到这个读数的实际浓度可能大于或小于这个值。

由于 PID 读数总是与标定气体有关，因此这个读数应当表述为与标定气体相关的 10^{-6} 单位，而不能直接使用实际的测量浓度值，除非检测的污染物同标定气体一样，或者仪器的读数已经得到校正。

通常 PID 使用异丁烯进行标定，其原因是在 PID 可检测的 VOC 中，传感器对于异丁烯的响应灵敏度处于平均水平，且比较容易获得，在低浓度时无毒、不易燃。大多数的仪器制造商会提供一个表格，或者在仪器中存储一个各种气体针对异丁烯标定气体的校正系数（CF）的数据库来校正读数。CF 值越小，表示校正精度越高；CF 值越大，测量计算的精度则越低。

（3）仪器的使用与维护。PID 受环境影响较大，在实际应用中，环境条件可能影响校正系数，如采样进到检测腔中的灰尘和颗粒也会降低 PID 的灵敏度，灰尘沉积在传感器上会降低传感器的寿命甚至造成传感器损坏。因此，一些厂家的仪器（如 RAE 的 3GPID 产品）内置温湿度传感器，对读数进行自动校正，以降低湿度对测量精度的影响；有些制造商建议在每次使用前对灯和传感器进行清洗，有些厂家在新款仪器中（如 RAE 的 3GPID 产品）增加自动灰尘清洁功能。PID 的使用与维护包括：①PID 应存放在清洁、干燥、温暖（温度稍高有利于使空气加快干燥）的环境下，并安装外置灰尘及水阱过滤器；②当出现显示不能归零、PID 对潮气有反映、PID 显示数据不稳定情况时，需要清洗 PID 灯和传感器；③清洁 PID 时，应使用无水甲醇或专用的 PID 清洁剂，或用镜头纸擦拭灯表面，也可使用超声波清洁剂清洁；清洁完毕可在空气中风干或用暖风快速吹干。

6）红外传感器（IR）

特定物质的红外检测仪使用一个窄带红外光源，可以检测二氧化碳、卤代烃、甲烷和其他吸收明确的化合物，但无法进行宽带扫描定性。这类仪器的强项是检测非活性物质（如二氧化碳等），在密闭空间中非常有用。另外，这类仪器也不像催化燃烧式传感器那样存在高浓度硫、硅或其他物质的损坏问题。

7）固态聚合体电解液（Solid Polymer Electrolyte，SPE）氧气传感器

SPE 氧气传感器的最新发展技术是开发一种不消耗电极材料的、固态聚合体电解液的传感器。这类氧气传感器一般包括：毛细管扩散栅、由多孔铂金制成的传感、计数和工作电极、固态聚合物电解液、外部湿度栅或过滤膜、坚固的传感器室等。进入传感器的氧气会扩散到固态聚合物之上，并在此发生反应，加在固态电解液上的电流使得电离的水产生氧气，将氧气分子泵出电解液的电流量正比于采集到的大气中的氧气浓度。这种检测原理也被称为"氧泵"传感器。

通过在参比电极上加上偏置电压，在仅限于扩散的情况下，传感器电极的输出正比于根据法拉第定律得到的氧气消耗速度，通过电阻将电流转化为电压信号。这种电极特别适合于测量 0~25% 体积的氧气浓度，同电化学氧传感器不同的是，固态氧传感器不消耗电极材料，它所消耗的仅仅是将电解液中的氧气泵出的电能。这意味着这种传感器在理论上可以有 2~5 年的使用寿命，其无消耗设计，重量较小，特别适合小型化设计。

SPE 传感器符合 RoHS（the Restriction of the use of certain Hazardous Substances inelectrical and electronic equipment，RoHS——电气、电子设备中限制使用某些有害物质指令）的要求。RoHS 目前主要针对电子电气产品中的铅 Pb、镉 Cd、汞 Hg、六价铬 Cr6+、多溴联苯 PBBs、多溴联苯醚 PBDEs6 种有害物质的使用进行限制，以后也将对更多的有害物质进行限制。

固态氧传感器的主要缺陷是长时间在干燥环境中使用时，电解液可能会干涸而没有任何电化学反应。此时，只要把传感器暴露于即使是很低湿度的空气中就会使电解液重新"水化"并回复功能。

3. 有毒有害气体的检测指标

1）可燃气体

衡量可燃气体发生爆炸的指标是爆炸极限，分为爆炸下限 LEL（Lower Explosive Limit，LEL）和爆炸上限 UEL（Lower Explosive Limit，LEL）。低于爆炸下限，混合气中的可燃气的含量不足，不能引起燃烧或爆炸；高于上限混合气中的氧气含量不足，也不能引

起燃烧或爆炸。LEL 和 UEL 之间的浓度表示可燃性气体爆炸危险程度。

由于各种可燃性气体的爆炸极限浓度有很大差异，如甲烷的爆炸下限浓度为 5%，一氧化碳的爆炸下限浓度为 12.5%，取值范围从 0%~100%，表示为 0%LEL~100%LEL。低于 0%LEL 肯定不会发生爆炸，达到或高于 100%LEL 时如遇火源则肯定发生爆炸，在 0%LEL 到 100%LEL 之间的数值与发生爆炸的危险程度成正比。例如，当甲烷浓度为 5% 及一氧化碳浓度为 12.5% 时都表示为 100%LEL，浓度分别为 2.5% 和 6.25% 时都表示为 50%LEL，虽然二者的绝对浓度值不同，但爆炸危险性是相同的。

2）有毒气体

表示有毒有害气体危险程度的参数如下：

（1）TWA：时间加权平均值，计算一段时间（一般按 8 h 计算）内气体浓度的平均值，反映正常工作环境允许的有毒气体的浓度，单位为 10^{-6}。

（2）STEL：短时间暴露水平，计算很短的时间（15 min）内气体浓度的平均值，反映短期工作所允许的有毒气体浓度，单位为 10^{-6}。

（3）IDLH：立即致死量，短时间（一般为 30 min）接触就可引起人员死亡的有毒气体的浓度，单位为 10^{-6}。

（4）MAC：空间最大允许浓度，单位为 mg/m^3。

3）气体浓度表达方式

有毒有害气体的危害程度用气体浓度衡量，是指空气中有毒有害物质的含量。气体浓度分为体积浓度和质量体积浓度 2 种：体积浓度表示一定体积大气中含有物质的体积，用体积百分比和体积比 2 种表达方式。体积百分比浓度表示某种物质体积占有大气体积的百分比，单位为%；体积比浓度表示 1 m^3 大气中含有某种物质体积的 cm^3 数，单位为 10^{-6}。

质量体积浓度表示一定体积大气中还有物质的质量，单位为 mg/m^3 或 g/m^3。

二、有毒有害气体检测报警仪的分类

1. 按使用方法分类

1）便携式有害气体检测报警仪

仪器将传感器、测量电路、显示器、报警器、充电电池、抽气泵等组装在一个壳体内，成为一体式仪器，小巧轻便，便于携带，泵吸式采样，可随时随地进行检测。袖珍式仪器是便携式仪器的一种，一般无抽气泵扩散式采样，干电池供电，体积极小。

2）固定式有害气体检测报警仪

这类仪器固定在现场，连续自动检测相应有害气体（蒸气），有害气体超限自动报警，有的还可自动控制排风机等。固定式仪器分为一体式和分体式 2 种：

（1）一体式固定有害气体检测报警仪与便携式仪器一样，不同的是安装在现场，220 V 交流供电，连续自动检测报警，多为扩散式采样。

（2）分体式固定有害气体检测报警仪的传感器和信号变送电路组装在一个防爆壳体内，俗称探头，安装在现场（危险场所）；数据处理、二次显示、报警控制和电源组装成控制器，俗称二次仪表，安装在控制室（安全场所）。探头扩散式采样检测，二次仪表显示报警。

2. 有害气体检测报警仪按被测对象及传感器原理分类

（1）可燃气体检测报警仪简称测爆仪，是一种仪器检测多种可燃气体。

催化燃烧式可燃气体检测报警仪，检测各种可燃气体或蒸气；电化学式有毒气体检测报警仪，检测 CO、H_2S、NO、NO_2、Cl_2、HCN、NH_3、PH_3 及多种有毒有机化合物；红外式可燃气体检测报警仪，检测各种可燃气体（根据滤光技术而定）；半导体式可燃气体检测报警仪，检测多种可燃气体；热导式可燃气体检测报警仪，检测其热导与空气差别较大的氢气等。

（2）有毒气体检测报警仪简称测毒仪，是一种仪器检测一种有毒气体。

光电离式有毒气体检测报警仪，检测离子化电位小于 11.7 eV 的有机和无机化合物；红外式有毒气体检测报警仪，检测 CO、CO_2 等；半导体式有毒气体检测报警仪，检测 CO 等。

三、有害气体传感器及其特点

1. 有害气体传感的概况

有害气体传感器是将空气中的有害气体含量转化为电信号的器件。传感器产生的电信号经电子线路处理、放大和传感器在现场使用，承受各种恶劣环境和气氛的影响，特别是固定式仪器的传感器，长期连续运转，又有防爆和供电容量的限制，因此对有害气体传感器的要求非常严格。有害气含量转换电信号后，实现显示和报警。可见，传感器是有害气体检测报警仪的基础的、核心的部件，它的优劣决定了有害气体检测报警仪的质量和功能指标。

2. 传感器的选择

一般考察传感器有以下 11 个项目：①检测范围和分辨率；②检测精度和重复性；③稳定性和零点漂移；④反应速度；⑤选择性和抗干扰能力；⑥抗中毒能力和寿命；⑦抗环境（温湿度）影响能力；⑧安全性，防爆性能；⑨互换性和检修方便；⑩体积小，重量轻；⑪电流小、节电性好。

四、有害气体检测报警仪选用原则

1. 明确检测目的

有害气体的检测有 2 个目的，第一是测爆，第二是测毒。

（1）测爆。检测危险场所可燃气含量，超标报警，以避免爆炸事故的发生。

（2）测毒。检测危险场所有毒气体含量，超标报警，以避免工作人员中毒。

测爆范围是 0~100% LEL，测毒范围是 0~几十（或几百）10^{-6}，两者相差很大。

危险场所有害气体有无毒（或低毒）可燃、不燃有毒、可燃有毒 3 种情况。

前 2 种情况容易确定，第一应测爆，第二应测毒，第 3 种情况如果有人员暴露可测毒，如无人员暴露可测爆。测爆选择可燃气体检测报警仪，测毒选择有毒气体检测报警仪。

2. 明确检测用途选择仪器种类

生产或贮存岗位长期运行的泄漏检测选用固定式检测报警仪；检修检测、应急检测、进入检测和巡回检测等选用便携式（或袖珍式）仪器。仪器型号包含了生产厂家、功能指标和检测原理 3 项主要内容。

3. 明确检测对象

择优选择仪器型号。选择仪器型号时要考虑以下几点原则：

（1）生产厂家讲诚信、信誉好、生产的质量有保证，通过了 ISO 9002 质量体系认证，具有技术监督部门颁发的 CMC 生产许可证，具有消防、防爆合格证。

（2）选择的型号产品功能指标要符合《作业场所环境气体检测报警仪 通用技术要求》（GB 12358—2006）、《可燃气体探测器第 1 部分：工业及商业用途点型可燃气体探测器》（GB 15322.1—2019）、《可燃气体报警控制器》（GB 16808—2008）等要求。

（3）仪器的检测原理要适应检测对象和检测环境的要求。

五、选择合适的气体检测报警仪

1. 检测气体种类和浓度范围

每一个生产作业场所所遇到的气体种类都是不同的。在选择气体检测仪时就要考虑到所有可能发生的情况。如果甲烷和其他毒性较小的烷烃类居多，应选择 LEL 检测仪，这是因为 LEL 检测仪原理简单，应用较广，还具有维修、校准方便的特点。如果存在一氧化碳、硫化氢等有毒气体，应优先选择一个特定气体检测仪才能保证工人的安全。如果更多的是有机有毒有害气体，考虑到其可能引起人员中毒的浓度较低，比如芳香烃、卤代烃、氨（胺）、醚、醇、脂等，应当选择光离子化检测仪，绝对不能使用 LEL 检测器，因为这可能会导致人员伤亡。

如果气体种类覆盖了以上几类气体，应选择复合式气体检测仪可达到事半功倍的效果。

2. 使用场合

生产作业场所环境的不同，选择气体检测仪种类也不同。

1）固定式气体检测仪

固定式气体检测仪是在工业装置和生产过程中使用较多的检测仪，可安装在特定的检测点上对特定的气体泄漏进行检测。固定式检测器一般为两体式，有传感器和变送组成的检测头为一体安装在检测现场，有电路、电源和显示报警装置组成的二次仪表为一体安装在安全场所，便于监视。它的检测原理同前节所述，只是在工艺和技术上更适合于固定检测所要求的连续、长时间稳定等特点。它们同样要根据现场气体的种类和浓度加以选择，同时还要注意将它们安装在特定气体最可能泄漏的部位，比如要根据气体的密度选择传感器安装的最有效的高度等。

2）便携式气体检测仪

由于便携式仪器操作方便，体积小巧，可以携带至不同的生产部位，电化学检测仪采用碱性电池供电，可连续使用 1000 h。新型 LEL 检测仪、PID 和复合式仪器采用可充电池（有些已采用无记忆的镍氢或锂离子电池），一般可以连续工作近 12 h，这类仪器在用人单位的应用越来越广。

如果是在开放的场合（如敞开的工作车间）使用这类仪器作为安全报警，可以使用随身佩戴的扩散式气体检测仪，因其可以连续、实时、准确地显示现场的有毒有害气体的浓度。这类的新型仪器还配有振动警报附件，以避免在嘈杂环境中听不到声音报警，并安装计算机芯片记录峰值、STEL（15 min 短时间暴露水平）和 TWA（8 h 时间加权平均值）为劳动者的健康和安全提供具体的指导。

如果是进入密闭空间，如反应罐、储料罐或容器、下水道或其他地下管道、地下设施、农业密闭粮仓、铁路罐车、船运货舱、隧道等工作场合，在人员进入之前，就必须进行检测，而且要在密闭空间外进行检测。必须选择带有内置采样泵的多气体检测仪。因为密闭空间中不同部位（上、中、下）的气体分布和气体种类有很大的不同。一般可燃气体的密度较轻，大部分分布于密闭空间的上部；一氧化碳和空气的密度差不多，分布于密闭空间的中部，硫化氢等密度重的气体存在于密闭空间的下部。同时，氧气浓度也是必须要检测的种类之一。另外，考虑罐内可能有有机物质的挥发和泄漏，需要一个可以检测有机气体的检测仪。因此，一个完整的密闭空间气体检测仪应具有内置泵吸功能，以便可以非接触、分部位检测；具有多气体检测功能，以检测不同空间分布的危险气体，包括无机气体和有机气体；具有氧检测功能，防止缺氧或富氧；体积小巧，不影响工作的便携式仪器。只有这样才能保证进入密闭空间工作人员的绝对安全。

进入密闭空间后，还要对其中的气体成分进行连续不断的检测，以避免由于人员进入、突发泄漏、温度等变化引起挥发性有机物或其他有毒有害气体的浓度变化。

如果用于应急事故、检漏和巡视，应当使用泵吸式，响应时间短、灵敏度和分辨率较高的仪器，这样可以很容易判断泄漏点的方位。

在进行职业卫生检测和健康调查的情况时，具有数据记录、统计计算以及可以连接计算机等功能的仪器应用非常方便。

六、气体检测报警仪的安装及检修要点

1. 气体检测报警仪安装

1）规定

气体检测报警仪能否发挥正常的检测效果，除了气体传感器的灵敏度外还决定于气体检测仪安装是否得当。有的企业虽然购买了气体检测仪，却因安装时没有专业指导，致使气体检测仪安装不当，无法发挥该有的灵敏度。《石油化工可燃气体和有毒气体检测报警设计规范（GB 50493—2015）》对气体检测报警仪的安装做出如下规定：

（1）检测比空气重的可燃气体或有毒气体时，探测器的安装高度宜距地坪（或楼地板）0.3~0.6 m；检测比空气轻的可燃气体或有毒气体时，探测器的安装高度宜在释放源上方 2.0 m 内。

（2）检测比空气略重的可燃气体或有毒气体时，探测器的安装高度宜在释放源下方 0.5~1.0 m；检测比空气略轻的可燃气体或有毒气体时，探测器的安装高度宜高出释放源 0.5~1.0 m。

（3）探测器应安装在无冲击、无振动、无强电磁场干扰、易于检修的场所，探测器的安装地点与周边工艺管线或设备之间的净空不小于 0.5 m。

（4）可燃气体和有毒气体检测报警系统人机界面应安装在操作人员常驻的控制室等建筑物内。

2）气体检测仪安装地点

根据上述有关标准，气体检测仪的安装宜：

（1）检测器宜布置在可燃气体或有毒气体释放源的最小频率风向的上风侧。

（2）可燃气体检测器的有效覆盖水平平面半径，室内宜为 7.5 m，室外宜为 15 m。在有效覆盖面积内，可设一台检测器。有毒气体检测器与释放源的距离，室外不宜大于 2 m，室内不宜大于 1 m。

（3）应设置可燃气体或有毒气体检测报警仪的场所，宜采用固定式；当不具备设置固定式的条件时，应配置便携式检测报警仪。

（4）可燃气体和有毒气体检测报警系统宜为相对独立的仪表系统。

（5）在露天或半露天布置的设备区内，当检测点位于释放源的最小频率风向的上风侧时，可燃气体检测点与释放源的距离不宜大于 15 m，有毒气体检测点与释放源的距离不宜大于 2 m；当检测点位于释放源的最小频率风向的下风侧时，可燃气体检测点与释放源的距离不宜大于 5 m，有毒气体检测点与释放源的距离宜小于 1 m。

（6）当可燃气体释放源处于封闭或半封闭厂房内，每隔 15 m 可设 1 台检测仪，且检测器距任一释放源不宜大于 7.5 m。有毒气体检测器距释放源不宜大于 1 m。

（7）比空气轻的可燃气体释放源处于封闭或半封闭厂房内，应在释放源的上方设置检测器，还应在厂房内最高点易于积累可燃气体处设置检测器。

（8）不在检测器有效覆盖面积内的下列场所，宜设检测器：一是使用或产生液化烃/或有毒气体的工艺装置，储运设施等可能积聚可燃气体、有毒气体的坑地及排污沟最低处的地面上；二是易于积聚甲类气体、有毒气体的死角。

（9）检测比空气重的可燃气体或有毒气体的检测器，其安装高度应距地坪（或楼地板）0.3~0.6 m。

（10）检测比空气轻的可燃气体或有毒气体的检测器，其安装高度宜高出释放源 0.5~2 m。

2. 日常维护检修要点

（1）气体检测报警仪与企业内的计量仪器仪表是一样的，需要维护和保养。气体检测报警器传感器的品种很多，有效期期限也不一样，最短为 6 个月，最长为 12 个月。一般传感器是工作在低浓度甚至没有可燃气体或是工作在高浓度气体的状况下，传感器长时间处于忽高忽低状态下容易使传感器中毒或是被氧化，因此传感器必须在每 3 个月或 6 个月通标准气校准检定 1 次，这也是最理想的维护保养方法。

（2）当 1 台气体检测报警仪在现场出现故障时，主要考虑以下 5 个方面进行故障的检查：①信号线未接或接错；②保险丝断；③零位偏低；④传感器失效；⑤工作电源欠压。

第六节　喷淋洗眼装置的设置

喷淋洗眼装置适用于事故抢险、迅速清洗附着在人体上的有毒有害物质，通过使用大量的水快速喷淋、冲洗，达到应急处理，从而减轻受伤害程度，也是一种最经济可行的洗消方法。

一、基本规定

《工业企业设计卫生标准》（GBZ 1—2010）第 6.1.7 条规定："可能存在或产生有毒物质的工作场所应根据有毒物质的理化特性和危害特点配备现场急救用品，设置冲洗喷淋设备、应急撤离通道、必要的泄险区以及风向标。泄险区应低位设置且有防透水层，泄漏物质和冲洗水应集中纳入工业废水处理系统。"

《工作场所防止职业中毒卫生工程防护措施规范》（GBZ/T 194—2007）第五十三条规定：**"生产过程中可能发生化学性灼伤及经皮肤吸收引起急性中毒事故的工作场所，应设置清洁供水设备，对有溅入眼内引起化学性眼炎或灼伤的可能的作业场所，应设淋浴、洗眼的设备。"**

当因为生产实际的需要，要接触一些有毒或有腐蚀性的化学物品时，喷淋洗眼装置就成了许多地方必备的设施之一，为了让喷淋洗眼装置不仅仅是摆设，能真正应对突发的紧急情况，必须了解哪些地方需要安装喷淋洗眼装置、装置安装的位置距离危险处的距离、喷淋洗眼装置的数量。

二、使用环境

（1）有危险物质喷溅的地方，如化学品、危险液体、固体、气体等。
（2）有污染的环境。
（3）有可能发生燃烧的地方。

三、安装条件

喷淋洗眼装置的设置原则上应满足《石油化工企业职业安全卫生设计规范》（SH 3047—1993）、《化工企业安全卫生设计规定》（HG 20571—2014）和《化工粉体工程设计安全卫生规定》（HG 20532—1993）等有关规范的要求。

（1）至少要有三个方向的工作位置，周边无障碍物，以便迅速使用。

（2）安装在附近危险区域的地方。其位置设置在离事故发生处（危险处）3~6 m，但不得小于 3 m，并应避开化学品喷射方向布置，以免事故发生时影响它的使用。使用者直线达到洗眼器的时间不超过 10 s。

（3）带有明显可见的标志。洗眼器的救护范围：15 m 之内。

（4）洗眼器的水源应为清洁的或使用适当的滤材过滤后的。

（5）管路直径及连接遵循产品规格，以保证设备正确工作。洗眼器水压 0.2~0.4 MPa。

（6）一般性有毒、有腐蚀性的化学品的生产和使用区域内，包括装卸、储存和分析取样点附近、喷淋洗眼装置按 20~30 m 距离设置一站。

（7）在剧毒、强腐蚀及温度高于 70 ℃的化学品以及酸性、碱性物料的生产和使用区内，包括装卸、储存、分析取样点附近，需要设置安全喷淋洗眼器。

（8）化学分析试验室中，有使用频繁的有毒、有腐蚀试剂，并有可能发生对人体损伤的岗位，要设置喷淋洗眼器。

（9）电瓶充电室附近应设置安全喷淋洗眼器。安全喷淋洗眼装置应设置在通畅的通道上，多层厂房一般布置在同一轴线附近或靠近出口处。

第七节　事故现场洗消

事故现场洗消技术按原理分为物理方法和化学方法 2 类。

一、物理洗消方法

物理消毒法的实质是毒物的转移或稀释，毒物的化学性质和数量在消毒处理前后并没有发生变化。目前常用的方法有通风、稀释、溶解、收集输转、掩埋隔离等，目的是将染毒体的浓度降低、泄漏物隔离封闭或清离现场，消除毒物危害。

1. 吸附消毒法

吸附消毒法是利用具有较强吸附能力的物质来吸附化学毒物，如吸附垫、活性白土，活性炭等。吸附消毒法的优点是操作简单、操作方便、适用范围广、吸附剂无刺激性和腐蚀性；其缺点是只适于液体毒物的局部消毒，消毒效率较低。

2. 溶洗消毒法

溶洗消毒法是指用棉花、纱布等浸以汽油、酒精、煤油等溶剂，将染毒物表面的毒物溶解擦洗掉。此种消毒方法消耗溶剂较多，消毒不彻底，多用于精密仪器和电气设备的消毒。

3. 通风消毒法

通风消毒法适用于局部空间区域或者小范围的消毒，如装置区内、库房内、车间内、下水道内、污水井内等。根据局部空间区域内蒸气或有毒气体的浓度，可采用强制机械通风或自然通风的消毒方法。采用强制机械通风消毒时，局部空间区域内排出的蒸气或有毒气体不得重新进入局部空间区域；排毒通风口应根据有毒蒸气与空气的密度大小，合理确定排毒口的方位；若排出的毒物具有燃爆性，通风设备必须防爆。

4. 机械转移消毒法

机械转移消毒法是采用除去或覆盖染毒层的方法，同时可采用将染毒物密封掩埋或密封移走，使事故现场的毒物浓度得到降低的方法。例如，用推土机铲除并移走染毒的土层，用炉渣、水泥粉、砂土等对染毒地面实施覆盖等。这种方法虽然不能破坏毒物的毒性，但在危险化学品事故处置现场至少可在一段时间内，隔离和控制住毒物的扩散，使抢险人员的防护水平得以降低。

5. 冲洗消毒法

在采用冲洗消毒法实施消毒时，若在水中加入某些洗涤剂，如肥皂、洗衣粉、洗涤液等，冲洗效果比较好。冲洗消毒法的优点是操作简单、使用经济；其缺点是耗水量大，处理不当会使毒剂渗透和扩散，从而扩大染毒区域的范围。

物理洗消方法的实质是通过将毒物的浓度稀释至其最高容许浓度以下，或防止人体接触来减弱或控制毒物的危害，并未使毒物的分子得以破坏。因此，它多用于临时性解决现场的毒物危害问题。染毒现场经物理方法处理后，仍存在毒物的再次危害的可能性，如毒物随冲洗的水流流入下水道、河流，或深埋的毒物随雨水渗入地下水源等，再次造成危害。

二、化学洗消方法

化学洗消方法是利用化学消毒剂与毒物发生化学反应，改变毒物的分子结构和组成，使毒物转变成无毒或低毒物质，从而达到消毒的目的。常用的化学洗消法有如下几种。

1. 中和消毒法

中和法是利用酸碱中和反应生成水的原理，处理现场泄漏的强酸强碱或具有酸（碱）性毒物的方法。

酸和碱都可强烈地腐蚀皮肤、设备，且具有较强的刺激性气味，吸入体内能引起呼吸道和肺部的伤害。

（1）当有大量强酸泄漏时，可用碱液来中和。如氢氧化钠水溶液、碳酸钠水溶液、氨水、石灰水等实施洗消。

（2）如果大量碱性物质发生泄漏时，如氨的泄漏，可用酸性物质（醋酸的水溶液、稀硫酸、稀硝酸、稀盐酸等）中和消毒。氨水本身是一种刺激性物质，用作消毒剂时其浓度不宜超过10%，以免造成氨的伤害。

无论是消毒酸还是消毒碱，使用时必须配制成稀的水溶液，以免引起新的酸碱伤害，中和消毒完毕，还要用大量的水进行冲洗。

2. 氧化还原消毒法

氧化还原消毒法是利用氧化还原反应，将某些具有低化合价元素的有毒物质，氧化成高价态的低毒或无毒物，或将某些具有高化合价元素的有毒物质，还原成低价的低毒或无毒物的方法。例如，磷化氢、硫化氢、硫磷农药、硫醇、含硫磷的某些军事毒剂等低价硫磷化合物，可用氧化剂，如三合二、漂白粉等强氧化剂，迅速将其氧化成高价态的无毒化合物。

3. 催化消毒法

催化消毒法是利用催化剂的催化作用，使有毒化学物质加速生成无毒物的化学消毒方法。例如，毒性较大的含磷农药能与水发生水解反应，生成无毒的水解产物，但反应速度很慢，达不到现场洗消的要求；若使用催化剂（如碱），可加速此水解反应。因此，洗消某些农药染毒时，可用碱水或碱醇溶液进行现场的洗消。此外，还有催化氧化反应、催化光化反应等。

催化消毒法只需少量的催化剂溶入水中即可，是一种经济高效、很有发展前途的化学消毒方法。

4. 燃烧消毒法

燃烧消毒法是将具有可燃性的毒物与空气反应使其失去毒性。因此，在对价值不大的物品消毒时可采用燃烧消毒法。但燃烧消毒法是一种不彻底的消毒方法，燃烧时可能会有部分毒物挥发，造成邻近或下风方向空气污染，因此处置危险化学品事故时必须做好防护前期准备工作，同时要求洗消人员应采取严格的防护措施。

5. 络合消毒法

络合消毒法是利用络合剂与有毒化学物质快速络合，生成无毒的络合物，使原有的毒物失去毒性。此法常用于氯化氢、氨、氢氰酸根的消毒。洗消方法较多，各有特点和适用的范围。

在进行染毒现场洗消时，应根据毒物的种类、泄漏量以及毒物的性态、被污染或洗消的对象等因素来考虑洗消方法的选择。洗消方法的选择应符合的基本要求是消毒要快，毒性消除彻底，洗消费用尽量低，消毒剂对人无伤害。

第八节 现场急救用品

一、有毒气体防护站

生产或使用剧毒或高毒物质的高风险企业应设置紧急救援站或有毒气体防护站。有毒气体防护站的装备应根据职业病危害性质、企业规模和实际需要确定。气体防护站装备可参照表 11-2 配置。

表 11-2 有毒气体防护站装备配置

序号	仪器设备名称	大型企业	中型企业	其 他
1	天平/台	1~2	1~2	—
2	滤毒罐再生设备	根据需要	根据需要	
3	维修工具/套	2	1	—
4	自动电话/台	2~3	1	—
5	调度电话/台	1	1	—
6	录音电话/套	1	1	—
7	对讲机/对	1~2	1	—
8	事故警铃/只	1~2	1	—
9	气体作业（救护）车/辆	1~2	1	设有声光报警器，备有空气呼吸器、苏生器、安全帽、安全带、全身防毒衣、防酸碱胶皮衣裤、绝缘棒、绝缘靴、手套、被褥、担架、防爆照明等抢救用的器具
10	空气或氧气充装泵/台	1~2	1	—
11	担架/套	2~4	2~3	—
12	空气呼吸器/(套·人$^{-1}$)	按定员	按定员	根据技术防护人员及驾驶员人数确定
13	过滤式防毒面具/(套·人$^{-1}$)	按定员	按定员	—

表11-2(续)

序号	仪器设备名称	大型企业	中型企业	其　他
14	快速检测分析仪器（包括测爆仪、测氧仪和毒气监测仪）	按需要配备	按需要配备	
15	采样器、胶管	按需要配备	按需要配备	—
16	万能校验器/台	2~3	2~3	—

注：①小型企业根据需要设置；②如果滤毒罐滤片由供货商回收再生处理，气体防护站可不设计滤毒罐再生设备。

　　生产或使用有毒物质的高风险车间（岗位），应根据工作场所毒害情况设置气防护柜；气防护柜应设在有可能发生化学有毒物质泄漏的工作场所适宜位置或操作室；应配备应急救援防护服、正压防护头盔或面罩、自给式呼吸器等防毒面具；防毒器具应存放在气防护柜中。

　　气防护柜应采用铅封等防止随意打开的措施；为设置明显标识，应对气防护柜进行定期检查与维护，确保应急使用需要。

二、个体防护装置的使用与配备

　　救援人员要熟悉个体防护用品的性能特点，根据事故情况穿戴。

1. 个体防护用品性能要求

　　个体防护用品的性能要求见表 11-3。

表 11-3　个体防护用品性能要求

防护用品名称	使 用 场 所	功 能 要 求
安全帽	一般事故场所	具有冲击吸收性能、耐穿刺
	高温、火源场所	具有冲击吸收性能和阻燃性能
	井下、隧道、地下工程事故	具有冲击吸收性能和侧向刚性
消防头盔	火灾场所	具有冲击吸收性能、防穿刺、防热辐射、火焰电击和侧向挤压（有面罩、披肩）
消防防护服	火灾场所近火救援	避水隔热服（铝箔表面轧花）200 ℃耐 30 min
		冰水冷却服（外表面镀铝，内衬 44 个隔离冰袋）
		八五防护服（防水阻燃）
	火灾场所	八一防护服（防水不阻燃）
	化学事故火灾场所	防化服（衫连裤套衣，表面光滑，隔热防浸入）
消防防护靴	火灾场所	胶靴（防滑、防穿刺、耐交流电压大于 5000 V）
		皮靴（防滑、防穿刺），分普通和防寒型
消防防护手套	火灾场所	分耐水耐磨和防水隔热型，浸水 24 h 无渗漏
过滤式呼吸器	不缺氧的环境和低浓度毒污染环境使用	分为过滤式防尘呼吸器和过滤式防毒呼吸器，后者分为自吸式和送风式 2 类

表11-3(续)

防护用品名称	使 用 场 所	功 能 要 求
隔绝式呼吸器	可在缺氧、尘毒严重污染、情况不明的生命危险的作业场所使用	供气形式分为供气式和携气式两类。根据气源的不同又分为氧气呼吸器、空气呼吸器和化学氧呼吸器;救援时多用携气式

在各类事故应急救援过程中,特别要强调火灾爆炸事故和化学事故的个体防护。发生这类事故时,非救援人员不要进入现场,救援人员进入现场必须穿戴符合要求的个体防护用品。

2. 化学事故救援人员应达到个体防护分级

(1) A 级防护要求。事故生窒息性或刺激性毒物,该事故区域对生命及健康有即时危险(在 30 min 内发生不可修复和不可逆转伤害)化学事故中心地带、毒源不明的事故现场等的事故救援人员。

(2) B 级防护要求。事故产生不挥发的有毒固体或液体,该事故区域对生命及健康的危害小于 A 级的事故救援人员。

(3) C 级防护要求。治疗已经脱离化学事故现场的伤害者,尽管伤害者所沾染的毒物不足以对他人造成威胁的临床急救人员。

各级医院急诊科或门诊也要配备少量 B 级防护服装。因为救援的不仅是现场已经除去沾染的事故伤害者,也要救援自己前来就诊没有经过清除的事故伤害者。医院急诊科要有专门的空间来对可疑的带有化学沾染物的事故伤害者进行洗消。

需要注意的是,C 级防护所用的面具的滤毒罐(盒)需要定期更新,每种类型的面具的使用期限不同,这和毒物的种类、浓度、使用者的活动情况等有关。超过使用时限的滤毒罐(盒)中的活性炭失去吸附作用,会使吸入的化学毒物穿透而进入人体,不能起到很好的保护作用。

化学事故发生时,首先进入现场的抢救人员一般为消防人员。消防人员通常要"要断火源"或"隔绝火源",这是为了灭火及增加热阻抗,但不能阻止危险化学品的散发和泄漏。因此,消防机构应装备一定量的呼吸性防护用品,可供其在现场以最快的速度找出伤害者并进行抢救。化学事故个体防护用品的配备见表11-4。

表11-4 化学事故个体防护用品的配备

序号	级别	个体防护用品的配备
1	A 级	可对周围环境中的气体与液体提供最完善保护,它是 1 套完全封闭的、防化学品的服装、手套及靴子,以及 1 套隔绝式呼吸防护装置
2	B 级	在有毒气体皮肤危害不严重时,仅用于呼吸防护,与 A 级不同,它包括 1 套不封闭的、防溅洒的、抗化学品的服装,可以对液体提供如 A 级一样的保护,但不是密封的
3	C 级	它包括一种防溅洒的服装、配有面部完全被覆盖过滤式防护装置
4	D 级	仅限于衣裤相连的工作服或其他工作服、靴子及手套

尽管大部分生物因素事故发生时对人体的伤害常无明显的表现,一般要经过一定时间才显露出来,但对生物因素引发的事故救援不能忽视。防护化学制品的个体防护用品多能

防护生物危害因素。

三、医疗急救箱

有可能发生化学性灼伤及经皮肤黏膜吸收引起急性中毒的工作地点或车间，应根据可能产生或存在的职业性有害因素及其危害特点，在工作地点就近设置现场应急处理设施。急救设施应包括：

（1）不断水的冲淋、洗眼设施。

（2）气体防护柜。

（3）个人防护用品。

（4）急救包或急救箱以及急救药品。

（5）转运病人的担架和装置。

（6）急救处理的设施以及应急救援通信设备等。

急救箱应当设置在便于劳动者取用的地点，急救箱配备内容可根据工业企业规模、职业病危害性质、接触人数等实际需要参照表11-5确定，并由专人负责定期检查和更新。

表11-5　急救箱配置参考清单

序号	药品名称	储存数量	用　　途	保质（使用）期限
1	医用酒精/瓶	1	消毒伤口	
2	新洁尔灭酊/瓶	1	消毒伤口	
3	过氧化氢溶液/瓶	1	清洗伤口	
4	0.9%的生理盐水/瓶	1	清洗伤口	
5	2%碳酸氢钠/瓶	1	处置酸灼伤	
6	2%醋酸或3%硼酸/瓶	1	处置碱灼伤	
7	解毒药品	按实际需要	职业中毒处置	有效期内
8	脱脂棉花、棉签/包	2~5	清洗伤口	
9	脱脂棉签/包	5	清洗伤口	
10	中号胶布/卷	2	粘贴绷带	
11	绷带/卷	2	包扎伤口	
12	剪刀/个	1	急救	
13	镊子/个	1	急救	
14	医用手套、口罩	按实际需要	防止施救者被感染	
15	烫伤软膏/支	2	消肿/烫伤	
16	保鲜纸/包	2	包裹烧伤、烫伤部位	
17	创可贴/个	8	止血护创	
18	伤湿止痛膏/个	2	淤伤、扭伤	
19	冰袋/个	1	淤伤、肌肉拉伤或关节扭伤	
20	止血带/个	2	止血	

表11-5(续)

序号	药品名称	储存数量	用　途	保质（使用）期限
21	三角巾/包	2	受伤的上肢、固定敷料或骨折处等	
22	高分子急救夹板/个	1	骨折处理	
23	眼药膏/支	2	处理眼睛	有效期内
24	洗眼液/支	2	处理眼睛	有效期内
25	防暑降温药品/盒	5	夏季防暑降温	有效期内
26	体温计/支	2	测体温	
27	急救、呼吸气囊/个	1	人工呼吸	
28	雾化吸入器/个	1	应急处置	
29	急救毯/个	1	急救	
30	手电筒/个	2	急救	
31	急救使用说明/个	1	—	

第九节　常见职业病危害的现场急救处置

一、金属、类金属及其化合物

1. 铅及其化合物

1）理化性质

铅为蓝灰色重金属。比重11.3，溶点327 ℃，加热至400 ℃以上时即有大量铅蒸气逸出，并迅速在空气中氧化成氧化亚铅，凝集成铅烟。铅化合物在水中有不同的溶解度，醋酸铅（铅糖）、碱式碳酸铅（铅白）、氯化铅、硝酸铅极易溶于水，氧化铅（黄丹、密陀僧）、四氧化三铅（铅丹、红丹）、铬酸铅（铬黄、铅黄）可溶于水，硫化铅、硅酸铅、磷酸铅难溶于水。铅化合物有2价和4价，2价铅比4价铅稳定。

2）急救处理

（1）急性中毒的处理：①口服大量铅或铅化合物者，可立即洗胃、催吐、导泻，洗胃可用1%硫酸钠溶液或生理盐水，导泻可给予硫酸镁；②尽早使用驱铅药物，如依地酸二钠钙（CaNa2-EDTA）、促排灵（CaNa3-DTPA）、二巯基丁二酸钠（Na-DMS）；③对症支持疗法，阿托品或钙剂可以缓解腹痛；④保护肝、肾功能。

（2）慢性中毒的处理：①铅吸收，应予密切观察，可以继续原工作；可进行驱铅治疗，或3~6个月后再复查；②轻度中毒应给予驱铅药物治疗，治疗后无职业禁忌证者可从事原工作；③中度、重度中毒，给予驱铅药物治疗，以及对症支持治疗，视情况安排休息及休养，调离接触铅作业。

2. 锰及其化合物

1）理化性质

锰为浅灰色金属。比重 7.2，熔点 1244 ℃，化学活性与铁相似。高温时锰蒸气在空气中能迅速氧化成一氧化锰和四氧化三锰烟尘。2 价锰盐和二氧化锰最为稳定。

2）急救处理

（1）急性中毒的处理：①立即施救，口服高锰酸钾中毒者应立即用温清水及 0.5% 活性炭混悬液交替洗胃，然后用牛奶、蛋清、氢氧化铝凝胶保护胃粘膜，并用硫酸镁或硫酸钠导泻；喉水肿可用糖皮质激素，引起窒息时应立即气管切开，吸氧；②对症治疗，注意水、电解质平衡；③金属烟热处理参见金属烟热。

（2）慢性中毒的处理：①经确诊之后立即调离锰作业；②锰吸收观察对象每半年复查 1 次；③驱锰治疗可使用金属络合剂，如依地酸二钠钙、促排灵、Na-DMS、对氨基水杨酸钠（Na-PAS）等；④使用可使肌张力增高缓解药物，减少震颤麻痹，如左旋多巴、苄丝肼多巴、苯海索等；⑤治疗神经衰弱和植物神经功能紊乱。

3. 铬及其化合物

1）理化性质

铬是一种钢灰色、质脆而硬的金属。比重 6.92，熔点 1898 ℃，不溶于水和硝酸，溶于稀盐酸和硫酸。工业上常用的是 6 价铬和 3 价铬化合物。

2）急救处理

（1）急性中毒的处理：①脱离接触，及时清洗污染皮肤；呼吸道吸入者应保持呼吸道通畅，给予吸氧；②口服中毒者应立即用温水洗胃，硫酸镁导泻，牛奶、蛋清和氢氧化铝凝胶有保护消化道黏膜的作用；③属过敏性哮喘者应给予抗过敏治疗；④硫代硫酸钠、二琉基丙磺酸钠（Na-DMPS），Na-DMPS 可促进铬排出；⑤对症治疗，注意保护肾功能，防止急性肾功能衰竭，必要时可用血液净化疗法；呼吸道刺激症状明显者，可雾化治疗；哮喘持续可采用氢化可的松治疗及抗生素预防感染。

（2）铬鼻病的处理：以对症治疗为主，局部可应用硫代硫酸钠溶液或溶菌酶制剂，鼻中隔穿孔者必要时施行鼻中隔修补术。

4. 汞及其化合物

1）理化性质

汞为银白色液态金属。比重 13.59，熔点 -38.9 ℃。汞表面张力很大，常温下即能蒸发；汞不溶于水，可通过表面的水封层蒸发到空气中；汞蒸气能吸附于地板、墙壁，也能附着于工作服、货物而被带到非生产场所，形成二次汞毒源。除金属汞外，汞还有 2 类化合物，无机汞化合物和有机汞化合物。

2）急救处理

（1）急性中毒的处理：①立即脱离中毒环境，终止毒物吸收；换去污染衣物，清洗污染皮肤，误服者可催吐、洗胃、导泻；②病因治疗，解毒剂首选 Na-DMPS、Na-DMS；③对症治疗，输液纠正失水引起的血容量不足应注意电解质平衡；用 0.1%～0.2% 雷佛奴尔溶液治疗口腔炎；皮肤有斑丘疹或水疱、糜烂者，可用 3%～5% 硫代硫酸钠溶液湿敷。

（2）慢性中毒的处理：①驱汞治疗，不论何种临床程度汞中毒，一经诊断，均应进行驱汞治疗，首选驱汞剂 Na-DMPS、Na-DMS；②保护神经系统及肝、肾、心脏；可用镇静安眠、健脑护肝药物及维生素和三磷酸腺苷等；③对症治疗。

5. 砷及其化合物

1）理化性质

砷俗称砒，为金属样物质，有灰、黄、黑3种异形体。砷在潮湿空气中易被氧化。砷也是人体必需的微量元素之一，对机体发育、磷脂和氨基酸代谢及某些酶的活性有重要的作用，但摄入量过大则有明显毒性。砷的氧化物和盐类绝大多数属高毒类，可经呼吸道、消化道、皮肤进入人体。三价砷化合物毒性比五价砷化合物大，无机砷毒性比有机砷大。

2）急救处理

（1）急性中毒的处理：①脱离接触，口服者应尽快催吐、彻底洗胃、导泻；洗胃后可再服用蛋清、牛奶或活性炭，再用硫酸镁或硫酸钠导泻；②特效解毒剂 Na-DMPS 和 Na-DMS；③补液纠正脱水和保持电解质平衡；④保护肝、肾，出现肾功能衰竭早期表现应及时处理，有条件者应尽早进行血液透析治疗；⑤对症治疗。

（2）慢性中毒的处理：①慢性中毒诊断确立，患者应脱离接触；②驱砷治疗，选用 Na-DMPS、Na-DMS，硫代硫酸钠也有助砷排出；③B 族维生素、激素有助周围神经病治疗；④对皮肤过度角化病损，可外用 3% 巯基丙醇油膏和可的松软膏；⑤鼻炎可用鱼肝油滴鼻，眼结膜炎可用 0.5% 可的松药水滴眼。

6. 金属烟热

1）理化性质

金属烟热，也称铸造热，是由于吸入新生的金属氧化物烟而引起典型性骤起体温升高为主要表现的全身性疾病。常见的这一类氧化物为锌、铜、银、铁、锰、铬、镉、铅、砷等氧化物，其接触机会可来自这些金属、类金属的冶炼、铸造、焊接、高温喷涂等。

2）急救处理

（1）早期热水浴可预防金属烟热发作。

（2）轻者不需特殊治疗，休息、保温、大量饮水或饮用红糖生姜水。

（3）重者可给予输液，使用解热止痛剂、镇咳剂；防止继发感染。

二、刺激性气体

（一）刺激性气体概述

1. 刺激性气体的种类

刺激性气体是工业生产中经常遇到的一种有害气体，其对机体作用的共同特点是对眼和呼吸道黏膜有刺激作用。刺激性气体种类繁多，某些物质在常态下虽然不是气体，但极易蒸发、挥发、升华变成气态，产生对人体的刺激作用，因此，也把它们合并归入。具有刺激作用的毒物主要有以下类别：

（1）酸硫酸、盐酸、硝酸、氢氟酸、铬酸；甲酸、乙酸、丙酸、丁酸等。

（2）成酸氧化物二氧化硫、三氧化硫、二氧化氮、铬酐。

（3）成酸氢化物氯化氢、氟化氢、溴化氢。

（4）卤素和卤化物氯、氟、溴、碘；氟化物、三氯化砷、光气、二氯亚砜；溴甲烷、氯化苦等。

（5）氨和胺氨、甲胺、乙胺、乙二胺、环己胺等。

（6）醛类甲醛、乙醛、丙烯醛等。

（7）醚类氯甲基甲醚。

（8）酯类硫酸二甲酯、甲酸甲酯、乙酸甲酯、二异氰酸甲苯酯等。

（9）强氧化剂臭氧。

（10）金属化合物氧化镉、羰基镍、硒化氢、五氧化二钒。

2. 处理原则

积极防治肺水肿是抢救刺激性气体中毒的关键。

1）一般处理

（1）脱离现场，防止毒物继续进入。脱去污染衣物，彻底清洗污染部位。使用中和剂，如酸性气体可用5%碳酸氢钠溶液，碱性气体用2%~4%硼酸或5%醋酸冲洗或湿敷；呼吸道可用中和剂3~5 mL雾化吸入；眼部用清水或生理盐水彻底冲洗后，可给予0.5%可的松眼药水及抗生素眼药水滴眼，同时应注意防止眼球粘连。

（2）给予吸氧，并保持呼吸道畅通。

（3）根据接触情况及毒物种类，患者应观察24~72 h，防止肺水肿发生。

（4）防治肺水肿。庆大霉素8~16万U、地塞米松5 mL、氨茶碱0.25 g，分别加入到相应的20 mL中和剂中，雾化吸入；及早、合理地使用糖皮质激素，静脉补液以不加重肺水肿为原则。

（5）对症处理。如发生精神紧张、咳嗽、喉头痉挛、水肿时，可给予相应对症治疗。金属化合物中毒可用络合剂，光气中毒可静脉注射20%乌洛托品20 mL。

2）肺水肿处理原则

（1）吸氧是治疗肺水肿，改善缺氧状态的重要措施之一。

（2）保持呼吸道畅通使用氨茶碱、喘定解除气道痉挛；喷雾吸入抗泡沫对消泡净（二甲基硅油）可增加氧气和肺泡壁的接触面积；有气道黏膜坏死脱落、分泌物阻塞气道，应吸痰，甚至行气管切开术。

（3）雾化吸入同上述一般处理，肺水肿初期，可每2~4 h一次。

（4）早期、足量、短程应用肾上腺糖皮质激素，是防治肺水肿的关键。第一天轻度肺水肿可静注或滴注地塞米松10~20 mg或氢化可的松200~400 mg；中度可静注或滴注地塞米松20~30 mg或氯化可的松400~600 mg；重度可静注或滴注地塞米松30~50 mg或氢化可的松600~1000 mg，以后按病情酌减。对危重病人有的主张用大剂量冲击疗法。激素一般使用2~5 d，应注意其带来的副作用及并发症。

（5）其他。必须早期、足量、联用抗生素防止肺部感染；纠正缺氧的同时，应给予能量合剂等药物保护心肌；肺冰肿时常有酸中毒，应注意酸碱平衡；其他对症处理可参考上述一般处理；高能量饮食有助于病情早日康复。有的报道硝普纳、消心痛等血管扩张剂抢救中毒性肺水肿效果良好。

（二）氯

（1）理化性质。氯为黄绿色、具有强烈刺激性气味的气体。比重2.49，沸点-34.6 ℃。易高压液化为液氯。干燥的氯在低湿下不甚活泼，但遇水时首先生成次氯酸和盐酸，次氯酸又可再分解为新生态氯和盐酸，这是氯作为氧化剂的基本反应，因此对黏膜有刺激和氧化作用。

（2）急救处理。参见刺激性气体概述。

（三）二氧化硫和三氧化硫

（1）理化性质。二氧化硫又称亚硫酐，为无色、具有强烈辛辣和窒息性臭味气体。比重2.23，沸点10.1 ℃。易与水混合并氧化生成亚硫酸，随后慢慢转化为硫酸。二氧化硫是常见的一种工业废气，也是大气主要污染物之一。

三氧化硫又称硫酸酐，为无色液体或晶体。沸点44.8 ℃，遇水能完全溶解成为硫酸。硫酸加热到50 ℃以上即能产生大量三氧化硫雾。三氧化硫和二氧化硫常同时存在，两者均属中等毒类，毒作用及处理原则也相似。

（2）急救处理。参见刺激性气体概述。

（四）氮氧化物

1）理化性质

氮氧化物俗称硝烟，其种类很多，主要有氧化亚氮（N_2O，笑气）、氧化氮（NO）、二氧化氮（NO_2）、三氧化二氮（N_2O_3）、四氧化二氮（N_2O_4）和五氧化二氮（N_2O_5）等。除二氧化氮外，其他氮氧化物均不稳定，遇光、湿、热变成二氧化氮。

二氧化氮为具有刺鼻性气味的红棕色气体，属高毒类。二氧化氮较难溶于水，对眼黏膜和上呼吸道刺激作用较少，但到达肺泡后，缓慢形成的硝酸及亚硝酸对肺组织产生剧烈的刺激和腐蚀作用，使毛细血管通透性增加，最终导致肺水肿。

2）急救处理

（1）迅速脱离现场，静卧、吸氧，给予镇咳、镇静、支气管舒缓剂等对症治疗处理。

（2）密切接触者，必须观察24~72 h，注意病情变化，给予适当检查和治疗。

（3）应用中和剂雾化吸入，积极防治肺水肿，早期、足量给予肾上腺糖皮质激素，症状重者或预防阻塞性毛细支气管炎，可酌情延长激素使用时间。注意保持呼吸道畅通，出现肺水肿时可给予1%二甲基硅油消泡气雾剂雾化吸入，每次约5 min，最长作用时间15~30 min，以后可重复使用。必要时作气管切开和正压给氧等。

（4）预防、控制感染，纠正电解质紊乱及酸中毒。

（五）氨

1）理化性质

氨常温、常压下为具有特殊刺激性臭味的气体，比重0.596，沸点-33.4 ℃，易溶于水成氨水（含氢氧化氨和氨），呈碱性。氨常温下可压缩成为液氨，与空气混合时，能形成爆炸性气体。

2）急救处理

（1）脱离接触，脱去污染衣物，皮肤灼伤处理参见化学烧伤，眼损伤处理参见职业性急性眼损伤。呼吸性损害处理的重点是防治肺水肿和肺部感染，参见刺激性气体概述。

（2）及早吸氧，及早雾化吸入中和剂，早期应用糖皮质激素和抗生素；气道阻塞及早行气管切开术。

（3）慎用正压给氧，防止促发气胸、防止气管内坏死脱落黏膜被推向气道深处。

（六）硫酸二甲酯

1）理化性质

硫酸二甲酯为无色、略带洋葱气味的油状液体。沸点188 ℃，常温下易溶于水，加热至50 ℃时生成硫酸二甲酯雾，极易生成硫酸和甲醇。硫酸二甲酯属高毒类，作用与芥子气相似，急性毒性类似光气，比氯气毒性大15倍。

2）急救处理

（1）脱离接触，移至空气新鲜处，脱去污染衣物，彻底清洗污染皮肤（可用5%碳酸氢钠溶液）；眼部可用2%碳酸氢钠溶液或生理盐水反复冲洗。

（2）对刺激反应者需严密观察24~48 h，绝对卧床休息，保持安静。

（3）合理用氧，保持呼吸道畅通，必要时可作气管切开。

（4）防治喉水肿和肺水肿，早期足量、短程使用肾上腺糖皮质激素；使用抗生素防止感染。

（5）对症和支持疗法。

三、窒息性气体

1. 窒息性气体概述

1）窒息性气体的种类

窒息性气体是指以气态形式侵入机体，直接使氧的供给、摄取、运输和利用出现障碍，从而导致机体缺氧的毒物。根据其毒作用机理，大致可分为以下3类。

（1）单纯窒息性气体。本身无毒或毒性很低的气体，但由于它们在空气中的大量存在，使空气中氧的相对含量降低，导致供给机体的氧缺乏，从而出现缺氧窒息。常压下，自然空气中氧的含量约为20.96%。当氧含量低于16%时，即可出现缺氧表现；当氧含量低于10%时，可引起意识丧失，甚至死亡。常见的单纯性窒息性气体有氮气、甲烷、乙烷、乙烯、水蒸气等。

（2）血液窒息性气体。是指阻碍血红蛋白对氧气的化学结合能力，或阻碍血红蛋白向组织释放携带氧气，从而导致组织供氧障碍而发生窒息的气态毒物，这类毒物也称化学窒息性气体。常见的有一氧化碳、二氧化碳以及苯的氨基或硝基化合物蒸气等。

（3）细胞窒息性气体。这类毒物主要作用于细胞内的呼吸酶，使之失去活性，从而阻碍细胞对氧的利用，使生物氧化过程中断，造成机体发生细胞内"窒息"。常见的细胞窒息性气体有氰化氢、硫化氢。

2）急救处理

窒息性气体中毒的处理，首先强调及时解除毒物的继续作用，详见相关各节。脑水肿及其他缺氧性损伤的防治是治疗的关键，其基本点：

（1）防治脑水肿。如利尿脱水，使用大剂量糖皮质激素，冬眠疗法，使用促进脑细胞代谢药物等。

（2）氧疗法。尽早使用高压氧疗法，或其他方式的给氧。目的在于尽快提高血氧张力，改善缺氧状态。

（3）克服脑内微循环障碍，改善脑血管灌注；使用钙通道阻滞剂，如异搏定、尼莫地平等。

（4）清除氧自由基。给予维生素 C、维生素 E 等。

2. 一氧化碳

1）理化性质

一氧化碳为无色、无味、无刺激性的气体。比重 0.967，略轻于空气。易燃、易爆、与空气混合爆炸极限为 12.5% ~ 74%。含碳物质在不完全燃烧时，即可生成一氧化碳。

一氧化碳经呼吸道吸入后，透过肺泡迅速弥散入血。一氧化碳无蓄积作用，以原形从肺呼出。进入血液中的一氧化碳与血红蛋白结合形成碳氧血红蛋白（HbCO），其量与肺泡气中的一氧化碳分压成正比，而与氧的分压成反比。如吸入 1 个大气压的纯氧，一氧化碳在体内的平均半排出期可缩短至 80 min，3 个大气压的纯氧则可缩短至 23 min。

2）急救处理

（1）脱离现场，移至空气新鲜处，并注意安静、保暖。

（2）轻者对症治疗，即可迅速恢复。

（3）氧疗法应用高压氧的指征：A. 意识丧失，尤其昏迷超过 4 h 者；B. HbCO 大于 40%；C. 常压吸氧 4 h，症状仍不缓解者；D. 血 pH < 7.25；E. 心电图示心肌缺血表现；F. 精神异常者。

（4）自血辐射疗法抽患者血液经血液辐射治疗仪处理并充氧后再输回，可直接改善组织缺氧，降低血液黏度，有助改善组织内微循环。

（5）防治脑水肿及其他缺氧性损伤，参见窒息性气体概述。

（6）迟发性脑病的防治目前尚无有效的防治措施。应尽早按防治脑水肿及其他缺氧性损伤的基本点进行治疗。昏迷患者高压氧治疗不少于 10 次；严重中毒者，尤其是老年与儿童者，必要时给予脑活素、都可喜等；恢复期严密观察，避免精神刺激和过度活动；一旦出现迟发性脑病，可再予高压氧以及其他对症、支持治疗。

3. 二氧化碳

1）理化性质

二氧化碳为无色气体，高浓度时略带酸味，比重 1.524。二氧化碳加压可变成液态储存在钢瓶中，放出时凝成雪状固体，通称干冰。正常大气中二氧化碳含量约为 0.03%，人肺泡气中约为 5.6%，呼出气中约为 4% ~ 5%。

低浓度二氧化碳对呼吸中枢呈兴奋作用，高浓度可抑制呼吸中枢，甚至引起麻痹作用。发生二氧化碳中毒的场所往往伴有缺氧，在诊断中也常被混淆。含二氧化碳 11% 的低氧（含氧 5%），使实验动物于 60 min 内全部死亡；单纯低氧（含氧 5%）则仅有 1/10 的动物死亡。人接触极高浓度的二氧化碳，可在几秒钟内像触电般昏迷倒下。

2）急救处理

（1）迅速将患者移至空气新鲜处，进入现场抢救的人员必须戴供气面具。

（2）立即吸氧，猝死者现场行心肺脑复苏术。

（3）氧疗法应继续给予吸氧，有条件者应进行高压氧治疗。

（4）积极防治脑水肿，参见窒息性气体概述。

（5）对症支持治疗。

4. 氰化氢

1）理化性质

氰化氢在常温、常压下为无色透明液体，有苦杏仁的特殊气味。比重0.69，沸点26℃。易溶于水成氢氰酸。

氰化氢主要经呼吸道侵入体内，可在肺内被迅速吸收入血，液态氢氰酸和高浓度蒸气也可经皮肤吸收，误服后可经消化道吸收。氰化氢属剧毒类，进入体内的氰化氢部分以原形由肺排出，而大部分则在硫氰酸酶作用下，最后转化成硫氰酸盐随尿排出，但此过程可被硫氰酸氧化酶缓慢逆转，致使解毒早期偶可出现中毒症状重现。

氰化氢可抑制人体多种酶的活性，它与细胞呼吸酶的亲和力最大，与细胞色素氧化酶的3价铁离子结合，使细胞色素失去传递电子的能力，呼吸链中断，引起细胞内窒息。

2）急救处理

（1）立即脱离现场，脱去污染衣物，皮肤污染用水冲洗；如灼伤，可用0.1%高锰酸钾溶液冲洗；如口服中毒，以0.2%高锰酸钾或3%过氧化氢溶液，或5%硫代硫酸钠洗胃。

（2）同时应就地服用解毒剂，立即将亚硝酸异戊酯1~2支，在手帕或纱布内压碎，给患者在15 s内吸完，数分钟后可重复一次；也可用10%4-二甲基氨基苯酚（4-DMAP）2 mL肌肉注射。呼吸、心跳骤停者。

（3）特效解毒剂的应用3%亚硝酸钠10~15 mL，缓慢静注，因其具有扩血管作用，引起的反应应与氰化氢中毒症状相鉴别。其后用上述同一针头，缓慢静脉注射50%硫代硫酸钠20~30 mL，必要时于1 h后重复半量硫代硫酸钠。

（4）氧疗法。应给予吸氧，或高压氧治疗。

（5）对症支持治疗，并积极防治脑水肿及其并发症。

5. 硫化氢

1）理化性质

硫化氢为无色气体，具有腐败臭蛋味，比重1.19，沸点-60.7℃，易溶于水呈氢硫酸。能与大部分金属反应形成黑色的硫酸盐，对各类织物有很强吸附性。

硫化氢属高毒类，主要经呼吸道吸收中毒，误服硫化物盐类与胃酸中和产生硫比氢，可经胃肠道吸收。吸收后的硫化氢，进入血液氧化成为无毒的硫酸盐、硫代硫酸盐，主要由尿排出，部分以原形从肺排出，体内无蓄积作用。

2）急救处理

（1）迅速将中毒者移至空气新鲜处，立即给氧，保持呼吸道畅通。进入现场的施救人员应采取必要的自我防护措施，以免发生施救人员中毒。

（2）对猝死者，立即进行心肺脑复苏术。

（3）积极防治肺水肿、脑水肿及心肌损害，尽快、尽可能施用高压氧治疗。

（4）对症支持疗法，防止并发症和后遗症发生。

（5）有关高铁血红蛋白形成剂解毒治疗，应严格掌握应用指征，并选择合适药物。一般以4-二甲基氨基苯酚（4-DMAP）较好，亚硝酸钠也可应用，但有血管扩张作用。多数学者认为应用高铁血红蛋白形成剂治疗虽然理论上有意义，但临床疗效仍属可疑，国内多起急性硫化氢中毒均采用对症抢救和综合性支持治疗，疗效满意。

6. 甲烷

1）理化性质

甲烷俗称沼气，为无色、无味气体。比空气轻，易燃、易爆。极高浓度时为单纯性窒息性气体，麻醉作用极微弱。一般情况下，甲烷浓度增加会使空气被置换而缺氧。当甲烷在空气中混合达一定浓度时，便可引发极严重的事故。

2）急救处理

（1）立即将患者移至空气新鲜处，间歇给氧。

（2）呼吸、心跳停止者，立即施行心肺脑复苏术。

（3）注意防治脑水肿。

（4）忌用吗啡等抑制呼吸中枢药物。

7. 火灾烟雾

1）理化性质

火灾烟雾所含有的成分很复杂，不同物质燃烧时产生的烟雾各不相同。即使同一种物质在不同的温度、氧气含量等条件下燃烧，其产生的烟雾成分也不相同。大量新的化学合成产品的使用，使火灾烟雾的成分越来越复杂。火灾烟雾主要有有害气体或毒物、烟尘、热量 3 种有害因素。

有害气体主要有窒息性气体，如二氧化碳、水蒸气、一氧化碳、氰化氢等；有害气体又为刺激性气体，如醛类、氮氧化物、二氧化硫、光气等。

烟尘则多为含碳微粒，有时可因火灾现场燃烧物的不同，某些毒物（如砷、汞等）以气溶胶的形式存在，或黏附于炭烟尘中。一般情况下烟雾中所含的热量很少，热量很快被空气吸收，对呼吸道损伤较少见。但火灾烟雾中含有烟雾时，这种热力烧伤可及下呼吸道甚至肺泡组织。急性火灾烟雾吸入中毒，以缺氧窒息和呼吸道损害为主。

2）急救处理

（1）脱离现场，移至空气新鲜处。窒息、猝死者，应立即进行现场急救。

（2）吸入反应者应密切观察，安静与短时间吸氧有助于预防肺水肿的发生。

（3）吸氧、高压氧治疗可尽快提高血氧张力，改善缺氧状态。

（4）肺水肿治疗参见刺激性气体概述。

（5）对症和支持治疗。

四、有机化合物

1. 苯

1）理化性质

苯属于芳香烃化合物，具有特殊芳香气味的无色油状液体，极易挥发，微溶于水，可以任何比例溶于许多有机溶剂。

生产环境中的苯主要通过呼吸道进入人体，皮肤直接接触溶剂，吸收量也很大。苯吸入体内后，约50%以原形从呼吸道排出，其余在肝内代谢，以尿酚及硫酸根、葡萄糖醛酸结合物从尿中排出。苯对人体损害为多器官性，主要靶器官为中枢神经系统、造血系统。

2）急救处理

（1）急性中毒者的处理：①应立即脱离中毒现场，移至空气新鲜处；②绝对卧床休息，防止引发心室颤动；③保持呼吸道通畅，重者给氧气吸入；④对症治疗，严重者注意防治脑水肿；⑤苯中毒无特殊解毒剂，维生素有部分解毒作用，葡醛内酯（肝泰乐）可加速与苯的代谢产物酚类的结合和排出；如无心搏骤停，忌用肾上腺素，以免诱发心室颤动。

（2）慢性苯中毒治疗。重点为恢复已经受损的造血功能，调节中枢神经系统功能。多种维生素、核苷酸类药物、皮质激素、丙酸睾酮等有助于造血功能的恢复。

苯中毒引起的再生障碍性贫血、白血病的治疗原则同内科。

2. 甲苯、二甲苯

1）理化性质

甲苯、二甲苯为无色具有芳香气味的液体，易挥发。不溶于水，溶于乙醇、乙醚、苯、丙酮等许多有机溶剂。由于甲苯毒性较苯低，属于低毒性毒物，工艺性能与苯近似，故喷漆、染料、橡胶、印刷等行业多用甲苯代替纯苯作为溶剂或稀释剂。

2）急救处理

（1）急性中毒者应立即脱离中毒现场，移至空气新鲜处。

（2）保持呼吸道通畅，必要时给予吸氧。

（3）对症处理，给予维生素 B 族。

（4）防治脑水肿。

（5）葡醛内酯（肝泰乐）有一定的解毒作用。

（6）慢性中毒给予对症治疗。

3. 苯的氨基、硝基化合物

1）理化性质

苯的氨基、硝基化合物系指苯或其同系物的苯环上任何位点的氢被硝基或氨基所取代而形成的一类化合物。常见有苯胺、苯二胺、二硝基苯、三硝基甲苯、氯邻甲苯胺等。这类化合物常温下为固体或液体，不易溶于水，易溶于脂肪和有机溶剂。

苯的氨基、硝基化合物在生产环境中主要以粉尘或蒸气的形式存在于空气中，既可经呼吸道，也可经完整的皮肤进入机体。这类化合物在体内的代谢途径基本相似，最终生成氨基酚等水溶性较高的物质随尿排出体外。在代谢转化过程中，不少中间物质比母体物质毒性更大。

2）急救处理

（1）急性中毒的处理：①迅速将中毒者移至空气新鲜处，脱去污染衣服。如果皮肤被污染，应用 75% 的酒精或 5% 的醋酸洗涤，再用肥皂水和微温水清洗，切忌用热水；②高铁血红蛋白血症可选用特殊解毒剂亚甲蓝，维生素 C、维生素 B_{12}、辅酶-A 与美蓝有协同作用。血液中高铁血红蛋白的浓度在 25% 以下，也可不必使用亚甲蓝，用大量维生素 C 及含糖饮料即可；③溶血保护肾功能，纠正缺氧，对症处理，根据病情可给予输血；④出血性膀胱炎碱化尿液，防止血红蛋白在肾小管沉积而影响肾功能；⑤适量使用糖皮质激素；⑥防止继发感染；⑦可给予解痉剂和支持治疗。

（2）慢性中毒的处理：①对症治疗神经衰弱和植物神经功能紊乱；②用葡醛内酯酶片等治疗、保护肝脏；③根据贫血情况，给予相应治疗；④其他损害可按相应专科治疗。

4. 汽油

1）理化性质

汽油属 $C_4 \sim C_{12}$ 的混合烃类，按其用途可分为燃料汽油和溶剂汽油。燃料汽油为防爆及节能，有的加有一定量的四乙基铅或甲醇；溶剂汽油又称白节油，橡胶制鞋、印刷、油漆、五金器件清洗等行业常常使用溶剂汽油。

生产环境中，汽油主要以蒸气形式由呼吸道吸入，皮肤吸收很少。

2）急救处理

（1）急性吸入吸毒者应立即脱离现场，移至空气新鲜处。

（2）呼吸困难者可给予含 5%~7% 二氧化碳的氧气吸入。

（3）对症治疗，注意防止脑水肿。

（4）忌用肾上腺素，以免诱发心室颤动。

（5）吸入性中毒者可给以饮牛奶或植物油小心洗胃，应防止反胃而增强吸收或误吸入肺内；可用药用炭混悬液口服吸附，再用硫酸钠或硫酸镁导泻；注意保护肝、肾。

（6）慢性汽油中毒根据病情进行综合对症治疗，治疗方法与神经精神科相同；皮肤损害按职业性接触性皮肤病处理。

5. 正己烷

（1）理化性质。正己烷在常态下为略带异臭的液体，溶于醚和醇，几乎不溶于水。正己烷主要作为溶剂，用于植物油的提取、橡胶的合成、低温温度计的制造，以及作为化验用试剂。目前，涉外工业、乡镇企业广泛使用正己烷，印刷行业作为稀释剂、洗板水，电子、五金行业作为元器件清洗剂，乙烯凉鞋制造使用的粘胶溶剂等。

（2）急救处理。目前无特效解毒剂，应尽早脱离接触和给予对症治疗。

6. 二氯乙烷

1）理化性质

二氯乙烷有 2 种异构体：1,2-二氯乙烷和 1,1-二氯乙烷。均为无色、易挥发、似氯仿气味的液体。难溶于水，溶于乙醇和乙醚。1,2-二氯乙烷主要用作橡胶、脂肪、蜡等溶剂，以及氯乙烯的制造，农村也用作谷物、粮仓的熏蒸剂和土壤消毒剂。由于含有1,1-二氯乙烷的粘合胶其粘合力、密封性极好，涉外工业、乡镇工业往往用其粘合塑料玩具水枪和电子元器件等。1,1-二氯乙烷曾用作麻醉剂，现已废弃。

2）急救处理

目前尚无特效解毒剂，主要采取急救措施和对症治疗。

（1）立即移离现场，脱去污染衣物，用清水冲洗被污染皮肤。

（2）误服中毒者立即用清水洗胃，或催吐和导泻。

（3）密切观察病情变化，特别要注意迟发性中毒性脑病的突然发生，以及发病后病情的反复，及时地降低颅内压、防治脑水肿。

（4）早期在防止中毒性脑病的同时，也应采取措施保护肝、肾及心、肺功能。

（5）如出现癫痫样发作、肌痉挛可选用丙戊酸钠及氯硝西泮等治疗。

（6）对烦躁不安、惊厥者可用水合氯醛治疗。

（7）忌用肾上腺素类药物，因其可激发致命性心律失常。

7. 氯仿

1）理化性质

氯仿又称三氯甲烷、哥罗仿。五色、透明、易挥发液体，有辛甜的特殊芳香气味。

氯仿可经呼吸道、皮肤、消化道进入人体。氯仿在体内生物转化的初产物为三氯甲醇，中间产物可能有光气、二氯甲烷、一氯甲烷和甲醛。氯仿主要毒作用于中枢神经系统，并可造成肝、心、肾损害，长期接触可成瘾。

2）急救处理

目前无特效解毒剂，主要采取一般急救措施及对症治疗。

（1）应迅速将吸入中毒者移离现场，给予低流量氧气吸入，静卧休息。

（2）误服中毒者，催吐应小心，可用微温水洗胃，也可用芒硝或甘露醇导泻。

（3）使用中枢兴奋剂，以兴奋中枢，加速氯仿排泄。

（4）葡萄糖酸钙可增强心肌收缩力，减轻氯仿的毒性反应。

（5）对症治疗应注意保肝、利汞、抗心力衰竭、抗心律失常，防止感染。

（6）忌用吗啡和肾上腺素。

慢性中毒处理主要以护肝、保肝，对症治疗。仅有肝功能异常而无其他临床症状者，可给予适当护肝，但应脱离接触氯仿。

8. 三氯乙烯

1）理化性质

三氯乙烯为无色液体，有氯仿的气味，主要作为金属、玻璃、电子元件的脱脂剂，被广泛地应用于电镀、五金、电子等行业；脂肪、油、石蜡的萃取，农药的制备等都用到三氯乙烯；医学上也曾用三氯乙烯做麻醉剂。

本品可经呼吸道、消化道、皮肤吸收。进入体内的三氯乙烯主要在肝脏氧化为三氯乙酸、三氯乙醇，经尿排出。接触三氯乙烯期间，尿中首先出现三氯乙醇，数小时后达高峰，脱离接触4d左右接近正常；三氯乙酸最初排出较少，脱离接触2d达最高峰，4d左右接近正常。三氯乙烯急性中毒主要表现为中枢神经系统损害的全身性疾病。近期报道的病例，多见于涉外工业、乡镇工业中，且全身性皮肤损害尤为突出。

2）急救处理

（1）急性中毒患者应立即移离中毒现场，安静卧床休息，观察对象至少应观察24 h。

（2）眼和上呼吸道有刺激症状，可用2%碳酸氢钠溶液冲洗或蒸气吸入。

（3）重度中毒者可适当使用糖皮质激素，但心搏未停者忌用肾上腺素。无特效解毒剂，治疗原则和护理与内科、神经科相同。

（4）变态反应性皮肤损害初次接触三氯乙烯前3个月，出现皮疹，疑似感冒症状者，应立即脱离接触，密切观察。

本病的治疗原则：正确使用激素，做到早期、足量、适量维持；必须进行皮肤护理、护肝；对症治疗强调及时，合理用药强调小心与慎用。

慢性中毒　给予对症治疗。

9. 甲醇

1）理化性质

甲醇又称木醇，为无色、易燃、高度挥发的液体，略具酒精气味。可与水、乙醇、酮、酯、卤代烃混溶，与苯部分混溶。

甲醇可经呼吸道、胃肠道和皮肤吸收。急性甲醇中毒主要导致中枢神经损害、眼部损害，以及代谢性酸中毒。

2）急救处理

（1）吸入中毒者应立即移离现场，去除污染衣服。误服中毒者，视病情采用催吐或洗胃，洗胃可用 1% 碳酸氢钠溶液。

（2）及时进行血液或腹膜透析，以清除已被吸收的甲醇及其代谢产物。

（3）纠正酸中毒，防治痫水肿。

（4）支持和对症治疗。

（5）国外用乙醇作为解毒剂，竞争性抑制甲醇在体内的代谢，减少代谢产物的产生。慢性中毒者可给予对症治疗，并注意眼部症状和病变。

10. 甲醛

1）理化性质

甲醛又名蚁醛，为无色、有辛辣刺鼻气味的气体。易溶于水、醇和醚。40% 甲醛水溶液称为"福尔马林"。

甲醛的化学性质和生物活性很活泼，经呼吸道吸入后，有 60%～100% 由肺部吸收，小部分以原形从呼吸道排出；大部分在体内迅速代谢，转变成甲醇，随后氧化成甲酸，以甲酸盐形式从尿排出，或氧化成二氧化碳和水。

甲醛能凝固蛋白质，接触后即发生皮肤和黏膜强烈刺激作用。由于甲醛在体内可分解为甲醇，因此吸入一定量，可引起较弱的麻醉作用。甲醛对中枢神经系统，尤其是对视丘有强烈的作用。甲醛的诱变、致癌和致畸毒理作用，动物实验也有很多报道。

2）急救处理

（1）早期足量应用糖皮质激素，以防肺水肿。肺水肿发生时，还需配以利尿脱水剂及二甲硅油气雾剂治疗。

（2）对症治疗。烦躁不安者给予异丙嗪肌肉注射，施以亚冬眠疗法，以减少耗氧量。

（3）甲醛液溅到皮肤和黏膜，可用肥皂水或碳酸氢钠溶液洗涤，大量清水冲洗。

11. 五氯酚钠

1）理化性质

五氯酚钠工业品呈浅黄色鳞片状晶体，有氯臭味，易溶于水、醇和丙酮，不溶于石油和苯，遇水时析出五氯酚结晶。

2）急救处理

无特效解毒剂，主要采用急救措施和对症、支持疗法。

（1）急性中毒者，应立即脱去污染衣物，用清水和肥皂清洗污染皮肤。

（2）误服者可用 2% 碳酸氢钠溶液洗胃。

（3）高热用物理降温，同时用冬眠药物。

（4）纠正脱水、电解质紊乱和酸中毒。

（5）可试用三磷腺苷补给能量。

巴比妥类药物对五氯酚钠有增毒作用，阿托品可抑制出汗散热而加重病情，应禁用。退热药可增加出汗，引起虚脱，需要时慎用。

12. 丙烯腈

1）理化性质

丙烯腈为无色、易燃、易挥发的液体，具有特殊杏仁气味。在水中溶解度为 7.3%（20 ℃），可以任何比例与乙醇和醚混溶。丙烯腈为有机合成工业中的重要单体，也是主要的化工中间体之一。常用于制造腈纶纤维、丁腈橡胶、ABS 工程塑料及某些合成树脂等。

丙烯腈可经呼吸道、皮肤和消化道进入人体，在体内可与含巯基的酶起作用，代谢产物有硫氰酸盐、丙烯酰胺、丙烯酸等。本品属高毒类，与氢氰酸毒作用相似，其急性中毒以中枢神经损害为主，伴以黏膜刺激的全身性疾病。丙烯腈对人体的蓄积毒作用不明显。

2）急救处理

（1）迅速移离现场，脱去污染衣物，用清水冲洗污染皮肤。

（2）误服可用 0.2% 高锰酸钾溶液或 5% 硫代硫酸钠溶液洗胃。

（3）亚硝酸异戊酯、硫代硫酸钠是特效解毒剂。细胞色素 C、糖皮质激素、葡醛内酯有辅助解毒和护肝作用。

（4）对症处理，不轻易放弃抢救。

13. 二异氰酸甲苯酯

1）理化性质

二异氰酸甲苯酯有两种异构体，2,4-二异氰酸甲苯酯和 2,6-二异氰酸甲苯酯。2,4-二异氰酸甲苯酯为白色液体，溶于多种溶剂，不溶于水，遇水激烈反应放出二氧化碳。

2）急救处理

（1）轻症者应停止接触，经予抗过敏治疗。

（2）严重者，除抗过敏治疗外，应给予吸氧、解痉、止咳，必要时给予肾上腺糖皮质激素及抗生素治疗。

五、农药

1. 有机磷农药

1）理化性质

有机磷农药多为磷酸酯类或硫代磷酸酯类化合物，纯品多为油状液体，除敌百虫等少数品种为固体。有机磷农药大部分有大蒜臭味，不溶于水，溶于多种有机溶剂，对光、热、氧较稳定，遇碱易分解破坏，但敌百虫在碱性溶液中，可变成毒性更大的敌敌畏。

2）急救处理

（1）迅速清除毒物脱离接触，脱去污染衣物。

（2）用肥皂水或 3%～5% 碳酸氢钠溶液彻底清洗受污染部位，特别应注意隐蔽部位的清洗，忌用热水或酒精之类冲洗。

（3）口服中毒者可用温水或 2% 碳酸氢钠溶液（敌百虫忌用），或 0.2% 高锰酸钾溶液（硫代磷酸酯类忌用）反复洗胃；洗胃后，从胃管内注入硫酸钠或硫酸镁盐类泻药（忌用油类泻药）导泻。

（4）若有毒物反流或胃细胞重新分泌出有机磷，可隔 1~2 h 后再次洗胃。

（5）特效解毒剂的应用包括抗胆碱剂（阿托品，山莨菪碱等）和胆碱酯酶复能剂（氯磷定、解磷定等）。两者合并使用有协同作用，剂量应适当减少。特效解毒剂强调及早应用，在清除毒物的同时，即应使用，因中毒 48 h 后，磷酰化胆碱酯酶已老化，不易重新活化。阿托品的剂量应以临床指征为准，达到阿托品化，即应改用维持量，阿托品化与全血胆碱酯酶活性不呈平行关系。

（6）阿托品中毒表现为瞳孔扩大、神志模糊、抽搐、狂躁、昏迷、尿潴留等。阿托品依赖现象表现为阿托品减量时，出现头晕、恶心、呕吐、多汗等与有机磷农药中毒类似的现象，应注意鉴别，一旦出现阿托品依赖现象，应逐渐减量、停用。2 种复能剂不能同时混合应用，因可增加副作用，复能剂过量可产生呼吸抑制作用。

（7）新型特效解毒剂是抗胆碱剂和复能剂的复方，如新复能剂 HI-6、复方 HI-6、阿托品、安定等。

（8）对迟发性猝死，重点在预防。恢复期应作好心电图监护，迟发性周围神经病可给予足够 B 族维生素、三磷腺苷、辅酶 A 等，必要时可考虑用激素。中间综合征以对症和支持治疗为主。

（9）注意和预防"反跳"现象。急性中毒临床症状消失后，应继续观察 2~3 d。马拉硫磷、乐果、敌敌畏中毒后，更易出现病情反复，应避免过早活动，延长观察时间，防止病情突变。

（10）慢性中毒采取对应和支持治疗为主，也可短期、小剂量使用阿托品。

2. 氨基甲酸酯类

1）理化性质

本类农药均有氨基甲酸酯的共同结构：$R_1-OC（O）N<R_2R_3$，多为无色或白色结晶，无特殊气味。难溶于水，易溶于有机溶剂，对光、热、酸较稳定，遇碱易分解破坏。本类农药有 3 类：杀虫剂：西维因、呋喃丹、涕灭威、异丙威、草肟威等；除草剂：黄草灵、燕麦灵、禾大壮等；杀菌剂：多菌灵、苯菌灵等。

氨基甲酸酯类除草剂、杀菌剂对人畜毒性很低或基本无毒，杀虫剂则同有机磷农药相似，但毒性较有机磷低。氨基甲酸酯类杀虫刑的毒作用机理主要是直接抑制胆碱酯酶，使其失去分解乙酰胆碱的能力，它与有机磷不相同，不需要经体内代谢活化。

2）急救处理

参见有机磷农药中毒，但轻度中毒者不必阿托品化。肟类复能剂能增强氨基甲酸酯类杀虫剂毒性，延长其抑制胆碱酯酶的作用，不能使用。

3. 杀虫脒

1）理化性质

杀虫脒又称氯苯脒，为广谱杀虫、杀螨剂。分基质型和盐酸盐型 2 种制剂，多用其盐酸盐型，通常被配成 25% 或 50% 水（乳）剂，或 2%、5% 颗粒剂出售。杀虫脒盐酸盐为白色晶体，无气味。易溶于水，难溶于有机溶剂，对酸性稳定，遇碱易分解破坏。

2）急救处理

（1）清除毒物，脱离接触，脱去污染衣物。

（2）用肥皂水清洗污染皮肤。

（3）口服中毒者可用 2% 碳酸氢钠溶液洗胃，并用硫酸镁导泻。

（4）合理使用亚甲蓝，明显高铁血红蛋白血症可用亚甲蓝 1~2 mg/kg，加入到 50% 葡萄糖液稀释，静脉缓慢注射，必要时可重复半量一次，但切忌使用大剂量。

（5）出血性膀胱炎应用 5% 碳酸氢钠溶液静脉滴注。

（6）对症支持治疗，同时给予维生素 C 和葡萄糖溶液静脉滴注。

4. 拟除虫菊酯类

1）理化性质

拟除虫菊酯类是模拟天然除虫菊酯化学结构合成的农药。迄今合成的本类化学物已有近万种，但常用的仅有 20 多种，如溴氰菊酯（敌杀死）、氰戊菊酯（杀灭菊酯）、氯氰菊酯（灭百可）等。市售使用的拟除虫菊酯农药制剂多为乳油，对酸性稳定，遇碱易分解失效。这类农药作用相似，所有品种的中毒症状和治疗方法基本相同，且多属中等毒性范畴，但有的毒性则相差数百倍，含氰基的化学物毒性较大。

2）急救处理

（1）清除毒物，脱离接触，脱去污染衣物。

（2）用肥皂水或 2%~3% 碳酸氢钠溶液清洗污染皮肤。

（3）口服中毒者可用 2% 碳酸氢钠溶液洗胃，然后用硫酸镁或硫酸钠导泻。

（4）眼部污染可用清水或 2% 硼酸水冲洗。

以对症、支持治疗为主，目前无特效解毒剂。

除与有磷农药混合引起的中毒，一般不主张使用阿托品。若不能排除有机磷中毒时，可用适量阿托品试验治疗，并密切观察治疗反应；中度中毒病人应积极防治肺水肿和脑水肿，并进行心脏监护，防止发生心力衰竭。出现肺水肿的患者可给予少量阿托品，但应慎防阿托品中毒。

上消化道出血按内科常规处理。

5. 氟乙酰胺

1）理化性质

氟乙酰胺又称敌蚜胺，用作灭鼠药时又称 1080。无味、不易挥发的白色针状晶体，易溶于水及有机溶剂。本品是内吸性很强的农药，属高毒类，一般残留期可达 30~40 d。在通常情况下，虽经长期存放或经煮沸，高温、高压处理其毒性并不消失。

本品可经消化道、呼吸道、皮肤吸收进入机体。进入机体后，脱去胺成为氟乙酸，干扰正常的三羧酸循环。

2）急救处理

（1）离接触，污染皮肤用清水彻底清洗。

（2）口服中毒立即催吐、洗胃、导泻。洗胃可用清水或 0.2% 高锰酸钾溶液，或

0.15%石灰水。洗胃后应用氢氧化铝凝胶或鸡蛋清保护胃黏膜。

（3）特效解毒剂解氟灵（乙酰胺）肌肉注射，用量 2.5~5 g，每日 2~4 次。首次冲击量可用全日总量的 1/2。

（4）重症者一次可给 5~10 g。可与普鲁卡因合用减轻注射疼痛。在没有解氟灵的情况下，可用 5 mL 乙醇溶于 100 mL 葡萄糖液静脉滴注，每日 2~4 次。

（5）控制抽搐，保护心脏。

（6）对症支持治疗。

六、化学烧伤

1. 理化性质

化学烧伤是指由于化学物质直接对皮肤刺激、腐蚀及化学反应热而引起的急性皮肤损害。可伴有眼灼伤和呼吸道吸入性损伤；有的病例可出现经皮肤、黏膜吸收中毒，甚或死亡。化学烧伤的病因有"热"和"腐蚀"两方面的因素，其病理生理、临床表现和处理原则，与火焰烧伤很相似。

2. 急救处理

（1）酸、碱烧伤。强调现场处理，用大量流动清水彻底冲洗 20~30 min；酸烧伤后可用 3%~5%碳酸氢钠溶液中和清洗。金属钠、钾烧伤不可用水冲洗，宜用油类清洗。眼部碱烧伤更加强调冲洗。酸、碱烧伤创面应使用暴露疗法，并早期给予抗感染。大面积烧伤注意抗休克。中毒者按中毒治疗原则治疗。

（2）酚烧伤。脱去污染衣物，用大量流动清水彻底冲洗，然后用浸过甘油、聚乙二醇，或聚乙二醇与酒精混合液（7∶3）的棉花抹洗 15 min，再用清水冲洗。早期坏死组织应清除，以减少酚的吸收中毒。肾是酚作用的主要靶器官，因此酚烧伤时预防急性肾功能衰竭是治疗中毒成功的关键。酚中毒尚可直接或间接地作用于中枢神经，导致突然死亡，故大面积酚烧伤病人应严密监护。

（3）黄磷烧伤。脱去污染衣物，创面用大量流动清水彻底冲洗，再用硝酸银溶液清洗创面，然后再用清水或生理盐水冲洗，最后用 5%碳酸氢钠溶液湿敷，24 h 后可行暴露疗法。禁用油质敷料包扎，以免磷溶于油脂被吸收。使用葡萄糖酸钙可拮抗磷毒性，加速磷排泄，但使用量应根据血钙、临床表现决定。全身支持疗法，并应注意急性肾功能衰竭。

（4）柏油烧伤。不必立即清除柏油，可待其自行冷却或冷敷后结成硬块，再连烧损的表皮一起除去。大面积烧伤应先处理休克，等休克稳定后再除去柏油；不宜用大量汽油擦洗创面，防止汽油中毒，可用植物油拭去残余柏油。其他治疗同普通热烧伤。

第十二章 职业健康监护

第一节 概 述

职业健康监护是 20 世纪 70 年代欧共体提出的一项职业卫生服务的新技术，其内容包括接触控制、医学生理学检查和信息管理三部分，是融职业卫生管理与技术为一体的一个系统工程，在美国、澳大利亚、日本、欧盟等开展得比较完善。我国在 20 世纪 80 年代初，由化工部、冶金部率先引入职业健康监护系统工程，在化工冶金系统开展劳动者职业健康监护服务，收到良好效果。职业健康监护将传统的生产环境监测、健康检查、建立档案等工作有机地联系起来，建立系统体系，并进行科学管理。

职业健康监护是以系统论、控制论及信息论思想把职业医学、职业卫生、职业安全工程学和管理学横向贯通，将原来孤立进行的生产环境监测、健康检查、建立档案等工作有机联系起来，把三级预防串联起来，形成一个科学的体系。它把对职业病危害因素的接触控制和对作业员工的健康检查统一起来，把劳动卫生工作和工厂有关职能部门及领导决策联系起来，能有效地保护职工身心健康，达到安全生产的目的。所以，健康监护是融管理与技术于一体的职业卫生系统工程。因此，职业健康监护在改善职工劳动条件、保证职工身心健康方面起着重要作用。随着此项工作的不断深入，人们开始放弃传统的认识和做法，不再把职业健康监护作为职业健康体检的代名词，甚至不再仅仅限于职业性疾病监测的范畴，给职业健康监护赋予了新的概念和内容。

职业健康监护是职业卫生领域的一项重要业务，它是"三级预防"的组成部分，也是促进职业卫生管理规范化、系统化和技术化的重要内容，其目的是预防、控制和消除职业病危害，保护劳动者身体健康和企业劳动力资源，提高劳动生产效率，促进社会经济的发展。

一、基本概念

职业健康监护是以预防为目的，根据劳动者的职业接触史，通过定期或不定期医学健康检查和健康相关资料收集，连续性地监测劳动者的健康状况，分析劳动者健康变化与所接触的职业病危害因素的关系，并及时地将健康检查和资料分析报告给用人单位和劳动者，以便及时采取相应的干预措施，保护劳动者健康。

职业健康监护基本属于二级预防，结合生产环境检测和职业流行病学分析，研究职业病危害因素所致的疾病在人群中的发生、发展规律，接触（剂量）反应（效应）关系，评价防护措施效果，并为制定、修订职业卫生标准及采取进一步的控制措施提供科学依据，从而达到一级预防目的。

传统的职业健康监护是指医学监护，它以健康检查为主要手段，包括检出新病例、鉴定疾病等。由于职业性疾病病因是外在的职业病危害因素，仅发现职业病患者是不能达到控制疾病病因和消除职业性疾病的目的。因此，职业健康监护主要包括健康检查、离岗后健康检查、应急健康检查和职业健康监护档案管理等内容。

职业健康检查是通过医学手段和方法，针对劳动者所接触的职业病危害因素可能产生的健康影响和健康损害进行临床医学检查，了解受检者健康康状况，早期发现职业病、职业禁忌症和可能的其他疾病和健康损害的医疗行为。职业健康检查是职业健康监护的重要内容和主要资料来源。

二、法律法规规定

1. 《职业病防治法》

第三十五条规定："对从事接触职业病危害的作业的劳动者，用人单位应当按照国务院卫生行政部门的规定组织上岗前、在岗期间和离岗时的职业健康检查，并将检查结果书面告知劳动者。职业健康检查费用由用人单位承担。用人单位不得安排未经上岗前职业健康检查的劳动者从事接触职业病危害的作业；不得安排有职业禁忌的劳动者从事其所禁忌的作业；对在职业健康检查中发现有与所从事的职业相关的健康损害的劳动者，应当调离原工作岗位，并妥善安置；对未进行离岗前职业健康检查的劳动者不得解除或者终止与其订立的劳动合同。职业健康检查应当由取得《医疗机构执业许可证》的医疗卫生机构承担。卫生行政部门应当加强对职业健康检查工作的规范管理，具体管理办法由国务院卫生行政部门制定。"

2. 《劳动合同法》

第四十二条规定：劳动者有下列情形之一的，用人单位不得依照本法第四十条、第四十一条的规定解除劳动合同：

（1）从事接触职业病危害作业的劳动者未进行离岗前职业健康检查，或者疑似职业病病人在诊断或者医学观察期间的；

（2）在本单位患职业病或者因工负伤并被确认丧失或者部分丧失劳动能力的；

（3）患病或者非因工负伤，在规定的医疗期内的；

（4）女职工在孕期、产期、哺乳期的；

（5）在本单位连续工作满 15 年，且距法定退休年龄不足 5 年的；

（6）法律、行政法规规定的其他情形。

第四十五条规定："劳动合同期满，有本法第四十二条规定情形之一的，劳动合同应当续延至相应的情形消失时终止。但是，本法第四十二条第二项规定丧失或者部分丧失劳动能力劳动者的劳动合同的终止，按照国家有关工伤保险的规定执行。"

3. 《用人单位职业健康监护监督管理办法》

为规范用人单位职业健康监护工作，加强职业健康监护的监督管理，2012 年 4 月 27 日国家安全生产监督管理总局令第 49 号公布。《办法》对用人单位在职业健康监护的职责、任务、监督管理等方面作出了明确规定。

三、职业健康监护的目的

（1）早期发现职业病、职业健康损害和职业禁忌症。

（2）跟踪观察职业病及职业健康损害的发生、发展规律及其分布情况。

（3）评价职业健康损害与作业环境中职业病危害的关系及危害程度。

（4）识别新的职业危害因素和高危人群。

（5）进行目标干预，包括改善作业环境条件，改革生产工艺，采用有效的防护设施和个人防护用品，对职业病患者及疑似职业病和有职业禁忌人员的处理与安置等。

（6）评价预防和干预措施的效果。

（7）为制定或修订职业卫生政策和职业病防治对策服务。

四、责任和义务

1. 用人单位的责任和义务

（1）对从事接触职业病危害因素作业的劳动者进行职业健康监护是用人单位的职责。应根据国家有关法律、法规，结合生产劳动中存在的职业病危害因素，建立职业健康监护制度，保证劳动者能够得到与其所接触的职业病危害因素相应的健康监护。

（2）要建立职业健康监护档案，由专人负责管理，并按照规定的期限妥善保存，要确保医学资料的机密和维护劳动者的职业健康隐私权、保密权。

（3）应保证从事职业病危害因素作业的劳动者能按时参加安排的职业健康检查，劳动者接受健康检查的时间应视为正常出勤。

（4）应安排即将从事接触职业病危害因素作业的劳动者进行上岗前的健康检查，但应保证其就业机会的公正性。

（5）应根据企业文化理念和企业经营情况，鼓励制订比本规范更高的健康监护实施细则，以促进企业可持续发展，特别是人力资源的可持续发展。

2. 劳动者的权利和义务

（1）从事接触职业病危害因素作业的劳动者有获得职业健康检查的权力，并有权了解本人健康检查的结果。

（2）劳动者有权了解所从事的工作对他们的健康可能产生的影响和危害。劳动者或其代表有权参与用人单位建立职业健康监护制度、制订健康监护实施细则的决策过程。劳动者代表和工会组织也应与职业卫生专业人员合作，为预防职业病、促进劳动者健康发挥应有的作用。

（3）劳动者应学习和了解相关的职业卫生知识和职业病防治法律、法规。劳动者应掌握作业操作规程，正确使用、维护职业病防护设备和个人使用的防护用品，发现职业病危害事故隐患应及时报告。

（4）劳动者应服从、参加用人单位组织的职业健康检查，并与职业卫生专业人员和用人单位认真合作。如果该健康检查项目不是国家法律法规制定的强制性进行的项目，劳动者参加应本着自愿的原则。

（5）劳动者有权对用人单位违反职业健康监护有关规定的行为进行投诉。

（6）劳动者若不同意职业健康检查的结论，有权根据有关规定进行投诉。

3. 职业健康检查机构的责任和义务

（1）从事职业健康检查的医疗机构应由取得《医疗机构执业许可证》的医疗卫生机构承担。卫生行政部门应当加强对职业健康检查工作的规范管理，具体管理办法由国务院卫生行政部门制定。

（2）在备案开展的职业健康检查类别和项目范围内，依法开展职业健康检查工作，并出具职业健康检查报告。

（3）履行疑似职业病的告知和报告义务。

（4）报告职业健康检查信息。

（5）定期向卫生健康主管部门报告职业健康检查工作情况，包括外出职业健康检查工作情况。

（6）开展职业病防治知识宣传教育。

（7）承担卫生健康主管部门交办的其他工作。

五、职业病危害因素和职业健康监护人群的界定原则

1. 开展职业健康监护的职业病危害因素的界定原则

职业病危害因素是指对从事职业活动中产生和（或）存在的可能对职业人群健康、安全和作业能力不良影响的因素或条件，包括化学、物理、生物等因素。除在各种职业病危害因素相应的项目标明为推荐性健康检查外，其余均为强制性。开展职业健康监护的职业病危害因素应根据以下原则确定：

（1）开展职业健康监护的危害因素必须已列入国家颁布的职业病危害因素分类目录的危害因素。

（2）该危害因素有确定的慢性毒性作用，并能引起慢性职业病或慢性健康损害；或有确定的致癌性，在暴露人群中所引起的职业性癌症有一定的发病率，执行强制性健康监护。

（3）职业性有害因素对人的慢性毒性作用和健康损害或致癌作用尚不能肯定，但有动物实验或流行病学调查的证据，有可靠的技术方法，通过系统地健康监护可以提供进一步明确的证据，执行强制性职业健康监护。

（4）有一定数量的暴露人群符合以上条件者应实行强制性职业健康监护。有特殊健康要求的特殊作业者亦应实行强制性健康监护。

（5）对职业病危害因素分类目录以外的危害因素开展健康监护，需通过专家评估后确定，评估内容包括：①这种物质在国内正在使用或准备使用，且有一定量的暴露人群；②有文献资料，主要是毒理学研究资料，确定其是否符合国家规定的有害化学物质的分类标准及其对健康损害的特点和类型；③查阅流行病学资料及临床资料，有证据表明其存在损害劳动者健康的可能性或有理由怀疑在预期的使用情况下会损害劳动者健康；④对这种物质可能引起的健康损害，是否有开展健康监护的正确、有效、可信的方法，需要确定其敏感性、特异性和阳性预计值；⑤健康监护能够对个体或群体的健康产生有利的结果。对个体可早期发现健康损害并采取有效的预防或治疗措施；对群体健康状况的评价可以预测

危害程度和发展趋势，采取有效的干预措施；⑥健康检查的方法是劳动者可以接受的，检查结果有明确的解释；⑦符合医学伦理道德规范。

2. 职业健康监护人群的界定原则

（1）接触需要开展强制性健康监护的职业病危害因素的人群，都应接受职业健康监护。

（2）在岗期间定期健康检查为推荐性的职业病危害因素，原则上可根据用人单位的安排接受健康监护。

（3）虽不是直接从事接触需要开展职业健康监护的职业病危害因素作业，但在工作中受到与直接接触人员同样的或几乎同样的接触，应视同职业性接触，需和直接接触人员一样接受健康监护。

（4）根据不同职业病危害因素暴露和发病的特点及剂量-效应关系，主要根据是工作场所有害因素的浓度或强度以及个体累计暴露的时间长度和工种，确定需要开展健康监护的人群。

（5）离岗后健康监护的随访时间，主要根据有害因素致病的流行病学及临床特点、劳动者从事该作业的时间长短、工作场所有害因素的浓度等因素综合考虑确定。

六、职业健康监护工作程序

（1）用人单位应根据《职业病防治法》和《职业健康监护监督管理办法》的有关规定，成立职业健康监护管理部门，制订本单位的职业健康监护工作计划及实施方案。

（2）用人单位应选择并委托经省级卫生行政部门批准的具有职业健康检查资质的机构对本单位接触职业病危害因素的劳动者进行职业健康检查。为了系统的开展职业健康监护，用人单位可选择相对固定的职业健康检查机构负责本单位的职业健康监护工作。

（3）用人单位根据《职业健康监护技术规范》的要求，制定接触职业病危害因素劳动者的职业健康检查年度计划，建议每年的11月底前向职业健康检查机构提出下年度职业健康检查申请，签订委托协议书，内容包括接触职业病危害因素种类、接触人数、健康检查的人数、检查项目和检查时间、地点等。同时应将年度职业健康检查计划报辖区的卫生监督机构备案。

（4）用人单位在委托职业健康检查机构对本单位接触职业病危害的劳动者进行职业健康检查的同时，应提供以下材料：①用人单位的基本情况；②工作场所职业病危害因素种类和接触人数、职业病危害因素监测的浓度或强度资料；③产生职业病危害因素的生产技术、工艺和材料；④职业病危害防护设施，应急救援设施及其他有关资料。

（5）职业健康检查机构对职业健康检查结果进行汇总，并按照委托协议要求，在规定的时间内向用人单位提交健康检查结果报告。内容包括：①所有受检者的检查结果；②检出的患有疑似职业病的劳动者、有职业禁忌及出现异常情况人员的名单和处理建议；③根据需要，结合作业环境监测资料，分析发生健康损害的原因，提出相应的干预措施、建议和需要向用人单位说明的其他问题等；④对发现有健康损害的劳动者，还应给劳动者个人出具检查报告，并明确载明检查结果和建议。

（6）用人单位按照检查机构汇总报告对检出的患有疑似职业病的劳动者提交诊断机构

进行诊断，对有职业禁忌劳动者进行妥善安置，对出现异常情况人员根据体检机构建议进行处理。并将体检结果书面告知劳动者。

（7）用人单位建立劳动者职业健康监护档案和用人单位职业健康监护档案。

第二节　职业健康检查管理

职业健康检查分为上岗前职业健康检查、在岗期间职业健康检查和离岗时职业健康检查。

一、上岗前职业健康检查

上岗前健康检查为强制性职业健康检查，应该在劳动者从事有害作业之前完成。

1. 上岗前职业健康检查的目的和意义

（1）发现有无职业禁忌证，建立接触职业病危害因素人员的基础健康档案，根据健康状况合理安排工种（岗位）。

（2）分清职责，避免招收已患职业病的患者进入工作岗位，避免劳资纠纷，维护企业和劳动者个体双方的合法权益。

2. 上岗前职业健康检查对象

（1）拟从事接触职业病危害因素作业的新录用人员，包括转岗到该种作业岗位人员。

（2）拟从事有特殊健康要求作业的人员，如高处作业、电工作业、职业机动车驾驶作业等。

3. 上岗前职业健康检查项目

按照《职业健康监护技术规范（GBZ 188—2014）》执行。重点询问既往职业史，根据拟接触职业病危害因素做相应的健康检查。常见的职业病危害因素上岗前健康检查项目见表12-1。

二、在岗期间职业健康检查

长期从事规定的需要开展健康监护的职业病危害因素作业的劳动者，应进行在岗期间的定期健康检查。定期健康检查主要是早期发现职业病病人或疑似职业病病人或劳动者的其他健康异常改变，及时发现有职业禁忌证的劳动者，通过动态观察劳动者群体健康变化，评价工作场所职业病危害因素的控制效果。定期健康检查的周期根据不同职业病危害因素的性质、工作场所有害因素的浓度或强度、目标疾病的潜伏期和防护措施等因素决定。

1. 在岗期间职业健康检查的目的和意义

（1）发现职业禁忌证，及时调换劳动者的工种或岗位。

（2）早期发现劳动者的健康损害，及时治疗。

（3）早期发现、早期诊断、早期治疗职业病。

2. 在岗期间职业健康检查对象

（1）接触职业危害作业的劳动者。

（2）职业病患者或疑似职业病人复查。

（3）职业病普查。

3. 在岗期间职业健康检查项目及周期

按照《职业健康监护技术规范（GBZ 188—2014）》执行。必检项目为强制性检查项目，选检项目根据实际情况确定。常见的职业病危害因素在岗期间健康检查项目及周期见表 12-1。

三、离岗时职业健康检查

劳动者在准备调离或脱离所从事的职业病危害的作业或岗位前，应进行离岗时健康检查，确定其在停止接触职业病危害因素时的健康状况。如最后一次在岗期间的健康检查是在离岗前的 90 d 内，可视为离岗时检查。

1. 离岗时职业健康检查的目的和意义

（1）了解健康状况，分清健康损害责任。

（2）维护劳动者合法健康权益。

2. 离岗时职业健康检查对象

（1）离开接触职业病危害因素工作岗位的劳动者。

（2）解除劳动合同的劳动者。

（3）接触职业病危害因素工作岗位的退休人员。

（4）用人单位发生分离、合并、解散、破产等情形时，接触职业病危害因素的全体人员。

3. 离岗时职业健康检查项目

根据劳动者在岗期间接触的职业病危害因素，按照《职业健康监护技术规范（GBZ 188—2014）》执行。常见的职业病危害因素离岗时健康检查项目见表 12-1。

表 12-1 常见的职业病危害因素作业劳动者职业健康检查项目、周期及职业禁忌证一览表

危害因素	上岗前检查项目	在岗期间（离岗时）检查项目	体检周期/年	职业禁忌证
铅及其无机化合物	1. 症状询问； 2. 体格检查：内科、神经系统； 3. 血常规、尿常规、心电图、血清 ALT； 4. 选检：血铅或尿铅	1. 症状询问； 2. 体格检查：同上岗前； 3. 血常规、尿常规、心电图、血铅或尿铅； 4. 选检：血清 ALT、神经肌电图	1	1. 贫血； 2. 卟啉病； 3. 多发性神经周围病
汞及其无机化合物	1. 症状询问； 2. 体格检查：内科、口腔科、神经系统； 3. 血常规、尿常规、心电图、血清 ALT； 4. 选检项目：尿 β_2 微球蛋白、尿视黄醇结合蛋白、尿汞	1. 症状询问； 2. 体格检查：同上岗前； 3. 血常规、尿常规、心电图、尿 β_2 微球蛋白、尿汞； 4. 选检项目：尿视黄醇结合蛋白、尿浓缩试验	1~2	1. 中枢神经系统器质性病； 2. 已确诊并需要医学监护的精神障碍性疾病； 3. 慢性肾疾病

表12-1(续)

危害因素	上岗前检查项目	在岗期间（离岗时）检查项目	体检周期/年	职业禁忌证
锰及其无机化合物	1. 症状询问； 2. 体格检查：内科、神经系统； 3. 血常规、尿常规、心电图、血清 ALT； 4. 选检项目：尿锰、脑电图、颅脑 CT（MRI）	1. 症状询问； 2. 体格检查：同上岗前； 3. 血常规、尿常规、心电图、血清 ALT； 4. 选检项目：尿锰、脑电图、颅脑 CT（MRI）	1	1. 中枢神经系统器质性病； 2. 已确诊并需要医学监护的精神障碍性疾病
二硫化碳	1. 症状询问； 2. 体格检查：内科、神经系统、眼科 3. 血常规、尿常规、血清 AIT、血糖、血脂； 4. 选检项目：神经肌电图	1. 症状询问； 2. 体格检查：同上岗前； 3. 血常规、尿常规、血糖、血脂、神经肌电图	1	1. 多发性周围神经病； 2. 中枢神经系统器质性病变； 3. 视网膜病变
氨气	1. 症状询问； 2. 体格检查：内科； 3. 血常规、尿常规、血清 ALT、心电图、胸部 X 线片、肺功能	1. 症状询问； 2. 体格检查：内科； 3. 血常规、尿常规、血清 ALT、心电图、胸部 X 线片、肺功能	2	1. 慢性阻塞性疾病； 2. 支气管哮喘； 3. 慢性间质性病变
光气	1. 症状询问； 2. 体格检查：内科； 3. 血常规、尿常规、心电图、血清 ALT、胸部 X 线检查； 4. 选检项目：肺功能弥散	1. 症状询问； 2. 体格检查：内科； 3. 血常规、尿常规、心电图、血清 ALT、胸部 X 线检查肺、功能弥散	2	1. 慢性阻塞性疾病； 2. 支气管哮喘； 3. 慢性间质性病变
氮氧化物	1. 症状询问； 2. 体格检查：内科； 3. 血常规、尿常规、心电图、血清 ALT、胸部 X 线检查； 4. 选检项目：肺功能弥散	1. 症状询问； 2. 体格检查：内科； 3. 血常规、尿常规、心电图、血清 ALT、胸部 X 线检查、肺功能弥散	2	1. 慢性阻塞性疾病； 2. 支气管哮喘； 3. 慢性间质性病变
一氧化碳	1. 症状询问； 2. 体格检查：内科、神经系统； 3. 血常规、尿常规、心电图、血清 ALT	1. 症状询问； 2. 体格检查：内科、神经系统； 3. 血常规、尿常规、心电图、血清 ALT	2	中枢神经系统器质性疾病
硫化氢	1. 症状询问； 2. 体格检查：内科、神经系统； 3. 血常规、尿常规、心电图、血清 ALT、胸部 X 线检查； 4. 选检项目：肺功能	1. 症状询问； 2. 体格检查：内科、神经系统； 3. 血常规、尿常规、心电图、血清 ALT、胸部 X 线检查、肺功能	3	中枢神经系统器质性疾病

表12-1(续)

危害因素	上岗前检查项目	在岗期间（离岗时）检查项目	体检周期/年	职业禁忌证
苯（接触甲苯、二甲苯参照执行）	1. 症状询问； 2. 体格检查：内科； 3. 血常规、尿常规、心电图、血清 ALT； 4. 选检项目：溶血试验、肝脾 B 超	1. 症状询问； 2. 体格检查：内科； 3. 血常规、尿常规、心电图、血清 ALT、肝脾 B 超； 4. 选检项目：溶血试验、骨髓穿刺、尿酚	1	1. 血常规检出有如下异常者：白细胞计数低于 $4.0\times10^9/L$；或中性粒细胞低于 $2\times10^9/L$； 2. 血小板计数低于 $8.0\times10^{10}/L$； 3. 造血系统疾病
四氯化碳	1. 症状询问； 2. 体格检查：内科； 3. 血常规、尿常规、心电图、血清 ALT、乙肝表面抗原； 4. 选检项目：肝脾 B 超、尿 β2-微球蛋白	1. 症状询问； 2. 体格检查：内科； 3. 血常规、尿常规、心电图、血清 ALT、病毒性肝炎血清标志物、肝脾 B 超、尿 β2-微球蛋白	3	慢性肝病
三氯乙烯	1. 症状询问； 2. 体格检查：内科、神经系统、皮肤科； 3. 血常规、尿常规、心电图、血清 ALT、乙肝表面抗原、肝脾 B 超； 4. 选检项目：尿浓缩试验	1. 症状询问； 2. 体格检查：内科； 血常规、尿常规、心电图、血清 ALT、病毒性肝炎血清标志物、肝脾 B 超	3	1. 慢性肝病； 2. 过敏性皮肤病； 3. 中枢神经系统器质性病
苯的氨基硝基化合物	1. 症状询问； 2. 体格检查：内科； 3. 血常规、尿常规、血清 AIT、心电图、肝脾 B 超、乙肝表面抗原、G-6-PD 酶； 4. 尿 β2-微球蛋白	1. 症状询问； 2. 体格检查：内科； 3. 血常规、尿常规、血清 AIT、心电图、肝脾 B 超、乙肝表面抗原； 4. 尿 β2-微球蛋白	3	慢性肝病
矽尘 煤尘 电焊烟尘 其他粉尘	1. 症状询问； 2. 体格检查：内科、心血管； 3. 血常规、尿常规、血清 ALT、心电图、肺功能	1. 症状询问； 2. 体格检查：内科、心血管； 3. 血常规、尿常规、血清 ALT、心电图、肺功能	1~2	1. 活动性肺结核； 2. 慢性阻塞性疾病； 3. 慢性间质性疾病； 4. 伴肺功能损伤性疾病
噪声	1. 症状询问； 2. 体格检查：内科、耳科检查； 3. 血常规、尿常规、血清 ALT、心电图、纯音测试	1. 症状询问； 2. 体格检查：内科、耳科检查； 3. 血常规、尿常规、血清 ALT、心电图、纯音测试	1	1. 各种原因引起永久性感音神经性听力损失（500 Hz、1000 Hz、2000 Hz 任一频率的纯音气导听阈>25 dB）； 2. 高频段 3000 Hz、4000 Hz、6000 Hz 双耳平均听阈 ≥ 40 dB；

表12-1(续)

危害因素	上岗前检查项目	在岗期间（离岗时）检查项目	体检周期/年	职业禁忌证
噪声	4. 选检项目：声导抗	4. 选检项目：声导抗	1	3. 任一耳传导性耳聋，平均听阈≥41 dB； 4. 噪声易感者（噪声环境下工作 1 年，双耳 3000 Hz、4000 Hz、6000 Hz 中任意频率听力损失≥65 dBHL）
高温	1. 症状询问； 2. 体格检查：内科； 3. 血常规、尿常规、血清 AIT、心电图、血糖； 4. 选检项目：甲状腺线功能三项	1. 症状询问； 2. 体格检查：内科； 3. 血常规、尿常规、血清 AIT、心电图、血糖； 4. 选检项目；甲状腺线功能三项	1（高温季节到来之前）	1. 活动性消化性溃疡； 2. 慢性肾炎； 3. 未控制的甲亢； 4. 未控制糖尿病； 5. 全身疤痕面积≥20%以上； 6. 未控制的高血压

四、职业健康检查结果的报告与评价

根据《职业健康监护技术规范（GBZ188—2014）》的相关规定，职业健康检查机构应与用人单位签订的职业健康检查委托协议书，并按照协议书的规定时间向用人单位提交职业健康检查报告。职业健康检查结果报告分为总结报告、个体结论报告和职业健康监护评价报告 3 种。

（一）职业健康检查总结报告

体检总结报告是健康体检机构给委托机构单位（用人单位）的书面报告，是对本次体检的全面总结和一般分析。

职业健康检查报告和评价应遵循法律严肃性、科学严谨性和客观公正性。报告内容应包括：受检单位、职业健康检查种类、应检人数、受检人数、检查时间和地点，体检工作的实施情况，发现的疑似职业病、职业禁忌证和其他疾病的人数和汇总名单、处理建议等。

职业健康体检报告书一式 4 份，2 份送用人单位，2 份有技术服务机构存档。

（二）个体体检结论报告

每个受检对象的体检表，应有主检医师审阅后填写体检结论并签名。根据职业健康检查结果，对劳动者个体的健康状况结论可分为 5 种：

1. 目前未见异常

本次职业健康检查各项检查指标均在正常范围内。

2. 复查

检查时发现与目标疾病相关的单项或多项异常，需要复查确定者，应明确复查的内容和时间。职业性复查为强制性复查。职业性复查对象指尚未诊断为职业病或观察对象的患

者，但对某种职业病危害因素有易感性或潜在危险，以及已经存在的可能与职业病危害因素有关的某些可疑或早期的健康损害，故需要对其进行比一般劳动者更多和更严密的医学观察和监视。

在职业性健康检查中发现的职业性复查对象比较常见，用人单位收到职业健康检查报告后，组织职业性复查对象到职业健康检查机构进一步复查，如果复查结果仍然异常，用人单位或劳动者按照《职业病诊断与鉴定管理办法》的规定向职业病诊断机构申请职业病诊断。

3. 疑似职业病

通过职业健康检查发现与某种或某些职业病危害因素引起的职业病症状、体征及实验室检查结果相吻合，且复查后仍然异常者，结合职业史，可定位疑似职业病或观察对象。发现疑似职业病或者可能患有职业病者，应按照法律要求及时报告，并建议当事人向职业病诊断机构提出诊断申请。

疑似职业病或观察对象是指企业事业单位和个体经组织者等用人单位的劳动者在职业活动中，因接触粉尘、放射性物质和其他有毒、有害物质，并引起人体损伤，但还未进行职业病诊断。疑似病人或观察对象也必须到职业健康检查机构进行定期复查和诊治，必要时入院进行医学观察。

疑似病人或观察对象在医学观期间，用人单位不得解除或者终止与其签订的劳动合同，医学观查费用由用人单位承担。

4. 职业禁忌证

职业禁忌证是指劳动者从事特定职业或者接触特定职业病危害因素时，比一般职业人群更易于遭受职业病危害和罹患职业病或者可能导致原有自身疾病病情加重，或者在从事作业过程中诱发可能导致对他人生命健康构成危险的疾病的个人特殊生理或者病理状态。

职业禁忌证多在上岗前健康检查时识别和确定，但通过定期健康检查、发现劳动者健康状况变化的同时，应特别注意其是否继续适合目前从事的职业病危害作业。认真识别和确定职业禁忌证是定期进行个体健康评定的重要目标和内容。检查发现有职业禁忌证的患者，需写明具体疾病名称，用人单位应将调离原作业岗位。

5. 其他疾病或异常

其他疾病或异常是指除目标疾病之外的其他疾病或某些检查指标的异常。

（三）职业健康监护评价报告

职业健康监护评价报告是根据职业健康检查结果和收集的历年工作场所监测资料及职业健康监护过程中收集到的相关资料，通过分析劳动者健康损害和职业病危害因素的关系，以及导致发生职业病危害的原因，预测健康损害的发展趋势，对用人单位劳动者的职业健康状况做出总评价。

五、职业健康检查结果的处置

（1）对有职业禁忌证的劳动者应当调离或暂时脱离原工作岗位。

（2）对健康损害可能与所从事的职业相关的劳动者，应当妥善安置。

（3）对需要复查的劳动者，应当按照职业健康检查机构要求的时间安排其复查和医学观察。

（4）对疑似职业病人应当按照职业健康职业健康检查机构的建议安排其进行医学观察或职业病诊断。

（5）对发现职业病损害的岗位，应当改善劳动条件，加强职业病危害防护设施。

（6）向所在地安全生产监督管理部门和卫生行政部门报告职业病、疑似职业病情况。

六、职业健康检查结果告知

《职业病防治法》《用人单位职业健康监护监督管理办法》（国家安全监管总局令 第49号）等法律法规均有明确的规定，即用人单位应当将职业健康检查的结果及时、如实以书面形式告知劳动者本人。

用人单位实施告知应保存完好的证据资料备查。

第三节　职业健康监护档案管理

一、职业健康监护档案建立完善的意义

1. 档案的基本定义

（1）档案是社会活动中形成并作为历史记录保存起来以备查考的文件资料，一般分为文书、科技和专业档案3类。

（2）档案具有现实的参考作用和历史的凭证作用。档案的建立包括资料的收集、整理、鉴定、保管、统计分析和利用6项内容。前5项是档案工作的基础，后1项是建档的目的，而资料得收集是档案工作的起点。

（3）档案资料收集应标准化、规范化，以维护档案的完整性，并通过整理把零散和需要条理化的资料进行分类、组合、排列和编目，使之系统化，以便档案管理能够反映历史活动的真实面貌。

2. 职业健康监护档案建立完善的意义

职业健康监护档案是职业健康监护全过程的客观记录资料，是系统地观察劳动者健康状况的变化，评价个体和群体健康损害的依据，其特征是资料的完整性、连续性、历史再现性。

二、职业健康监护档案的内容

职业健康监护档案包括劳动者的职业健康监护档案和用人单位的职业健康监护管理档案。

1. 劳动者职业健康监护档案

（1）劳动者职业史、既往史和职业病危害接触史。

（2）职业健康检查结果及处理情况。

（3）职业病诊疗等健康资料。

2. 用人单位职业健康监护管理档案

（1）用人单位职业卫生管理组织组成及职责。

（2）职业健康监护制度和年度职业健康检查计划。

（3）历次职业健康检查文书，包括委托协议书、职业健康检查机构的检查总结报告和评价报告。

（4）工作场所职业病危害因素监测结果。

（5）职业病诊断证明书和职业病报告卡。

（6）对职业病患者、患有职业禁忌症者和已出现职业相关健康损害劳动者的处理和安置记录。

（7）在职业健康监护中提供的其他资料和职业健康检查机构记录整理的相关资料。

（8）卫生行政部门要求的其他资料。

3. 职业健康监护档案的管理内容

（1）用人单位应当依法建立职业健康监护档案，并按规定妥善保存。劳动者或劳动者委托代理人有权查阅劳动者个人的职业健康监护档案，用人单位不得拒绝或者提供虚假材料。劳动者离开用人单位时，有权索取本人职业健康监护档案复印件，用人单位应如实、无偿提供，并在提供的复印件上签章。

（2）职业健康监护档案应由专人管理，管理人应保证档案只能用于保护劳动者健康的目的，并对档案的内容保密。

三、法律依据

《职业病防治法》涉及用人单位职业健康监护档案的规定包括：

（1）用人单位应当建立健全劳动者健康监护档案并按规定妥善保存。

（2）职业病诊断、鉴定需要用人单位提供有关职业卫生和健康监护资料时，用人单位应如实提供。

（3）劳动者离开用人单位时，有权索取本人职业健康监护档案复印件，用人单位应如实、无偿提供，并在提供的复印件上签章。

四、职业健康监护档案管理

（1）用人单位应当建立劳动者职业健康监护档案和用人单位职业健康监护管理档案，应有专人严格管理，并按规定妥善保存。

（2）劳动者或者其近亲属、劳动者委托代理人、相关的卫生监督检查人员有权查阅、复印劳动者的职业健康监护档案。用人单位不得拒绝或者提供虚假档案材料。

（3）劳动者离开用人单位时，有权索取本人职业健康监护档案复印件，用人单位应当如实、无偿提供，并在所提供的复印件上签章。

第四节　女职工特殊劳动保护管理

一、女职工特殊劳动保护的意义

女职工特殊保护是针对女职工的生理特点而进行的保护。

女职工的劳动保护主要研究生产过程中劳动条件，作业环境对女职工健康的影响，防止和针对职业有害因素对女性生理机能的影响，保护女职工健康持久的从事生产经营劳动，育龄女职工能够孕育健康子女。

二、法律法规要求

（1）《职业病防治法》有明确规定：用人单位不得安排未成年工从事接触职业病危害的作业；不得安排孕期、哺乳期的女职工从事对本人和胎儿、婴儿有危害的作业。

（2）《女职工劳动保护特别规定》有明确规定：第三条规定："用人单位应当加强女职工劳动保护，采取措施改善女职工劳动安全卫生条件，对女职工进行劳动安全卫生知识培训。"

第四条规定："用人单位应当遵守女职工禁忌从事的劳动范围的规定。用人单位应当将本单位属于女职工禁忌从事的劳动范围的岗位书面告知女职工。"

三、职业危害对女职工生殖健康的影响

1. 女职工特殊保护工作的意义

（1）妇女劳动和社会发展关系。妇女特殊劳动保护不仅是保护职业妇女的健康，更重要的是保护女性特殊的生理机能，尤其是孕育下一代的重任，这是涉及提高民族人口素质的大事。提高人口素质是关系到社会经济发展的大事，提高人口素质首先要提高人的身体素质，这是非常重要的基础。

（2）目前女职工就业状况。目前我国从业女性已经达到 3 亿余人，占社会总从业人员的 44% 左右。

（3）保护生殖健康是全球性的卫生要求。20 世纪 80 年代世界卫生组织提出生殖健康概念。在 1994 年世界卫生组织全球政策委员会通过了生殖健康正式定义，国际人口与发展大会采纳了这一定义，并作为一项重要内容写入行动纲领，提出"所有国家应不迟于2015 年通过基层保健系统致力于各个年龄段的人获得生殖健康""2015 年人人享有生殖健康"的国际卫生奋斗目标。

2. 生殖健康概念

生殖健康是指在生命所有阶段的生殖功能和过程，身体、心理和社会适应的完好状态，而不仅仅是没有疾病和虚弱。对生殖健康内涵的理解应包括：

（1）生殖健康是指从婴儿期到老年期，在人的整个生命周期中，生殖系统和功能均保持在身体、心理和社会适应性的完好状态。

（2）能够进行负责、满意、安全的性生活，不必担心性传播疾病和意外妊娠。

（3）有生殖能力，并有决定是否生育、何时生育和生育间隔。

（4）能获得生育调节信息，夫妇能够知情选择和获得安全、有效、价廉和可接受的节育方法及保健服务。

（5）妇女有权安全地进行妊娠、分娩，并得到满意的健康服务，使妊娠成功即获得健康的婴儿。

3. 常见职业危害因素对女性生殖健康的影响

1）重金属污染对女性生殖健康的影响

（1）可以导致月经周期延长或紊乱，月经量少，痛经，甚至闭经或不孕。

（2）妊娠妇女接触高浓度重金属可导致先兆流产及妊娠并高血压综合征。

（3）也有早产与低体重儿发生。

（4）妇女孕期接触高浓度有生殖危害的重金属可以导致婴儿先天异常发生率增高等。

生殖系统造成损害的主要有铅、砷、镉、汞等，接触机会有：金属矿开采冶炼，生产和使用重金属化合物等

2）有机溶剂苯系物对生殖健康的影响

（1）对月经的影响，主要表现为月经过多、月经周期延长或紊乱及痛经等。

（2）孕期接触苯系物妊娠并高血压综合征及妊娠并贫血发生率增高。

（3）对胚胎和胎儿影响自然流产率发生高，新生儿低体重发生率高。

接触机会有：苯系物的生产，用苯作原料制造农药、合成纤维、合成洗涤剂、染料、粘合剂等；制鞋、箱包等行业用的粘合剂；溶剂和稀释剂等。

3）农药污染对女性生殖健康的影响

（1）可出现月经异常、不良妊娠、乳房胀痛等症状。

（2）农药还可经胎盘转运和蓄积，对发育中的胚胎和胎儿产生影响。

接触机会有：农药生产包装和使用等。

4）视屏作业对女性生殖健康的影响

怀孕早期，长时间进行视屏作业的职业妇女，与不从事视屏作业的职业妇女比较，自然流产率增高。

接触机会有：微机，电视台制作，播出企业等视屏显示终端操作。

四、女职工禁忌从事的劳动范围

1. 女职工禁忌从事的劳动范围

（1）矿山井下劳动作业。

（2）体力劳动强度分级标准中规定的第四级体力劳动强度的作业。

（3）每小时负重 6 次以上、每次负重超过 20 kg 的作业，或者间断负重、每次负重超过 25 kg 的作业。

2. 女职工在经期禁忌从事的劳动范围

（1）冷水作业分级标准中规定的第二级、第三级、第四级冷水作业。

（2）低温作业分级标准中规定的第二级、第三级、第四级低温作业。

（3）体力劳动强度分级标准中规定的第三级、第四级体力劳动强度的作业。

（4）高处作业分级标准中规定的第三级、第四级高处作业。

3. 女职工在孕期禁忌从事的劳动范围

（1）作业场所空气中铅及其化合物、汞及其化合物、苯、镉、铍、砷、氰化物、氮氧化物、一氧化碳、二硫化碳、氯、己内酰胺、氯丁二烯、氯乙烯、环氧乙烷、苯胺、甲醛等有毒物质浓度超过国家职业卫生标准的作业。

（2）从事抗癌药物、己烯雌酚生产，接触麻醉剂气体等的作业。

（3）非密封源放射性物质的操作，核事故与放射事故的应急处置。

（4）高处作业分级标准中规定的高处作业。

（5）冷水作业分级标准中规定的冷水作业。

（6）低温作业分级标准中规定的低温作业。

（7）高温作业分级标准中规定的第三级、第四级的作业。

（8）噪声作业分级标准中规定的第三级、第四级的作业。

（9）体力劳动强度分级标准中规定的第三级、第四级体力劳动强度的作业。

（10）在密闭空间、高压室作业或者潜水作业，伴有强烈振动的作业，或者需要频繁弯腰、攀高、下蹲的作业。

4. 女职工在哺乳期禁忌从事的劳动范围

（1）作业场所空气中铅及其化合物、汞及其化合物、苯、镉、铍、砷、氰化物、氮氧化物、一氧化碳、二硫化碳、氯、己内酰胺、氯丁二烯、氯乙烯、环氧乙烷、苯胺、甲醛等有毒物质浓度超过国家职业卫生标准的作业。

（2）非密封源放射性物质的操作，核事故与放射事故的应急处置。

（3）体力劳动强度分级标准中规定的第三级、第四级体力劳动强度的作业。

（4）作业场所空气中锰、氟、溴、甲醇、有机磷化合物、有机氯化合物等有毒物质浓度超过国家职业卫生标准的作业。

第十三章　职业病病人权益保障管理

第一节　概　　述

《劳动法》《工伤保险条例》和《职业病防治法》等法律法规已经明确规定职业病属于工伤范畴。《职业病防治法》规定用人单位必须参加工伤保险，按时缴纳工伤保险费用，职工个人不缴纳工伤保险费。国务院和县级以上地方人民政府劳动保障部门依法加强工伤社会保险的管理，确保劳动者依法享受工伤保险待遇。

《职业病防治法》明确规定：劳动者被诊断患有职业病，但用人单位没有依法参加工伤保险的，其医疗和生活保障由该用人单位承担。职业病人变动工作单位，其依法享有待遇不变。《工伤保险条例》规定，用人单位分立、合并、转让的，承继单位应当承担原用人单位的工伤保险责任；原用人单位已经参加工伤保险的，承继单位应当到当地经办机构办理工伤保险变更登记。

职业病患者需要进行伤残等级评定并获得待遇，应按《工伤保险条例》规定，向劳动能力鉴定经办机构提供《职业病诊断证明书》。

对依法取得职业病诊断证明书或者职业病诊断鉴定书的，劳动保障行政部门不再进行调查核实。

第二节　职　业　病　分　类

根据《职业病防治法》的相关要求，国家卫生计生委、安全监督管理总局、人力资源社会保障部和全国总工会 4 部委联合组织对原卫生部和原劳动保障部 2002 年 4 月 18 日联合印发的《职业病目录》进行重新调整。调整之后的新版国家职业病分类标准以《国家卫生计生委等 4 部门关于印发〈职业病分类和目录〉的通知》（国卫疾控发〔2013〕48 号）予以下发。

我国现行职业病分类情况为 10 个大类 132 种。

一、职业性尘肺病及其他呼吸系统疾病

1. 尘肺病

尘肺病包括：①矽肺；②煤工尘肺；③石墨尘肺；④炭黑尘肺；⑤石棉肺；⑥滑石尘肺；⑦水泥尘肺；⑧云母尘肺；⑨陶工尘肺；⑩铝尘肺；⑪电焊工尘肺；⑫铸工尘肺；⑬根据《尘肺病诊断标准》和《尘肺病理诊断标准》可以诊断的其他尘肺病。

2. 其他呼吸系统疾病

其他呼吸系统疾病包括：①过敏性肺炎；②棉尘病；③哮喘；④金属及其化合物粉尘

肺沉着病（锡、铁、锑、钡及其化合物等）；⑤刺激性化学物所致慢性阻塞性肺疾病；⑥硬金属肺病。

二、职业性皮肤病

职业性皮肤病包括：①接触性皮炎；②光接触性皮炎；③电光性皮炎；④黑变病；⑤痤疮；⑥溃疡；⑦化学性皮肤灼伤；⑧白斑；⑨根据《职业性皮肤病的诊断总则》可以诊断的其他职业性皮肤病。

三、职业性眼病

职业性眼病包括：①化学性眼部灼伤；②电光性眼炎；③白内障（含辐射性白内障、三硝基甲苯白内障）。

四、职业性耳鼻喉口腔疾病

职业性耳鼻喉口腔疾病包括：①噪声聋；②铬鼻病；③牙酸蚀病；④爆震聋。

五、职业性化学中毒

职业性化学中毒包括：①铅及其化合物中毒（不包括四乙基铅）；②汞及其化合物中毒；③锰及其化合物中毒；④镉及其化合物中毒；⑤铍病；⑥铊及其化合物中毒；⑦钡及其化合物中毒；⑧钒及其化合物中毒；⑨磷及其化合物中毒；⑩砷及其化合物中毒；⑪铀及其化合物中毒；⑫砷化氢中毒；⑬氯气中毒；⑭二氧化硫中毒；⑮光气中毒；⑯氨中毒；⑰偏二甲基肼中毒；⑱氮氧化合物中毒；⑲一氧化碳中毒；⑳二硫化碳中毒；㉑硫化氢中毒；㉒磷化氢、磷化锌、磷化铝中毒；㉓氟及其无机化合物中毒；㉔氰及腈类化合物中毒；㉕四乙基铅中毒；㉖有机锡中毒；㉗羰基镍中毒；㉘苯中毒；㉙甲苯中毒；㉚二甲苯中毒；㉛正己烷中毒；㉜汽油中毒；㉝一甲胺中毒；㉞有机氟聚合物单体及其热裂解物中毒；㉟二氯乙烷中毒；㊱四氯化碳中毒；㊲氯乙烯中毒等。

六、物理因素所致职业病

物理因素所致职业病包括：①中暑；②减压病；③高原病；④航空病；⑤手臂振动病；⑥激光所致眼（角膜、晶状体、视网膜）损伤；⑦冻伤。

七、职业性放射性疾病

职业性放射性疾病包括：①外照射急性放射病；②外照射亚急性放射病；③外照射慢性放射病；④内照射放射病；⑤放射性皮肤疾病；⑥放射性肿瘤（含矿工高氡暴露所致肺癌）；⑦放射性骨损伤；⑧放射性甲状腺疾病；⑨放射性性腺疾病；⑩放射复合伤；⑪根据《职业性放射性疾病诊断标准（总则)》可以诊断的其他放射性损伤。

八、职业性传染病

职业性传染病包括：①炭疽；②森林脑炎；③布鲁氏菌病；④艾滋病（限于医疗卫生

人员及人民警察）；⑤莱姆病。

九、职业性肿瘤

职业性肿瘤包括：①石棉所致肺癌、间皮瘤；②联苯胺所致膀胱癌；③苯所致白血病；④氯甲醚、双氯甲醚所致肺癌；⑤砷及其化合物所致肺癌、皮肤癌；⑥氯乙烯所致肝血管肉瘤；⑦焦炉逸散物所致肺癌；⑧六价铬化合物所致肺癌；⑨毛沸石所致肺癌、胸膜间皮瘤；⑩煤焦油、煤焦油沥青、石油沥青所致皮肤癌；⑪β-萘胺所致膀胱癌。

十、其他职业病

其他职业病包括：①金属烟热；②滑囊炎（限于井下工人）；③股静脉血栓综合征、股动脉闭塞症或淋巴管闭塞症（限于科研作业人员）。

第三节　职业病诊断与鉴定

一、基本要求

职业病诊断与鉴定应当遵循科学、合法、公开、公正、客观、真实、及时、便民的原则。

职业病诊断和鉴定应遵循的基本法律、法规依据包括《职业病防治法》《职业病诊断与鉴定管理办法》（卫生部令 第 91 号）等相关规定。

职业病诊断机构和职业病诊断鉴定组织应当按照《职业病防治法》和《职业病诊断与鉴定管理办法》的规定，独立进行职业病诊断与鉴定，并对诊断与鉴定结论负责，不受任何单位和个人的干涉。

县级以上地方人民政府卫生行政部门负责本行政区域内的职业病诊断与鉴定工作。

二、职业病诊断机构

职业病诊断应当由省级人民政府卫生行政部门批准的取得职业病诊断资格的医疗卫生机构承担。

从事职业病诊断的医疗卫生机构，应具有相应的诊疗科目及开展职业病诊断相适应的职业病诊断医师等相关医疗卫生技术人员，具备开展职业病诊断项目相适应的场所和仪器、设备，并符合省级人民政府卫生行政部门规定的其他条件。职业病诊断机构的职责是：

（1）在省级人民政府卫生行政部门批准的区域范围和职业病诊断项目范围内开展职业病诊断。

（2）报告职业病。

（3）报告职业病诊断工作情况。

（4）承担卫生行政部门交付的有关职业病诊断的其他工作。

三、职业病诊断程序

1. 提出申请

劳动者可以选择在用人单位所在地或本人居住地依法承担职业病诊断卫生机构申请进行职业病诊断。如果劳动者无行为能力或死亡的，可由其法定继承人或监护人提起职业病诊断申请。申请职业病诊断，应当提供职业病诊断所需资料。职业病诊断需要下列资料：

（1）职业病诊断申请书。

（2）劳动者职业健康检查结果。

（3）劳动者的职业史和职业病危害接触史。

（4）职业性放射性疾病诊断还需要个人剂量监测档案等资料。

（5）工作场所职业病危害因素检测结果。

（6）与诊断有关的其他资料。

2. 申请受理

诊断机构应当自当事人申请之日起 5 个工作日内作出是否受理的决定。申请人提供的资料符合条件的，应当发给受理通知书；不符合受理条件的发给不予受理通知书。

诊断机构受理申请后，应当通知当事人和有关单位在 15 日内提交职业病诊断所需资料。用人单位应当如实和积极配合提供有关职业卫生和健康监护等资料。劳动者、职业健康检查机构、职业卫生技术服务机构、医疗卫生机构等有关机构也应当提供与诊断有关的资料。

有下列情形之一的，诊断机构可以不予受理申请：

（1）劳动者与用人单位劳动关系不明确或者存在争议、不能提交有效劳动关系证明的。

（2）没有明确职业病危害接触史或者没有发现与所接触的职业病危害因素相对应的健康损害的。

（3）其他诊断机构按规定已经做出诊断结论，劳动者没有新的职业病危害接触史或者新的健康损害的。

（4）不属于本诊断机构诊断范围的。

属于上述第一项情形的，诊断机构应当告知申请人向用人单位所在地劳动争议仲裁机构申请确认劳动关系。

用人单位在规定时限内不提供或者不如实提供诊断所需资料的，诊断机构应当根据当事人提供的材料，相关人员证明材料，监督管理机构、职业卫生技术机构或其他医疗卫生机构提供的有关材料，对劳动者的健康损害情况、病情变化是否符合相应职业病的临床表现特点和变化规律进行综合分析。

3. 职业病诊断

职业病诊断应当依据《职业病防治法》和职业病诊断标准，结合职业病危害接触史、工作场所职业病危害因素检测与评价、临床表现和医学检查结果等资料，综合分析其疾病的特征和发展变化是否符合相应的职业病特征、发生、发展规律和流行病学规律，做出诊断结论。

没有证据否定劳动者的职业危害接触史、接触剂量、职业病危害因素与病人临床表现之间的必然联系的，且没有证据证明非职业因素与病人健康损害的必然关系的，应当诊断为职业病。

诊断机构根据需要，可以进行必要的现场调查，对疑似职业病病人进行医学检查、住院观察或诊断性治疗后，再做出诊断。

职业病诊断机构在诊断过程中，发现有下列情形之一的，可以终止诊断。已做出诊断结论的，可以撤销诊断结论和《职业病诊断证明书》。同时，书面通知当事人和用人单位所在地县级人民政府卫生行政部门。

（1）提供虚假材料的。

（2）不接受医学检查、观察，或者医学检查过程中有弄虚作假行为的。

（3）对诊断机构及其工作人员有利诱或胁迫行为的。

（4）其他影响诊断公正性的行为。

职业病诊断机构在进行职业病诊断时，应当组织 3 名以上单数的职业病诊断医师进行集体诊断。

职业病诊断医师对职业病诊断有意见分歧的，应当根据半数以上诊断医师的一致意见形成诊断结论，对不同意见应当如实记录。参加诊断的职业病诊断医师不得弃权。

职业病诊断机构可以根据诊断需要，聘请其他单位有资格的职业病诊断医师参与诊断。必要时，可以邀请相关专业专家提供咨询意见。受聘请的诊断医师参与诊断结论的讨论和表决，并在《职业病诊断证明书》上签名。

4. 诊断结论

职业病诊断机构作出职业病诊断结论后，应当出具职业病诊断证明书。职业病诊断证明书应包括：

（1）劳动者、用人单位基本信息。

（2）诊断结论。确诊为职业病应当载明所患职业病的名称、程度（期别）、处理意见，需要复查的应当载明复查时间。

（3）诊断时间。

（4）应当载明当事人申请职业病诊断鉴定权利、申请期限和职业病鉴定办事机构的名称、地址和联系方式。

职业病诊断证明书应当由参加诊断的职业病诊断医师共同签署，并经职业病诊断机构审核盖章。

职业病诊断证明书应当一式 3 份，劳动者、用人单位各执 1 份，诊断机构存档 1 份。职业病诊断证明书应当在做出诊断之日起 20 日内发送当事人。

职业病诊断证明书的格式执行卫生部的统一规定。

5. 诊断档案

职业病诊断机构应当建立职业病诊断档案并永久保存，档案应当包括：

（1）职业病诊断证明书。

（2）职业病诊断过程记录，包括参加诊断的人员、时间、地点、讨论内容及诊断结论。

（3）用人单位、劳动者和相关部门、机构提交的有关资料。

（4）临床检查与实验室检验等资料。

（5）与诊断有关的其他资料。

6. 信息上报

职业病诊断机构发现职业病病人或者疑似职业病病人时，应当及时向所在地卫生行政部门和安全生产监督管理部门报告。确诊为职业病的，职业病诊断机构可根据需要，向相关监管部门、用人单位提出建议。

7. 职业病复查

职业病病人需要复查的，用人单位应当按照职业病诊断证明书上注明的复查时间安排复查。

职业病的复查，原则上应当在原职业病诊断机构进行。

劳动者回原职业病诊断机构复查确有困难的，可以选择在居住地诊断机构进行复查，居住地诊断机构应当受理并进行复查，复查结论应当及时告知原职业病诊断机构。

职业病复查机构需要原职业病诊断机构提供有关资料的，职业病原诊断机构应当予以提供。

8. 权益保护

疑似职业病病人在职业病诊断和医学观察期间的费用，由用人单位承担。在此期间，用人单位不得解除或者终止与其订立的劳动合同。职业病诊断机构的诊断结论一经明确，疑似职业病状态结束。

四、鉴定机构

省级卫生行政部门设立职业病诊断鉴定专家库（以下简称专家库），为职业病诊断鉴定提供鉴定专家。

1. 职业病诊断鉴定专家库

专家库由具备下列条件的专业技术人员组成。

（1）具有良好的业务素质和职业道德。

（2）具有相关专业的高级卫生技术职务任职资格。

（3）具有 5 年以上相关工作经验。

（4）熟悉职业病防治法律规范和职业病诊断标准。

（5）身体健康，能够胜任职业病诊断鉴定工作。

专家库应当按照专业类别进行分组，卫生行政部门可以委托办事机构承担职业病诊断鉴定的组织和日常性工作。

2. 职业病诊断鉴定办事机构职责

（1）接受当事人申请。

（2）组织当事人或者接受当事人委托抽取职业病诊断鉴定专家。

（3）建立并管理职业病鉴定档案。

（4）组织职业病鉴定会议，负责会议记录、职业病相关文书的收发及其他事务性工作。

（5）承担卫生行政部门委托的有关鉴定的其他工作。

3. 鉴定基本要求

参加职业病诊断鉴定的专家，应当由申请鉴定的当事人或者当事人委托的职业病诊断鉴定办事机构从专家库中按专业类别以随机抽取的方式确定，组成职业病诊断鉴定专家组（以下简称专家组）。在特殊情况下，职业病鉴定办事机构根据鉴定工作的需要，经当事人同意，聘请本地区以外相关专业专家作为专家组成员，并有表决权；当事人不按照鉴定办事机构安排的时间抽取专家且无正当理由的，视为放弃抽取专家的权利。

专家组人数为 5 人以上单数，专家组设组长 1 名，由专家组成员推举产生。职业病鉴定会议由专家组组长主持。

4. 回避制度

参与职业病鉴定的专家有下列情形之一的，应当回避：

（1）是职业病诊断鉴定当事人或者当事人近亲属的。

（2）已参加当事人职业病诊断或首次鉴定的。

（3）与职业病诊断鉴定当事人有利害关系的。

（4）与职业病诊断鉴定当事人有其他关系，可能影响公正鉴定的。

五、鉴定程序

1. 对鉴定提出异议申请

当事人对职业病诊断机构作出的职业病诊断结论有异议的，在接到职业病诊断证明书之日起 30 日内，可以向做出诊断结论的诊断机构所在地设区的市级卫生行政部门申请鉴定。设区的市级职业病诊断鉴定委员会负责职业病诊断争议的首次鉴定。

2. 提出再鉴定申请

当事人对设区的市级职业病诊断鉴定委员会的鉴定结论不服的，在接到职业病诊断鉴定书之日起 15 日内，可以向原鉴定机构所在地省级卫生行政部门申请再鉴定。省级职业病诊断鉴定委员会的鉴定为最终鉴定。

3. 提供相关资料

当事人申请职业病诊断鉴定时，应当提供以下材料：

（1）职业病诊断鉴定申请书。

（2）职业病诊断证明书（申请再鉴定的还应当提交首次职业病诊断鉴定书）。

（3）卫生行政部门要求提供的其他有关资料。

4. 申请受理

职业病鉴定办事机构应当自收到申请资料之日起 5 个工作日内完成材料审核，对资料齐全的发给受理通知书；资料不全的，应书面通知当事人 15 日内补充。

职业病鉴定办事机构收到当事人鉴定申请之后，根据需要可以向原职业病诊断机构或首次职业病鉴定办事机构调阅有关的诊断、鉴定资料，原职业病诊断机构或首次职业病鉴定办事机构应当在接到通知之日起 15 日内提交。

职业病鉴定办事机构应当在受理鉴定申请之日起 60 日内组织鉴定、形成鉴定结论，并在鉴定结论形成后 15 日内出职业病鉴定书。

5. 鉴定实施

鉴定委员会根据需要可以向用人单位调取与鉴定有关的资料，用人单位应当如实、及时提供。专家组应当听取当事人的陈述和申辩，必要时可以对被鉴定人进行医学检查。需要了解被鉴定人的工作场所职业病危害因素情况时，必要时可以职业病鉴定办事机构根据专家组的意见可以对工作场所进行调查，或者依法提请安全生产监督管理部门组织现场调查。

专家组进行职业病鉴定时，可以邀请有关单位人员旁听职业病鉴定会。所有参与职业病鉴定的人员应当依法保护被鉴定人的个人隐私。

专家组应当认真审阅有关资料，依照有关规定和职业病诊断标准，经充分合议后，根据科学原理和专业知识独立进行鉴定。在事实清楚的基础上，进行综合分析，做出鉴定结论，并制作鉴定书。

鉴定结论应经专家组三分之二以上成员通过。参加鉴定的专家不得投弃权票。

职业病诊断鉴定书应当包括以下内容：

（1）劳动者、用人单位的基本情况及鉴定事由。

（2）鉴定结论及其依据，如果为职业病，应当注明职业病名称、程度（期别）。

（3）鉴定时间。

参加鉴定的专家应当在鉴定书上签名，鉴定书加盖职业病诊断鉴定委员会印章。

6. 结果发送

职业病诊断鉴定书应当于鉴定结论作出之日起 20 日内由职业病诊断鉴定办事机构送达当事人。

职业病鉴定办事机构应当如实记录职业病鉴定过程，内容应当包括：

（1）鉴定专家的组成。

（2）鉴定时间。

（3）鉴定所用的资料。

（4）鉴定专家的发言及其鉴定意见。

（5）表决的情况。

（6）经鉴定专家签字的鉴定结论。

（7）与鉴定有关的其他资料。

如果组织当事人进行陈述和申辩的，应当如实记录。鉴定结束后，鉴定记录应当随同职业病鉴定书一并由职业病鉴定办事机构存档，永久保存。

职业病诊断鉴定有关的现场调查、检测、健康检查等费用由用人单位承担。

六、监督管理

1. 县级以上人民政府卫生行政部门的监督管理

县级以上人民政府卫生行政部门负责对辖区内的职业病诊断机构进行日常监督管理。

2. 省级人民政府卫生行政部门的监督管理

省级人民政府卫生行政部门负责对职业病诊断机构进行定期考核。对考核不合格的，责令其暂停职业病诊断活动 3 个月至 6 个月并进行整改，暂停执业活动期满，再次进行考核，对考核合格的，准予延续，对考核仍不合格的，注销其职业病诊断批准证书。

省级以上人民政府卫生行政部门应当指定机构或者组织，按照职业病诊断医师资格标准，对职业病诊断医师的业务水平、工作成绩和职业道德状况进行定期考核。对考核不合格的，责令其暂停职业病诊断活动 3 个月至 6 个月，并接受培训；暂停执业活动期满，再次进行考核，对考核合格的，准予延续，对考核仍不合格的，注销其职业病诊断医师资格证书。

职业病诊断鉴定委员会组成人员应当遵守职业道德，客观、公正地进行诊断鉴定，并承担相应责任；不得私下接触当事人，不得收受当事人的财物或者其他好处，与当事人有利害关系的应当回避。

3. 设区的市级以上地方人民政府卫生行政部门监督管理

设区的市级以上地方人民政府卫生行政部门应当加强对职业病诊断鉴定委员会成员的培训和监督管理。省级人民政府卫生行政部门应当定期对鉴定专家库进行复审，并根据职业病诊断鉴定工作需要及时进行调整。

第四节　职业病治疗

一、职业病的特点

职业病的基本特点包括以下 5 个方面：

（1）病因特异性，在控制接触后可以控制或消除发病。

（2）病因大多可以检测，一般有剂量反映关系。

（3）在不同的接触人群中，常有不同的发病集丛。

（4）如能早期诊断，合理处理，预后较好。但仅治疗病人，无助于保护仍在接触人群健康。

（5）大多数职业病，目前尚缺乏特效治疗，应着眼于保护人群健康的预防措施。

从职业病的特点看，可以说职业病是一种人为疾病，它的发生率与患病率的高低，反映一个国家的医疗预防水平。

二、职业病的治疗原则

职业病的治疗原则主要包括：

1. 病因治疗

（1）脱离或减少病因接触。脱离致病因素接触可终止有毒有害因素的继续作用，降低作用强度，减少病损程度，如物理损伤、急慢性中毒、尘肺、化学物过敏等首先必须脱离接触，才能进行临床治疗。

常用的脱离接触办法有：离开工作现场；清洗污染皮肤、眼睛，更换衣物，经消化道中毒者尽快催吐、洗胃等。

（2）加速度毒物排除或代谢。对已经进入体内的毒物应加速排出或代谢。鼓励病人饮水补液利尿；血液（血浆）置换、血液透析、血液灌流等手段更有效加速毒物排出。

（3）特殊治疗。如汞铅中毒使用解毒剂治疗。物理因素的特殊致病采取干预措施如减压病等。

2. 对症治疗

（1）保护重要器官是对症治疗的主要目标。各种急性职业中毒，经常出现各种危重状态，必须进行紧急对症治疗，如刺激性气体中毒抗肺水肿、有机溶剂中毒心肺复苏治疗等。

（2）对于慢性职业病对症治疗是主要措施，如尘肺合并感染等。

（3）营养支持治疗，改善机体状况，加速损伤康复。

三、尘肺病治疗

尘肺病的发病机理是：尘肺病为长期吸入大量二氧化硅与其他粉尘所致，这些粉尘绝大部分被排除，但仍有一部分长期滞留在细支气管与肺泡内。粉尘是导致尘肺病变的唯一物质，肺泡巨噬细胞在尘肺病变的发生中起关键作用。

粉尘进入肺内首先被巨噬细胞吞噬，称为尘细胞。粉尘导致巨噬细胞损伤崩解，释放多种炎性介质，致纤维化因子，尘细胞重新游离，炎性介质参与增强炎性反应，损伤正常的肺组织，致纤维化因子激发纤维化反应，粉尘重新被巨噬细胞吞噬，再破坏巨噬细胞，如此循环导致肺纤维化的发生发展，形成尘肺病病变。肺内残留的粉尘继续与巨噬细胞起作用，这是尘肺病病人脱离尘肺作业但病变仍继续发展的主要原因。

对尘肺患者应采取综合性的治疗措施，首先安排其脱离粉尘作业，另行安排适当工作，在药物治疗的同时，目前大容量肺灌洗也是一种很好的延缓尘肺病发展的方法，在此基础上加强营养和妥善的康复治疗，生活规律化，以延缓病情进展和预防并发症的发生。

尘肺病的药物治疗目前尚无能使尘肺病变完全逆转的药物，药物治疗重要的是早期阻止或抑制尘肺的进展。

（一）治疗尘肺病的基本原则

（1）使已经进入肺内的粉尘排除去。

（2）降低石英对细胞的毒性，减少硅尘的致纤维化作用。

（3）寻找能使二氧化硅表面活性物质、抑制生物底物、脂质、磷脂、游离脂肪醇、氨基醇等的过度生成，或使有机物吸附在二氧化硅表面上，并能形成化学吸附基因的药物。

（4）保护巨噬细胞，防止生物膜破坏。

（5）抑制：①抑制巨噬细胞的增生与对硅尘的吞噬作用；②抑制巨噬细胞膜的脂类过氧化反应；③抑制纤维母细胞形成胶原；④抑制已纤维化的组织继续发展和恶化；⑤寻找具有溶解胶原生理活性的天然化合物；⑥抑制免疫反应；⑦抑制巨噬细胞被激活后分泌白细胞介素—1对成纤维细胞的刺激。

（6）使自由基反应稳定的药物。

（7）结合铜离子，影响胶原的交联反应。

（8）分解尘肺病灶中已形成的胶原蛋白、多糖和脂蛋白。

（9）积极治疗并发症，改善病人症状与缺氧情况，预防呼吸循环衰竭，稳定病情，维护病人体力，达到延年益寿的目的。

（二）治疗尘肺病的药物

（1）克矽平（聚2-乙烯吡啶氮氧化合物，简称P204）药物是高分子氮氧化合物，作用机制是在矽尘破坏巨噬细胞过程中起到保护作用，具有组织和延缓尘肺进展的作用，可用于治疗和预防。临床应用克矽平后，X线胸片示并病变发展延缓，故对Ⅰ、Ⅱ期矽肺有一定疗效，Ⅲ期矽肺疗效则不佳。对改善患者的一般情况及呼吸道症状较明显。

本品雾化吸入副作用甚少，少数患者可有一过性转氨酶升高。

（2）汉防已碱药物是中药汉防已科中提取的双苄基异喹啉类药物，它能使矽肺内胶原合成量减少。用药后患者临床症状改善，X线胸片也有好转，对急性矽肺疗效较好。副作用主要为食欲减退、转氨酶升高、心率减慢等。

（3）磷酸哌喹（抗矽—14）药物的主要功能和作用是能抑制肺泡巨噬细胞的分化成熟，降低其吞噬功能；稳定溶酶体膜，抑制细胞脂类过氧化反应，保护巨噬细胞；抑制成纤维细胞形成胶原；对尘肺发病过程中的免疫反应有抑制作用；有非特异性抗炎和抗组织胺作用。

经临床试用，患者感觉症状好转，血清铜蓝蛋白，r-球蛋白和血清溶菌酶降低。对煤尘肺的效果不及单纯矽肺，毒性小，半衰期长，长期口服，易于推广。但对免疫系统有一定的抑制作用，有结核病史者禁用。

（4）其他药物有铝制剂、中药制剂等药物。经治疗后，尘肺患者主观症状有不同程度改善，有的可延缓病情进展。

（三）治疗尘肺病的咳嗽、咳痰、气喘的药物应用

1. 镇咳祛痰药物的分类和使用原则

（1）镇咳药分中枢性镇咳药金额外周性镇咳药。

（2）镇咳药的选择原则：当单纯咳嗽是主要临床指征时，最好使用一个足量的作用于咳嗽反射某一特定环节的单一药物；如果咳嗽伴有咳痰，黏液分泌物多时，主要应控制感染，加用一些黏液促动剂，不应强行止咳。

2. 平喘药物的分类和使用原则

（1）气道扩张药。β肾上腺素能受体激动剂的药理作用：对气道平滑肌的松弛作用；对炎症细胞的作用；镇咳作用；对心血管系统的作用。茶碱类药物的药理作用：支气管扩张作用；支气管保护作用；抗炎作用；免疫调节作用。

（2）肾上腺糖皮质激素的应用。用药原则：熟悉各类GC的生理作用和药理作用特点，权衡利弊，严格掌握适应症，注意禁忌症，防止副反应，标本兼治。GC治标不治本，使用GC的同时必须加强病因治疗和原发病的治疗，对有感染者GC则必须与有效的抗菌药物并用。GC制剂的选择、剂量、给药途径、方法及疗程应根据患者的具体情况决定。

（四）大容量肺灌洗康复治疗

1. 大容量肺灌洗治疗尘肺病机理

大容量肺灌洗治疗尘肺病机理就是针对尘肺病人始终存在于肺部的粉尘和炎性细胞而采取的治疗措施，针对尘肺病病理过程中的肺泡炎，而不是针对肺纤维化。大容量肺灌洗不但能清除残留在肺泡的乃至肺间质中尚未包裹的粉尘、巨噬细胞以及致炎症和致纤维化因子等，还可改善症状，改善肺功能，延缓尘肺病升级。肺灌洗既是一种对症治疗，也是

一种病因治疗，对有接尘史及可疑尘肺工人进行肺灌洗可以防止其发病，起到二级预防作用，对已诊断为尘肺病病人肺灌洗可改善症状，改善肺功能，延缓尘肺病升级，提高生活质量和延长寿命。

大容量全肺灌洗的基本方法：病人在静脉复合麻醉下，采用双腔支气管导管通过口腔置于病人气管与支气管内，一侧肺纯氧通气，一侧肺灌洗液反复灌洗。一般每次 1000~2000 mL，共灌洗 10~14 次。每次肺需 1.5~2.2 L 不等，历时约 1 h，直到灌洗回收液由黑色浑浊变为无色澄清为止。是一种不用开胸的手术。

大容量全肺灌洗是针对病人始终存在于肺部的粉尘和炎性细胞而采取的治疗措施，不但能清楚肺泡内的粉尘、巨噬细胞及致炎症、致纤维化因子等，而且还可改善症状、改善肺功能，有利于遏制病变的进展，延缓病情升级。对 X 线胸片尚未出现病变的接尘工人进行肺灌洗可以防止其病发或推迟其发病时间。这项技术经过 20 余年的发展，已相当成熟，全国每年灌洗几千例，已收到了很好的效果，为各类尘肺职业病的治疗和预防开辟了新的途径。

2. 适应症

主要包括：

（1）煤工尘肺、矽肺、水泥尘肺、电焊工尘肺等各种无机尘肺。

（2）重症和难治的下呼吸道感染，如支气管扩张症。

（3）肺泡蛋白沉积症。

（4）慢性哮喘持续状态。

（5）异物吸入的清除。

3. 禁忌症

上述合并器官、支气管畸形、肺大泡、严重肺气肿，以及严重心、肝、脑、肾、血液等疾病者。

4. 该技术的主要优势

（1）改善症状，肺灌洗术后当时病人即可感到呼吸通畅，胸闷、胸痛、气短好转或消失，3 年随访疗效持续巩固。

（2）体质、体力恢复。感冒、上呼吸道感染次数 91.1% 病人减少。

（3）清除粉尘总量：每侧肺在 3000~5000 mg，其中游离二氧化硅 70~200 mg。

（4）清除吞尘巨噬细胞 10^7~10^9 个。

（5）肺功能改善主要表现在小气道阻力减小，弥散功能提高，动脉血氧分压有一定提高。

（6）治疗后 7~8 年随访观察，胸部 X 光片上病变进展、明显进展率，治疗组明显低于对照组，稳定率治疗组明显高于对照组，提示了肺灌洗确有延缓尘肺病变升级的作用（详细内容见下一节）。

5. 疗效

肺灌洗后患者胸闷、胸痛、气短的转好率分别为 99%、88%、88%，体力明显增加71.7%，感冒、上呼吸道感染次数减少 91.1%，肺功能明显改善，血氧分压有一定提高，X 线胸片观察说明病情进展明显减缓。

四、尘肺病康复治疗

尘肺病患者的主要症状之一是呼吸困难，由此引起的日常生活变化，身体机能失调、低下，导致呼吸困难加剧，这一恶性循环中，最终使患者失去生活自立的能力。而呼吸康复则具有有效遏制这种恶性循环的作用，具体表现为减轻呼吸困难，提高呼吸效率，改善肺的通气功能、运动能力以及与健康相关的生活质量等。

（一）呼吸训练方法

1. 放松训练

（1）呼吸体位。呼吸功能障碍者通过采取舒适放松的体位可以使膈肌充分运动，从而进行有效的腹式呼吸。如下肢抬高时仰卧位和半卧位使腹肌放松，因而有利于膈肌下降，腹部膨隆；前倾坐位或立位时，患者双上肢支撑于腿上、床边或桌面上，其目的均为固定肩胛带，将胸廓向上、向外提拉以增加胸部容量。

（2）肌肉放松训练。应在安静的环境下，治疗师向患者示范肌肉紧张及放松之间的区别，先从容易观察到的肌肉开始练习，如肘关节屈肌；然后是肩、颈、面部和腹部的肌肉，让患者交替地完成肌肉紧张与放松，放松的时间要相对长些。当患者能在治疗师的口令下抬高肢体并很轻松地回到原来的位置，训练即告成功。

2. 呼吸运动形式的训练

腹式呼吸是人体正常情况下最有效的呼吸形式，尘肺病患者其正常的腹式呼吸形式减弱甚至消失，致使肺通气量减少。对患病时间较长的慢性病患者来说，掌握腹式呼吸有一定困难，因此可以吸气、呼吸分别训练，掌握后再进行吸气与呼气结合训练，在训练中鼓励患者利用膈肌进行呼吸运动，尽量不采取胸式呼吸。

（1）吸气训练如下：

手的位置：治疗第2~5指的掌侧置于患者的上腹部，尽量靠上方，但不触及胸骨。

方法：教患者掌握用鼻呼吸、用嘴呼吸的自然换气模式。在患者自然呼气结束转换成吸气前，及时用4个手指向患者的后上方压迫，然后将压迫的手轻轻放松，使腹部膨隆完成吸气动作。在吸气过程中，手指要进行多次短促的压迫，促使膈肌收缩，当达到最大吸气位时，用嘴自然的呼气。

（2）呼气训练如下：

手的位置：治疗师的拇指与4指分开，轻轻地插在肋弓上。

方法：在平静呼吸即将结束前令患者用嘴呼气。此时治疗师采取手法的目的在于抑制胸廓扩张，因此，在呼气过程中令患者收缩肋弓避免出现幅度较大的肋弓运动，治疗师不要用手掌强压腹部，而是要轻轻地用手协助完成正常的运动形态。呼吸结束时可见腹部下沉，随之用鼻自然地呼吸。

（3）呼气与吸气相结合的训练。当吸气与呼气训练在某种程度上分别完成时，应将2种方法结合起来进行。

手的位置：治疗师的拇指与4、5指放在肋弓上，2、3指的中节指骨背侧抵于上腹部。

方法：用2、3指辅助吸气，1、4、5指辅助呼气，方法同上。

（4）缩唇呼气。即在平静呼气末时将嘴唇紧缩以增加呼气时的阻力，使支气管内保留一定的压力，用以防止细支气管过早闭合或塌陷，从而使肺泡内气体排出量增加，肺内残气量减少。

（二）有氧运动

尘肺病的稳定期患者可在监视下进行定量行走、蹬车及上下楼梯等有氧活动，以增强全身力量和耐力。根据患者情况也可选择慢跑、游泳、划船等锻炼，运动强度根据最大心率确定，一般取最大心率的 50%~70% 为靶心率。开始训练时 5 min 即可，随全身耐力改善逐渐增加活动时间，通常 20~30 min/次为宜，出现中等度呼吸急促时应停止。

五、氧气疗法

对氧疗的推理是建立在对缺氧和低氧血症的病病理生理的理解基础上的。纠正缺氧可保持主要器官的功能。动脉氧分压（PaO_2）取决于 3 个基本因素：吸入氧浓度（FiO_2）、肺泡通气量（VA）、通气/血流（V/Q）关系。应用长期氧疗应确定 PaO_2 增加的适应度。PaO_2 大于 80 mmHg 时，氧合血红蛋白饱和。治疗慢性低氧血症时，假如贫血或高碳氧血红蛋白，通常氧疗量应达到该水平。同时也应注意避免氧疗激发高碳酸血症，鼻塞给养 1~3 L/min 通常达到适当氧合。

第五节　职业病人待遇保障

《职业病防治法》等法律、法规中有明确的职业病病人权益保障相关内容，用人单位应严格执行。主要包括以下方面。

一、依法享受国家规定的职业病待遇

用人单位应按照国家相关法律、法规的规定，确保职业病病人的相关待遇。

（1）按照国家有关规定，安排职业病病人的治疗、康复和定期检查。

（2）对不适宜继续从事原工作的职业病病人，应当调离原岗位，并妥善安置。

（3）对从事接触职业病危害的作业的劳动者，应当给予适当岗位津贴。

二、费用支出

用人单位按照国家规定参加工伤保险的，患职业病的劳动者有权按照国家有关工伤保险的规定，享有下列工伤保险待遇：

（1）医疗费。因患职业病进行诊疗所需费用，由工伤保险基金按照规定标准支付。

（2）住院伙食补助费。由用人单位按照当地因公出差伙食标准的一定比例支付。

（3）康复费。由工伤保险基金按照规定标准支付。

（4）残疾用具费。因残疾需要配置辅助器具的，所需费用由工伤保险基金按照普及辅助器具标准支付。

（5）停工留薪期待遇。原工资、福利待遇不变，由用人单位支付。

（6）生活护理补助费。经评残并确认需要生活护理的，生活护理补助费由工伤保险基金按照规定标准支付。

（7）一次性伤残补助费。经鉴定为十级至一级伤残的，按照伤残等级享受相当于 6~24 个月的本人工资的一次性伤残补助金，由工伤保险基金支付。

（8）伤残津贴。经鉴定为四级至一级伤残的，按照规定享受相当于本人工资 75%~90% 的伤残津贴，由工伤保险基金支付。

（9）死亡补助金。因职业中毒死亡的，由工伤保险基金按照不低于 48 个月的统筹地区上年度职工月平均工资的标准一次支付。

（10）伤葬补助金。因职业中毒死亡的，由工伤保险基金按照 6 个月的统筹地区上年度职工月平均工资的标准一次支付。

（11）供养亲属抚恤金。因职业中毒死亡的，对由死者生前提供主要生活来源的亲属由工伤保险基金支付抚恤金，对其配偶每月按照 6 个月的统筹地区上年度职工月平均工资的 40% 发给，对其生前供养的直系亲属每人每月按照 6 个月的统筹地区上年度职工月平均工资的 30% 发给。

（12）其他费用或待遇。国家规定的其他工伤保险待遇。

三、工伤保险

（1）职业病病人依法享有工伤保险。

（2）依照有关民事法律，有获得赔偿的权利的，有权向用人单位提出赔偿要求。

四、生活保障

（1）劳动者被诊断患有职业病，但用人单位没有依法参加工伤保险的，其医疗和生活保障由该用人单位承担。

（2）用人单位已经不存在或者无法确认劳动关系的职业病病人，可以向地方人民政府民政部门申请医疗救助和生活等方面的救助。

五、工作安置

（1）职业病病人变动工作单位，其依法享有的待遇不变。

（2）用人单位在发生分立、合并、解散、破产等情形时，应当对从事接触职业病危害的作业的劳动者进行健康检查，并按照国家有关规定妥善安置职业病病人。

第六节　工会组织职业卫生维权管理

一、法律法规要求

1. 《工会法》对用人单位成立工会组织的相关规定

《工会法》规定：企业、事业单位、机关有会员二十五人以上的，应当建立工会基层委员会；不足二十五人的，可以单独建立工会基层委员会，也可以由两个以上单位的会员联合建立工会基层委员会，也可以选举组织员或者工会主席 1 人，主持基层工会工作。工会基层委员会有女会员 10 人以上的建立女职工委员会，在同级工会领导下开展工作；女职工人数不足 10 人的设女职工委员。

2. 《职业病防治法》对劳动者权益保障相关规定

《职业病防治法》规定用人单位应当为劳动者创造符合国家职业卫生标准和卫生要求的工作环境和条件，并采取措施保障劳动者获得职业卫生保护；用人单位必须依法参加工伤社会保险，确保劳动者依法享受工伤社会保险待遇。

二、用人单位是职业病危害防治责任主体

用人单位是贯彻实施职业卫生的责任主体，是职业病防治的第一责任人。用人单位不仅是财富的创造者也是社会责任的承担者。用人单位的义务不仅是发展生产，创造财富，更应该表现在维护劳动者的合法权益，保护劳动者的身体健康和安全。为此用人单位要增强法制观念，构建健康安全的工作环境，达到国家职业卫生标准，做好职业病防治；开展健康促进，提高劳动者自我防范意识；承担扶贫济困的责任，组织劳动者参加工会工伤保险及不同形式的医疗保险。

三、工会组织对职业卫生监督及维权管理的内容

（1）依法对职业病防治工作进行监督，有权对用人单位的职业病防治工作提出意见和建议，维护劳动者的合法权益。

（2）对用人单位职业病防治责任制度进行监督。

（3）应当督促并协助用人单位开展职业卫生宣传教育和培训。

（4）依法代表劳动者与用人单位签订劳动安全卫生专项集体合同，与用人单位就劳动者反映的有关职业病防治的问题进行协调并督促解决。

（5）对用人单位违反职业病防治法律、法规，侵犯劳动者合法权益的行为，有权要求纠正。

（6）产生严重职业病危害时，有权要求采取防护措施，或者向政府有关部门建议采取强制性措施。

（7）发生职业病危害事故时，有权参与事故调查处理。

（8）发现危及劳动者生命健康的情形时，有权向用人单位建议组织劳动者撤离危险现场，用人单位应当立即作出处理。

第十四章　职业卫生档案管理

第一节　概　　述

一、职业卫生档案定义

用人单位的职业卫生档案，是指用人单位在职业病危害防治和职业卫生管理活动中形成的、能够准确、完整反映本单位职业卫生工作全过程的文字、图纸、照片、报表、音像、电子文档等文件材料。

二、建立和完善用人单位职业卫生档案的目的

（1）有利于系统、动态追踪和掌握国家对于职业病防治的要求。
（2）有利于系统记录所开展的职业卫生工作，积累资料。
（3）有利于接受卫生行政部门监督，受到法律保护。
（4）有利于解决单位和劳动者可能发生的法律纠纷。
（5）有利于加强自身职业卫生管理，提高职业病防治水平。
（6）有利于节约生产成本。

三、职业卫生档案内容

按照国家职业病防治相关法律、法规的规定，用人单位职业卫生档案的管理内容主要包括：
（1）建设项目职业病防护设施"三同时"档案。
（2）职业卫生管理档案。
（3）职业卫生宣传培训档案。
（4）职业病危害因素监测与检测评价档案。
（5）用人单位职业健康监护管理档案。
（6）劳动者个人职业健康监护档案。
（7）法律、行政法规、规章要求的其他资料文件。

四、管理基本要求

职业卫生档案的管理必须按照国家现行法律、法规、行政规章的相关要求执行。管理基本要求包括：
（1）用人单位可根据工作实际对职业卫生档案的样表作适当调整，但主要内容不能删

减。涉及项目及人员较多的，可参照样表予以补充。

（2）职业卫生档案中某项档案材料较多或者与其他档案交叉的，可在档案中注明其保存地点。

（3）用人单位应设立档案室或指定专门的区域存放职业卫生档案，并指定专门机构和专（兼）职人员负责管理。

（4）用人单位应做好职业卫生档案的归档工作，按年度或建设项目进行案卷归档，及时编号登记，入库保管。

（5）用人单位要严格职业卫生档案的日常管理，防止出现遗失。

（6）职业卫生监管部门查阅或者复制职业卫生档案材料时，用人单位必须如实提供。

（7）劳动者离开用人单位时，有权索取本人职业健康监护档案复印件，用人单位应如实、无偿提供，并在所提供的复印件上签章。

（8）劳动者在申请职业病诊断、鉴定时，用人单位应如实提供职业病诊断、鉴定所需的劳动者职业病危害接触史、工作场所职业病危害因素检测结果等资料。

（9）本规范印发前用人单位已建立职业卫生档案的，应当按本规范要求进行完善，分类归档。

（10）用人单位发生分立、合并、解散、破产等情形的，职业卫生档案应按照国家档案管理的有关规定移交保管。

（11）用人单位应按照地方法规、地方政府部门规章的相关规定调整、补充职业卫生档案的内容。

第二节 职业卫生相关档案管理

一、建设项目职业病防护设施"三同时"档案管理

（1）职业卫生技术服务机构或职业病防护设施设计机构资质证明包括：项目名称、项目类型、投资额、建设工期、存在的主要职业病危害因素、审查结论（预评价审核、设计专篇审查、控评及项目验收）。

（2）建设项目批准文件。

（3）职业病危害预评价委托书与预评价报告。

（4）建设项目职业病防护设施设计委托书与设计专篇。

（5）职业病危害控制效果评价委托书与控制效果评价报告。

（6）建设单位对职业病危害预评价报告、职业病防护设施设计专篇、职业病防护设施控制效果评价报告的评审意见。

（7）建设项目职业病防护设施"三同时"自行组织评审（或验收）会签到表、评审（或验收）专家名单、建设单位参加评审会（或验收）人员名单、技术服务机构参加评审（或验收）会人员名单、其他参加评审（或验收）会人员名单。

（8）建设项目职业病危害防治法律责任承诺书。

（9）建设项目的全套竣工图纸、验收报告、竣工总结。

（10）工程改建、扩建及维修、使用中变更的图纸及有关材料。

（11）建设项目职业病危害评价（或验收）工作过程报告（备查）公示评审（或验收）结果信息（公告栏、网站）。

（12）职业病防护设施试运行工作报告，包括：验收方案（验收前20日提交卫生部门书面报告）；验收总结（验收完成之日起20日内提交卫生部门书面报告）。

二、职业卫生管理档案管理

1. 法律法规类
职业病防治法律、行政法规、规章、标准、文件（应包括上级的文件和本用人单位的文件）。

2. 组织机构类
本用人单位职业病防治领导机构及职业卫生管理机构成立的证据性资料（文件）。

3. 计划和方案
本用人单位职业病防治年度计划及实施方案。

4. 制度和操作规程
职业卫生管理制度及重点岗位职业卫生操作规程。其中的管理制度应包括：①职业病危害防治责任制度；②职业病危害警示与告知制度；③职业病危害项目申报制度；④职业病防治宣传、教育和培训制度；⑤职业病防护设施维护检修制度；⑥职业病防护用品管理制度；⑦职业病危害日常监测及检测评价管理制度；⑧建设项目职业病防护设施"三同时"管理制度；⑨劳动者职业健康监护及其档案管理制度；⑩职业病危害事故处置与报告制度；⑪职业病危害应急救援与管理制度；⑫岗位职业卫生操作规程；⑬法律、法规、规章规定的其他职业病防治制度。

5. 申报资料
职业病危害项目申报表及回执。

6. 职业病防治经费
职业病防治经费包括：①职业卫生管理机构的组织工作经费；②生产车间改造费用；③生产工艺改进费用；④防护设施建设与维护费用；⑤个人劳动防护用品费用；⑥工作场所职业卫生检测评价费用；⑦职业病危害因素监测设备购买费用；⑧职业卫生宣传教育、培训费用；⑨职工健康监护费用；⑩职业病人诊疗费用；⑪警示标识费用；⑫职业卫生"三同时"费用等。

7. 职业病防护设施管理资料
本用人单位职业病防护设施管理台账。

8. 职业病防护设施维护和检修记录
包括维修时间、地点、防护设施名称及验收意见等。

9. 防护用品管理
包括：个人防护用品的购买、发放使用记录，包括发放车间名称、发放时间、防护用品名称、防护用品型号、防护用品数量、发放人、领取人及防护用品产供单位、使用说明书、合格证等。

10. 警示标识与职业病危害告知管理资料

（1）职业病危害警示标识设置资料。

（2）中文警示说明资料。

（3）职业病危害告知设置或告知地点、数量、内容。

（4）职业病危害告知内容应包括：①规章制度；②操作规程；③劳动过程中可能产生的职业病危害及其后果；④职业病防护措施；⑤职业病待遇；⑥作业场所职业病危害因素检测评价结果；⑦职业健康检查和职业病诊断结果等。

11. 职业病危害事故应急救援预案

经评审通过的有效版本。

12. 用人单位职业卫生检查和处理记录

检查和处理的内容应包括：①车间总体卫生状况；②警示标识；③防护设施运行情况；④应急救援设施；⑤通信装置运行情况；⑥个人防护用品使用情况；⑦操作规程执行情况等。

13. 上级安监机构对本用人单位职业卫生监管意见和落实情况资料

内容包括：①现场检查笔录；②行政处罚决定书；③奖励等。

三、职业卫生宣传培训档案管理

1. 用人单位的培训计划

在年初，由用人单位制定年度职业卫生培训计划。培训类型为劳动者上岗前培训、在岗期间定期培训，用人单位主要负责人、职业卫生管理人员培训。

2. 用人单位职业卫生培训档案

（1）用人单位负责人、职业卫生管理人员和劳动者职业卫生宣传培训资料，其中用人单位负责人、职业卫生管理人员的培训应有职业卫生培训机构承担。单位负责人、职业卫生管理人员初次培训不得少于 16 学时，继续教育不得少于 8 学时。

（2）劳动者的培训资料，其培训可有用人单位相关部门负责进行。

劳动者初次培训不得少于 8 学时，继续教育不得少于 4 学时，培训内容符合《国家安全监管总局办公厅关于加强用人单位职业卫生培训工作的通知》（安监总厅安健〔2015〕121 号）要求。

3. 职业卫生宣传培训记录

（1）年度职业卫生培训工作总结。

（2）培训过程记录。包括：培训通知、人员签到、组织部门、培训时间、培训地点、培训教材、培训记录、考试试卷及其批改以及宣传图片、摄录像资料等。

四、职业病危害因素监测与检测评价档案管理

（1）生产工艺流程资料。包括生产工艺流程的图纸及资料。

（2）职业病危害因素检测点分布管理资料。有：①可能产生职业病危害设备、材料和化学品；②可能产生的职业病危害因素名称、使用车间和岗位；③生产、供货单位及化学品安全中文说明书、标签、标识及产品检验报告等。

（3）接触职业病危害因素资料。有：①接触人群的汇总资料；②分岗位的职业病危害因素名称、危害来源、接触方式（定点/巡检）；③分岗位的接触职业病危害男女人数；④工程防护设施情况；⑤个体防护用品佩戴情况等。

（4）职业病危害因素日常监测资料。有：①季报汇总；②车间、职业病危害因素名称、监测周期、监测点数、监测结果范围、合格率（%）、职业接触限值、监测人员。

（5）职业卫生技术服务机构资质证书。

（6）职业病危害因素检测评价合同书。

（7）职业病危害检测与评价报告书。

（8）职业病危害因素检测与评价结果报告。

五、用人单位职业健康监护档案管理

（1）资质证照。职业健康检查机构资质证书。

（2）职业健康检查结果汇总。包括检查日期、检查机构、体检种类、应检人数、实检人数、检查结果（未见异常复查疑似禁忌症其他疾患）、备注。

（3）职业健康检查资料。包括：①异常结果登记（附：职业健康监护结果评价报告）；②车间基本情况；③体检类别、体检日期、体检职工姓名、性别、年龄、岗位、接触职业病危害因素、可能导致的职业病、体检结论、与处理意见、落实情况。

（4）职业病患者、疑似职业病患者基本情况资料。包括：①汇总（附：职业病诊断证明书、职业病诊断鉴定书等）；②职业病患者包括：出生日期（年月日）、接害工龄、车间、岗位、职业病名诊断机构、诊断日期（年月日）、处理情况；③疑似职业病患者包括：姓名、性别、年龄、车间、岗位、接害工龄、疑似职业病名称、体检机构、体检日期、处理情况。

（5）诊断资料。职业病和疑似职业病人的报告，在接到体检结果、诊断结果 5 日内的报告。

（6）职业病危害事故资料。包括报告、事故记录、事故基本情况、事故经过、对事故原因和性质的初步认定意见、事件报告情况等。

（7）职业健康监护档案汇总。包括：部门/车间、档案编号、姓名、性别、建档时间、人员调离情况（调离时间、是否提供档案复印件、劳动者签字）。

六、劳动者个人职业健康监护档案管理

（1）劳动者个人信息。包括：姓名、性别、籍贯、婚姻、文化程度、嗜好、参加工作时间、身份证号、职业史及职业病危害接触史、既往病史、工作单位、工种、接触职业病危害因素、防护措施、职业病名称、诊断时间、诊断机构、诊断级别等。

（2）工作场所职业病危害因素检测结果。包括：劳动者岗位、检测时间、检测机构、职业病危害因素名称、职业病危害因素检测结果、防护措施、备注。

（3）历次职业健康检查结果及处理情况。包括：劳动者检查日期、检查种类（上岗前、在岗期间、离岗时、应急、离岗后医学随访、复查、医学观察、职业病诊断等）、检查结论（未见异常、复查、疑似职业病、职业禁忌证、其他疾患、职业病等）、检查机构、岗位、人员处理情况（调离、暂时脱离工作岗位、复查、医学观察、职业病诊断）、现场处理情况（造成职业损害的作业岗位，现场及个体防护用品整改达标情况）。

（4）体检和诊治资料。历次职业健康体检报告、职业病诊疗等资料。

（5）其他职业健康监护资料。

七、煤矿职业卫生档案管理

《煤矿作业场所职业病危害防治规定》对煤矿应当如何建立健全职业卫生档案有明确规定，主要内容包括：

（1）职业病防治责任制文件。

（2）职业卫生管理规章制度。

（3）作业场所职业病危害因素种类清单、岗位分布以及作业人员接触情况等。

（4）职业病防护设施、应急救援设施基本信息及其配置、使用、维护、检修与更换等记录。

（5）作业场所职业病危害因素检测、评价报告与记录。

（6）职业病个体防护用品配备、发放、维护与更换等记录。

（7）煤矿企业主要负责人、职业卫生管理人员和劳动者的职业卫生培训资料。

（8）职业病危害事故报告与应急处置记录。

（9）劳动者职业健康检查结果汇总资料，存在职业禁忌证、职业健康损害或者职业病的劳动者处理和安置情况记录。

（10）建设项目职业病防护设施"三同时"有关技术资料。

（11）职业病危害项目申报情况记录。

（12）其他有关职业卫生管理的资料或者文件。

第十五章 职业健康工作的监督检查及责任追究

第一节 职业健康工作的监督检查

一、职业健康监督检查机制概述

职业健康工作必须坚持预防为主、防治结合的方针，建立用人单位负责、行政机关监管、行业自律、职工参与和社会监督的机制，实行分类管理、综合治理。

用人单位是职业健康的责任主体，并对本单位产生的职业病危害其后果承担责任。用人单位的主要负责人对本单位的职业病防治工作全面负责。

为了搞好职业健康各项管理工作，国家采用两个层次的职业健康监督检查机制，即国家政府的监督检查机制和用人单位的监督检查机制。

国家职业健康监督检查的实施主体包括各级政府的安全生产监督管理部门、卫生行政部门、劳动保障行政部门等，由这些部门分别在各自职责范围内履行职业病防治的监督检查职能、职责。

用人单位的监督检查是由其单位内部的职业病防治管理机构履行监督和检查的职能、职责。

二、政府部门职业健康监督检查主要内容及主要方式

县级以上人民政府职业健康监督管理部门，依照职业病防治法律、法规、国家职业健康标准等相关要求，按照其职能划分，对辖区内的用人单位职业病防治工作进行监督监察。

（一）监督检查的主要内容

对用人单位职业健康实施监督检查的主要内容包括：

（1）职业健康管理机构设置、管理人员配备情况。

（2）职业健康管理制度、技术措施、操作规程的建立完善情况。

（3）各类管理人员、操作人员的职业卫生培训情况。

（4）建设项目职业卫生"三同时"制度的落实情况。

（5）职业病危害项目申报情况。

（6）职业病危害因素监测、检测、评价情况。

（7）职业病防护设施、应急救援设施的配置、维护、保养情况。

（8）职业病防护用品的发放、使用等管理情况。

（9）法律、法规规定的告知、告示、警示相关规定的落实情况。

（10）职业健康监护情况。

（11）职业病危害事故报告、追查和结案情况。

（12）职业病人的报告、统计情况等。

（二）监督检查主要方式方法

政府职业健康管理机构或安全生产监督管理部门到用人单位履行职业病防治监督检查职责时，根据根据职业健康法律法规授予的职能和权限，一般采取以下方式方法或措施：

1. 现场查看和检测

（1）进入工作（生产、作业）现场进行查看，掌握职业病危害防治工作现状。

（2）采集现场有关样品，进行职业病危害因素的检测。

2. 调查取证

（1）寻找有关当事人了解相关情况。

（2）搜寻职业病防治相关工作的证据。

（3）查阅职业病危害防治的文件、资料。

（4）复制有关职业病危害防治相关证据。

3. 纠正违法违规

（1）责令用人单位或现场作业人员停止违法违规行为。

（2）责令用人单位或作业人员停止有可能导致职业病危害事故的作业。

（3）对违法违规的用人单位及其人员依法予以处罚或处理。

（4）封存造成职业病危害事故或者可能导致职业病危害事故发生的材料和设备。

4. 参与职业病危害事故应急救援

（1）组织并控制职业病危害事故现场。

（2）对职业病危害事故、事件依照国家有关规定组织调查和处理。

三、用人单位职业健康监督检查主要内容及方式方法

（一）监督检查的主要内容

用人单位实施监督检查主要内容包括：

（1）国家职业健康方针、政策、职业健康法律法规的贯彻执行情况。

（2）职业健康工作领导机构、工作机构、监督机构的建立完善情况。

（3）职业健康投入保障情况。

（4）职业健康目标（指标）的制订、实施和完成情况。

（5）职业健康工作机构的职能及岗位职责的履行情况。

（6）职业健康长远规划、年度工作计划和工作方案的编制、落实情况。

（7）职业健康管理制度的建立、完善和执行情况。

（8）职业病危害项目申报及完成情况。

（9）职业病事故应急预案的编制、评审、颁发、备案、贯彻、演练情况。

（10）职业病危害防治的作业规程、操作规程、技术措施的编审批和执行情况。

（11）职业健康宣传、教育、培训工作开展情况。

（12）职业病危害防护用品的佩戴、使用和管理情况。

（13）放射、高毒作业场所应急设施的配置及其完好情况。

（14）生产（工作）场所职业病危害防治设备、设施完好和使用情况。

（15）职业病危害隐患排查、整改情况。

（16）生产作业现场管理人员和作业人员违章指挥、违章作业情况等。

（二）监督检查主要方式方法

用人单位实施监督检查的主要方式方法包括：

（1）将职业健康监督检查与安全生产日常性检查、安全质量日常性检查相结合。

（2）组织职业健康专项监督检查。

（3）对职业病危害严重或职业病危害防治工作开展较差的单位（部门）实行针对性的监督检查等。

（4）对监督检查发现的职业健康问题或隐患监督检查其纠正：①对监督检查发现的主要问题和隐患，安全监督人员应下发意见书或隐患整改通知单。责令其责任单位对问题或隐患按照本用人单位相关制度的规定进行整改；②监督检查的部门对整改过程、整改效果进行跟踪；③对存在严重职业病隐患的生产作业地点，按照相关规定责令其停止生产、停止作业或设备停运，并依据本用人单位制度的规定予以处罚和责任追究。

第二节 职业健康责任追究

对于违反职业健康法律法规、规章、标准、制度的行为，应该受到相应的责任追究。

按照追究主体单位的分类，可分为政府监管部门对用人单位的责任追究和用人单位内部的责任追究2类。从追究处罚的力度分类，可分为刑事责任追究、行政处分和经济处罚3类。

一、刑事责任追究

出现下列情况的，将由国家公、检、法机关进行刑事责任追究。

（1）用人单位违反《职业病防治法》《工作场所职业卫生监督管理规定》等相关法律法规的规定，造成重大职业病危害事故或者其他严重后果，构成犯罪的。

（2）从事职业卫生技术服务的机构、承担职业健康检查的机构、职业病诊断鉴定的机构违反《职业病防治法》《职业卫生技术服务机构监督管理暂行办法》等相关规定构成犯罪的等。

二、行政责任追究

按照行政处分处理的严重程度，对用人单位、建设项目、医疗卫生机构、技术服务机构给予行政处分。

行政处分的类型可以分为：行政警告、责令改正、没收违法所得、行政罚款、降级、撤职或者开除、取消认证资格、除名等。

1. 行政警告、责令改正

适合违反《职业病防治法》等相关法律法规的一般行为。例如：

（1）建设单位未按规定进行职业病危害预评价或者未提交职业病危害预评价报告，或者职业病危害预评价报告未经安全生产监督管理部门审核同意，开工建设的。

（2）工作场所职业病危害因素检测、评价结果没有存档、上报、公布的。

（3）未采取《职业病防治法》规定的职业病防治管理措施的。

（4）未按照规定及时、如实向安全生产监督管理部门申报产生职业病危害项目的。

（5）未提供职业病防护设施和个人使用的职业病防护用品，或者提供的职业病防护设施和个人使用的职业病防护用品不符合国家职业卫生标准和卫生要求的等。

2. 行政罚款

对于给予了过行政警告、责令改正的违法违规行为，逾期仍未按照要求整改的，根据《职业病防治法》等相关规定，可对用人单位或责任者进行相应罚款，罚款最高金额可达50万元。例如：

（1）未按照规定对职业病防护设施进行职业病危害控制效果评价、未经安全生产监督管理部门验收或者验收不合格，擅自投入使用的，罚款50万元。

（2）使用国家明令禁止使用的可能产生职业病危害的设备或者材料的或擅自拆除、停止使用职业病防护设备或者应急救援设施的或安排未经职业健康检查的劳动者、有职业禁忌的劳动者、未成年工或者孕期、哺乳期女职工从事接触职业病危害的作业或者禁忌作业的，可给予5万元以上30万元以下的罚款。

（3）工作场所职业病危害因素的强度或者浓度超过国家职业卫生标准的或未提供职业病防护设施和个人使用的职业病防护用品，或者提供的职业病防护设施和个人使用的职业病防护用品不符合国家职业卫生标准和卫生要求的，可给予5万元以上20万元以下的罚款。

（4）未按照规定组织劳动者进行职业卫生培训，或者未对劳动者个人职业病防护采取指导、督促措施的可给予10万元以下罚款等。

3. 降级、撤职或者开除

（1）用人单位和医疗卫生机构未按照规定报告职业病、疑似职业病的，对直接负责的主管人员和其他直接责任人员，可依法给予降级或者撤职的处分。

（2）未取得职业卫生技术服务资质认可擅自从事职业卫生技术服务的，或者医疗卫生机构未经批准擅自从事职业健康检查、职业病诊断的且情节严重的，对直接负责的主管人员和其他直接责任人员，依法给予降级、撤职或者开除的处分。

4. 取消认证资格或除名

（1）从事职业卫生技术服务的机构和承担职业健康检查、职业病诊断的医疗卫生机构违反《职业病防治法》规定，情节严重的，由原认可或者批准机关取消其相应的资格。

（2）职业病诊断鉴定委员会组成人员收受职业病诊断争议当事人的财物或者其他好处的，取消其担任职业病诊断鉴定委员会组成人员的资格，并从省、自治区、直辖市人民政府卫生行政部门设立的专家库中予以除名。

5. 停止作业，依法关闭

用人单位严重违反《职业病防治法》等相关规定，已经对劳动者生命健康造成严重损害的。由安全生产监督管理部门责令停止产生职业病危害的作业，或者提请有关人民政府按照国务院规定的权限责令关闭。

三、用人单位内部的责任追究

用人单位和职业病技术服务机构、医疗机构，应根据《职业病防治法》和其他与职业病有关的法律、规范、规章、标准、地方法规等规定，制定本用人单位的职业病防治制度，对违反制度的，根据制度的规定进行责任追究并给予相应的纪律处分、经济处罚。

第十六章 主要职业健康法律、法规和标准

第一节 主要职业健康法律

一、《劳动法》

1994 年 7 月 5 日第八届全国人民代表大会常务委员会第八次会议通过了《中华人民共和国劳动法》，1994 年 7 月 5 日中华人民共和国主席令第二十八号公布，自 1995 年 1 月 1 日起施行；2009 年和 2018 年进行了两次修订，目前最新版本是 2018 年版。

（一）《劳动法》颁发实施的重大意义

从广义上讲，劳动法是调整劳动关系的法律法规，以及调整与劳动关系密切相关的其他社会关系的法律规范的总称。

从狭义上讲，《劳动法》是指 1994 年 7 月 5 日八届人大通过，1995 年 1 月 1 日起施行的《中华人民共和国劳动法》。《劳动法》是新中国成立以来第一部全面规范劳动关系的劳动法律，它关系到数以亿计的劳动者的切身利益，它的颁行和实施意义重大。

1. 《劳动法》充满了市场经济的基因与活力

《劳动法》是在中央 1992 年提出、1993 年确定建立市场经济体制目标和决策的背景下，为改变国有企业用工制度，打破制约市场经济体制的瓶颈，使劳动关系市场化应运而生的。

《劳动法》打破了企业的所有制界限，确立了劳动力资源市场配置的原则，建立了统一的劳动力市场规则，为劳动力这一重要的生产要素在价值规律作用下，按照市场规则自由流动打开了通行的闸门；《劳动法》以划定基本劳动标准条件为法律底线，所有企业统一执行；以平等自愿签订劳动合同的方式建立劳动关系，以集体协商签订集体合同的方法调整劳动关系，所有企业统一遵循；建立一体化覆盖所有劳动者的社会保险制度等规定，确立了所有企业和劳动者平等的市场主体资格和统一的劳动制度规则，确定了法定标准与契约自由相结合的劳动关系调控原则。《劳动法》解决了市场经济发展的制度瓶颈，遵循了市场化劳动关系发展的客观规律，适应了以市场手段调整劳动关系的客观需要，呈现了鲜明的市场特色，这也是《劳动法》的生命力所在。《劳动法》为社会主义市场经济，特别是国有经济的发展注入了强大的制度活力。

2. 《劳动法》促进了劳动关系的公平与和谐

市场化劳动关系"强资本、弱劳动"的特性决定，绝对市场化绝对会导致劳资关系冲

突化。西方发达国家为维护其根本利益，也不得不通过劳动立法对极度失衡的劳动关系进行一定的调整和矫正，劳动立法向劳动者倾斜是其自然的选择。在市场经济发展初期，我国劳动立法严重缺失，既没有最低工资规定，也没有最高工时限制；既没有劳动合同规范，也没有社会保险制度。外资企业、民营企业可以为所欲为，一方面劳动者权益受到严重损害，另一方面劳动关系走向极端化，跳楼、罢工、伤害投资者和管理者的事件时有发生，企业、职工、国家、社会为此付出了极大的代价。

企业的发展不能以牺牲劳动者的正当利益为代价，资本与劳动两大要素彼此关联、相互作用、不可偏废，否则企业发展无从谈起，甚至生存都是问题。《劳动法》开宗明义将"为了保护劳动者的合法权益"作为立法基本宗旨，通过确立基本劳动标准条件和协调劳动关系的规则程序，以及劳动监察、争议处理和社会保险等制度，全面规范企业用工行为，积极倡导正确的用工理念，充分保障劳动者的合法权益，从而推动劳动关系的公平公正，促进劳动关系的和谐稳定，维护市场经济的基本秩序。正是《劳动法》向劳动者"倾斜"，以及其确定的劳动标准条件和协调劳动关系的规则既符合国际劳工标准的要求，又符合中国发展的国情，才维持了"强资本、弱劳动"前提下倾斜性的劳动关系相对平衡稳定，才使得市场经济条件下充满利益冲突的劳资双方相对和平和谐，才保证了全球经济下行背景下企业绩效的相对持续向好。

《劳动法》为劳动者依法主张和维护权益，企业依法规范和管理劳动关系，促进企业和谐发展提供了依据和保障。

3. 《劳动法》促进了劳动法治的建设与完善

《劳动法》是第一部全面系统规范劳动关系的基本法律，在劳动法治建设史上具有里程碑的意义。这并不是说在 1994 年以前国家没有《劳动法》，早在 1951 年中央人民政府就颁布了《中华人民共和国劳动保险条例》，1956 年出台了《工厂安全卫生规程》等三大规程，20 世纪 50 年代劳动法规是大量的，因为当时的劳动关系是市场化的。后来国家进入计划经济时期，劳动关系行政化，劳动立法相应停顿，劳动基本法一直处于空白状态。直到 1994 年建立市场经济体制目标急需劳动关系市场化，《劳动法》作为全面调整市场化劳动关系的基本法应运而生。

《劳动法》的特征之一是较为原则，正因为其是劳动基本法。《劳动法》作为基本法，旨在确立劳动关系的基本制度、基本原则，其确立了向劳动者倾斜的基本原则，所有用人单位不分所有制统一适用的原则；确立了自主招工自由择业，协商建立劳动关系的劳动合同制度，集体协商民主审议，及时调整劳动关系的集体合同制度；建立了工时、工资、休息休假、安全卫生等法定劳动基准，劳动监察制度，劳动争议的调解仲裁和诉讼制度，社会保险制度，等等。这些原则、制度需要其他劳动法律法规加以细化和完善，也为后来制定《就业促进法》《劳动合同法》《社会保险法》等劳动法律法规、劳动规章奠定了基础，保持协调统一；为劳动关系双方依法管理、依法维权，为政府相关职能部门依法监管、行政处罚，为执法机关依法审理、强制执行，即劳动立法、守法、执法、司法提供了遵循和依据，实现了劳动关系法治化。《劳动法》已成为中国特色社会主义法律体系的不可或缺的重要组成部分。

社会主义市场经济体制还在探索和发展过程中，这一特殊性决定了适应其需要的《劳动法》，当然也有其历史的局限性，无论在理论上还是实践上都会有许多的问题期待探索、研究；《劳动法》的立法过程也是劳资双方博弈的过程、妥协的过程，无论从认识上还是立场上都会有许多的分歧等待协调、弥合。因此，1994 年的《劳动法》不可能尽善尽美，《劳动法》当然需要与时俱进，不断发展完善。《劳动法》如何最大限度地调动劳资双方的积极性和创造性，构建和谐劳动关系，形成良好的企业文化，推动企业健康可持续发展尚需进行深入思考；《劳动法》配套的劳动基准法、集体协商法、企业民主管理法等法律法规还有待尽快制定出台；《劳动法》等法律法规的执法检查、劳动监察亟待加强，劳动争议的仲裁和审判制度亟待改革。

市场经济就是法制经济，市场化的劳动关系必须法制化，以《劳动法》为基本法的劳动法律法规必须不断发展完善，这是市场在资源配置中起决定性作用和更好发挥政府作用的客观需要，是经济顺利转型、企业和谐发展的必然选择。

（二）《劳动法》主要章节设计

2018 年版的《劳动法》共 13 章，分别是第一章"总则"，第二章"促进就业"，第三章"劳动合同和集体合同"，第四章"工作时间和休息休假"，第五章"工资"，第六章"劳动安全卫生"，第七章"女职工和未成年工特殊保护"，第八章"职业培训"，第九章"社会保险和福利"，第十章"劳动争议"，第十一章"监督检查"，第十二章"法律责任"，第十三章"附则"。

（三）《劳动法》中的职业健康内容

2018 年版的《劳动法》，其涉及职业健康的规定，主要体现着第六章、第七章。内容包括：

（1）用人单位必须建立、健全劳动卫生制度，严格执行国家劳动安全卫生规程和标准，对劳动者进行劳动安全卫生教育，防止劳动过程中的事故，减少职业危害。

（2）劳动安全卫生设施必须符合国家规定的标准。

（3）新建、改建、扩建工程的劳动安全卫生设施必须与主题同时设计、同时施工、同时投入生产和使用。

（4）用人单位必须为劳动者提供符合国家规定的劳动安全卫生条件和必要的劳动防护用品，对从事有职业危害作业的劳动者应当定期进行健康检查

（5）从事特种作业的劳动者必须经过专门培训并取得特种作业资格。

（6）劳动者在劳动过程中必须严格遵守安全操作规程。

（7）劳动者对用人单位管理人员违章指挥、强令冒险作业，有权拒绝执行；对危害生命安全和身体健康的行为，有权提出批评、检举和控告。

（8）国家建立伤亡和职业病统计报告和处理制度。县级以上各级人民政府劳动行政部门、有关部门和用人单位应当依法对劳动者在劳动过程中发生的伤亡事故和劳动者的职业病状况，进行统计、报告和处理。

（9）国家对女职工和未成年工实行特殊劳动保护。

（10）禁止安排女职工从事矿山井下、国家规定的第四级体力劳动强度的劳动和其他禁忌从事的劳动。

（11）不得安排女职工在经期从事高处、低温、冷水作业和国家规定的第三级体力劳

动强度的劳动。

（12）不得安排女职工在怀孕期间从事国家规定的第三级体力劳动强度的劳动和孕期禁忌从事的劳动。对怀孕 7 个月以上的女职工，不得安排其延长工作时间和夜班劳动。

（13）女职工生育享受不少于 90 天的产假。

（14）不得安排女职工在哺乳未满 1 周岁的婴儿期间从事国家规定的第三级体力劳动强度的劳动和哺乳期禁忌从事的其他劳动，不得安排其延长工作时间和夜班劳动。

（15）不得安排未成年工从事矿山井下、有毒有害、国家规定的第四级体力劳动强度的劳动和其他禁忌从事的劳动。

（16）用人单位应当对未成年工定期进行健康检查等。

二、《职业病防治法》

（一）《职业病防治法》的实施及修订

2001 年 10 月 27 日第九届全国人民代表大会常务委员会第二十四次会议通过。

根据 2011 年 12 月 31 日第十一届全国人民代表大会常务委员会第二十四次会议《关于修改〈中华人民共和国职业病防治法〉的决定》第一次修正。

根据 2016 年 7 月 2 日第十二届全国人民代表大会常务委员会第二十一次会议《关于修改〈中华人民共和国节约能源法〉等六部法律的决定》第二次修正。

根据 2017 年 11 月 4 日第十二届全国人民代表大会常务委员会第三十次会议《关于修改〈中华人民共和国会计法〉等十一部法律的决定》第三次修正。

根据 2018 年 12 月 29 日第十三届全国人民代表大会常务委员会第七次会议《关于修改〈中华人民共和国劳动法〉等七部法律的决定》第四次修正，以国家主席令 第 24 号颁发。

修订后的《职业病防治法》共计 7 章 88 条，包括：总则、前期预防、劳动过程中的防护与管理、职业病诊断与职业病病人保障、监督检查、法律责任和附则。

《职业病防治法》既是行政法（确定政府相关部门在职业卫生监管方面的权利、义务，规范和保障其行使职权），也是社会法（通过政府部门的有效作为来保护弱势群体）。而生产安全的问题、劳动安全的问题（包括职业安全的问题）是和劳动合同相关的。劳动合同是雇主和劳动者之间基于自由意志产生的合同。但在我国，由于劳动力的富余和低端劳动力的素质不高，使得低端劳动力在签订劳动合同时没有议价权，需要由政府强行介入以保障他们的各项权益。从这方面说，《职业病防治法》是体现政府管理职责、实现社会实质公平的一部法律。

《职业病防治法》对国家职业病防治制度的确立和发展有着深远的意义。

职业病的问题是国家社会管理领域面临的很大一个问题。在计划经济体制下，国家职业病防治体系是非常有效的，那时大中型企业都是国企，国家的企业在维护职业安全方面是能够做得很好的。但市场经济下，计划经济时代的职业病防治体系无法适应市场经济的需求，产生了诸多问题。

2002 年 5 月，全国人大常委会制定了《职业病防治法》，在法律上确定了职业病防治制度。2002 年版的《职业病防治法》确定的重要制度延续到修改后的《职业病防治法》

中。例如，包括建设项目职业病危害的预评价制度、职业卫生"三同时"制度、劳动过程的防护管理制度、告知制度、职业病危害因素检测制度、个体防护用品制度、职业健康体检制度、职业病诊断和医疗制度、职业病病人权益保障制度等。上述制度仍然是修改后的《职业病防治法》的重要内容。从保护劳动者的角度出发，确立了职业病防治制度，充分体现了政府执政为民、执法为民的理念。

（二）《职业病防治法》第一次全面修订

虽然国家的职业病防治制度从设计上非常好，但《职业病防治法》自颁发到实施近10年来遇到了突出的问题。这些问题对职业病防治领域造成的影响在近些年集中暴露出来了，主要表现在以下方面。

1. 粗放式的经济发展模式带来了诸多问题

近些年，在国家粗放式的经济发展模式下，煤矿、冶金、化工、建筑、机械制造、皮革加工等行业发展迅猛，这些行业也是职业病的高发领域。按照国家卫生部门的统计和权威公布，近年来职业病出现了高发的态势，这是非常严重的社会问题。

2. 职业病高发有转移的趋势

由于国家经济发展的不平衡，职业病发病有转移的趋势，即由东部地区向中西部地区转移，由大型、中型国有企业向中小私营企业及个体经济组织转移。而在原来的职业病防治法律中，中小私营企业及个体经济组织的职业病防治责任是不清晰的，有一些制度难以衔接。同时，由于这些地区集体经济组织的劳动条件比较恶劣，安全生产的要求难以落实，生产条件落后，成为职业病发病的重灾区。

3. 原来的职业病防治体系没有覆盖全部劳动者

据统计，目前国家农民工已有 2.6 亿人，并且有继续增多的趋势。这些农民工大多数在一线岗位从业，游离于职业病防治制度的边缘，成为职业病防治工作的盲点。广大农民工自身的劳动素质有待提高、自身的职业病防护意识有待增强。农民工的职业病防治问题亟待解决。

（1）某些企业在雇用农民工时，未依法履行职业病防治职责，不依法告知职业病危害，而农民工由于自身素质的局限难以与企业议价。

（2）因为农民工在企业之间劳动关系的流动性大，经常是在一个企业没干几年就到另外一个企业就业并发生职业病，从而造成监管难。

（3）大部分农民工没有劳动合同，没有劳动合同就没有相关保障。

（4）农民工职业病患者的诊断和治疗难。2009 年出现的张海超事件集中体现了国家农民工职业病防治管理的主要问题。

4. 解决体制不顺的问题

2002 年实施的《职业病防治法》只确定了一家主管部门，即国家卫生部门。当时的立法思路是从专业的角度出发，由于卫生部门是政府的卫生行政部门，有专业的力量，可以承担职业病防治的职责。但随着社会的发展和经济的发展，卫生部门已经难以单独承担职业病防治的职责，其重要原因是卫生部门管不了工作场所的职业安全和职业健康，只能从医疗的角度来管。在 2003 年国务院机构改革时，为了加大对用人单位的监管力度，卫生部与国家安全生产监督管理总局协商，将作业场所职业卫生监管、组织查处职业病危害事故和违法行为等职责,交给安全生产监督管理部门。当时考虑到尘肺病病例占了职业病总病例的80%,而煤炭的采选业是尘肺病的高发区,由安监部门负责现场监管很合适,中央编办就发文把这个职责正式给了安监部门。此后,一部分地区的职业卫生和安监部门陆续作出调整。最近一轮的地方政府机构改革后,大部分的省、市两级政府都按照中央编办确定的模式,调整了职业卫生监管职责。

虽然这个制度很有效,但由于与当时的上位法不一致,在一些地方没有得到落实。这次修法一个很重要的任务就是解决体制不顺的问题。明确由安全生产监督管理部门承担作业场所职业卫生监管。

安全生产监督管理部门承担作业场所职业卫生监管有以下优势:

(1)安全生产监督管理部门直接与用人单位打交道,可以对用人单位实时监管,而且监管力量强,执法力度大,执法效果好,社会影响大,对用人单位的震慑力强。

(2)安全生产监督管理部门承担职业卫生监管职责在国际上也是通例,因为职业卫生和安全生产是不能分开的。如煤矿中的粉尘、瓦斯等,既可以导致职业病,又可能造成安全生产事故。从国家的现状、国际经验来看,由安监部门承担职业卫生监管职责从制度上、理念上都是顺畅的。

(3)由安全生产监督管理部门独立进入用人单位的作业场所,避免了多头执法,减少了行政成本,对用人单位来说也减轻了负担。

修订后的《职业病防治法》,赋予了安全生产监督管理部门更大的权力和更大的责任,涉及安监部门的条款有27条,其中24条明确了安监部门的权力,3条明确了安监部门的法律责任。

(三)《职业病防治法》第4次修订

2018年12月29日,第十三届全国人民代表大会常务委员会第七次会议通过《关于修改〈中华人民共和国劳动法〉等七部法律的决定》,对《中华人民共和国职业病防治法》进行了第4次修改,这次修订的主要意义在于:

1. 改变监督管理主体

将原来监督管理中的安全生产监督管理部门删除,改为卫生行政部门、劳动保障行政部门,统称职业卫生监管部门(见第九条)。卫生行政部门、劳动保障行政部门依据各自职责,负责职业病防治的监督管理工作。有关部门在各自的职责范围内负责职业病防治的有关监督管理工作。国家实行职业卫生监督制度。

2. 明确工会的职业病防治监督职能

工会组织依法对职业病防治工作进行监督,维护劳动者的合法权益。用人单位制定或者修改有关职业病防治规章制度,应当听取工会组织的意见(见第四条)。工会组织有权依法代表劳动者与用人单位签订劳动安全卫生专项集体合同(见第四十条)。

3. 强化用人单位职业病防治职责

建立用人单位负责、行政机关监管、行业自律、职工参与和社会监督的机制,实行分类管理、综合治理(见第三条)。用人单位的主要负责人对本单位的职业病防治工作全面负责(见第六条)。

4. 明确和取消相关技术支撑机构的资质认可

在取消了职业健康检查机构的资质认可后，又取消了职业病诊断机构的资质认可，明确职业病诊断应当由取得《医疗机构执业许可证》的医疗卫生机构承担，并提出了承担职业病诊断的医疗卫生机构应当具备的条件（见第四十三条）。新的《职业病防治法》只保留了职业卫生技术服务机构的资质认可，明确职业病危害因素检测、评价由依法设立的取得资质认可的职业卫生技术服务机构进行（见第二十六条）。

5. 明确劳动者的职业病诊断规定

（1）劳动者可在用人单位所在地、本人户籍所在地或者经常居住地依法承担职业病诊断的医疗卫生机构进行职业病诊断（见第四十四条）。

（2）明确由卫生行政部门监督检查和督促用人单位为申请职业病诊断、鉴定的劳动者提供职业史、职业病危害接触史、工作场所职业病危害因素检测结果等相关资料（见第四十七条）。

（3）在职业病诊断、鉴定过程中，用人单位不提供工作场所职业病危害因素检测结果等相关资料的，诊断、鉴定机构应当结合劳动者的临床表现、辅助检查结果和劳动者的职业史、职业病危害接触史，并参考劳动者的自述及卫生行政部门提供的日常监督检查信息等，作出职业病诊断、鉴定结论（见第四十八条）。

（4）劳动者对用人单位提供的工作场所职业病危害因素检测结果等资料有异议或因用人单位解散、破产无法提供相关资料的，诊断、鉴定机构可提请卫生行政部门进行调查（见第四十八条）。

（5）职业病诊断、鉴定过程中，在确认劳动者职业史、工种、工作岗位或在岗时间有争议的，可以向当地劳动人事争议仲裁机构申请仲裁，劳动人事争议仲裁委员会应当于受理之日起 30 日内作出裁决，劳动者对仲裁不服的，还可依法向人民法院提起诉讼（见第四十九条）。

（6）明确职业病病人保障规定：①职业病病人的诊疗、康复费用，伤残以及丧失劳动能力的职业病病人的社会保障，按照国家有关工伤保险的规定执行（见第五十七条）；②劳动者被诊断患有职业病，但用人单位没有依法参加工伤保险的，其医疗和生活保障由该用人单位承担（见第五十九条）；③用人单位已经不存在或者无法确认劳动关系的职业病病人，可以向地方人民政府医疗保障、民政部门申请医疗救助和生活等方面的救助（见第六十一条）。

第二节　主要职业健康法规

近年来，国家职业健康法律法规体系基本完善，特别是随着《职业病防治法》的颁发、实施和修订，国务院及下属部委相继颁发了一系列与《职业病防治法》配套的职业健康法规和职业健康部门规章，使用人单位的职业健康管理有法可依。

一、《使用有毒物品作业场所劳动保护条例》（国务院令 第 352 号）

《使用有毒物品作业场所劳动保护条例》的主要内容包括以下方面。

1. 立法目的

为了保证作业场所安全使用有毒物品，预防、控制和消除职业中毒危害，保护劳动者的生命安全、身体健康及其相关权益。

2. 适用范围

作业场所使用有毒物品可能产生职业中毒危害的劳动保护，适用该条例。

3. 分类管理

（1）该条例按照有毒物品产生的职业中毒危害程度，将有毒物品分为一般有毒物品和高毒物品。国家对作业场所使用高毒物品实行特殊管理。

（2）该条例规定从事使用有毒物品作业的用人单位应当使用符合国家标准的有毒物品，不得在作业场所使用国家明令禁止使用的有毒物品或者使用不符合国家标准的有毒物品。用人单位应当尽可能使用无毒物品；需要使用有毒物品的，应当优先选择使用低毒物品。

4. 强调预防管理

（1）该条例规定用人单位应当依照本条例和其他有关法律、行政法规的规定，采取有效的防护措施，预防职业中毒事故的发生，保障劳动者的生命安全和身体健康。

（2）该条例明确国家鼓励研制、开发、推广、应用有利于预防、控制、消除职业中毒危害和保护劳动者健康的新技术、新工艺、新材料；限制使用或者淘汰有关职业中毒危害严重的技术、工艺、材料；加强对有关职业病的机理和发生规律的基础研究，提高有关职业病防治科学技术水平。

5. 强调对未成年工和女职工的特殊劳动保护

禁止用人单位使用童工，不得安排孕期、哺乳期的女职工从事使用有毒物品的作业等。

6. 强调工会组织的监督管理

用人单位的工会组织监督管理的主要包括以下方面：

（1）督促并协助本单位职业健康的宣传、教育和培训工作。

（2）对本单位职业健康工作提出意见和建议。

（3）对劳动者反映的职业病防治问题进行信息传递、协调并督促解决。

（4）对其单位违反职业健康法律、法规和侵犯劳动者合法权益的行为要求纠正。

（5）产生严重职业中毒危害时，有权要求其单位采取果断的防护措施。

（6）对发生的职业中毒事故有权参与事故调查和处理。

（7）发现危及劳动者生命安全和身体健康的情形时，有权建议其单位你的组织撤离并进行整改等。

7. 强调政府的监督管理

政府安全生产管理部门应履行其管理职能职责，监督用人单位严格遵守职业健康法律、法规，加强作业场所使用有毒物品的劳动保护，防止职业中毒事故发生，确保劳动者依法享有的权利。

8. 对用人单位作业场所的职业健康管理有严格、明确的规定

（1）实施职业卫生安全许可证制度。

（2）职业中毒危害项目申报管理制度。

（3）作业场所职业卫生基本条件。

（4）作业场所的警示标识管理。

（5）建设项目职业中毒危害防治管理。

（6）有毒作业场所的应急救援管理。

（7）职业卫生防护条件和设施配置及管理。

（8）职业中毒危害告知管理。

（9）对管理人员和劳动者的职业中毒预防培训。

（10）劳动者职业中毒防护用品配置和使用、管理。

（11）有毒物品的经营、包装、说明书管理。

（12）有毒物品生产装置维护、检修管理。

（13）有毒作业场所检测和评价管理。

（14）高毒作业的劳动者岗位轮换管理。

（15）对有毒作业场所的安全检查和职业健康检查监督管理等。

9. 明确了用人单位的职业健康监护管理

对用人单位有毒作业的职业健康监护管理包括：

（1）劳动者岗前的职业健康检查和定期职业健康检查管理。

（2）职业禁忌管理。

（3）离岗职业健康检查管理。

（4）用人单位发生分立、合并、解散、破产等情形时的健康检查管理。

（5）职业健康监护档案建立和管理等。

10. 明确了用人单位劳动者的权利和义务

（1）劳动者的主要权利包括：①存在威胁生命安全或者身体健康危险的情况下的现场撤离权；②获得职业卫生教育和培训权；③获得职业健康检查权；④获得职业病诊疗、康复、服务权；⑤工作场所职业中毒危害因素、危害后果和防护措施的知情权；⑥获得职业中毒危害防护设施、个人职业中毒危害防护用品权；⑦要求改善工作条件权；⑧对违反职业病防治法律、法规等的行为的批评、检举和控告权；⑨违章指挥和强令冒险作业的拒绝权；⑩参与职业健康工作民主管理权；⑪查阅、复印其本人职业健康监护档案；⑫劳动者离开用人单位时，有权索取本人健康监护档案资料复印件权；⑬依法参加工伤保险权；⑭患职业病劳动者享受工伤保险待遇权；⑮获得赔偿权等。

（2）劳动者的主要义务包括：①学习和掌握相关职业卫生知识；②遵守职业安全和职业健康法律、法规；③遵守规章、制度、安全技术措施、操作规程；④正确使用和维护职业中毒危害防护设施（用品）；⑤发现职业中毒事故隐患应当及时报告；⑥作业场所出现有毒物品产生的危险时因采取必要措施，将危险加以消除或者减少到最低限度等。

11. 明确了对违法、违规的责任追究和处罚

（1）明确了对政府职业健康管理部门的违法违规行为的责任追究。

（2）明确了用人单位违法违规行为的责任追究、行政处理和经济处罚等。

二、《女职工劳动保护特别规定》（国务院令 第 619 号）

《女职工劳动保护特别规定》（以下简称《特别规定》）于 2012 年 4 月 18 日国务院第 200 次常务会议通过，2012 年 4 月 28 日温家宝总理令签发第 619 号公布，自公布之日起施行。

1. 出台背景

1988 年，国务院颁布《女职工劳动保护规定》（以下简称《规定》），这是我国第一部女职工劳动保护的专门法规，之后国家又颁布了《妇女权益保障法》。1993 年 11 月卫生部、劳动部、人事部、全国总工会、全国妇联联合颁发了《女职工保健工作规定》。1994 年 12 月，劳动部颁发了《企业职工生育保险试行办法》等法律、法规和部门规章，形成了我国女职工劳动保护的法律体系。《规定》实施 24 年来，外部环境发生了很大的变化，主要体现在：

（1）劳动关系领域发生了重大变化。公有制为主体、多种所有制经济共同发展的形成，使劳动关系更加多样化、复杂化，用工制度改革和劳动力市场形成，使劳动关系更加市场化、契约化，这些变化为女职工劳动保护带来新情况和新问题。

（2）女职工劳动保护需求发生新变化。女职工队伍不断发展壮大，由 1988 年的 5036 万人，发展 1994 年的 1.37 亿人，占职工总数的 42.7%，女农民工占 37%。女职工劳动保护的对象、利益诉求呈现了多样化、多层次的特征，经济的快速发展和社会文明程度提高也要求对劳动保护更明确具体，标准也要更科学合理。

（3）贯彻执行中存在着不适应不对接的问题。由于《规定》出台时间久远，其适用范围、保护标准、生育待遇、劳动范围的相关内容，已不能适应经济发展新形势下女职工保护的需求，监督管理体制也需要按照机构改革变化进行相应调整，特别是规定当中部分条款与国家颁布的《妇女权益保障法》《劳动法》等一些法律法规也不完全对接。

（4）社会各界要求修改规定的呼声强烈。多年来，全国人大、全国政协每年都收到希望国家尽快修改完善《规定》的议案和提案，许多专家学者、职工群众、社会团体都通过多种渠道和途径进行呼吁，形成较强的舆论态势。在党和政府的高度重视，国务院法制办的积极努力，以及多部门的共同参与和工会妇联等群团组织的积极配合下，修订《规定》于 2006 年提出并着手进行，2008 年正式列入立法计划，2011 年 11 月向社会公开征询意见，2012 年 4 月 28 日《特别规定》正式颁布实施。

2. 制订《特别规定》的意义

（1）体现了党和国家关心爱护女职工的一贯政策。早在 1925 年第二次全国劳动大会通过的经济斗争决议案中就对女工的劳动保护做出明确规定。新中国成立后，我们党和国家又制定了一系列保护妇女的政策和法令，形成了比较完善的女职工劳动保护法律体系。《特别规定》的颁布实施更充分体现了党和国家对女职工权益保障工作的高度重视和与时俱进，体现了坚持民生为重、以人为本的服务理念。

（2）体现了对女职工和下一代健康的高度重视。女职工在肩负着参与国家社会经济建设重任的同时，还承担着人类繁衍下一代的社会责任。加强对女职工劳动过程中的特殊保护，对于保护女职工及其下一代的健康、保证中华民族的整体素质的提高具有重大的现实意义。

（3）有利于保护和调动女职工的积极性。女职工是劳动力资源的重要组成部分，是推动我国经济社会发展不可或缺的重要力量。《特别规定》的颁布实施，有利于保护女职工的平等就业、职业安全和生命健康，对于进一步激发女职工参与经济建设的积极性、主动性和创造性，提高劳动生产率具有积极的促进作用。

（4）有利于构建和谐劳动关系。劳动关系的和谐是社会和谐稳定的基础。贯彻落实《特别规定》，促使企业改善女职工劳动安全卫生条件，既可增强职工对企业的认同感和归属感，又解除了女职工的后顾之忧，有利于促进劳动关系的和谐与稳定。

3. 《特别规定》的特点

《特别规定》主要有以下六大特点。

（1）适用范围的规定更加准确，体现了时代的特点。适用范围规定的修改，体现了我国女职工劳动保护的环境，已经发生由计划经济向市场经济的转变，由国有企业和集体企业向各种类型企业的转变，由人民团体向各种类型的社会团体以及其他组织等用人单位的转变。

（2）用人单位作为责任主体及其法律义务得到强化，法律责任规定更加明确、细化。职业场所是劳动保护的主要场所，因此用人单位是保护女职工职业安全和健康的责任主体，《特别规定》对用人单位规定了明确而严格的法律义务。

（3）对女职工劳动保护更加全面、公平，保护水平得到提升。与《规定》相比，《特别规定》首先将女职工产假从过去的90天增加到现在的98天，并且对女职工怀孕流产的产假给予了明确的规定，如"女职工怀孕未满4个月流产的，享受15天产假；怀孕满4个月流产的，享受42天产假。"其次，《特别规定》不仅关注女职工身体和生理的劳动保护，而且增加了对女职工精神和心理方面的保护条款，强调"在劳动场所，用人单位应当预防和制止对女职工的性骚扰。"再次，对女职工权利救济的规定体现了与现行法律制度的合理衔接。

（4）女职工禁忌从事的劳动范围的内容纳入《特别规定》，操作性更强。《特别规定》将禁忌从事的劳动范围作为特别规定附录列示，并规定："国务院安全生产监督管理部门会同国务院人力资源社会保障行政部门、国务院卫生行政部门根据经济社会发展情况，对女职工禁忌从事的劳动范围进行调整。"

（5）用人单位参加生育保险与否的差别待遇加以明确。《特别规定》对用人单位参加生育保险与否的差别待遇加以明确，不仅可以减轻参加生育保险单位聘用育龄妇女的经济负担，承认生育的社会价值；而且会引导和鼓励更多的用人单位参加生育保险。

（6）政府相关部门对用人单位监督检查及处罚的责任得到明确。女职工劳动保护的责任主体是用人单位，那么，用人单位执行本规定的情况由谁来监督检查？如果用人单位违反本规定，又由谁来进行处罚？《特别规定》明确规定，"县级以上人民政府人力资源社会保障行政部门、安全生产监督管理部门按照各自职责负责对用人单位执行本规定的情况进行监督检查。"同时，"工会、妇女组织依法对用人单位遵守本规定的情况进行监督。"用人单位违反本规定的，由县级以上人民政府人力资源社会保障行政部门、安全生产监督管理部门、依据有关法律、行政法规对其进行处罚。

第三节　主要职业健康规章

部门规章是国家最高行政机关所属的各部、委员会在自己的职权范围内发布的调整部门管理事项的规范性文件。《宪法》第 90 条第 2 款规定："各部、各委员会根据法律和国务院的行政法规、决定、命令，在本部门的权限内，发布命令、指示和规章。

涉及职业安全健康管理方面的部门规章的发布，主要集中在国家安全生产监督管理总局、国家卫生计生委、国家煤矿安全监察局国家人力资源社会保障部、全国总工会等部门。

多年来，这些部门发布了一系列职业健康管理方面的部门规章。特别是在《职业病防治法》修订颁发后，国家安全生产监督管理总局在 2012—2015 年，连续颁发了第 47 号、48 号、49 号、50 号、51 号、52 号、73 号、76 号等多个职业健康管理的总局令与《职业病防治法》配套，以规范和加强职业病危害防治工作。

一、《工作场所职业卫生管理规定》

《工作场所职业卫生监督管理规定》经 2012 年 3 月 6 日安全监管总局局长办公会议审议通过。2012 年 4 月 27 日以总局令第 47 号公布，自 2012 年 6 月 1 日起施行。安全监管总局 2009 年 7 月 1 日公布的《作业场所职业健康监督管理暂行规定》（国家安监总局第 23 号令）同时废止。

2020 年，国家卫健委对《工作场所职业卫生监督管理规定》进行了全面修订，2020 年 12 月 30 日颁发了《工作场所职业卫生管理规定》，自 2021 年 2 月 1 日起施行，替代《工作场所职业卫生监督管理规定》。

1. 章节架构

该规定分为第一章 总则、第二章 用人单位的职责、第三章 监督管理、第四章 法律责任，共 60 条。

2. 立法目的

为了加强职业卫生管理工作，强化用人单位职业病防治的主体责任，预防、控制职业病危害，保障劳动者健康和相关权益，根据《中华人民共和国职业病防治法》等法律、行政法规，制定本规定，并将其细化。

3. 适用范围

全国各用人单位的职业病防治和卫生健康主管部门对其实施监督管理，适用本规定。

4. 主体责任

（1）用人单位应当加强职业病防治工作，为劳动者提供符合法律、法规、规章、国家职业卫生标准和卫生要求的工作环境和条件，并采取有效措施保障劳动者的职业健康。

（2）用人单位是职业病防治的责任主体，并对本单位产生的职业病危害承担责任。

（3）用人单位的主要负责人对本单位的职业病防治工作全面负责。

5. 国家及政府监管责任

（1）国家卫生健康委依照《职业病防治法》和国务院规定的职责，负责全国用人单位职业卫生的监督管理工作。

（2）县级以上地方卫生健康主管部门依照《职业病防治法》和本级人民政府规定的职责，负责本行政区域内用人单位职业卫生的监督管理工作。

6. 服务机构责任

为职业病防治提供技术服务的职业卫生技术服务机构，应当依照国家有关职业卫生技术服务机构管理的相关法律法规及标准、规范的要求，为用人单位提供技术服务。

7. 用人范围责任

该规章对用人单位的职业健康管理职责予以明确：

（1）机构设立和人员配置。

（2）主要负责人、职业卫生管理人员的能力培训。

（3）对劳动者的职业卫生知识、能力培训。

（4）制定职业病危害防治计划和实施方案。

（5）建立、健全职业卫生管理制度体系和操作规程。

（6）工作场所、生产作业现场职业卫生条件保障。

（7）职业病危害因素依法向政府相关部门申报并接受监督检查。

（8）建设项目严格执行国家职业卫生"三同时"相关法规。

（9）警示标识和告知管理。

（10）劳动者个体防护用品配置及管理。

（11）工作场所职业病防护应急设施配置及管理。

（12）职业病危害日常监测管理。

（13）职业病危害因素定期检测和定期评价管理。

（14）职业病危害作业转移管理。

（15）优先采用有利于防治职业病危害和保护劳动者健康的举措。

（16）劳动合同中的职业病危害防治管理。

（17）劳动者职业健康检查及健康监护档案管理。

（18）劳动者职业禁忌管理。

（19）建立健全职业卫生档案。

（20）职业病危害事故报告管理和应急救援。

（21）职业病病人或疑似职业病病人的报告管理等。

8. 法律责任

（1）法违规的经济罚款（包括对个人的罚款和对用人单位的罚款）。

（2）违法违规的行政处理。

三、《尘肺病防治攻坚行动方案》

2019 年 7 月，经国务院同意国家十部委（国家卫生健康委/国家发展改革委/民政部/财政部/人力资源社会保障部/生态环境部/应急部/国务院扶贫办/国家医保局/全国总工会）联合下发了《尘肺病防治攻坚行动方案》（国卫职健发〔2019〕46 号）。

1. 重大意义

这是国家多部门为贯彻落实党中央、国务院领导同志重要批示精神和《国家职业病防治规划（2016—2020 年）》有关要求，解决当前尘肺病防治工作中存在的重点和难点问题，坚决遏制尘肺病高发势头，保障劳动者职业健康权益的重要举措。

2. 指导思想

以习近平新时代中国特色社会主义思想为指导，认真贯彻落实党的十九大和十九届二中、三中全会精神，以及习近平总书记在全国卫生与健康大会上的重要讲话精神，坚持以人民健康为中心，贯彻预防为主、防治结合的方针，按照"摸清底数，加强预防，控制增量，保障存量"的思路，动员各方力量，实施分类管理、分级负责、综合治理，有效加强尘肺病预防控制，大力开展尘肺病患者救治救助工作，切实保障劳动者职业健康权益。

3. 基本原则

（1）政府领导，部门协作。地方各级人民政府要将尘肺病等职业病防治工作纳入本地区国民经济和社会发展规划，加强领导，保障投入。各有关部门要加强协调，密切合作，立足本部门职责，积极落实防治措施。

（2）预防为主，防治结合。用人单位要依法落实尘肺病防治主体责任，采取有效措施改善作业环境，预防和控制粉尘危害。地方人民政府要加强对尘肺病诊断和治疗工作的管理，采取多种措施救助尘肺病患者，防止"因病致贫、因病返贫"。

（3）分类指导，落实责任。根据不同行业的粉尘危害特点，采取科学、有效的综合防治措施。落实地方政府领导责任，细化防治任务，并具体落实到县级人民政府及相关部门。

（4）综合施策，强化考核。将尘肺病防治与健康扶贫工作紧密结合，中央、地方和用人单位共同投入防治资金，坚持标本兼治，完善尘肺病防治体系，将尘肺病防治工作纳入政府目标考核内容。

4. 行动目标

（1）到 2020 年底，摸清用人单位粉尘危害基本情况和报告职业性尘肺病患者健康状况。

（2）煤矿、非煤矿山、冶金、建材等尘肺病易发高发行业的粉尘危害专项治理工作取得明显成效。

（3）纳入治理范围的用人单位粉尘危害申报率达到 95% 以上，粉尘浓度定期检测率达到 95% 以上，接尘劳动者在岗期间职业健康检查率达到 95% 以上，主要负责人、职业健康管理人员和劳动者培训率达到 95% 以上。

（4）尘肺病患者救治救助水平明显提高；稳步提高被归因诊断为职业性尘肺病患者的保障水平。

（5）煤矿、非煤矿山、冶金、建材等重点行业用人单位劳动者工伤保险覆盖率达到 80% 以上。

（6）职业健康监督执法能力有较大提高，基本建成职业健康监督执法网络，地市、县有职业健康监督执法力量，乡镇和街道有专兼职执法人员或协管员。

（7）煤矿、非煤矿山、冶金、建材等重点行业新增建设项目职业病防护设施"三同时"实施率达到 95% 以上，用人单位监督检查覆盖率达到 95% 以上，职业健康违法违规行为明显减少。

（8）职业病防治技术支撑能力有较大提升，初步建成国家、省、地市、县四级职业病防治技术支撑网络。

（9）尘肺病防治目标与脱贫攻坚任务同步完成。

5. 重点任务

（1）粉尘危害专项治理行动：开展粉尘危害专项调查；集中开展煤矿、非煤矿山、冶金等重点行业粉尘危害专项治理；对水泥行业安全生产和职业健康执法专项行动；对陶瓷生产、耐火材料制造、石棉开采、石材加工、石英砂加工、玉石加工、宝石加工等行业领域组织"回头看"行动；对不具备安全生产条件或不满足环保要求的矿山、水泥、冶金、陶瓷、石材加工等用人单位，坚决依法责令停产整顿。

（2）尘肺病患者救治救助行动：加强尘肺病监测、筛查和随访；对诊断为尘肺病的患者实施分类救治救助；实施尘肺病重点行业工伤保险扩面专项行动。

（3）职业健康监管执法行动：加充实和强职业健康监管队伍建设；加强对煤矿、非煤矿山、冶金、建材等重点行业领域新建、改建、扩建项目职业病防护设施"三同时"的监督检查；强化对粉尘危害风险高的用人单位的监督检查。

（4）用人单位主体责任落实行动：用人单位建立完善职业健康管理机构；用人单位依法、及时、如实申报粉尘危害项目；用人单位依法与劳动者签订劳动合同，履行高中法定义务；督促用人单位认真履行职业病防治责任和义务。

（5）防治技术能力提升行动：建立完善国家、省、地市、县四级支撑网络；加强基层尘肺病诊治康复能力建设。

6. 保障措施

（1）从国家到地方，加强组织领导，落实地方政府责任。

（2）完善法规标准。

（3）强化人才保障。

（4）营造良好氛围。

四、《职业病危害项目申报办法》

《职业病危害项目申报办法》经 2012 年 3 月 6 日国家安全生产监督管理总局局长办公会议审议通过。2012 年 4 月 27 日以总局令第 48 号公布，自 2012 年 6 月 1 日起施行。国家安全监管总局 2009 年 9 月 8 日公布的《作业场所职业危害申报管理办法》（国家安全监管总局令第 27 号）同时废止。

1. 立法目的

为了规范职业病危害项目的申报工作，加强对用人单位职业卫生工作的监督管理。

2. 适用范围

本办法不适用于煤矿企业，只适用于非煤行业单位。

3. 基本原则

（1）及时和如实申报。

（2）接受安全生产监督管理部门的监督管理。

（3）申报范围按照国家《职业病危害因素分类目录》。

（4）实行属地分级管理。

4. 申报程序

（1）明确了申报文件、资料如何提交的要求。

（2）明确了申报形式。

（3）明确了申报变更的要求。

5. 申报管理

（1）明确了接收申报的安监机构的管理要求。

（2）明确了违法违规申报的处罚规定。

五、《用人单位职业健康监护监督管理办法》

《用人单位职业健康监护监督管理办法》经 2012 年 3 月 6 日国家安全生产监督管理总局局长办公会议审议通过，2012 年 4 月 27 日以总局令第 49 号公布，自 2012 年 6 月 1 日起施行。

《用人单位职业健康监护监督管理办法》共计 5 章，分别是总则、用人单位的职责、监督管理、法律责任、附则，合计 32 条。

1. 立法目的

规范用人单位的职业健康监护工作，加强职业健康监护的监督管理，保护劳动者健康及其相关权益。

2. 适用范围

用人单位从事接触职业病危害作业的劳动者的职业健康监护和安全生产监督管理部门的监督管理。

3. 职业健康监护基本内涵

本办法所称职业健康监护，是指劳动者上岗前、在岗期间、离岗时、应急的职业健康检查和职业健康监护档案管理。

4. 对用人单位职业健康监护基本要求

（1）应当建立、健全劳动者职业健康监护制度。

（2）应当依法落实职业健康监护工作。

（3）应当接受安全生产监督管理部门的监督检查，并提供有关文件和资料。

（4）对用人单位违反本办法的行为，任何单位和个人均有权向安全生产监督管理部门举报或者报告。

5. 用人单位职业健康监护管理职责

（1）用人单位是职业健康监护工作的责任主体。

（2）用人单位主要负责人对本单位职业健康监护工作全面负责。

（3）制定并落实本单位劳动者"四期"职业健康检查年度计划。

（4）保证职业健康监护的财力资源。

（5）应将劳动者接受职业健康检查视同正常出勤。

（6）应当选择有资质的医疗卫生机构承担职业健康检查，并确保参加职业健康检查的劳动者身份的真实性。

（7）对委托职业健康检查机构应当如实提供文件、资料。

（8）履行职业健康检查结果告知义务。

（9）做好职业禁忌管理。

（10）确保护未成年工、女职工的职业健康。

（11）及时报告职业病例。

（12）建立完善劳动者个人职业健康监护档案，并按照有关规定妥善保存，并保证劳动者的知情权。

（13）做好用人单位发生分立、合并、解散、破产时的职业健康检查，并妥善安置职业病病人，职业健康监护档案依照国家有关规定实施移交保管。

6. 安全生产监督管理部门职责

（1）依法对用人单位落实有关职业健康监护的法律、法规、规章和标准的情况进行监督检查，明确了监督检查的重点内容。

（2）应当加强行政执法人员职业健康知识培训，提高行政执法人员的业务素质。

（3）行政执法人员依法履行监督检查职责时，应当出示有效的执法证件。

（4）行政执法人员应当忠于职守，秉公执法，严格遵守执法规范。

（5）涉及被检查单位技术秘密、业务秘密以及个人隐私的，行政执法人员应当为用人单位保守秘密。

（6）有权进入被检查单位，查阅、复制被检查单位有关职业健康监护的文件、资料。

7. 法律责任

（1）明确了用人单位的法律责任。

（2）明确了对用人单位的处罚标准。

六、《职业卫生技术服务机构管理办法》

《职业卫生技术服务机构管理办法》经 2020 年 12 月 4 日国家卫健委第 2 次委务会议审议通过，2020 年 12 月 31 日以国家卫健委第 4 号令公布，自 2021 年 2 月 1 日起施行。

本管理办法替代原国家安全生产监督管理总局 2012 年 4 月 27 日公布、2015 年 5 月 29 日修改的《职业卫生技术服务机构监督管理暂行办法》。

本办法共计六章，分别是总则、资质认可、技术服务、监督管理、法律责任和附则。

1. 立法目的

为了加强对职业卫生技术服务机构的监督管理，规范职业卫生技术服务行为，根据《中华人民共和国职业病防治法》，制定本办法。

2. 适用范围

在中华人民共和国境内申请职业卫生技术服务机构资质，从事职业卫生检测、评价技术服务以及卫生健康主管部门实施职业卫生技术服务机构资质认可与监督管理，适用本办法。

3. 职业卫生技术服务机构基本概念

本办法所称职业卫生技术服务机构，是指为用人单位提供职业病危害因素检测、职业病危害现状评价、职业病防护设备设施与防护用品的效果评价等技术服务的机构。

4. 国家层面管理基本要求

（1）国家对职业卫生技术服务机构实行资质认可制度。职业卫生技术服务机构应当依照本办法取得职业卫生技术服务机构资质；未取得职业卫生技术服务机构资质的，不得从事职业卫生检测、评价技术服务。

（2）职业卫生技术服务机构的资质等级分为甲级和乙级两个等级。甲级资质由国家卫生健康委认可及颁发证书。乙级资质由省、自治区、直辖市卫生健康主管部门认可及颁发证书。

（3）取得甲级资质的职业卫生技术服务机构，可以根据认可的业务范围在全国从事职业卫生技术服务活动。取得乙级资质的职业卫生技术服务机构，可以根据认可的业务范围在其所在的省、自治区、直辖市从事职业卫生技术服务活动。

（4）下列用人单位的职业卫生技术服务，必须由取得甲级资质的职业卫生技术服务机构承担：①核设施的用人单位；②生产经营的装置（设施）跨省、自治区、直辖市的用人单位。

（5）国家卫生健康委负责指导全国职业卫生技术服务机构的监督管理工作。具级以上地方卫生健康主管部门负责本行收区城内职业卫生技术服务机构的监督管理工作。

（6）国家鼓励职业卫生技术服务行业加强自律，规范执业行为，维护行业秩序。

5. 资质认可管理基本要求

（1）申请职业卫生技术服务机构资质的申请人，应当具备本办法所规定的 10 项基本条件。

（2）申请人应当组织专业技术人员接受专业培训，确保专业技术人员熟悉职业病防治法律、法规和标准规范，并具备与其从事的职业卫生技术服务相适应的专业能力。

（3）申请人应当提交本办法规定的材料，并对申请材料的真实性负责。

（4）申请职业卫生技术服务机构资质，应按照本办法规定的程序办理。

（5）资质认可机关应当建立技术评审专家库（以下简称专家库）及其管理制度。

（6）国家卫生健康委制定并公开职业卫生技术服务机构专业技术人员考核评估大纲，建立题库。

（7）资质认可机关按照本办法规定的程序、内容，对申请人进行技术评审。

（8）本办法明确了资质证书的管理期限和管理程序。

6. 技术服务管理基本要求

（1）明确了技术服务的法律责任。

（2）明确了技术服务的管理程序、服务范围、双方责任和如何接受监督。

（3）明确了职业卫生技术服务机构及其工作人员的行为规范。

（4）明确了职业卫生技术服务机构的服务档案管理。

7. 监督管理和法律责任

（1）明确了对职业卫生技术服务机构实施监督管理的责任主体。

（2）明确了对职业卫生技术服务机构实施监督管理的内容和方式。

（3）明确了卫生健康主管部门的法律责任。

（4）明确了技术评审专家的法律责任。

（5）明确了职业卫生技术服务机构及其专业技术人员的法律责任。

七、《建设项目职业病防护设施"三同时"监督管理办法》

《建设项目职业病防护设施"三同时"监督管理办法》（国家安监总局令第90号）于2017年1月10日国家安全生产监督管理总局第1次局长办公会议审议通过，自2017年5月1日起施行。

本办法共计7章，分别是总则、职业病危害预评价、职业病防护设施设计、职业病危害控制效果评价与防护设施竣工验收、监督检查、法律责任、附则，合计46条。

1. 立法目的

为了预防、控制和消除建设项目可能产生的职业病危害，加强和规范建设项目职业病防护设施建设的监督管理。

2. 适用范围

可能产生职业病危害的新建、改建、扩建和技术改造、技术引进建设项目（统称建设项目）职业病防护设施建设及其监督管理。

3. 职业病危害的建设项目基本概念

可能产生职业病危害的建设项目，是指存在或者产生《职业病危害因素分类目录》所列职业病危害因素的建设项目。

职业病防护设施是指消除或者降低工作场所的职业病危害因素的浓度或者强度，预防和减少职业病危害因素对劳动者健康的损害或者影响，保护劳动者健康的设备、设施、装置、构（建）筑物等的总称。

4. 主体责任

建设单位是建设项目职业病防护设施建设的责任主体。

5. "三同时"制度

建设项目职业病防护设施必须与主体工程同时设计、同时施工、同时投入生产和使用（以下简称职业卫生"三同时"）。职业病防护设施所需费用应当纳入建设项目工程预算。

建设项目职业卫生"三同时"工作可以与安全设施"三同时"工作一并进行。

6. 监督检查

（1）安全生产监督管理部门应当在职责范围内按照分类分级监管的原则，将建设单位开展建设项目职业病防护设施"三同时"情况的监督检查纳入安全生产年度监督检查计划，并按照监督检查计划与安全设施"三同时"实施一体化监督检查，对发现的违法行为应当依法予以处理；对违法行为情节严重的，应当按照规定纳入安全生产不良记录"黑名单"管理。

（2）安全生产监督管理部门应当依法对建设单位开展建设项目职业病危害预评价情况进行监督检查。

（3）安全生产监督管理部门应当依法对建设单位开展建设项目职业病防护设施设计情

况进行监督检查。

（4）安全生产监督管理部门应当依法对建设单位开展建设项目职业病危害控制效果评价及职业病防护设施验收情况进行监督检查。

（5）安全生产监督管理部门依法对建设单位组织的验收活动和验收结果进行监督核查。

7. 管理基本要求

（1）根据建设项目可能产生职业病危害的风险程度实施分类管理。

（2）建立职业卫生专家库，聘请专家库专家参与建设项目职业卫生"三同时"的审核、审查和竣工验收工作；明确了专家参与的回避制度。

（3）由依法取得资质的职业卫生技术服务机构承担建设项目职业病危害预评价和职业病危害控制效果评价。

8. 职业病危害预评价管理基本要求

（1）明确预评价的实施主体、实施阶段。

（2）明确预评价报告的主要内容。

（3）明确预评价报告的评审程序。

（4）明确预评价的报备管理程序等。

9. 职业病防护设施设计管理基本要求

（1）明确职业病防护设施设计专篇的编制主体及其内容。

（2）明确职业病防护设施设计专篇的评审管理要求。

10. 职业病危害控制效果评价与防护设施竣工验收管理基本要求

（1）明确职业病防护设施施工单位的资质管理要求。

（2）明确职业病防护设施与主体工程同时施工的管理要求。

（3）明确职业病防护设施施工的过程管理要求。

（4）明确职业病防护设施的试运行管理要求。

（5）明确职业病防护设施试运行期间的职业病危害因素监测要求。

（6）明确职业病防护设施试运行期间控制效果评价的管理要求。

（7）明确控制效果评价报告的管理要求。

（8）明确职业病危害建设项目竣工验收管理要求。

11. 法律责任

明确了建设单位的法律责任、处罚标准等。

八、《煤矿作业场所职业病危害防治规定》

《煤矿作业场所职业病危害防治规定》于2015年1月16日国家安全生产监督管理总局局长办公会议审议通过，2015年2月28日以安全生产监督管理总局令第73号颁发，自2015年4月1日起施行。

《煤矿作业场所职业病危害防治规定》的前身是国家安全生产监督管理总局/国家煤矿安全监察局《关于印发煤矿作业场所职业危害防治规定（试行）的通知》（安监总煤调〔2010〕121号）。《煤矿作业场所职业病危害防治规定》对原文件的45个条款进行了大幅度修改，其中新增条文 4 条，对煤矿（含基本建设单位、选煤厂、洗煤厂）企业的职业病危害防治管理做出了系统性的规定。

《煤矿作业场所职业病危害防治规定》的共计 11 章，分别是总则、职业病危害防治管理、建设项目职业病防护设施三同时管理、职业病危害项目申报、职业健康监护、粉尘危害防治、噪声危害防治、热害防治、职业中毒防治、法律责任、附则，合计 73 条。

1. 立法目的

为加强煤矿作业场所职业病危害的防治工作，强化煤矿企业职业病危害防治主体责任，预防、控制职业病危害，保护煤矿劳动者健康。

2. 适用范围

适用于中华人民共和国领域内各类煤矿及其所属为煤矿服务的矿井建设施工、洗煤厂、选煤厂等存在职业病危害的作业场所职业病危害预防和治理活动。

3. 煤矿主要职业病危害类别

将煤矿作业场所的职业病危害明确为粉尘、噪声、热害、有毒有害物质 4 个大类。

4. 煤矿职业病危害防治方针和主体责任

煤矿职业病危害防治坚持"以人为本、预防为主、综合治理"的方针，按照源头治理、科学防治、严格管理、依法监督的要求开展工作。

煤矿是本企业职业病危害防治的责任主体。

5. 煤矿职业病防治主要管理要求和管理措施

1）综合性管理

（1）主要负责人是本单位职业病危害防治工作的第一责任人，对本单位职业病危害防治工作全面负责。

（2）建立健全职业病危害防治领导机构，制定职业病危害防治规划，明确职责分工和落实工作经费，加强职业病危害防治工作。

（3）设置或指定职业病危害防治的管理机构，配备专职职业卫生管理人员。

（4）制定职业病危害防治年度计划、实施方案，建立健全管理制度。

（5）配备专职或者兼职的职业病危害因素监测人员并培训合格，装备相应的监测仪器设备。

（6）以矿井为单位开展职业病危害因素日常监测。

（7）委托具有资质的职业卫生技术服务机构进行定期的职业病危害因素检测、职业病危害现状评价。

（8）不得使用国家明令禁止使用的可能产生职业病危害的技术、工艺、设备和材料，限制使用或者淘汰职业病危害严重的技术、工艺、设备和材料。

（9）优化生产布局和工艺流程，有害作业和无害作业分开，减少接触职业病危害的人数和接触时间等。

2）劳动防护用品管理

（1）按照相关法规和标准为接触职业病危害的劳动者提供防护用品。

（2）指导、督促劳动者正确使用防护用品。

3）告知管理

按照法律、法规的相关规定履行告知义务，包括劳动合同、设立公告栏、现场警示标识、现场警示说明、健康检查结果等方面。

4）培训管理

（1）主要负责人、职业卫生管理人员的培训管理。

（2）劳动者的上岗前、在岗期间的培训管理。

（3）特种作业人员的培训管理等。

5）职业卫生档案管理

（1）建立职业卫生档案。

（2）保障职业卫生档案内容的完整性。

（3）明确管理职责和管理要求等。

6）投入保障管理

明确职业病危害防治专项经费的来源，做好保障管理。

7）事故报告和应急救援管理

（1）发生职业病危害事故的报告程序和报告要求。

（2）发生职业病危害事故的应急救援。

（3）对遭受或者可能遭受急性职业病危害的劳动者及时组织救治。

8）建设项目职业病防护设施"三同时"管理

（1）煤矿建设项目职业病防护设施的"三同时"管理制度。

（2）职业病危害预评价管理。

（3）职业病防护设施设计专篇管理。

（4）职业病危害控制效果评价管理等。

9）职业病防危害项目申报

申报时间、申报部门；申报程序等管理要求。

10）职业健康监护

（1）对接触职业病危害劳动者的健康体检管理。

（2）接尘接毒接害劳动者的职业健康检查周期。

（3）职业禁忌管理要求。

（4）职业健康监护档案管理。

（5）劳动者需求健康监护档案资料的管理等。

11）粉尘危害防治管理

（1）作业场所粉尘浓度监测管理。

（2）煤尘、矽尘、水泥尘的浓度控制指标。

（3）井工煤矿粉尘防治技术措施。

（4）露天煤矿粉尘防治技术要求。

（5）洗选煤厂粉尘防治管理措施等。

12）噪声危害防治管理

（1）作业场所噪声危害控制指标。

（2）噪声测定仪器的配备要求和监测频次。

（3）噪声监测选点布置、取值方法。

（4）设备选用管理。

（5）个体防护用品管理等。

13）井工煤矿热害防治管理

（1）井下空气温度控制指标。

（2）井下温度监视装置。

（3）超温地点劳动保护管理要求。

（4）井下降温技术管理要求。

（5）劳动者的热害防护管理。

14）防止职业中毒管理

（1）主要化学毒物的类别和浓度指标。

（2）化学毒物监测管理（选点、采样、周期和监测等）。

（3）职业中毒防治技术措施等。

6. 法律责任

对 26 种违法行为，分别在经济处罚、行政处罚、刑事责任方面明确了责任追究和处罚细则。

第四节　主要职业健康标准

国家职业安全和职业健康标准化工作起步较早，在 20 世纪改革开放之后有了突飞猛进的发展。截至 2011 年 6 月底，国家标准总数达到 27256 项，累计备案行业标准 45613 项，地方标准 20299 项。我国的国家标准体系基本建成，标准老化和缺失问题基本解决。

一、职业健康标准的作用

职业健康标准的作用主要体现在以下 3 个方面。

（1）是保证职业健康的重要内容之一。国家职业健康标准体系框架已基本形成。职业健康标准是提高职业健康科技水平和管理水平的重要技术文件，已渗入到职业健康管理的各个领域。职业病危害事故和职业病病例的管理，应该在预防、控制、监测、诊断、治疗、统计等各个环节明确相关的标准，依靠这些标准指导和规范整个职业健康的管理工作。职业健康标准已经成为职业卫生领域中重要的基础工作之一。

（2）对减少职工职业危害、保护劳动者的安全与健康、发展生产将发挥实效作用。《劳动法》第 5 条规定国家要"制定劳动标准"，第 52 条规定用人单位必须"严格执行国家劳动安全卫生规程和标准"，第 56 条规定"劳动者在劳动过程中必须严格遵守安全操作规程"。

《标准化法》第 2 条规定，"工业产品的品种、质量或者安全、卫生要求。工业产品的设计、生产、检验、包装、运输过程的安全、卫生要求。工程设计、施工方法和安全要求"，应当制定标准。

因此，国家要通过立法建立完善的劳动卫生标准。企业和劳动者必须严格执行和遵守，以保证劳动者在劳动过程中的安全和健康，保证生产工作秩序的顺利进行。

（3）是评价和确认系统安全性的依据。系统安全性指标的目标值是事故评价定量化的标准。如果没有评价系统危险性的标准，定量化评价也就失去意义，这将使评价者无法判定系统安全性是否符合要求，以及改善到什么程度才算是系统物的损失和人的伤亡为最小。因此，大多数国家的惯例做法通过建立完善职业健康标准以实现目标值。

我国针对生产设备、装置，在设计、安装、改造、使用等环节制定颁布一系列职业健康法规及标准，根据这些法规和标准进行评价，确认系统的安全性。

经量化后的危险是否达到安全程度，这就需要有一个界限进行比较，这些界限我们通常称为安全指标或安全标准。因此，职业健康标准是评价和确认系统安全性的重要依据。

二、职业健康标准体系

职业健康标准体系，就是根据职业健康标准的特点，按照它们的性质功能、内在联系进行分级、分类，构成一个有机联系的整体。体系内的各种标准互相联系，相互依存，互相补充，具有很好的配套性和协调性。

职业健康标准体系不是一成不变的，它与一定时期的技术经济水平、职业健康状况相适应。因此，随着科技的进步、经济发展、职业安全和职业健康要求的提高而不断变化。

（一）按照行政管理层级分类

国家现行的职业安全和职业健康标准体系，如果按照其管理权限的行政层级划分类别，主要由三级构成，即国家标准、行业标准和地方标准。

1. 国家标准

职业健康国家标准是在全国范围内统一的技术要求，是国家职业安全和职业健康标准体系中的主体，主要由国家卫生行政部门组织制定，归口管理，国家质量监督检验检疫总局发布实施。强制性国家标准的代号为"GB"，推荐性国家标准的代号为"GB/T"。

2. 行业标准

职业健康行业标准是对没有国家标准而又需要在全国范围内统一制定的标准，是国家标准的补充，由卫生行政管理部门及各行业部门制定并发布实施，国家技术监督局备案。

职业安全和职业健康行业标准管理范围主要包括：

（1）职业健康工程技术标准。

（2）工业产品设计、生产、检验、储运、使用过程中的安全、健康技术标准。

（3）工矿企业工作条件及工作场所的职业卫生技术标准。

（4）职业健康管理人员、操作人员的技能考核标准。

（5）气瓶产品标准等。

3. 地方标准

根据《标准化法》，对没有国家标准和行业标准而又需要在省、自治区、直辖市范围内统一的工业产品的安全、卫生要求，可以制定地方标准。地方标准由省、自治区、直辖市标准化行政主管部门制定，并报国务院标准化行政主管部门和国务院有关行政主管部门备案。在公布国家标准或者行业标准之后，该项地方标准即废止。地方职业健康标准是对国家标准和行业标准的补充，同时也为将来制定国家标准和行业标准打下基础、创造条件。

对于特殊情况而我国又暂无相对应的职业健康标准时，可采用国际标准。采用国际标准必须与我国标准体系进行对比分析或验证，应不低于我国相关标准或暂行规定的要求，并经有关卫生行政综合管理部门批准。

（二）按照标准管控的对象特性分类

如果按照标准对象的特性分类，主要包括基础标准、设计类标准、产品标准、方法标准和卫生标准等。

1. 基础管理标准

基础管理标准是指在一定范围内作为基础性的管理或作为其他标准的基础被使用、具有广泛指导意义的标准，如《职业安全卫生术语》《职业健康促进名词术语》《职业健康监护技术规范》《职业病危害评价通则》等。

2. 设计类标准

设计类标准是指针对安全生产或职业健康的设计方面制定的标准。经常使用的包括主要有作业环境危害方面的厂址选择、厂区内布置、车间卫生、防暑、防寒、防湿、通风、采光照明等安全卫生方面的标准。

3. 产品标准

产品标准是指为保证产品的适用性，对产品必须达到的主要性能参数、质量指标、使用维护的要求等所制定的标准，如《过滤式防毒面具》《有机溶剂作业场所个人职业病防护用品使用规范》等。

4. 方法标准

方法标准是指以设计、实验、统计、计算、操作等各种方法（或工艺）为对象的标准。该类标准的内容是以设计、制造、施工、检验、生产工艺等环节的技术事项（具体技术要求、实施程序等）做出统一规定，一般称作"规范"，如《工业企业噪声控制设计规范》《工业企业总平面设计规范》《缺氧危险作业安全规程》等。

5. 职业卫生标准

职业卫生标准中规定了工作场所中接触有毒有害物质所不应超过的数值。标准包括：①职业卫生设计类标准；②职业卫生术语标准；③职业病危害防护类标准；④体力劳动强度分级标准；⑤职业病危害程度分级标准；⑥劳动卫生基本条件类标准；⑦职业健康监护类标准；⑧个体防护用品配备类标准；⑨职业健康管理类标准；⑩职业卫生建设项目"三同时"管理标准等。

6. 放射卫生防护标准

国家通过制定放射卫生防护标准，既要积极进行有益于人类电离辐射的实践活动，促进新技术的发展；又要最大限度地预防和缩小电离辐射对人类的危害，特别是保护放射人员和广大公众及其后代的安全与健康。

7. 职业病诊断标准

国家为了规范职业病诊断及其鉴定工作，加强职业病诊断与鉴定管理，授权国家卫生管理机构根据相关法律法规制定职业病诊断标准。

8. 防护用品类标准

防护用品类标准是为了控制防护用品质量，使其达到劳动安全卫生要求。

9. 煤矿安全生产和职业健康标准

主要包括：

（1）《煤矿安全生产标准化管理体系考核定级办法（试行）》和《煤矿安全生产标准化管理体系基本要求及评分方法（试行）》（煤安监行管〔2020〕16号）。

（2）煤矿水、火、瓦斯、热害、顶板等灾害防治标准。

（3）矿井通风、矿井提升运输安全、煤矿井下机电设备保护、煤矿爆破与防爆、气体检测、煤矿井下阻燃防静电和煤矿救护器材等方面的管理标准、技术标准和方法标准。

（三）按照法律效力分类

职业健康标准按法律效力分类，一般可分为强制性和推荐性2类。

1. 强制性标准

为改善劳动条件，加强劳动保护，防止各类事故发生，减轻职业危害，保护职工的安全和健康，国家建立统一协调、功能齐全、衔接配套职业健康的强制性标准。

施行强制性的国家标准，即在社会生活中，关注劳动者的生命安全和身体健康，以人为本，把安全健康放在第一位，把经济放第二位是国际惯例。

根据《标准化法》规定，保障人身、财产安全的标准和法律、行政法规规定强制执行的标准是强制性标准，而其他标准则是推荐性标准。省、自治区、直辖市标准化行政主管部门制定的工业产品的安全、卫生要求的地方标准，在本行政区域内是强制性标准。

《标准化法实施条例》第18条规定，下列标准属强制性标准：

（1）药品标准，食品卫生标准，制药标准。

（2）产品及产品生产、储运和使用中的安全、卫生标准，劳动安全、卫生标准，运输安全标准。

（3）工程建设质量、安全、卫生标准及国家需要控制的其他工程建设标准。

（4）环境保护的污染物排放标准和环境质量标准。

（5）重要的通用技术术语、符号、代号和制图方法。

（6）通用的试验、检验方法标准。

（7）互换配合标准。

（8）国家需要控制的重要产品质量标准。

2. 推荐性标准

国家根据现行生产水平、经济条件、技术能力和人员素质等方面的综合考虑，如果在全国（或全行业）强制统一执行有困难的标准，则将此类标准作为推荐性。

《标准化法》及《标准化法条文解释》中规定：对于推荐性标准，国家采取优惠措施，鼓励企业采用推荐性标准。

推荐性标准一旦纳入指令性文件，将具有相应的行政约束力。

（四）调整标准的归口管理

2020年3月16日，应急管理部/国家卫生健康委联合下发的《关于调整职业健康领域安全生产行业标准归口事宜的通知》（应急〔2020〕25号），对职业健康标准调整归口管理。其文件的主要规定是：机构改革后，职业健康监督管理职能已划转国家卫生健康委。现将原国家安全生产监督管理总局归口管理的71项职业健康领域安全生产行业标准（见本教程附录七）划转国家卫生健康委统一归口管理，同时调整上述行业标准的标准编号。

第五节　主要职业健康政策

一、中共中央 国务院印发《"健康中国2030"规划纲要》

2016年10月25日，中共中央、国务院印发了《"健康中国2030"规划纲要》，并发出通知，要求各地区各部门结合实际认真贯彻落实。

《"健康中国2030"规划纲要》主要内容摘录如下：

序　　言

健康是促进人的全面发展的必然要求，是经济社会发展的基础条件。实现国民健康长寿，是国家富强、民族振兴的重要标志，也是全国各族人民的共同愿望。

党和国家历来高度重视人民健康。新中国成立以来特别是改革开放以来，我国健康领域改革发展取得显著成就，城乡环境面貌明显改善，全民健身运动蓬勃发展，医疗卫生服务体系日益健全，人民健康水平和身体素质持续提高。2015年我国人均预期寿命已达76.34岁，婴儿死亡率、5岁以下儿童死亡率、孕产妇死亡率分别下降到8.1‰、10.7‰和20.1/10万，总体上优于中高收入国家平均水平，为全面建成小康社会奠定了重要基础。同时，工业化、城镇化、人口老龄化、疾病谱变化、生态环境及生活方式变化等，也给维护和促进健康带来一系列新的挑战，健康服务供给总体不足与需求不断增长之间的矛盾依然突出，健康领域发展与经济社会发展的协调性有待增强，需要从国家战略层面统筹解决关系健康的重大和长远问题。

推进健康中国建设，是全面建成小康社会、基本实现社会主义现代化的重要基础，是全面提升中华民族健康素质、实现人民健康与经济社会协调发展的国家战略，是积极参与全球健康治理、履行2030年可持续发展议程国际承诺的重大举措。未来15年，是推进健康中国建设的重要战略机遇期。经济保持中高速增长将为维护人民健康奠定坚实基础，消费结构升级将为发展健康服务创造广阔空间，科技创新将为提高健康水平提供有力支撑，各方面制度更加成熟更加定型将为健康领域可持续发展构建强大保障。

为推进健康中国建设，提高人民健康水平，根据党的十八届五中全会战略部署，制定本规划纲要。本规划纲要是推进健康中国建设的宏伟蓝图和行动纲领。全社会要增强责任感、使命感，全力推进健康中国建设，为实现中华民族伟大复兴和推动人类文明进步作出更大贡献。

第一篇 总 体 战 略

第一章 指 导 思 想

推进健康中国建设，必须高举中国特色社会主义伟大旗帜，全面贯彻党的十八大和十八届三中、四中、五中全会精神，以马克思列宁主义、毛泽东思想、邓小平理论、"三个代表"重要思想、科学发展观为指导，深入学习贯彻习近平总书记系列重要讲话精神，紧紧围绕统筹推进"五位一体"总体布局和协调推进"四个全面"战略布局，认真落实党中央、国务院决策部署，坚持以人民为中心的发展思想，牢固树立和贯彻落实新发展理念，坚持正确的卫生与健康工作方针，以提高人民健康水平为核心，以体制机制改革创新为动力，以普及健康生活、优化健康服务、完善健康保障、建设健康环境、发展健康产业为重点，把健康融入所有政策，加快转变健康领域发展方式，全方位、全周期维护和保障人民健康，大幅提高健康水平，显著改善健康公平，为实现"两个一百年"奋斗目标和中华民族伟大复兴的中国梦提供坚实健康基础。

主要遵循以下原则：

——健康优先。把健康摆在优先发展的战略地位，立足国情，将促进健康的理念融入公共政策制定实施的全过程，加快形成有利于健康的生活方式、生态环境和经济社会发展模式，实现健康与经济社会良性协调发展。

——改革创新。坚持政府主导，发挥市场机制作用，加快关键环节改革步伐，冲破思想观念束缚，破除利益固化藩篱，清除体制机制障碍，发挥科技创新和信息化的引领支撑作用，形成具有中国特色、促进全民健康的制度体系。

—科学发展。把握健康领域发展规律，坚持预防为主、防治结合、中西医并重，转变服务模式，构建整合型医疗卫生服务体系，推动健康服务从规模扩张的粗放型发展转变到质量效益提升的绿色集约式发展，推动中医药和西医药相互补充、协调发展，提升健康服务水平。

——公平公正。以农村和基层为重点，推动健康领域基本公共服务均等化，维护基本医疗卫生服务的公益性，逐步缩小城乡、地区、人群间基本健康服务和健康水平的差异，实现全民健康覆盖，促进社会公平。

第二章 战 略 主 题

"共建共享、全民健康"，是建设健康中国的战略主题。核心是以人民健康为中心，坚持以基层为重点，以改革创新为动力，预防为主，中西医并重，把健康融入所有政策，人民共建共享的卫生与健康工作方针，针对生活行为方式、生产生活环境以及医疗卫生服务等健康影响因素，坚持政府主导与调动社会、个人的积极性相结合，推动人人参与、人人尽力、人人享有，落实预防为主，推行健康生活方式，减少疾病发生，强化早诊断、早治疗、早康复，实现全民健康。

共建共享是建设健康中国的基本路径。从供给侧和需求侧两端发力，统筹社会、行业和个人三个层面，形成维护和促进健康的强大合力。要促进全社会广泛参与，强化跨部门协作，深化军民融合发展，调动社会力量的积极性和创造性，加强环境治理，保障食品药品安全，预防和减少伤害，有效控制影响健康的生态和社会环境危险因素，形成多层次、多元化的社会共治格局。要推动健康服务供给侧结构性改革，卫生计生、体育等行业要主动适应人民健康需求，深化体制机制改革，优化要素配置和服务供给，补齐发展短板，推动健康产业转型升级，满足人民群众不断增长的健康需求。要强化个人健康责任，提高全民健康素养，引导形成自主自律、符合自身特点的健康生活方式，有效控制影响健康的生活行为因素，形成热爱健康、追求健康、促进健康的社会氛围。

全民健康是建设健康中国的根本目的。立足全人群和全生命周期两个着力点，提供公平可及、系统连续的健康服务，实现更高水平的全民健康。要惠及全人群，不断完善制度、扩展服务、提高质量，使全体人民享有所需要的、有质量的、可负担的预防、治疗、康复、健康促进等健康服务，突出解决好妇女儿童、老年人、残疾人、低收入人群等重点人群的健康问题。要覆盖全生命周期，针对生命不同阶段的主要健康问题及主要影响因素，确定若干优先领域，强化干预，实现从胎儿到生命终点的全程健康服务和健康保障，全面维护人民健康。

第三章　战　略　目　标

到 2020 年，建立覆盖城乡居民的中国特色基本医疗卫生制度，健康素养水平持续提高，健康服务体系完善高效，人人享有基本医疗卫生服务和基本体育健身服务，基本形成内涵丰富、结构合理的健康产业体系，主要健康指标居于中高收入国家前列。

到 2030 年，促进全民健康的制度体系更加完善，健康领域发展更加协调，健康生活方式得到普及，健康服务质量和健康保障水平不断提高，健康产业繁荣发展，基本实现健康公平，主要健康指标进入高收入国家行列。到 2050 年，建成与社会主义现代化国家相适应的健康国家。

到 2030 年具体实现以下目标：

——人民健康水平持续提升。人民身体素质明显增强，2030 年人均预期寿命达到79.0 岁，人均健康预期寿命显著提高。

——主要健康危险因素得到有效控制。全民健康素养大幅提高，健康生活方式得到全面普及，有利于健康的生产生活环境基本形成，食品药品安全得到有效保障，消除一批重大疾病危害。

——健康服务能力大幅提升。优质高效的整合型医疗卫生服务体系和完善的全民健身公共服务体系全面建立，健康保障体系进一步完善，健康科技创新整体实力位居世界前列，健康服务质量和水平明显提高。

——健康产业规模显著扩大。建立起体系完整、结构优化的健康产业体系，形成一批具有较强创新能力和国际竞争力的大型企业，成为国民经济支柱性产业。

——促进健康的制度体系更加完善。有利于健康的政策法律法规体系进一步健全，健康领域治理体系和治理能力基本实现现代化。

健康中国建设主要指标

领域：健康水平　指标：人均预期寿命（岁）　2015 年：76.34　2020 年：77.3

2030 年：79.0

领域：健康水平　指标：婴儿死亡率（‰）　2015 年：8.1　2020 年：7.5　2030 年：5.0

领域：健康水平　指标：5 岁以下儿童死亡率（‰）　2015 年：10.7　2020 年：9.5　2030 年：6.0

领域：健康水平　指标：孕产妇死亡率（1/10 万）　2015 年：20.1　2020 年：18.0　2030 年：12.0

领域：健康水平　指标：城乡居民达到《国民体质测定标准》合格以上的人数比例（%）　2015 年：89.6（2014 年）　2020 年：90.6　2030 年：92.2

领域：健康生活　指标：居民健康素养水平（%）　2015 年：10　2020 年：20　2030 年：30

领域：健康生活　指标：经常参加体育锻炼人数（亿人）　2015 年：3.6（2014 年）　2020 年：4.35　2030 年：5.3

领域：健康服务与保障　指标：重大慢性病过早死亡率（%）　2015 年：19.1（2013 年）　2020 年：比 2015 年降低 10%　2030 年：比 2015 年降低 30%

领域：健康服务与保障　指标：每千常住人口执业（助理）医师数（人）　2015 年：2.2　2020 年：2.5　2030 年：3.0

领域：健康服务与保障　指标：个人卫生支出占卫生总费用的比重（%）　2015 年：29.3　2020 年：28 左右　2030 年：25 左右

领域：健康环境　指标：地级及以上城市空气质量优良天数比率（%）　2015 年：76.7　2020 年：＞80　2030 年：持续改善

领域：健康环境　指标：地表水质量达到或好于Ⅲ类水体比例（%）　2015 年：66　2020 年：＞70　2030 年：持续改善

领域：健康产业　指标：健康服务业总规模（万亿元）　2015 年：—　2020 年：＞8　2030 年：16

第十六章　完善公共安全体系

第一节　强化安全生产和职业健康

加强安全生产，加快构建风险等级管控、隐患排查治理两条防线，切实降低重特大事故发生频次和危害后果。强化行业自律和监督管理职责，推动企业落实主体责任，推进职业病危害源头治理，强化矿山、危险化学品等重点行业领域安全生产监管。开展职业病危害基本情况普查，健全有针对性的健康干预措施。进一步完善职业安全卫生标准体系，建立完善重点职业病监测与职业病危害因素监测、报告和管理网络，遏制尘肺病和职业中毒高发势头。建立分级分类监管机制，对职业病危害高风险企业实施重点监管。开展重点行业领域职业病危害专项治理。强化职业病报告制度，开展用人单位职业健康促进工作，预防和控制工伤事故及职业病发生。加强全国个人辐射剂量管理和放射诊疗辐射防护。

第二节　促进道路交通安全

加强道路交通安全设施设计、规划和建设，组织实施公路安全生命防护工程，治理公路安全隐患。严格道路运输安全管理，提升企业安全自律意识，落实运输企业安全生产主体责任。强化安全运行监管能力和安全生产基础支撑。进一步加强道路交通安全治理，提高车辆安全技术标准，提高机动车驾驶人和交通参与者综合素质。到2030年，力争实现道路交通万车死亡率下降30%。

第三节　预防和减少伤害

建立伤害综合监测体系，开发重点伤害干预技术指南和标准。加强儿童和老年人伤害预防和干预，减少儿童交通伤害、溺水和老年人意外跌落，提高儿童玩具和用品安全标准。预防和减少自杀、意外中毒。建立消费品质量安全事故强制报告制度，建立产品伤害监测体系，强化重点领域质量安全监管，减少消费品安全伤害。

第四节　提高突发事件应急能力

加强全民安全意识教育。建立健全城乡公共消防设施建设和维护管理责任机制，到2030年，城乡公共消防设施基本实现全覆盖。提高防灾减灾和应急能力。完善突发事件卫生应急体系，提高早期预防、及时发现、快速反应和有效处置能力。建立包括军队医疗卫生机构在内的海陆空立体化的紧急医学救援体系，提升突发事件紧急医学救援能力。到2030年，建立起覆盖全国、较为完善的紧急医学救援网络，突发事件卫生应急处置能力和紧急医学救援能力达到发达国家水平。进一步健全医疗急救体系，提高救治效率。到2030年，力争将道路交通事故死伤比基本降低到中等发达国家水平。

第五节　健全口岸公共卫生体系

建立全球传染病疫情信息智能监测预警、口岸精准检疫的口岸传染病预防控制体系和种类齐全的现代口岸核生化有害因子防控体系，建立基于源头防控、境内外联防联控的口岸突发公共卫生事件应对机制，健全口岸病媒生物及各类重大传染病监测控制机制，主动预防、控制和应对境外突发公共卫生事件。持续巩固和提升口岸核心能力，创建国际卫生机场（港口）。完善国际旅行与健康信息网络，提供及时有效的国际旅行健康指导，建成国际一流的国际旅行健康服务体系，保障出入境人员健康安全。

提高动植物疫情疫病防控能力，加强进境动植物检疫风险评估准入管理，强化外来动植物疫情疫病和有害生物查验截获、检测鉴定、除害处理、监测防控规范化建设，健全对购买和携带人员、单位的问责追究体系，防控国际动植物疫情疫病及有害生物跨境传播。健全国门生物安全查验机制，有效防范物种资源丧失和外来物种入侵。

第十七章　优化多元办医格局（略）

第十八章　发展健康服务新业态（略）

第十九章　积极发展健身休闲运动产业（略）

第二十章　促进医药产业发展（略）

第二十一章　深化体制机制改革（略）

第二十二章　加强健康人力资源建设

第二十三章　推动健康科技创新（略）

第二十四章　建设健康信息化服务体系（略）

第二十五章　加强健康法治建设（略）

第二十六章　加强国际交流合作（略）

第二十七章　加强组织领导（略）

第二十八章　营造良好社会氛围（略）

第二十九章　做好实施监测（略）

二、健康中国行动（2019—2030 年）

2019 年 7 月 9 日，健康中国行动推进委员会印发《健康中国行动（2019—2030 年）》，主要内容摘录如下：

一、总体要求

（一）指导思想

（二）基本路径

（三）总体目标

二、主要指标

三、重大行动

（一）健康知识普及行动

每个人是自己健康的第一责任人。世界卫生组织研究发现，个人行为与生活方式因素对健康的影响占到 60%。本行动旨在帮助每个人学习、了解、掌握有关预防疾病、早期发现、紧急救援、及时就医、合理用药等维护健康的知识与技能，增强自我主动健康意识，不断提高健康管理能力。

（二）合理膳食行动

合理膳食是健康的基础。研究结果显示，饮食风险因素导致的疾病负担占到 15.9%，已成为影响人群健康的主要危险因素。本行动旨在对一般人群、超重和肥胖人群、贫血与消瘦等营养不良人群、孕妇和婴幼儿等特定人群，分别给出膳食指导建议，并提出政府和社会应采取的主要举措。

（三）全民健身行动

生命在于运动，运动需要科学。我国城乡居民经常参加体育锻炼的比例为33.9%，缺乏身体活动成为慢性病发生的主要原因之一。本行动主要对健康成年人、老年人、单纯性肥胖患者以及以体力劳动为主的人群，分别给出身体活动指导建议，并提出政府和社会应采取的主要举措。

（四）控烟行动

烟草严重危害人民健康。根据世界卫生组织报告，每3个吸烟者中就有1个死于吸烟相关疾病，吸烟者的平均寿命比非吸烟者缩短10年。本行动针对烟草危害，提出了个人和家庭、社会、政府应采取的主要举措。

（五）心理健康促进行动

心理健康是健康的重要组成部分。近年来，我国以抑郁障碍为主的心境障碍和焦虑障碍患病率呈上升趋势，抑郁症患病率为2.1%，焦虑障碍患病率达4.98%。本行动给出正确认识、识别、应对常见精神障碍和心理行为问题，特别是抑郁症、焦虑症的建议，并提出社会和政府应采取的主要举措。

（六）健康环境促进行动

良好的环境是健康的保障。世界卫生组织研究发现，环境因素对健康的影响占到17%。爱国卫生运动是促进健康环境的有效手段。本行动主要针对影响健康的空气、水、土壤等自然环境问题，室内污染等家居环境风险，道路交通伤害等社会环境危险因素，分别给出健康防护和应对建议，并提出政府和社会应采取的主要举措。

（七）妇幼健康促进行动

妇幼健康是全民健康的基础。我国出生缺陷多发，妇女"两癌"高发，严重影响妇幼的生存和生活质量，影响人口素质和家庭幸福。本行动主要针对婚前和孕前、孕期、新生儿和儿童早期各阶段分别给出妇幼健康促进建议，并提出政府和社会应采取的主要举措。

（八）中小学健康促进行动

中小学生正处于成长发育的关键阶段。我国各年龄阶段学生肥胖检出率持续上升，小学生、初中生、高中生视力不良检出率分别为36.0%、71.6%、81.0%。本行动给出健康行为与生活方式、疾病预防、心理健康、生长发育与青春期保健等知识与技能，并提出个人、家庭、学校、政府应采取的举措。

（九）职业健康保护行动

劳动者依法享有职业健康保护的权利。我国接触职业病危害因素的人群约2亿，职业病危害因素已成为影响成年人健康的重要因素。本行动主要依据《中华人民共和国职业病防治法》和有关职业病预防控制指南，分别提出劳动者个人、用人单位、政府应采取的举措。

（十）老年健康促进行动

我国是世界上老年人口最多的国家。60岁及以上老年人口达2.49亿，占总人口的

17.9%。近 1.8 亿老年人患有慢性病。本行动针对老年人膳食营养、体育锻炼、定期体检、慢病管理、精神健康以及用药安全等方面，给出个人和家庭行动建议，并分别提出促进老有所医、老有所养、老有所为的社会和政府主要举措。

（十一）心脑血管疾病防治行动

心脑血管疾病是我国居民第一位死亡原因。全国现有高血压患者 2.7 亿、脑卒中患者 1300 万、冠心病患者 1100 万。高血压、血脂异常、糖尿病以及肥胖、吸烟、缺乏体力活动、不健康饮食习惯等是心脑血管疾病主要的且可以改变的危险因素。本行动主要针对一般成年人、心脑血管疾病高危人群和患者，给出血压监测、血脂检测、自我健康管理、膳食、运动的建议，提出急性心肌梗死、脑卒中发病的自救措施，并提出社会和政府应采取的主要举措。

（十二）癌症防治行动

癌症严重影响人民健康。目前，我国每年新发癌症病例约 380 万，死亡约 229 万，发病率及死亡率呈逐年上升趋势，已成为城市死因的第一位、农村死因的第二位。本行动主要针对癌症预防、早期筛查及早诊早治、规范化治疗、康复和膳食指导等方面，给出有关建议，并提出社会和政府应采取的主要举措。

（十三）慢性呼吸系统疾病防治行动

慢性呼吸系统疾病以哮喘、慢性阻塞性肺疾病等为代表，患病率高，严重影响健康水平。我国 40 岁及以上人群慢性阻塞性肺疾病患病率为 13.6%，总患病人数近 1 亿。本行动主要针对慢阻肺、哮喘的主要预防措施和膳食、运动等方面，给出指导建议，并提出社会和政府应采取的主要举措。

（十四）糖尿病防治行动

我国是全球糖尿病患病率增长最快的国家之一，目前糖尿病患者超过 9700 万，糖尿病前期人群约 1.5 亿。本行动主要针对糖尿病前期人群和糖尿病患者，给出识别标准、膳食和运动等生活方式指导建议以及防治措施，并提出社会和政府应采取的主要举措。

（十五）传染病及地方病防控行动

传染病、地方病严重威胁人民健康。我国现有约 2800 万慢性乙肝患者，每年约 90 万例新发结核病患者，且地方病、部分寄生虫病防治形势依然严峻。本行动针对艾滋病、病毒性肝炎、结核病、流感、寄生虫病、地方病，分别提出了个人、社会和政府应采取的主要举措。

四、保障措施

（一）加强组织领导

（二）开展监测评估

（三）建立绩效考核评价机制

（四）健全支撑体系

（五）加强宣传引导

第十七章 附　　录

附录一　中共中央/国务院有关职业健康重要政策目录

1. 中共中央/国务院印发《"健康中国 2030"规划纲要》（2016-10-25）
2. 《健康中国行动（2019—2030 年）》（2019-7-9）

附录二　主要职业健康法律目录

1. 《中华人民共和国职业病防治法》（2018 年修订/国家主席令第 24 号）
2. 《中华人民共和国劳动法》（2018 年修订/国家主席令第 28 号）
3. 《中华人民共和国劳动合同法》（2021 年修订/国家主席令第 65 号）
4. 《中华人民共和国未成年人保护法》（2012 年修订/国家主席令第 65 号）
5. 《中华人民共和国妇女权益保障法》（2005 修订/国家主席令第 40 号）
6. 《中华人民共和国工会法》（2001 年修订/国家主席令第 62 号）
7. 《中华人民共和国全民所有制工业企业法》（2009 年修订/国家主席令第 3 号）
8. 《中华人民共和国职业教育法》（2015 年修订/国家主席令第 69 号）

附录三　主要职业健康法规目录

1. 《使用有毒物品作业场所劳动保护条例》（国务院令 第 352 号）
2. 《国务院关于修改〈工伤保险条例〉的决定》（国务院令 第 586 号）
3. 《危险化学品安全管理条例》（国务院令 第 591 号）
4. 《放射性废物安全管理条例》（国务院令 第 612 号）
5. 《女职工劳动保护特别规定》（国务院令 第 619 号）
6. 《中华人民共和国尘肺病防治条例》（国发〔1987〕105 号）

附录四　主要职业健康规章目录

1. 《危险化学品重大危险源监督管理暂行规定》（安全监管总局令 第 40 号）
2. 《工作场所职业卫生管理规定》（国家卫健委令 第 5 号）
3. 《职业病危害项目申报办法》（安全监管总局令 第 48 号）
4. 《用人单位职业健康监护监督管理办法》（安全监管总局令 第 49 号）

5.《职业卫生技术服务机构管理办法》（国家卫健委令 第 4 号）

6.《建设项目职业病防护设施"三同时"监督管理办法》（安全监管总局令 第 90 号）

7.《煤矿作业场所职业病危害防治规定》（安全监管总局令 第 73 号）

8.《国家安全监管总局关于废止和修改劳动防护用品和安全培训等领域十部规章的决定》（安全监管总局令 第 80 号）

9.《职业病诊断与鉴定管理办法》（国家卫健委令 第 6 号）

附录五　主要职业卫生标准目录

（一）国家职业卫生标准目录

1. 工业企业设计卫生标准（GBZ 1—2010）

2. 工作场所有害因素职业接触限值/第 1 部分/化学有害因素（GBZ 2.1—2007）

3. 工作场所有害因素职业接触限值/第 2 部分/物理因素（GBZ 2.2—2007）

4. 工作场所职业病危害警示标识（GBZ 158—2003）

5. 工作场所空气中有害物质监测的采样规范（GBZ 159—2004）

6. 石棉作业职业卫生管理规范（GBZ/T 193—2007）

7. 工作场所防止职业中毒卫生工程防护措施规范（GBZ/T 194—2007）

8. 有机溶剂作业场所个人职业病防护用品使用规范（GBZ/T 195—2007）

9. 建设项目职业病危害预评价技术导则（GBZ/T 196—2007）

10. 建设项目职业病危害控制效果评价技术导则（GBZ/T 197—2007）

11. 使用人造矿物纤维绝热棉职业病危害防护规程（GBZ/T 198—2007）

12. 服装干洗业职业卫生管理规范（GBZ/T 199—2007）

13. 高毒物品作业岗位职业病危害告知规范（GBZ/T 203—2007）

14. 高毒物品作业岗位职业病危害信息指南（GBZ/T 204—2007）

15. 密闭空间作业职业危害防护规范（GBZ/T 205—2007）

16. 密闭空间直读式仪器气体检测规范（GBZ/T 206—2007）

17. 职业卫生标准制定指南/第 1 部分/工作场所化学物质职业接触限值（GBZ/T 210.1—2008）

18. 职业卫生标准制定指南/第 2 部分/工作场所粉尘职业接触限值（GBZ/T 210.2—2008）

19. 职业卫生标准制定指南/第 3 部分/工作场所物理因素职业接触限值（GBZ/T 210.3—2008）

20. 建筑行业职业病危害预防控制规范（GBZ/T 211—2008）

21. 纺织印染业职业病危害预防控制指南（GBZ/T 212—2008）

22. 血源性病原体职业接触防护导则（GBZ/T 213—2008）

23. 消防员职业健康标准（GBZ 221—2009）

24. 工作场所有毒气体检测报警装置设置规范（GBZ/T 223—2009）

25. 职业卫生名词术语（GBZ/T 224—2010）

26. 用人单位职业病防治指南（GBZ/T 225—2010）

27. 工作场所职业病危害作业分级/第1部分/生产性粉尘（GBZ/T 229.1—2010）

28. 职业性接触毒物危害程度分级（GBZ 230—2010）

29. 呼吸防护/自吸过滤式防毒面具（GB 2890—2009）

30. 个体防护装备选用规范（GB/T 11651—2008）

31. 有毒作业分级（GB 12331—1990）

32. 生产过程安全卫生要求总则（GB/T 12801—2008）

33. 化学品分类和危险性公示通则（GB 13690—2009）

34. 劳动能力鉴定/职工工伤与职业病致残等级（GB/T 16180—2006）

35. 排风罩的分类及技术条件（GB/T 16758—2008）

36. 水泥厂卫生防护距离标准（GB 18068—2000）

37. 以噪声污染为主的工业企业卫生防护距离标准（GB 18083—2000）

38. 呼吸防护用品的选择、使用与维护（GB/T 18664—2002）

39. 电离辐射防护与辐射源安全标准（GB 18871—2002）

40. 声学/隔声罩和隔声间噪声控制指南（GB/T 19886—2005）

41. 防护服/一般要求（GB/T 20097—2006）

42. 个体防护装备/职业鞋（GB 21146—2007）

43. 呼吸防护用品/自吸过滤式防颗粒物呼吸器（GB 2626—2006）

44. 职业眼面部防护焊接防护/第1部分/焊接防护具（GB/T 3609.1—2008）

45. 采暖通风与空气调节设计规范（GB 50019—2003）

46. 建筑采光设计标准（GB/T 50033—2001）

47. 建筑照明设计标准（GB 50034—2013）

48. 工业企业噪声控制设计规范（GB/T 50087—2013）

49. 工业企业总平面设计规范（GB 50187—2012）

50. 矿井下热害防治设计规范（GB 50418—2007）

51. 生产设备安全卫生设计总则（GB 5083—1999）

（二）职业卫生行业标准目录

1. 纺织业防尘防毒技术规范（AQ 4242—2015）

2. 石棉生产企业防尘防毒技术规程（AQ 4243—2015）

3. 卷烟制造企业防尘防毒技术规范（AQ 4245—2015）

4. 建材物流业防尘技术规范（AQ 4246—2015）

5. 电镀工艺防尘防毒技术规范（AQ 4250—2015）

6. 涂料生产企业职业健康技术规范（AQ 4254—2015）

7. 木器涂装职业安全健康要求（AQ 5217—2015）

8. 煤矿井下粉尘综合防治技术规范（AQ1020—2006）

9. 煤矿职业安全卫生体防护用品配备标准（AQ1051—2008）

10. 煤矿用自吸过滤式防尘口罩（AQ1114—2014）

11. 化工企业劳动防护用品选用及配备（AQ/T 3048—2013）

12. 矿山个体呼吸性粉尘测定方法（AQ4205—2008）

13. 有毒作业场所危害程度分级（AQ/T 4208—2010）

14. 焊接工艺防尘防毒技术规范（AQ4214—2011）

15. 制革职业安全卫生规程（AQ4215—2011）

16. 石材加工防尘技术规范（AQ4220—2012）

17. 作业场所职业卫生检查程序（AQ4235—2014）

18. 职业卫生监管人员现场检查指南（AQ4236—2014）

19. 化学防护服的选择使用和维护（AQ/T 6107—2008）

20. 职业病危害评价通则（AQ/T 8008—2013）

21. 建设项目职业病危害预评价导则（AQ/T 8009—2013）

22. 建设项目职业病危害控制效果评价导则（AQ/T 8010—2013）

23. 木材加工企业职业病危害防治技术规范（AQ/T 4251—2015）

24. 建筑施工企业职业病危害防治技术规范（AQ/T 4256—2015）

25. 石棉矿山建设项目职业病危害预评价细则（AQ/T 4259—2015）

26. 工作场所职业病危害因素检测工作规范（AQ/T 4269—2015）

27. 用人单位职业病危害现状评价技术导则（AQ/T 4270—2015）

28. 化工企业安全卫生设计规范（HG 20571—2014）

附录六　主要职业健康管理文件目录

1. 国家安全生产监督管理总局《关于公布建设项目职业病危害风险分类管理目录（2012年版）的通知》（安监总安健〔2012〕73号）

2. 国家煤矿安全监察局关于印发《煤矿安全生产标准化管理体系考核定级办法（试行）》和《煤矿安全生产标准化管理体系基本要求及评分方法（试行）》的通知（煤安监行管〔2020〕16号）

3. 国家卫生计生委、人力资源社会保障部、安全生产监督管理总局、全国总工会《关于印发〈职业病分类和目录〉的通知》（国卫疾控发〔2013〕48号）

4. 国家安全生产监督管理总局办公厅《关于印发职业卫生档案管理规范的通知》（安监总厅安健〔2013〕171号）

5. 国家安全生产监督管理总局《关于修订建设项目职业病危害预评价报告审核（备案）申请书等文书的通知》（ZW-JB-2013-003）

6. 国家安全生产监督管理总局办公厅《关于印发职业卫生技术服务机构工作规范的通知》（安监总厅安健〔2014〕39号）

7. 国家安全生产监督管理总局《关于进一步严格危险化学品和化工企业安全生产监督管理的通知》（安监总管三〔2014〕46号）

8. 国家安全生产监督管理总局办公厅《关于印发用人单位职业病危害告知与警示标识管理规范的通知》（安监总厅安健〔2014〕111号）

9. 国家安全生产监督管理总局《建设项目职业病防护设施设计专篇编制要求》（ZW-JB-2014-002）

10. 国家安全生产监督管理总局《建设项目职业病危害控制效果评价报告编制要求》（ZW-JB-2014-003）

11. 国家安全生产监督管理总局《建设项目职业病危害预评价报告编制要求》（ZW-JB-2014-004）

12. 国家安全生产监督管理总局办公厅《关于印发用人单位职业病危害因素定期检测管理规范的通知》（安监总厅安健〔2015〕16号）

13. 国家卫生计生委、人力资源社会保障部、安全生产监督管理总局、全国总工会《关于印发〈职业病危害因素分类目录〉的通知》（国卫疾控发〔2015〕92号）

14. 国家安全生产监督管理总局办公厅关于印发《职业卫生技术服务档案管理规范》和《职业卫生技术服务机构实验室布局与管理规范》的通知（安监总厅安健〔2015〕93号）

15. 国家安全生产监督管理总局办公厅《关于印发用人单位劳动防护用品管理规范的通知》（安监总厅安健〔2015〕124号）

16. 国家安全生产监督管理总局《关于修订〈建设项目职业病防护设施设计审查申请书〉的通知》（ZW-JB-2015-001）

17. 国家安全生产监督管理总局办公厅《关于印发〈职业卫生技术服务机构检测工作规范〉的通知》（安监总厅安健〔2016〕9号）

18.《关于进一步加强建设项目职业卫生"三同时"生产监督管理工作的通知》（安健函〔2016〕30号）

19. 国家安全生产监督管理总局办公厅关于贯彻落实《建设项目职业病防护设施"三同时"监督管理办法》的通知（安监总厅安健〔2017〕37号）

附录七　用人单位应建立完善的职业健康管理制度目录

（推荐稿）

1. 职业病危害防治责任制度
（1）主要负责人管理岗位责任制
（2）分管职业健康负责人的岗位责任制
（3）专职（或兼职）职业病防治管理人员岗位责任制
（4）操作（生产）岗位防治责任制
（5）业务部门职业病危害防治管理职能
2. 职业健康目标管理制度
3. 劳动合同管理制度
4. 职业健康投入保障管理制度
5. 建设项目职业病防护设施"三同时"管理制度

6. 职业病危害申报制度

7. 职业病危害警示告知制度

8. 职业病防治培训管理制度

9. 职业健康检查制度

10. 设施管理、维护和检修制度

11. 放射、高毒作业管理制度

12. 职业病危害监测及评价制度

13. 职业病危害作业规程、安全技术措施和岗位操作规程

14. 推广和应用"七新"制度

15. 职业病防护用品管理制度

16. 职业卫生档案管理制度

17. 职业健康监护管理及其档案管理制度

18. 职业病诊断、鉴定、治疗、报告管理制度

19. 职业病危害事故处置与报告制度

20. 职业病危害应急救援与管理制度

21. 工伤保险制度

22. 职业禁忌管理和女职工特殊劳动保护制度

23. 职业病危害防治工作例会制度

24. 劳动者职业健康权益保障制度

25. 职业病防治管理绩效考核制度

26. 法律、法规所规定的其他职业病危害防治管理的制度

参 考 文 献

［1］国家安全生产监督管理总局，中国职业安全健康协会．职业健康监督管理培训教材［M］．北京：煤炭工业出版社，2009．

［2］刘传聚．矩形风管当量直径的计算［J］．建筑热能通风空调，1989（3）：36-38．

［3］李德文．预荷电喷雾降尘技术的研究［J］．矿业安全与环保，1994（6）：8-13．

［4］刘淼．职业病危害检测评价与职业病诊断鉴定及事故调查处理实用手册［M］．银川：宁夏大地音像出版社，2005．

［5］谢景欣，朱宝立．职业卫生工程学［M］．南京：江苏凤凰科学技术出版社，2014．

［6］金泰廙．职业卫生与职业医学［M］．6版．北京：人民卫生出版社，2007．

［7］刘移民．职业病防治理论与实践［M］．北京：化学工业出版社，2010．

［8］中国疾病预防控制中心职业卫生与中毒控制所．企业职业卫生培训教材［M］．北京：中国铁道出版社，2011．

［9］中国疾病预防控制中心职业卫生与中毒控制所．企业职业卫生培训教材［M］．北京：中国铁道出版社，2011．

［10］赵金垣．临床职业病学［M］．北京：北京大学医学出版社，2010．

［11］段冰．吴宗之．开展尘肺病防治攻坚保障劳动者健康权益［EB/OL］．中国访谈，2019-9-18．http：//fang tan.china.com.cn/2019-09/18/content_75219052.htm．

［12］胡学毅，薄以匀．工业通风与空气调节实用技术［M］．北京：中国劳动社会保障出版社，2011．

［13］刘宝龙．工业企业防尘防毒通风技术［M］．北京：煤炭工业出版社，2014．

图书在版编目（CIP）数据

企业职业健康管理/潘树启主编. --北京：应急管
理出版社，2021

ISBN 978-7-5020-8802-6

Ⅰ.①企… Ⅱ.①潘… Ⅲ.①企业管理—劳动保护—
劳动管理 ②企业管理—劳动卫生—卫生管理 Ⅳ.①X92
②R13

中国版本图书馆 CIP 数据核字（2021）第 121235 号

企业职业健康管理

主　　编	潘树启
责任编辑	张　成
责任校对	孔青青
封面设计	于春颖

出版发行	应急管理出版社（北京市朝阳区芍药居 35 号　100029）
电　　话	010-84657898（总编室）　010-84657880（读者服务部）
网　　址	www.cciph.com.cn
印　　刷	三河市中晟雅豪印务有限公司
经　　销	全国新华书店

开　　本	787mm×1092mm$^1/_{16}$　印张　31$^1/_4$　字数　739 千字
版　　次	2021 年 8 月第 1 版　2021 年 8 月第 1 次印刷
社内编号	20201857　　　　　　定价　198.00 元